Word/Excel/PPT 2016 从新手到高手

凤凰高新教育◎编著

北京大学出版社
PEKING UNIVERSITY PRESS

内容提要

本书通过多个精选案例，引导读者循序渐进地学习 Word 2016、Excel 2016 和 PowerPoint 2016 在日常办公中的应用。

全书共分为 12 章，第 1 ~ 4 章主要介绍 Word 文档的编辑与审阅操作、图文混排、表格的应用及长文档的处理操作；第 5 ~ 8 章主要介绍 Excel 表格的创建与编辑、公式与函数的应用、数据的处理及数据的可视化操作；第 9 ~ 11 章主要介绍 PowerPoint 演示文稿的创建、动态演示及放映设置操作；第 12 章为综合应用实训，通过一个办公综合实训项目，分别讲解 Word、Excel 和 PowerPoint 三个组件在此任务项目中的协同办公应用；最后在附录部分为读者提供了三套上机实训题(包含初级版、中级版、高级版)，提高读者的动手能力。

本书不仅适合 Word 2016、Excel 2016 和 PowerPoint 2016 的初、中级用户学习使用，也可以作为办公人员的参考书籍。同时，本书还可以作为广大职业院校及计算机培训学校相关专业的教材参考用书。

图书在版编目(CIP)数据

Word/Excel/PPT 2016从新手到高手：超值全彩版 / 凤凰高新教育编著. —北京：北京大学出版社，2017.11

ISBN 978-7-301-28773-6

Ⅰ. ①W… Ⅱ. ①凤… Ⅲ. ①办公自动化—应用软件 Ⅳ. ①TP317.1

中国版本图书馆CIP数据核字(2017)第224323号

书　　名 Word/Excel/PPT 2016从新手到高手（超值全彩版）

Word/Excel/PPT 2016 CONG XINSHOU DAO GAOSHOU

著作责任者 凤凰高新教育　编著

责任编辑 尹　毅

标准书号 ISBN 978-7-301-28773-6

出版发行 北京大学出版社

地　　址 北京市海淀区成府路205 号　100871

网　　址 http://www. pup. cn　新浪微博：@ 北京大学出版社

电子信箱 pup7@ pup. cn

电　　话 邮购部 62752015　发行部 62750672　编辑部 62580653

印 刷 者 北京大学印刷厂

经 销 者 新华书店

880毫米×1230毫米　32开本　8.75印张　296千字

2017年11月第1版　2017年11月第1次印刷

印　　数 1—4000册

定　　价 39.00 元

前言

Preface

Office 是职场中应用比较广泛的办公软件，其中，Word、Excel、PPT 又是 Office 办公套件中使用频率最高、使用者最多、功能最强大的商务办公组件。

本书以最新版本 Office 2016 软件为平台，从办公人员的工作需求出发，采用“案例讲解 + 任务驱动”的方式，配合大量的典型案例，全面讲解 Word、Excel、PPT 在文秘、人事、统计、财务、市场营销等多个领域中的应用。

一、本书特色

■ 案例教学，操作性强

本书最大的特点是以“案例讲解 + 任务驱动”的方式为写作线索，通过 28 个典型案例、11 个同步实训、55 个技能拓展，系统并全面地讲解了 Word、Excel、PPT 三合一协同办公技能。另外，为增强读者的动手能力，在本书附录部分还添加了 11 个“上机实训”的案例，实训内容由易到难，由浅到深，以巩固所学知识。

■ 技能拓展，高效实用

每章内容讲解完后，都安排了既常用又实用的拓展技能知识点，通过这些技能知识的学习，既能够有效帮助读者解决在实际工作中遇见的问题，又能拓展读者的思路。

■ 同步实训，巩固提高

每章在完成了案例与技能的讲解后，又设计了一个与本章知识点相关的“同步实训”案例，能够有效帮助读者巩固本章所学知识点。

二、超值光盘

本书配套光盘内容丰富、实用，包括设计资源、教学视频、PPT 课件等。让读者花一本书的钱，得到多本书的超值学习内容。光盘内容具体包括如下几项。

1. 素材文件与结果文件

素材文件：即本书中所有章节实例的素材文件，全部收录在光盘中的“素材文件\第 * 章”文件夹中。读者在学习时可以参考图书讲解内容，打开对应的素材文件进行同步操作练习。

结果文件：即本书中所有章节实例的最终效果文件，全部收录在光盘中的“结果文件\第 * 章”文件夹中。读者在学习时可以打开结果文件，查看其实例的制作效果，从而为自己在学习中的练习操作提供参考帮助。

2. 视频教学文件

赠送与书同步的长达 7 小时的视频教程。读者可以通过相关的视频播放软件（Windows Media Player、暴风影音等）打开每章中的视频文件进行学习，并且有语音讲解，非常适合无基础读者学习。

赠送"如何学好、用好 Word"视频教程。时间长达 48 分钟，与读者分享 Word 专家的学习与应用经验。

赠送"如何学好、用好 Excel"视频教程。时间长达 63 分钟，与读者分享 Excel 专家的学习与应用经验。

赠送"如何学好、用好 PPT"视频教程。时间长达 103 分钟，与读者分享 PPT 专家的学习与应用经验。

赠送 Windows 7/10 系统操作与应用视频教程。让读者全面掌握最常用的 Windows 7/10 操作系统。

3. PPT 课件

本书为教师提供了非常方便的 PPT 教学课件，各位教师选择该书作为教材，不用再担心没有教学课件，也不必再劳心费力地制作课件内容。

4. 丰富的办公模板

随书赠送 200 个 Word 办公模板、200 个 Excel 办公模板、100 个 PPT 办公模板，读者不必再花时间和心血去搜集，拿来即用。

5. 职场高效人士必会

赠送高效办公电子书。内容包括"微信高手技巧随身查""QQ 高手技巧随身查""手机办公 10 招就够"电子书，教会读者移动办公诀窍，提升工作效率和职场竞争力。

赠送"5 分钟学会番茄工作法"视频教程。教会读者在职场之中高效地工作、轻松应对职场，真正让读者"不加班，只加薪"！

赠送"10 招精通超级时间整理术"视频教程。专家传授 10 招时间整理术，教会读者如何整理时间、有效利用时间。

三、本书作者

本书由凤凰高新教育编著。全书由一线办公专家和多位 MVP（微软全球最有价值专家）老师合作编写，他们具有丰富的 Word、Excel、PPT 软件应用技巧和办公实战经验，对于他们的辛苦付出在此表示衷心的感谢！同时，由于计算机技术发展非常迅速，书中的疏漏和不足之处在所难免，敬请广大读者及专家批评指正。

投稿信箱：pup7@pup.cn

读者信箱：2751801073@qq.com

读者交流 QQ 群：218192911（办公之家）、363300209

目录

Contents

第 6 章 Excel 公式与函数的应用 ……………………109

第 7 章 Excel 表格数据的处理 ……………………126

第 1 章

Word 文档的编辑与审阅操作

在 Word 组件中可以记录需要的文本内容，并为其设置合适的文本格式，完成文档的编辑后，还可以对文档进行审阅，以保证文档内容的准确性。

本章将以制作《办公室物资管理条例》《员工保密守则》和《固定资产管理制度》文档为例，介绍文档的创建、输入文档内容、保存文档、设置字体和段落格式、应用格式刷、添加水印，以及修订和审阅文档等操作。

※ 创建文档 ※ 输入文档内容 ※ 保存文档

※ 设置文本字体和段落格式 ※ 添加水印 ※ 批注与修订文档

案 例 展 示

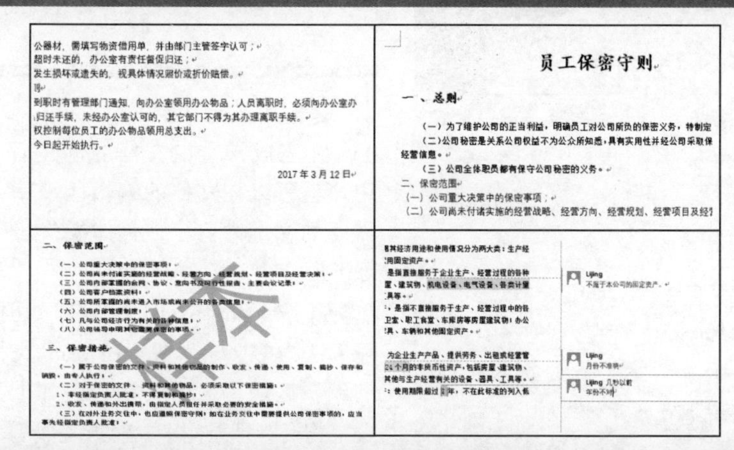
公器材，需填写物资借用单，并由部门主管签字认可；
超时未还的，办公室有责任督促归还；
发生损坏或遗失的，视具体情况照价或折价赔偿。
理
到职时有管理部门通知，向办公室领用办公物品；人员离职时，必须向办公室办
归还手续，未经办公室认可的，其它部门不得为其办理离职手续。
权控制每位员工的办公物品领用总支出。
今日起开始执行。

2017 年 3 月 12 日

员工保密守则

一、总则

（一）为了维护公司的正当利益，明确员工对公司所负的保密义务，特制定

（二）公司秘密是关系公司权益不为公众所知悉，具有实用性并经公司采取保

经营信息。

（三）公司全体职员都有保守公司秘密的义务。

二、保密范围

（一）公司重大决策中的保密事项；

（二）公司尚未付诸实施的经营战略、经营方向、经营规划、经营项目及经

二、保密范围

（一）公司重大决策中的保密事项；
（二）公司尚未付诸实施的经营战略、经营方向、经营规划、经营项目及经营决策；
（三）公司内部掌握的合同、协议、意向书及可行性报告、主要会议记录；
（四）公司客户档案资料；
（五）公司所掌握的尚未进入市场或尚未公开的各类信息；
（六）公司内部管理制度；
（七）凡与公司经济行为有关的各种信息；
（八）公司领导申明其它需要保密的事项。

三、保密措施

（一）属于公司保密的文件、资料和其他物品的制作、收发、传递、使用、复制、摘抄、保存和销毁，由专人执行；

（二）对于保密的文件、资料和其他物品，必须采取以下保密措施：

1、非经指定负责人批准，不得复制和摘抄；

2、收发、传递和外出携带，由指定人员担任并采取必要的安全措施。

（三）在对外业务交往中，也应遵照保密守则；如在业务交往中需要提供公司保密事项的，应当事先经指定负责人批准；

其经济用途和使用情况分为两大类：生产经
用固定资产。
是指直接服务于企业生产、经营过程的各种
屋、建筑物、机电设备、电气设备、各类计量
具等。
，是指不直接服务于生产、经营过程中的各
卫室、职工食堂、车库房等房屋建筑物；办公
具、车辆和其他固定资产。

为企业生产产品、提供劳务、出租或经营管
24 个月的非货币性资产，包括房屋、建筑物、
其他与生产经营有关的设备、器具、工具等。
：使用期限超过 年，不在此标准的列入低

Lijing
不属于本公司的固定资产。

Lijing
月份不准确

Lijing 几秒以前
年份不对

1.1 制作《办公室物资管理条例》

为了使公司在物资管理上具有合理性，满足实际的工作需要并节约开支，企业可制订物资管理条例。

本节以制作《办公室物资管理条例》为例，介绍创建文档、输入内容和保存文档的操作。

1.1.1 创建空白文档

要使用 Word 制作办公室物资管理条例，首先就需要启动 Word 组件，并创建一个空白文档，具体操作步骤如下。

Step01 单击计算机左下角的【开始】按钮，在弹出的列表中单击【所有程序→ Word 2016】选项。

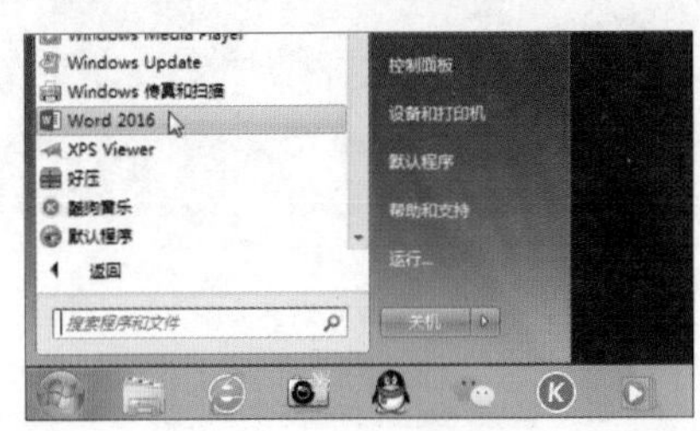

在桌面上右击，在弹出的快捷菜单中选择【新建→ Microsoft Word 文档】命令，可以直接在桌面上新建一个空白文档，双击图标可打开该文档。

Step02 启动 Word 2016 组件，打开 Word 2016 的初始界面，在该界面中单击【空白文档】缩略图。

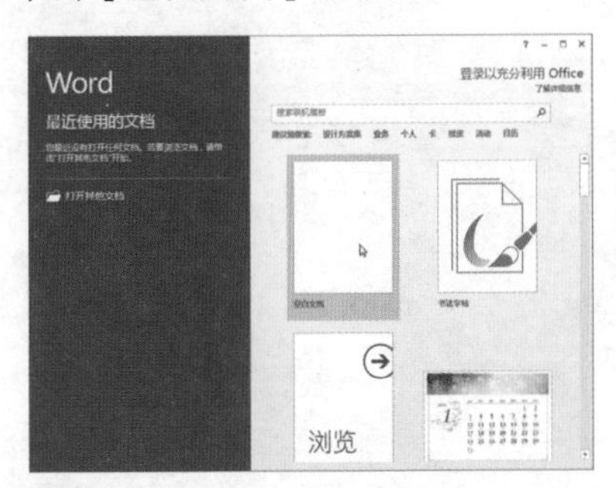

Step03 即可看到创建的空白文档效果。

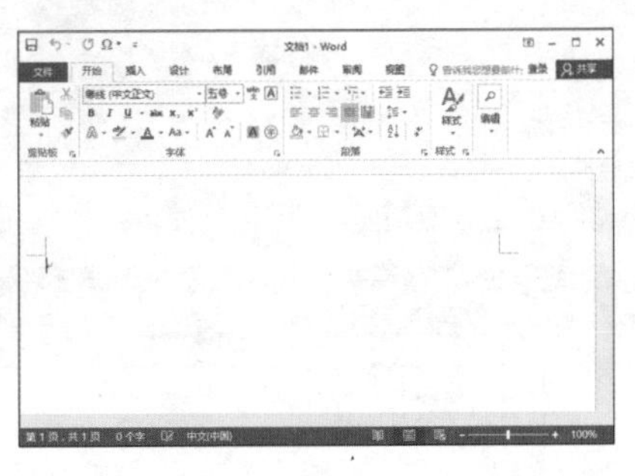

1.1.2 输入文档内容

在完成了空白文档的创建后，用户就可以在文档的编辑区域输入需要的文本内容了，具体操作步骤如下。

Step01 按【Ctrl+Shift】组合键，切换输入法为中文输入法，在 Word 文档的编辑区域输入中文内容，如【办公室物资管理条例】，输入完成后，按【Enter】键，即可自动跳转到下一段。

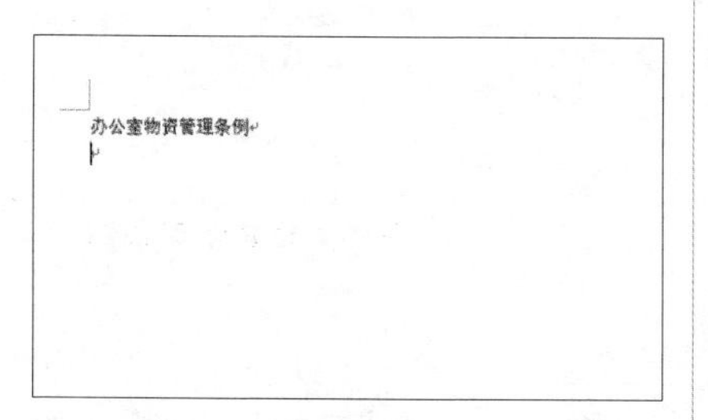

小技巧

在键盘上按【Enter】键，表示在换行的同时也起着段落分割的作用；按【Shift+Enter】组合键，则表示换行但并不另起一段，前后两行文字在 Word 中属于同一段。

Step02 继续在文档中输入相关的文本内容，当需要输入冒号时，在键盘上按【Shift+：】组合键，即可看到输入的冒号。

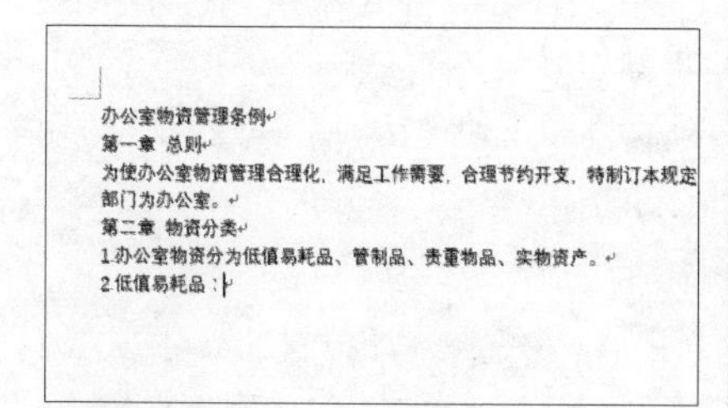

Step03 完成文档文本的输入后，按两次【Enter】键，将会自动结束两个段落，然后连续按空格键，至要插入日期的位置处即可。

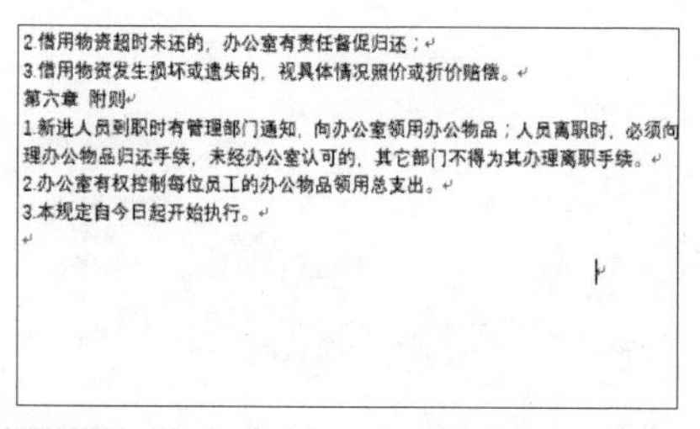

Step04 单击【插入】选项卡下【文本】组中的【日期和时间】按钮。

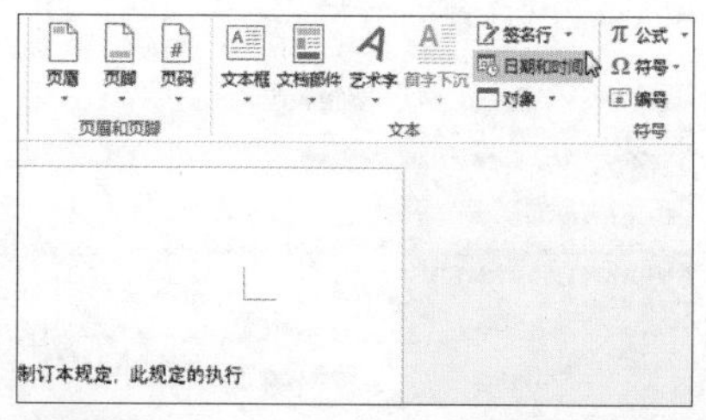

Step05 在弹出的【日期和时间】对话框中设置【语言（国家 / 地区）】为【中文（中国）】，在【可用格式】列表框中选择一种日期格式，如【2017 年 3 月 12 日】，单击【确定】按钮。

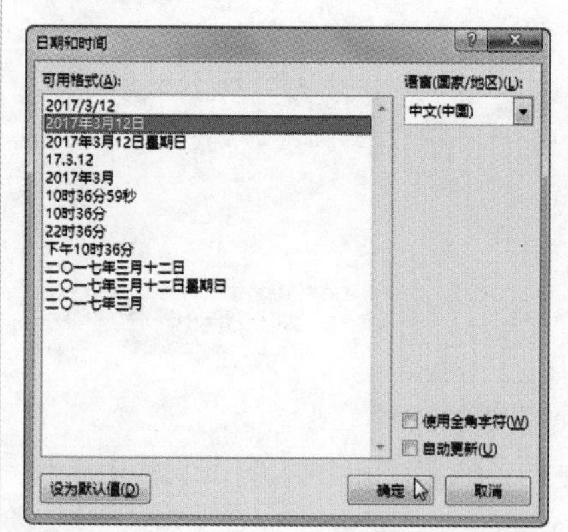

小技巧

如果想要在 Word 中输入的时间在每次打开文件后自动更新，可在【日期和时间】对话框中选中【自动更新】复选框。

Step06 返回文档中，即可看到插入的日期和时间的效果。

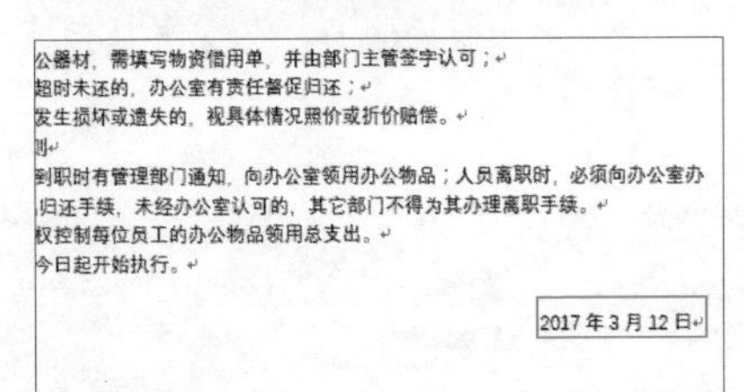
公器材，需填写物资借用单，并由部门主管签字认可；
超时未还的，办公室有责任督促归还；
发生损坏或遗失的，视具体情况照价或折价赔偿。
则
到职时有管理部门通知，向办公室领用办公物品；人员离职时，必须向办公室办
归还手续，未经办公室认可的，其它部门不得为其办理离职手续。
权控制每位员工的办公物品领用总支出。
今日起开始执行。

2017 年 3 月 12 日

Step07 完成了文档的输入后，选中要设置的文字内容，如【办公室物资管理条例】，在【开始】选项卡下的【字体】组中设置【字体】为【华文楷体】，设置【字号】为【二号】，单击【加粗】按钮 B 。

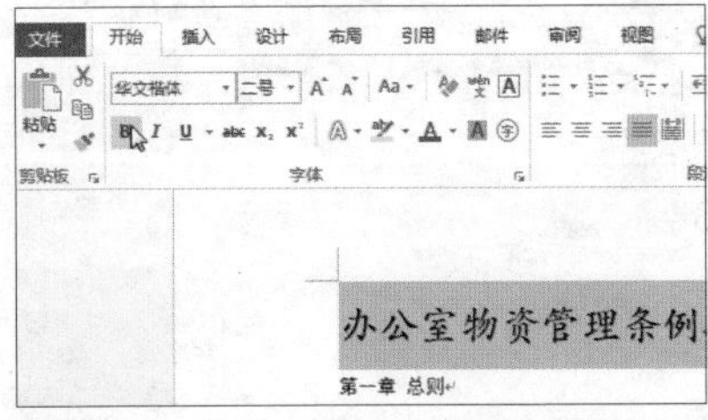

Step08 继续在【开始】选项卡下的【段落】组中，单击【居中】按钮。

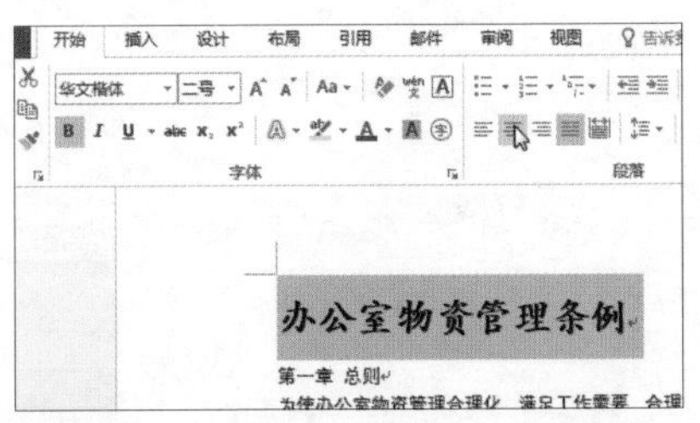

Step09 完成后，可看到选中文本的字体、字号、字形和段落对齐方式的设置效果。使用相同的方法为其他文本的字体和段落设置合适的格式。

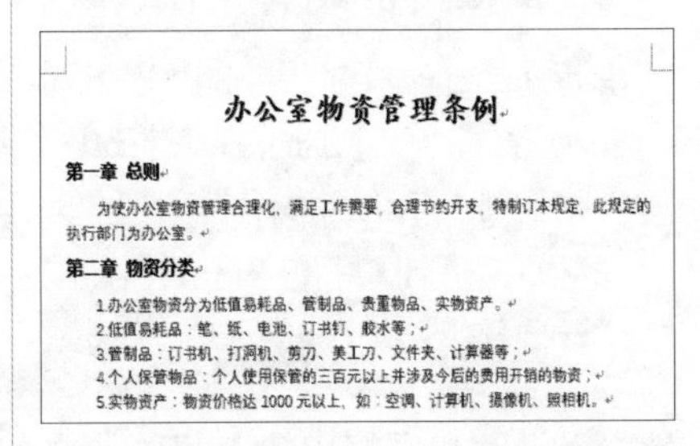
办公室物资管理条例

第一章 总则

为使办公室物资管理合理化，满足工作需要，合理节约开支，特制订本规定，此规定的执行部门为办公室。

第二章 物资分类

1.办公室物资分为低值易耗品、管制品、贵重物品、实物资产。
2.低值易耗品：笔、纸、电池、订书钉、胶水等；
3.管制品：订书机、打洞机、剪刀、美工刀、文件夹、计算器等；
4.个人保管物品：个人使用保管的三百元以上并涉及今后的费用开销的物资；
5.实物资产：物资价格达 1000 元以上，如：空调、计算机、摄像机、照相机。

1.1.3 保存文档

完成了办公室物资管理条例文档的制作后，为了便于下次查看和编辑文档，需将其保存，具体操作步骤如下。

Step01 单击快速访问工具栏中的【保存】按钮。

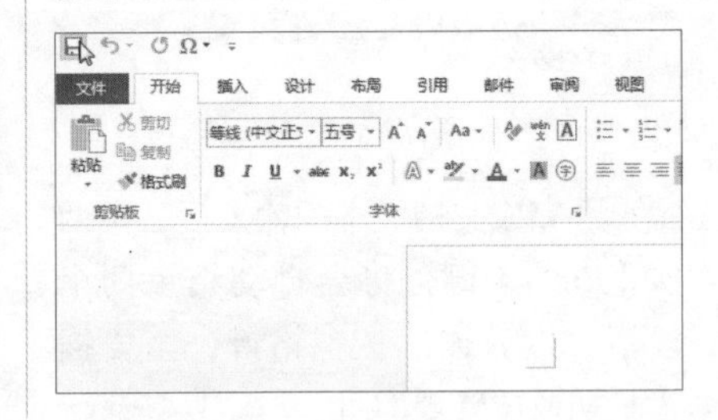

要保存文档，除了单击【保存】按钮，还可以按【Ctrl+S】组合键。

Step02 系统自动切换至视图菜单中的【另存为】命令下，单击【浏览】按钮。

Step03 在弹出的【另存为】对话框中选择文档所要保存的位置，在【文件名】文本框中输入要保存的文档名，如【办公室物资管理条例】，最后单击【保存】按钮。

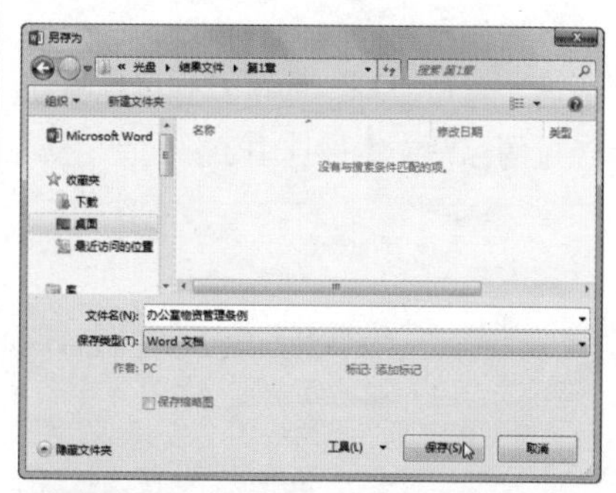

Step04 保存完成后，返回文档窗口，即可看到标题栏中的文档名已经更改为【办公室物资管理条例】。

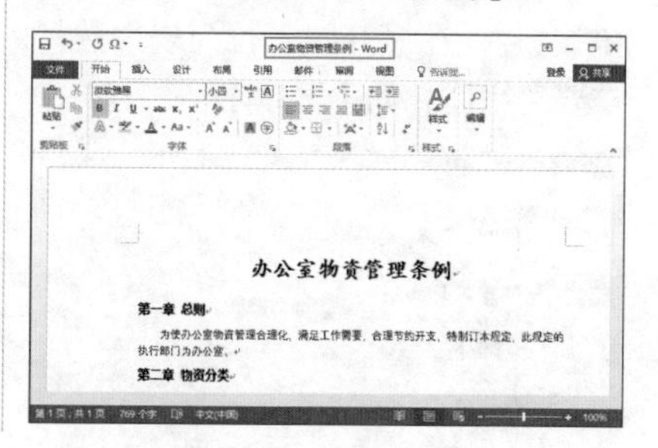

1.2 制作《员工保密守则》

为了加强员工的保密意识，维护公司的利益，确保公司的有关保密文件和资料能够在特定范围内使用，企业可制作员工保密守则。

本节以制作《员工保密守则》为例，主要介绍文本字体和段落格式的设置，以及格式刷的应用和水印的添加操作。

1.2.1 设置字体格式

在文档中输入了文本内容后，为了让文字的效果更加突出或者适合当前的文档效果，可通过设置字体格式来实现，具体操作步骤如下。

Step01 打开“光盘\素材文件\第 1 章\员工保密守则 .docx”文件，将光标放置在要选择文本的开始位置，如标题文本【员工保密守则】的开始位置，按住鼠标左键向右拖动，选择完成后，释放鼠标，即可看到鼠标拖动经过的标题文本被选中了。

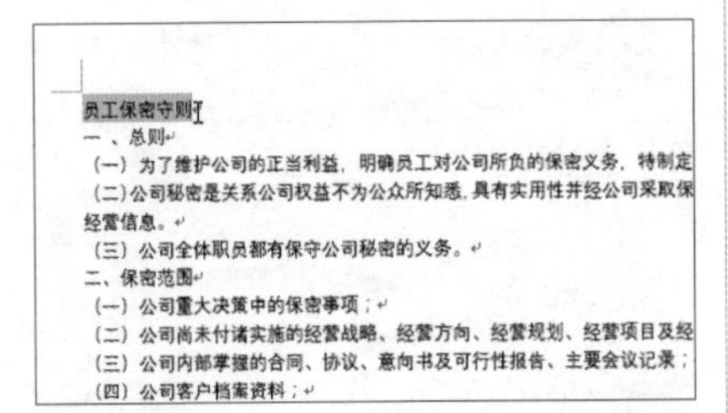

Step02 在【开始】选项卡下的【字体】组中单击【字体】右侧的下三角按钮，在展开的下拉列表中选择需要的字体，如【楷体】。

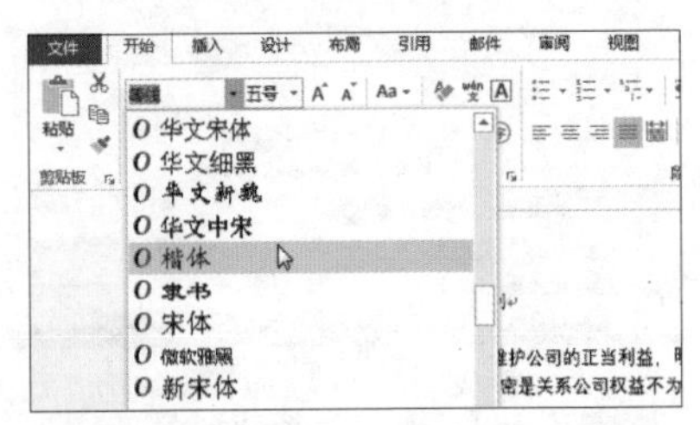

Step03 继续标题文本的选中状态，单击【字号】右侧的下三角按钮，在展开的下拉列表中选择需要的字号，如【二号】。

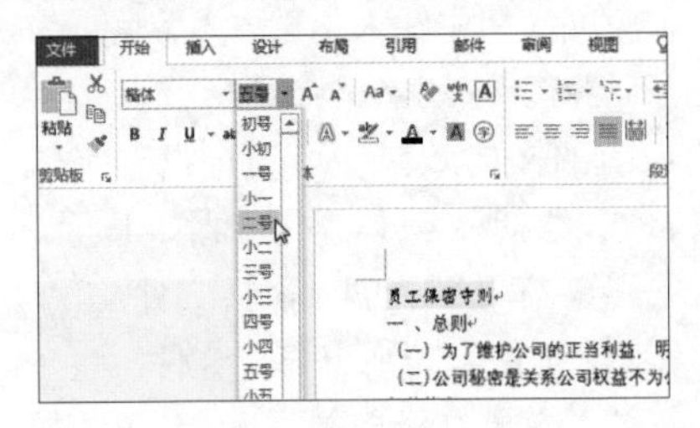

小技巧

除了可以通过以上方式来为文本设置合适的字号，还可以直接单击【字体】组中【字号】右侧的【增大字号】和【减小字号】按钮来分别增大和减小字号。

Step04 继续在【字体】组中单击【加粗】按钮。

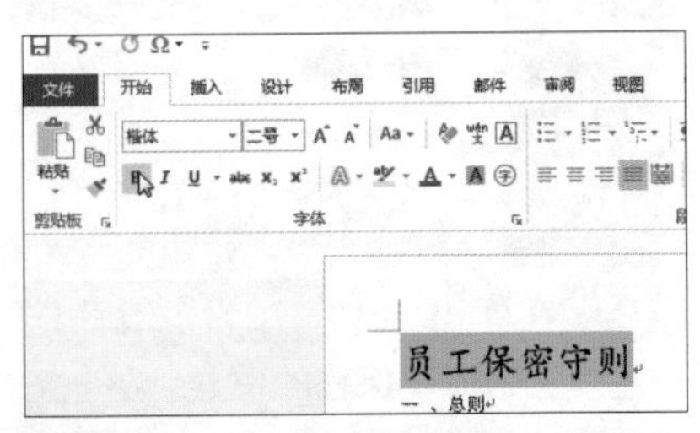

Step05 随后可看到标题文本设置字体、字号和字形后的效果，拖动鼠标选中其他要设置的文本，如【一、总则】。

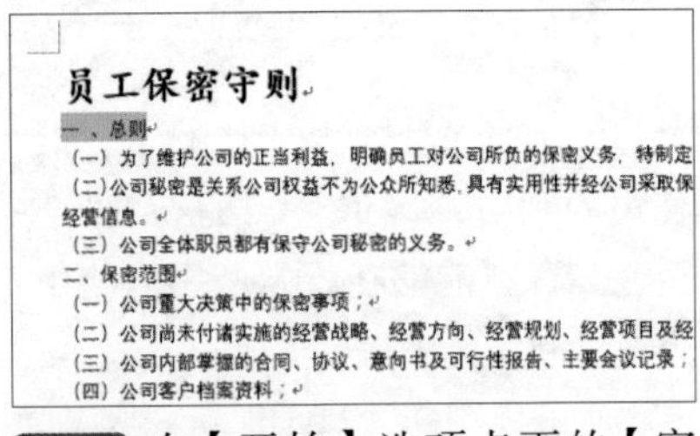

Step06 在【开始】选项卡下的【字体】组中设置【字体】为【华文楷体】，设置【字号】为【四号】，单击【加粗】按钮。

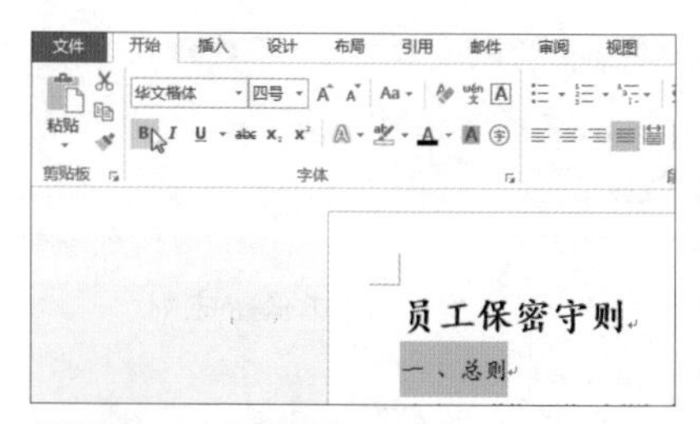

Step07 即可看到所选文本的设置效果，应用相同的方法选中其他文本并将其设置为【宋体】，【10】磅的字体格式。

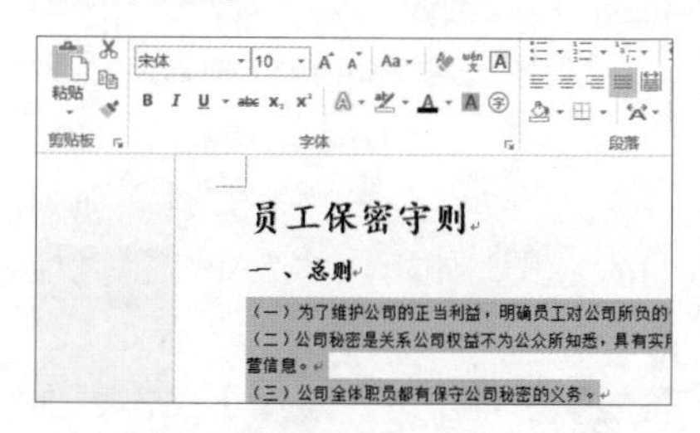

小技巧

除了可以直接在【字体】组中分别设置文本的字体、字号和字形以外，还可以单击【字体】组中的对话框启动器，打开【字体】对话框，然后在【字体】选项卡下设置选中文本的字体、字号和字形。

1.2.2 设置段落格式

为了使文档的整体排版效果更加美观，用户可对文档中的文本进行段落格式的设置，具体操作步骤如下。

Step01 选中标题文本【员工保密守则】，在【开始】选项卡下的【段落】组中单击【居中】按钮。

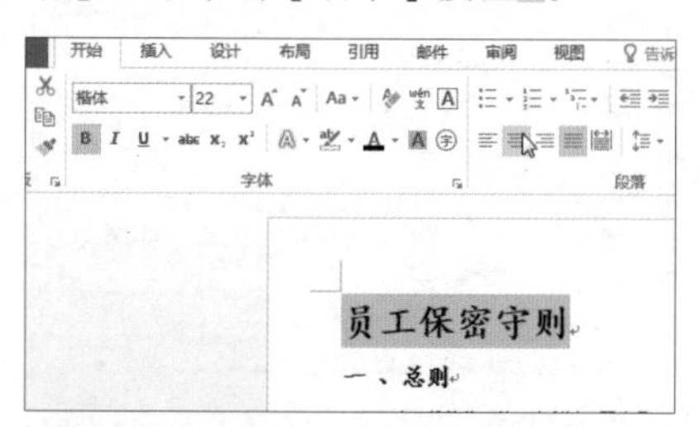

Step02 选中【一、总则】文本，单击【开始】选项卡下【段落】组中的【行和段落间距】按钮，在展开的下拉列表中选择【3.0】选项。

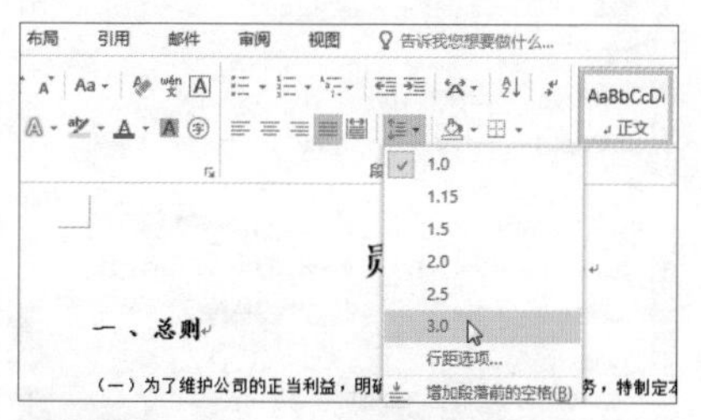

Step03 选中【一、总则】下的文本内容，单击【开始】选项卡下【段落】组中的对话框启动器。

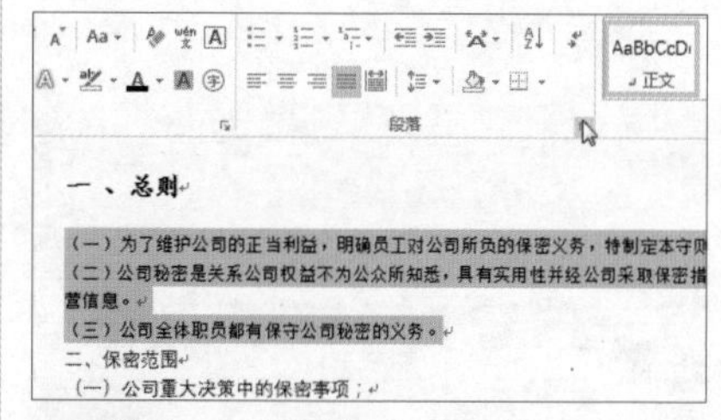

Step04 打开【段落】对话框，在【缩进和间距】选项卡下单击【特殊格式】文本框右侧的下三角按钮，在展开的下拉列表中选择【首行缩进】选项。

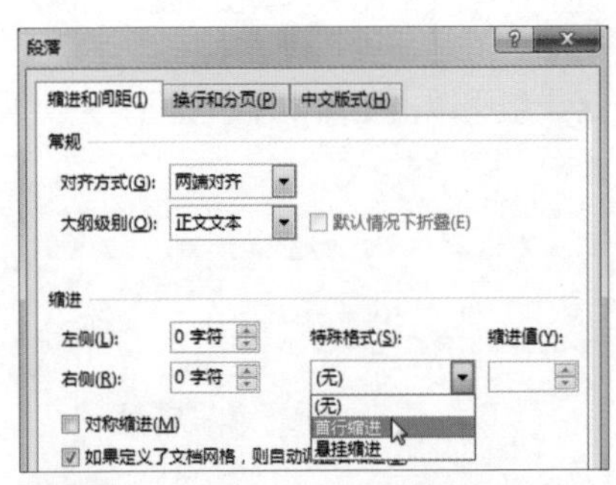

Step05 此时首行缩进的【缩进值】自动变为了【2 字符】，保持默认的缩进值，单击【确定】按钮。

Step06 返回文档，即可看到选中的文本设置为首行缩进 2 字符后的效果。

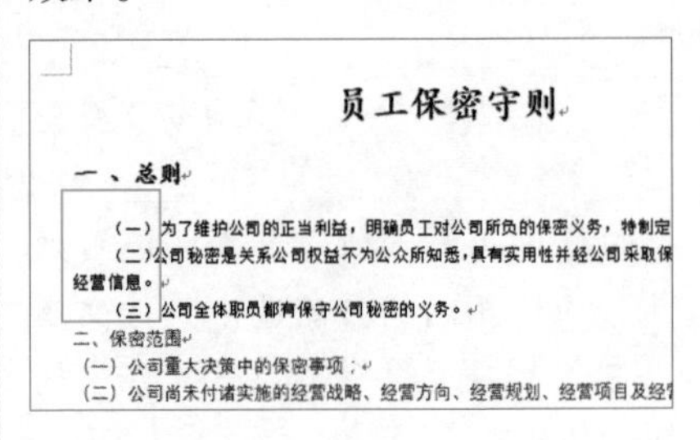
员工保密守则

一、总则

（一）为了维护公司的正当利益，明确员工对公司所负的保密义务，特制定

（二）公司秘密是关系公司权益不为公众所知悉，具有实用性并经公司采取保

经营信息。

（三）公司全体职员都有保守公司秘密的义务。

二、保密范围

（一）公司重大决策中的保密事项；

（二）公司尚未付诸实施的经营战略、经营方向、经营规划、经营项目及经

1.2.3 应用格式刷

格式刷是 Word 组件中非常强大的功能之一，使用该功能，用户能够为文档中大量的内容重复添加相同的格式，使用户的工作变得更加高效，该功能的具体操作步骤如下。

Step01 选中【一、总则】文本，在【开始】选项卡下的【剪贴板】组中单击【格式刷】按钮。

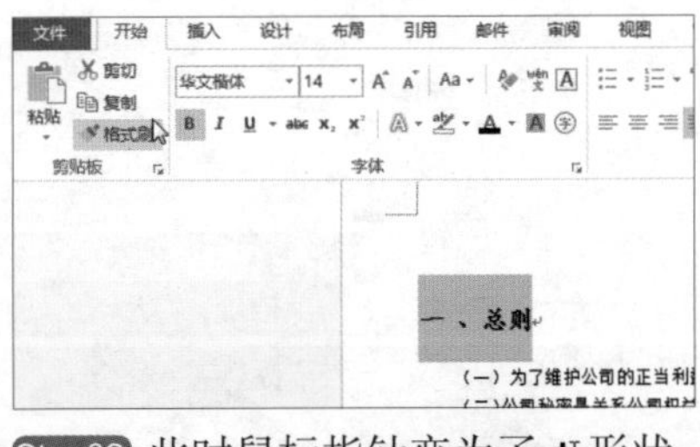

Step02 此时鼠标指针变为了 形状，按住鼠标左键，拖动选中要应用格式的文本，如【二、保密范围】。

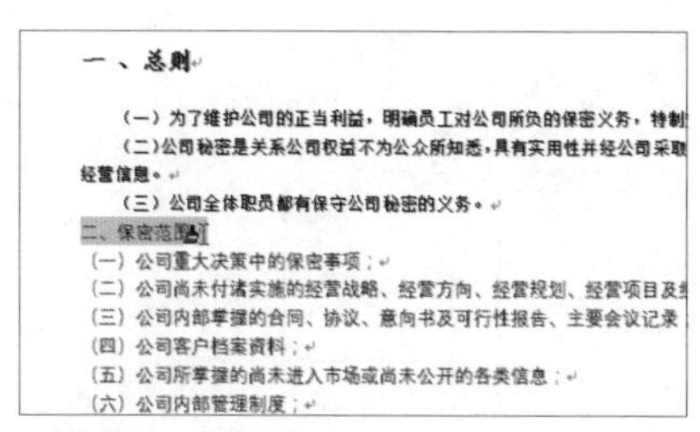

Step03 即可发现选中文本【二、保密范围】的字体和段落格式与【一、总则】的字体和段落格式都相同。应用相同的方法为相似的标题内容设置格式。

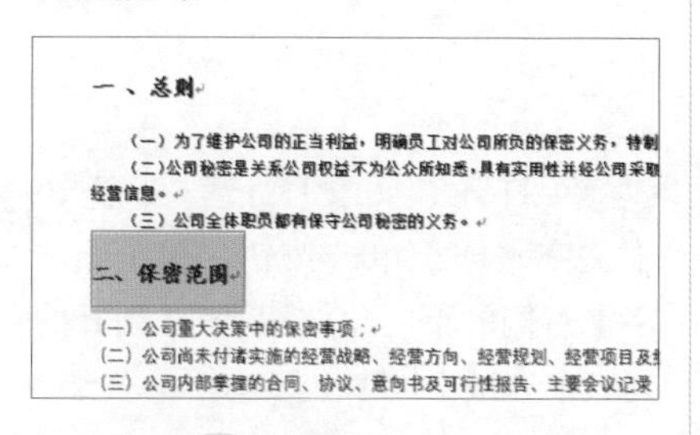

小技巧

单击一次【格式刷】按钮，用户只能使用一次该工具。双击【格式刷】按钮，用户则可连续多次使用该工具复制格式到其他文本中。

Step04 选中【一、总则】下的文本内容，在【开始】选项卡下的【剪贴板】组中双击【格式刷】按钮。

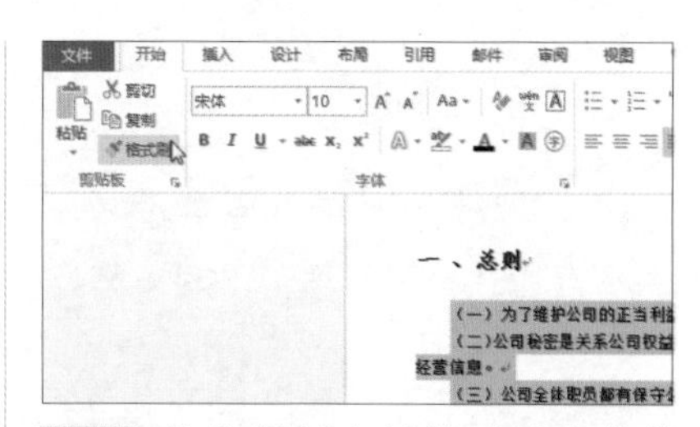

Step05 按住鼠标左键拖动选中其他要应用相同格式的文本。

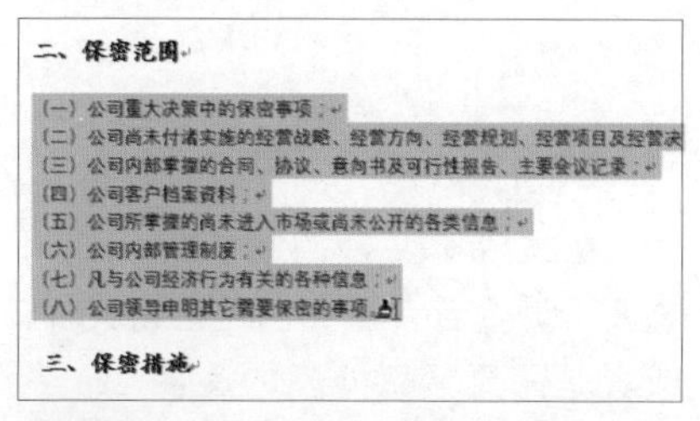

Step06 释放鼠标后，可发现鼠标指针依然显示为 形状，可继续拖动鼠标选择文本为其设置相同的格式，完成后，可看到应用格式刷后的效果。

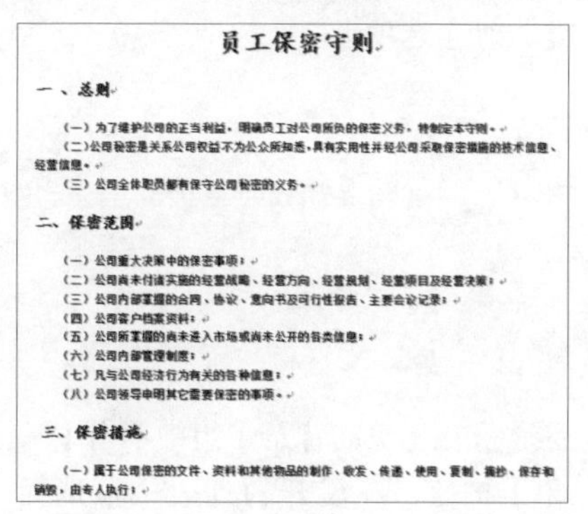

小技巧

双击【格式刷】按钮并完成文本格式的相同设置后，发现鼠标指针仍然呈 形状，此时可以单击【开始】选项卡下【剪贴板】组中的【格式刷】按钮，鼠标指针即可恢复正常形状。

1.2.4 添加水印

在完成了文档的制作后，如果想要告诉查看者该文档是机密文件，或者是需要紧急处理的文档，或者想要提醒用户该文档只是草稿，则可为文档添加水印，具体操作步骤如下。

Step01 单击【设计】标签，切换至【设计】选项卡。

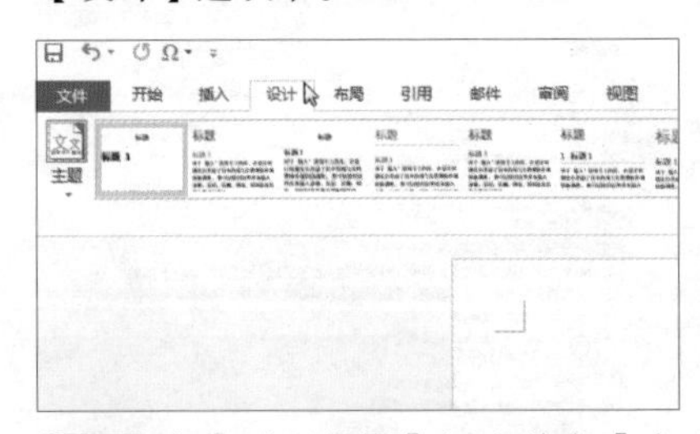

Step02 在【页面背景】组中单击【水印】按钮，在展开的列表中可选择已有的水印，如果对这些水印效果都不满意，可选择列表中的【自定义水印】选项。

Step03 打开【水印】对话框，选中【文字水印】单选按钮，单击【文字】右侧的下三角按钮，在展开的列表中选择【样本】选项。

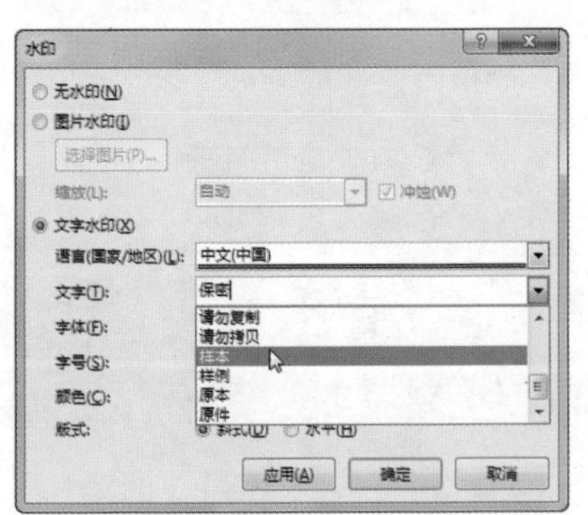

除了可以应用文字样式的水印，用户也可以将图片设置为水印效果。

Step04 单击【字体】右侧的下三角按钮▾，在展开的列表中选择合适的水印字体，如【微软雅黑】。

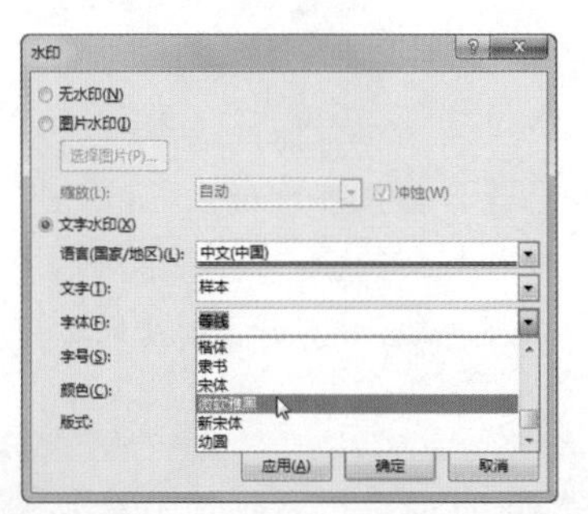

Step05 单击【字号】右侧的下三角按钮▾，在展开的列表中选择合适的水印文字的字号，如【120】磅。

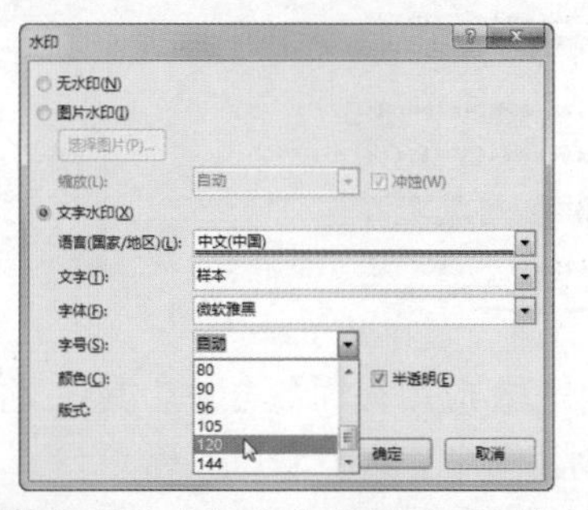

Step06 单击【颜色】右侧的下三角按钮▾，在展开的颜色库中选择合适的水印颜色，如【绿色】。

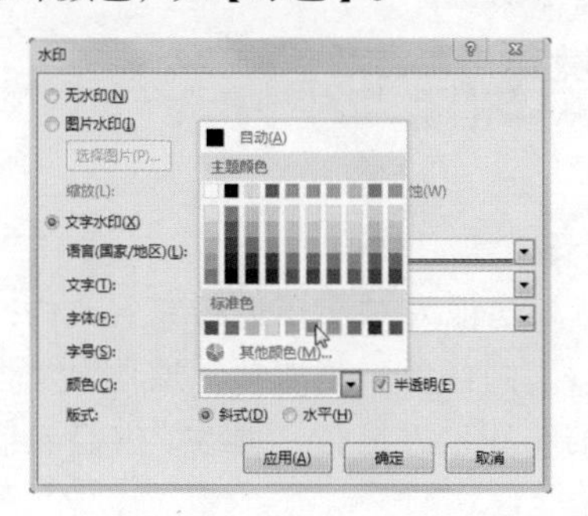

Step07 取消选中【半透明】复选框，保持默认的【斜式】版式，单击【确定】按钮。

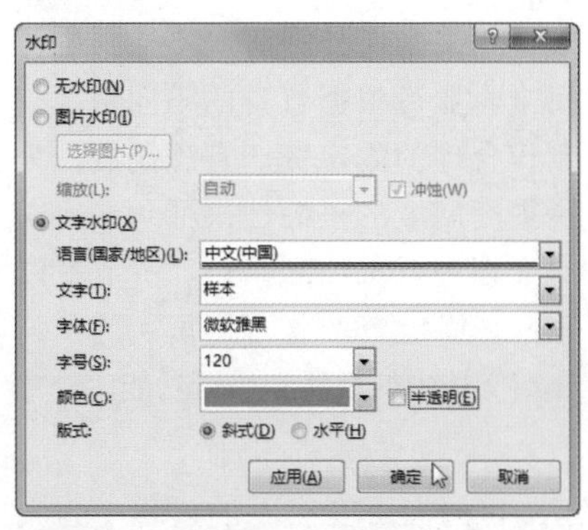

Step08 返回文档中，即可看到自定义的文字水印效果。

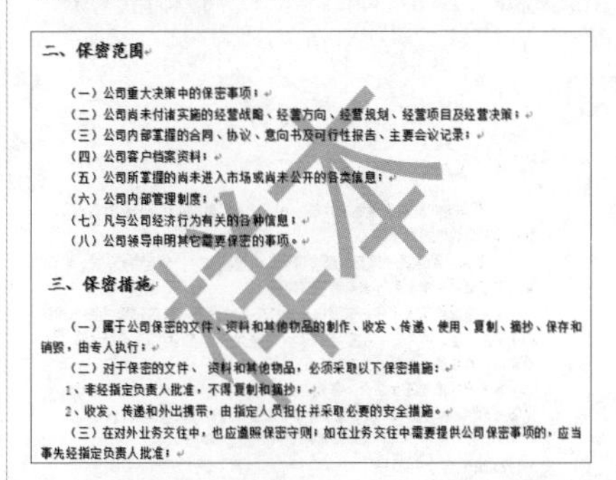

二、保密范围

（一）公司重大决策中的保密事项；

（二）公司尚未付诸实施的经营战略、经营方向、经营规划、经营项目及经营决策；

（三）公司内部掌握的合同、协议、意向书及可行性报告、主要会议记录；

（四）公司客户档案资料；

（五）公司所掌握的尚未进入市场或尚未公开的各类信息；

（六）公司内部管理制度；

（七）凡与公司经济行为有关的各种信息；

（八）公司领导申明其它需要保密的事项。

三、保密措施

（一）属于公司保密的文件、资料和其他物品的制作、收发、传递、使用、复制、摘抄、保存和销毁，由专人执行；

（二）对于保密的文件、资料和其他物品，必须采取以下保密措施：

1、非经指定负责人批准，不得复制和摘抄；

2、收发、传递和外出携带，由指定人员担任并采取必要的安全措施。

（三）在对外业务交往中，也应遵照保密守则；如在业务交往中需要提供公司保密事项的，应当事先经指定负责人批准；

小技巧

如果不想在文档的页面背景中显示水印，可单击【页面背景】组中的【水印】按钮，在展开的列表中选择【删除水印】选项。

1.3 审阅《固定资产管理制度》

为了保证固定资产的安全与合理使用，确保公司财产不受损失，每个企业可根据自身的不同情况，制作合理的固定资产管理制度。为了提高制度的正确性，可允许他人对文档进行批注和修订。本节就以审阅《固定资产管理制度》为例，介绍文档中的批注和修订功能。

1.3.1 批注文档

审阅者可在查看的过程中为文档添加批注，具体操作步骤如下。

Step01 打开“光盘\素材文件\第1章\固定资产管理制度.docx”文件，选中要批注的文本内容。

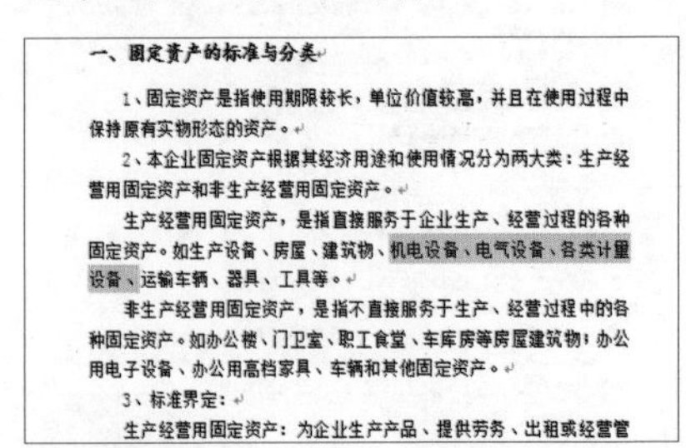
一、固定资产的标准与分类

1、固定资产是指使用期限较长，单位价值较高，并且在使用过程中保持原有实物形态的资产。

2、本企业固定资产根据其经济用途和使用情况分为两大类：生产经营用固定资产和非生产经营用固定资产。

生产经营用固定资产，是指直接服务于企业生产、经营过程的各种固定资产。如生产设备、房屋、建筑物、机电设备、电气设备、各类计量设备、运输车辆、器具、工具等。

非生产经营用固定资产，是指不直接服务于生产、经营过程中的各种固定资产。如办公楼、门卫室、职工食堂、车库房等房屋建筑物；办公用电子设备、办公用高档家具、车辆和其他固定资产。

3、标准界定：

生产经营用固定资产：为企业生产产品、提供劳务、出租或经营管

Step02 在【审阅】选项卡下的【批注】组中单击【新建批注】按钮。

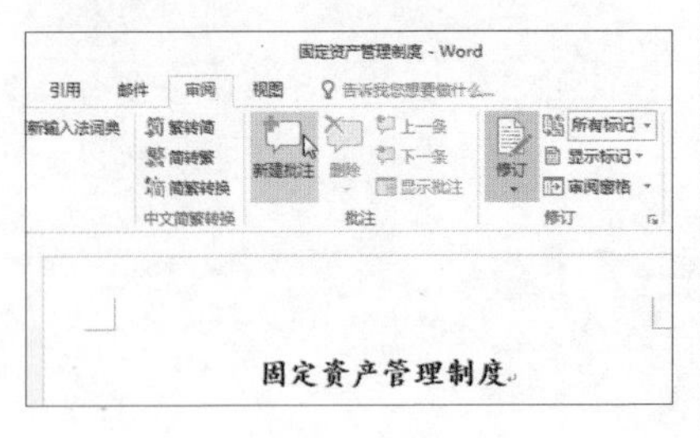

> **小技巧**
>
> 除了可以通过选项卡下的功能按钮来新建批注，用户还可以在选中文本后右击，在弹出的快捷菜单中选择【新建批注】命令来实现新建批注的操作。

Step03 此时可以看到选中文本右侧出现了一个批注框，在批注框中输入要批注的信息内容。

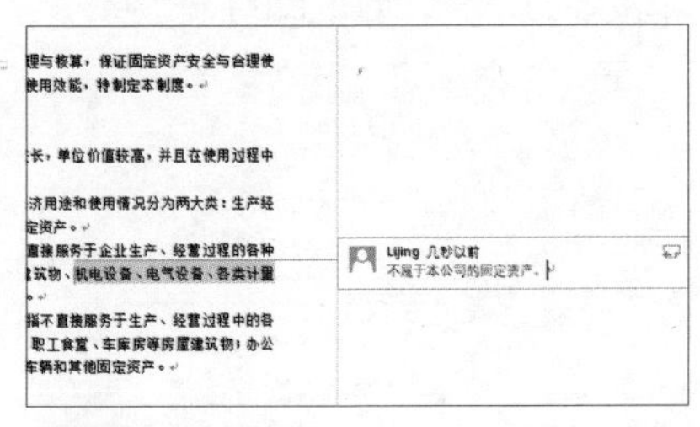

Step04 应用相同的方法为其他文本新建批注并设置批注信息。

1.3.2 修订文档

当他人对文档进行完善或修改后，制作者希望能够知道他对文档的哪些地方进行了修改，并且希望

能够自主选择接受他的修改或是拒绝他的修改，此时可以通过修订功能来实现，具体操作步骤如下。

Step01 在【审阅】选项卡下的【修订】组中，单击【修订】下三角按钮，在展开的列表中单击【修订】选项。

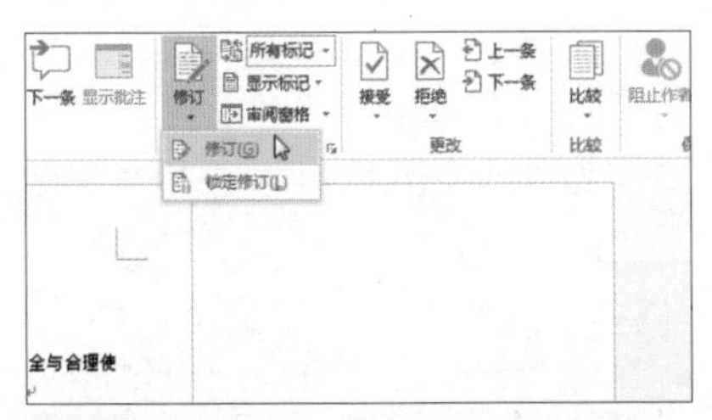

Step02 随后对文本的批注内容进行相关的修订操作，如删除、更改等，即可发现这些操作都会被记录在文档中。

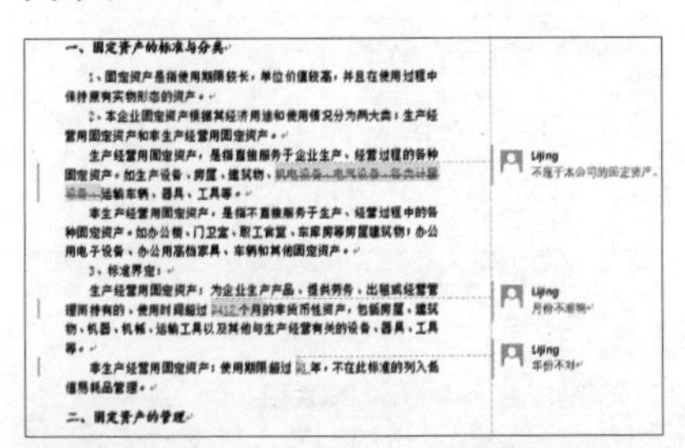

Step03 将光标定位在要接受修订的批注框内的任意位置。

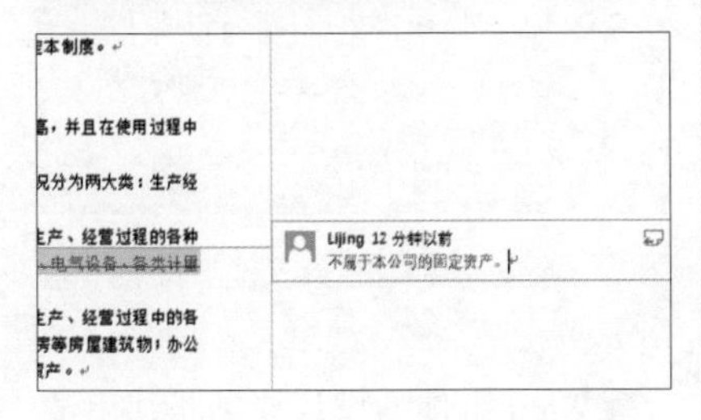

Step04 在【审阅】选项卡下的【更改】组中单击【接受】下三角按钮，在展开的列表中选择【接受并移到下一条】选项。

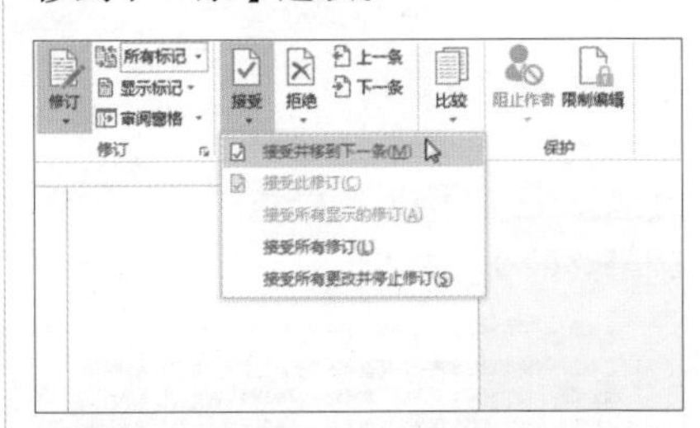

Step05 如果要接受全部修订，可单击【更改】组中的【接受】下三角按钮，在展开的列表中选择【接受所有更改并停止修订】选项。

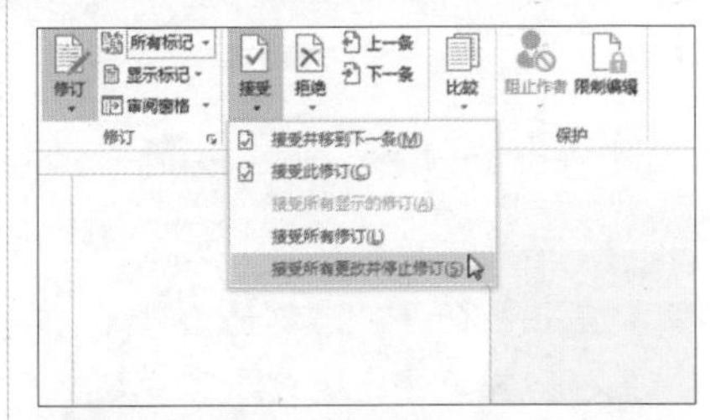

Step06 完成了文档的修订后，可发现某些批注框由于修订的完成而跟着消失，但某些批注框却由于批注的位置不准确，仍然显示在文档中。此时可以单击【审阅】选项卡下【批注】组中的【删除】下三角按钮，在展开的列表中选择【删除文档中的所有批注】选项。

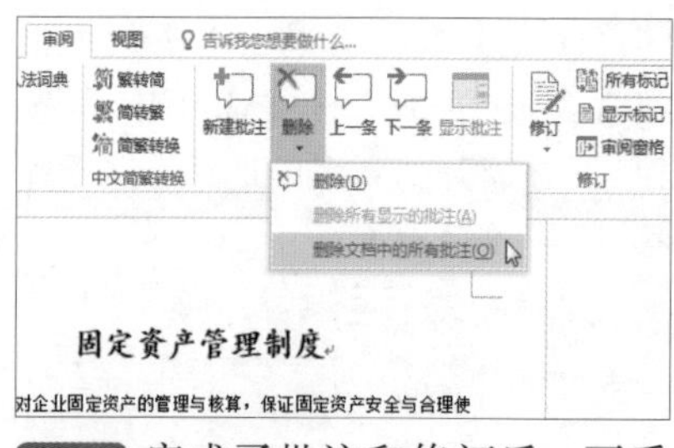

Step07 完成了批注和修订后，可看到最终的文档效果。

营用固定资产和非生产经营用固定资产。

生产经营用固定资产，是指直接服务于企业生产、经营过程的各种固定资产。如生产设备、房屋、建筑物、运输车辆、器具、工具等。

非生产经营用固定资产，是指不直接服务于生产、经营过程中的各种固定资产。如办公楼、门卫室、职工食堂、车库房等房屋建筑物；办公用电子设备、办公用高档家具、车辆和其他固定资产。

3、标准界定：

生产经营用固定资产：为企业生产产品、提供劳务、出租或经营管理而持有的、使用时间超过 12 个月的非货币性资产，包括房屋、建筑物、机器、机械、运输工具以及其他与生产经营有关的设备、器具、工具等。

非生产经营用固定资产：使用期限超过 1 年，不在此标准的列入低值易耗品管理。

二、固定资产的管理

小技巧 

如果发现某文本内容批注前是正确的，批注框的内容不正确，可单击【更改】组中的【拒绝】下三角按钮，在展开的列表中选择【拒绝更改】选项即可。

·技能拓展·

通过相关案例的讲解，主要给读者介绍了Word的文档编辑与审阅功能，接下来给读者介绍一些相关的技能拓展知识。

一、在文档中输入特殊符号

在使用Word组件编辑文档时，除了输入一些常见的文字和符号以外，偶尔还需要输入一些特殊的符号，此时可以通过以下两个主要步骤来实现。

Step01 将光标定位至要插入特殊符号的位置，在【插入】选项卡下单击【符号】组中【符号】右侧的下三角按钮，在展开的列表中选择【其他符号】选项。

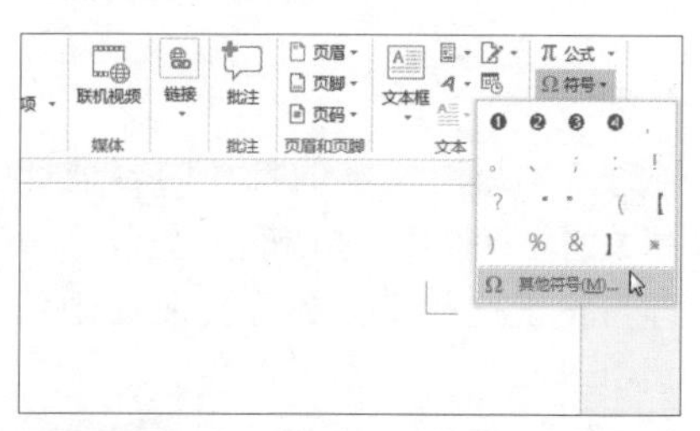

Step02 弹出【符号】对话框，在【符号】选项卡下选择【字体】格式，在符号框中双击要插入的符号即可。

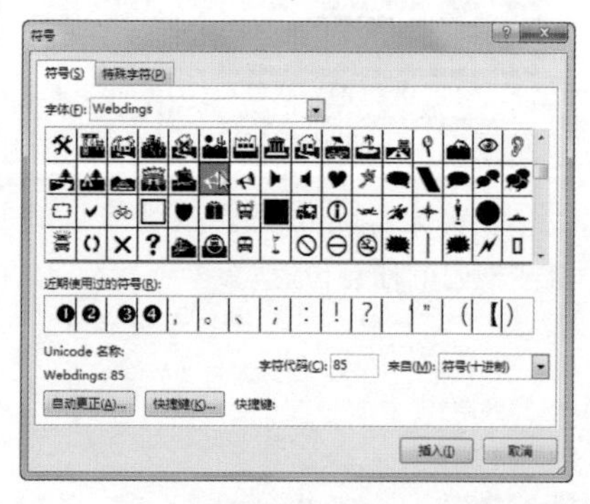

二、高版本和低版本格式兼容的处理

Word组件的设计原则是往上兼

容而往下不兼容，即高版本的 Word 能够打开低版本的文档，但是低版本的 Word 打不开高版本的文档。

为了解决低版本的 Word 打不开高版本文档的问题，可将制作的文档保存为低版本的格式。主要的操作步骤如下。

单击【文件】按钮，在视图菜单中选择【选项】命令，打开【Word 选项】对话框。切换至【保存】选项卡下，在【保存文档】选项组下单击【将文件保存为此格式】右侧的下三角按钮，在展开的列表中单击【Word 97–2003 文档（*.doc）】选项。

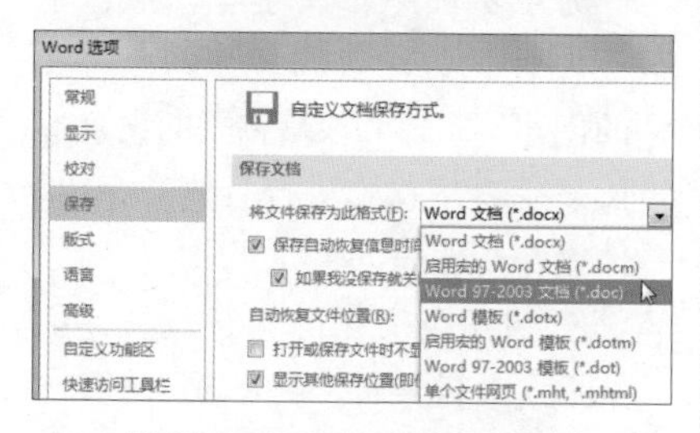

三、替换多个相同的错误文本

如果文档中包含有大量相同的错误文本，手动更改的话既浪费时间，又不能保证更改的正确性，此时可以通过 Word 组件中的替换功能来实现大量错误文本的更改操作，具体操作步骤如下。

在【开始】选项卡下的【编辑】组中单击【替换】按钮，打开【查找和替换】对话框，在【替换】选项卡下的【查找内容】文本框中输入要查找的内容，如【电视几】，在【替换为】文本框中输入替换后的正确文本内容，如【电视机】，最后单击【全部替换】按钮。

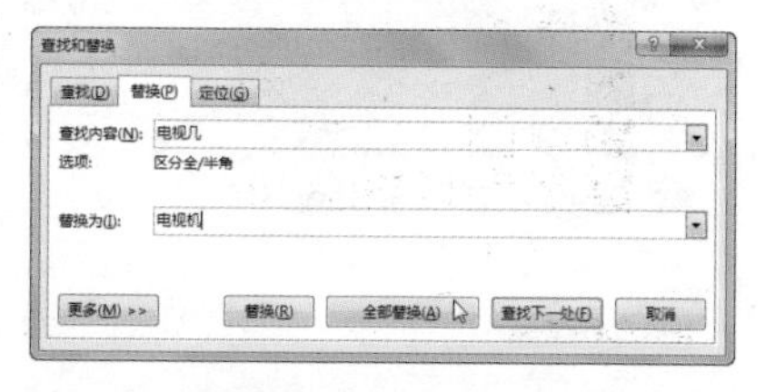

四、设置页面的背景效果

在编辑文档的时候，为了使文档阅读起来更加赏心悦目，可为文档设置一个页面背景效果，具体操作步骤如下。

Step01 在【设计】选项卡下的【页面背景】组中单击【页面颜色】下三角按钮，在展开的列表中可直接选择合适的背景色，如果都不满意，可选择【填充效果】选项。

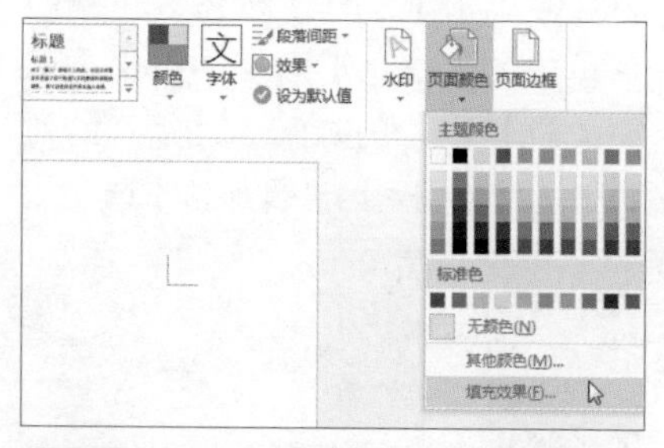

Step02 打开【填充效果】对话框，切换至【图案】选项卡，在【图案】下的图案库中选择要设置的页面颜色，单击【确定】按钮。

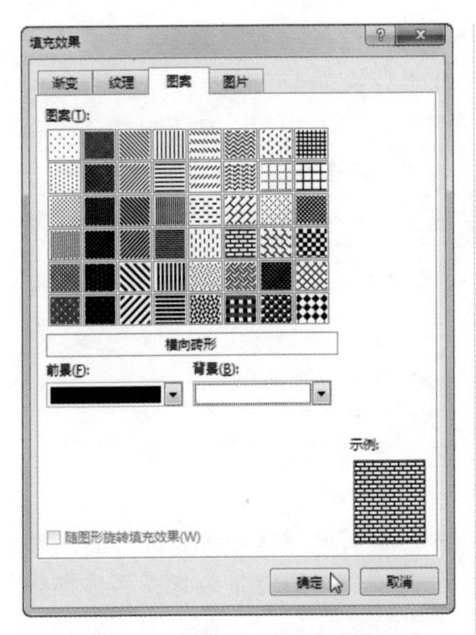

五、用密码对文档进行加密

在工作中制作了一些重要的文档后，为了防止他人查看，可为文档进行密码的加密保护，具体操作步骤如下。

Step01 单击【文件】按钮，在视图菜单中的【信息】面板中单击【保护文档】下三角按钮，在展开的列表中选择【用密码进行加密】选项。

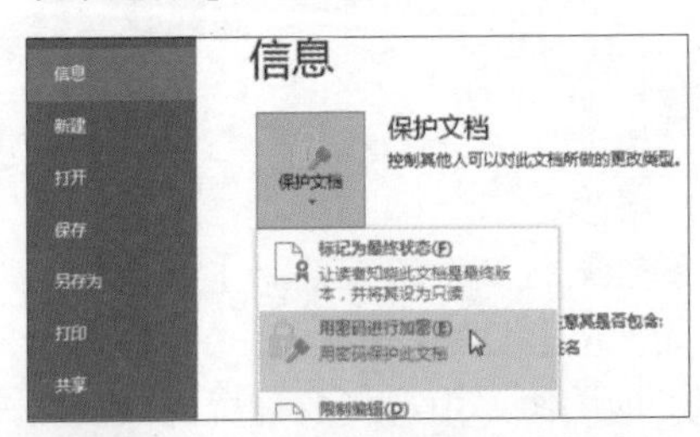

Step02 打开【加密文档】对话框，在【密码】文本框中输入要设置的密码，单击【确定】按钮，弹出一个【确认密码】对话框，输入相同的密码进行确认即可。

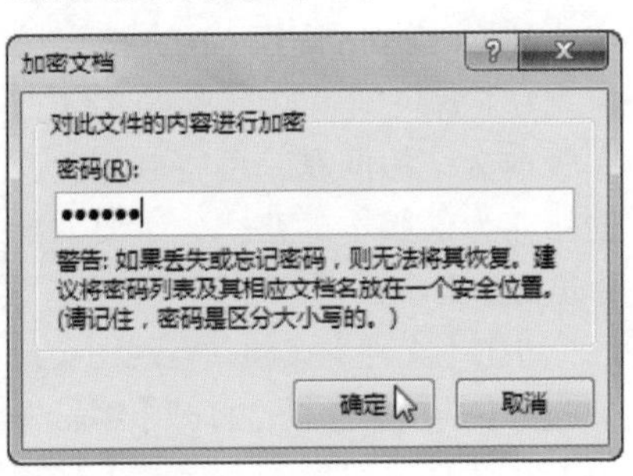

·同步实训·

制作《劳动合同》

为了巩固本章所学知识点，本节以制作《劳动合同》为例，对文档的创建、字体和段落格式的设置、审阅及保存等操作进行具体的介绍。具体操作步骤如下。

Step01 切换至文档的保存位置，如“光盘\素材文件\第1章”，双击要打开的文档图标，如【劳动合同】文档。

Step02 打开文档后，即可看到该文档中的劳动合同内容，发现未设置字体和段落格式，文档的标题内容和主要的条款不清晰，用户不能快速

查看相应的内容。

劳动合同
甲方（单位）：
乙方（劳动者）姓名：________性别：________民族：______ 文化程度：________
居民身份证号码：________________________联系电话____________
家庭住址：
一、双方在签订本合同前，应认真阅读本合同。甲乙双方的情况应如实填写，本合同一经签订，即具有法律效力，双方必须严格履行。
二、签订劳动合同，甲方应加盖单位公章；法定代表人（负责人）或委托代理人及乙方应签字或盖章，其他人不得代为签字。
三、本合同中的空栏，由双方协商确定后填写，并不得违反法律、法规和相关规定。
四、工时制度分为标准工时、不定时、综合计算工时三种。实行不定时、综合计算工时工作制的，应经劳动保障部门批准。
五、本合同的未尽事宜，可另行签订补充协议，作为本合同的附件，与本合同一并履行。
六、本合同应使用钢笔或签字笔填写，字迹清楚，文字简练、准确，并不得擅自涂改。
七、本合同签订后，甲、乙双方各执一份备查。
为建立劳动关系，明确权利义务，根据《中华人民共和国劳动法》《中华人民共和国劳动合同法》和有关法律、法规，甲乙双方遵循诚实信用原则，经平等协商一致，自愿签订本合同，共同遵守执行。

Step03 选中要设置的文本内容，设置合适的字体、字号和字形。如标题文本设置为【华文楷体】【小二】，合同文本内容设置为【宋体】【10】磅。

劳动合同
甲方（单位）：
乙方（劳动者）姓名：________性别：________民族：______ 文化程度：________
居民身份证号码：________________________联系电话____________
家庭住址：
一、双方在签订本合同前，应认真阅读本合同。甲乙双方的情况应如实填写，本合同一经签订，即具有法律效力，双方必须严格履行。
二、签订劳动合同，甲方应加盖单位公章；法定代表人（负责人）或委托代理人及乙方应签字或盖章，其他人不得代为签字。
三、本合同中的空栏，由双方协商确定后填写，并不得违反法律、法规和相关规定。
四、工时制度分为标准工时、不定时、综合计算工时三种。实行不定时、综合计算工时工作制的，应经劳动保障部门批准。
五、本合同的未尽事宜，可另行签订补充协议，作为本合同的附件，与本合同一并履行。
六、本合同应使用钢笔或签字笔填写，字迹清楚，文字简练、准确，并不得擅自涂改。
七、本合同签订后，甲、乙双方各执一份备查。
为建立劳动关系，明确权利义务，根据《中华人民共和国劳动法》《中华人民共和国劳动合同法》和有关法律、法规，甲乙双方遵循诚实信用原则，经平等协商一致，自愿签订本合同，共同遵守执行。

Step04 选中文档的标题内容后，单击【段落】组中的对话框启动器，打开【段落】对话框。在【缩进和间距】选项卡下的【常规】选项组下，设置【对齐方式】为【居中】，在【间距】选项组下设置【段前】和【段后】的间距都为【1.5 行】，设置完成后，单击【确定】按钮。

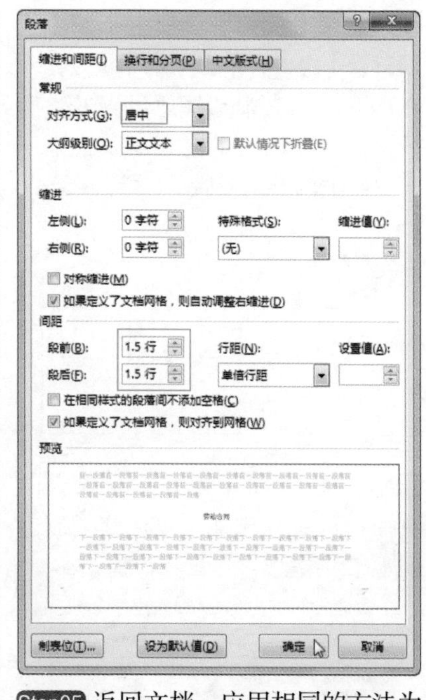

Step05 返回文档，应用相同的方法为文档的其他文本内容设置合适的段落缩进效果。

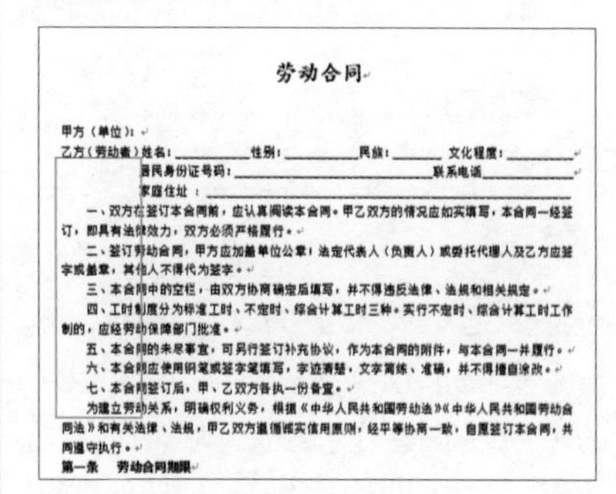
劳动合同
甲方（单位）：
乙方（劳动者）姓名：________性别：________民族：______ 文化程度：________
居民身份证号码：________________________联系电话____________
家庭住址：
一、双方在签订本合同前，应认真阅读本合同。甲乙双方的情况应如实填写，本合同一经签订，即具有法律效力，双方必须严格履行。
二、签订劳动合同，甲方应加盖单位公章；法定代表人（负责人）或委托代理人及乙方应签字或盖章，其他人不得代为签字。
三、本合同中的空栏，由双方协商确定后填写，并不得违反法律、法规和相关规定。
四、工时制度分为标准工时、不定时、综合计算工时三种。实行不定时、综合计算工时工作制的，应经劳动保障部门批准。
五、本合同的未尽事宜，可另行签订补充协议，作为本合同的附件，与本合同一并履行。
六、本合同应使用钢笔或签字笔填写，字迹清楚，文字简练、准确，并不得擅自涂改。
七、本合同签订后，甲、乙双方各执一份备查。
为建立劳动关系，明确权利义务，根据《中华人民共和国劳动法》《中华人民共和国劳动合同法》和有关法律、法规，甲乙双方遵循诚实信用原则，经平等协商一致，自愿签订本合同，共同遵守执行。
第一条　劳动合同期限

Step06 在【设计】选项卡下的【页面背景】组中，单击【水印】按钮，在展开的列表中选择要设置的水印效果，如【机密】选项组下的【严禁复制 1】水印样式。

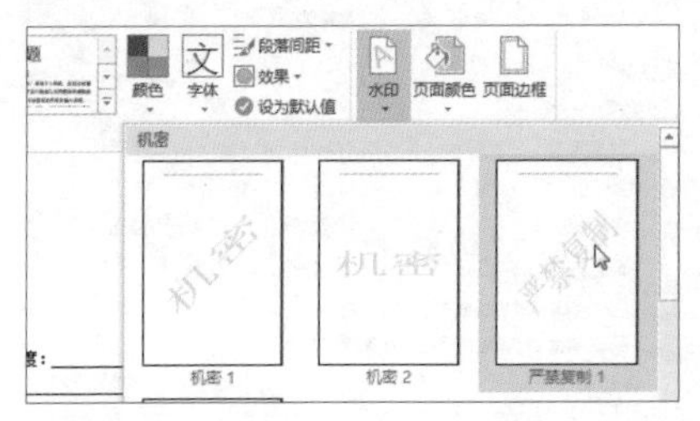

Step07 完成后，在劳动合同文档的页面中可看到添加了【严禁复制】的水印效果。

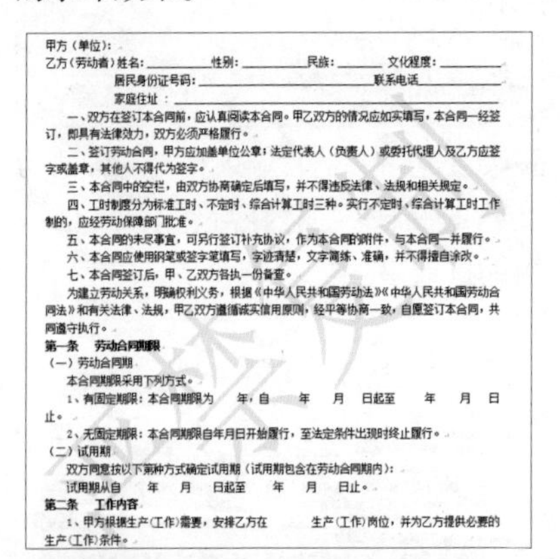

甲方（单位）：

乙方（劳动者）姓名：＿＿＿＿性别：＿＿＿＿民族：＿＿＿ 文化程度：＿＿＿＿

居民身份证号码：＿＿＿＿＿＿＿＿＿＿联系电话＿＿＿＿＿

家庭住址 ：＿＿＿＿＿＿＿＿＿＿＿＿＿＿＿＿

一、双方在签订本合同前，应认真阅读本合同。甲乙双方的情况应如实填写，本合同一经签订，即具有法律效力，双方必须严格履行。

二、签订劳动合同，甲方应加盖单位公章；法定代表人（负责人）或委托代理人及乙方应签字或盖章，其他人不得代为签字。

三、本合同中的空栏，由双方协商确定后填写，并不得违反法律、法规和相关规定。

四、工时制度分为标准工时、不定时、综合计算工时三种。实行不定时、综合计算工时工作制的，应经劳动保障部门批准。

五、本合同的未尽事宜，可另行签订补充协议，作为本合同的附件，与本合同一并履行。

六、本合同应使用钢笔或签字笔填写，字迹清楚，文字简练、准确，并不得擅自涂改。

七、本合同签订后，甲、乙双方各执一份备查。

为建立劳动关系，明确权利义务，根据《中华人民共和国劳动法》《中华人民共和国劳动合同法》和有关法律、法规，甲乙双方遵循诚实信用原则，经平等协商一致，自愿签订本合同，共同遵守执行。

第一条 劳动合同期限

（一）劳动合同期

本合同期限采用下列方式。

1、有固定期限：本合同期限为 年，自 年 月 日起至 年 月 日止。

2、无固定期限：本合同期限自年月日开始履行，至法定条件出现时终止履行。

（二）试用期

双方同意按以下第种方式确定试用期（试用期包含在劳动合同期内）：

试用期从自 年 月 日起至 年 月 日止。

第二条 工作内容

1、甲方根据生产(工作)需要，安排乙方在 生产(工作)岗位，并为乙方提供必要的生产(工作)条件。

Step08 选中要批注的文本内容，单击【审阅】选项卡下【批注】组中的【新建批注】按钮，为其添加批注框，并在批注框中输入要批注的内容。

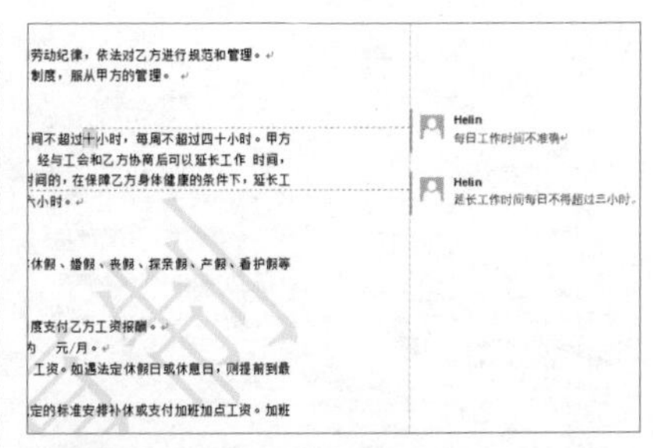

Step09 为文档进行批注后，返回给制作者，单击【审阅】选项卡下【修订】组中的【修订】按钮，启用修订功能。更改批注了的文档内容，单击【更改】组中的【接受】下三角按钮，在展开的列表中选择【接受所有更改并停止修订】选项。

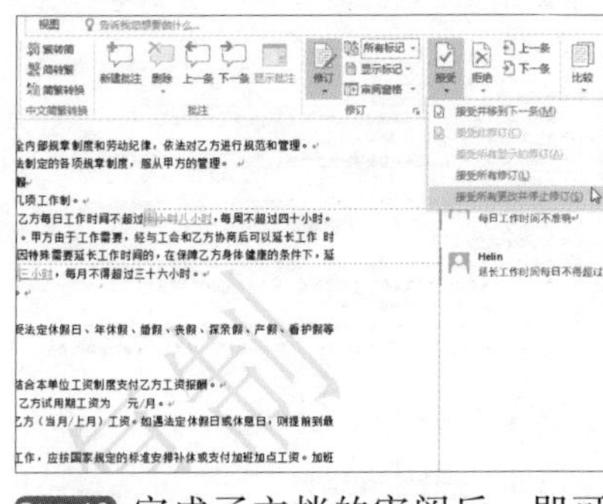

Step10 完成了文档的审阅后，即可将文档另行保存了，单击【文件】按钮，在弹出的视图菜单中单击【另存为】命令，单击【浏览】按钮。

Step11 在弹出的【另存为】对话框中设置好文档的保存位置和文件名，单击【保存】按钮，即可将设置好的文档保存在其他位置。

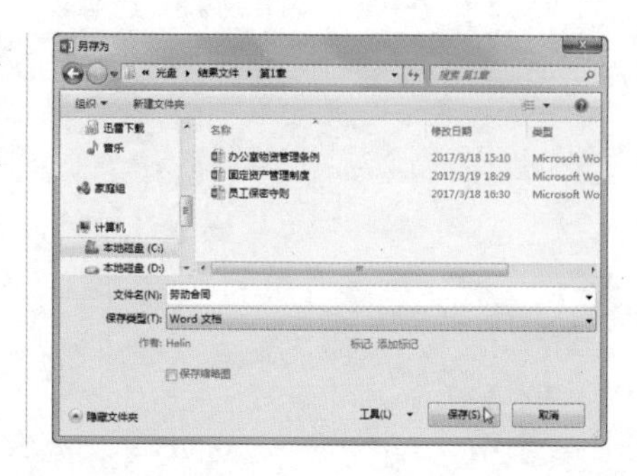

学习小结

本章主要介绍了 Word 组件的基础文本设置和审阅操作。重点内容包括文档的创建和保存、文本的字体和段落格式设置、页面水印的添加及文档的批注与修订功能。熟练掌握这些入门的操作知识，可为进一步学习 Word 打下坚实的基础。

第 2 章

Word 文档的图文混排

为了让制作的 Word 文档更生动活泼，以及让文档内容更直观、清晰，可对 Word 文档进行图文混排操作。

本章将以制作招聘海报、招聘流程图为例，介绍图片、艺术字、自选图形及 SmartArt 图形的插入操作，此外，还将对插入的图形进行格式设置等操作。

※ 插入图片和艺术字 ※ 绘制自选图形并设置格式

※ 插入 SmartArt 图形并添加形状 ※ 设置图形样式 ※ 更改图形版式

案 例 展 示

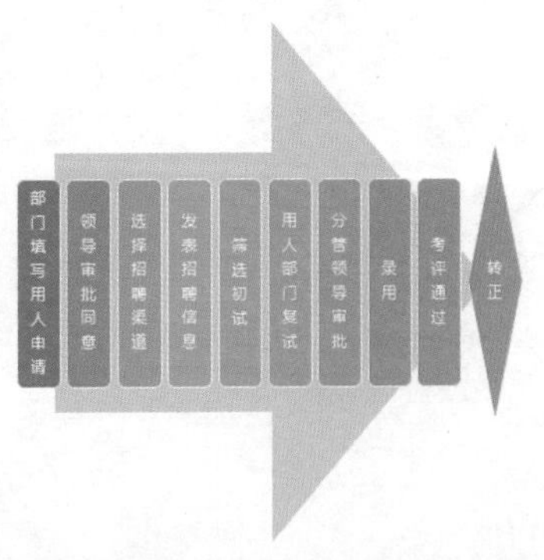

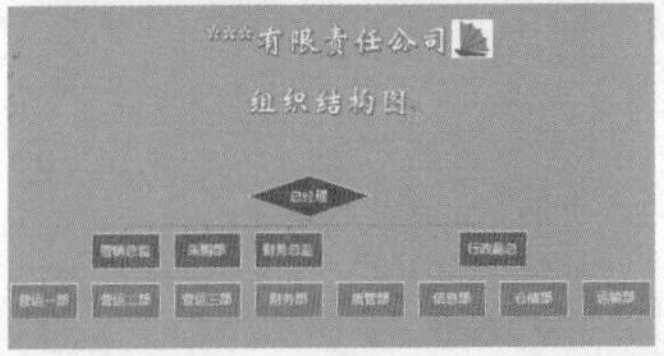

2.1 制作《招聘海报》

随着企业规模的不断扩大，对人才的需求也日益增长，企业就需要广泛地发布招聘海报来获取发展所需的人才。

本节以制作招聘海报为例，主要介绍图片、艺术字的插入操作，以及形状的绘制和格式设置操作。

2.1.1 插入图片

为了让 Word 制作的招聘海报具有美观性，可在输入文本内容前，插入一个符合招聘内容并突出招聘主题的图片，具体操作步骤如下。

Step01 打开“光盘\素材文件\第 2 章\招聘海报.docx”文件，首先定位光标，单击【插入】选项卡下【插图】组中的【图片】按钮。

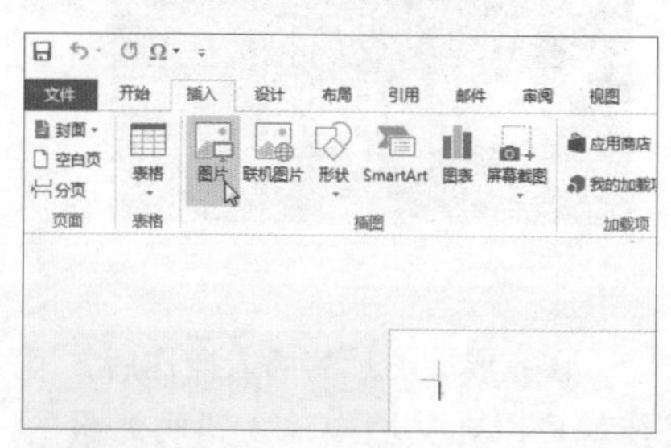

Step02 在弹出的【插入图片】对话框中选择需要插入的图片，如【图片】，单击【插入】按钮。

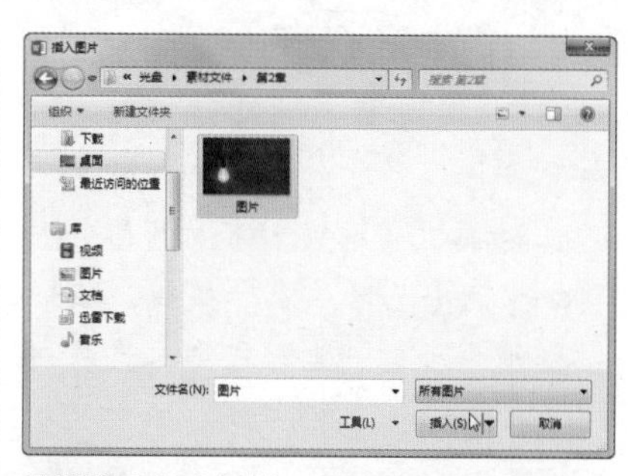

Step03 返回文档，即可看到光标所在的位置插入了选择的图片。

Step04 选中图片，单击【图片工具 格式】选项卡下【调整】组中的【颜色】按钮。

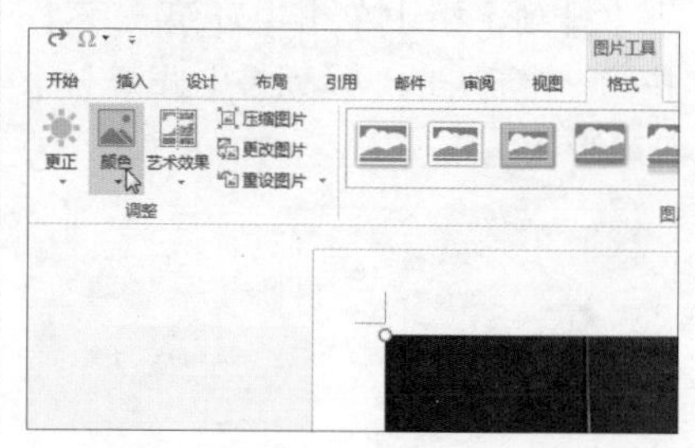

小技巧

除了可以设置插入图片的颜色，还可以对图片的艺术效果进行设置。直接单击【图片工具 格式】选项卡下【调整】组中的【艺术效果】按钮，在展开的列表中选择需要的艺术效果即可。

Step05 在展开的下拉列表中选择合适的颜色效果，如选择【色调】选项组下的【色温：11200K】选项。

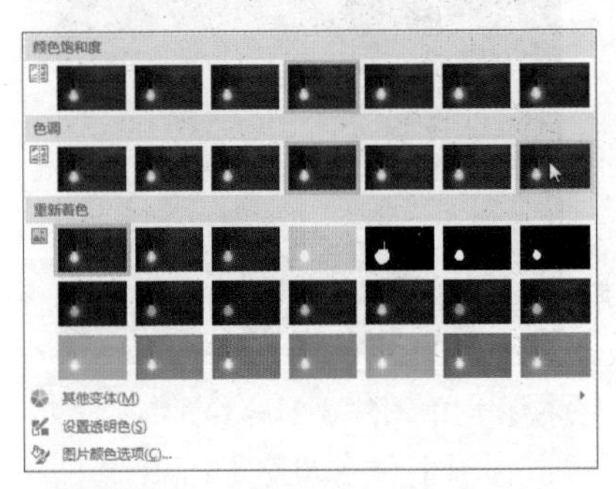

Step06 在【图片工具 格式】选项卡下【排列】组中单击【环绕文字】按钮，在展开的下拉列表中选择【衬于文字下方】选项。

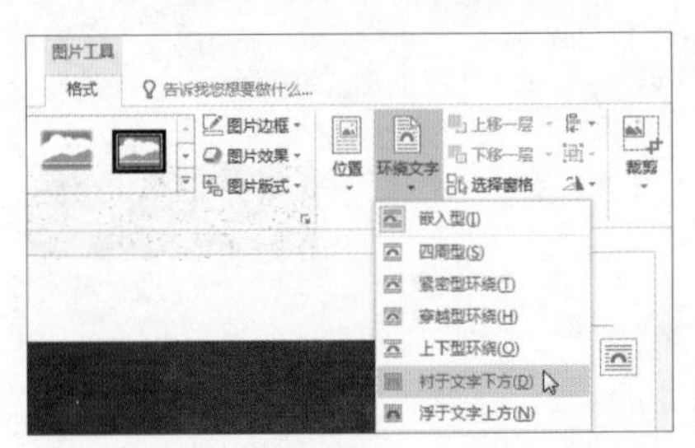

Step07 将鼠标指针放置在图片上，当鼠标指针变为了 形状时，按住鼠标左键不放，向上拖动图片至合适的位置，在拖动过程中，可看到绿色的辅助线，目的在于帮助用户快速让图片在文档中对齐。

Step08 设置完成后，释放鼠标左键，即可看到插入图片并设置颜色和位置后的效果。

2.1.2 插入艺术字

在完成了图片的插入操作后，用户就可以在文档中输入招聘海报的文本内容了。为了让输入的文本内容更显眼和美观，从而吸引求职者的注意力，可通过插入艺术字并设置艺术字的格式来实现目的。具体操作步骤如下。

Step01 在【插入】选项卡下的【文本】组中单击【艺术字】按钮，在展开的列表中选择合适的艺术字，如单击【填充－灰色，背景 2，内部阴影】艺术字。

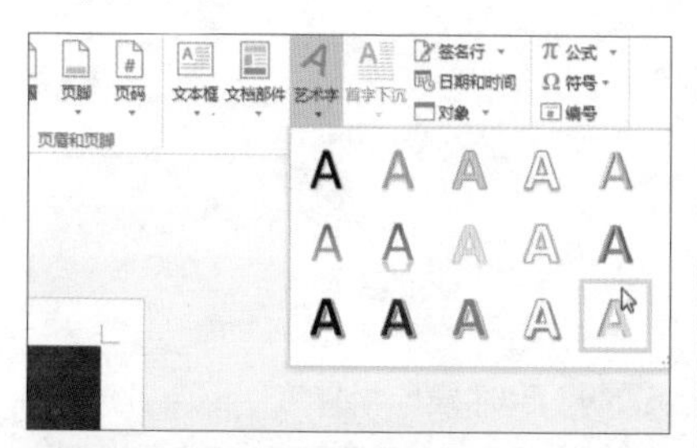

Step02 此时在文档的图片上方插入了一个【请在此放置您的文字】的艺术字文本框。

Step03 按【Delete】键删除文本框中的文本内容，输入【你够亮，你就来！】文本内容。

Step04 将鼠标指针放置在艺术字文本框上，当鼠标指针变为✥形状时，按住鼠标左键不放并拖动，即可移动艺术字文本框的位置，移动至合适的位置后释放鼠标即可。

Step05 选中艺术字文本框，在【开始】选项卡下的【字体】组中设置【字体】为【华文琥珀】，【字号】为【小初】，【字形】为【常规】，即取消加粗操作。

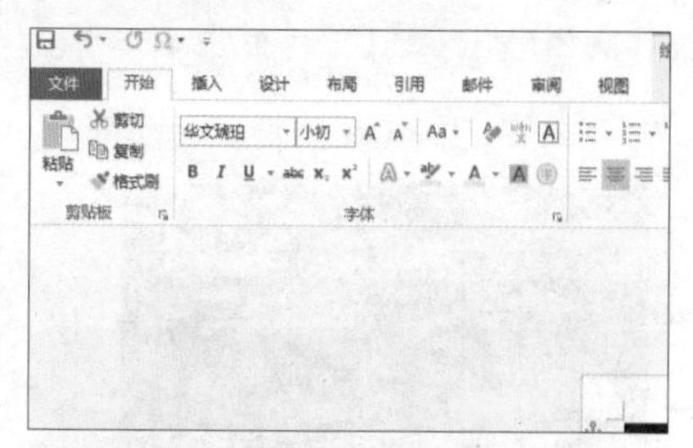

Step06 设置完成后，即可看到插入艺术字并设置字体后的效果。

Step07 继续在【插入】选项卡下的【文本】组中单击【艺术字】按钮，在展开的列表中单击【填充－金色，

着色 4，软棱台】艺术字。

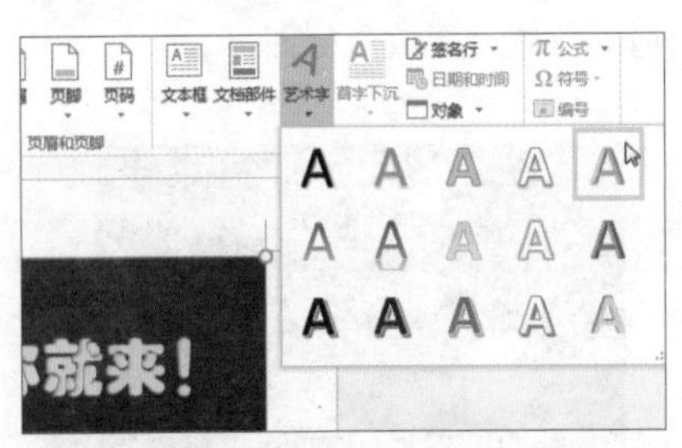

Step08 随后在插入的艺术字文本框中输入新的文本内容，如【只要你会发光 我们就不会让你失望】，在文本输入的过程中，可使用【Enter】键换行。随后设置艺术字文本框中的字体格式为【华文楷体】【三号】【加粗】，设置【字体颜色】为【白色背景 1】。

2.1.3 绘制自选图形

在使用 Word 设计招聘海报的过程中，除了可以插入图片和艺术字，还可以绘制各种外观专业、效果生动的自选图形并输入文本内容，从而增加文档的可读性，具体操作步骤如下。

Step01 在【插入】选项卡下单击【插图】组中的【形状】按钮，在展开的下拉列表中选择要绘制的形状，如单击【矩形】选项组下的【矩形】形状。

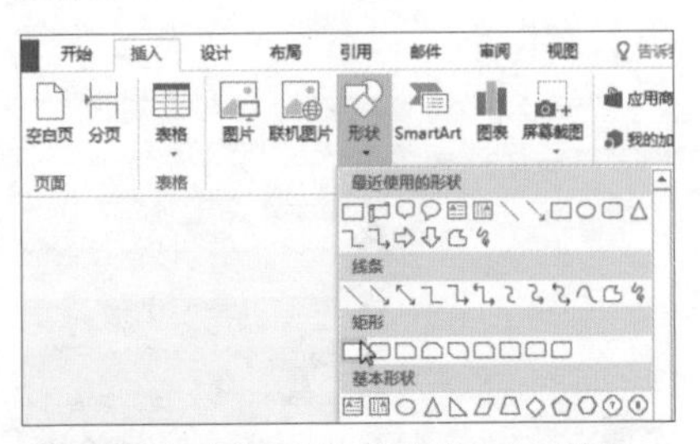

Step02 此时鼠标指针变为了＋形状，在要放置形状的位置处按住鼠标左键不放并拖动，即可绘制出矩形形状。

Step03 选中绘制的矩形形状，直接输入文本内容，如【诚聘：策划 & 设计师 & 业务员】。

Step04 保持形状的选中状态，在【开始】选项卡下的【字体】组中设置【字体】为【华文行楷】，【字号】为【一号】。

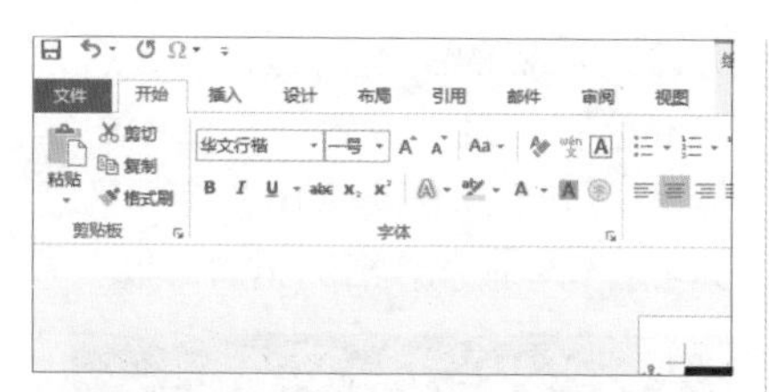

Step05 即可看到绘制形状并输入文本内容的文档效果。

2.1.4 设置形状格式

为了让绘制的形状效果更符合海报的设计背景，可对形状进行格式设置，具体操作步骤如下。

Step01 选中形状，将鼠标指针放置在形状左侧的中间控点上，当鼠标指针变为↔形状时，按住鼠标左键不放向左拖动，即可增大矩形形状的宽度。

Step02 在【绘图工具 格式】选项卡下的【形状样式】组中单击【形状填充】按钮，在展开的下拉列表中选择【无填充颜色】选项。

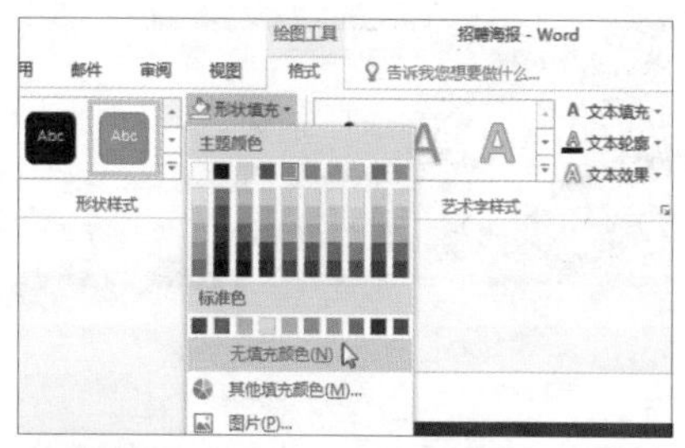

Step03 继续在【绘图工具 格式】选项卡下的【形状样式】组中单击【形状轮廓】按钮，在展开的下拉列表中单击【无轮廓】选项。

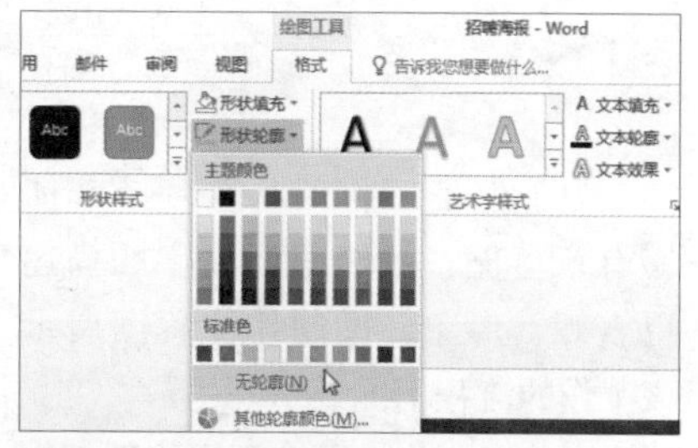

Step04 即可看到设置无填充颜色和无轮廓后的形状效果。

Step05 选中形状中的【诚聘：】文本内容，在右上方弹出的浮动工具栏中单击【字体颜色】右侧的下三角按钮，在展开的下拉列表中选择合适的字体颜色，如【标准色】选项

组下的【黄色】。

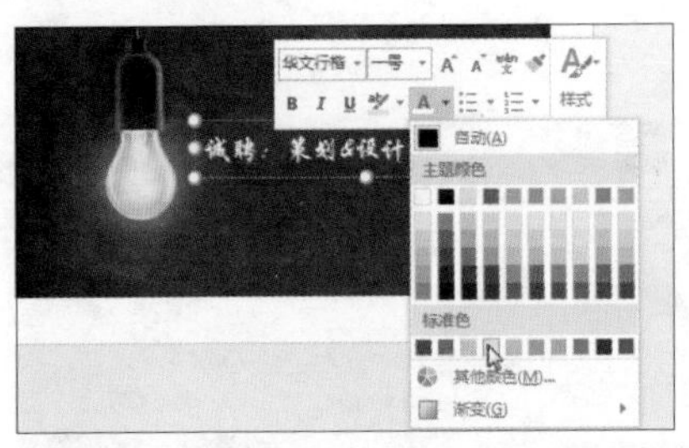

Step06 即可看到设置字体颜色后的效果。然后应用相同的方法在需要插入形状的位置绘制新的矩形形状，并输入需要的文本内容，如联系方式和公司地址。设置该形状中的字体格式为【幼圆】【10】磅。最后即可看到完成制作后的招聘海报。

2.2 制作《招聘流程图》

为了保证工作的每个环节都能够有章可循，且能够比文字的描述更直观、形象，可制作流程图展示该工作的流程情况。

本节以制作招聘流程图为例，主要介绍 SmartArt 图形的插入操作，以及添加、设置和更改图形形状操作。

2.2.1 插入 SmartArt 图形

要想直观地表现各种层级关系、附属关系、并列关系或循环关系，可在文档中插入 SmartArt 图形，具体操作步骤如下。

Step01 打开“光盘\素材文件\第2章\招聘流程图.docx”文件，在文档中将光标定位至要插入图形的位置。

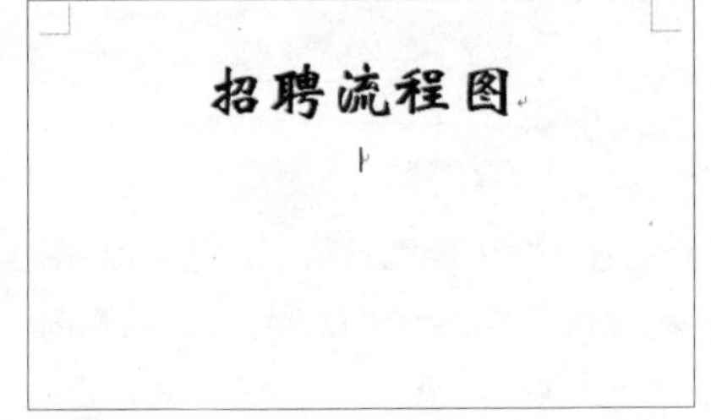

Step02 在【插入】选项卡下的【插图】组中单击【SmartArt】按钮。

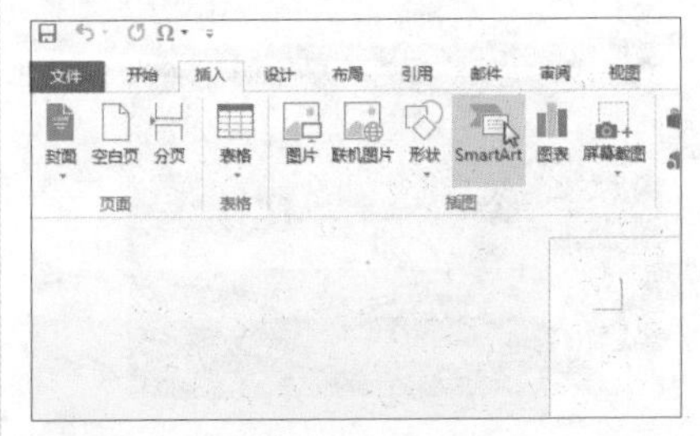

Step03 在弹出的【选择 SmartArt 图形】对话框中单击【流程】标签，在【流程】右侧的面板中选择合适

的图形类型，如单击【基本蛇形流程】图形，完成后单击【确定】按钮即可。

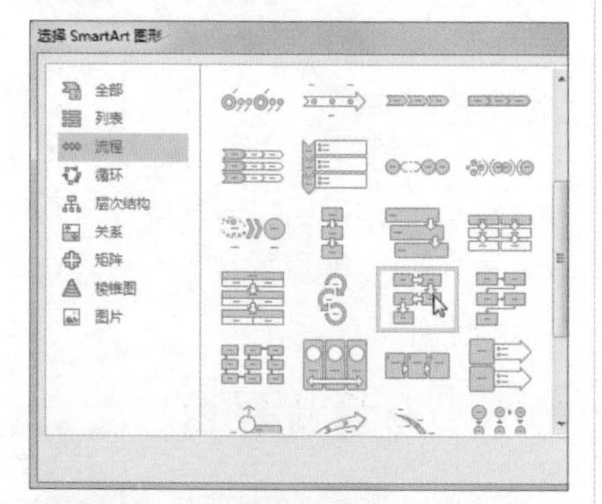

Step04 返回文档，即可看到在光标定位的位置插入了选择的 SmartArt 图形。

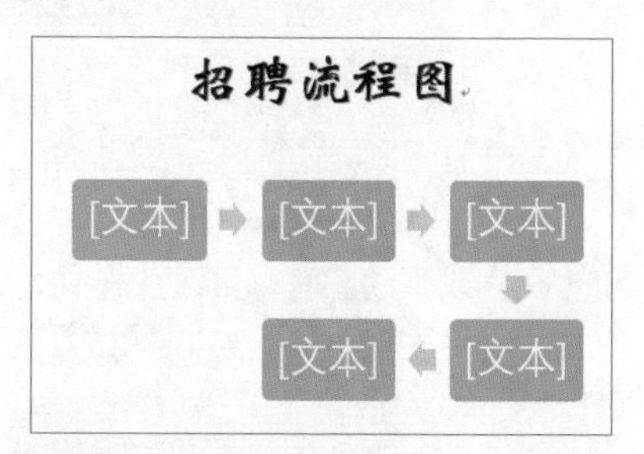

Step05 选中图形中的形状，直接在每个形状中输入文本内容，即可完成了招聘流程图的制作。

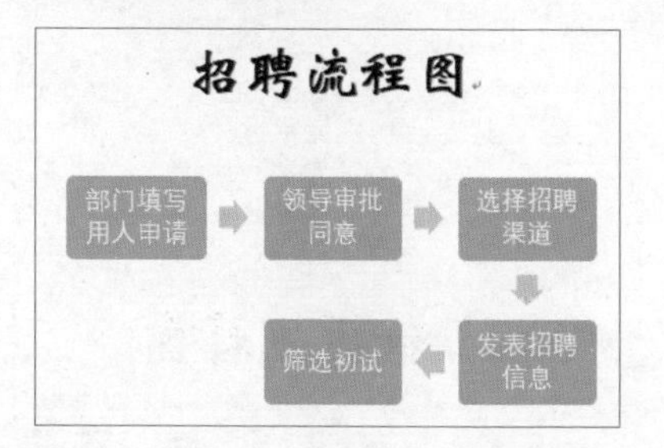

2.2.2 在图形中添加形状

在大多数情况下，SmartArt 图形布局固定的形状，数量一般都不能满足实际的工作需要。此时，用户可以根据实际情况删除或添加图形形状。具体操作步骤如下。

Step01 在图形中选中含有【筛选初试】内容的图形形状。

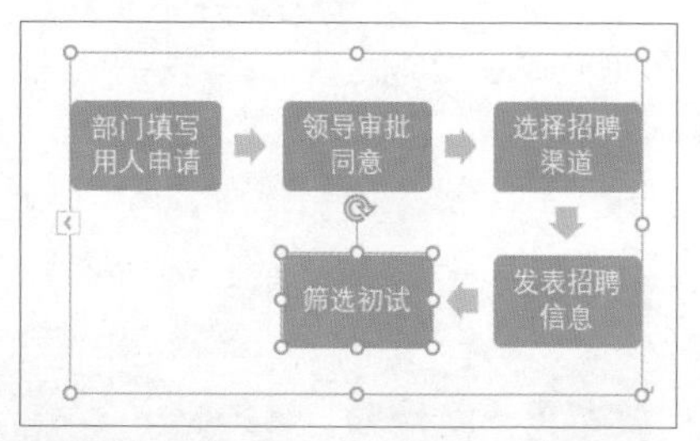

Step02 在【SmartArt 工具 设计】选项卡下的【创建图形】组中单击【添加形状】右侧的下三角按钮，在展开的列表中选择【在后面添加形状】选项。

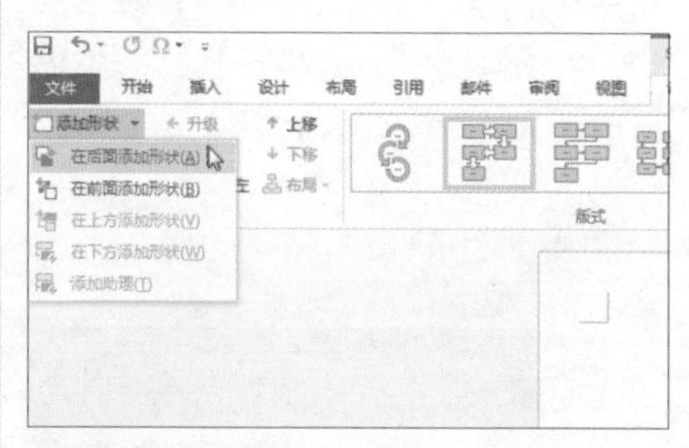

Step03 即可看到选择的【筛选初试】图形后添加了一个空白的相同形状的图形。

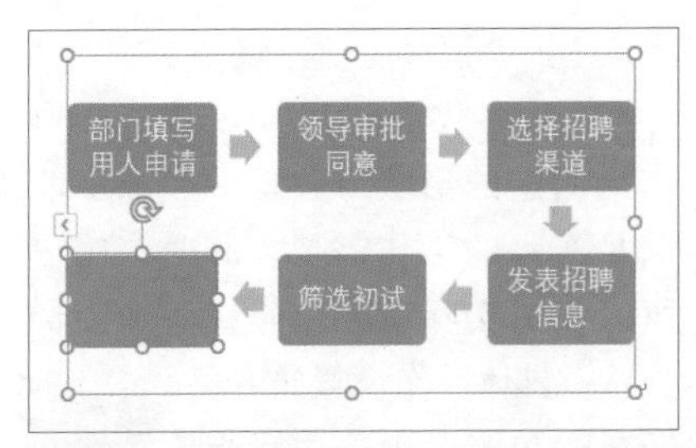

Step04 应用相同的方法选择插入的图形，并在该图形后连续插入 3 个图形形状。

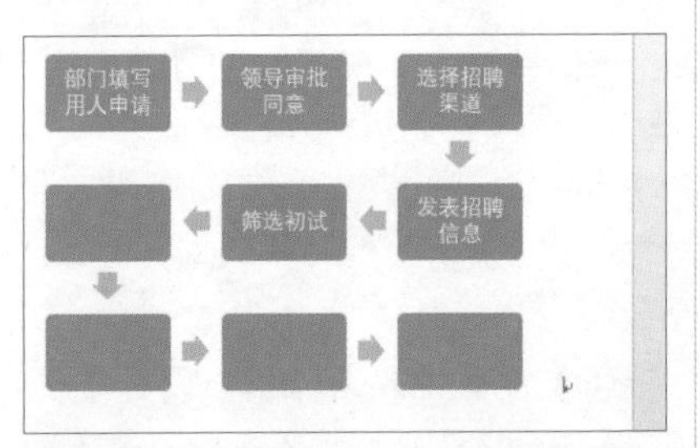

Step05 插入完成后，在空白的图形形状中输入文本内容。完成后，发现【录用】图形形状前面还需要添加一个内容，右击【录用】图形形状，在弹出的快捷菜单中单击【添加形状→在前面添加形状】命令。

Step06 即可看到【录用】形状前添加了一个空白的图形形状。

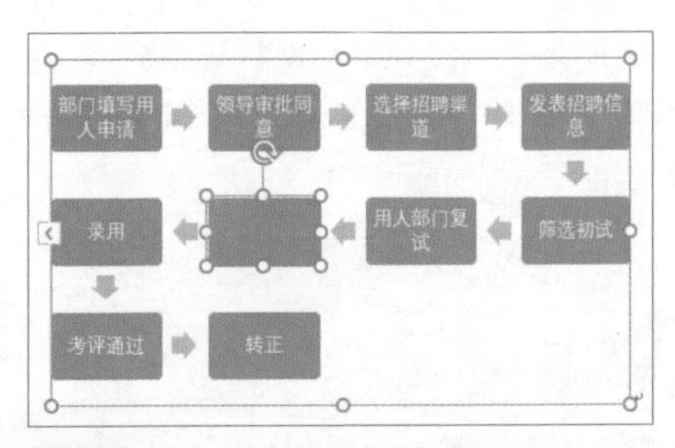

Step07 在形状中输入合适的文本内容，如【分管领导审批】，完成流程图的制作。

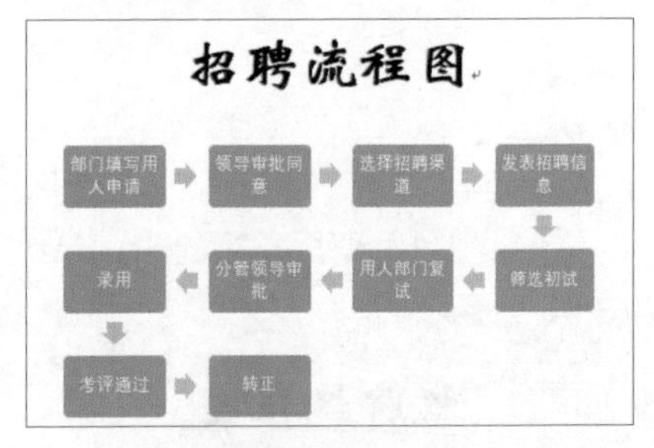

2.2.3 设置图形样式

当用户对 SmartArt 图形的颜色和外观样式不满意时，可改变样式，使 SmartArt 图形更具视觉冲击力，具体操作步骤如下。

Step01 选中文档中创建的流程图，在【SmartArt 工具 设计】选项卡下单击【SmartArt 样式】组中的【更改颜色】按钮。

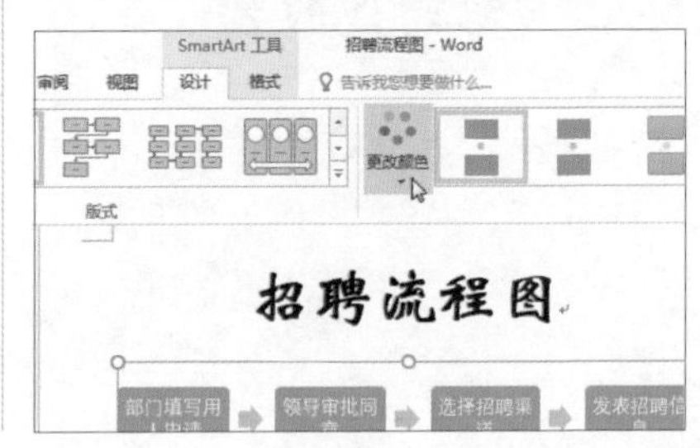

小技巧

除了可以通过更改颜色来设置图形样式，还可以单击【SmartArt 图形样式】组中的【其他】按钮，在展开的样式库中选择总体的外观样式。

Step02 在展开的列表中选择要设置的图形颜色，如【彩色范围－个性色 5 至 6】样式。

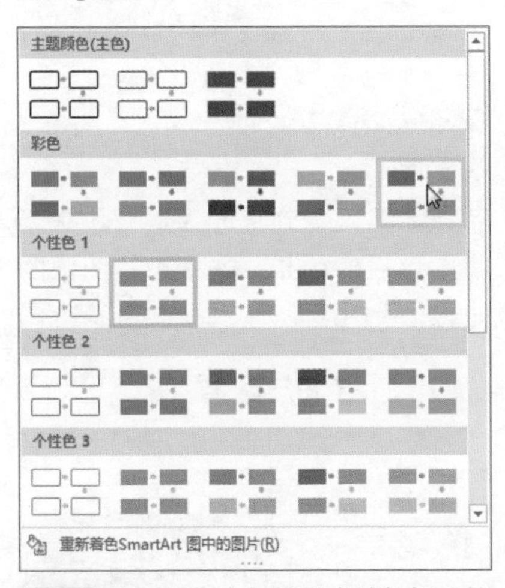

Step03 即可看到应用选择样式后的图形效果。

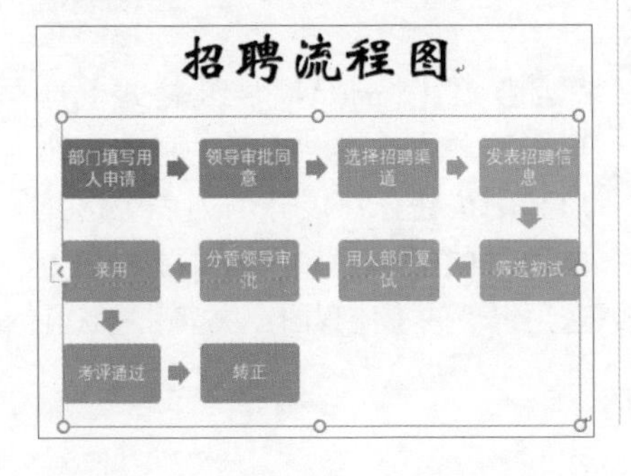

Step04 在图形被选中的情况下，在【开始】选项卡下的【字体】组中设置【字体】为【微软雅黑】，【字号】为【10】磅。

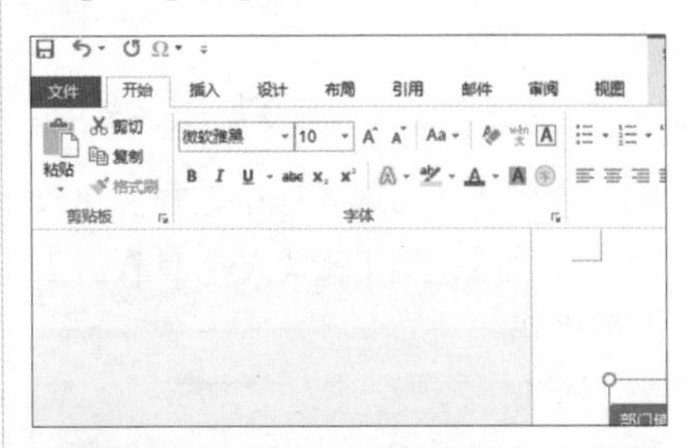

Step05 此时即可看到设置文本字体格式后的图形效果。

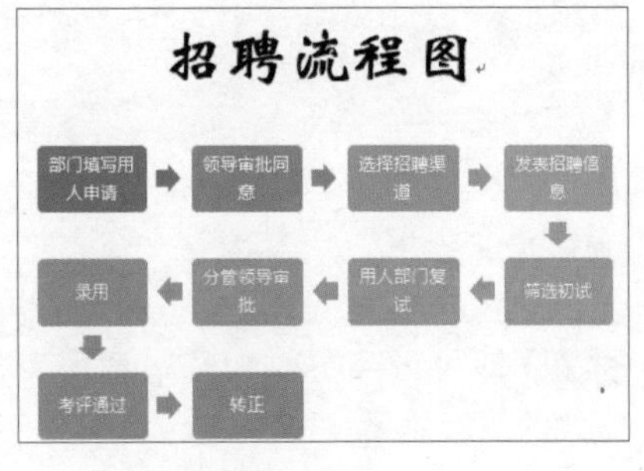

2.2.4 更改图形版式

当插入的 SmartArt 图形不能直观而清晰地表现文本内容时，可将已有的图形更改为合适的版式，具体操作步骤如下。

Step01 选中图形，在【SmartArt 工具 设计】选项卡下单击【版式】组中的【其他】按钮。

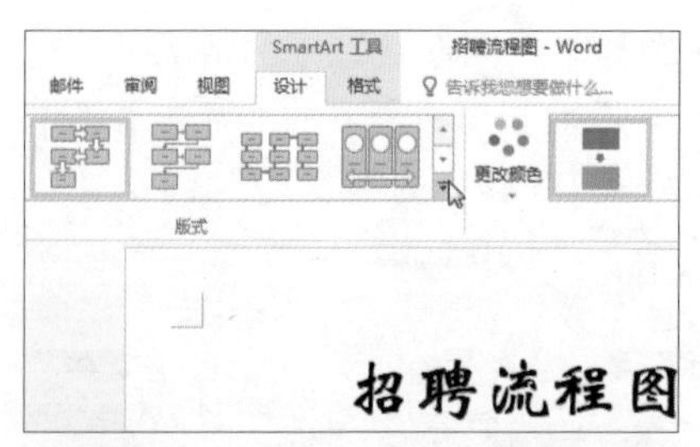

Step02 在展开的版式库中选择要更改的图形版式，如单击【基本日程表】图形版式。

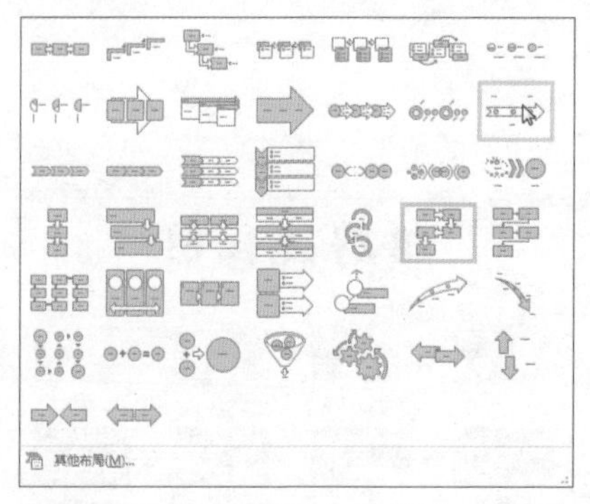

Step03 即可看到更改为基本日程表版式的图形效果。

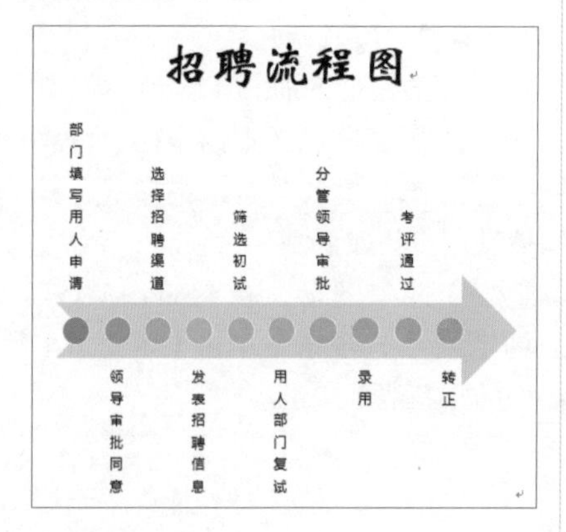

Step04 如果还是对更改后的图形不满意，可继续在【SmartArt 工具 设计】选项卡下，单击【版式】组中的【其他】按钮，在展开的版式库中单击其他的图形版式，如【连续块状流程】图形。

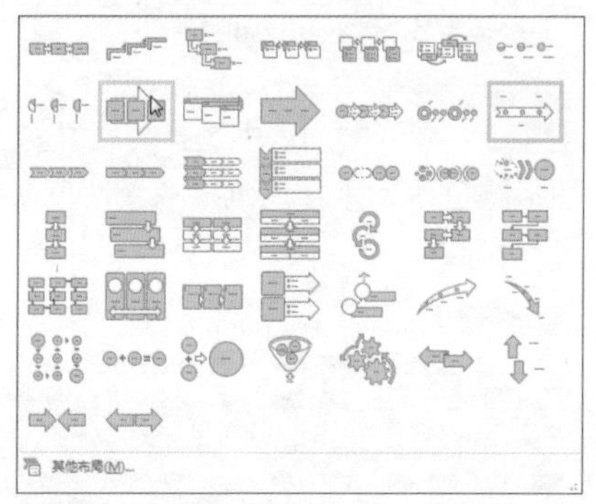

Step05 即可看到更改为连续块状流程图形后的效果，选中流程图中的【转正】图形。

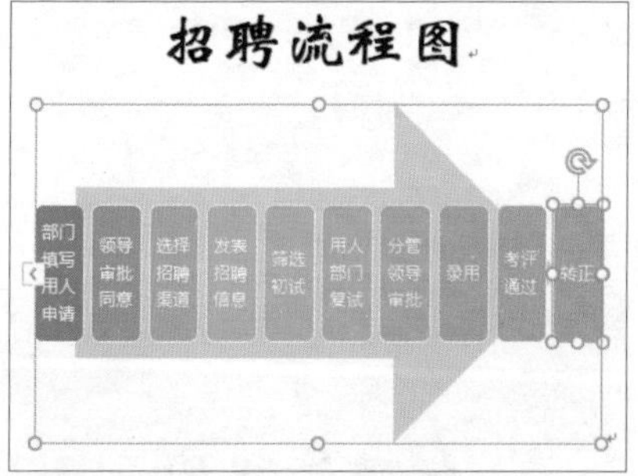

Step06 在【SmartArt 工具 格式】选项卡下单击【形状】组中的【更改形状】按钮，在展开的列表中选择要绘制的图形，如单击【流程图】选项组下的【流程图：决策】形状。

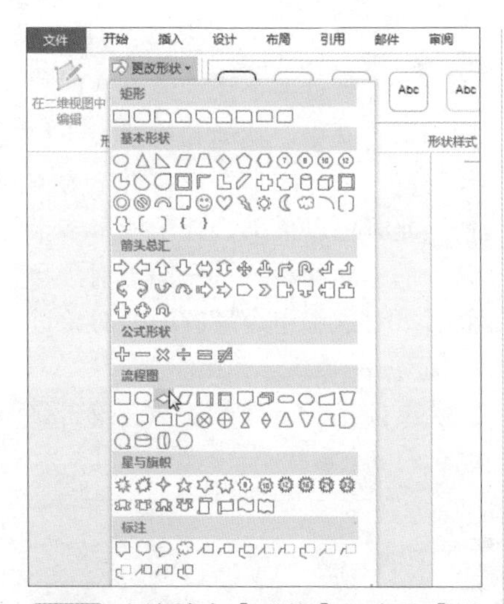

Step07 连续单击【形状】组中的【增大】按钮，直至选中的图形变为合适的大小即可。

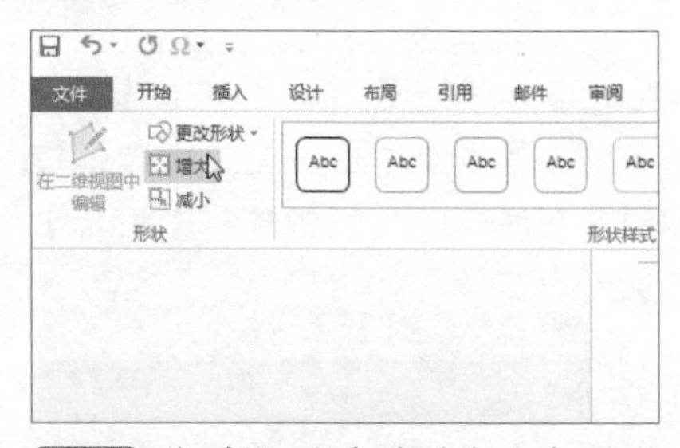

Step08 此时即可看到更改选中图形形状和大小后的图形效果，在更改了图形形状后，如果发现图形中的部分文本内容不能完全显示；可以将鼠标指针放置在图形外侧下边框线的中间控点上，当鼠标指针变为 ↕ 形状时，按住鼠标左键不放向下拖动。

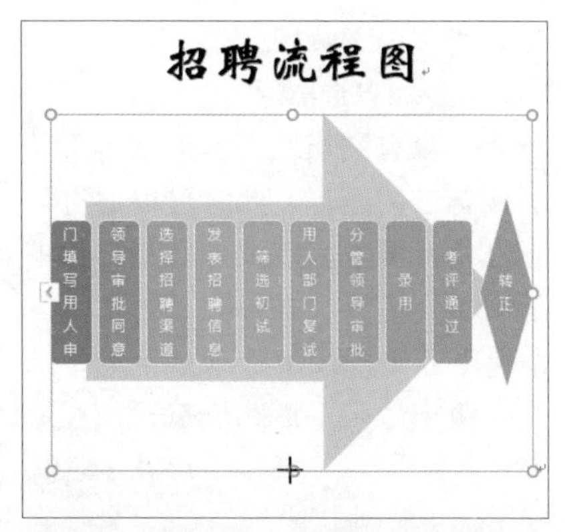

Step09 当能够完全看到隐藏的文本内容后释放鼠标左键，即可看到最终的招聘流程图效果。

·技能拓展·

通过相关案例的讲解，主要给读者介绍了 Word 文档的图文混排操作，接下来给读者介绍一些相关的技能拓展知识。

一、绘制圆形和正方形

在绘制自选图形时，可以发现图形库中没有圆形或正方形这类形状比例标准的图形，此时可以通过以下几个步骤来实现圆形和正方形的绘制。

Step01 在【插入】选项卡下的【插图】组中单击【形状】按钮，在展开的列表中单击【基本形状】选项组下的【椭圆】形状。

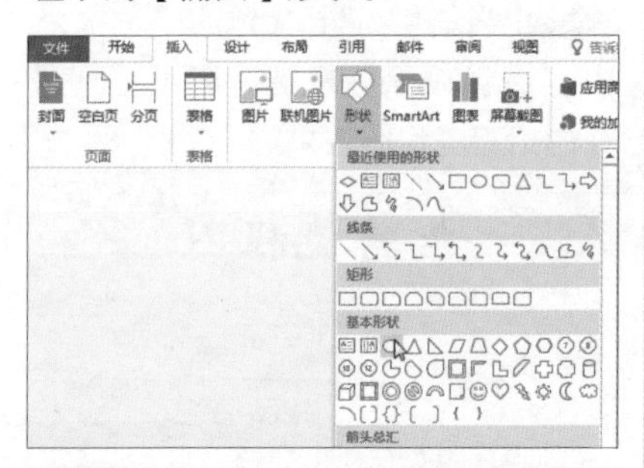

Step02 按住【Shift】键的同时按住鼠标左键不放并拖动鼠标。

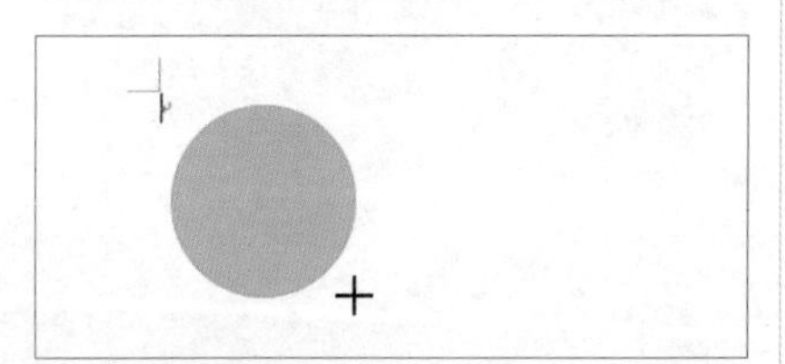

Step03 释放鼠标后，即可看到绘制出的圆形效果，应用相同的方法可通过【矩形】形状绘制出正方形。

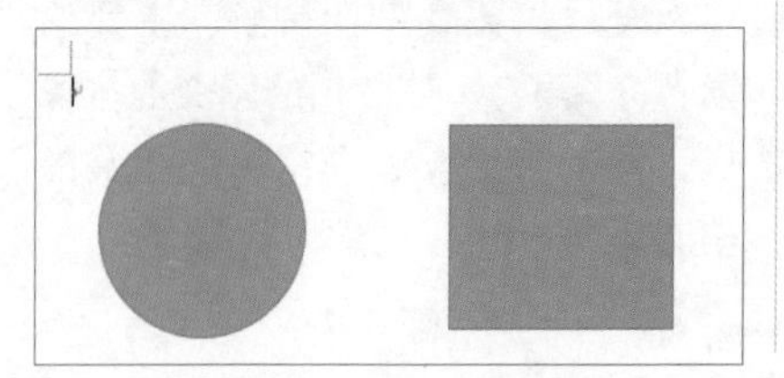

二、将多个形状组合为一个对象

当需要对多个独立的自选图形同时进行选中、移动和修改大小操作时，一个一个地操作将会不太方便。此时可以借助组合功能将多个独立的形状组合成一个图形对象，然后再对这个组合后的图形对象进行移动、修改大小等操作。

Step01 按住【Ctrl】键不放，单击要组合的多个形状。

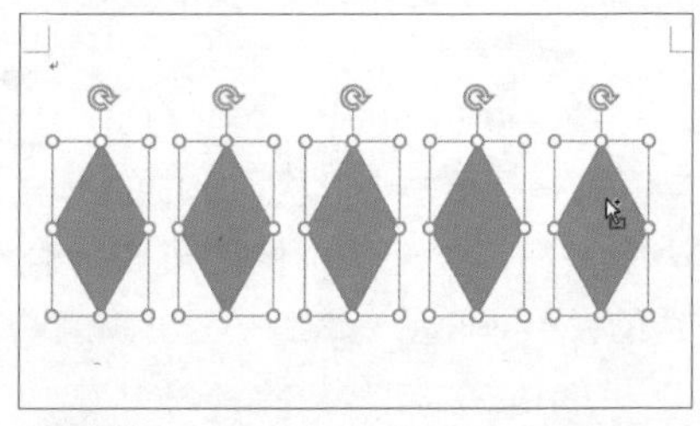

Step02 在【绘图工具 格式】选项卡下的【排列】组中单击【组合】按钮，在展开的列表中单击【组合】选项。

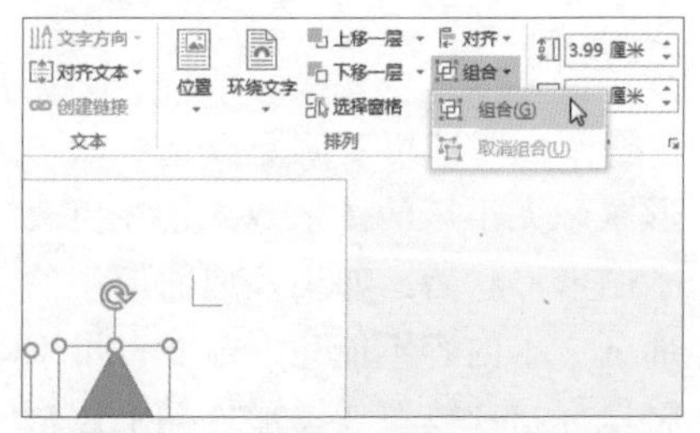

Step03 即可看到选中的多个形状组合为了一个形状，用户可一次性地对组合中的多个形状进行移动、设置等操作。

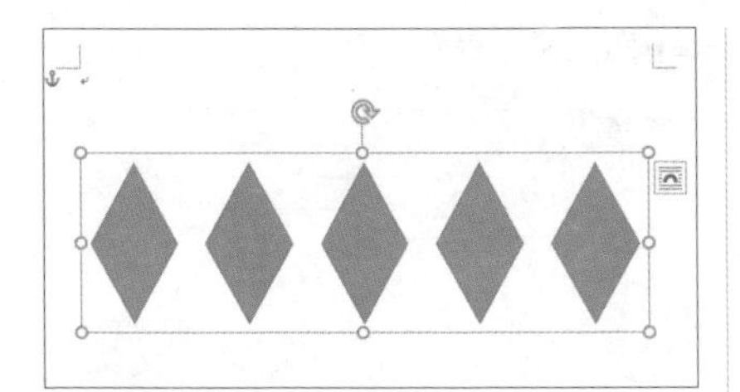

小技巧

如果要取消组合，可在【绘图工具 格式】选项卡下的【排列】组中单击【组合】按钮，在展开的列表中选择【取消组合】选项。

三、对齐与均匀排列形状

在实际工作中，常常需要将多个图形按照某种方式进行对齐，但如果采用拖动图形的方式往往难以精确对齐。此时可以使用 Word 提供的对齐功能轻松地达到多个自选图形的对齐和均匀分布的要求。

Step01 按住【Shift】键不放，单击要排列的多个形状。

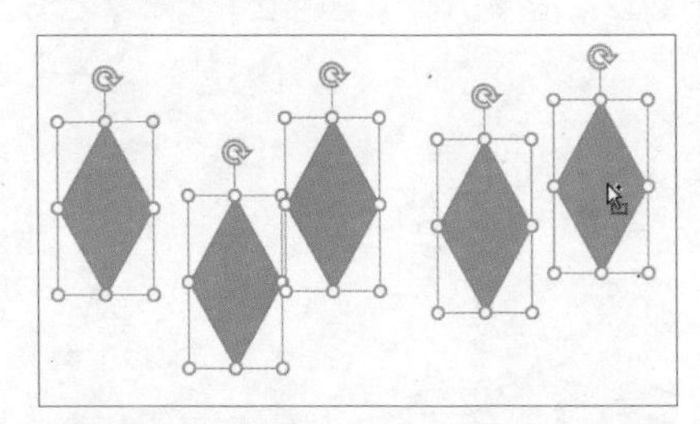

Step02 在【绘图工具 格式】选项卡下的【排列】组中单击【对齐】按钮，在展开的列表中单击【顶端对齐】选项。

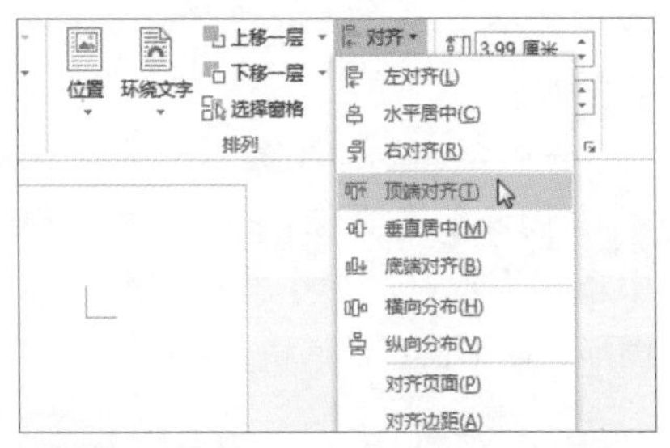

Step03 继续在【绘图工具 格式】选项卡下的【排列】组中单击【对齐】按钮，在展开的列表中选择【横向分布】选项。

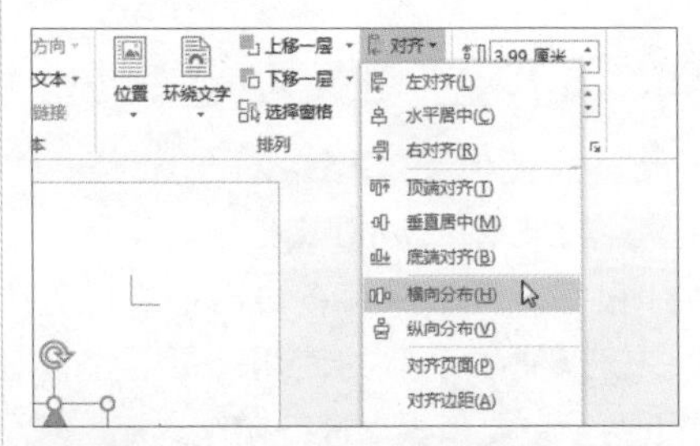

Step04 即可看到选中的多个形状以最顶端的图形为标准进行了对齐排列，且各个形状横向之间的距离相同。

四、重设图形效果

当对设置了颜色、样式等操作后的 SmartArt 图形效果不满意时，可通过重设图形功能放弃对 SmartArt 图形的全部格式的更改。具体操作步骤如下。

选中要重设的图形，在【SmartArt 工具 设计】选项卡下的【重置】组中单击【重设图形】按钮，即可将图形返回未设置任何格式前的效果。

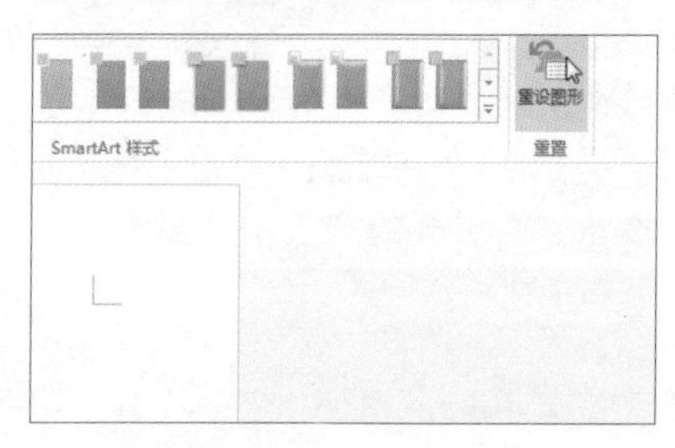

五、快速导出文档中的图片

如果觉得 Word 文档中的某张图片很好，希望保存在自己的文件夹中，以便于以后的使用，可通过以下两个主要步骤来进行操作。

Step01 右击文档中的图片，在弹出的快捷菜单中选择【另存为图片】命令。

Step02 在弹出的【保存文件】对话框中设置好图片的保存位置及文件名，单击【保存】按钮，即可将文档中的图片导出。

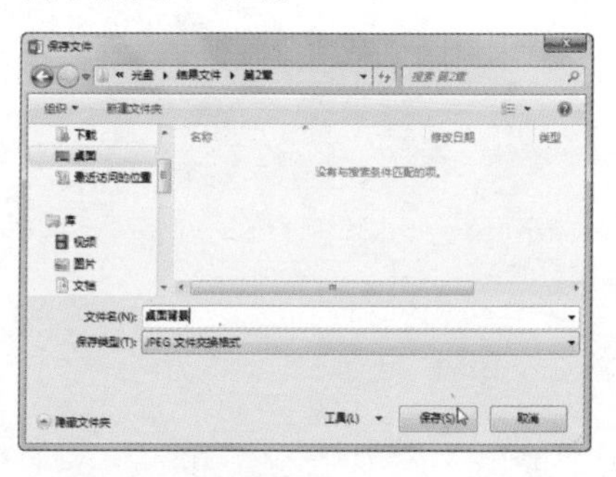

·同步实训·

制作《公司组织结构图》

为了巩固本章所学知识，本节以制作《公司组织结构图》为例，对图片、艺术字和 SmartArt 图形的插入及格式设置等操作进行具体的介绍。

Step01 打开“光盘\素材文件\第 2 章\公司组织结构图 .docx”文件，在【插入】选项卡下的【文本】组中单击【艺术字】按钮，在展开的列表中单击【填充 – 白色，轮廓 – 着色 2，清晰阴影 – 着色 2】艺术字。

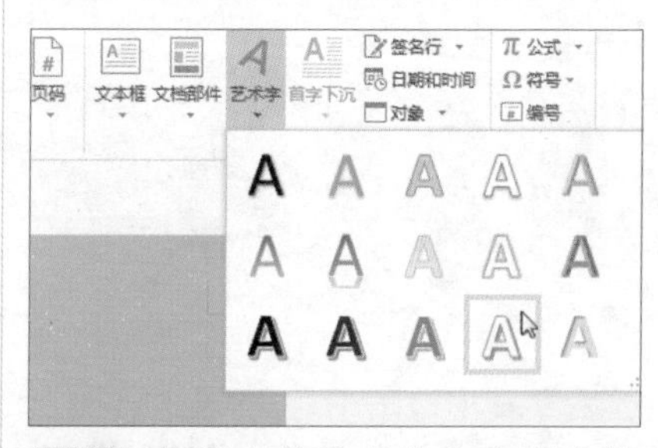

Step02 在插入的艺术字文本框中输入合适的文本内容，如【*** 有限责

任公司组织结构图】，在该文本框中可使用【Enter】键换行。此外，将鼠标指针放置在艺术字文本框上，按住鼠标左键不放并进行拖动，移动到合适的位置后释放鼠标左键即可。

Step03 在艺术字文本框被选中的状态下，在【开始】选项卡下的【字体】组中设置【字体】为【华文新魏】，【字号】为【一号】。

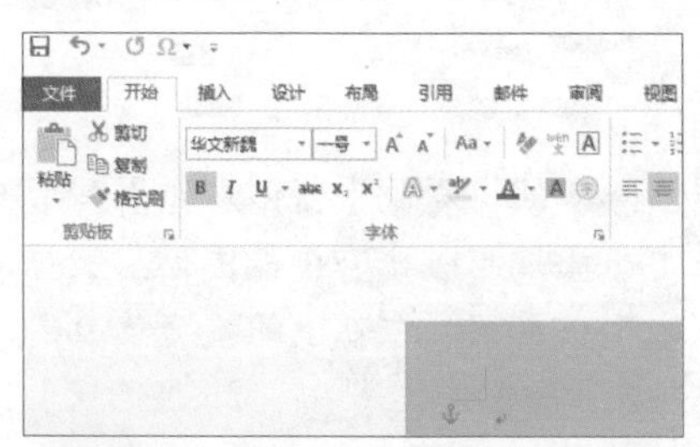

Step04 随后将光标定位在图片要插入的位置，在【插入】选项卡下的【插图】组中单击【图片】按钮。

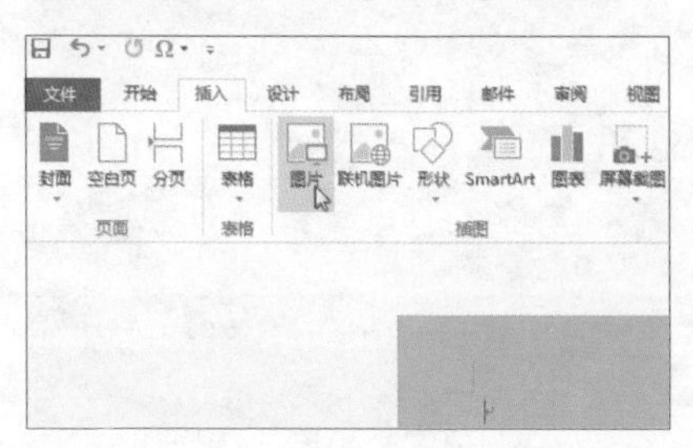

Step05 在弹出的【插入图片】对话框中找到图片的保存位置，选中要插入的图片，如【Logo 标志】图片，单击【插入】按钮。

Step06 在【图片工具 格式】选项卡下的【排列】组中单击【位置】按钮，在展开的列表中选择【顶端居右，四周型文字环绕】选项。

Step07 即可看到插入的图片自动移动到文字的右上方，将鼠标指针放置在图片上，按住鼠标左键不放移动图片的位置。设置好位置后，如果想要缩小图片，可将鼠标指针放置在图片的外侧控点上，按住鼠标左键不放，向内拖动即可。

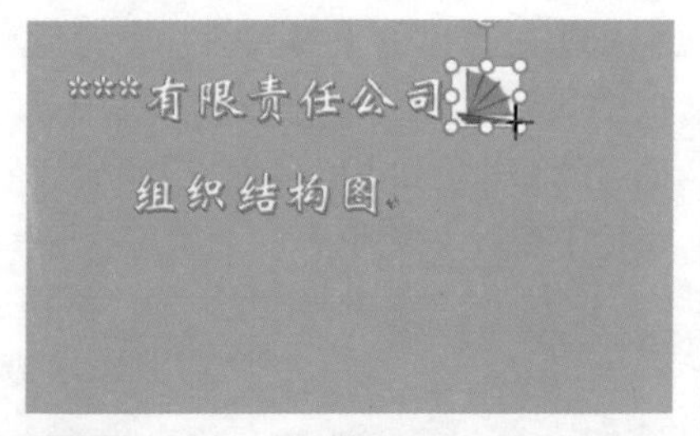

Step08 定位光标至要插入图形的位置，在【插入】选项卡下的【插图】组中单击【SmartArt】按钮。

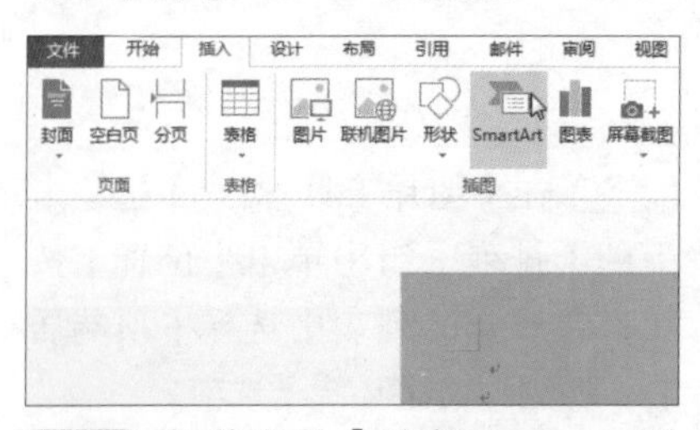

Step09 在弹出的【选择 SmartArt 图形】对话框中单击【层次结构】选项卡，在右侧的面板中双击【组织结构图】。

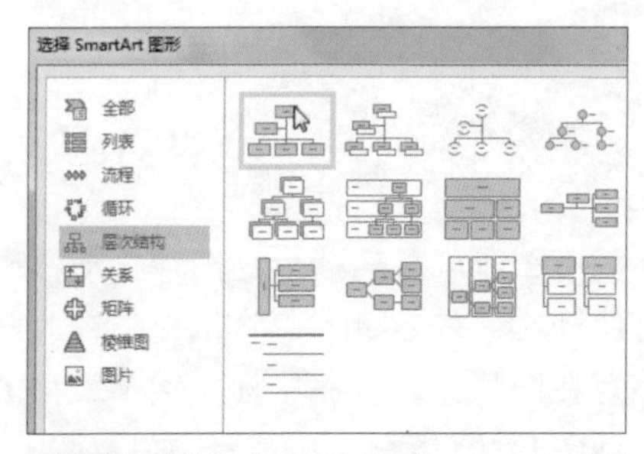

Step10 即可看到插入的 SmartArt 图形，在图形的形状中输入合适的文本内容，选中要删除的图形形状，按下【Delete】键即可删除该形状。

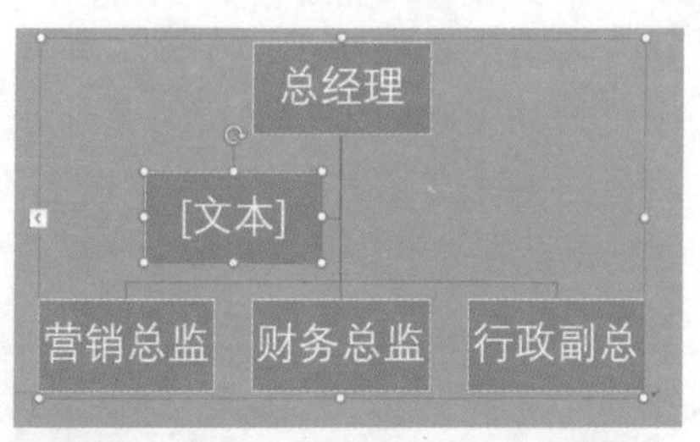

Step11 选中【营销总监】图形形状，在【SmartArt 工具 设计】选项卡下的【创建图形】组中，单击【添加形状】右侧的下三角按钮，在展开的列表中选择【在下方添加形状】选项。

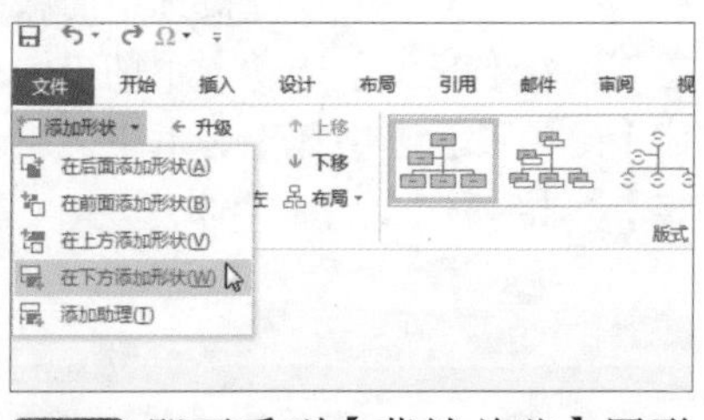

Step12 即可看到【营销总监】图形下方添加了一个空白的图形形状，右击该形状，在弹出的快捷菜单中单击【添加形状→在后面添加形状】按钮。

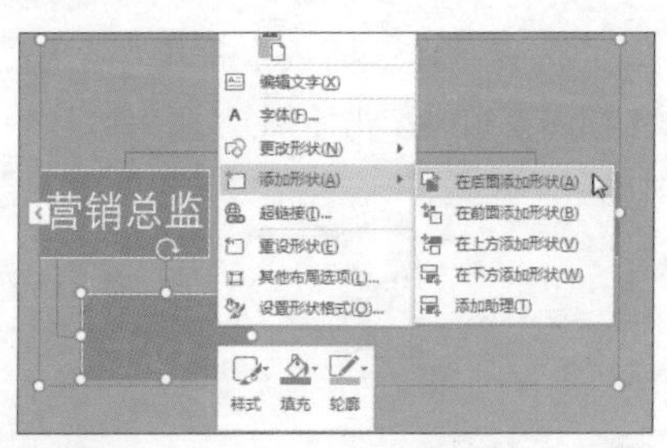

Step13 应用相同的方法继续在其他

图形形状后添加需要的形状，添加完成后输入文本内容，选中【总经理】图形形状。

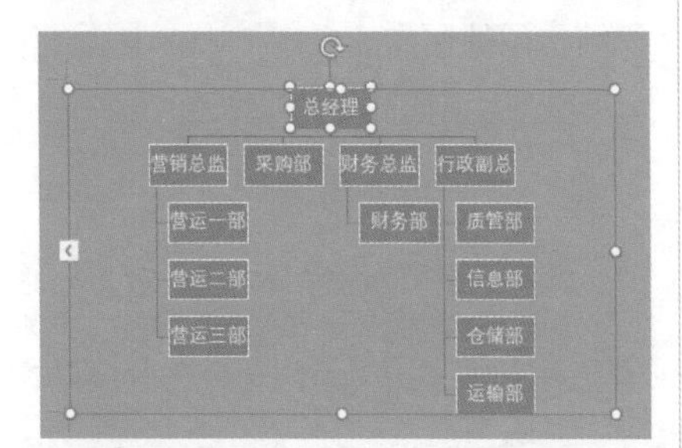

Step14 在【SmartArt 工具 格式】选项卡下的【形状】组中单击【更改形状】按钮，在展开的列表中单击【流程图】选项组下的【流程图：决策】形状。

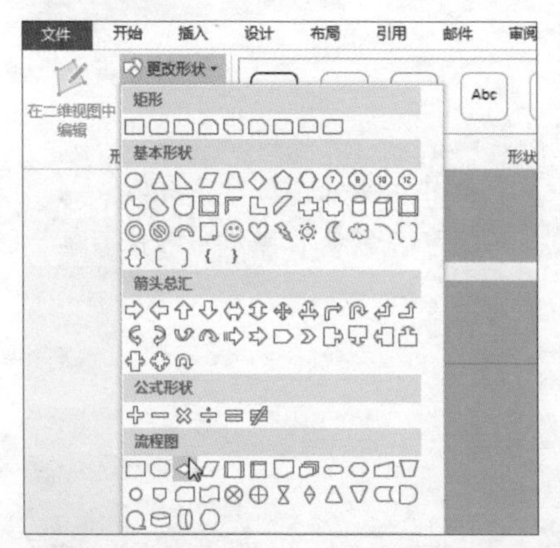

Step15 在【SmartArt 工具 格式】选项卡下的【大小】组中单击【形状高度】和【形状宽度】右侧的数字调节按钮，设置【总经理】图形形状的高度和宽度分别为【1.29 厘米】和【3.9 厘米】。

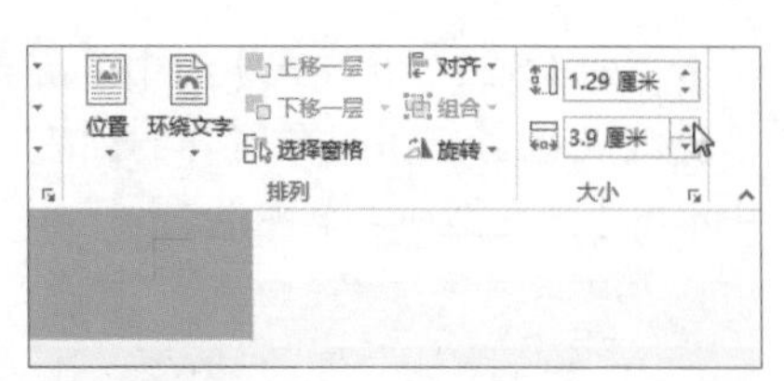

Step16 随后选中【营销总监】图形形状，在【SmartArt 工具 设计】选项卡下的【创建图形】组中单击【布局】按钮，在展开的列表中选择【标准】选项。

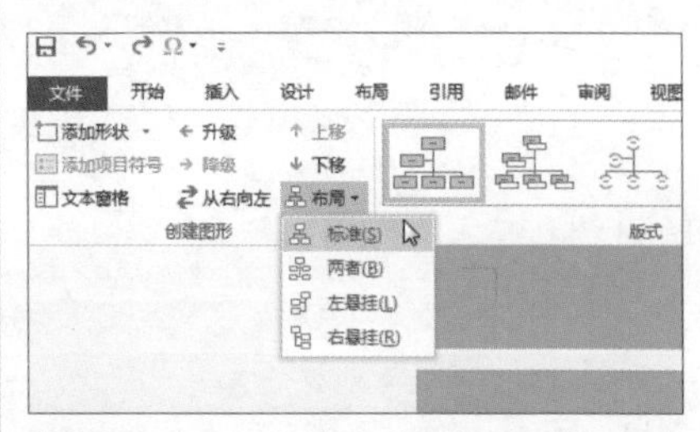

Step17 即可看到【营销总监】下的图形以并行排列的方式进行了排版，应用相同的方法调整【财务总监】和【行政副总】下的图形布局效果，将鼠标指针放置在整个 SmartArt 图形右边外侧的中间控点上，按住鼠标左键向外拖动，即可增大 SmartArt 图形。

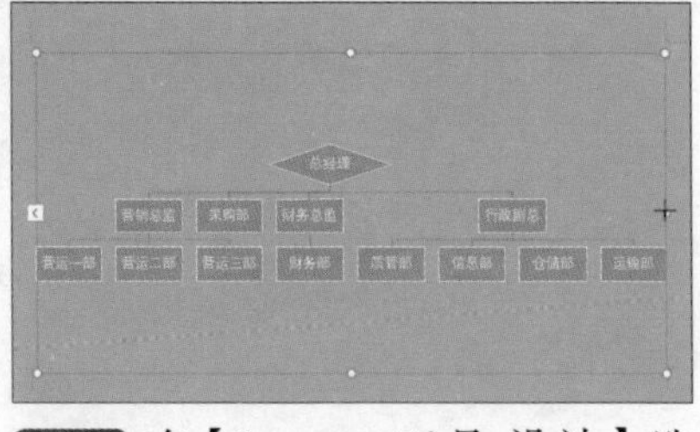

Step18 在【SmartArt 工具 设计】选

项卡下的【SmartArt 样式】组中单击【更改颜色】按钮，在展开的列表中单击【渐变循环 - 个性色 2】。

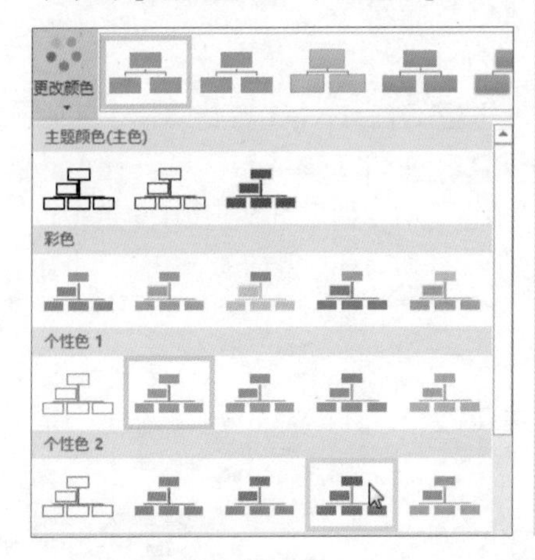

Step19 随后设置整个 SmartArt 图形中的【字体】为【微软雅黑】，【字号】为【10】磅，即可完成公司组织结构图的制作。

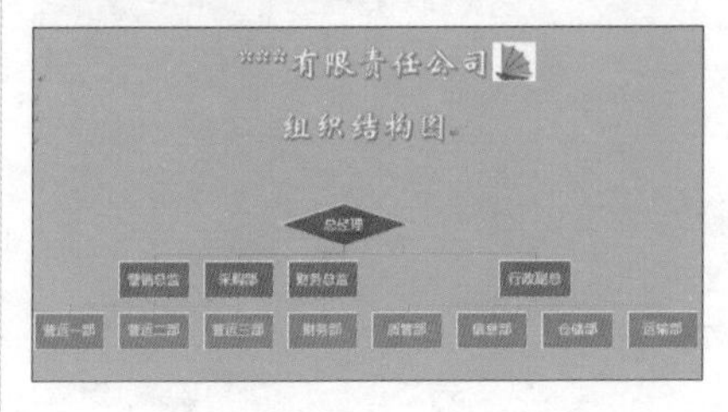

学习小结

本章主要介绍了 Word 组件的图文混排操作，重点内容包括图片、艺术字及 SmartArt 图形的插入和格式设置操作。此外，还对形状的绘制和格式设置进行了讲解。熟练掌握图片、图形及形状的操作，可快速制作图文混排的文档。

第 3 章

Word 文档中表格的应用

在使用 Word 编辑文档的过程中，除了会对文字进行编辑和设置，还经常性地需要插入一些简单表格来使数据清晰化。在插入了表格后，为了使表格更符合规范及具有美观性，可对表格效果和样式进行设置。

本章将以制作求职登记表、产品销售记录表为例，介绍文档表格的创建、格式设置及简单的计算功能。

※ 插入表格并添加行和列　※ 合并和拆分单元格　※ 调整行高和列宽

※ 编辑表格内容格式　※ 绘制斜线表头

※ 设置表格边框线、填充效果和样式　※ 计算表格数据

案 例 展 示

求职登记表

登记日期：　　年　月　日

姓名		性别		出生年月		照片
民族		政治面貌		学历		
毕业学校				毕业时间		
所学专业				工作年限		
户口所在地				现居住地		
手机		其他联系方式		E-mail		
应聘岗位				期望月薪		
教育及培训背景	开学-毕业时间	学校名称（或培训机构）		专业（培训内容）	学历	
工作经历	入职-离职时间	单位名称		部门	职位或职责	
工作业绩能力自述						

产品销售记录表

下表为**电器企业在 2017 年 5 月 1 日的产品销售表格数据。

销售数据 产品名称	数量	单价	销售金额（元）
电视机	36	3699	133164
电冰箱	28	6789	190092
空调	89	3569	317641
洗衣机	56	4559	255304
热水器	32	1098	35136
吸尘器	78	699	54522
微波炉	88	349	30712
按摩椅	69	3596	248124
电饭煲	102	699	71298
合计			1335993

3.1 制作《求职登记表》

在招聘工作中，为了对面试者的信息进行有效的补充，满足后续人员管理的需要，并帮助企业甄选最合适的面试者，经常会需要填写一张与简历内容相似的求职登记表。

本节以制作求职登记表为例，主要介绍插入表格、添加行和列、合并和拆分单元格、调整行高和列宽及编辑表格内容格式的操作。

3.1.1 插入表格

要使用 Word 制作求职登记表，首先需要插入一个表格框架，具体的操作步骤如下。

Step01 打开“光盘\素材文件\第 3 章\求职登记表 .docx”文件，定位光标至要插入表格的位置处。

Step02 在【插入】选项卡下的【表格】组中单击【表格】按钮，在展开列表的网格显示框中拖动鼠标，可看到鼠标指针所经过的单元格会被选中并高亮显示，且在网格线的顶部会显示选中网格线的列数和行数，此时为 4 列 6 行的表格，同时在文档中可预览光标所在区域中插入的表格效果。

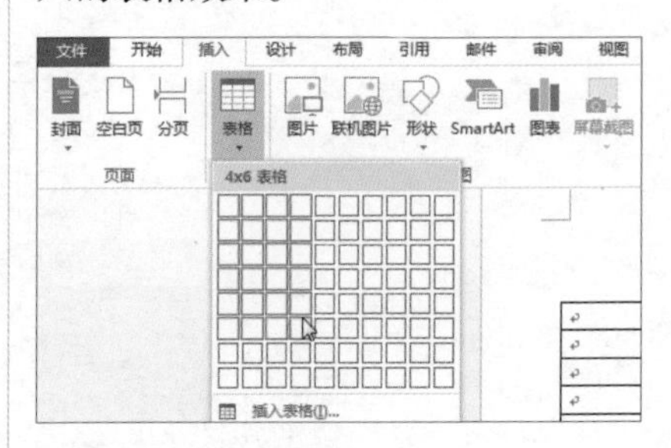

通过以上方式最多只能一次性插入 10 列 8 行的表格，如果想要一次性插入更多行列数的表格，可单击【插入】选项卡下【表格】组中的【表格】按钮，在展开的下拉列表中单击【插入表格】选项。然后在弹出的【插入表格】对话框中设置需要的行数和列数，其他设置保持默认，最后单击【确定】按钮。

Step03 拖动至需要的行列数后单击，即可看到文档中插入了 4 列 6 行的表格。

求职登记表

登记日期：　年　月　日

3.1.2 在表格中插入行和列

在制作表格的实际操作过程中，难免会考虑不充分，而引起必要数据不能完全输入的现象，此时可以在表格中插入行或列来安排这些数据。具体操作步骤如下。

Step01 将鼠标指针放置在要选中行的左侧，当鼠标指针变为 形状时单击，即可看到该行被选中的效果。

Step02 在【表格工具 布局】选项卡下的【行和列】组中单击【在下方插入】按钮。

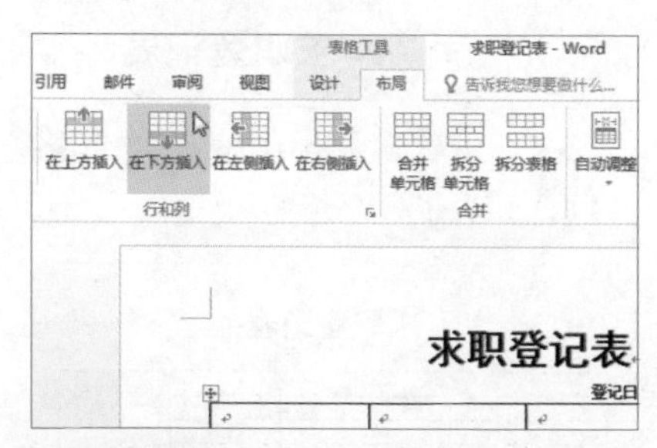

Step03 即可看到选中行的下方插入了一个空白行。

Step04 将鼠标指针放置在要选中列的上方，当鼠标指针变为 形状时单击，即可看到该列被选中的效果。

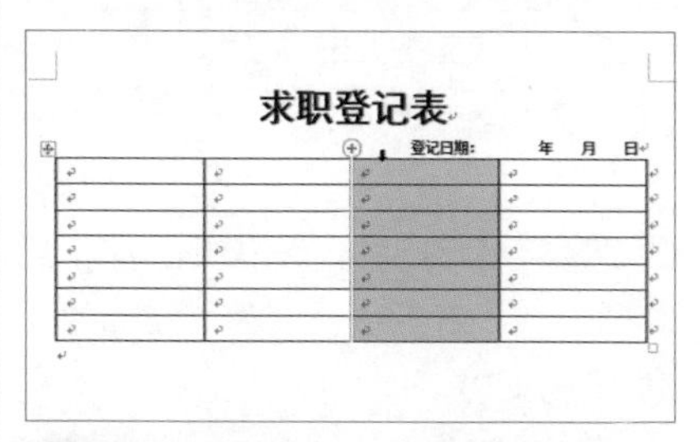

Step05 在【表格工具 布局】选项卡下的【行和列】组中单击【在右侧插入】按钮。

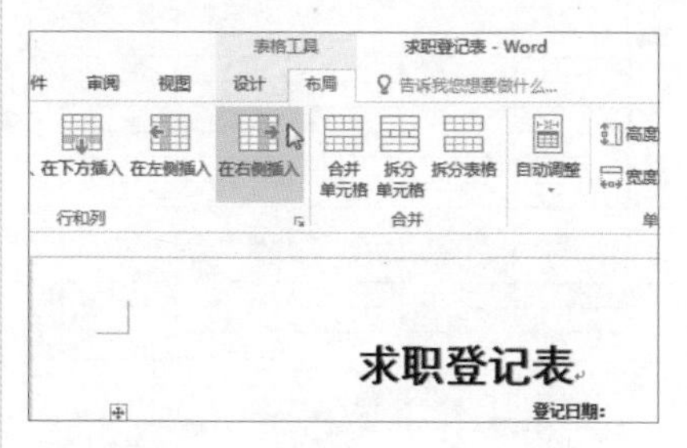

小技巧

如果要删除多余的行或列，则先选中行或列，在【表格工具 布局】选项卡下的【行和列】组中单击【删除】按钮，在展开的列表中单击【删除行】或【删除列】选项即可。

Step06 即可发现表格中插入了一个空白列，且该列会被选中。

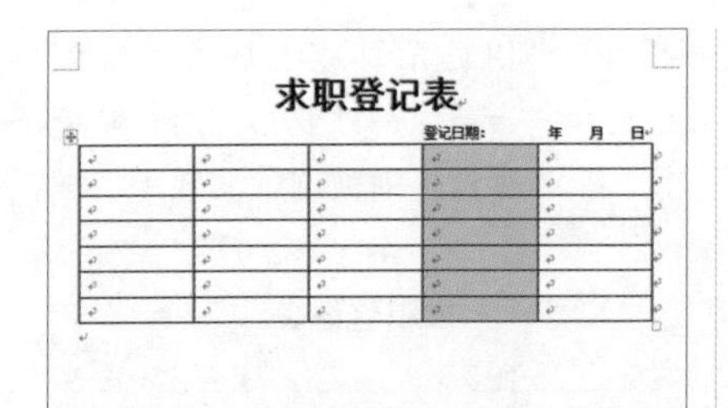

Step07 应用相同的方法继续在表格下方插入行，直至表格变为了需要的 5 列 16 行即可。

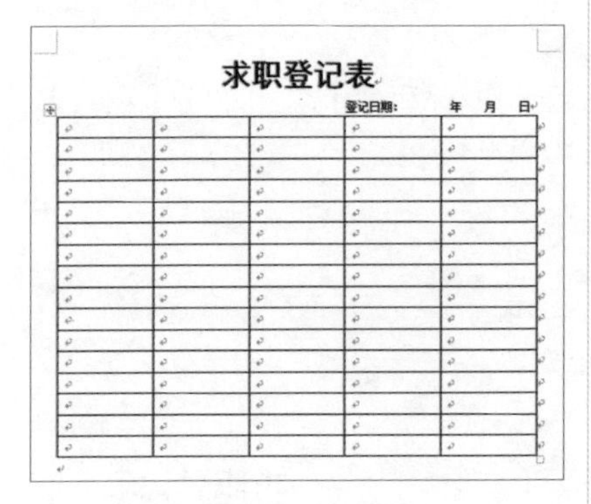

3.1.3 合并和拆分单元格

在实际工作中，使用的表格通常都没有固定的行列，如果想要随心所欲地制作出自己满意的表格，就必须使用 Word 文档表格中的合并和拆分单元格功能。

合并单元格指的是将两个或者两个以上的单元格整合成一个单元格，而拆分单元格则指的是将一个单元格拆分成两个或者两个以上的单元格。具体操作步骤如下。

Step01 在表格中拖动鼠标选中要合并的单元格，如右上角 1 列 4 行的单元格区域。

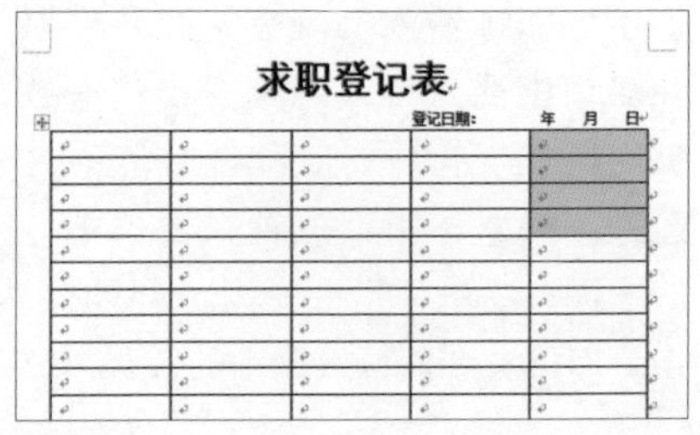

Step02 在【表格工具 布局】选项卡下的【合并】组中单击【合并单元格】按钮。

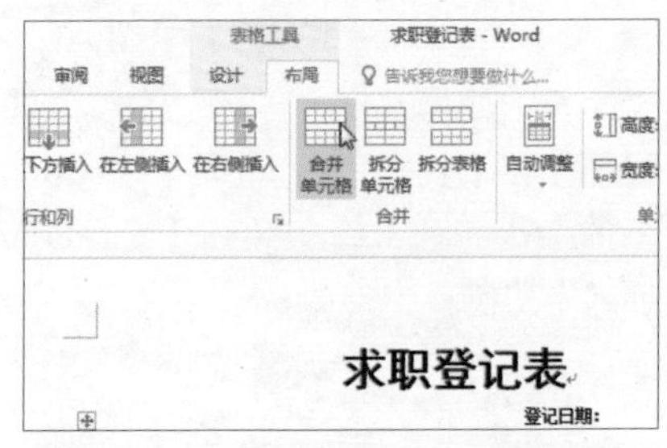

Step03 即可看到表格中选中的单元格区域合并为了一个新的单元格。

Step04 应用相同的方法选中其他单元格区域并对其进行合并。

Step05 拖动选中表格中要拆分的单元格区域，如选中中间 3 列 7 行的单元格区域。

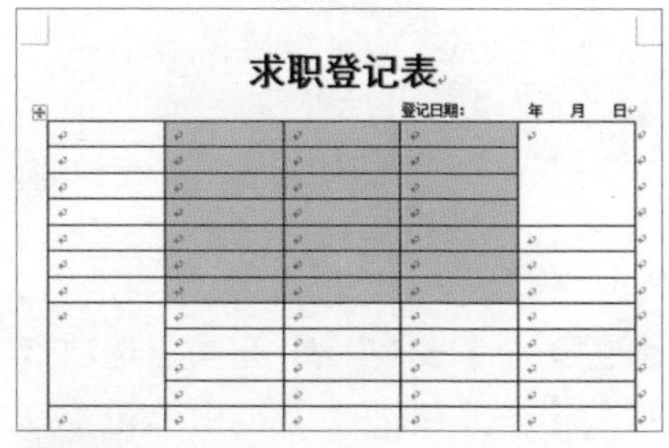

Step06 在【表格工具 布局】选项卡下的【合并】组中单击【拆分单元格】按钮。

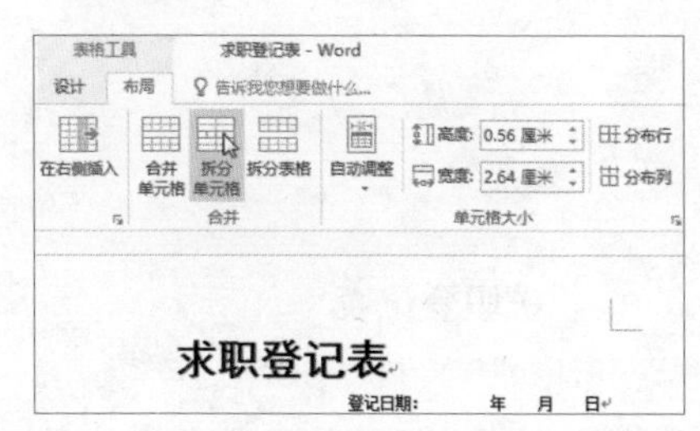

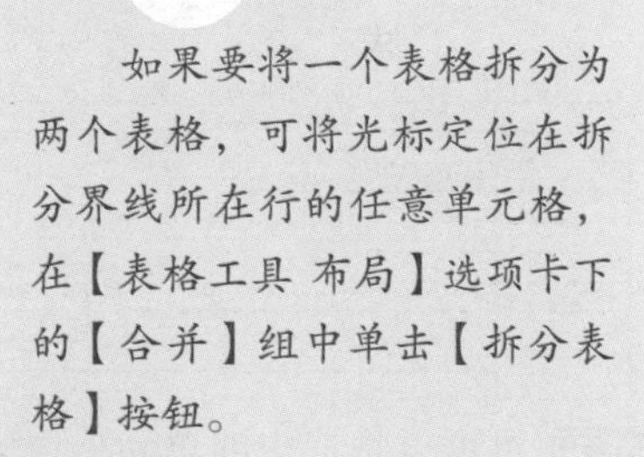

Step07 在弹出的【拆分单元格】对话框中设置好要拆分的列数和行数，如在【列数】文本框中输入【5】，在【行数】文本框中输入【7】，单击【确定】按钮。

Step08 返回文档中，即可看到选中的单元格区域拆分为了 5 列 7 行的单元格区域。

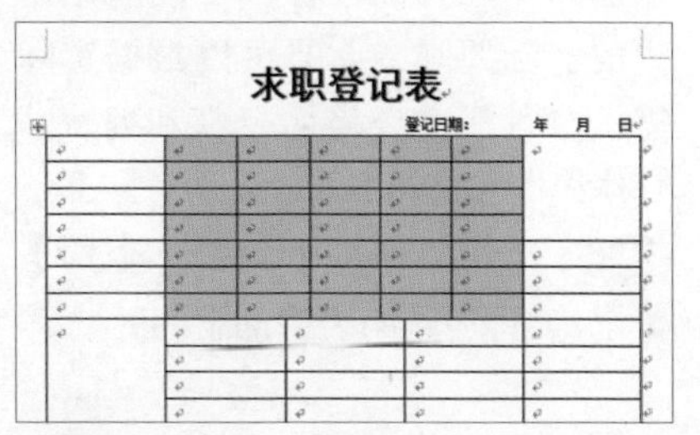

Step09 继续选中要合并的单元格区域，然后右击，在弹出的快捷菜单

中选择【合并单元格】命令。

Step10 也可以将选中的单元格区域合并为一个新的单元格，应用相同的方法继续合并其他需要合并的单元格，即可暂时完成表格的制作。

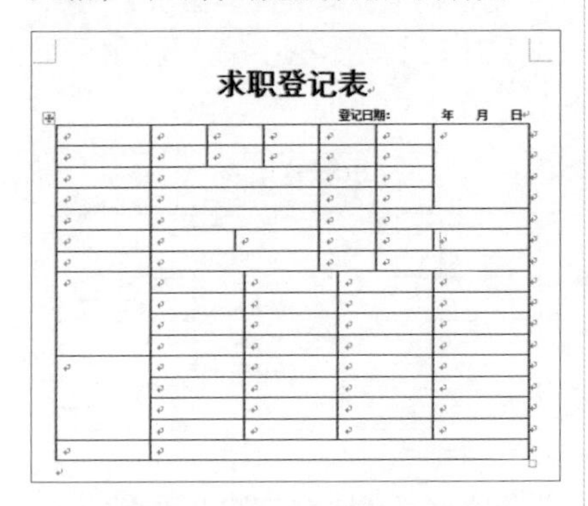

3.1.4 调整表格的行高和列宽

在 Word 中制作表格的时候，默认的列宽和行高往往都不能满足用户的实际要求，此时可以根据实际需求自行调整表格的行高和列宽。具体操作方法如下。

Step01 单击表格左上角的【全选】按钮⊞，即可选中表格的全部区域。

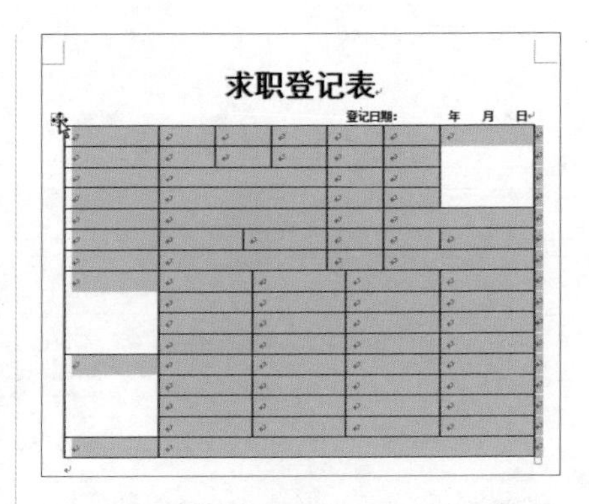

小技巧

在【表格工具 布局】选项卡下的【表】组中单击【选择】按钮，在展开的列表中单击【选择表格】选项，也可以选中全部表格区域。

Step02 在【表格工具 布局】选项卡下的【单元格大小】组中单击【高度】右侧的数字调节按钮，直至单元格的高度为【0.8 厘米】。

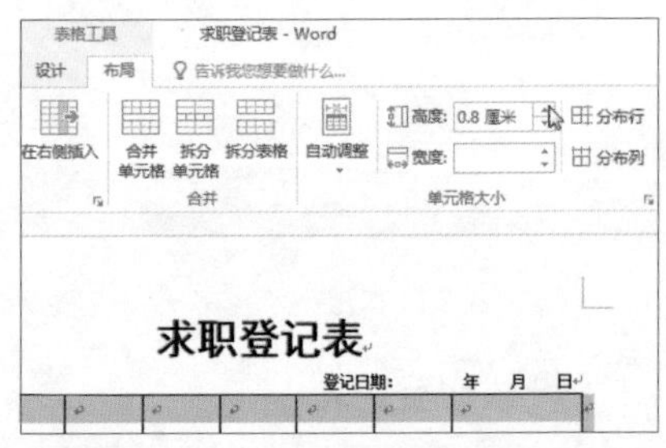

Step03 即可看到选中表格的高度都有所改变。

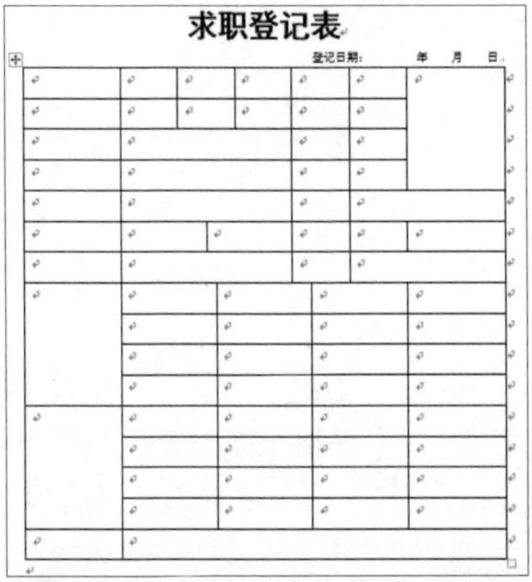

求职登记表
登记日期：　年　月　日

Step04 将鼠标指针放置在要调整列的上方，当鼠标指针变为↓形状时单击，该列被选中。

求职登记表
登记日期：　年　月　日

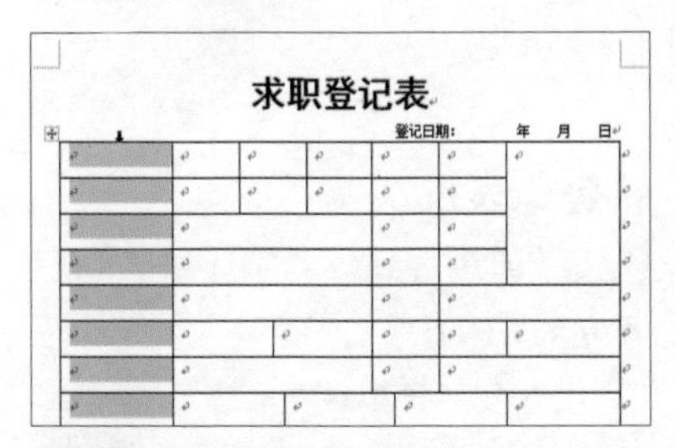

Step05 将鼠标指针放置在选中列的右边框线上，当鼠标指针变为⇹形状时，按住鼠标左键向左拖动，即可减小选中列的宽度。如果要增大选中列的宽度，可向右拖动鼠标。

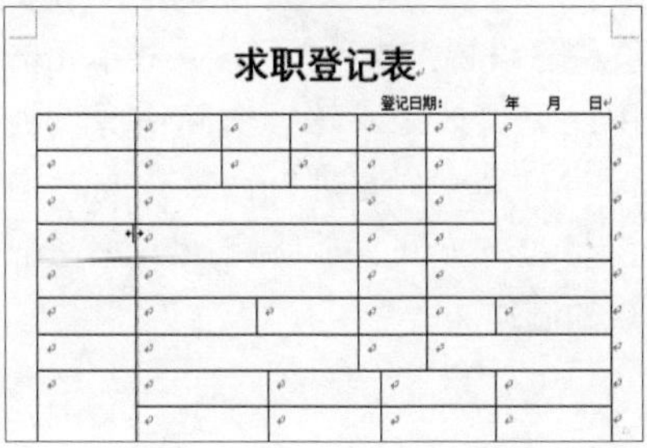

求职登记表
登记日期：　年　月　日

小技巧

要调整列宽，除了可以使用以上拖动的方式，也可以使用调整行高时的精确调整。而要调整行高，也可以使用拖动的方式。使用这两种方法达到的效果都是一样的，不过设置数据的方法更精确，拖动的方法更灵活。用户可根据实际情况选择不同的方法。

Step06 拖动至合适的位置后释放鼠标左键，即可完成该列列宽的调整操作，应用相同的方法可继续对其他行或列的高度或宽度进行调整。

求职登记表
登记日期：　年　月　日

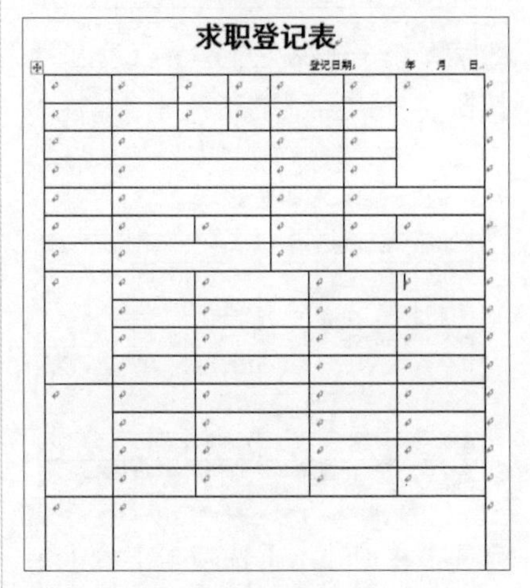

3.1.5 编辑表格内容格式

在完成了表格的框架制作后，用户就可以在表格中输入文本内容了，为了让文本内容与表格更契合，使表格更规范，可对输入的文本内容进行格式设置。具体的操作步骤如下。

Step01 根据求职登记表的实际需求，输入合适的文本内容。

求职登记表

登记日期： 年 月 日

姓名		性别		出生年月		照片
民族		政治面貌		学历		
毕业学校				毕业时间		
所学专业				工作年限		
户口所在地				现居住地		
手机		其他联系方式		E-mail		
应聘岗位				期望月薪		
教育及培训背景	开学-毕业时间	学校名称（或培训机构）		专业（培训内容）		学历
工作经历	入职-离职时间	单位名称		部门		职位或职责

Step02 单击表格左上角的【全选】按钮⊞，选中全部表格区域。

求职登记表

登记日期： 年 月 日

姓名		性别		出生年月		照片
民族		政治面貌		学历		
毕业学校				毕业时间		
所学专业				工作年限		
户口所在地				现居住地		
手机		其他联系方式		E-mail		
应聘岗位				期望月薪		
教育及培训背景	开学-毕业时间	学校名称（或培训机构）		专业（培训内容）		学历

Step03 在【开始】选项卡下的【字体】组中设置【字体】为【宋体】，【字号】为【小五】。

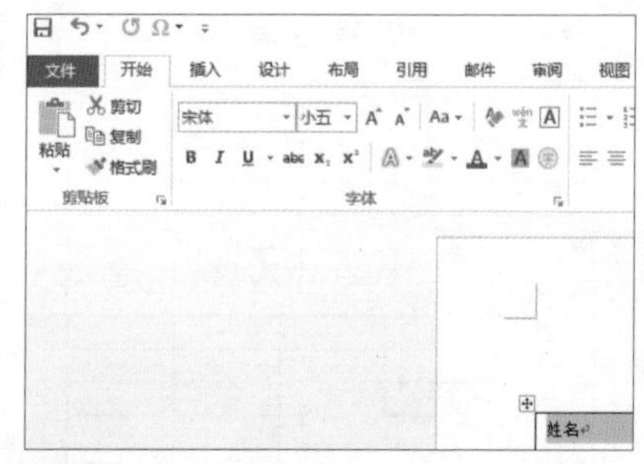

Step04 在【表格工具 布局】选项卡【对齐方式】组中单击【水平居中】按钮▤。

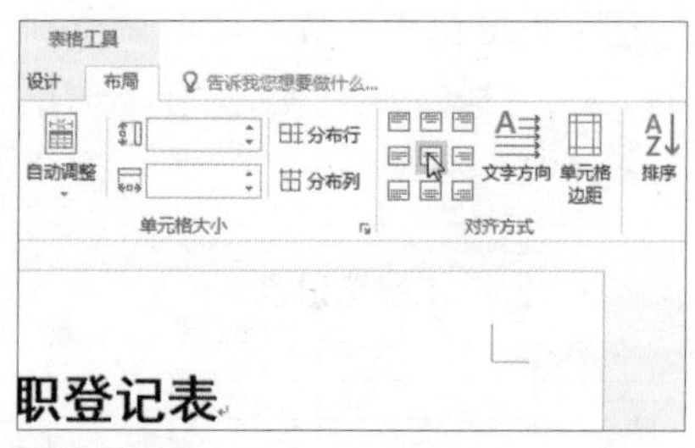

Step05 即可看到设置字体格式和对齐方式后的表格效果。

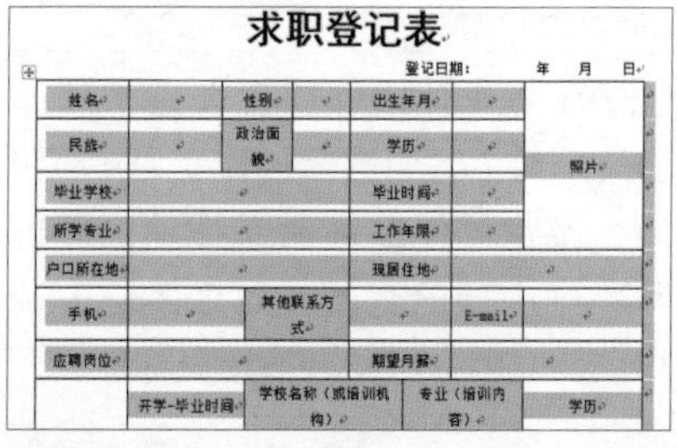

求职登记表

登记日期： 年 月 日

姓名		性别		出生年月		照片
民族		政治面貌		学历		
毕业学校				毕业时间		
所学专业				工作年限		
户口所在地				现居住地		
手机		其他联系方式		E-mail		
应聘岗位				期望月薪		
	开学-毕业时间	学校名称（或培训机构）		专业（培训内容）		学历

Step06 设置完成后，可能某些单元格中的设置效果不符合实际情况，则可对行高、列宽进行调整，或者是调整对齐方式，最终完成求职登记表的制作。

求职登记表

登记日期：　　年　月　日

姓名		性别		出生年月		照片
民族		政治面貌		学历		
毕业学校				毕业时间		
所学专业				工作年限		
户口所在地				现居住地		
手机		其他联系方式			E-mail	
应聘岗位				期望月薪		
教育及培训背景	开学-毕业时间	学校名称（或培训机构）		专业（培训内容）		学历
工作经历	入职-离职时间	单位名称		部门		职位或职责
工作业绩能力自述						

3.2 制作《产品销售记录表》

为了掌握企业产品的销售数据，如销售数量、销售单价及销售金额，可制作产品销售记录表。

本节以制作产品销售记录表为例，主要介绍斜线表头的绘制，表格边框线、填充效果和样式的设置操作，此外，还将对表格中的数据计算进行讲解。

3.2.1 绘制斜线表头

在制作表格的过程中，为了便于区分第一行和第一列的标题数据，表格左上角单元格通常被斜线分隔，并要标明表格中各区域的名称。这个单元格称为表头。制作斜线表头的具体操作步骤如下。

Step01 打开“光盘\素材文件\第 3 章\产品销售记录表 .docx”文件，将光标定位在要插入斜线表头的单元格中。

产品销售记录表

下表为**电器企业在 2017 年 5 月 1 日的产品销售表格数据。

	数量	单价	销售金额（元）
电视机	36	3699	
电冰箱	28	6789	
空调	89	3569	
洗衣机	56	4559	
热水器	32	1098	
吸尘器	78	699	
微波炉	88	349	
按摩椅	69	3596	
电饭煲	102	699	
合计			

Step02 在【表格工具 设计】选项卡下的【边框】组中单击【边框】下三角按钮 ，在展开的列表中选择【斜下框线】选项。

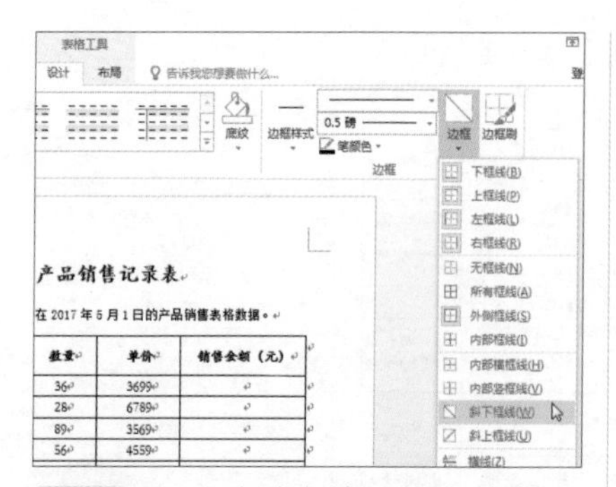

Step03 即可看到该单元格中绘制了一条斜线。

产品销售记录表

下表为**电器企业在 2017 年 5 月 1 日的产品销售表格数据。

	数量	单价	销售金额（元）
电视机	36	3699	
电冰箱	28	6789	
空调	89	3569	
洗衣机	56	4559	
热水器	32	1098	
吸尘器	78	699	
微波炉	88	349	
按摩椅	69	3596	
电饭煲	102	699	
合计			

Step04 在该单元格中输入文本内容，并使用【Enter】键换行，选中第一行文本内容。

产品销售记录表

下表为**电器企业在 2017 年 5 月 1 日的产品销售表格数据。

销售数据 产品名称	数量	单价	销售金额（元）
电视机	36	3699	
电冰箱	28	6789	
空调	89	3569	
洗衣机	56	4559	
热水器	32	1098	
吸尘器	78	699	
微波炉	88	349	
按摩椅	69	3596	
电饭煲	102	699	
合计			

Step05 在【开始】选项卡下的【段落】组中单击【右对齐】按钮。

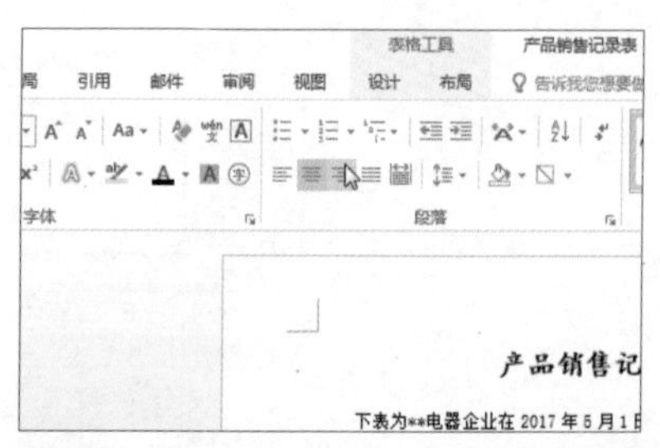

Step06 选中单元格中的第二行文本，在【开始】选项卡【段落】组中单击【左对齐】按钮。

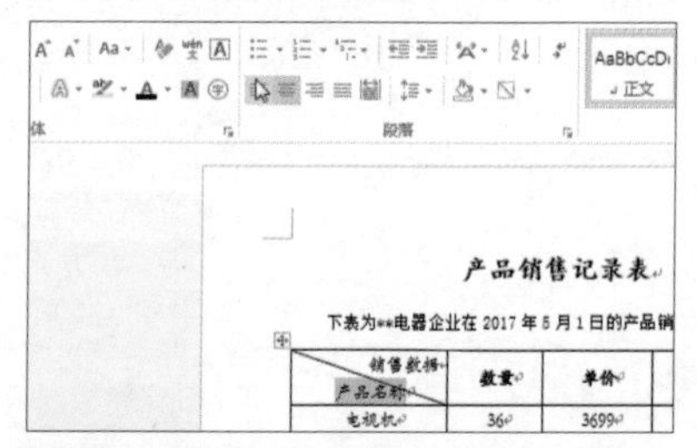

Step07 即可看到设置后的表格效果。

产品销售记录表

下表为**电器企业在 2017 年 5 月 1 日的产品销售表格数据。

销售数据 产品名称	数量	单价	销售金额（元）
电视机	36	3699	
电冰箱	28	6789	
空调	89	3569	
洗衣机	56	4559	
热水器	32	1098	
吸尘器	78	699	
微波炉	88	349	
按摩椅	69	3596	
电饭煲	102	699	
合计			

3.2.2 设置表格边框线

为了使表格更美观，可对表格的边框线型、颜色和粗细进行改变，具体操作步骤如下。

Step01 在【表格工具 设计】选项卡下的【边框】组中单击对话框启动器。

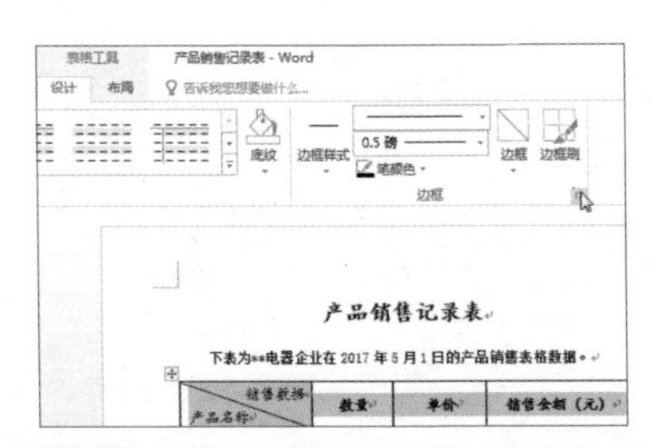

Step02 在弹出的【边框和底纹】对话框中的【边框】选项卡下保持默认的【设置】为【自定义】。在【样式】列表框中选择合适的线型，设置【颜色】为【绿色】，设置【宽度】为【2.25 磅】。

Step03 在【预览】区域中单击外侧的四条边框线，即可看到应用后的预览效果。

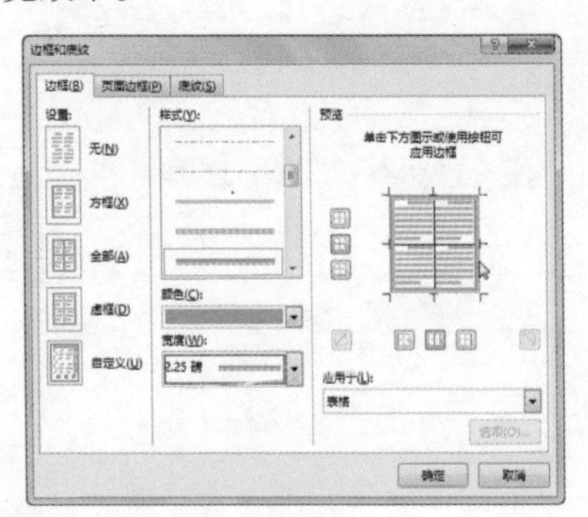

Step04 再次在【样式】列表框中选择合适的线型，设置【颜色】为【浅绿】，设置【宽度】为【1.5 磅】。

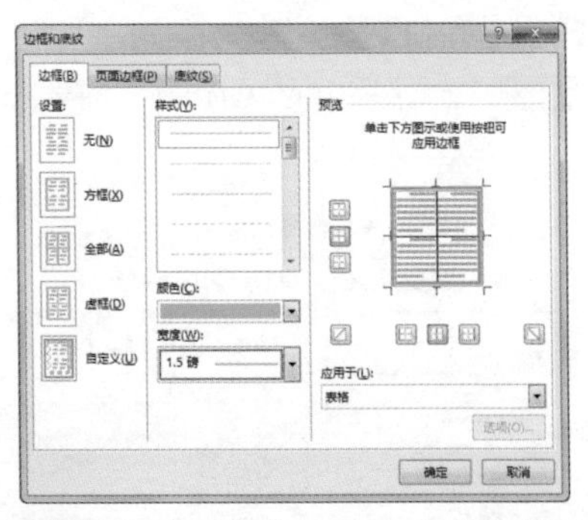

Step05 在【预览】区域中单击内部的两条框线，单击【确定】按钮。

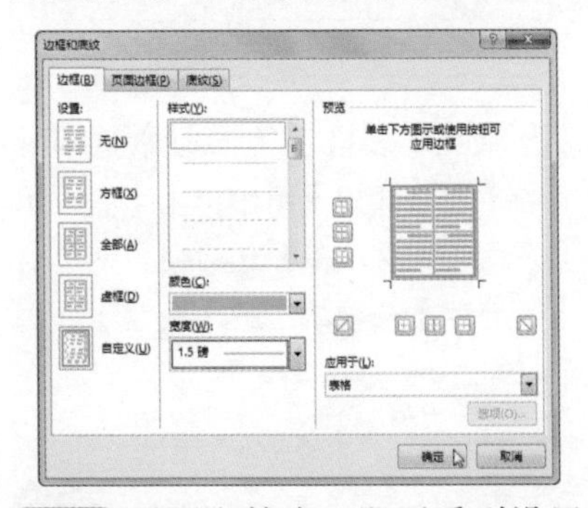

Step06 返回文档中，即可看到设置表格边框线后的效果。

产品销售记录表

下表为**电器企业在 2017 年 5 月 1 日的产品销售表格数据。

销售数据 产品名称	数量	单价	销售金额（元）
电视机	36	3699	
电冰箱	28	6789	
空调	89	3569	
洗衣机	56	4559	
热水器	32	1098	
吸尘器	78	699	
微波炉	88	349	
按摩椅	69	3596	
电饭煲	102	699	
合计			

3.2.3 设置表格填充效果

如果想要突出显示表格的某些内容，可为其设置填充效果，具体操作步骤如下。

Step01 选中要设置填充颜色的表格行，如第 4 行。

产品销售记录表

下表为**电器企业在 2017 年 5 月 1 日的产品销售表格数据。

销售数据 / 产品名称	数量	单价	销售金额（元）
电视机	36	3699	
电冰箱	28	6789	
空调	89	3569	
洗衣机	56	4559	
热水器	32	1098	
吸尘器	78	699	
微波炉	88	349	
按摩椅	69	3596	
电饭煲	102	699	
合计			

Step02 在【表格工具 设计】选项卡下的【表格样式】组中单击【底纹】下三角按钮，在展开的列表中单击【标准色】选项组中的【浅蓝】。

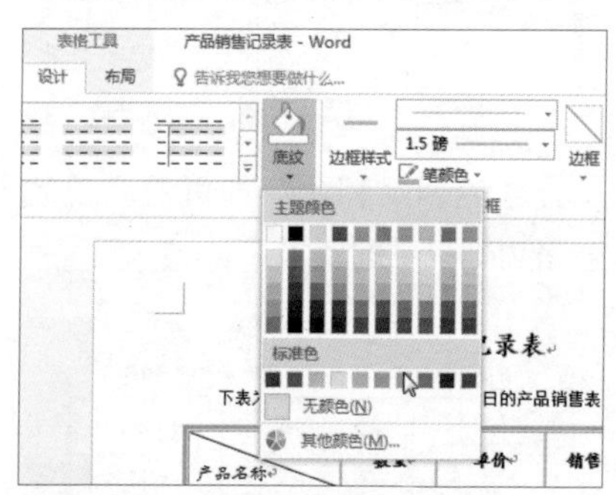

Step03 即可看到应用填充颜色后的单元格行效果，除了可以通过【表格工具 设计】选项卡下的【底纹】功能来实现填充颜色的设置，还可以使用其他方法。选中其他要应用填充颜色的行，如第 9 行。

产品销售记录表

下表为**电器企业在 2017 年 5 月 1 日的产品销售表格数据。

销售数据 / 产品名称	数量	单价	销售金额（元）
电视机	36	3699	
电冰箱	28	6789	
空调	89	3569	
洗衣机	56	4559	
热水器	32	1098	
吸尘器	78	699	
微波炉	88	349	
按摩椅	69	3596	
电饭煲	102	699	
合计			

Step04 在【开始】选项卡下的【段落】组中单击【底纹】右侧的下三角按钮，在展开的列表中单击【橙色，个性色 2，淡色 40%】。

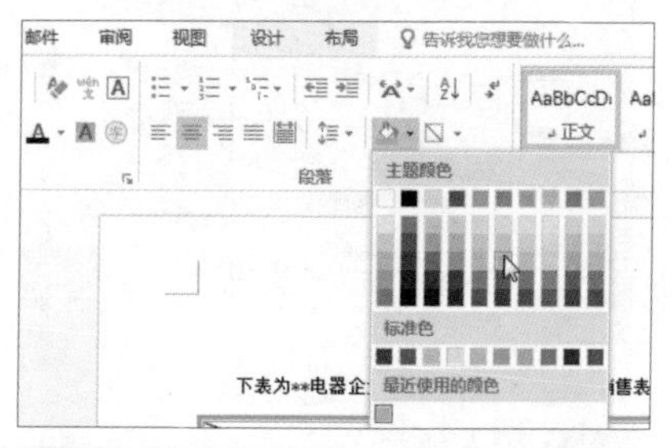

Step05 即可看到设置后的表格效果。

产品销售记录表

下表为**电器企业在 2017 年 5 月 1 日的产品销售表格数据。

销售数据 / 产品名称	数量	单价	销售金额（元）
电视机	36	3699	
电冰箱	28	6789	
空调	89	3569	
洗衣机	56	4559	
热水器	32	1098	
吸尘器	78	699	
微波炉	88	349	
按摩椅	69	3596	
电饭煲	102	699	
合计			

3.2.4 设置表格样式

如果想让表格更加美观且表格中的数据更加具有对比性，可对表格设置内置的样式。具体操作步骤如下。

Step01 将光标定位在要设置样式的表格任意单元格中，在【表格工具 设计】选项卡下的【表格样式】组中单击【其他】按钮。

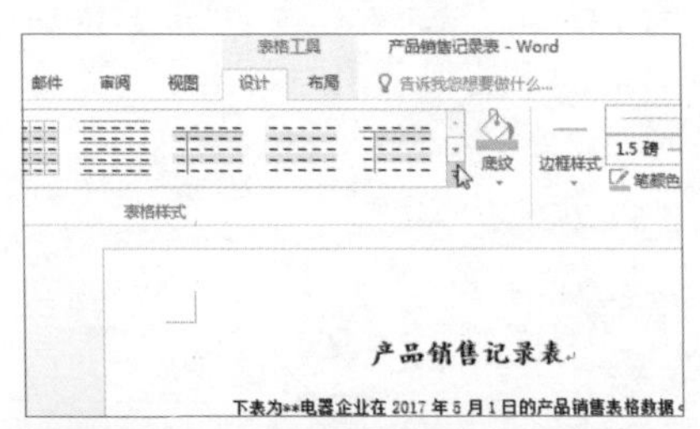

Step02 在展开的样式库中单击要设置的表格样式，如【网格表 5 深色 - 着色 6】。

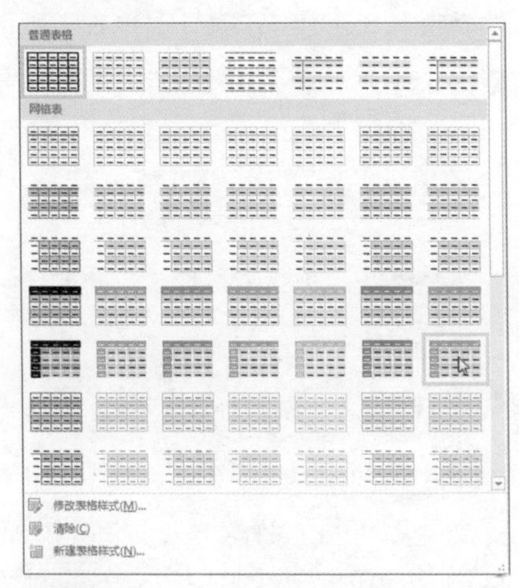

Step03 随后即可看到应用样式后的表格效果。

产品销售记录表

下表为**电器企业在 2017 年 5 月 1 日的产品销售表格数据。

销售数据 产品名称	数量	单价	销售金额（元）
电视机	36	3699	
电冰箱	28	6789	
空调	89	3569	
洗衣机	56	4559	
热水器	32	1098	
吸尘器	78	699	
微波炉	88	349	
按摩椅	69	3596	
电饭煲	102	699	
合计			

小技巧

如果对内置的表格样式都不满意，可在展开的下拉列表中选择【新建表格样式】选项，在弹出的【根据格式设置创建新样式】对话框中自定义表格的样式。

Step04 应用样式后，表格中的某些字体格式会发生改变，可重新设置表格中的文本对齐方式为【水平居中】。随后选中表格的第 1 行数据，在【开始】选项卡下的【段落】组中单击【边框】右侧的下三角按钮，在展开的下拉列表中选择【内部框线】选项。

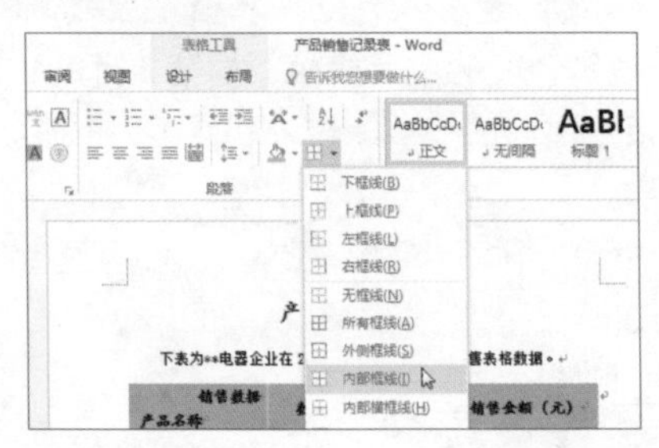

Step05 即可看到应用样式并设置内部框线后的表格效果。

产品销售记录表

下表为**电器企业在 2017 年 5 月 1 日的产品销售表格数据。

销售数据 产品名称	数量	单价	销售金额（元）
电视机	36	3699	
电冰箱	28	6789	
空调	89	3569	
洗衣机	56	4559	
热水器	32	1098	
吸尘器	78	699	
微波炉	88	349	
按摩椅	69	3596	
电饭煲	102	699	
合计			

如果想要清除设置的表格样式，可在【表格工具→设计】选项卡下的【表格样式】组中单击【其他】按钮，在展开的下拉列表中选择【清除】选项。

3.2.5 计算表格数据

在完成了表格的基本设置后，为了保证表格的完整性，还需要对表格中的数据进行简单的计算。具体操作步骤如下。

Step01 将光标定位在表格中要计算销售金额的单元格内，如第 2 行第 4 列的单元格。

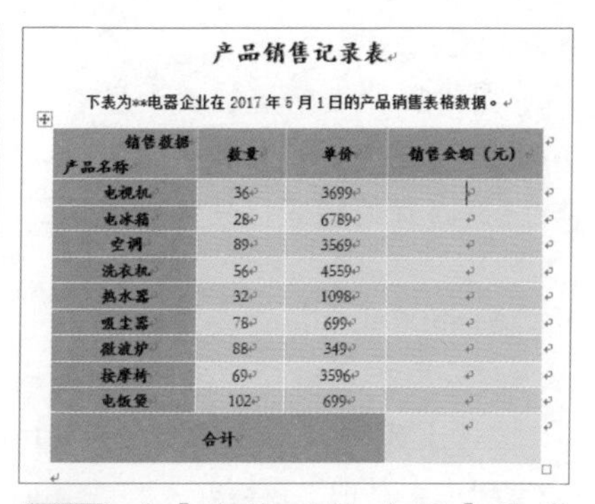

产品销售记录表

下表为**电器企业在 2017 年 5 月 1 日的产品销售表格数据。

销售数据 产品名称	数量	单价	销售金额（元）
电视机	36	3699	
电冰箱	28	6789	
空调	89	3569	
洗衣机	56	4559	
热水器	32	1098	
吸尘器	78	699	
微波炉	88	349	
按摩椅	69	3596	
电饭煲	102	699	
合计			

Step02 在【表格工具 布局】选项卡下的【数据】组中单击【公式】按钮。

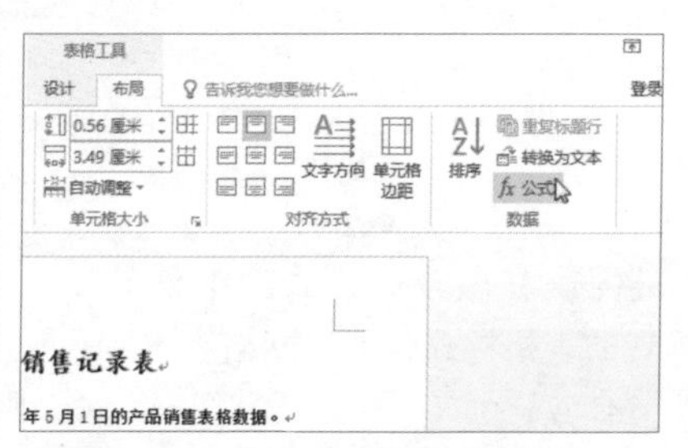

Step03 在弹出的【公式】对话框中设置【公式】为【=PRODUCT(LEFT)】，单击【确定】按钮。

Step04 返回文档中，即可看到自动计算后的销售金额数据，得到电视机在 2017 年 5 月 1 日的销售金额为【133164】元。

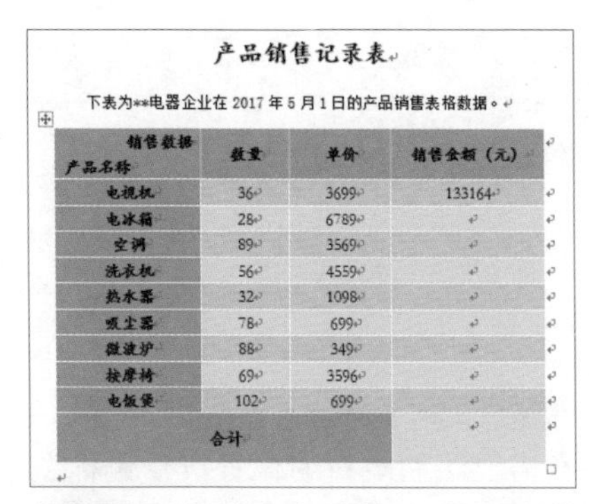

产品销售记录表

下表为**电器企业在 2017 年 5 月 1 日的产品销售表格数据。

销售数据 产品名称	数量	单价	销售金额（元）
电视机	36	3699	133164
电冰箱	28	6789	
空调	89	3569	
洗衣机	56	4559	
热水器	32	1098	
吸尘器	78	699	
微波炉	88	349	
按摩椅	69	3596	
电饭煲	102	699	
合计			

Step05 选中并右击计算出的该单元格数据，在弹出的快捷菜单中选择【复制】命令。

产品销售记录表

下表为**电器企业在 2017 年 5 月 1 日的产品销售表格数据。

销售数据 产品名称	数量	单价	销售金额（元）
电视机	36	3699	133164
电冰箱	28	6789	
空调	89	3569	
洗衣机	56	4559	
热水器	32	1098	
吸尘器	78	699	
微波炉	88	349	
按摩椅	69	3596	
电饭煲	102	699	
合计			

Step06 将光标定位至第 3 行第 4 列的单元格中并右击，在弹出的快捷菜单中选择【粘贴选项】中的【保留源格式】命令。

Step07 应用相同的方法继续将计算出的销售金额数据复制到其他要计算的单元格内，随后选中粘贴了销售金额数据的单元格区域。

产品销售记录表

下表为**电器企业在 2017 年 5 月 1 日的产品销售表格数据。

销售数据 产品名称	数量	单价	销售金额（元）
电视机	36	3699	133164
电冰箱	28	6789	133164
空调	89	3569	133164
洗衣机	56	4559	133164
热水器	32	1098	133164
吸尘器	78	699	133164
微波炉	88	349	133164
按摩椅	69	3596	133164
电饭煲	102	699	133164
合计			

Step08 按【F9】键，即可刷新选中单元格区域中的销售金额数据。将光标定位在要计算合计值的单元格内。

产品销售记录表

下表为**电器企业在 2017 年 5 月 1 日的产品销售表格数据。

销售数据 产品名称	数量	单价	销售金额（元）
电视机	36	3699	133164
电冰箱	28	6789	190092
空调	89	3569	317641
洗衣机	56	4559	255304
热水器	32	1098	35136
吸尘器	78	699	54522
微波炉	88	349	30712
按摩椅	69	3596	248124
电饭煲	102	699	71298
合计			

Step09 设置该单元格的对齐方式为【水平居中】。打开【公式】对话框，设置【公式】为【=SUM(ABOVE)】，单击【确定】按钮。

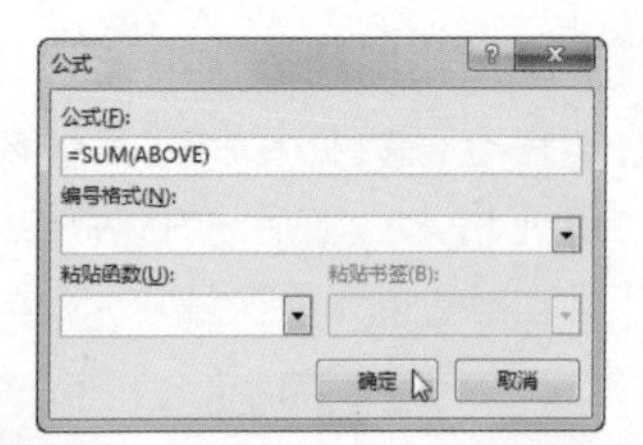

Step10 返回文档中，即可看到计算出的合计销售金额值，此时即完成了产品销售记录表的制作。

产品销售记录表

下表为**电器企业在2017年5月1日的产品销售表格数据。

销售数据 产品名称	数量	单价	销售金额（元）
电视机	36	3699	133164
电冰箱	28	6789	190092
空调	89	3569	317641
洗衣机	56	4559	255304
热水器	32	1098	35136
吸尘器	78	699	54522
微波炉	88	349	30712
按摩椅	69	3596	248124
电饭煲	102	699	71298
合计			1335993

·技能拓展·

在前面通过相关案例的讲解，主要给读者介绍了Word文档中表格的应用操作，接下来给读者介绍一些相关的技能拓展知识。

一、自由绘制表格

在上面的小节中，主要介绍了如何在Word文档中插入固定风格和格式的表格，如果想要制作出符合自己特殊要求的表格，可通过绘制表格功能来实现。

Step01 在【插入】选项卡下的【表格】组中单击【表格】按钮，在展开的列表中选择【绘制表格】选项。

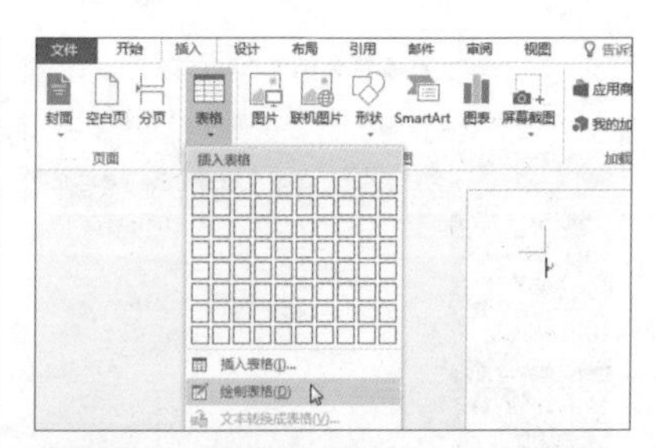

Step02 此时鼠标指针变为了✎形状，在需要绘制表格的位置按住鼠标左键不放并拖动，即可绘制出矩形的表格边框。

Step03 继续在矩形表格中绘制行线、列线，直至完成表格的制作。

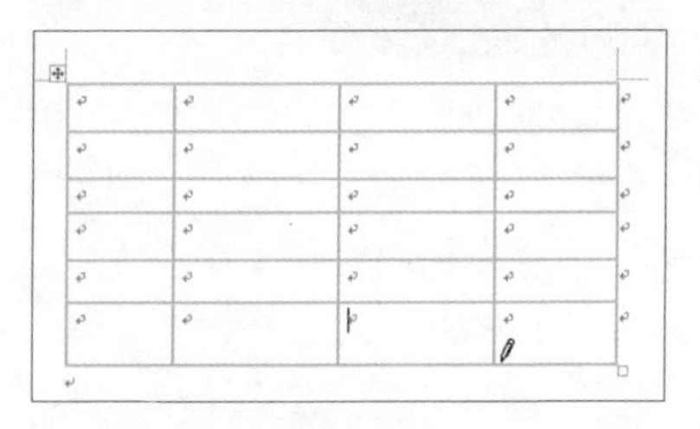

小技巧 

如果要退出表格的绘制状态，可单击【表格工具→布局】选项卡下【绘图】组中的【绘制表格】按钮，或者直接按【Esc】键退出。

二、使用橡皮擦删除表格的特定边框

当在 Word 中制作表格的时候，如果想要去掉多余的部分边框，可使用橡皮擦工具。

Step01 在【表格工具 布局】选项卡下的【绘图】组中单击【橡皮擦】按钮。

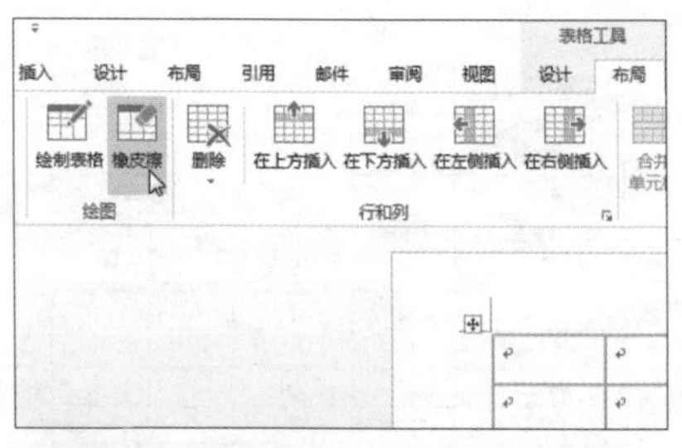

Step02 此时鼠标指针变为了 形状，在要擦除的边框线上单击，即可擦除该边框线。

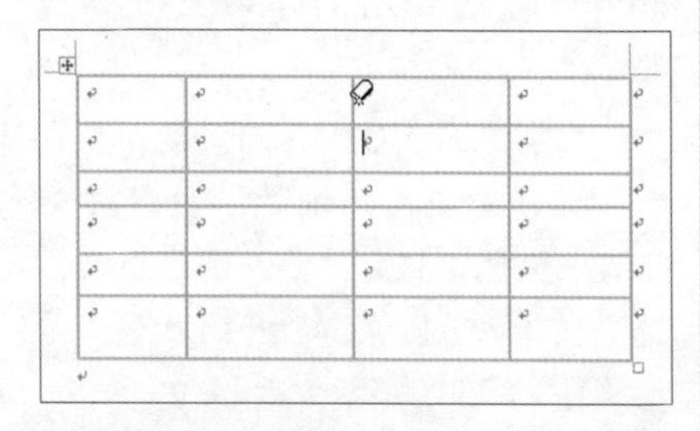

如果要取消橡皮擦的使用，可单击【表格工具 布局】选项卡下【绘图】组中的【橡皮擦】按钮，或者直接按【Esc】键退出。

三、设置表格中的文字方向

在默认情况下，文档表格中的文字排列方向是从左至右水平排列的，如果要改变某个单元格的文字排列方向，可通过以下方法来实现。

选中文档中要更改文字方向的单元格，可以在【表格工具 布局】选项卡下的【对齐方式】组中单击【文字方向】按钮。

四、将表格内容转换为文本

虽然 Word 文档中的表格能十分清晰地表达数据的意义，但是有时候又会觉得表格特别占位置，此时，如果想要去掉表格中的边框线，变为用空格或者是逗号隔开的文字，可使用 Word 中的转换为文本功能。

Step01 将光标定位在文档表格中的任意位置，在【表格工具 布局】选项卡下的【数据】组中单击【转换为文本】按钮。

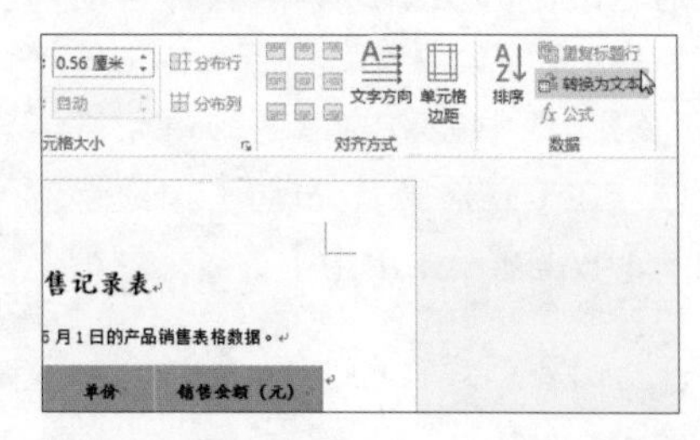

Step02 在弹出的【表格转换成文本】对话框中选中【制表符】单选按钮，单击【确定】按钮。

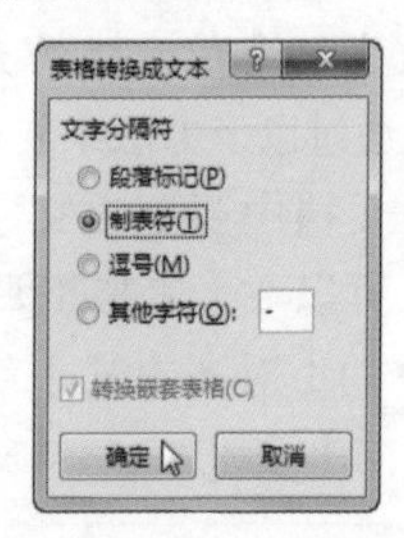

Step03 返回文档中，即可看到表格内容转换为文本后的效果，此时，文本内容之间以制表符号进行了分隔。

产品销售记录表

下表为**电器企业在 2017 年 5 月 1 日的产品销售表格数据。

销售数据	数量	单价	销售金额（元）
电视机	36	3699	133164
电冰箱	28	6789	190092
空调	89	3569	317641
洗衣机	56	4559	255304
热水器	32	1098	35136
吸尘器	78	699	54522
微波炉	88	349	30712
按摩椅	69	3596	248124
电饭煲	102	699	71298

五、为跨页表格添加表头

在使用 Word 制作多行而跨页的表格的过程中，会发现由于只有第一页上有表头，而其他页上没有，很容易在浏览其他页的时候忘记每一列所代表的数据意义。此时可以通过以下方法给跨页的表格自动添加表头。

Step01 选中表格的标题行单元格区域，在【表格工具 布局】选项卡下的【数据】组中单击【重复标题行】按钮。

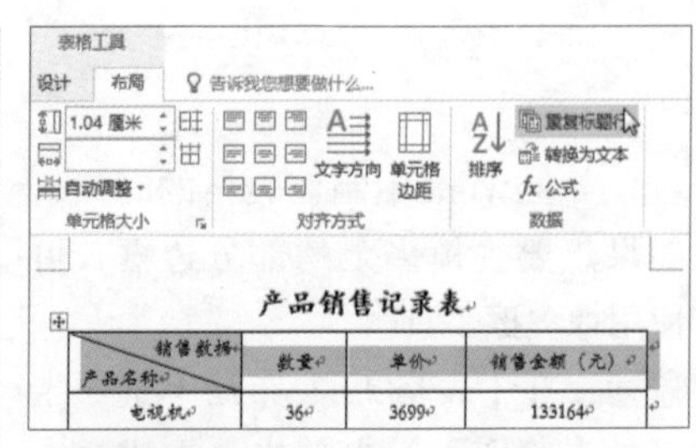

Step02 即可在下一页的表格首行看到添加的跨页标题行。

销售数据 / 产品名称	数量	单价	销售金额（元）
燃气灶	360	990	356400
美发器	158	3608	570064
理发器	60	699	41940
保温杯	89	99	8811
压力锅	69	190	13110
除湿器	102	399	40698
剃须刀	200	260	52000
刀具	560	36	20160

·同步实训·

制作《新员工培训计划及日程安排表》

为了巩固本章所学知识点，本节以制作《新员工培训计划及日程安排表》为例，对文档中表格的插入、设置和计算等操作进行介绍。

Step01 打开“光盘\素材文件\第 3 章\新员工培训计划及日程安排表.docx”文件，定位好要插入表格的位置后，在【插入】选项卡下的【插图】组中单击【表格】按钮，在展开的下拉列表中单击【插入表格】选项。

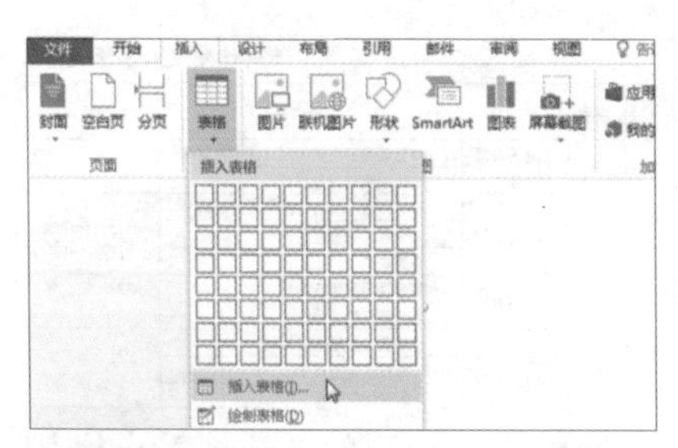

Step02 在弹出的【插入表格】对话框中设置【列数】为【7】，【行数】为【6】，单击【确定】按钮。

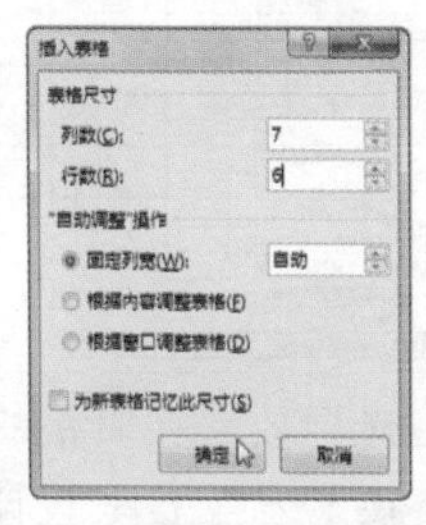

Step03 返回文档中，即可看到插入 7 列 6 行的表格效果。

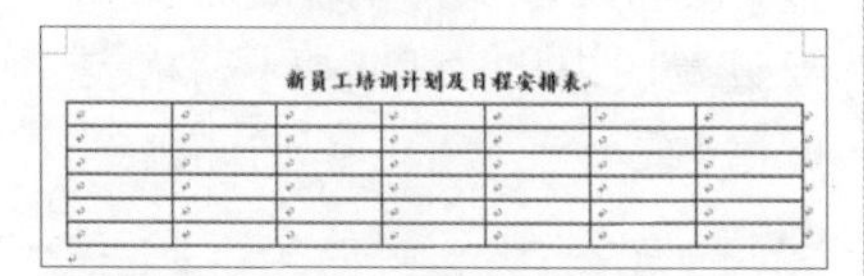

Step04 选中表格中要拆分的单元格，如第 2 行第 3 列的单元格，在【表格工具 布局】选项卡下的【合并】组中单击【拆分单元格】按钮。

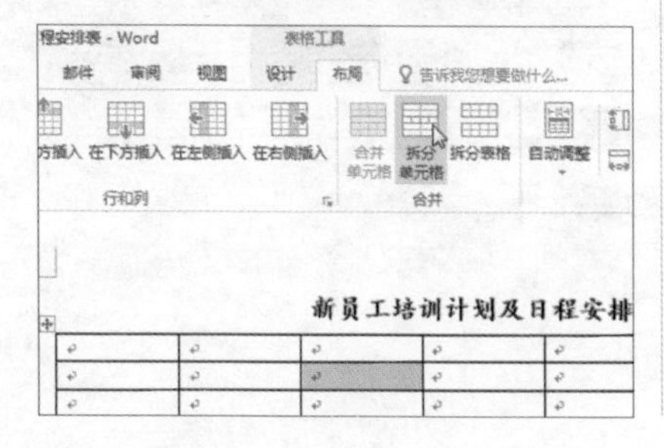

Step05 在弹出的【拆分单元格】对话框中设置【列数】为【1】，【行数】为【2】，单击【确定】按钮。

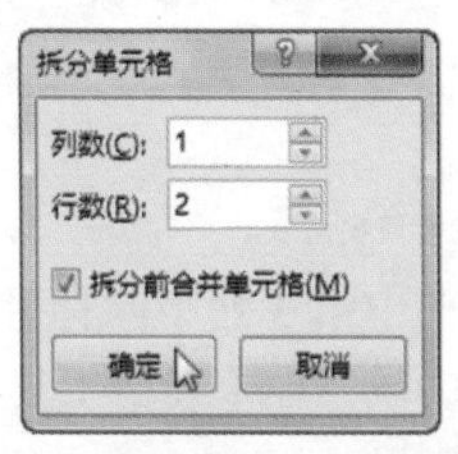

Step06 返回文档中，应用相同的方法选中其他单元格并拆分，可看到设置后的效果。

Step07 在文档的表格中输入合适的文本内容，单击左上角的【全选】按钮，选中全部表格文本。

Step08 在【表格工具 布局】选项卡下的【对齐方式】组中单击【水平居中】按钮。

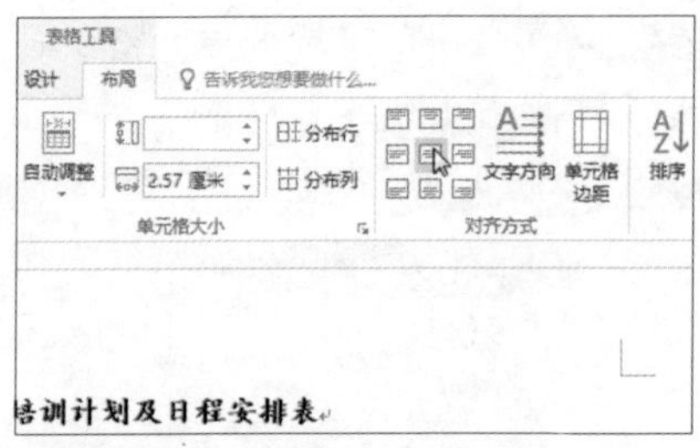

Step09 选中第 3 列中除标题以外的单元格区域，在【表格工具 布局】选项卡下的【对齐方式】组中单击【中部两端对齐】按钮。

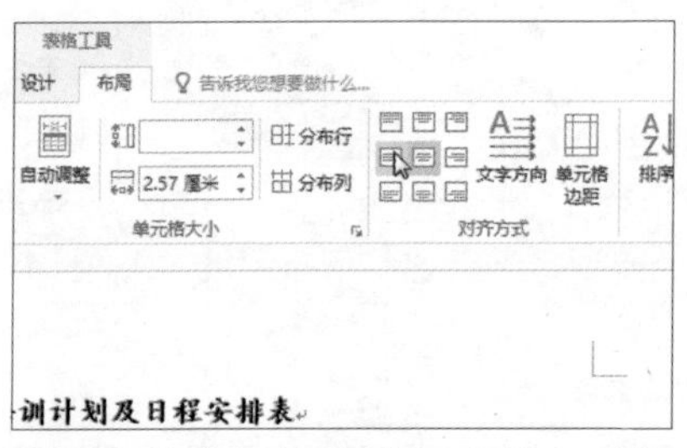

Step10 将鼠标指针放置在第 1 列的右边框线上，当鼠标指针变为 ✢ 形状时，按住鼠标左键向左拖动，即可减小第 1 列的宽度。

新员工培训计划及日程安排

序号	培训项目	培训内容	培训时间	培训时长
一	企业简介及发展史	1、公司概况、发展历程、文化与政策	6月2日下午 13:00~14:30	1.5 小时
		2、公司规划及前景展望		
二	公司业绩	1、公司资质、业务范围、组织结构	6月3日下午 13:00~15:00	2 小时
		2、公司重大项目及业绩		
		3、荣誉展示		

Step11 将鼠标指针放置在第 1 行的下边框线上，当鼠标指针变为 ✢ 形状时，按住鼠标左键向下拖动，即可增大第 1 行的行高。

新员工培训计划及日程安排表

序号	培训项目	培训内容	培训时间
一	企业简介及发展史	1、公司概况、发展历程、文化与政策	6月2日下午 13:00~14:30
		2、公司规划及前景展望	
二	公司业绩	1、公司资质、业务范围、组织结构	6月3日下午 13:00~15:00
		2、公司重大项目及业绩	
		3、荣誉展示	
三	公司制度	1、制度及日常工作流程	6月4日上午 9:00~10:00
		2、企业的薪酬体系	
四	安全生产及质量管理	1、企业安全基础知识培训	6月4日下午 13:00~15:00
		2、公司质量管理体系	
		3、质量管理基础知识	

Step12 应用相同的方法调整表格其他行和列的高度和宽度。

新员工培训计划及日程安排表

序号	培训项目	培训内容	培训时间	培训时长	讲师	备注
一	企业简介及发展史	1、公司概况、发展历程、文化与政策	6月2日下午 13:00~14:30	1.5 小时	王老师	
		2、公司规划及前景展望				
二	公司业绩	1、公司资质、业务范围、组织结构	6月3日下午 13:00~15:00	2 小时	何老师	
		2、公司重大项目及业绩				
		3、荣誉展示				
三	公司制度	1、制度及日常工作流程	6月4日上午 9:00~10:00	1 小时	张老师	
		2、企业的薪酬体系				
四	安全生产及质量管理	1、企业安全基础知识培训	6月4日下午 13:00~15:00	2 小时	何老师	
		2、公司质量管理体系				
		3、质量管理基础知识				
五	员工工作	1、入职员工主要工作内容	6月5日下午 16:00~18:00	3 小时	王老师	
		2、设备组装工艺				
		3、工具，材料领用管理				

Step13 将光标放置在表格的任意单元格中，在【表格工具 设计】选项卡下的【表格样式】组中单击【其他】按钮，在展开的样式库中单击要设置的表格样式，如【网格表 5 深色】。

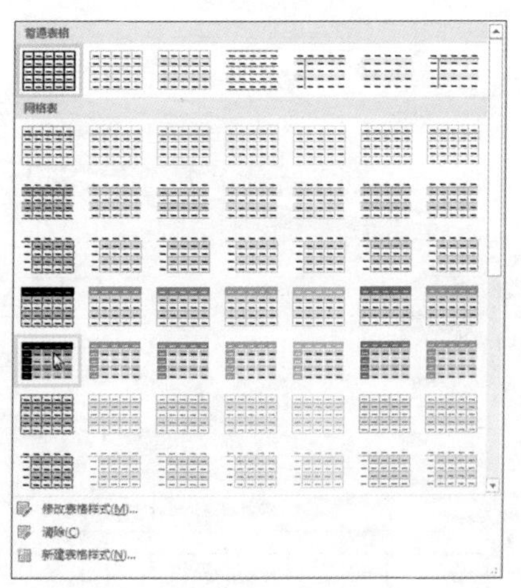

Step14 随后为表格中格式发生改变的文本重新设置对齐方式为【水平居中】和【中部两端对齐】，设置表格的【字体】为【微软雅黑】，【字号】为【小五】，即完成了新员工培训计划及日程安排表的制作。

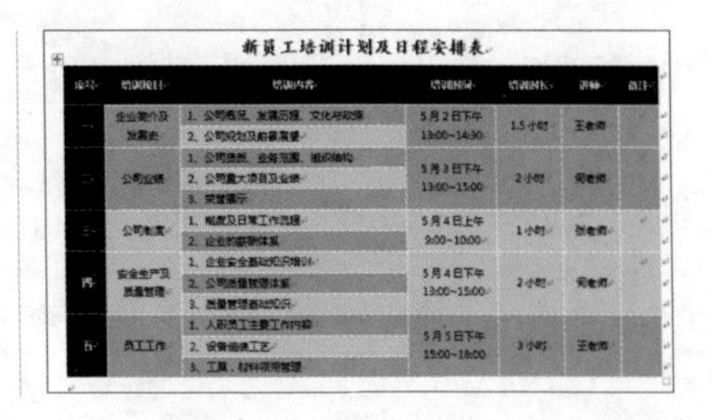

新员工培训计划及日程安排表

序号	培训项目	培训内容	培训时间	培训时长	讲师	备注
一	企业简介及发展史	1、公司概况、发展历程、文化与政策 2、公司规划及前景展望	5月2日下午 13:00~14:30	1.5小时	王老师	
二	公司业绩	1、公司资质、业务范围、组织结构 2、公司重大项目及业绩 3、荣誉展示	5月3日下午 13:00~15:00	2小时	何老师	
三	公司制度	1、制度及日常工作流程 2、企业的薪酬体系	5月4日上午 9:00~10:00	1小时	张老师	
四	安全生产及质量管理	1、企业安全基础知识培训 2、公司质量管理体系 3、质量管理基础知识	5月4日下午 13:00~15:00	2小时	何老师	
五	员工工作	1、入职员工主要工作内容 2、设备操作工艺 3、工具、材料领用管理	5月5日下午 15:00~18:00	3小时	王老师	

学习小结

本章主要介绍了 Word 文档中表格的应用操作。重点内容包括表格的插入、合并和拆分单元格、添加和调整行和列、绘制斜线表头、设置表格边框线、填充效果，以及表格样式功能，此外，还对表格中的数据进行了简单的计算。熟练掌握表格操作知识，可快速对文档中的数据进行分门别类。

第 4 章 Word 长文档的处理

在实际工作中，常常会使用 Word 制作长文档，如营销报告、员工手册、管理制度等类型的长文档。一般情况下，长文档的结构都比较复杂，内容也比较多，如果不使用合理的方法，那么整个文档的制作过程可能既费时又费力，而且质量还不一定让人满意。

本章将以制作员工手册和财务管理制度为例，介绍长文档的页面设置、样式的套用、修改和自定义操作，还将对文档页眉和页脚的插入与设置进行介绍。此外，还将介绍文档目录的生成和打印操作。

※ 设置文档的页面　※ 应用、修改和自定义样式

※ 插入并设置页眉和页脚　※ 生成文档目录　※ 打印文档

案 例 展 示

员工手册

一、公司的八项基本原则

财务管理制度

4.1 制作《员工手册》

为了让员工了解企业的政策和规定，并让员工自觉履行工作责任及遵守公司的各项管理制度，可制作能够有效管理员工的员工手册。

本节以制作《员工手册》为例，主要介绍文档的页面设置、套用和修改样式，以及自定义样式操作。

4.1.1 设置文档的页面

由于工作的需要，通常需要打印不同规格的文档，所以，在文档编辑之前或编辑之后，需要对文档进行页面设置。

页面设置就是对文档的页边距、纸张大小、纸张方向等进行设置。具体操作步骤如下。

Step01 打开"光盘 \ 素材文件 \ 第 4 章 \ 员工手册 .docx"文件，在【布局】选项卡下的【页面设置】组中单击对话框启动器。

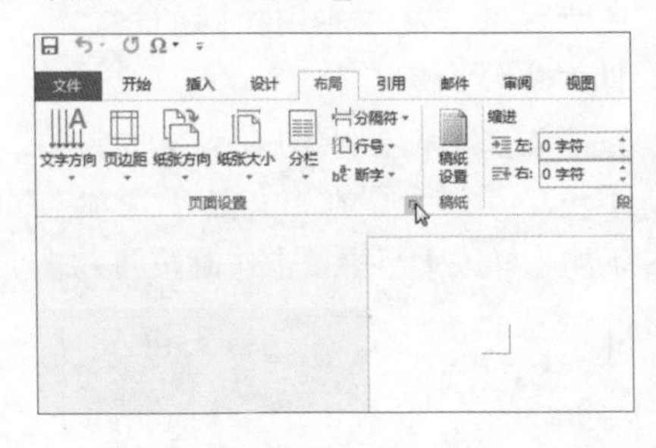

Step02 弹出【页面设置】对话框，在【页边距】选项卡下的【页边距】选项组中，设置【上】【下】【左】【右】的页边距分别为【1.5 厘米】【1.5 厘米】【2 厘米】【1.5 厘米】。

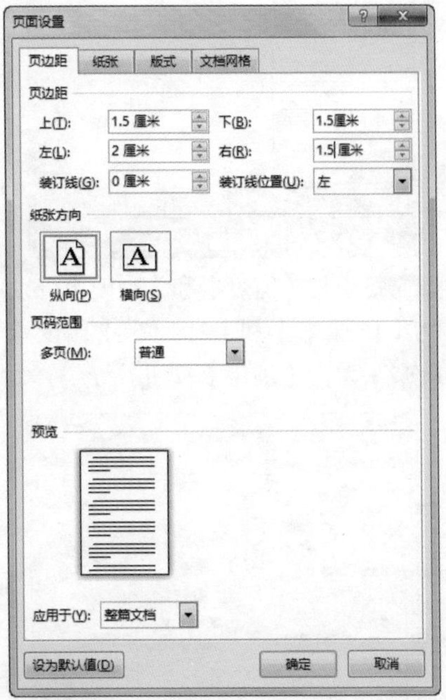

Step03 切换至【纸张】选项卡，单击【纸张大小】右侧的下三角按钮，在展开的下拉列表中选择【自定义大小】选项。

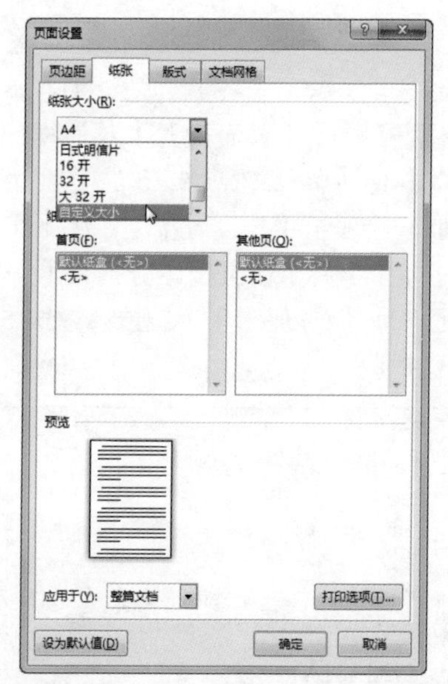

Step04 设置【宽度】和【高度】分别为【16 厘米】和【21 厘米】，设置完成后单击【确定】按钮。

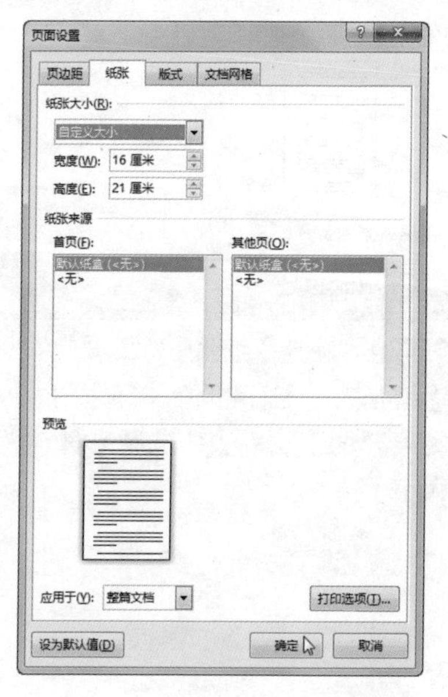

Step05 返回文档中，即可看到页面设置后的文档效果。

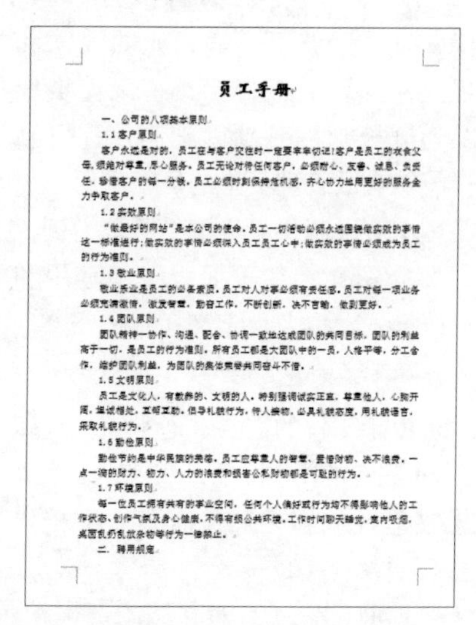

员工手册

一、公司的八项基本原则

1.1 客户原则

客户永远是对的，员工在与客户交往时一定要牢牢切记!客户是员工的衣食父母，须绝对尊重，尽心服务。员工无论对待任何客户，必须耐心、友善、诚恳、负责任，珍惜客户的每一分钱，员工必须时刻保持危机感，齐心协力地用更好的服务全力争取客户。

1.2 实效原则

"做最好的网站"是本公司的使命，员工一切活动必须永远围绕做实效的事情这一标准进行;做实效的事情必须深入员工员工心中;做实效的事情必须成为员工的行为准则。

1.3 敬业原则

敬业乐业是员工的必备素质，员工对人对事必须有责任感，员工对每一项业务必须充满激情，激发智慧，勤奋工作，不断创新，决不言输，做到更好。

1.4 团队原则

团队精神—协作、沟通、配合、协调一致地达成团队的共同目标，团队的利益高于一切，是员工的行为准则，所有员工都是大团队中的一员，人格平等，分工合作，维护团队利益，为团队的集体荣誉共同奋斗不懈。

1.5 文明原则

员工是文化人，有教养的、文明的人，特别强调诚实正直，尊重他人，心胸开阔，坦诚相处，互帮互助，倡导礼貌行为，待人接物，必具礼貌态度，用礼貌语言，采取礼貌行为。

1.6 勤俭原则

勤俭节约是中华民族的美德，员工应尊重人的智慧、爱惜财物，决不浪费，一点一滴的财力、物力、人力的浪费和损害公私财物都是可耻的行为。

1.7 环境原则

每一位员工拥有共有的事业空间，任何个人偏好或行为均不得影响他人的工作状态、创作气氛及身心健康，不得有损公共环境，工作时间聊天睡觉，室内吸烟，桌面乱扔乱放杂物等行为一律禁止。

二、聘用规定

4.1.2 应用内置样式

在 Word 中要为某部分文本应用相同的样式时，如相同的字体、字号、颜色、段落对齐方式、间距等，如果一一进行设置，将会很麻烦。此时可以通过 Word 中的样式功能快速为该部分文本应用相同的格式。具体操作步骤如下。

Step01 选中文档中的表头文本，如【员工手册】，在【开始】选项卡下的【样式】组中单击快翻按钮。

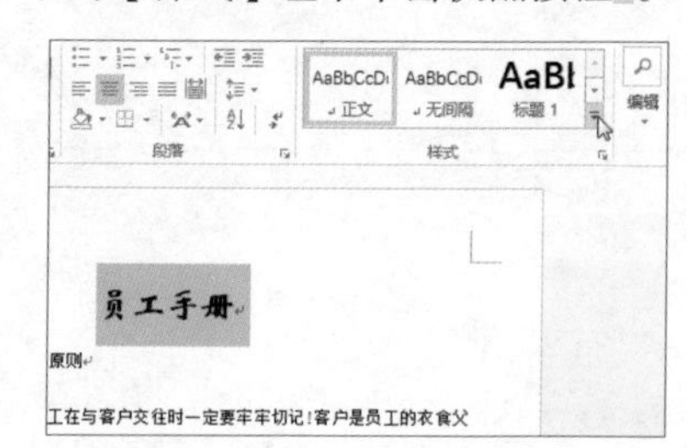

Step02 在展开的列表中单击要设置的样式，如【标题】样式。

Step03 即可看到选中文本应用样式后的效果，继续选中要设置的文本，如【一、公司的八项基本原则】。

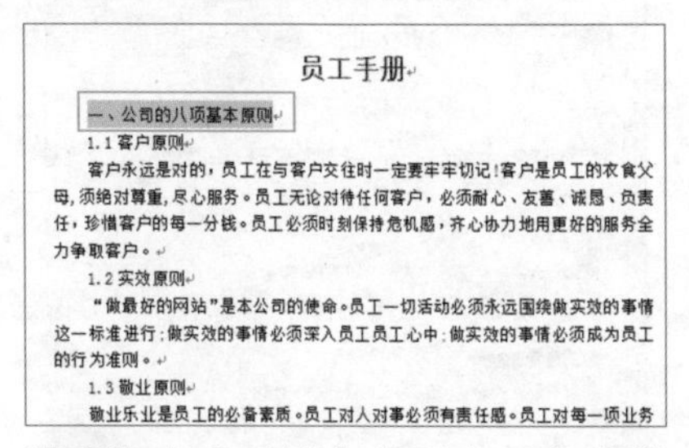

员工手册

一、公司的八项基本原则

1.1 客户原则

客户永远是对的，员工在与客户交往时一定要牢牢切记！客户是员工的衣食父母，须绝对尊重，尽心服务。员工无论对待任何客户，必须耐心、友善、诚恳、负责任，珍惜客户的每一分钱。员工必须时刻保持危机感，齐心协力地用更好的服务全力争取客户。

1.2 实效原则

“做最好的网站”是本公司的使命。员工一切活动必须永远围绕做实效的事情这一标准进行：做实效的事情必须深入员工员工心中；做实效的事情必须成为员工的行为准则。

1.3 敬业原则

敬业乐业是员工的必备素质。员工对人对事必须有责任感。员工对每一项业务

Step04 在【开始】选项卡下的【样式】组中单击要设置的样式，如【标题 1】。

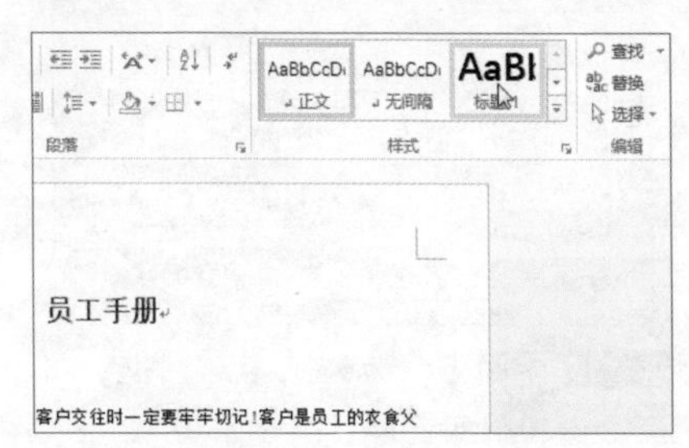

Step05 即可看到应用样式后的文档效果。

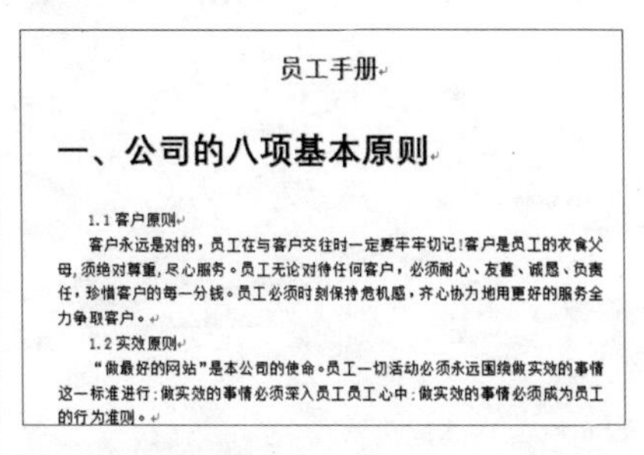

员工手册

一、公司的八项基本原则

1.1 客户原则

客户永远是对的，员工在与客户交往时一定要牢牢切记！客户是员工的衣食父母，须绝对尊重，尽心服务。员工无论对待任何客户，必须耐心、友善、诚恳、负责任，珍惜客户的每一分钱。员工必须时刻保持危机感，齐心协力地用更好的服务全力争取客户。

1.2 实效原则

“做最好的网站”是本公司的使命。员工一切活动必须永远围绕做实效的事情这一标准进行：做实效的事情必须深入员工员工心中；做实效的事情必须成为员工的行为准则。

4.1.3 修改样式

如果应用了样式后的文本效果不符合实际的工作需求，可对该样式进行修改。具体操作步骤如下。

Step01 右击要修改的样式，如【标题】样式，在弹出的快捷菜单中选择【修改】选项。

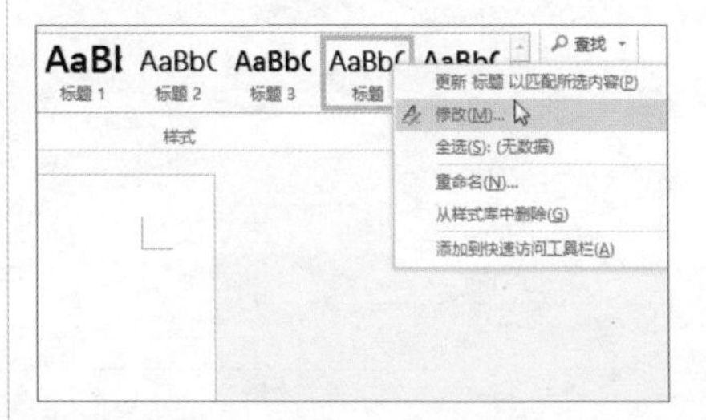

小技巧

如果想要将样式添加到快速访问工具栏中，可右击该样式，在弹出的快捷菜单中选择【添加到快速访问工具栏】选项。

Step02 弹出【修改样式】对话框，单击【格式】选项组下【字体】右侧

的下三角按钮▾，在展开的列表中选择【华文新魏】选项。

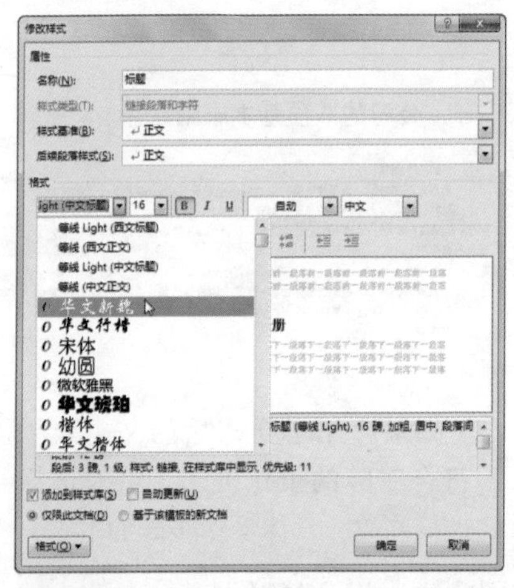

Step03 单击【字号】右侧的下三角按钮▾，在展开的下拉列表中选择【28】磅。

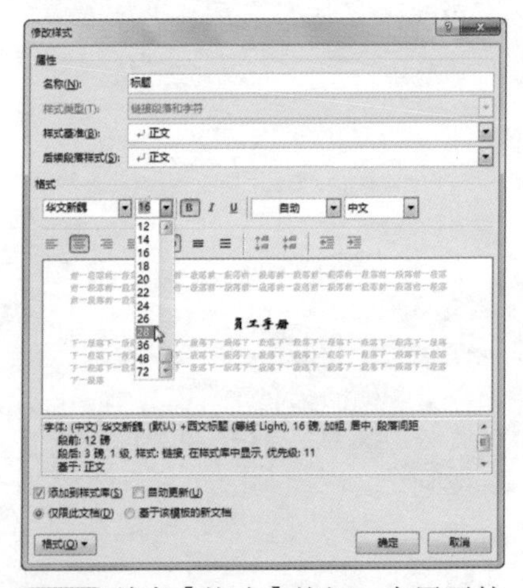

Step04 单击【格式】按钮，在展开的列表中选择【段落】选项。

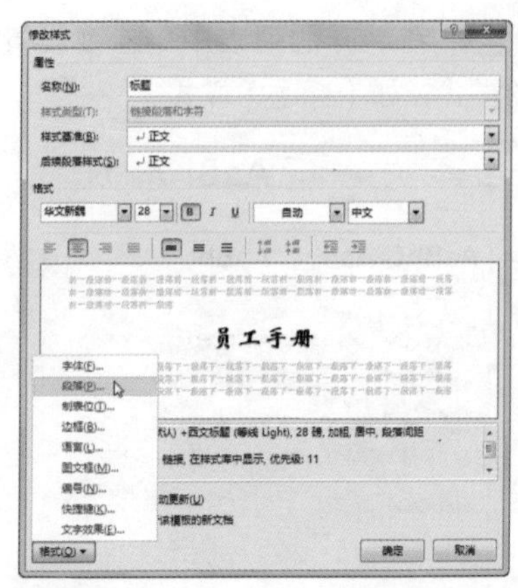

Step05 弹出【段落】对话框，在【缩进和间距】选项卡下的【间距】选项组下设置【段前】和【段后】的间距都为【24 磅】，单击【确定】按钮。

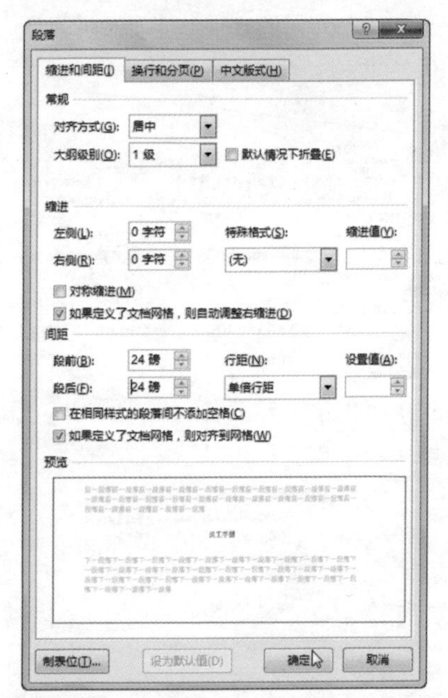

Step06 返回【修改样式】对话框，可预览设置效果，单击【确定】按钮。

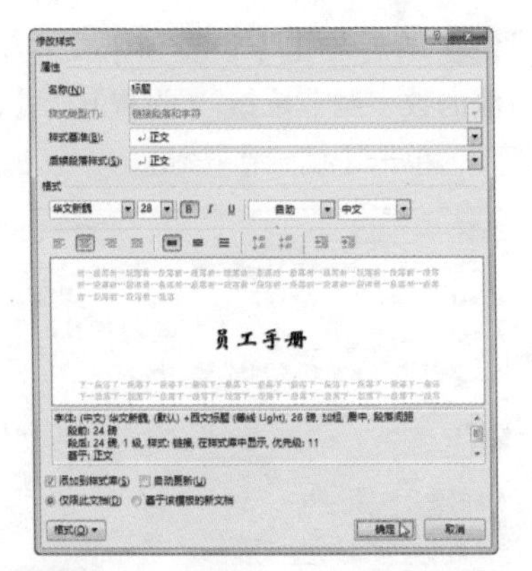

Step07 返回文档中，即可看到应用了该样式的文本更改的样式效果，如【员工手册】文本。

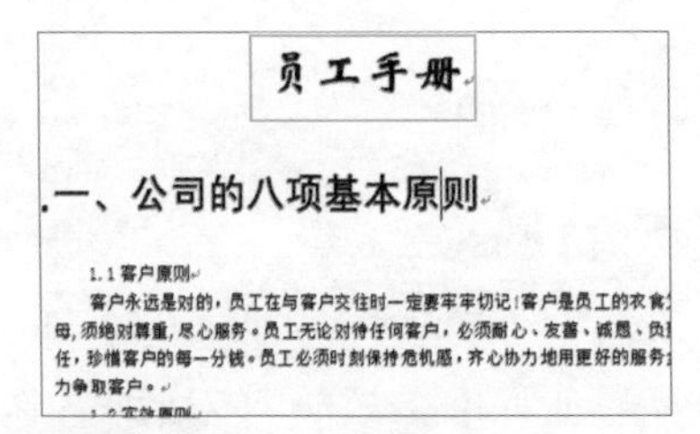

Step08 如果要继续修改样式，可右击要修改的样式，如右击【标题 1】样式，在弹出的下拉列表中选择【修改】选项。

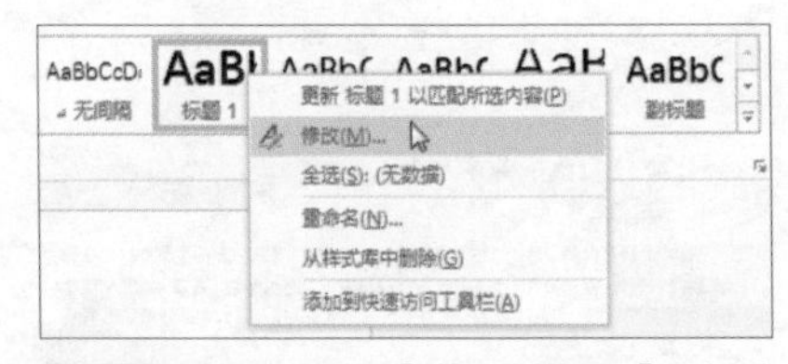

Step09 在弹出的【修改样式】对话框中设置【字体】为【华文楷体】，【字号】为【16】磅，单击【格式】按钮，在展开的下拉列表中选择【段落】选项。

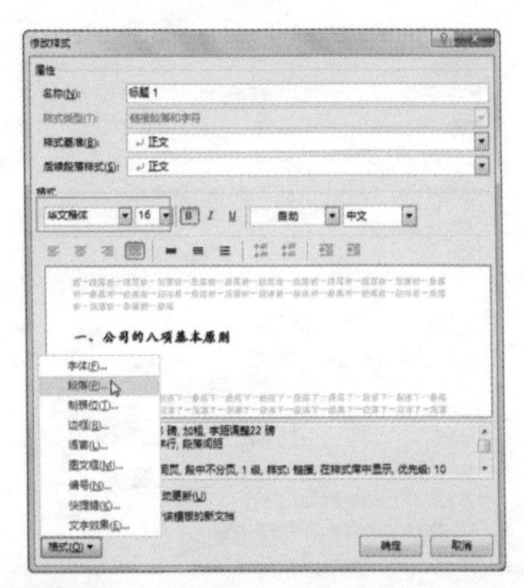

Step10 弹出【段落】对话框，在【缩进和间距】选项卡下的【常规】选项组下，单击【大纲级别】右侧的下三角按钮，在展开的下拉列表中选择【2 级】选项。

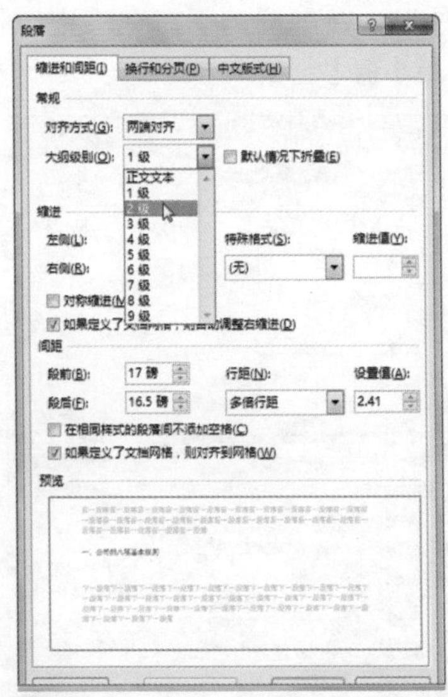

Step11 在【间距】选项组下单击【段前】和【段后】的数字调节按钮，间距分别设置为【12 磅】和【6 磅】。

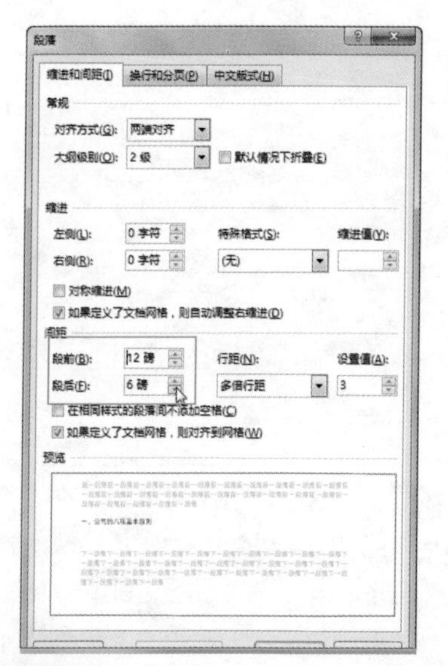

Step12 单击【行距】右侧的下三角按钮，在展开的下拉列表中选择【最小值】选项。

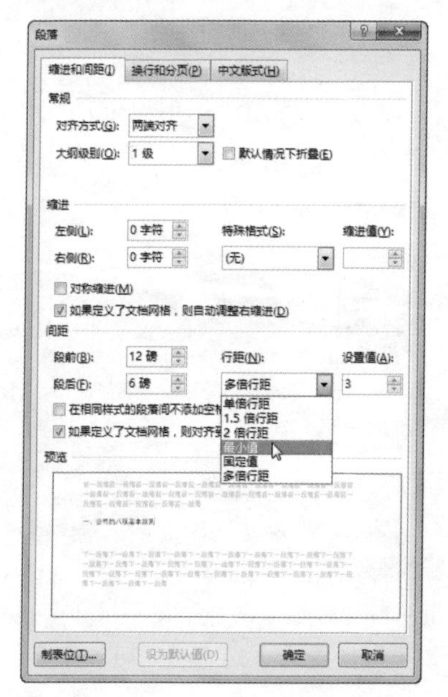

Step13 随后单击【设置值】文本框右侧的数字调节按钮，设置其为【6磅】，单击【确定】按钮。

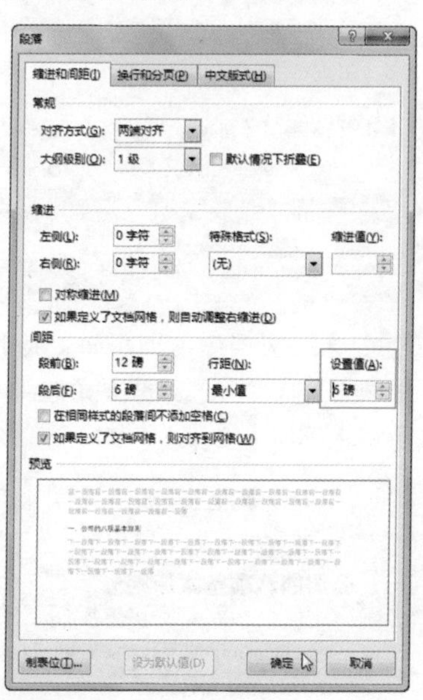

Step14 返回【修改样式】对话框，单击【确定】按钮。再返回文档，即可看到更改样式后的【一、公司的八项基本原则】文本效果。

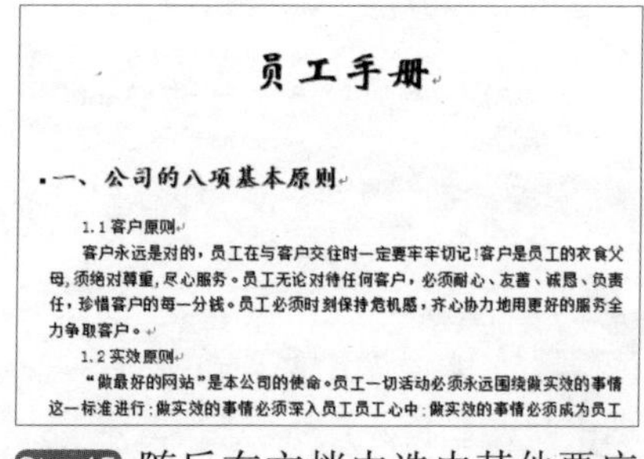
员工手册

一、公司的八项基本原则

1.1 客户原则

客户永远是对的，员工在与客户交往时一定要牢牢切记！客户是员工的衣食父母，须绝对尊重，尽心服务。员工无论对待任何客户，必须耐心、友善、诚恳、负责任，珍惜客户的每一分钱。员工必须时刻保持危机感，齐心协力地用更好的服务全力争取客户。

1.2 实效原则

"做最好的网站"是本公司的使命。员工一切活动必须永远围绕做实效的事情这一标准进行：做实效的事情必须深入员工员工心中；做实效的事情必须成为员工

Step15 随后在文档中选中其他要应用样式的文本，如【二、聘用规定】和【三、入职规定】等，再单击样式

库中要应用的样式，如【标题 1】，即可看到修改并应用样式后的效果。

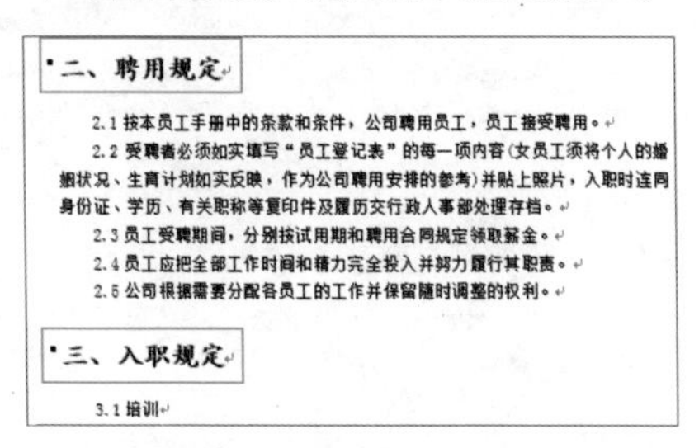

二、聘用规定

2.1 按本员工手册中的条款和条件，公司聘用员工，员工接受聘用。

2.2 受聘者必须如实填写“员工登记表”的每一项内容(女员工须将个人的婚姻状况、生育计划如实反映，作为公司聘用安排的参考)并贴上照片，入职时连同身份证、学历、有关职称等复印件及履历交行政人事部处理存档。

2.3 员工受聘期间，分别按试用期和聘用合同规定领取薪金。

2.4 员工应把全部工作时间和精力完全投入并努力履行其职责。

2.5 公司根据需要分配各员工的工作并保留随时调整的权利。

三、入职规定

3.1 培训

4.1.4 自定义样式

当 Word 中已有的样式不能满足用户需求时，可根据实际工作的需要自行设计可行的样式，具体操作步骤如下。

Step01 选中要自定义样式的文本内容。

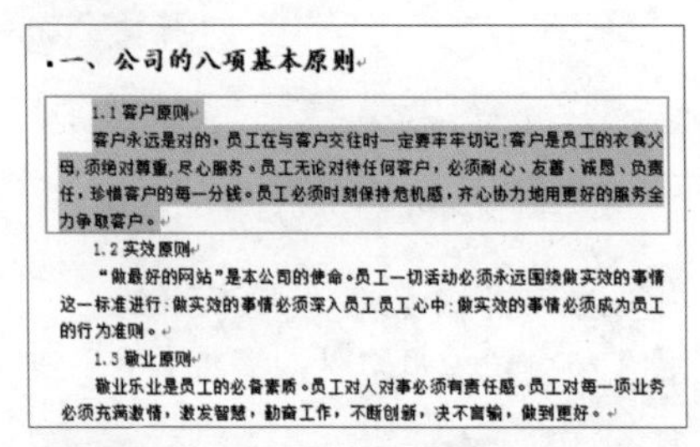

一、公司的八项基本原则

1.1 客户原则

客户永远是对的，员工在与客户交往时一定要牢牢切记！客户是员工的衣食父母，须绝对尊重，尽心服务。员工无论对待任何客户，必须耐心、友善、诚恳、负责任，珍惜客户的每一分钱。员工必须时刻保持危机感，齐心协力地用更好的服务全力争取客户。

1.2 实效原则

“做最好的网站”是本公司的使命。员工一切活动必须永远围绕做实效的事情这一标准进行：做实效的事情必须深入员工员工心中；做实效的事情必须成为员工的行为准则。

1.3 敬业原则

敬业乐业是员工的必备素质。员工对人对事必须有责任感。员工对每一项业务必须充满激情，激发智慧，勤奋工作，不断创新，决不言输，做到更好。

Step02 在【开始】选项卡下的【样式】组中单击对话框启动器。

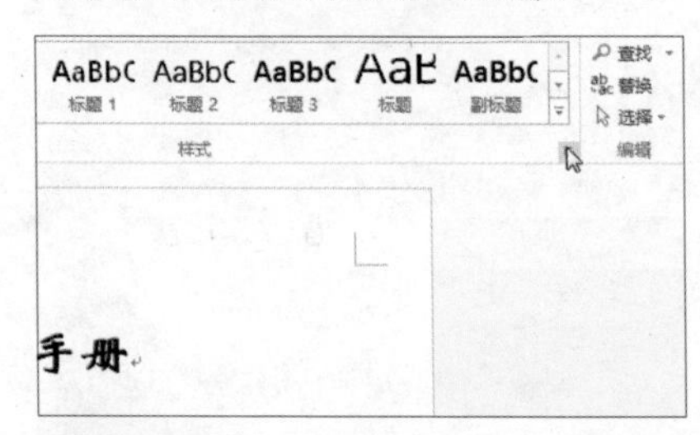

Step03 此时文档中弹出了一个【样式】任务窗格，单击【新建样式】按钮。

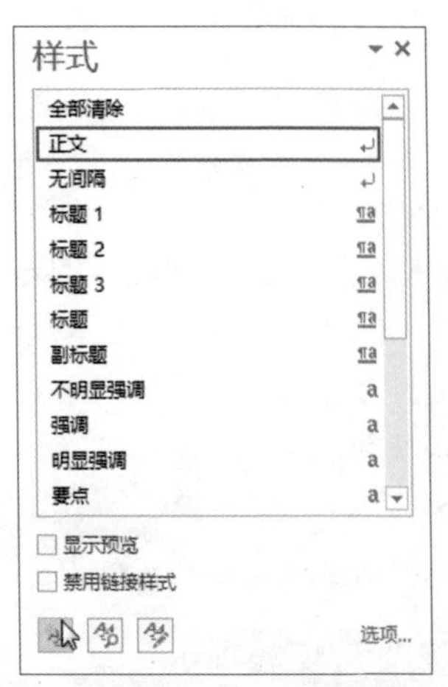

Step04 弹出【根据格式设置创建新样式】对话框，在【属性】选项组下的【名称】文本框中输入自定义的样式名，如【新样式】，在【格式】选项组下设置【字体】为【楷体】，【字号】为【10】磅，单击【格式】按钮，在展开的下拉列表中选择【段落】选项。

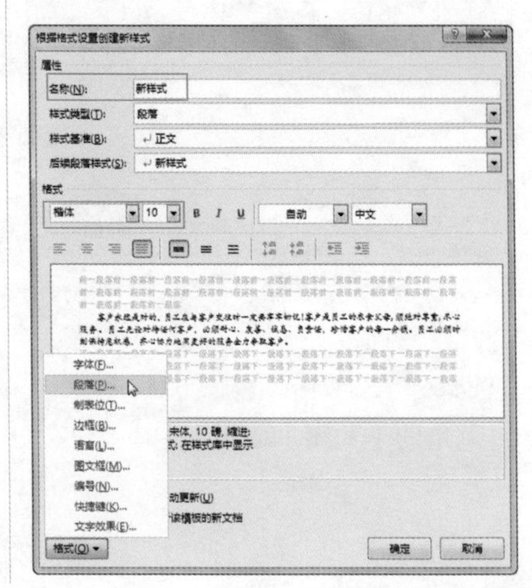

如果想要将任务窗格固定在文档中，可在该窗格上双击。

Step05 在弹出的【段落】对话框中设置【行距】为【最小值】，【设置值】为【6磅】，单击【确定】按钮。

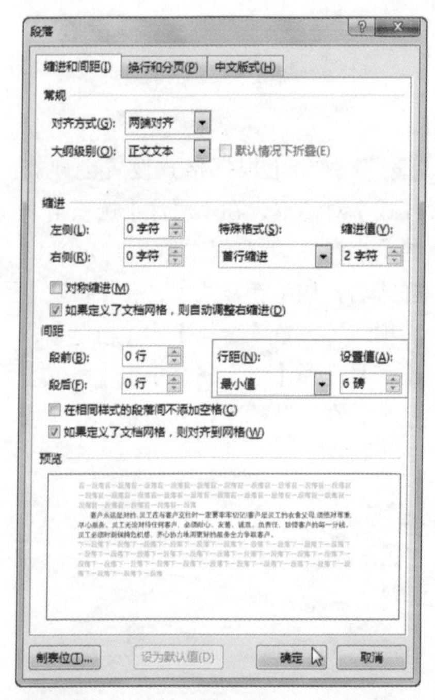

Step06 返回【根据格式设置创建新样式】对话框，单击【确定】按钮，返回文档，单击【样式】任务窗格右上角的【关闭】按钮。

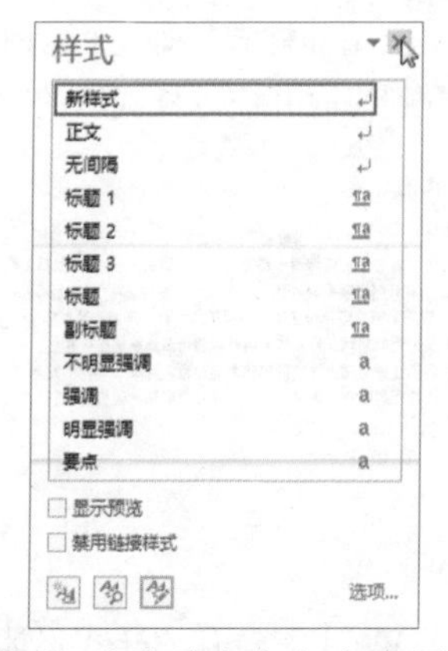

Step07 即可看到选中文本应用自定义样式后的效果，随后选中其他要应用自定义样式的文本。

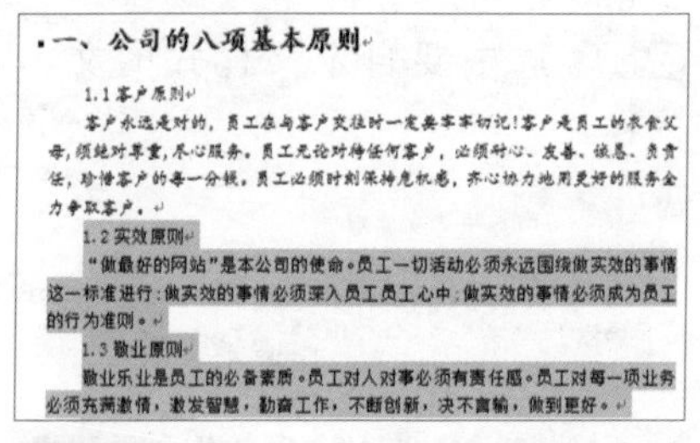
一、公司的八项基本原则

1.1 客户原则

客户永远是对的，员工在与客户交往时一定要牢牢切记！客户是员工的衣食父母，须绝对尊重，尽心服务。员工无论对待任何客户，必须耐心、友善、诚恳、负责任，珍惜客户的每一分钱，员工必须时刻保持危机感，齐心协力地用更好的服务全力争取客户。

1.2 实效原则

"做最好的网站"是本公司的使命。员工一切活动必须永远围绕做实效的事情这一标准进行：做实效的事情必须深入员工员工心中；做实效的事情必须成为员工的行为准则。

1.3 敬业原则

敬业乐业是员工的必备素质。员工对人对事必须有责任感。员工对每一项业务必须充满激情，激发智慧，勤奋工作，不断创新，决不言输，做到更好。

Step08 在【开始】选项卡下的【样式】组中单击自定义的样式，如【新样式】。

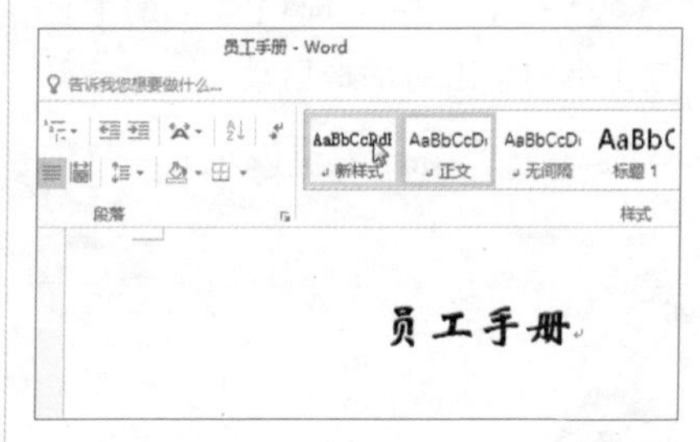

小技巧

如果对自定义的新样式名不满意，可右击该样式，在弹出的快捷菜单中选择【重命名】选项，在弹出的【重命名样式】对话框中的文本框中输入要重新命令的样式名，单击【确定】按钮。如果要删除自定义的样式，则右击该样式，在弹出的下拉列表中选择【从样式库中删除】选项。

Step09 随后即可看到选中文本应用自定义样式后的效果，应用相同的方法为其他类似文本应用自定义的样式，即可完成员工手册的制作。

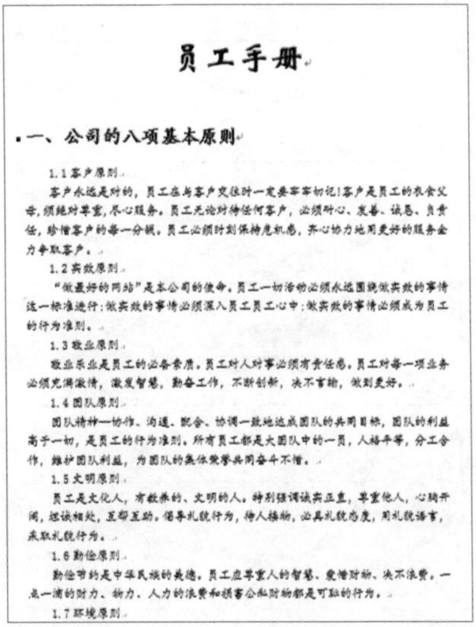

员工手册

一、公司的八项基本原则

1.1 客户原则

客户永远是对的，员工在与客户交往时一定要牢牢切记！客户是员工的衣食父母，须绝对尊重，尽心服务。员工无论对待任何客户，必须耐心、友善、诚恳、负责任，珍惜客户的每一分钱。员工必须时刻保持危机感，齐心协力地用更好的服务全力争取客户。

1.2 实效原则

“做最好的网站”是本公司的使命。员工一切活动必须永远围绕做实效的事情这一标准进行；做实效的事情必须深入员工员工心中；做实效的事情必须成为员工的行为准则。

1.3 敬业原则

敬业乐业是员工的必备素质。员工对人对事必须有责任感。员工对每一项业务必须充满激情，激发智慧，勤奋工作，不断创新，决不言输，做到更好。

1.4 团队原则

团队精神—协作、沟通、配合、协调一致地达成团队的共同目标，团队的利益高于一切，是员工的行为准则。所有员工都是大团队中的一员，人格平等，分工合作，维护团队利益，为团队的集体荣誉共同奋斗不懈。

1.5 文明原则

员工是文化人，有教养的、文明的人。特别强调诚实正直，尊重他人，心胸开阔，坦诚相处，互帮互助。倡导礼貌行为，待人接物，必具礼貌态度，用礼貌语言，采取礼貌行为。

1.6 勤俭原则

勤俭节约是中华民族的美德。员工应尊重人的智慧、爱惜财物、决不浪费。一点一滴的财力、物力、人力的浪费和损害公私财物都是可耻的行为。

1.7 环境原则

4.2 制作《财务管理制度》

企业在实施经营管理活动时，为了建立并维护财务管理体系，以及保障会计核算与监督制度，可结合公司的具体情况，根据国家现行的法律和法规及财会制度，制订起规范、指导作用的财务管理制度。

本节就以制作《财务管理制度》为例，主要介绍页眉、页脚的插入和格式设置操作，插入文档目录及打印文档操作。

4.2.1 插入页眉和页脚

在使用 Word 制作文档时，如果用户想要在文档页面的顶端或底端显示文字或图片内容，如公司的名称、文档制作时间或者是公司的 LOGO 等内容，可插入页眉和页脚。具体操作步骤如下。

Step01 打开“光盘 \ 素材文件 \ 第 4 章 \ 财务管理制度 .docx”文件，在【插入】选项卡下的【页眉和页脚】组中单击【页眉】按钮，在展开的下拉列表中单击【奥斯汀】页眉样式。

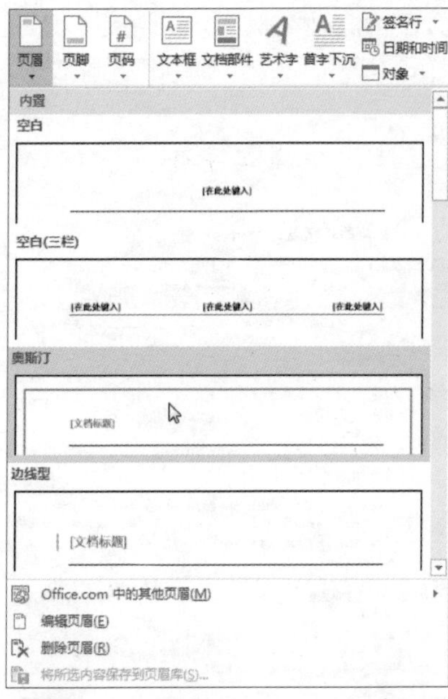

Step02 选中页眉中的【文档标题】文本。

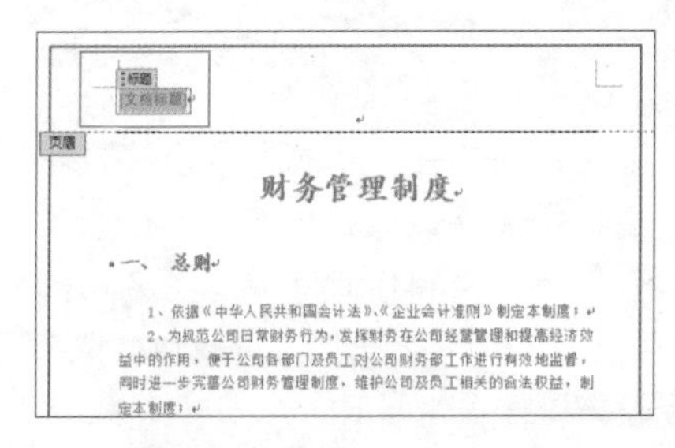

小技巧

需要注意的是，当编辑页眉和页脚时，Word文档的正文区域内容就不能进行编辑了，因为它们分属于不同的层次。

Step03 输入合适的页眉文本内容，如【KG有限公司】，在【页眉和页脚工具 设计】选项卡下的【导航】组中单击【转至页脚】按钮。

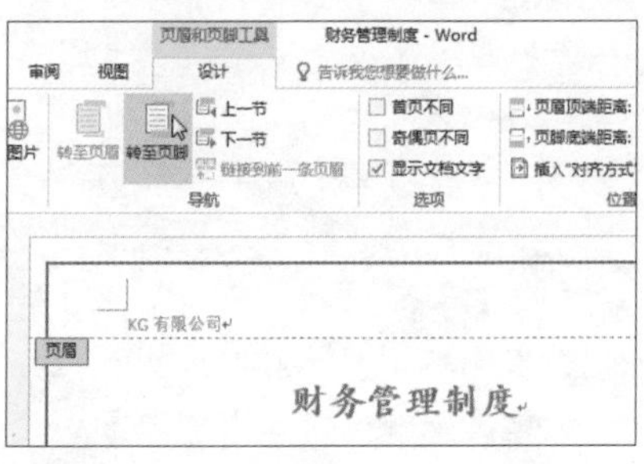

Step04 光标自动定位至文档底端的页脚中，输入【仅供财务人员参考】文本内容。

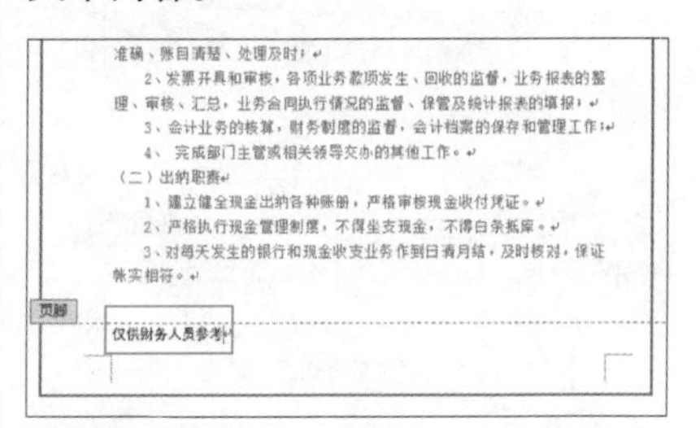

Step05 在【页眉和页脚工具 设计】选项卡下的【关闭】组中单击【关闭页眉和页脚】按钮。

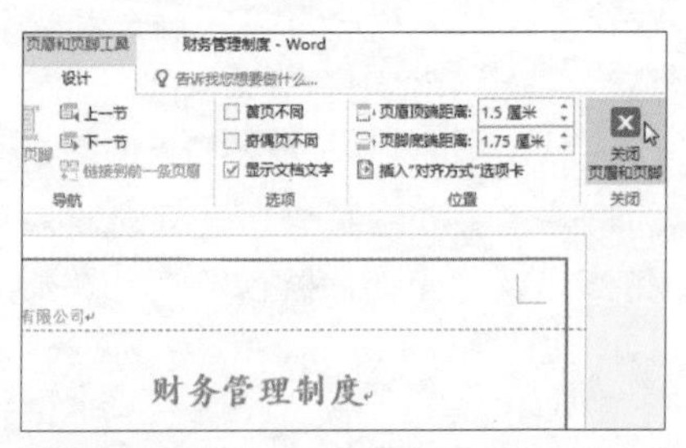

Step06 即可看到设置页眉和页脚后的文档效果。

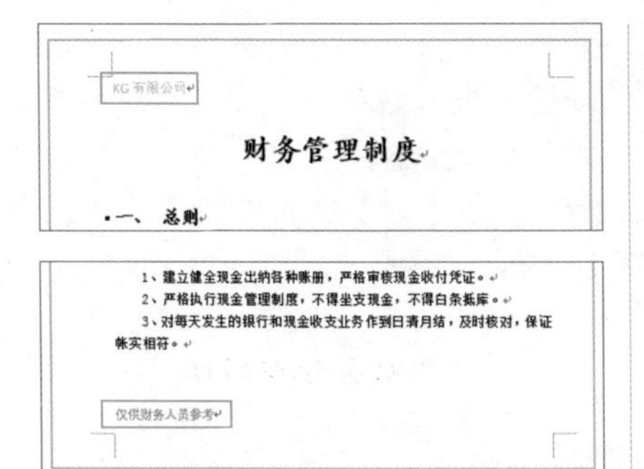

4.2.2 设置页眉和页脚格式

在插入页眉和页脚后，如果想要让页眉和页脚的效果更加出彩，或者与文档内容更加相得益彰，可对页眉和页脚的字体格式、位置等进行设置。具体操作步骤如下。

Step01 在【插入】选项卡下的【页眉和页脚】组中单击【页眉】按钮，在展开的下拉列表中选择【编辑页眉】选项。

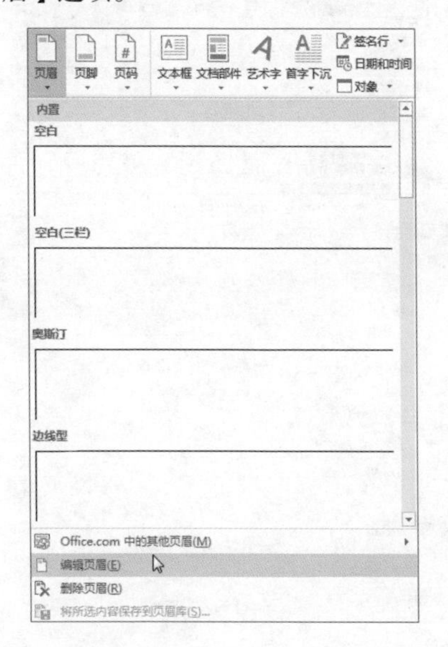

Step02 此时文档中的页眉和页脚处于可编辑状态，选中页眉中的文本内容，如【KG 有限公司】。

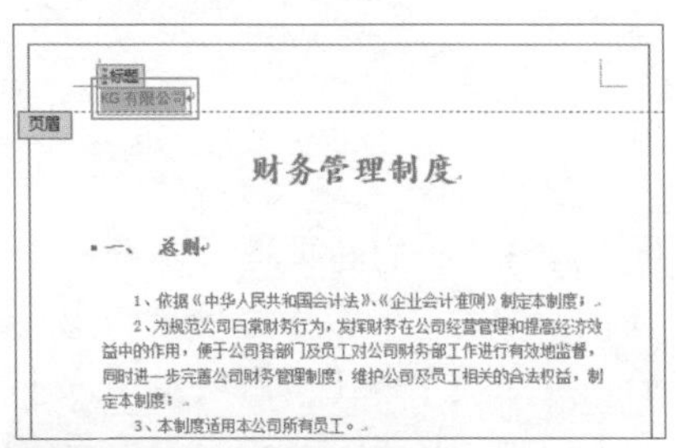

Step03 在【开始】选项卡下的【字体】组中设置【字体】为【楷体】，【字号】为【10】磅。

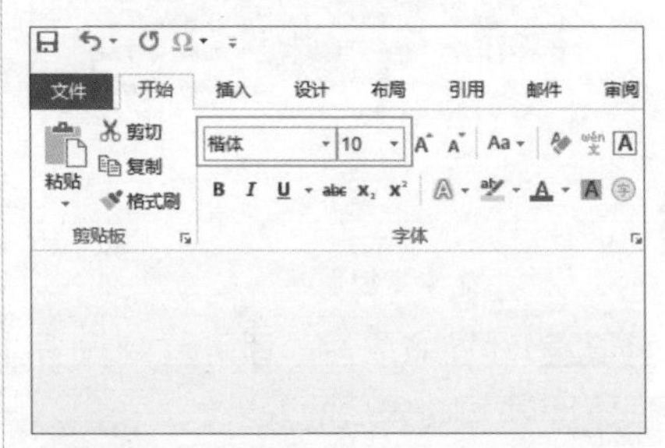

Step04 切换至页脚，选中文档中的页脚内容，如【仅供财务人员参考】。

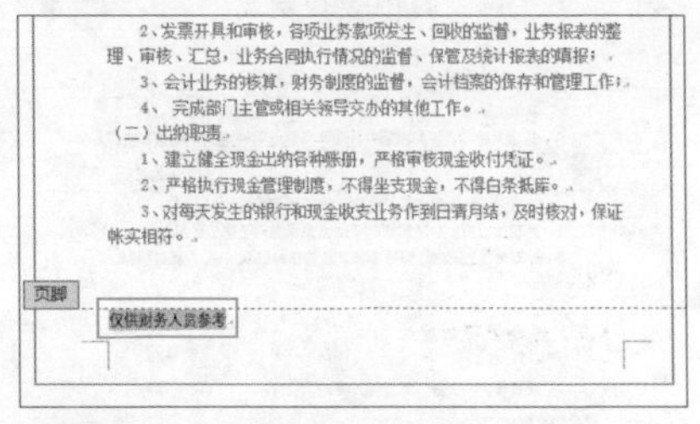

Step05 在【开始】选项卡下的【字体】组中设置【字体】为【微软雅黑】，【字号】为【8】磅。

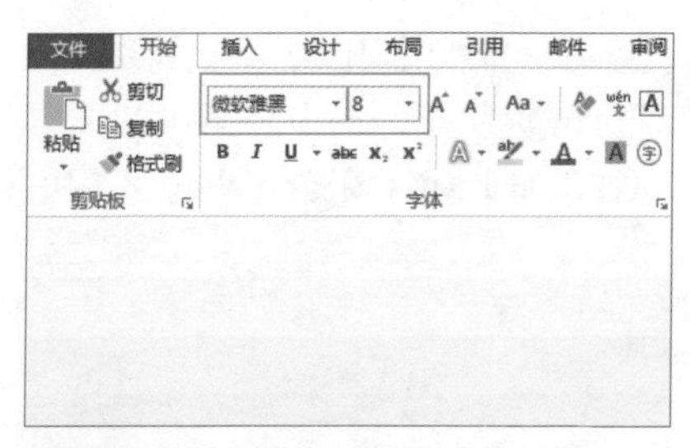

Step06 在【页眉和页脚工具 设计】选项卡下的【位置】组中单击【页眉顶端距离】和【页脚底端距离】右侧的数字调节按钮，将其都设置为【1厘米】。

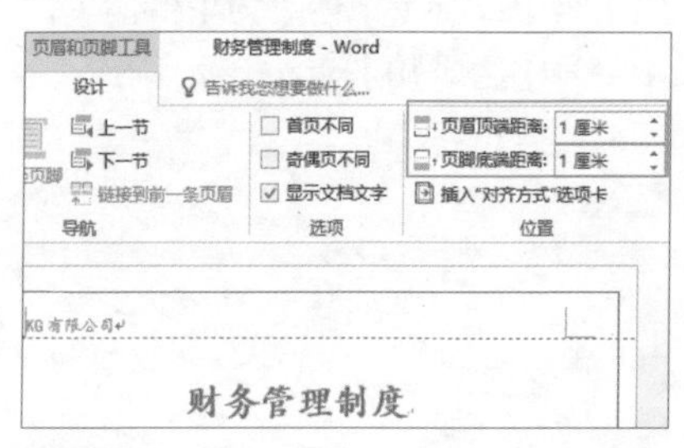

Step07 设置完成后，即可看到设置页眉和页脚格式后的效果。

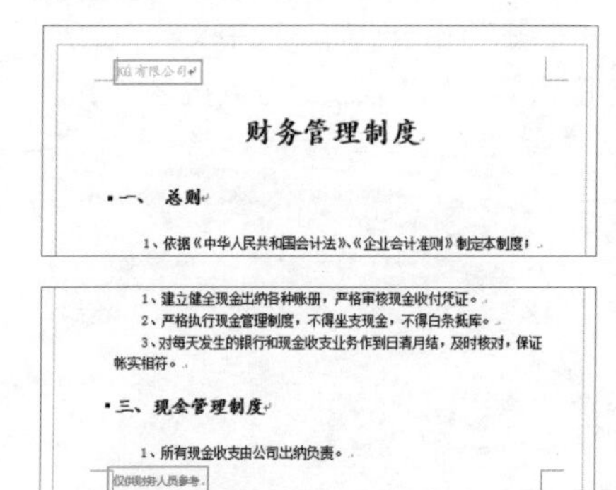
KG有限公司

财务管理制度

一、 总则

1、依据《中华人民共和国会计法》、《企业会计准则》制定本制度；

1、建立健全现金出纳各种账册，严格审核现金收付凭证。

2、严格执行现金管理制度，不得坐支现金，不得白条抵库。

3、对每天发生的银行和现金收支业务作到日清月结，及时核对，保证帐实相符。

三、现金管理制度

1、所有现金收支由公司出纳负责。

仅供财务人员参考。

4.2.3 生成文档目录

当文档内容较多，且分为了多个章节时，如果想要引导读者快速找到所需要查看的小节内容，目录的设置是很有必要的，插入目录的具体操作步骤如下。

Step01 在【财务管理制度】文本后按【Enter】键，插入一行空白行。

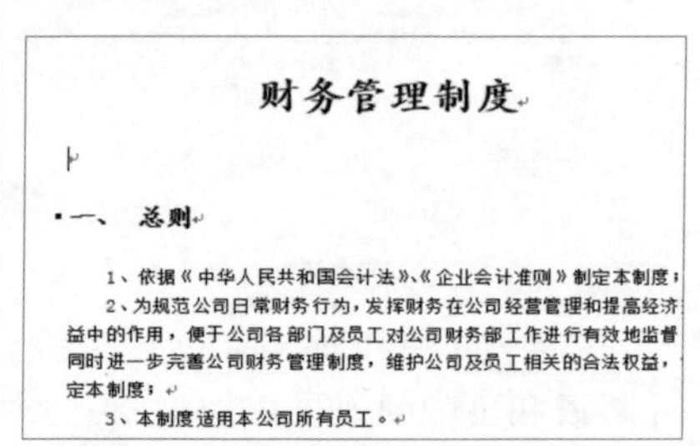
财务管理制度

一、 总则

1、依据《中华人民共和国会计法》、《企业会计准则》制定本制度；

2、为规范公司日常财务行为，发挥财务在公司经营管理和提高经济效益中的作用，便于公司各部门及员工对公司财务部工作进行有效地监督，同时进一步完善公司财务管理制度，维护公司及员工相关的合法权益，定本制度；

3、本制度适用本公司所有员工。

Step02 在【引用】选项卡下的【目录】组中单击【目录】按钮，在展开的下拉列表中直接选择要插入的目录样式，如果对已有的样式不满意，可选择【自定义目录】选项。

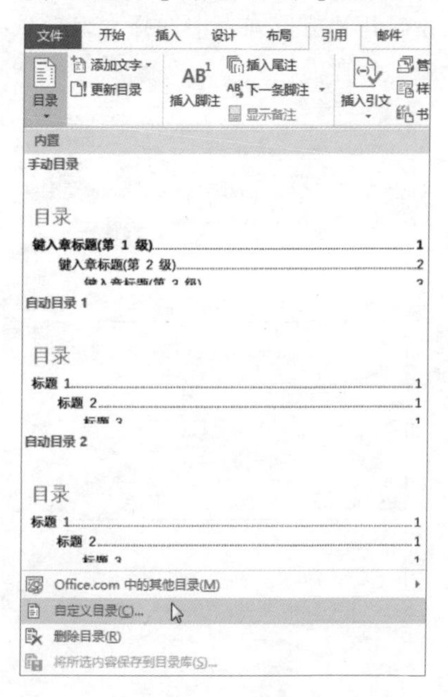

小技巧

如果对插入的目录不满意，可在【引用】选项卡下的【目录】组中单击【目录】按钮，在展开的下拉列表中选择【删除目录】选项。

Step03 弹出【目录】对话框，在【目录】选项卡下单击【制表符前导符】右侧的下三角按钮，在展开的下拉列表中选择合适的前导符。

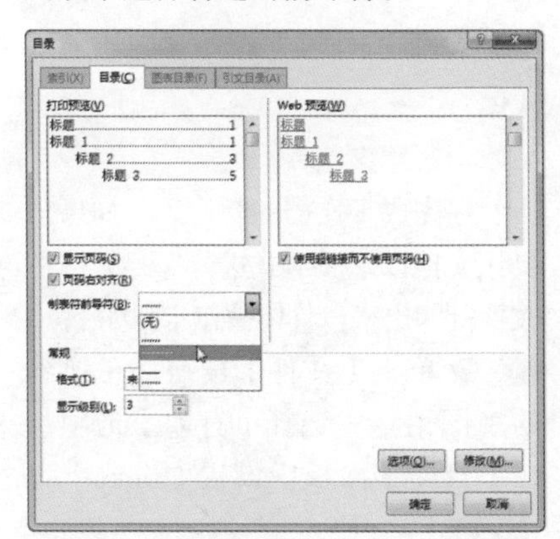

小技巧

如果想要在目录中隐藏页码或者是不让页码右对齐，可取消选中【目录】对话框中的【显示页码】和【页码右对齐】复选框。

Step04 单击【常规】选项组下【格式】右侧的下三角按钮，在展开的下拉列表中选择【正式】选项。

小技巧

如果要设置目录中的显示级别数，可单击【目录】对话框中的【显示级别】中的数字调节按钮，设置显示的级别数。

Step05 单击【确定】按钮，返回文档，可看到光标定位处插入的目录效果，按住【Ctrl】键不放，单击要访问的链接内容，如单击【四、支票管理】。

财务管理制度

财务管理制度------1
一、总则------1
二、财务工作岗位职责------1
三、现金------2
四、支票管理------2
五、印鉴的保管------2
六、现金、银行存款的盘查------2
七、报销制度及流程------3
第一部分 借支管理规定及借支流程------3
第二部分 日常费用报销制度及流程------3
第三部分 工薪福利及相关费用支出制度及流程------4

Step06 光标自动定位至单击的文档链接处。

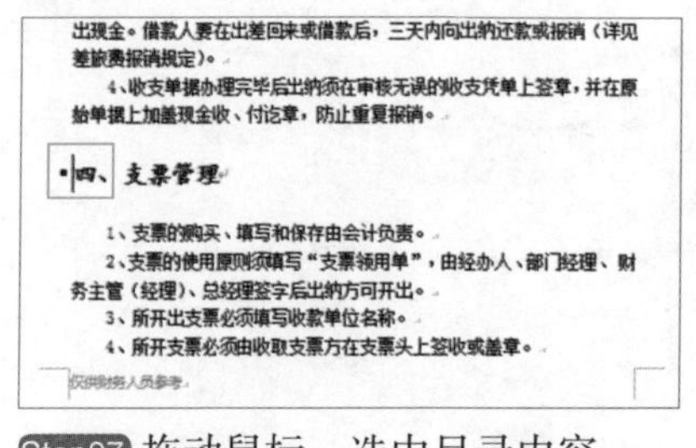
出现金。借款人要在出差回来或借款后，三天内向出纳还款或报销（详见差旅费报销规定）。

4、收支单据办理完毕后出纳须在审核无误的收支凭单上签章，并在原始单据上加盖现金收、付讫章，防止重复报销。

四、支票管理

1、支票的购买、填写和保存由会计负责。

2、支票的使用原则须填写“支票领用单”，由经办人、部门经理、财务主管（经理）、总经理签字后出纳方可开出。

3、所开出支票必须填写收款单位名称。

4、所开支票必须由收取支票方在支票头上签收或盖章。

仅供财务人员参考。

Step07 拖动鼠标，选中目录内容。

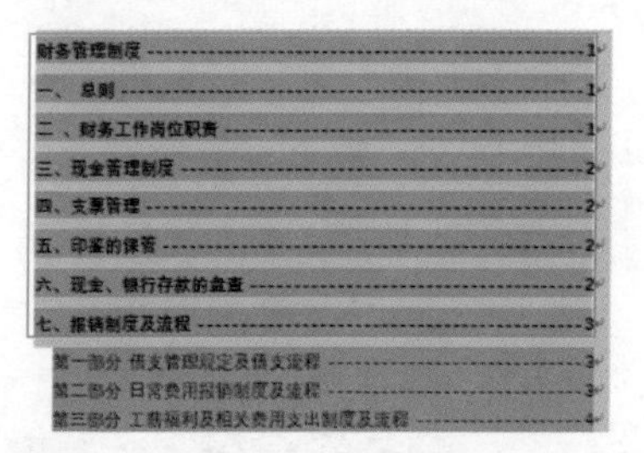
财务管理制度 ---------- 1
一、总则 ---------- 1
二、财务工作岗位职责 ---------- 1
三、现金管理制度 ---------- 2
四、支票管理 ---------- 2
五、印鉴的保管 ---------- 2
六、现金、银行存款的盘查 ---------- 2
七、报销制度及流程 ---------- 3
第一部分 借支管理规定及借支流程 ---------- 3
第二部分 日常费用报销制度及流程 ---------- 3
第三部分 工薪福利及相关费用支出制度及流程 ---------- 4

Step08 在【开始】选项卡下的【字体】组中设置【字体】为【微软雅黑】，【字号】为【小四】。

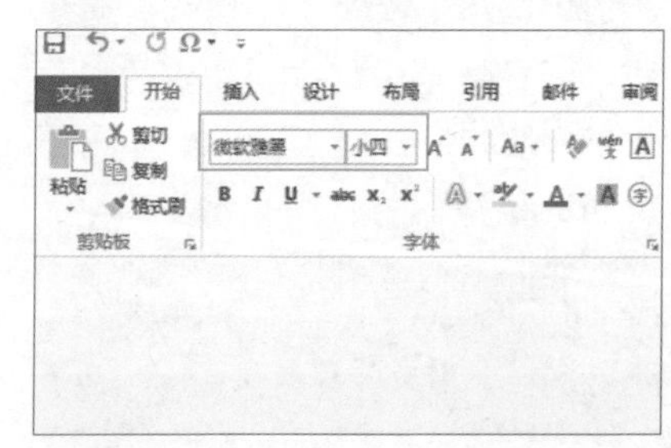

Step09 即可看到设置字体格式后的文档目录效果。

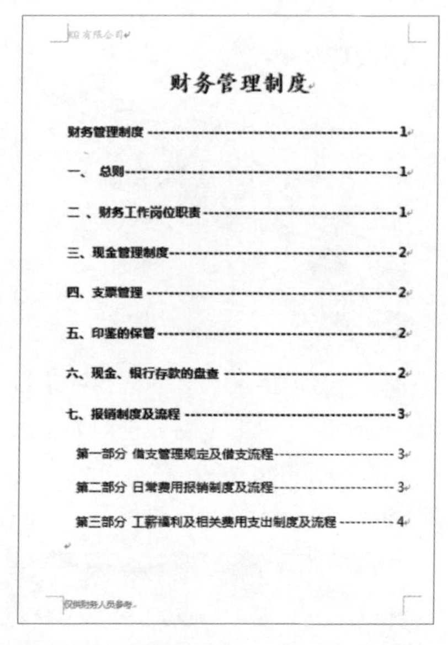
财务管理制度

财务管理制度 ---------- 1
一、总则 ---------- 1
二、财务工作岗位职责 ---------- 1
三、现金管理制度 ---------- 2
四、支票管理 ---------- 2
五、印鉴的保管 ---------- 2
六、现金、银行存款的盘查 ---------- 2
七、报销制度及流程 ---------- 3
第一部分 借支管理规定及借支流程 ---------- 3
第二部分 日常费用报销制度及流程 ---------- 3
第三部分 工薪福利及相关费用支出制度及流程 ---------- 4

仅供财务人员参考。

4.2.4 打印文档

在完成了文档的制作后，如果想要让文档以纸质形式进行保存，可将文档打印出来。具体操作步骤如下。

Step01 单击【文件】按钮，在弹出的视图菜单中选择【打印】选项，在【打印】面板中设置【份数】为【5】。

Step02 单击【打印机】按钮，在展开的下拉列表中选择电脑连接的打印机。

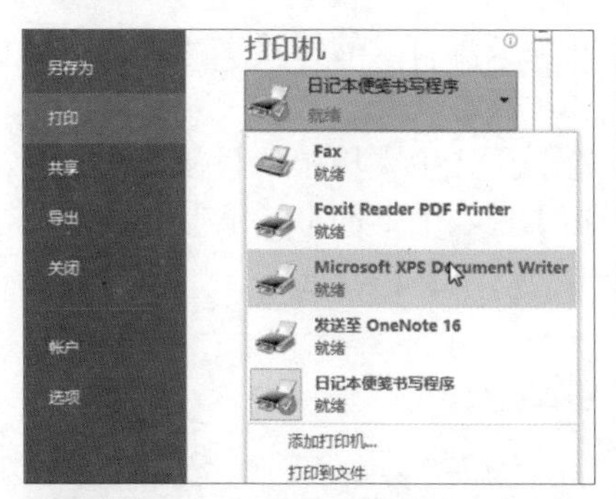

Step03 单击【打印】按钮即可打印该文档。

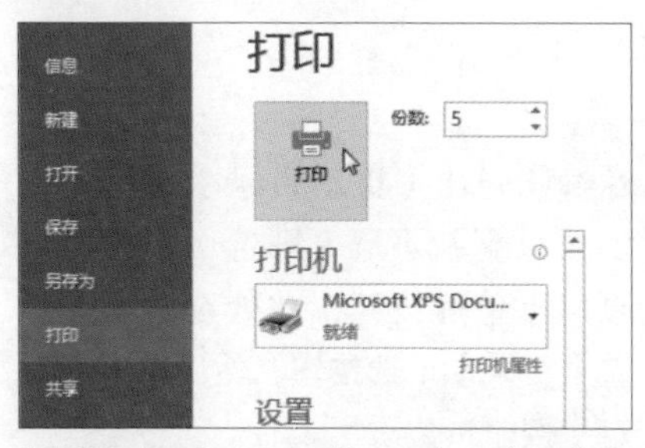

Step04 如果只打印某一页，则在【打印】的预览面板中输入要打印页的页码数，如【3】，即第 3 页，按【Enter】键，即可预览要打印的第 3 页内容。

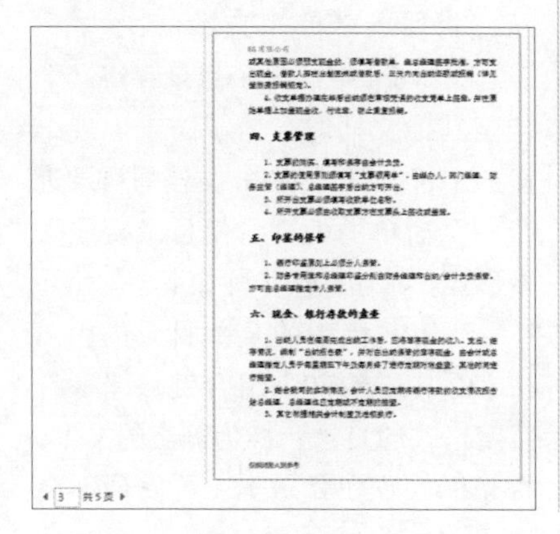

Step05 单击【打印所有页】按钮，在展开的下拉列表中选择【打印当前页面】选项。

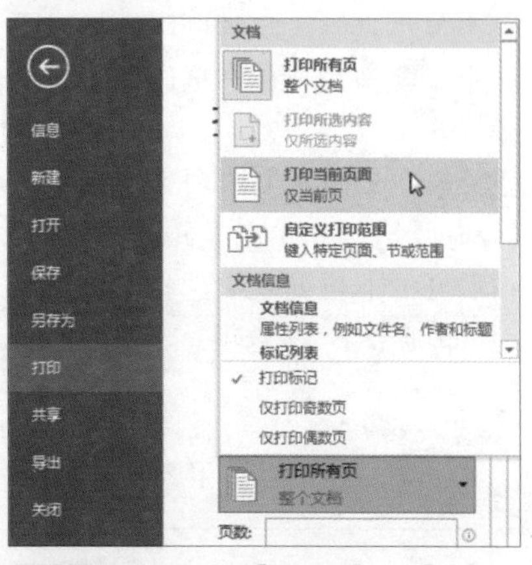

Step06 设置打印【份数】为【5】，单击【打印】按钮，即可完成该页的打印。

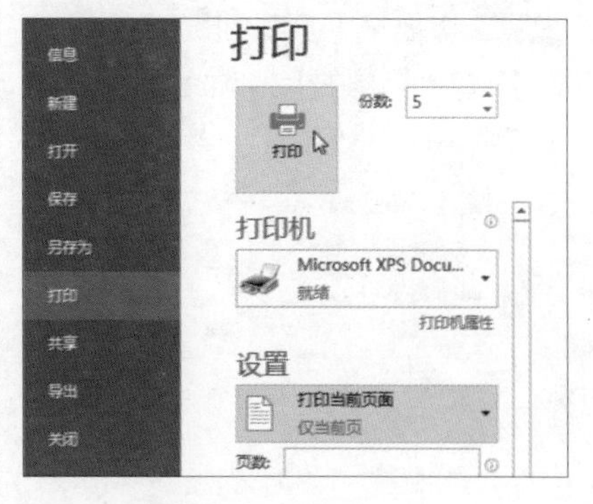

·技能拓展·

通过相关案例的讲解，主要给读者介绍了 Word 长文档的各种处理功能，接下来将给读者介绍一些相关的技能拓展知识。

一、首页不显示页码

在某些情况下，由于首页是封面或目录，在制作文档时会要求首页不显示页码，此时可以通过以下两个步骤来实现首页页码的不显示操作。

Step01 在【插入】选项卡下的【页眉和页脚】组中单击【页码】按钮，在展开的下拉列表中选择【页面底端→普通数字 2】选项。

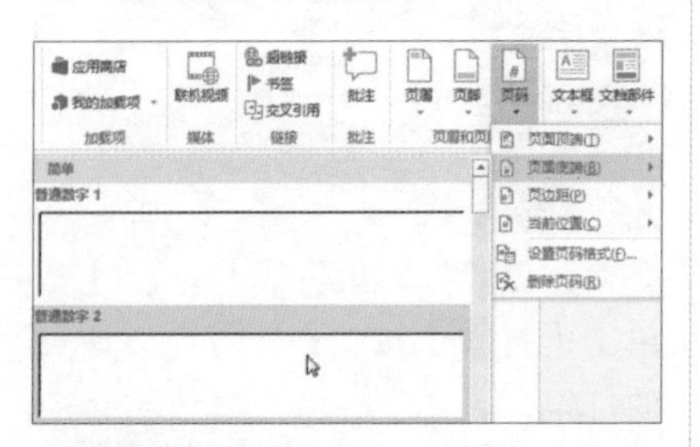

Step02 切换至【页眉和页脚工具 设计】选项卡，在【选项】组中选中【首页不同】复选框。

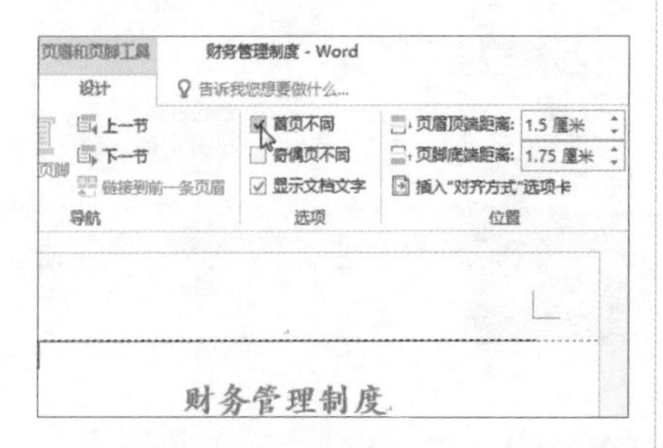

二、自动更新目录

在为 Word 文档插入了目录后，如果文档的内容结构发生了很大的变化，目录中的章节或页码也会产生变动。此时可直接使用更新目录功能实现目录的快速更换，具体操作步骤如下。

Step01 选中文档中的目录，在【引用】选项卡下的【目录】组中单击【更新目录】按钮。

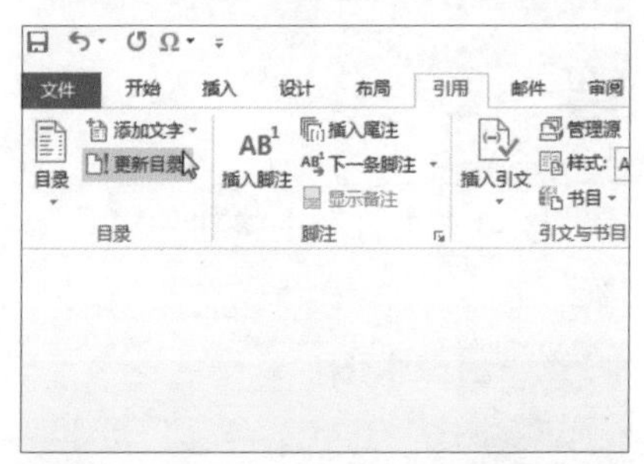

Step02 弹出【更新目录】对话框，如果只更新页码，则选中【只更新页码】单选按钮，此处选中【更新整个目录】单选按钮，然后单击【确定】按钮。

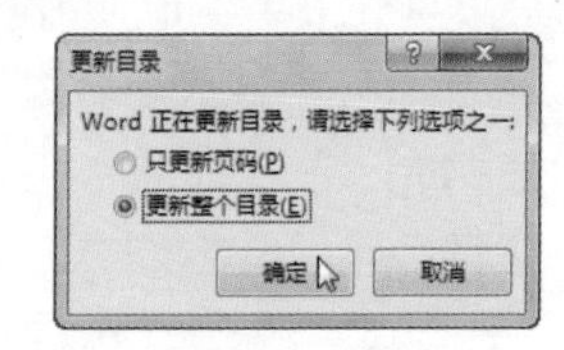

三、将目录转换为文本

在 Word 中插入了目录并将其上传至其他文档时，为了防止出现奇怪的字符，可对 Word 文档的目录进行一个简单的处理，使目录变成文本形式。具体操作步骤如下。

选中文档中的全部目录内容，按【Ctrl+Shift+F9】组合键，即可将特定格式的目录转换为静态的文本，将光标放置在目录上，可发现不会弹出提示框提示用户使用【Ctrl】键定位要访问的内容了。

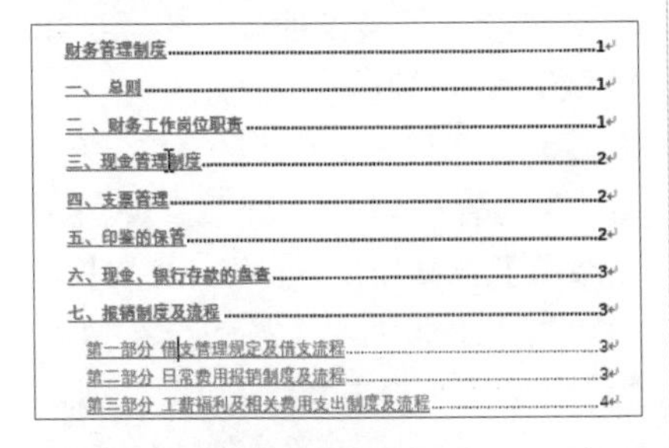

四、插入脚注与尾注

在 Word 中制作文档时，如果需要对一些从别的文章中引用的内容、名词或事件进行解释说明时，可使用 Word 提供的脚注和尾注功能在指定的文字处插入注释。

默认情况下，脚注会自动放置在注释文本页的底端，而尾注是放在文档的结尾处。具体操作步骤如下。

Step01 将光标定位在要插入脚注的文本后，在【引用】选项卡下的【脚注】组中单击【插入脚注】按钮。

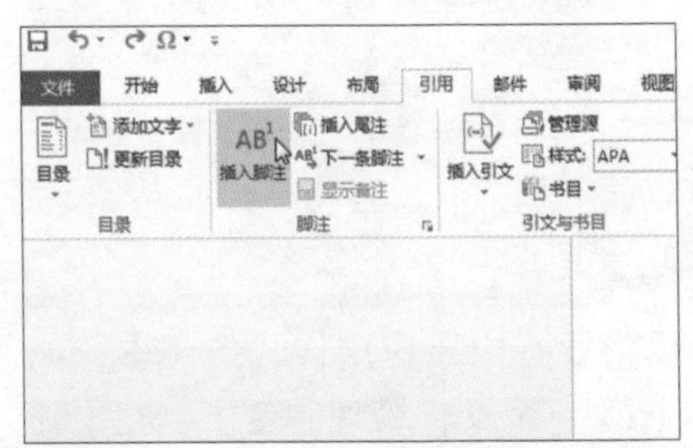

Step02 可看到定位的文本后会自动出现一个为【1】的上标号，而光标会定位在该页的最下方，输入要解释的文本内容，如【如有特殊情况，可询问上级领导】。设置文本格式为【华文楷体】【小五】。

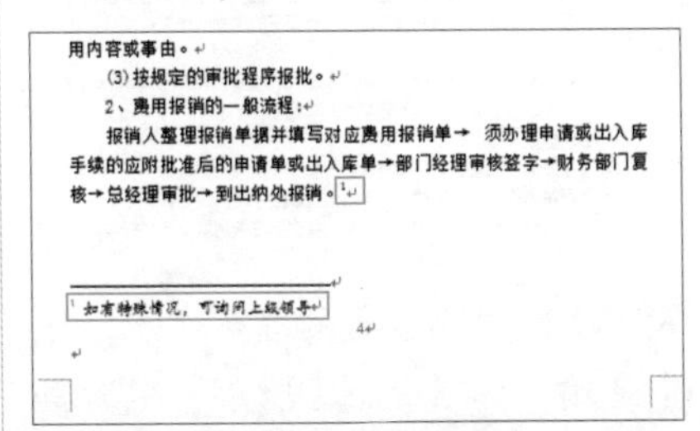

五、插入项目符号或编号

在使用 Word 制作文档时，为了让文档结构更加层次分明，也便于读者阅读，可为文档添加项目符号或编号。具体操作步骤如下。

Step01 选中要插入项目符号的文本，在【开始】选项卡下【段落】组中单击【项目符号】右侧的下三角按钮，在展开的下拉列表中选择要应用的项目符号，如【➢】。

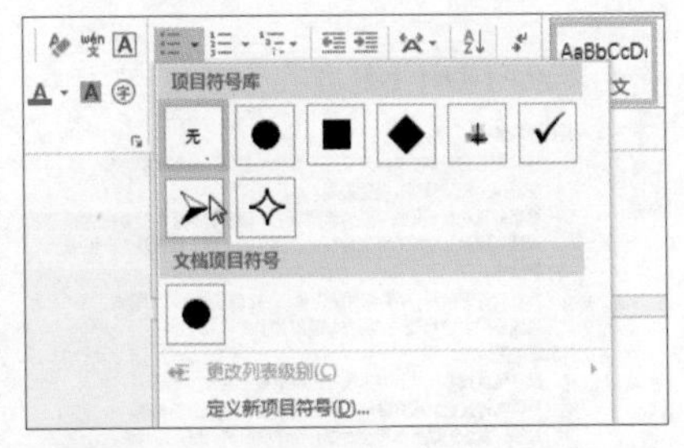

Step02 即可看到选中的文本应用了该项目符号，应用相同的方法可对其他文本应用该项目符号。

二、财务工作岗位职责

（一）会计职责

- 按照国家会计制度的规定记账、复帐、报账，做到手续齐备、数字准确、账目清楚、处理及时；
- 发票开具和审核，各项业务款项发生、回收的监督，业务报表的整理、审核、汇总，业务合同执行情况的监督、保管及统计报表的填报；
- 会计业务的核算，财务制度的监督，会计档案的保存和管理工作；
- 完成部门主管或相关领导交办的其他工作。

（二）出纳职责

- 建立健全现金出纳各种账册，严格审核现金收付凭证。
- 严格执行现金管理制度，不得坐支现金，不得白条抵库。
- 对每天发生的银行和现金收支业务作到日清月结，及时核对，保证帐实相符。

Step03 选中要编号的段落文本，在【开始】选项卡下【段落】组中单击【编号】右侧的下三角按钮，在展开的下拉列表中选择要应用的编号样式。

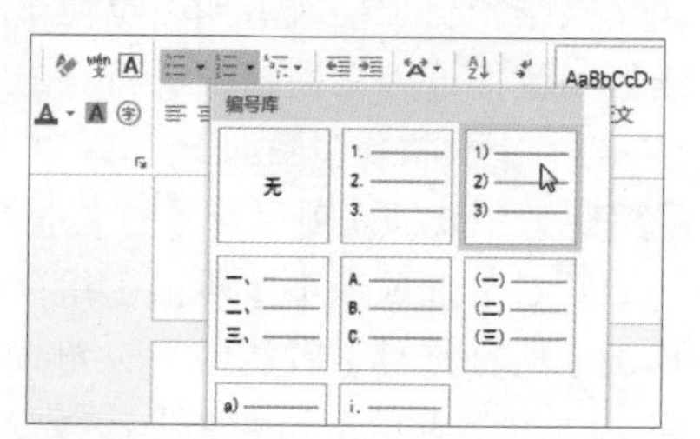

Step04 即可看到应用编号后的文本效果。

二、财务工作岗位职责

（一）会计职责

1) 按照国家会计制度的规定记账、复帐、报账，做到手续齐备、数字准确、账目清楚、处理及时；
2) 发票开具和审核，各项业务款项发生、回收的监督，业务报表的整理、审核、汇总，业务合同执行情况的监督、保管及统计报表的填报；
3) 会计业务的核算，财务制度的监督，会计档案的保存和管理工作；
4) 完成部门主管或相关领导交办的其他工作。

（二）出纳职责

1) 建立健全现金出纳各种账册，严格审核现金收付凭证。
2) 严格执行现金管理制度，不得坐支现金，不得白条抵库。
3) 对每天发生的银行和现金收支业务作到日清月结，及时核对，保证帐实相符。

· 同步实训 ·

制作《公司管理制度》

为了巩固本章所学知识，本节以制作《公司管理制度》为例，对文档中的页面设置、应用样式、插入页码和目录等操作进行介绍。具体操作步骤如下。

Step01 打开“光盘\素材文件\第4章\公司管理制度.docx”文件，在【布局】选项卡下的【页面设置】组中单击【纸张大小】按钮，在展开的下拉列表中单击【A5】纸张选项。

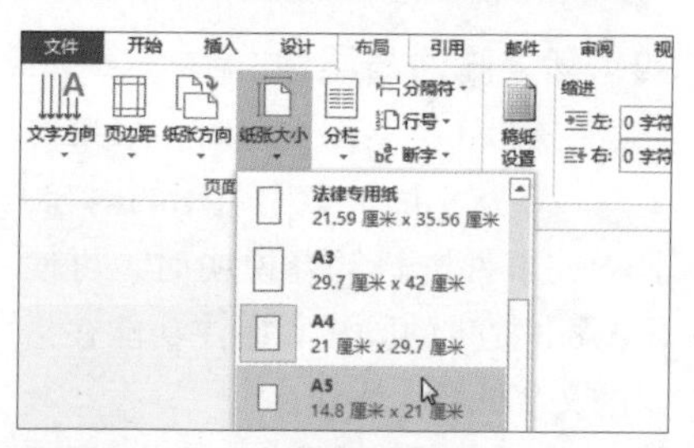

Step02 在【插入】选项卡下的【页面设置】组中单击【页边距】按钮，在展开的下拉列表中选择【上次的自定义设置】选项。

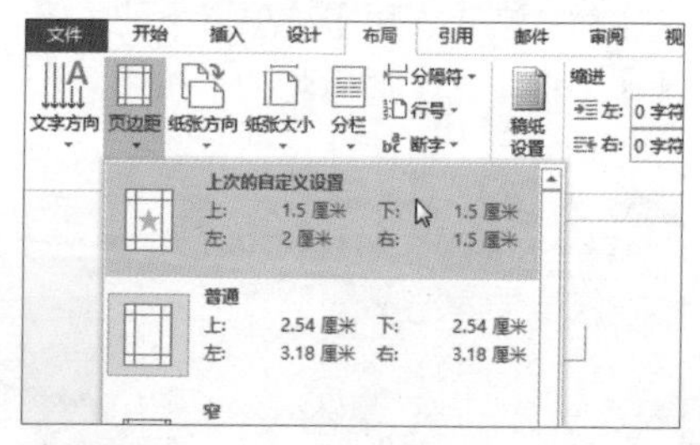

Step03 选中要应用样式的文本，如【第一章 文件管理制度】，在【开始】选项卡下的【样式】组中单击要应用的样式，如单击【标题 1】样式。

Step04 随后即可看到应用样式后的文档效果。应用相同的方法可继续对类似的文本进行样式的套用。

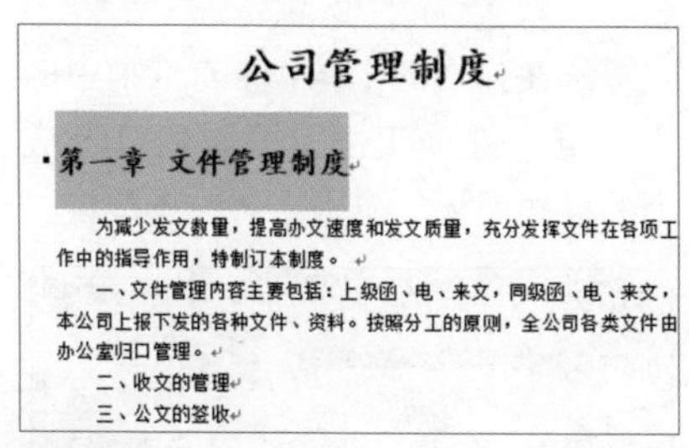

Step05 在【视图】选项卡下的【显示】组中选中【导航窗格】复选框，在文档左侧显示的【导航】窗格中可看到应用了【标题 1】样式的文本标题效果。

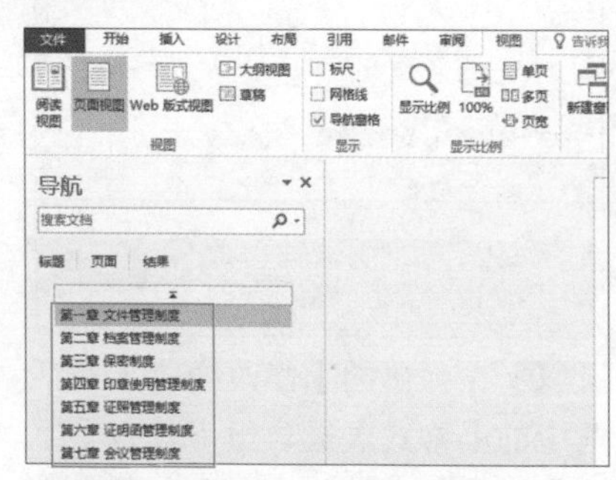

Step06 在【插入】选项卡下的【页眉和页脚】组中单击【页码】按钮，在展开的下拉列表中单击【页面底端→普通数字 2】样式。

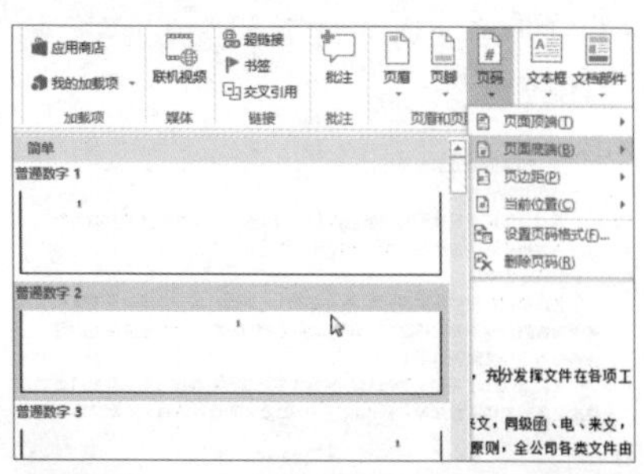

Step07 在【页眉和页脚工具 设计】选项卡下的【页眉和页脚】组中单击【页码】按钮，在展开的下拉列表中选择【设置页码格式】选项。

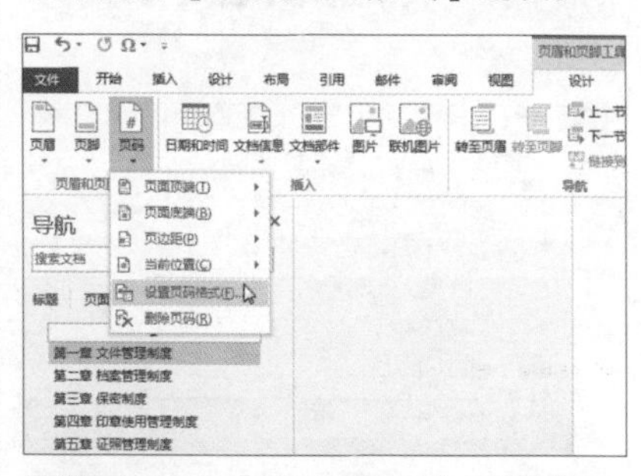

Step08 弹出【页码格式】对话框，单击【编号格式】右侧的下三角按钮，在展开的下拉列表中选择要应用的页码格式。

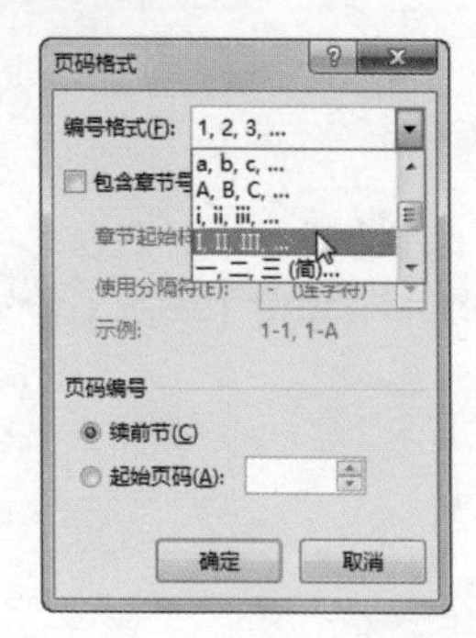

Step09 单击【确定】按钮，返回文档，即可看到添加并设置页码后的文档效果。

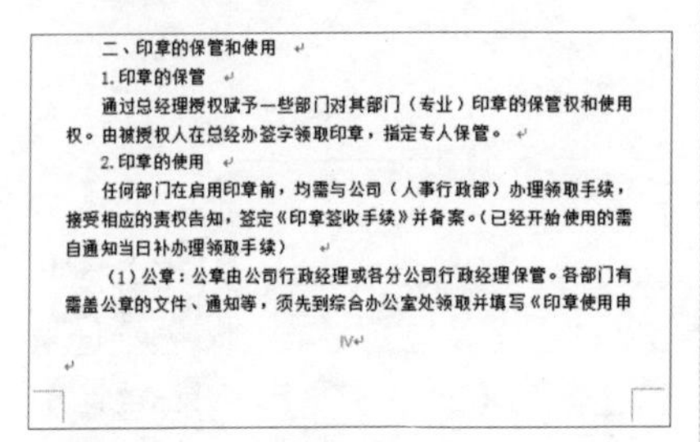
二、印章的保管和使用
1.印章的保管
通过总经理授权赋予一些部门对其部门（专业）印章的保管权和使用权。由被授权人在总经办签字领取印章，指定专人保管。
2.印章的使用
任何部门在启用印章前，均需与公司（人事行政部）办理领取手续，接受相应的责权告知，签定《印章签收手续》并备案。（已经开始使用的需自通知当日补办理领取手续）
（1）公章：公章由公司行政经理或各分公司行政经理保管。各部门有需盖公章的文件、通知等，须先到综合办公室处领取并填写《印章使用申
IV

Step10 在【引用】选项卡下的【目录】组中单击【目录】按钮，在展开的下拉列表中选择【自定义目录】选项。

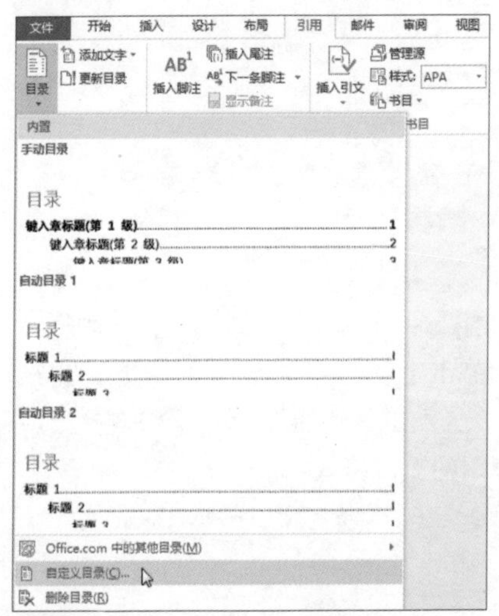

Step11 弹出【目录】对话框，在【目录】选项卡下单击【修改】按钮。

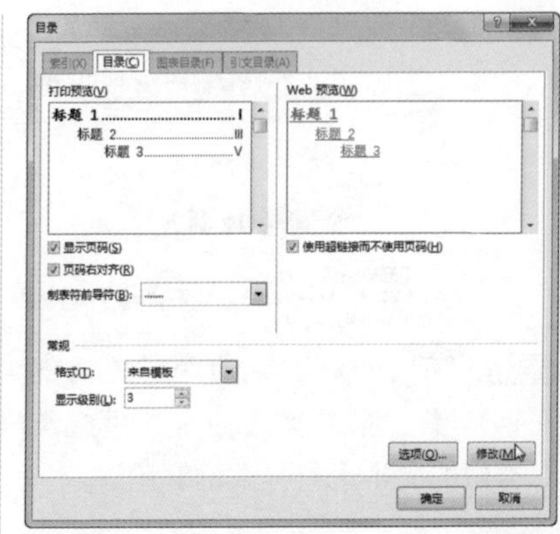

Step12 在弹出的【样式】对话框中的【预览】选项组下，可看到已经应用的样式效果，单击【修改】按钮。

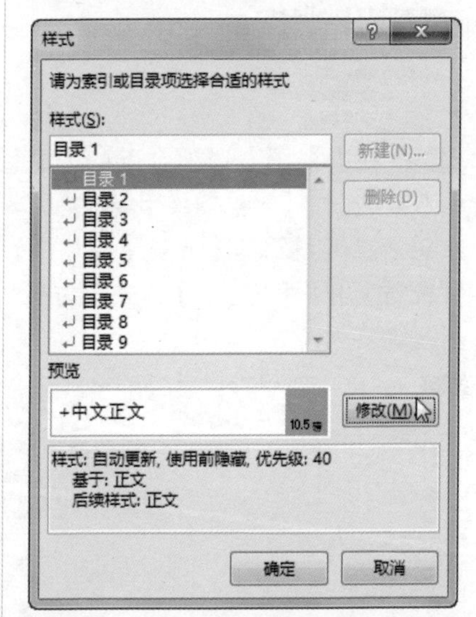

Step13 在弹出的【修改样式】对话框中的【格式】选项组下设置【字体】为【华文楷体】，【字号】为【12】，【字形】为【加粗】，单击【确定】按钮。

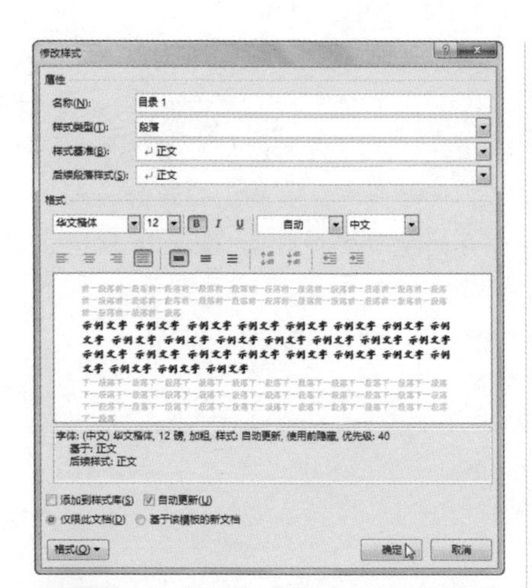

Step14 返回【样式】对话框，可看到修改样式后的预览效果，单击【确定】按钮。

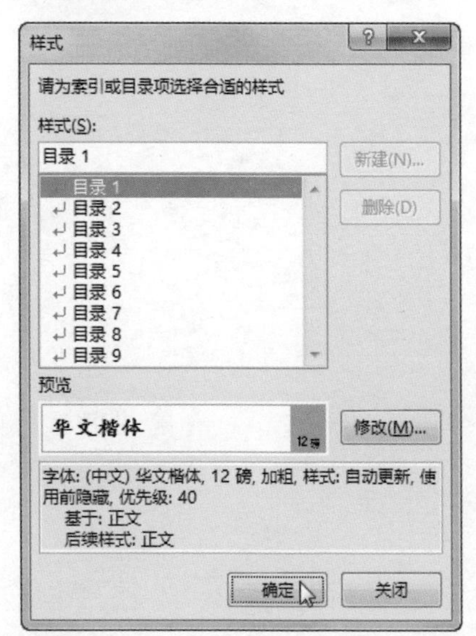

Step15 返回【目录】对话框中，单击【确定】按钮。

Step16 返回文档，即可看到插入目录后的文档效果，将光标放置在要查看的目录标题处，按住【Ctrl】键不放并单击。

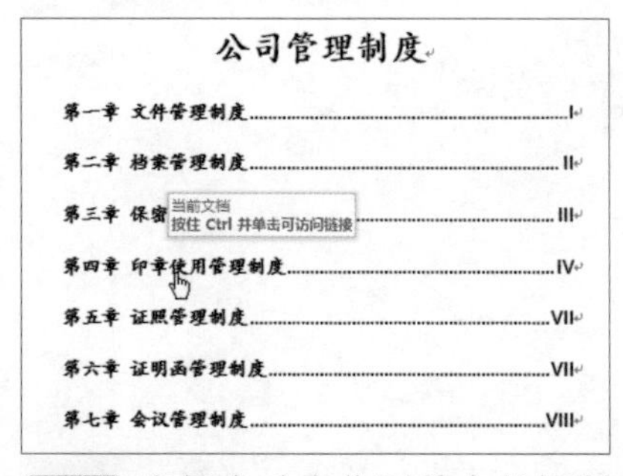

Step17 光标自动定位到单击的标题文档处。

七、档案室及相关机要重地，非工作人员不得随便进入；工作人员更不能随便带人进入。

第四章　印章使用管理制度

印章是公司经营管理活动中行使职权，明确公司各种权利义务关系的重要凭证和工具，印章的管理应做到分散管理、相互制约，为明确使用人与管理人员的责权，特做如下公司印章使用与管理条例：

各类印章的具体管理条例：

一、印章的刻制

刻制按公司业务需要由部门提出申请，公司领导批准后，由总经办统

IV

学习小结

本章主要介绍Word长文档的处理操作。重点内容包括文档的页面布局设置、样式的套用、修改及自定义，还对页眉、页脚、目录的插入和设置进行了讲解。此外，还涉及了部分的打印文档内容。熟练掌握这些操作，可快速使用Word制作长文档。

第5章 Excel电子表格的创建与编辑

Excel是一种功能非常强大、使用非常方便且灵活的电子表格组件，其常用于制作各种电子表格。

本章将以制作季度销售表、办公用品领用登记表和员工信息统计表为例，主要介绍工作簿的创建，工作表和单元格的常用操作，以及文本和数字格式的设置等操作。

※ 创建空白工作簿　※ 设置工作表、单元格、行和列及边框

※ 设置文本和数字格式　※ 快速填充数据

案例展示

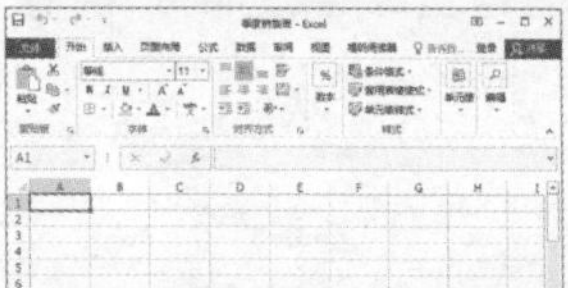

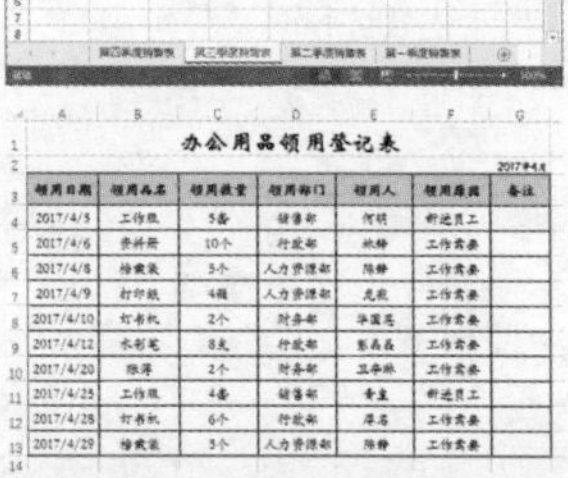

办公用品领用登记表

2017年4月

领用日期	领用品名	领用数量	领用部门	领用人	领用原因	备注
2017/4/5	工作服	5套	销售部	何明	新进员工	
2017/4/6	资料册	10个	行政部	林静	工作需要	
2017/4/8	档案袋	5个	人力资源部	陈静	工作需要	
2017/4/9	打印纸	4箱	人力资源部	光辉	工作需要	
2017/4/10	订书机	2个	财务部	华国亮	工作需要	
2017/4/12	水彩笔	8支	行政部	张森森	工作需要	
2017/4/20	账薄	2个	财务部	卫华林	工作需要	
2017/4/25	工作服	4套	销售部	李玉	新进员工	
2017/4/28	订书机	6个	行政部	廖磊	工作需要	
2017/4/29	档案袋	5个	人力资源部	陈静	工作需要	

员工信息统计表

员工编号	姓名	性别	身份证号	员工住址	所在部门	入职时间
001003	赵峰	男	513021198901248021	**区**街**小区**栋*单元	财务部	2016/9/2
001004	钱丽丽	女	513021198704251232	***区*街**楼**号	财务部	2014/6/5
001006	周国境	男	513021198511260211	**区**街****小区**栋*单元	财务部	2010/4/3
001008	孙晓晓	女	513021197807142114	**区**街**楼**号	财务部	2011/6/1
002001	梁莉莉	女	513021198704781124	**区**街**小区**栋*单元	行政部	2015/7/7
002008	赵静	女	513021198002143244	**区**街****小区***栋*单元	行政部	2011/6/16
002006	李龙龙	男	513021198510253655	**区**街**小区****栋**单元	行政部	2009/7/8
003008	封磊磊	女	513021198912030788	***区***街****楼**号	销售部	2008/7/7
003009	彭境	男	513021198205243689	**区**街**小区****栋*单元	销售部	2009/8/7
003010	华东东	男	513021198405271231	**区**街**小区**栋***单元	销售部	2012/6/7
004001	陈金金	男	513021197901143217	***区**街**楼***号	人力资源部	2011/1/2
004005	魏援援	女	513021198310282588	**区**街**小区**栋**单元	人力资源部	2016/9/8
004006	伍李李	女	513021199012093688	****区*街**楼**号	人力资源部	2014/2/3
005009	郑王涛	男	513021198402041263	***区**街**楼****号	生产部	2007/12/3
005007	黄奕一	女	513021198205061288	**区**街**小区*栋*单元	生产部	2015/4/5
005003	袁巍歌	男	513021198303065877	**区**街*小区**栋*单元	生产部	2010/5/20
005001	张玲	女	513021198807082366	***区*街**楼***号	生产部	2014/10/19
005010	罗凤	男	513021198812080301	**区*街**小区**栋*单元	生产部	2014/5/8

5.1 制作《季度销售表》

为了统计年度中各个季度的产品销售情况，企业可制作季度销售表。

本节以制作《季度销售表》为例，主要介绍创建空白工作簿，工作表的插入、删除、重命名、移动和复制、隐藏和显示操作。

5.1.1 创建空白工作簿

要使用 Excel 制作季度销售表，首先就需要启动 Excel 组件，并创建一个空白工作簿，具体操作步骤如下。

Step01 单击计算机左下角的【开始】按钮，在弹出的列表中选择【所有程序→ Excel 2016】选项。

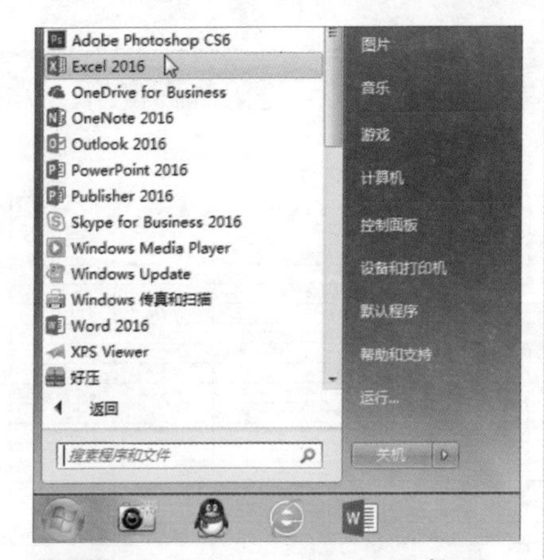

Step02 启动了 Excel 2016 组件后，在打开的 Excel 2016 初始界面中单击【空白工作簿】缩略图。

小技巧

如果 Excel 2016 组件已经固定在任务栏中，可直接在任务栏中单击【Excel 2016】图标，启动该组件。

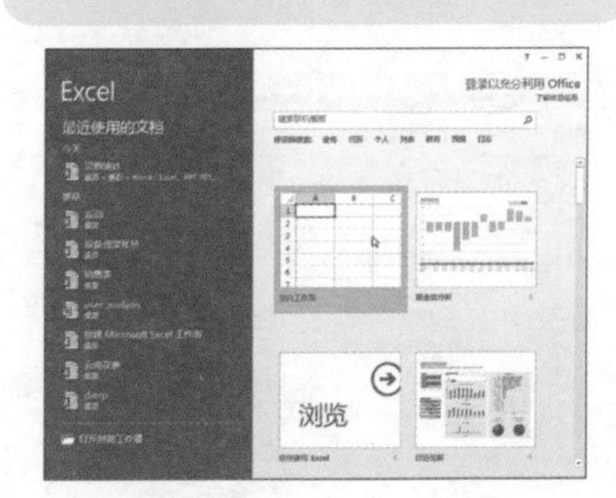

小技巧

除了可以单击【空白工作簿】缩略图创建空白的工作簿，还可以单击模板缩略图创建具有格式的工作簿。

Step03 随后可看到创建的空白工作簿效果，单击快速访问工具栏中的【保存】按钮。

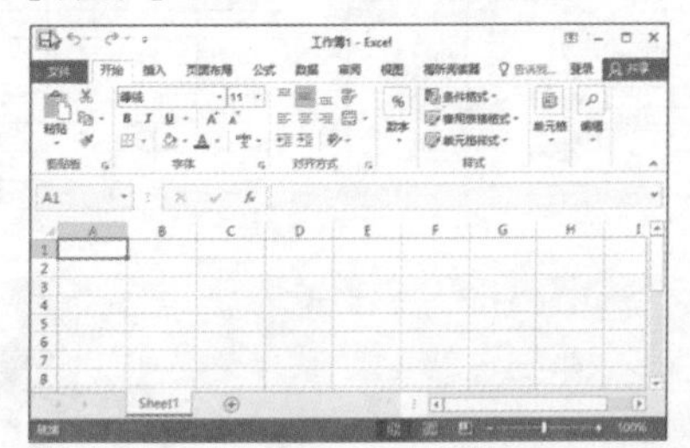

小技巧

要保存工作簿，除了单击【保存】按钮，还可以直接按【Ctrl+S】组合键。

Step04 此时，系统自动切换至视图菜单中的【另存为】命令下，单击【浏览】按钮。

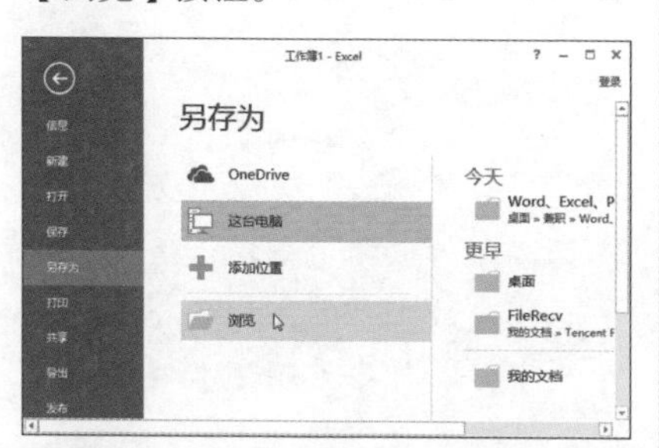

Step05 在弹出的【另存为】对话框中选择工作簿所要保存的位置，在【文件名】文本框中输入要保存的工作簿名，如【季度销售表】，最后单击【保存】按钮。

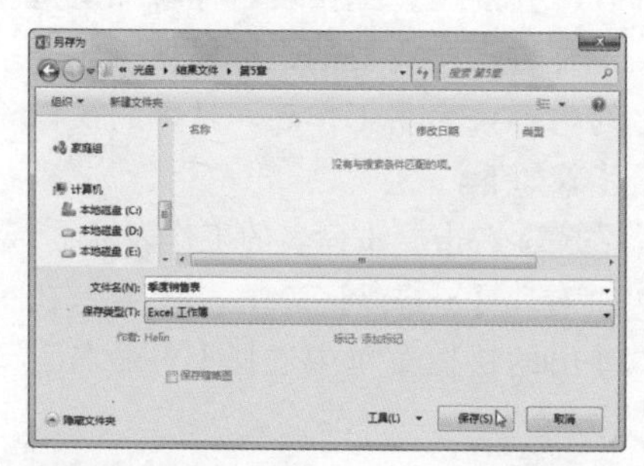

Step06 保存完成后，返回工作簿窗口中，可看到标题栏中的工作簿名已经更改为【季度销售表】。

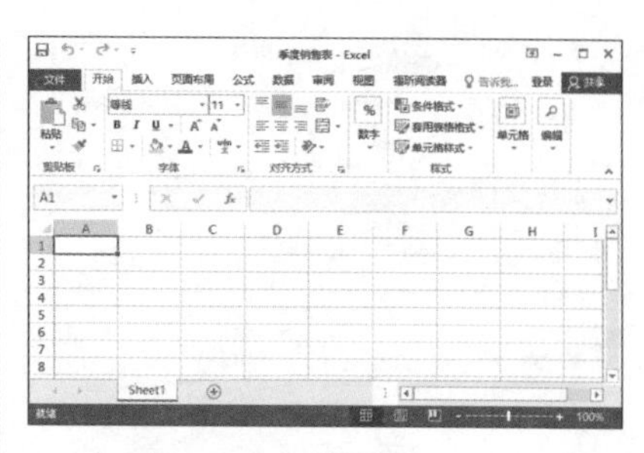

5.1.2 插入和删除工作表

在完成了工作簿的创建后，如果发现要创建的工作表个数超出了已有的工作表数量，就需要插入新的工作表。而如果发现已有的工作表数量多于需要的，则可以删除多余的工作表。具体操作步骤如下。

Step01 在工作表标签的右侧单击【新工作表】按钮。

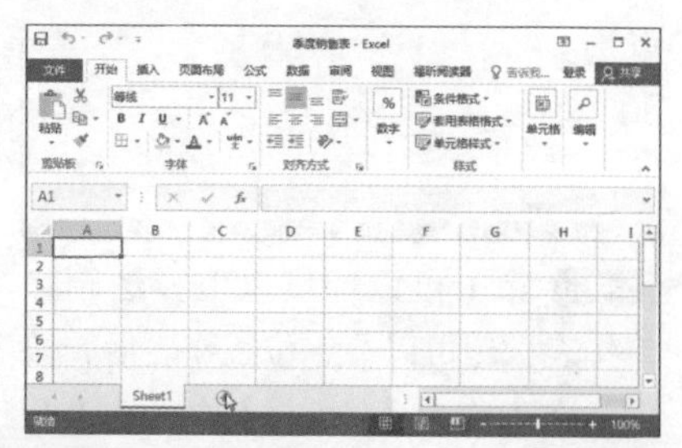

Step02 即可看到【Sheet1】工作表后插入了一个空白的【Sheet2】工作表。

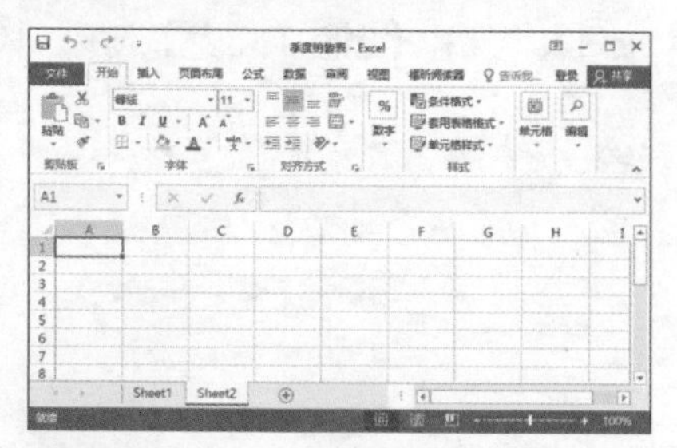

Step03 应用相同的方法继续插入需

要的工作表个数，如果插入的工作表个数超过了需要的，可右击不需要的工作表标签，在弹出的快捷菜单中单击【删除】选项。

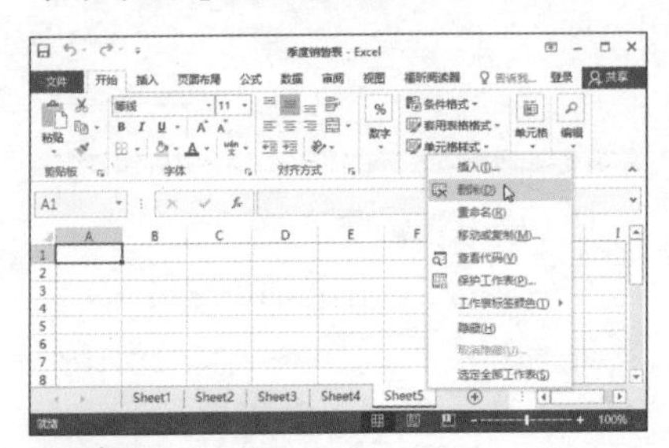

Step04 即可看到选中的工作表被删除了。

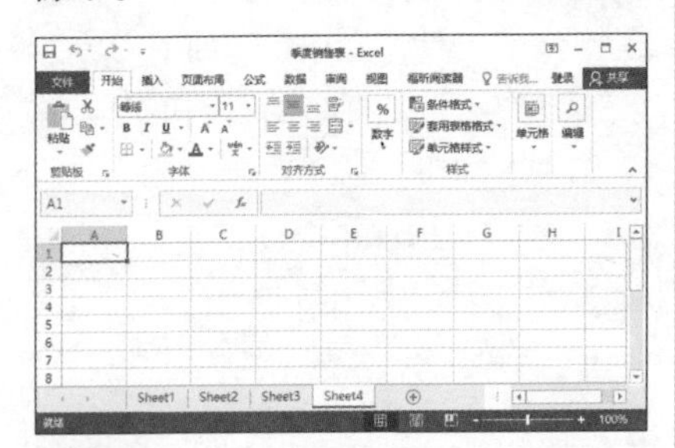

Step05 除了可以通过以上方法删除工作表，还可以在定位工作表后，如定位在工作表【Sheet4】中，在【开始】选项卡下的【单元格】组中单击【删除】下三角按钮，在展开的下拉列表中选择【删除工作表】选项。

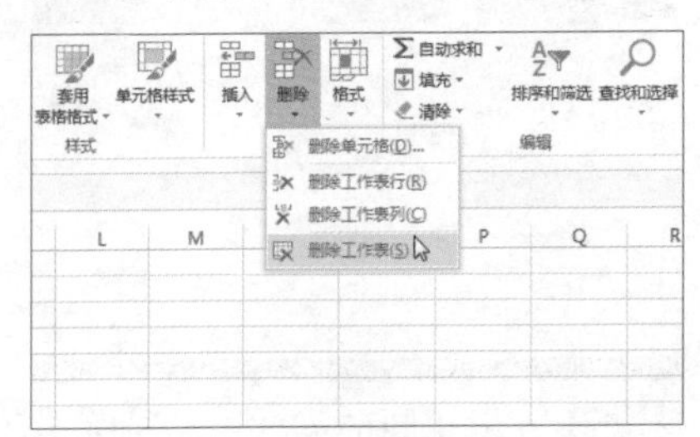

Step06 即可看到定位的工作表【Sheet4】被删除了。

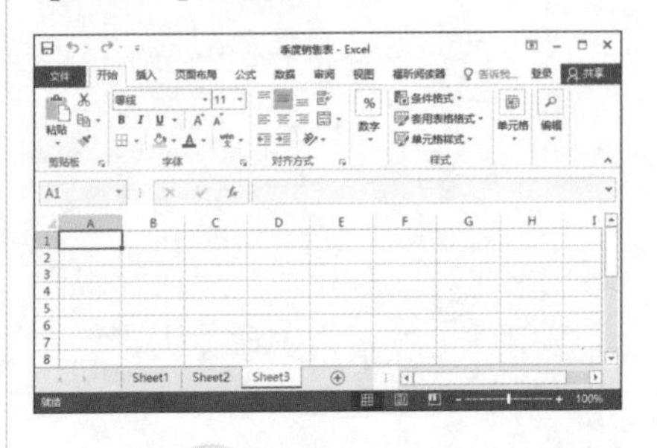

小技巧

如果删除的表格中含有数据，会弹出提示框提示用户是否删除该工作表，如果确定要删除，则单击【删除】按钮；如果考虑后不想删除，则单击【取消】按钮。

5.1.3 重命名工作表

如果用户想不看工作表具体内容，直接通过工作表名称就知道是不是自己所需要的，可根据工作表的内容重命名工作表。具体的操作步骤如下。

Step01 右击要重命名的工作表标签，如右击【Sheet1】工作表标签，在弹出的快捷菜单中选择【重命名】命令。

Step02 可看到选中的工作表标签处于灰色的可编辑状态。

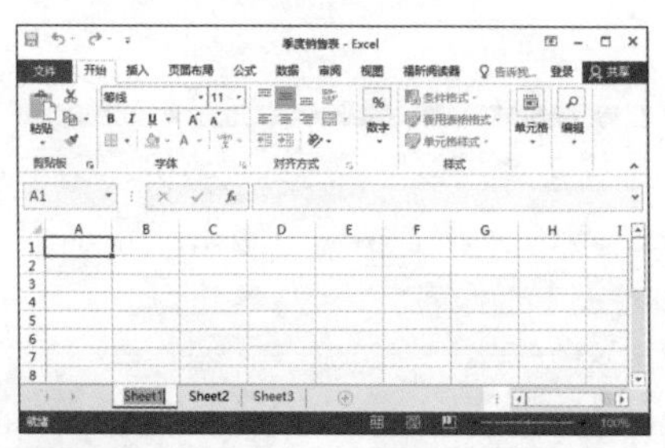

Step03 直接输入该工作表的名称，如【第一季度销售表】，按【Enter】键，即可完成工作表的重命名操作。

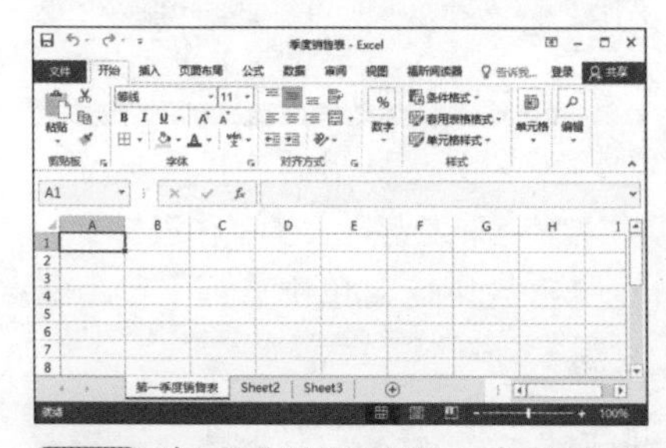

Step04 除了可以通过以上方法来重命名工作表，还可以在要重命名的工作表标签上双击，如双击【Sheet2】工作表标签，此时工作表标签也会处于灰色的可编辑状态。

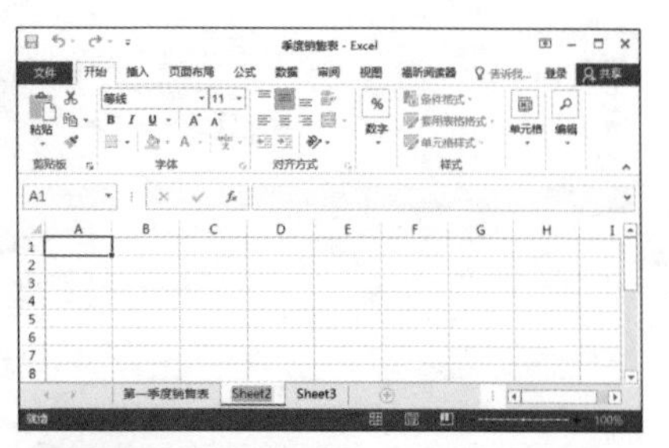

Step05 输入该工作表名称【第二季度销售表】并按【Enter】键，完成该工作表的重命名操作，应用任意一种方法为其他工作表重命名。

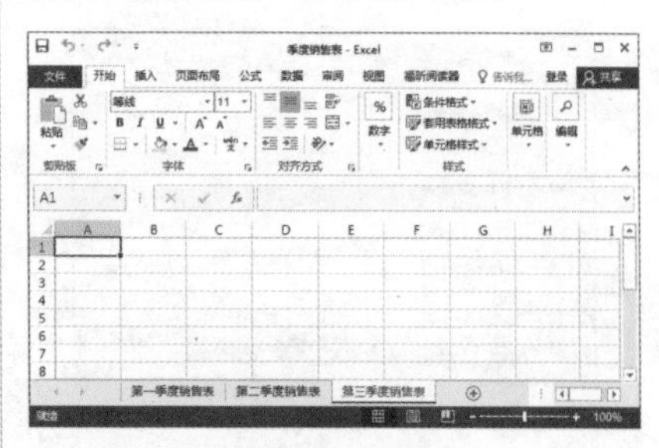

5.1.4 移动和复制工作表

如果对工作表的位置不满意，想要移动到其他工作表后面或前面，或者是移动到其他工作簿中，可通过移动功能来实现。而如果发现要制作的工作表内容和已经制作好的工作表相差不大，可直接复制该工作表，然后修改部分内容即可。具体操作步骤如下。

Step01 右击要移动的工作表标签，如【第一季度销售表】工作表标签，在弹出的快捷菜单中选择【移动或复制】命令。

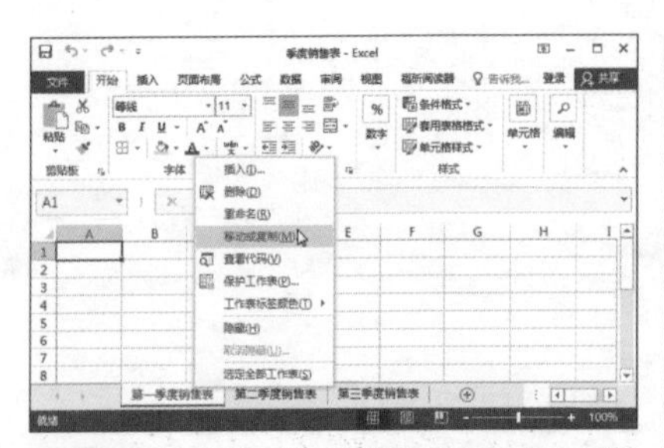

Step02 弹出【移动或复制工作表】对话框，在【下列选定工作表之前】选项组下选择【（移至最后）】选项，单击【确定】按钮。

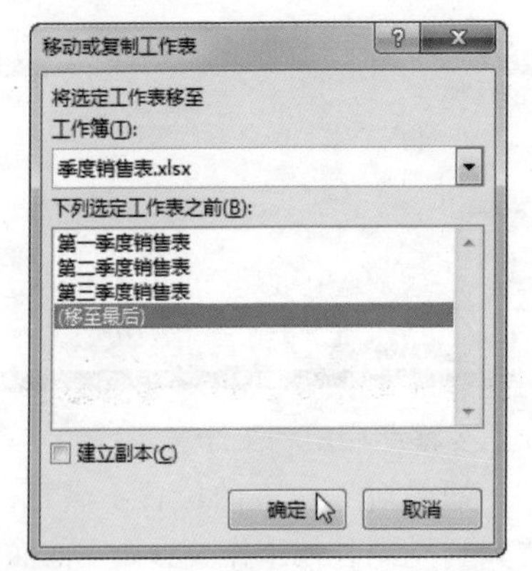

Step03 返回工作簿中，可看到【第一季度销售表】工作表移至了工作簿的最后。

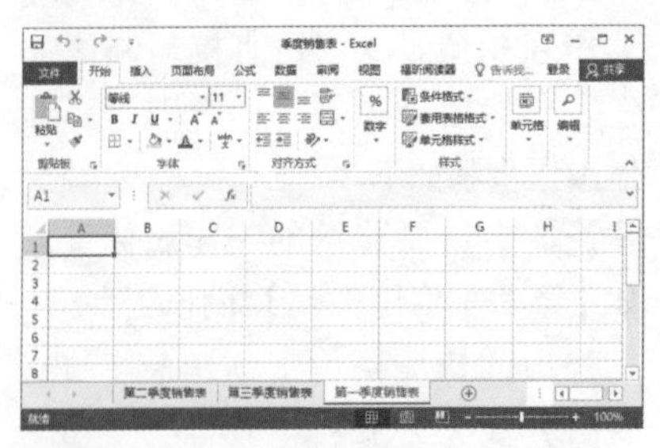

Step04 选中要移动的工作表标签，按住鼠标左键不放，此时鼠标指针变为 ↖ 形状，拖动鼠标至选中工作表要放置的位置，如【第二季度销售表】工作表前。

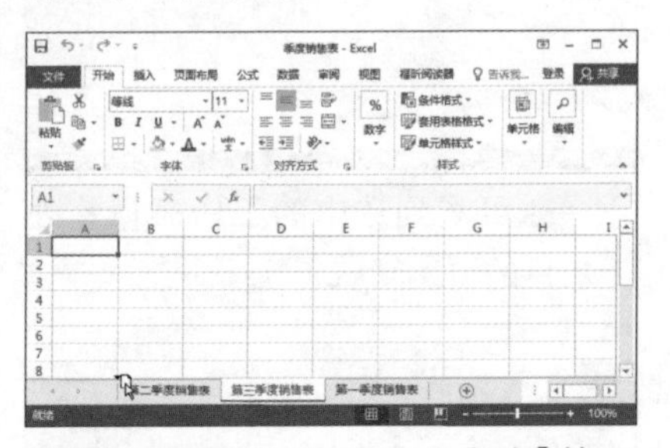

Step05 释放鼠标后，即可看到【第三季度销售表】移动至【第二季度销售表】工作表前。

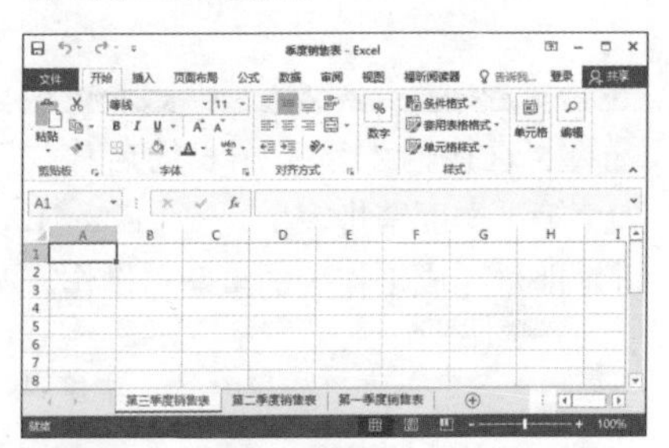

Step06 右击要复制的工作表标签，如【第三季度销售表】工作表标签，在弹出的快捷菜单中选择【移动或复制】命令。

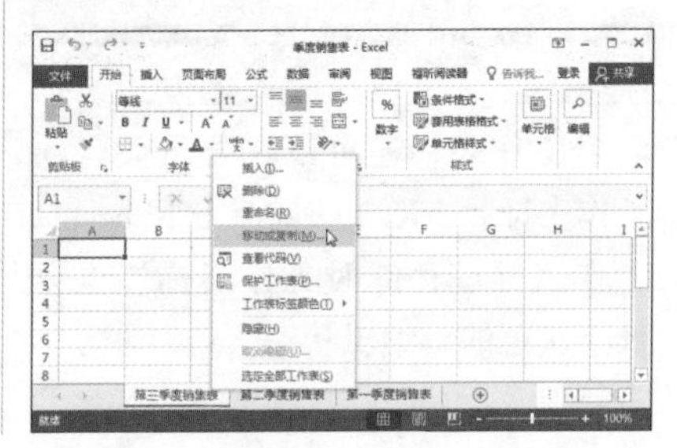

Step07 弹出【移动或复制工作表】对话框，在【下列选定工作表之前】选项组下单击【第三季度销售表】选项，选中【建立副本】复选框，单击【确定】按钮。

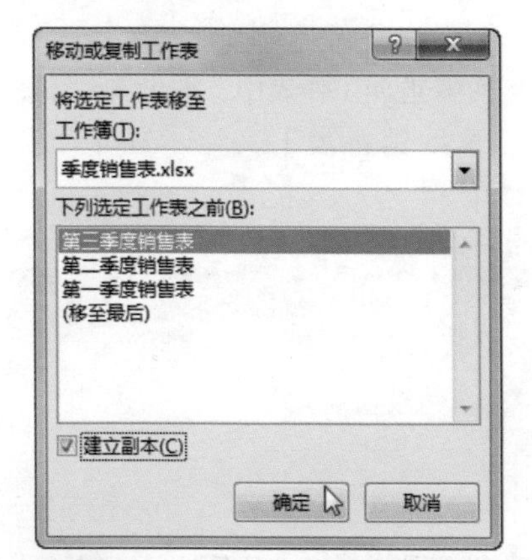

Step08 返回工作表中，即可看到【第三季度销售表】工作表前插入了一个相同的名为【第三季度销售表（2）】的工作表。双击该工作表标签，使其呈现灰色的可编辑状态。

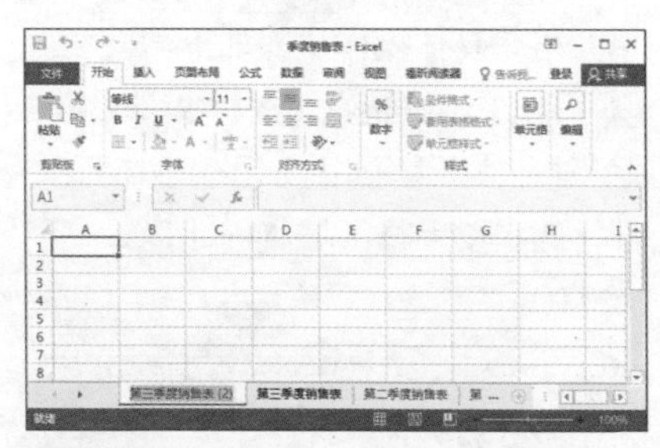

Step09 输入【第四季度销售表】，按【Enter】键，即可完成工作表的移动和复制操作。

5.1.5 隐藏和显示工作表

当工作簿中的工作表较多时，为了便于工作表的切换，可暂时将不常使用的工作表隐藏，当需要使用时，再显示即可。具体操作步骤如下。

Step01 右击【第三季度销售表】工作表标签，在弹出的快捷菜单中选择【隐藏】命令。

Step02 随后可看到选中的【第三季度销售表】工作表被隐藏了。

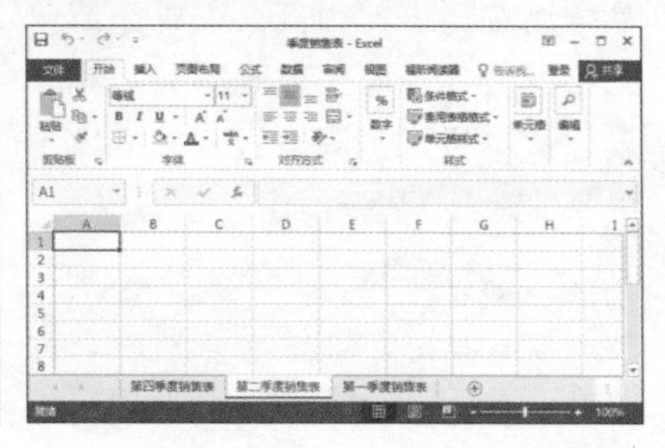

Step03 右击工作簿中隐藏了工作表的任意一个工作表，如右击【第二季度销售表】，在弹出的快捷菜单中选择【取消隐藏】命令。

Step04 在弹出的【取消隐藏】对话框中选中要显示的工作表，如【第三季度销售表】工作表，单击【确定】按钮。

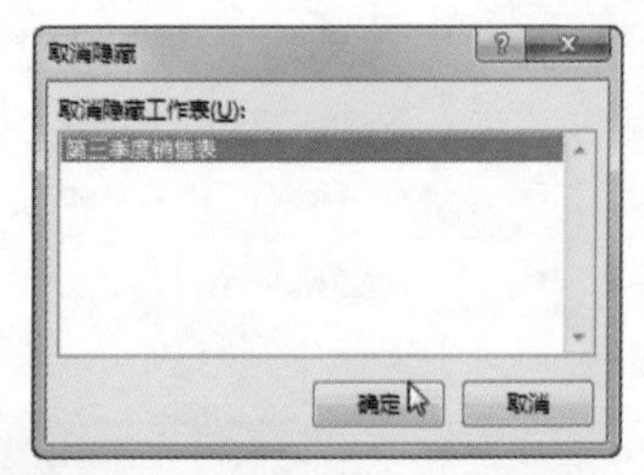

Step05 返回工作表中，即可看到【第三季度销售表】又显示在了工作簿中。

5.2 制作《办公用品领用登记表》

虽然不同企业对办公用品的管理方式不一样，但是为了规范使用办公用品，可制作一张表格来记录领用日期、领用品及领用人等信息。

本节就以用 Excel 制作《办公用品领用登记表》为例，主要介绍单元格的合并、插入或删除行或列、设置文本格式、调整行高和列宽，以及设置表格边框操作。

5.2.1 合并单元格

为了创建一个延续数列或数行的单元格，可在 Excel 中合并两个或多个单元格，以创建一个更大的新单元格。具体操作步骤如下。

Step01 打开“光盘 \ 素材文件 \ 第 5 章 \ 办公用品领用登记表 .xlsx”文件，选中单元格区域 A1：F1。

A1 办公用品领用登记表

	A	B	C	D	E	F
1	办公用品领用登记表					
2	2017年4月					
3	领用日期	领用品名	领用数量	领用部门	领用人	备注
4	2017/4/5	工作服	5套	销售部	何明	
5	2017/4/6	资料册	10个	行政部	林静	
6	2017/4/9	打印纸	4箱	人力资源部	龙家	
7	2017/4/10	订书机	2个	财务部	华国恩	
8	2017/4/12	水彩笔	8支	行政部	彭晶晶	
9	2017/4/16	打印纸	2箱	财务部	元静	
10	2017/4/20	账簿	2个	财务部	卫李琳	
11	2017/4/25	工作服	4套	销售部	青皇	
12	2017/4/28	订书机	6个	行政部	厚名	
13	2017/4/29	档案袋	5个	人力资源部	陈静	

Step02 在【开始】选项卡下的【对齐

方式】组中单击【合并后居中】右侧的下三角按钮▾，在展开的下拉列表中选择【合并后居中】选项。

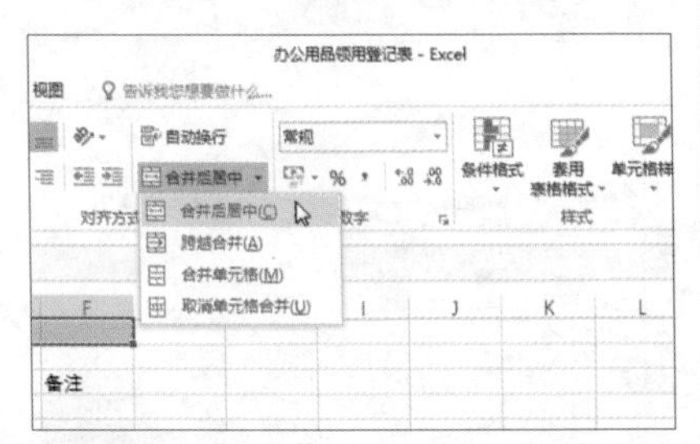

Step03 即可看到选中的单元格区域合并为一个单元格，且单元格中的文本自行居中对齐了。选中单元格区域 A2：F2。

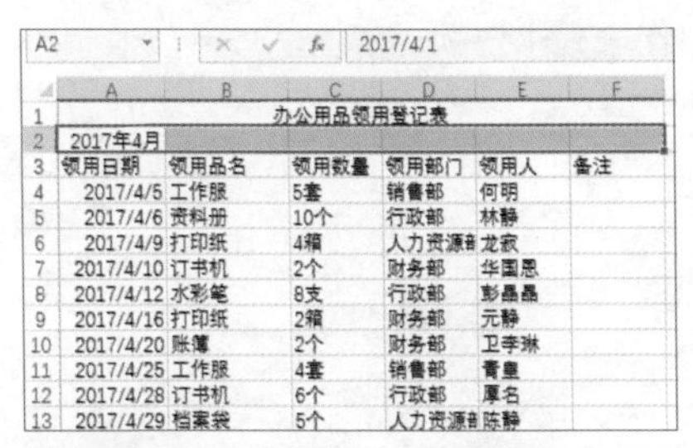

A2　2017/4/1

	A	B	C	D	E	F
1	办公用品领用登记表					
2	2017年4月					
3	领用日期	领用品名	领用数量	领用部门	领用人	备注
4	2017/4/5	工作服	5套	销售部	何明	
5	2017/4/6	资料册	10个	行政部	林静	
6	2017/4/9	打印纸	4箱	人力资源部	龙寂	
7	2017/4/10	订书机	2个	财务部	华国恩	
8	2017/4/12	水彩笔	8支	行政部	彭晶晶	
9	2017/4/16	打印纸	2箱	财务部	元静	
10	2017/4/20	账簿	2个	财务部	卫李琳	
11	2017/4/25	工作服	4套	销售部	青皇	
12	2017/4/28	订书机	6个	行政部	厚名	
13	2017/4/29	档案袋	5个	人力资源部	陈静	

Step04 在【开始】选项卡下的【对齐方式】组中单击【合并后居中】右侧的下三角按钮▾，在展开的下拉列表中选择【合并单元格】选项。

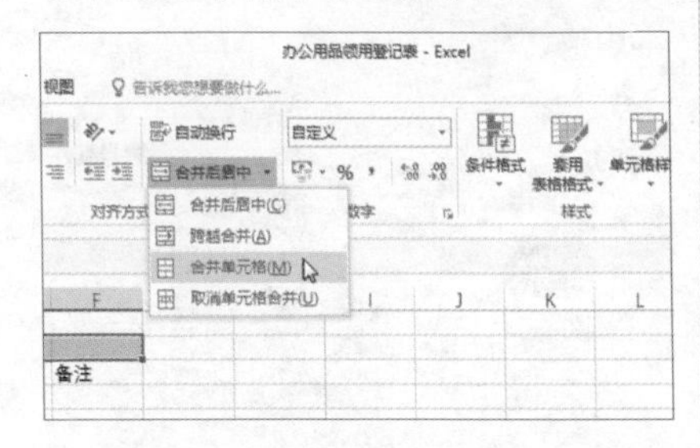

小技巧

除了可以合并居中单元格和合并单元格区域，还可以同时跨越合并多行单元格。

Step05 即可看到选中的单元格区域也合并为一个单元格，但是单元格中的文本并不会居中对齐了。

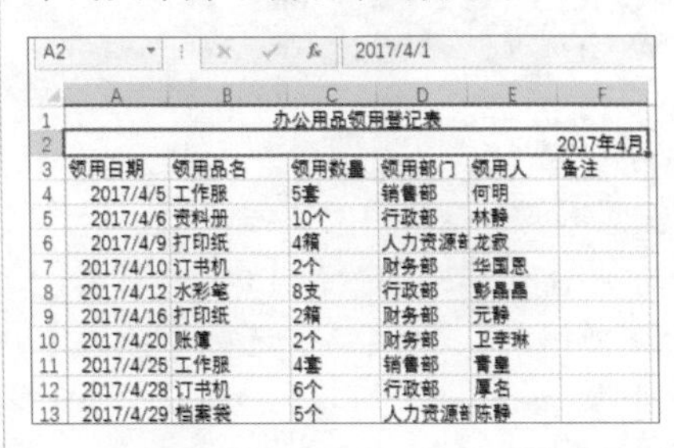

A2　2017/4/1

	A	B	C	D	E	F
1	办公用品领用登记表					
2						2017年4月
3	领用日期	领用品名	领用数量	领用部门	领用人	备注
4	2017/4/5	工作服	5套	销售部	何明	
5	2017/4/6	资料册	10个	行政部	林静	
6	2017/4/9	打印纸	4箱	人力资源部	龙寂	
7	2017/4/10	订书机	2个	财务部	华国恩	
8	2017/4/12	水彩笔	8支	行政部	彭晶晶	
9	2017/4/16	打印纸	2箱	财务部	元静	
10	2017/4/20	账簿	2个	财务部	卫李琳	
11	2017/4/25	工作服	4套	销售部	青皇	
12	2017/4/28	订书机	6个	行政部	厚名	
13	2017/4/29	档案袋	5个	人力资源部	陈静	

小技巧

如果要取消合并的效果，可选中已经合并的单元格，在【开始】选项卡下的【对齐方式】组中单击【合并后居中】右侧的下三角按钮，在展开的下拉列表中单击【取消单元格合并】选项。

5.2.2 插入或删除行或列

完成了表格的创建后，如果突然发现某些内容需要插入在表格中间时，可通过插入行或列来实现。如果发现某些行和列的内容已经没有作用了，需要删除时，可通过删除行或列功能来实现。具体操作步骤如下。

Step01 将光标放置在要选择行的行号上，如行【6】，当鼠标指针变为 ➡ 形状时单击，即可选中第 6 行的单元格区域。

	A	B	C	D	E	F
1	办公用品领用登记表					
2						2017年4月
3	领用日期	领用品名	领用数量	领用部门	领用人	备注
4	2017/4/5	工作服	5套	销售部	何明	
5	2017/4/6	资料册	10个	行政部	林静	
6	2017/4/9	打印纸	4箱	人力资源部	龙寂	
7	2017/4/10	订书机	2个	财务部	华国恩	
8	2017/4/12	水彩笔	8支	行政部	彭晶晶	
9	2017/4/16	打印纸	2箱	财务部	元静	
10	2017/4/20	账簿	2个	财务部	卫李琳	
11	2017/4/25	工作服	4套	销售部	青皇	
12	2017/4/28	订书机	6个	行政部	厚名	
13	2017/4/29	档案袋	5个	人力资源部	陈静	

Step02 在选中的行号【6】上右击，在弹出的快捷菜单中选择【插入】命令。

剪切(T)
复制(C)
粘贴选项:
选择性粘贴(S)...
插入(I)
删除(D)

Step03 可看到该行的上方插入了一行空白的行，选中行及行下的全部内容整体下移了。

	A	B	C	D	E	F
1	办公用品领用登记表					
2						2017年4月
3	领用日期	领用品名	领用数量	领用部门	领用人	备注
4	2017/4/5	工作服	5套	销售部	何明	
5	2017/4/6	资料册	10个	行政部	林静	
6						
7	2017/4/9	打印纸	4箱	人力资源部	龙寂	
8	2017/4/10	订书机	2个	财务部	华国恩	
9	2017/4/12	水彩笔	8支	行政部	彭晶晶	
10	2017/4/16	打印纸	2箱	财务部	元静	
11	2017/4/20	账簿	2个	财务部	卫李琳	
12	2017/4/25	工作服	4套	销售部	青皇	
13	2017/4/28	订书机	6个	行政部	厚名	
14	2017/4/29	档案袋	5个	人力资源部	陈静	

Step04 在插入的空白行中输入文本内容，将鼠标指针放置在列标上，如【F】列，当鼠标指针变为 ⬇ 形状时单击，即可选中 F 列。

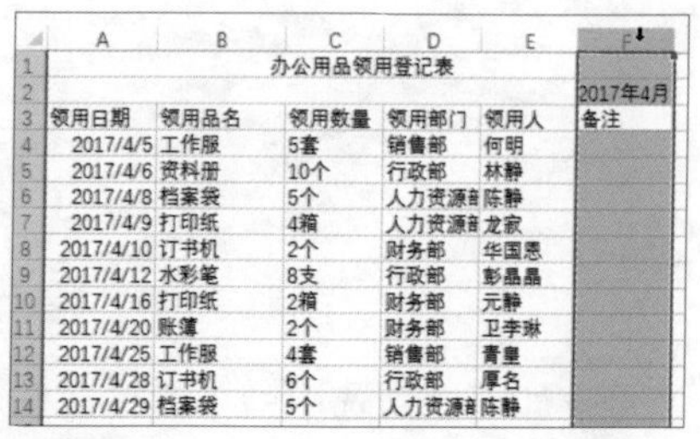

	A	B	C	D	E	F
1	办公用品领用登记表					
2						2017年4月
3	领用日期	领用品名	领用数量	领用部门	领用人	备注
4	2017/4/5	工作服	5套	销售部	何明	
5	2017/4/6	资料册	10个	行政部	林静	
6	2017/4/8	档案袋	5个	人力资源部	陈静	
7	2017/4/9	打印纸	4箱	人力资源部	龙寂	
8	2017/4/10	订书机	2个	财务部	华国恩	
9	2017/4/12	水彩笔	8支	行政部	彭晶晶	
10	2017/4/16	打印纸	2箱	财务部	元静	
11	2017/4/20	账簿	2个	财务部	卫李琳	
12	2017/4/25	工作服	4套	销售部	青皇	
13	2017/4/28	订书机	6个	行政部	厚名	
14	2017/4/29	档案袋	5个	人力资源部	陈静	

Step05 在【开始】选项卡下的【单元格】组中单击【插入】下三角按钮 ▾，在展开的下拉列表中选择【插入工作表列】选项。

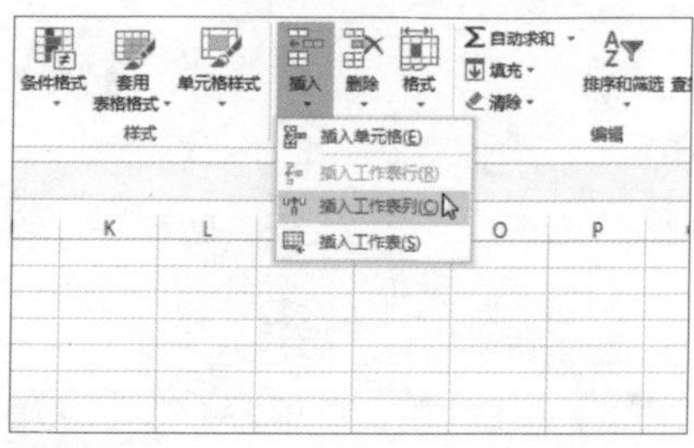

Step06 随后 F 列的左侧插入了一列空白的列，原先 F 列中的数据都整体右移了，在该列中输入需要的文本内容。

	A	B	C	D	E	F	G
1	办公用品领用登记表						
2							2017年4月
3	领用日期	领用品名	领用数量	领用部门	领用人	领用原因	备注
4	2017/4/5	工作服	5套	销售部	何明	新进员工	
5	2017/4/6	资料册	10个	行政部	林静	工作需要	
6	2017/4/8	档案袋	5个	人力资源部	陈静	工作需要	
7	2017/4/9	打印纸	4箱	人力资源部	龙寂	工作需要	
8	2017/4/10	订书机	2个	财务部	华国恩	工作需要	
9	2017/4/12	水彩笔	8支	行政部	彭晶晶	工作需要	
10	2017/4/16	打印纸	2箱	财务部	元静	工作需要	
11	2017/4/20	账簿	2个	财务部	卫李琳	工作需要	
12	2017/4/25	工作服	4套	销售部	青皇	新进员工	
13	2017/4/28	订书机	6个	行政部	厚名	工作需要	
14	2017/4/29	档案袋	5个	人力资源部	陈静	工作需要	

Step07 在不需要的行号上右击，如

右击行【10】，在弹出的快捷菜单中选择【删除】命令。

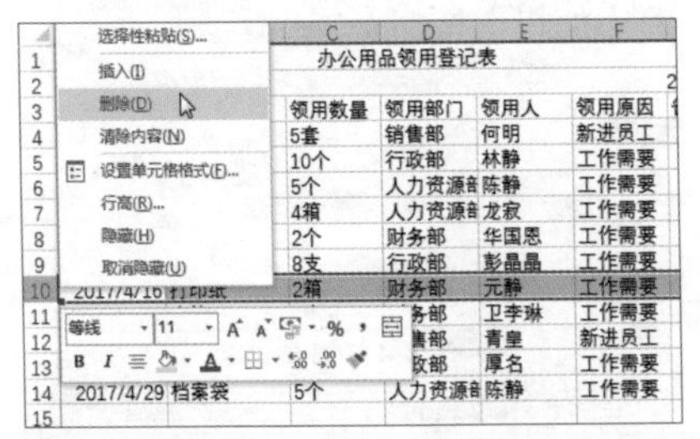

Step08 可看到选中行中的内容被删除，且选中行下方的内容都整体上移了。

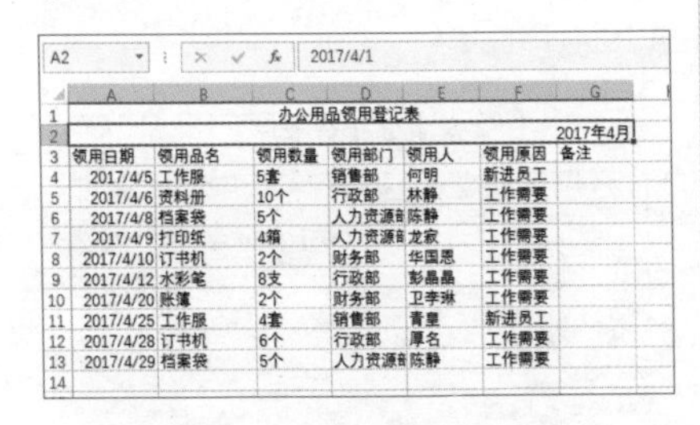

	A	B	C	D	E	F	G
1	办公用品领用登记表						
2						2017年4月	
3	领用日期	领用品名	领用数量	领用部门	领用人	领用原因	备注
4	2017/4/5	工作服	5套	销售部	何明	新进员工	
5	2017/4/6	资料册	10个	行政部	林静	工作需要	
6	2017/4/8	档案袋	5个	人力资源	陈静	工作需要	
7	2017/4/9	打印纸	4箱	人力资源	龙寂	工作需要	
8	2017/4/10	订书机	2个	财务部	华国恩	工作需要	
9	2017/4/12	水彩笔	8支	行政部	彭晶晶	工作需要	
10	2017/4/20	账簿	2个	财务部	卫李琳	工作需要	
11	2017/4/25	工作服	4套	销售部	青皇	新进员工	
12	2017/4/28	订书机	6个	行政部	厚名	工作需要	
13	2017/4/29	档案袋	5个	人力资源	陈静	工作需要	
14							

小技巧

如果要隐藏某行或某列，可右击该行或该列，在弹出的快捷菜单中选择【隐藏】命令；如果要显示被隐藏的行或列，则选中隐藏行或列相邻两边的行或列，然后右击，在弹出的快捷菜单中选择【取消隐藏】命令。

5.2.3 设置文本格式

为了让表格更加美观，可对表格中默认的字体格式和对齐方式进行设置。具体操作步骤如下。

Step01 选中单元格 A1，在【开始】选项卡下的【字体】组中单击【字体】右侧的下三角按钮，在展开的下拉列表中选择合适的字体，如【华文新魏】。

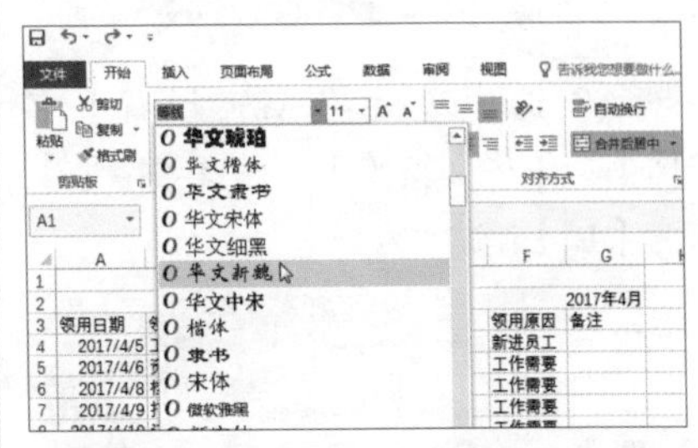

Step02 在【开始】选项卡下的【字体】组中单击【字号】右侧的下三角按钮，在展开的下拉列表中选择合适的字号，如【22】磅。

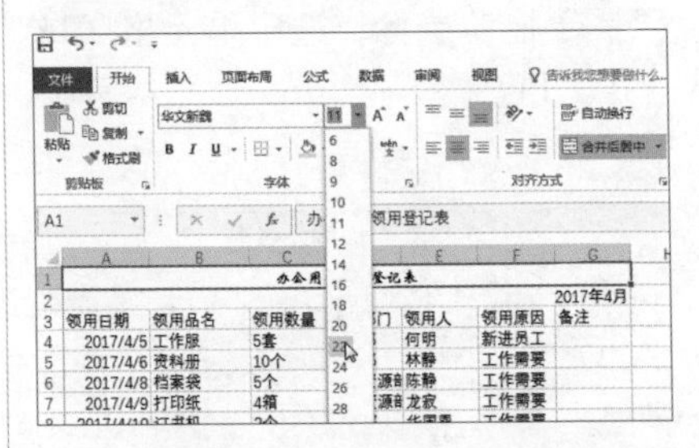

小技巧

除了可以通过以上方式设置字号，还可以在【开始】选项卡下的【字体】组中单击【增大字号】或【减小字号】按钮来调整选中文本的字号。

Step03 即可看到设置字体和字号后的工作表效果。

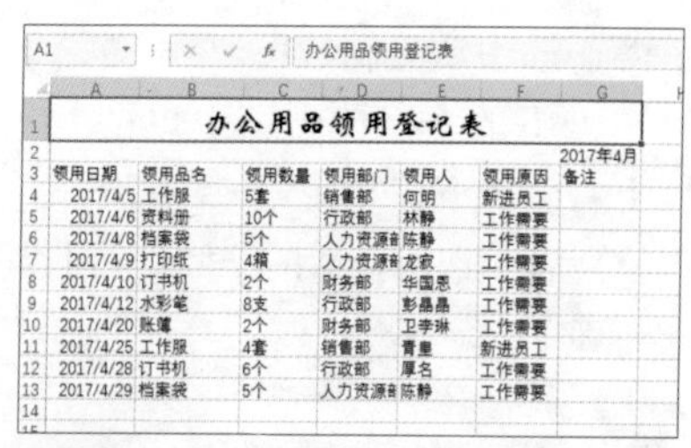

Step04 选中单元格 A2，设置【字体】为【华文新魏】，设置【字号】为【10】磅。

Step05 拖动鼠标，选中单元格区域 A3：G13。

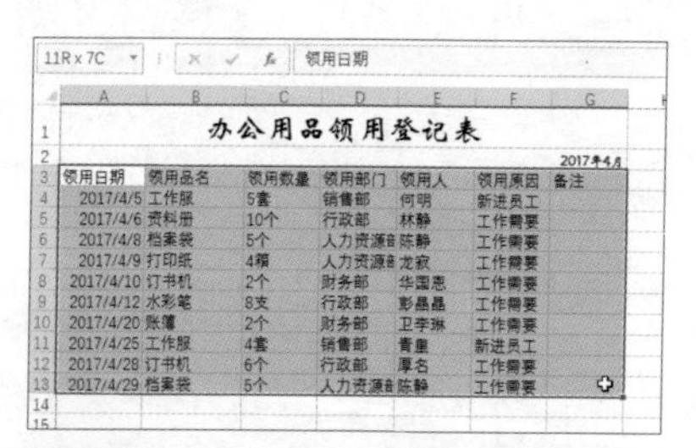

Step06 设置【字体】为【华文楷体】，设置【字号】为【12】磅。

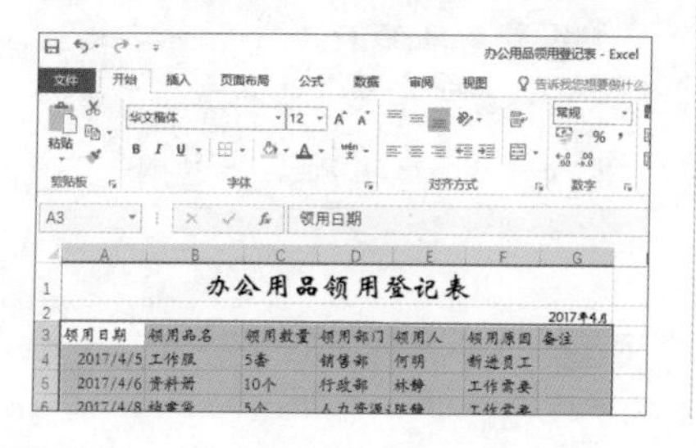

Step07 选中单元格区域 A3：G3，单击【开始】选项卡下【字体】组中的【加粗】按钮B。

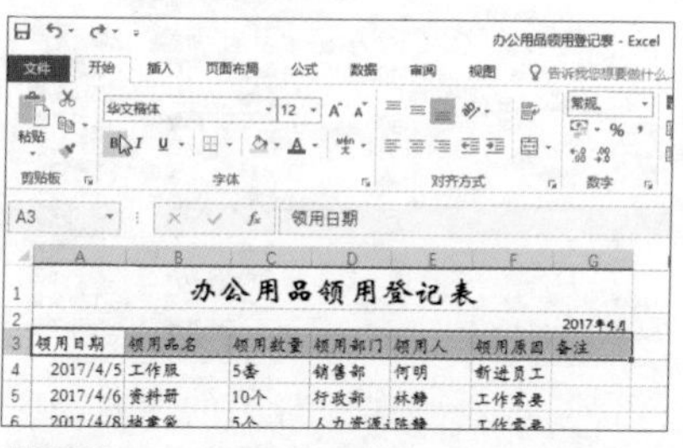

Step08 即可看到选中单元格加粗后的效果，拖动鼠标选中单元格区域 A3：G13。

Step09 在【开始】选项卡下的【对齐方式】组中单击【居中】按钮≡。

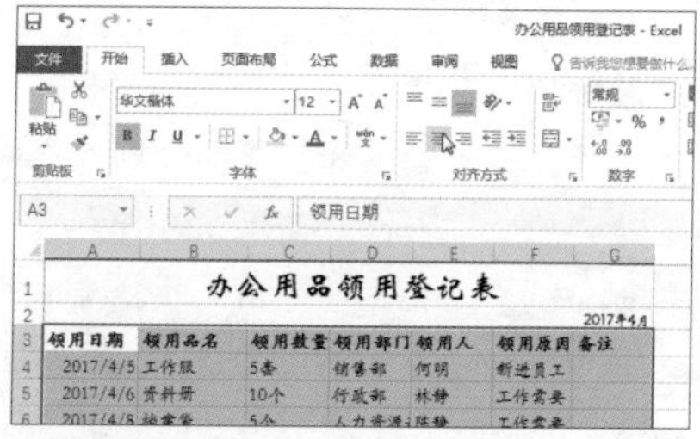

Step10 继续在【开始】选项卡下的【对齐方式】组中单击【垂直居中】按钮≡。

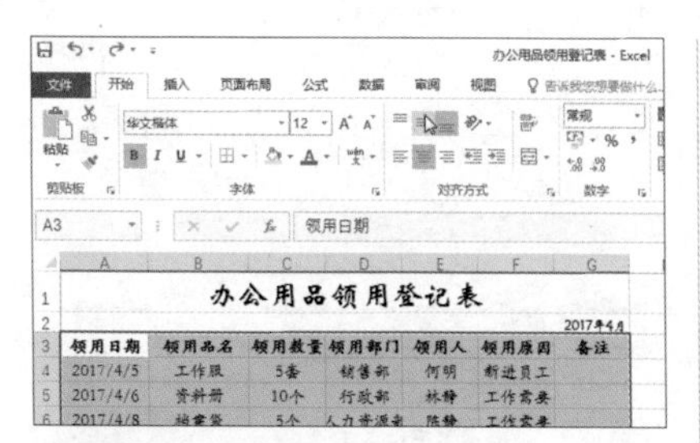

	A	B	C	D	E	F	G
1	办公用品领用登记表						
2						2017年4月	
3	领用日期	领用品名	领用数量	领用部门	领用人	领用原因	备注
4	2017/4/5	工作服	5套	销售部	何明	新进员工	
5	2017/4/6	资料册	10个	行政部	林静	工作需要	
6	2017/4/8	档案袋	5个	人力资源部	陈静	工作需要	

Step11 即可看到设置字体和对齐方式后的表格效果。

	A	B	C	D	E	F	G
1	办公用品领用登记表						
2						2017年4月	
3	领用日期	领用品名	领用数量	领用部门	领用人	领用原因	备注
4	2017/4/5	工作服	5套	销售部	何明	新进员工	
5	2017/4/6	资料册	10个	行政部	林静	工作需要	
6	2017/4/8	档案袋	5个	人力资源部	陈静	工作需要	
7	2017/4/9	打印纸	4箱	人力资源部	龙寂	工作需要	
8	2017/4/10	订书机	2个	财务部	华国恩	工作需要	
9	2017/4/12	水彩笔	8支	行政部	彭晶晶	工作需要	
10	2017/4/20	账簿	2个	财务部	卫亭琳	工作需要	
11	2017/4/25	工作服	4套	销售部	青皇	新进员工	
12	2017/4/28	订书机	6个	行政部	厚名	工作需要	
13	2017/4/29	档案袋	5个	人力资源部	陈静	工作需要	
14							

5.2.4 调整行高和列宽

设置了字体和对齐方式后，可发现单元格中的某些内容不能完全显示，此时可以通过调整行高和列宽来实现隐藏数据的显示。具体的操作步骤如下。

Step01 将鼠标指针放置在行号【3】下的框线上，当鼠标指针变为+ 形状时，按住鼠标左键向下拖动。

高度: 27.00 (36 像素)

	A	B	C	D	E	F	G
1	办公用品领用登记表						
2						2017年4月	
3	领用日期	领用品名	领用数量	领用部门	领用人	领用原因	备注
4	2017/4/5	工作服	5套	销售部	何明	新进员工	
5	2017/4/6	资料册	10个	行政部	林静	工作需要	
6	2017/4/8	档案袋	5个	人力资源部	陈静	工作需要	
7	2017/4/9	打印纸	4箱	人力资源部	龙寂	工作需要	
8	2017/4/10	订书机	2个	财务部	华国恩	工作需要	
9	2017/4/12	水彩笔	8支	行政部	彭晶晶	工作需要	
10	2017/4/20	账簿	2个	财务部	卫亭琳	工作需要	
11	2017/4/25	工作服	4套	销售部	青皇	新进员工	
12	2017/4/28	订书机	6个	行政部	厚名	工作需要	
13	2017/4/29	档案袋	5个	人力资源部	陈静	工作需要	
14							

Step02 即可增加第 3 行的行高，在行号上拖动鼠标，选中第 4 至第 13 行。

	A	B	C	D	E	F	G
1	办公用品领用登记表						
2						2017年4月	
3	领用日期	领用品名	领用数量	领用部门	领用人	领用原因	备注
4	2017/4/5	工作服	5套	销售部	何明	新进员工	
5	2017/4/6	资料册	10个	行政部	林静	工作需要	
6	2017/4/8	档案袋	5个	人力资源部	陈静	工作需要	
7	2017/4/9	打印纸	4箱	人力资源部	龙寂	工作需要	
8	2017/4/10	订书机	2个	财务部	华国恩	工作需要	
9	2017/4/12	水彩笔	8支	行政部	彭晶晶	工作需要	
10	2017/4/20	账簿	2个	财务部	卫亭琳	工作需要	
11	2017/4/25	工作服	4套	销售部	青皇	新进员工	
12	2017/4/28	订书机	6个	行政部	厚名	工作需要	
13	2017/4/29	档案袋	5个	人力资源部	陈静	工作需要	

10R x 16384C

Step03 将鼠标指针放置在选中行中的任意行号下的框线上，当鼠标指针变为+ 形状时，按住鼠标左键向下拖动。

高度: 21.75 (29 像素)

	A	B	C	D	E	F	G
1	办公用品领用登记表						
2						2017年4月	
3	领用日期	领用品名	领用数量	领用部门	领用人	领用原因	备注
4	2017/4/5	工作服	5套	销售部	何明	新进员工	
5	2017/4/6	资料册	10个	行政部	林静	工作需要	
6	2017/4/8	档案袋	5个	人力资源部	陈静	工作需要	
7	2017/4/9	打印纸	4箱	人力资源部	龙寂	工作需要	
8	2017/4/10	订书机	2个	财务部	华国恩	工作需要	
9	2017/4/12	水彩笔	8支	行政部	彭晶晶	工作需要	
10	2017/4/20	账簿	2个	财务部	卫亭琳	工作需要	
11	2017/4/25	工作服	4套	销售部	青皇	新进员工	
12	2017/4/28	订书机	6个	行政部	厚名	工作需要	
13	2017/4/29	档案袋	5个	人力资源部	陈静	工作需要	
14							

Step04 即可发现选中多行的行高同时增加了，且高度相同。

	A	B	C	D	E	F	G
2						2017年4月	
3	领用日期	领用品名	领用数量	领用部门	领用人	领用原因	备注
4	2017/4/5	工作服	5套	销售部	何明	新进员工	
5	2017/4/6	资料册	10个	行政部	林静	工作需要	
6	2017/4/8	档案袋	5个	人力资源部	陈静	工作需要	
7	2017/4/9	打印纸	4箱	人力资源部	龙寂	工作需要	
8	2017/4/10	订书机	2个	财务部	华国恩	工作需要	
9	2017/4/12	水彩笔	8支	行政部	彭晶晶	工作需要	
10	2017/4/20	账簿	2个	财务部	卫亭琳	工作需要	
11	2017/4/25	工作服	4套	销售部	青皇	新进员工	
12	2017/4/28	订书机	6个	行政部	厚名	工作需要	
13	2017/4/29	档案袋	5个	人力资源部	陈静	工作需要	
14							

Step05 在列标上拖动鼠标，选中 C 至 F 列。

1048576R x 4C

	A	B	C	D	E	F	G
1	办公用品领用登记表						
2						2017年4月	
3	领用日期	领用品名	领用数量	领用部门	领用人	领用原因	备注
4	2017/4/5	工作服	5套	销售部	何明	新进员工	
5	2017/4/6	资料册	10个	行政部	林静	工作需要	
6	2017/4/8	档案袋	5个	人力资源部	陈静	工作需要	
7	2017/4/9	打印纸	4箱	人力资源部	龙寂	工作需要	
8	2017/4/10	订书机	2个	财务部	华国恩	工作需要	
9	2017/4/12	水彩笔	8支	行政部	彭晶晶	工作需要	
10	2017/4/20	账簿	2个	财务部	卫亭琳	工作需要	

Step06 将鼠标指针放置在选中多列的列边框线上，当鼠标指针变为+形状时，按住鼠标左键向右拖动。

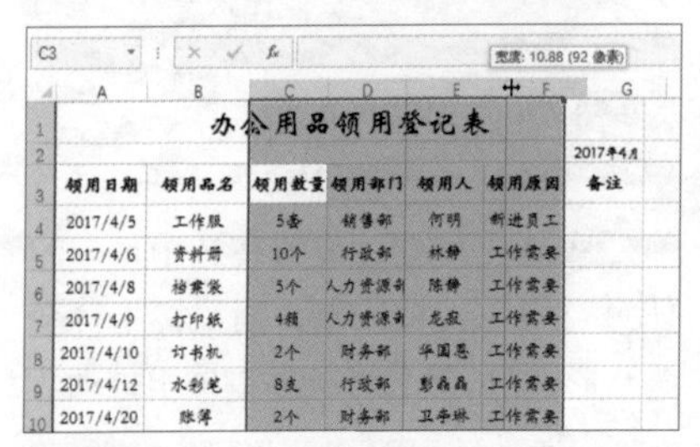

Step07 即可发现选中多列的列宽同时增加了，且宽度相同，选中单元格 A1。

Step08 在【开始】选项卡下的【单元格】组中单击【格式】按钮，在展开的下拉列表中选择【行高】选项。

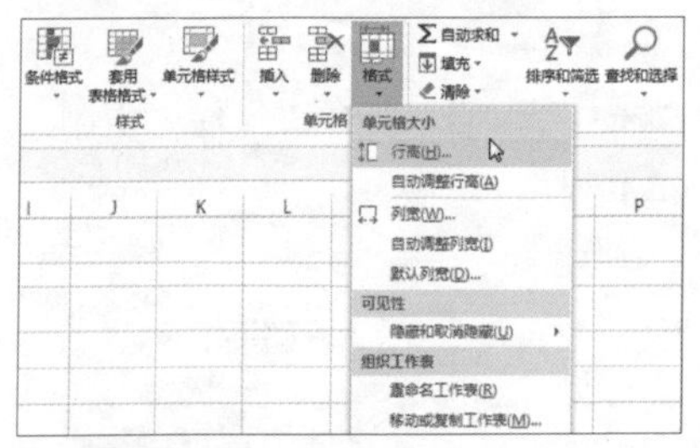

Step09 弹出【行高】对话框，在【行高】后的文本框中输入要精确设置的行高值，如【30】磅，单击【确定】按钮。

小技巧

通过此方式，还可以精确调整列宽或者是自动调整列宽。

Step10 返回工作表中，即可看到调整行高和列宽后的表格效果。

领用日期	领用品名	领用数量	领用部门	领用人	领用原因	备注
2017/4/5	工作服	5套	销售部	何明	新进员工	
2017/4/6	资料册	10个	行政部	林静	工作需要	
2017/4/8	档案袋	5个	人力资源部	陈静	工作需要	
2017/4/9	打印纸	4箱	人力资源部	龙叔	工作需要	
2017/4/10	订书机	2个	财务部	华国思	工作需要	
2017/4/12	水彩笔	8支	行政部	彭磊磊	工作需要	
2017/4/20	账簿	2个	财务部	卫李琳	工作需要	
2017/4/25	工作服	4套	销售部	青皇	新进员工	
2017/4/28	订书机	6个	行政部	厚名	工作需要	
2017/4/29	档案袋	5个	人力资源部	陈静	工作需要	

5.2.5 设置表格边框

为了让工作表的整体效果更佳清晰和美观，可对工作表的边框进行设置，具体操作步骤如下。

Step01 拖动鼠标选中单元格区域 A3：G13。

办公用品领用登记表						
						2017年4月
领用日期	领用品名	领用数量	领用部门	领用人	领用原因	备注
2017/4/5	工作服	5套	销售部	何明	新进员工	
2017/4/6	资料册	10个	行政部	林静	工作需要	
2017/4/8	档案袋	5个	人力资源部	陈静	工作需要	
2017/4/9	打印纸	4箱	人力资源部	龙淑	工作需要	
2017/4/10	订书机	2个	财务部	华国恩	工作需要	
2017/4/12	水彩笔	8支	行政部	彭晶晶	工作需要	
2017/4/20	账簿	2个	财务部	卫李琳	工作需要	
2017/4/25	工作服	4套	销售部	青童	新进员工	
2017/4/28	订书机	6个	行政部	厚名	工作需要	
2017/4/29	档案袋	5个	人力资源部	陈静	工作需要	

Step02 在【开始】选项卡下的【字体】组中单击【边框】右侧的下三角按钮▾，在展开的下拉列表中选择【所有框线】选项。

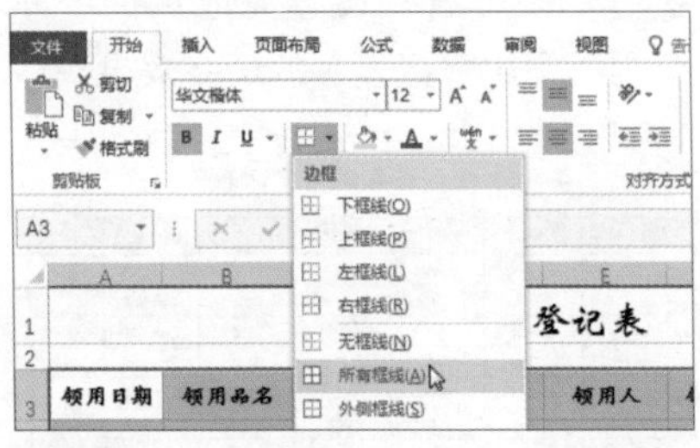

Step03 即可看到选中单元格区域套用框线后的效果。

办公用品领用登记表						
						2017年4月
领用日期	领用品名	领用数量	领用部门	领用人	领用原因	备注
2017/4/5	工作服	5套	销售部	何明	新进员工	
2017/4/6	资料册	10个	行政部	林静	工作需要	
2017/4/8	档案袋	5个	人力资源部	陈静	工作需要	
2017/4/9	打印纸	4箱	人力资源部	龙淑	工作需要	
2017/4/10	订书机	2个	财务部	华国恩	工作需要	
2017/4/12	水彩笔	8支	行政部	彭晶晶	工作需要	
2017/4/20	账簿	2个	财务部	卫李琳	工作需要	
2017/4/25	工作服	4套	销售部	青童	新进员工	
2017/4/28	订书机	6个	行政部	厚名	工作需要	
2017/4/29	档案袋	5个	人力资源部	陈静	工作需要	

Step04 继续选中单元格区域 A3:G13，在【开始】选项卡下的【字体】组中单击对话框启动器。

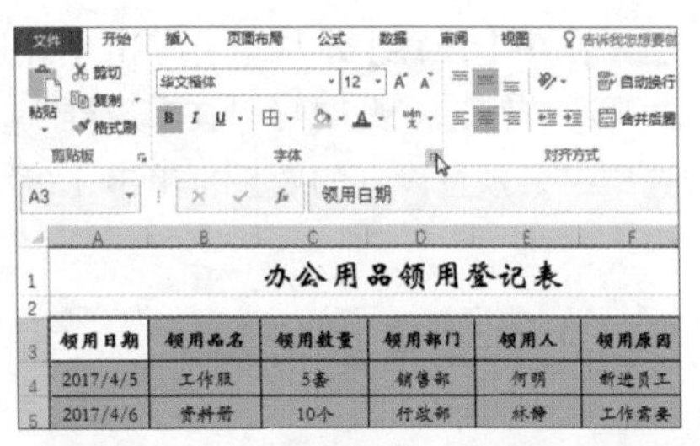

Step05 弹出【设置单元格格式】对话框，单击【边框】标签，切换至该选项卡下，在【样式】列表框中单击要设置的边框样式。

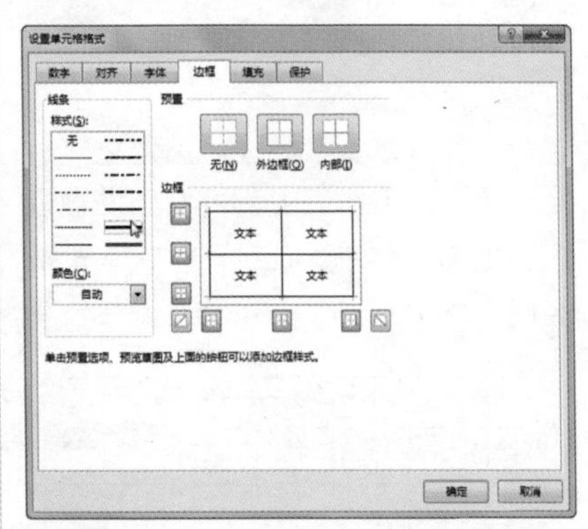

Step06 单击【颜色】右侧的下三角按钮▾，在展开的颜色库中单击要应用的颜色，如【红色】。

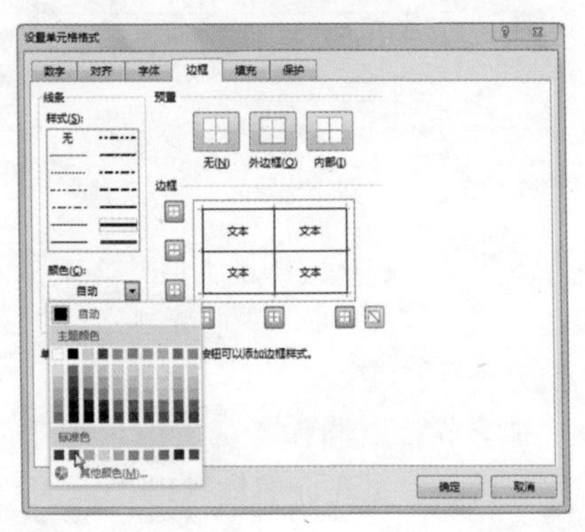

Step07 在【预置】选项组下单击【外边框】按钮，此时可以在【边框】选项组下预览设置的效果，单击【确定】按钮。

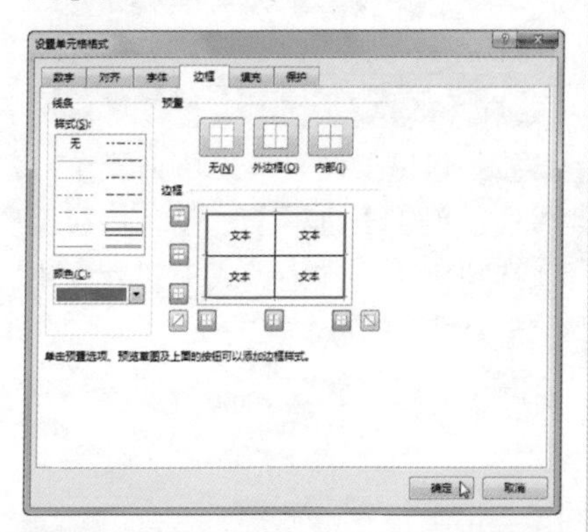

Step08 返回工作表中，可看到设置边框后的效果，拖动鼠标选中单元格区域 A3：G3。

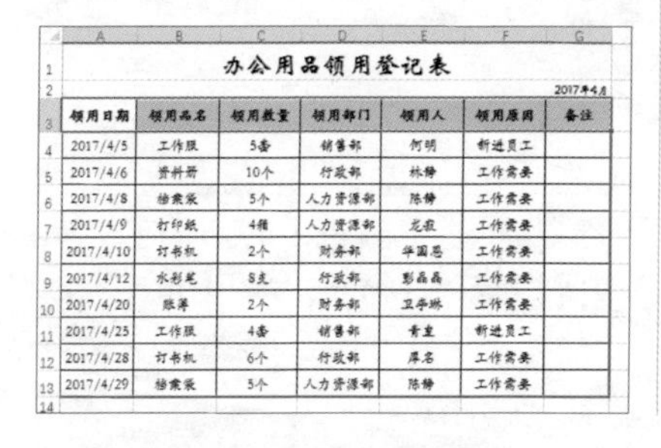

办公用品领用登记表

2017年4月

领用日期	领用品名	领用数量	领用部门	领用人	领用原因	备注
2017/4/5	工作服	5套	销售部	何明	新进员工	
2017/4/6	资料册	10个	行政部	林静	工作需要	
2017/4/8	档案袋	5个	人力资源部	陈静	工作需要	
2017/4/9	打印纸	4箱	人力资源部	龙霞	工作需要	
2017/4/10	订书机	2个	财务部	华国思	工作需要	
2017/4/12	水彩笔	8支	行政部	彭晶晶	工作需要	
2017/4/20	账簿	2个	财务部	卫季琳	工作需要	
2017/4/25	工作服	4套	销售部	青皇	新进员工	
2017/4/28	订书机	6个	行政部	厚名	工作需要	
2017/4/29	档案袋	5个	人力资源部	陈静	工作需要	

Step09 在【开始】选项卡下的【字体】组中单击【填充颜色】右侧的下三角按钮，在展开的颜色库中单击【绿色，个性色 6，淡色 60%】。

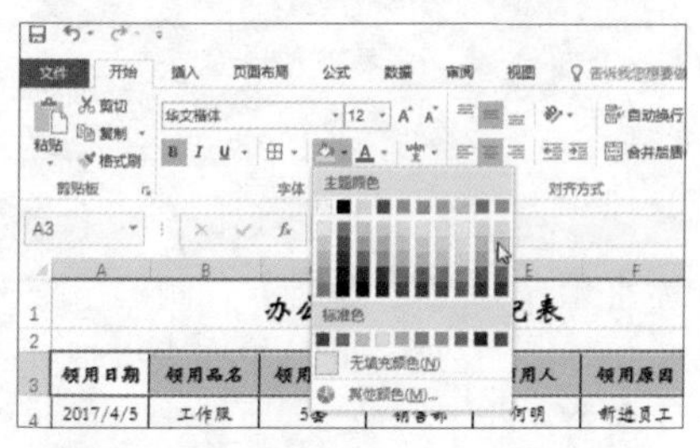

Step10 即可看到设置完成后的《办公用品领用登记表》的最终效果。

办公用品领用登记表

2017年4月

领用日期	领用品名	领用数量	领用部门	领用人	领用原因	备注
2017/4/5	工作服	5套	销售部	何明	新进员工	
2017/4/6	资料册	10个	行政部	林静	工作需要	
2017/4/8	档案袋	5个	人力资源部	陈静	工作需要	
2017/4/9	打印纸	4箱	人力资源部	龙霞	工作需要	
2017/4/10	订书机	2个	财务部	华国思	工作需要	
2017/4/12	水彩笔	8支	行政部	彭晶晶	工作需要	
2017/4/20	账簿	2个	财务部	卫季琳	工作需要	
2017/4/25	工作服	4套	销售部	青皇	新进员工	
2017/4/28	订书机	6个	行政部	厚名	工作需要	
2017/4/29	档案袋	5个	人力资源部	陈静	工作需要	

5.3 制作《员工信息统计表》

为了了解员工的基本信息，加强员工关系的管理，企业可制作员工信息统计表。

本节就以制作《员工信息统计表》为例，主要介绍输入以“0”开头的文本、快速填充数据及设置数字格式操作。

5.3.1 输入以“0”开头的文本

在工作表中输入内容时，偶尔会需要输入以“0”开头的文本，此时可以通过以下方法来实现。

Step01 打开“光盘\素材文件\第 5 章\员工信息统计表.xlsx”文件，单击要输入员工编号的单元格，如单元格 A3。在【开始】选项卡下的【字体】组中单击对话框启动器。

	A	B	C	D	
1				员工信息统	
2	员工编号	姓名	性别	身份证号	
3		赵峰	男		**区*
4		钱丽丽	女		*

Step02 在弹出的【设置单元格格式】对话框中单击【数字】标签，切换至该选项卡下，单击【分类】下拉列表中的【文本】类型，单击【确定】按钮。

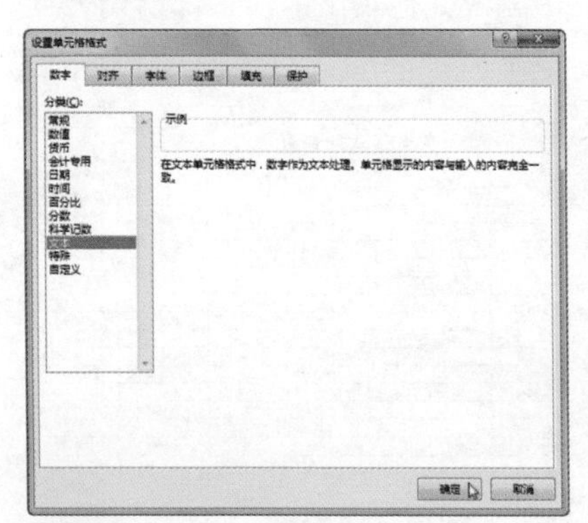

Step03 返回工作表中，在单元格 A3 中输入【001003】，按【Enter】键，即可看到该单元格中的文本数据，在单元格 A4 中输入【'】，该符号为英文半角单引号。

	A	B	C	D	
1				员工信息统	
2	员工编号	姓名	性别	身份证号	
3	001003	赵峰	男		**区*
4	'	钱丽丽	女		*
5		周国境	男		**区**
6		孙晓晓	女		*
7		梁莉莉	女		**区*
8		赵静	女		**区**
9		李龙龙	男		**区**
10		封晶晶	女		***
11		彭境	男		**区**

Step04 输入员工编号，按【Enter】键，也可以输入以“0”开头的文本。

	A	B	C	D	
1				员工信息统	
2	员工编号	姓名	性别	身份证号	
3	001003	赵峰	男		**区*
4	001004	钱丽丽	女		*
5		周国境	男		**区*
6		孙晓晓	女		*
7		梁莉莉	女		**区*
8		赵静	女		**区**
9		李龙龙	男		**区**
10		封晶晶	女		***
11		彭境	男		**区**

Step05 选择任意一种方法输入其他员工的编号。

	A	B	C	D	
1				员工信息统	
2	员工编号	姓名	性别	身份证号	
3	001003	赵峰	男		**区*
4	001004	钱丽丽	女		*
5	001006	周国境	男		**区**
6	001008	孙晓晓	女		*
7	002001	梁莉莉	女		**区*
8	002008	赵静	女		**区**
9	002006	李龙龙	男		**区**
10	003008	封晶晶	女		***
11	003009	彭境	男		**区**

5.3.2 快速填充数据

如果发现输入的数据具有关联性，可通过填充功能快速输入相同的数据，具体操作步骤如下。

Step01 在单元格 F3 中输入【财务部】，将鼠标指针放置在单元格 F3 的右下角，当鼠标指针变为+形状时，按住鼠标左键向下拖动至单元格 F6 中。

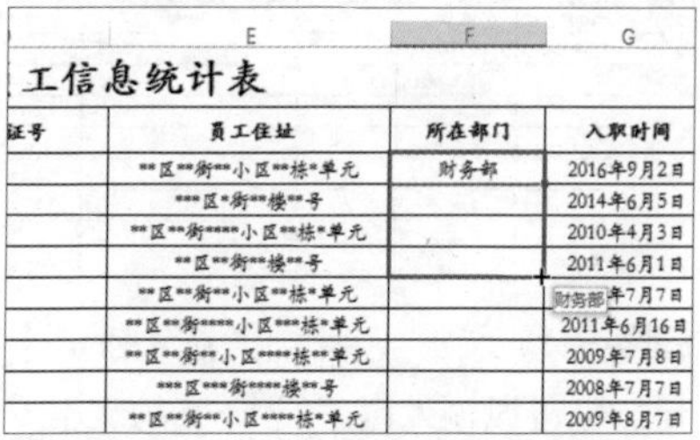

证号	员工住址	所在部门	入职时间
	区街**小区**栋*单元	财务部	2016年9月2日
	***区*街**楼**号		2014年6月5日
	区街****小区**栋*单元		2010年4月3日
	区街**楼**号		2011年6月1日
	区街**小区**栋*单元		年7月7日
	区街****小区***栋*单元		2011年6月16日
	区街**小区****栋**单元		2009年7月8日
	区街****楼**号		2008年7月7日
	区街**小区****栋*单元		2009年8月7日

Step02 即可看到拖动过的单元格中也输入了相同的文本数据，即【财务部】。

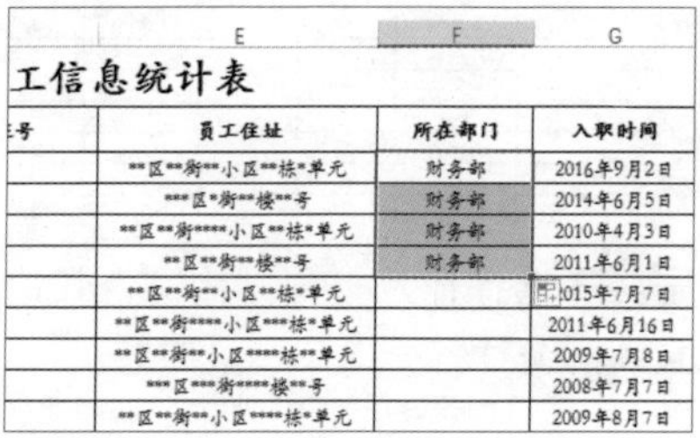

证号	员工住址	所在部门	入职时间
	区街**小区**栋*单元	财务部	2016年9月2日
	***区*街**楼**号	财务部	2014年6月5日
	区街****小区**栋*单元	财务部	2010年4月3日
	区街**楼**号	财务部	2011年6月1日
	区街**小区**栋*单元		2015年7月7日
	区街****小区***栋*单元		2011年6月16日
	区街**小区****栋**单元		2009年7月8日
	区街****楼**号		2008年7月7日
	区街**小区****栋*单元		2009年8月7日

Step03 在 F7 中输入【行政部】文本内容，选中单元格区域 F7：F9。

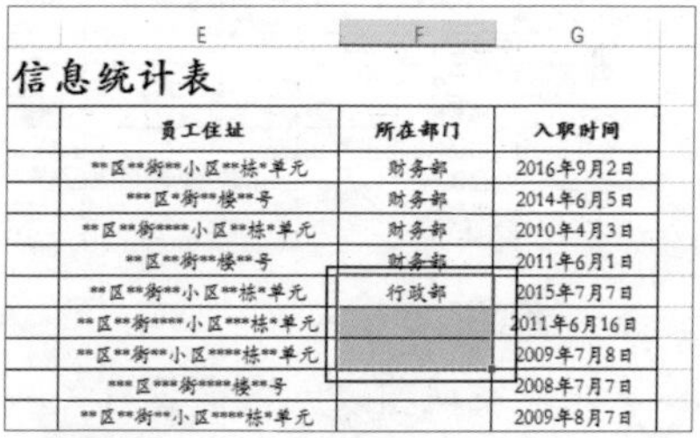

员工住址	所在部门	入职时间
区街**小区**栋*单元	财务部	2016年9月2日
***区*街**楼**号	财务部	2014年6月5日
区街****小区**栋*单元	财务部	2010年4月3日
区街**楼**号	财务部	2011年6月1日
区街**小区**栋*单元	行政部	2015年7月7日
区街****小区***栋*单元		2011年6月16日
区街**小区****栋**单元		2009年7月8日
区街****楼**号		2008年7月7日
区街**小区****栋*单元		2009年8月7日

Step04 在【开始】选项卡下的【编辑】组中单击【填充】按钮，在展开的下拉列表中选择【向下】选项。

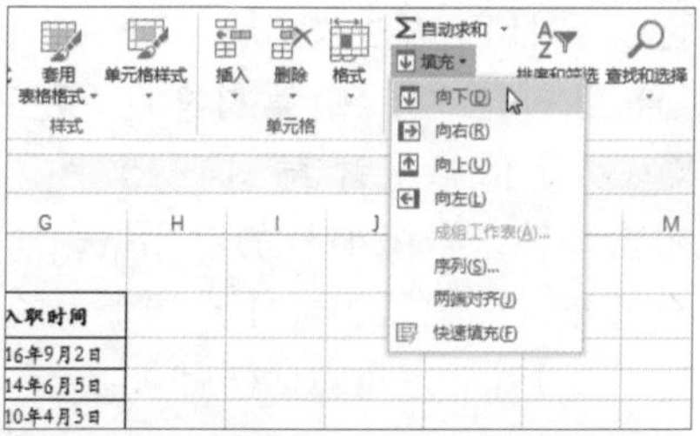

Step05 即可看到选中区域的空白单元格中自动输入了已经输入的单元格内容，即【行政部】。

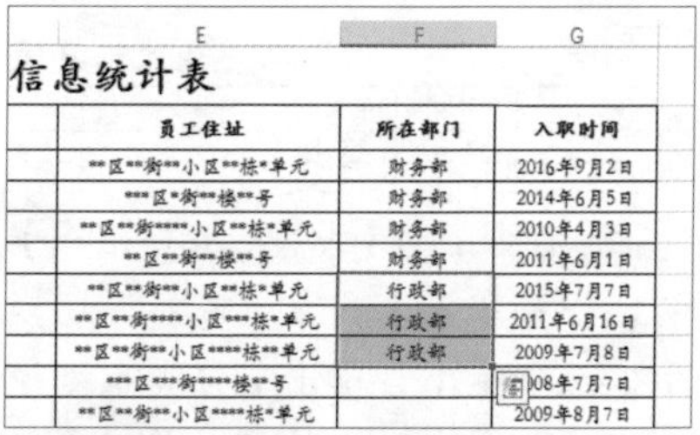

员工住址	所在部门	入职时间
区街**小区**栋*单元	财务部	2016年9月2日
***区*街**楼**号	财务部	2014年6月5日
区街****小区**栋*单元	财务部	2010年4月3日
区街**楼**号	财务部	2011年6月1日
区街**小区**栋*单元	行政部	2015年7月7日
区街****小区***栋*单元	行政部	2011年6月16日
区街**小区****栋**单元	行政部	2009年7月8日
区街****楼**号		08年7月7日
区街**小区****栋*单元		2009年8月7日

Step06 选择任意一种方法在工作表中完成其他员工的所在部门内容的填充。

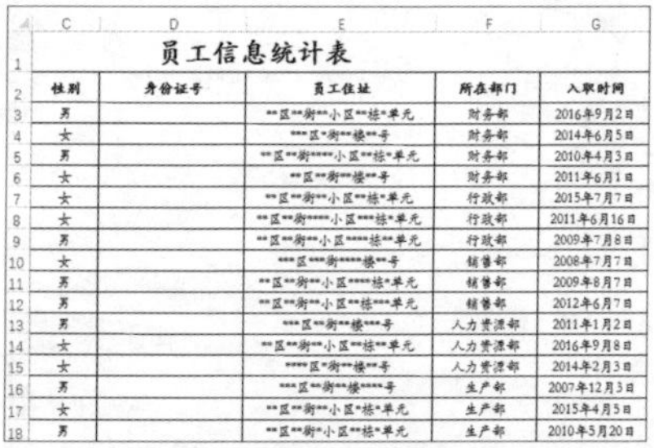

员工信息统计表

性别	身份证号	员工住址	所在部门	入职时间
男		**区**街**小区**栋*单元	财务部	2016年9月2日
女		***区*街**楼**号	财务部	2014年6月5日
男		**区**街****小区**栋*单元	财务部	2010年4月3日
女		**区**街**楼**号	财务部	2011年6月1日
女		**区**街**小区**栋*单元	行政部	2015年7月7日
女		**区**街****小区***栋*单元	行政部	2011年6月16日
男		**区**街**小区****栋**单元	行政部	2009年7月8日
女		***区***街****楼**号	销售部	2008年7月7日
男		**区**街**小区****栋*单元	销售部	2009年8月7日
男		**区**街**小区**栋***单元	销售部	2012年6月7日
男		***区**街**楼***号	人力资源部	2011年1月2日
女		**区**街**小区**栋**单元	人力资源部	2016年9月8日
女		****区*街**楼**号	人力资源部	2014年2月3日
男		***区**街**楼****号	生产部	2007年12月3日
女		**区**街**小区*栋*单元	生产部	2015年4月5日
男		**区**街*小区**栋*单元	生产部	2010年5月20日

5.3.3 设置数字格式

当工作表中输入的数据不能正常显示时，可对输入的数据进行特定的格式设置。具体操作步骤如下。

Step01 在单元格 D3 中输入对应员工的身份证号，如输入

【513021198901248251】（本小节中所涉及的身份信息均为虚构）。

	A	B	C	D	
1				员工信息统	
2	员工编号	姓名	性别	身份证号	
3	001003	赵峰	男	513021198901248251	**区*
4	001004	钱丽丽	女		*
5	001006	周国境	男		**区**
6	001008	孙晓晓	女		*
7	002001	梁莉莉	女		**区*
8	002008	赵静	女		**区**
9	002006	李龙龙	男		**区**

Step02 按【Enter】键，可看到输入的身份证号不能在单元格中正常显示，选中该单元格后，可在编辑栏中发现该单元格中的身份证号也不能正常显示。

	A	B	C	D	
1				员工信息统	
2	员工编号	姓名	性别	身份证号	
3	001003	赵峰	男	5.13021E+17	**区*
4	001004	钱丽丽	女		*
5	001006	周国境	男		**区**
6	001008	孙晓晓	女		*
7	002001	梁莉莉	女		**区*
8	002008	赵静	女		**区**
9	002006	李龙龙	男		**区**

Step03 使用【Delete】键删除输入的身份证号，选中单元格区域 D3：D20。

	A	B	C	D	E	F
2	员工编号	姓名	性别	身份证号	员工住址	所在部门
3	001003	赵峰	男		**区**街**小区**栋*单元	财务部
4	001004	钱丽丽	女		***区*街**楼**号	财务部
5	001006	周国境	男		**区**街****小区**栋*单元	财务部
6	001008	孙晓晓	女		**区**街**楼**号	财务部
7	002001	梁莉莉	女		**区**街**小区**栋*单元	行政部
8	002008	赵静	女		**区**街****小区***栋*单元	行政部
9	002006	李龙龙	男		**区**街**小区****栋**单元	行政部
10	003008	封淼淼	女		***区***街****楼**号	销售部
11	003009	彭境	男		**区**街**小区****栋*单元	销售部
12	003010	华东东	男		**区**街**小区**栋***单元	销售部
13	004001	陈金金	男		***区**街**楼***号	人力资源部
14	004005	魏媛媛	女		**区**街**小区**栋**单元	人力资源部
15	004006	伍李李	女		****区*街**楼**号	人力资源部
16	005009	郑王清	男		***区**街**楼****号	生产部
17	005007	黄奕一	女		**区**街**小区*栋*单元	生产部
18	005003	常淑歌	男		**区**街*小区**栋*单元	生产部
19	005001	张玲	女		***区*街**楼***号	生产部
20	005010	罗凤	男		**区*街**小区**栋*单元	生产部
21						

Step04 在【开始】选项卡下的【数字】组中单击对话框启动器。

Step05 在弹出的【设置单元格格式】对话框中的【数字】选项卡下单击【分类】列表框中的【文本】类型，单击【确定】按钮。

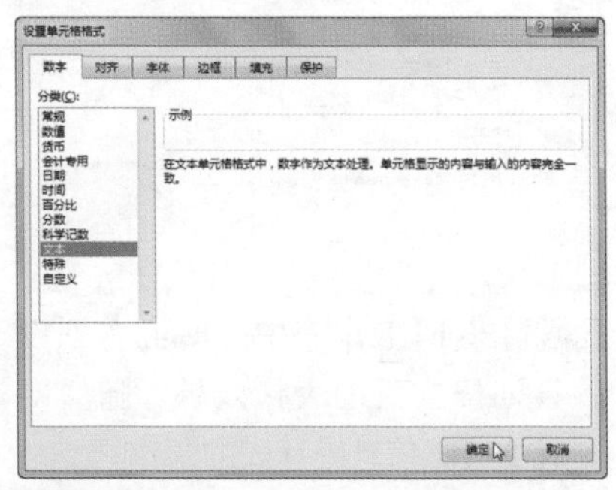

Step06 返回工作表中，在设置了文本格式后的单元格区域中输入各个员工的身份证号，即可看到该列的数据都正常显示了，选中单元格区域 G3：G20。在【开始】选项卡下的【数字】组中单击对话框启动器。

	C	D	E	F	G
1	员工信息统计表				
2	性别	身份证号	员工住址	所在部门	入职时间
3	男	513021198901248021	**区**街**小区**栋*单元	财务部	2016年9月2日
4	女	513021198704251232	***区*街**楼**号	财务部	2014年6月5日
5	男	513021198511260211	**区**街****小区**栋*单元	财务部	2010年4月3日
6	女	513021197807142114	**区**街**楼**号	财务部	2011年6月1日
7	女	513021198704781124	**区**街**小区**栋*单元	行政部	2015年7月7日
8	女	513021198002143244	**区**街****小区***栋*单元	行政部	2011年6月16日
9	男	513021198510253655	**区**街**小区****栋**单元	行政部	2009年7月8日
10	女	513021198912030788	***区***街****楼**号	销售部	2008年7月7日
11	男	513021198205243689	**区**街**小区****栋*单元	销售部	2009年8月7日
12	男	513021198405271231	**区**街**小区**栋***单元	销售部	2012年6月7日
13	男	513021197901143217	***区**街**楼***号	人力资源部	2011年1月2日
14	女	513021198310282588	**区**街**小区**栋**单元	人力资源部	2016年9月8日
15	女	513021199012093688	****区*街**楼**号	人力资源部	2014年2月3日
16	男	513021198402041263	***区**街**楼****号	生产部	2007年12月3日
17	女	513021198205061288	**区**街**小区*栋*单元	生产部	2015年4月3日
18	男	513021198303065877	**区**街*小区**栋*单元	生产部	2010年5月20日
19	女	513021198807082366	***区*街**楼***号	生产部	2014年10月19日
20	男	513021198812080301	**区*街**小区**栋*单元	生产部	2014年5月8日
21					

Step07 在弹出的【设置单元格格式】对话框中的【数字】选项卡下，单击【分类】列表框中的【日期】类型，在右侧的【类型】列表框中选择要显示的日期样式，单击【确定】按钮。

Step08 返回工作表中，即可看到设置日期格式后的表格效果。随后即完成了员工信息统计表的制作。

员工信息统计表

员工编号	姓名	性别	身份证号	员工住址	所在部门	入职时间
001003	赵锋	男	513021198901248021	**区**街**小区**栋*单元	财务部	2016/9/2
001004	钱明丽	女	513021198704251232	***区*街**楼**号	财务部	2014/6/5
001006	周国境	男	513021198511260211	**区**街****小区**栋*单元	财务部	2010/4/3
001008	孙晓艳	女	513021197807142114	**区**街**楼**号	财务部	2011/6/1
002001	钱莉莉	女	513021198704781124	**区**街**小区**栋*单元	行政部	2015/7/7
002008	赵静	女	513021198002143244	**区**街****小区***栋*单元	行政部	2011/6/16
002006	李光光	男	513021198510293655	**区**街**小区****栋**单元	行政部	2009/7/8
003008	刘淼淼	女	513021198912030788	***区***街****楼**号	销售部	2008/7/7
003009	郭境	男	513021198205243689	**区**街**小区****栋*单元	销售部	2009/8/7
003010	张东东	男	513021198405271231	**区**街**小区**栋***单元	销售部	2012/6/7
004001	陈金金	男	513021197901143217	***区**街**楼***号	人力资源部	2011/1/2
004005	钱媛媛	女	513021198310282388	**区**街**小区**栋**单元	人力资源部	2016/9/8
004006	张甜甜	女	513021199012093688	****区*街**楼**号	人力资源部	2014/2/3
005009	郑王涛	男	513021198402041263	***区**街**楼****号	生产部	2007/12/3
005007	黄霞一	女	513021198205061288	**区**街**小区*栋*单元	生产部	2015/4/5
005003	宋晓敏	男	513021198303065877	**区**街*小区**栋*单元	生产部	2010/5/20
005001	张玲	女	513021198807062366	***区*街**楼***号	生产部	2014/10/19
005010	罗成	男	513021198812080301	**区*街**小区**栋*单元	生产部	2014/5/8

· 技能拓展 ·

在前面通过相关案例的讲解，主要给读者介绍了 Excel 工作簿的基本操作，接下来给读者介绍一些相关的技能拓展知识。

一、突出显示重点工作表

如果分门别类地管理工作表，可以重命名工作表。但是要突出显示某个工作表，则可以通过以下步骤来实现。

右击要设置的工作表标签，在弹出的快捷菜单中选择【工作表标签颜色→红色】，即可突出显示选中的工作表标签。

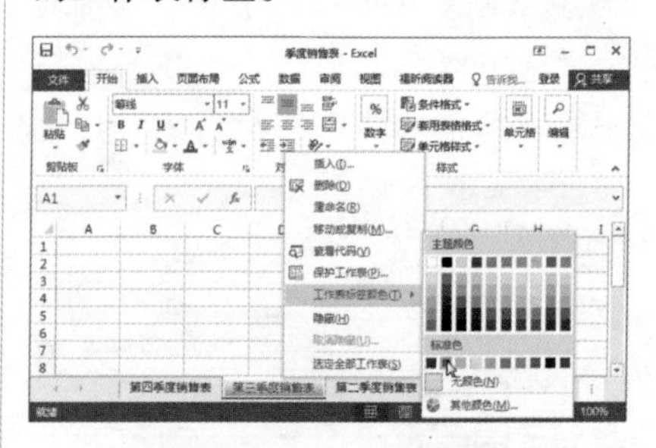

二、清除设置的单元格格式

为单元格中的文本进行了字体或对齐方式的设置后，如果不满意，可通过以下方式取消格式的设置效果。

选中要清除格式的单元格或单元格区域，在【开始】选项卡下的【编辑】组中单击【清除】按钮，在展开的下拉列表中选择【清除格式】选项，即可将选中单元格或单元格区域中的格式清除掉，而内容还是会保留的。

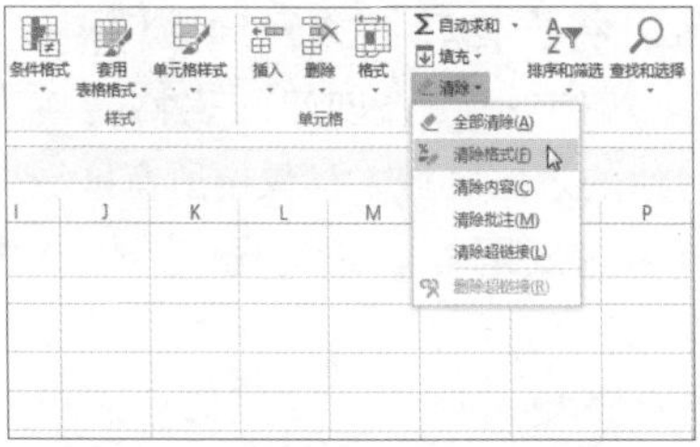

小技巧

如果既要清除单元格或单元格区域的格式，又要清除内容，则在展开的下拉列表中选择【全部清除】选项。

三、在多个不连续的单元格中输入相同的数据

在输入文本时，如果发现多个不连续单元格中的内容相同时，可通过以下方法来实现数据的同时录入。

Step01 按住【Ctrl】键不放，依次单击要输入相同内容的单元格，即可同时选中这些单元格。

领用日期	领用品名	领用数量	领用部门	领用人	领用原因
2017/4/5	工作服	5套	销售部	何明	新进员工
2017/4/6	资料册	10个		林静	工作需要
2017/4/8	档案袋	5个	人力资源部	陈静	工作需要
2017/4/9	打印纸	4箱	人力资源部	龙寂	工作需要
2017/4/10	订书机	2个		华国恩	工作需要
2017/4/12	水彩笔	8支	行政部	彭晶晶	工作需要
2017/4/20	账簿	2个		卫华琳	工作需要
2017/4/25	工作服	4套	销售部	青皇	新进员工
2017/4/28	订书机	6个	行政部	厚名	工作需要

Step02 在最后选中的单元格中输入文本内容，如【财务部】，按【Ctrl+Enter】组合键，即可在选中的多个单元格中输入相同的内容。

办公用品领用登记表

领用日期	领用品名	领用数量	领用部门	领用人	领用原因
2017/4/5	工作服	5套	销售部	何明	新进员工
2017/4/6	资料册	10个	财务部	林静	工作需要
2017/4/8	档案袋	5个	人力资源部	陈静	工作需要
2017/4/9	打印纸	4箱	人力资源部	龙寂	工作需要
2017/4/10	订书机	2个	财务部	华国恩	工作需要
2017/4/12	水彩笔	8支	行政部	彭晶晶	工作需要
2017/4/20	账簿	2个	财务部	卫华琳	工作需要
2017/4/25	工作服	4套	销售部	青皇	新进员工

四、删除表格中的多个空行

如果 Excel 电子表格中混杂了多个不连续的空行，逐个删除会很麻烦，此时可以通过以下方法快速删除表格中的多个空行。

Step01 在有空行的表格中选中任意列，如单击 A 列的列标，即可选中该列。

办公用品领用登记表

领用日期	领用品名	领用数量	领用部门	领用人
2017/4/5	工作服	5套	销售部	何明
2017/4/6	资料册	10个	行政部	林静
2017/4/8	档案袋	5个	人力资源部	陈静

Step02 在【开始】选项卡下的【编辑】组中单击【查找和选择】按钮，在展开的下拉列表中选择【定位条件】选项。

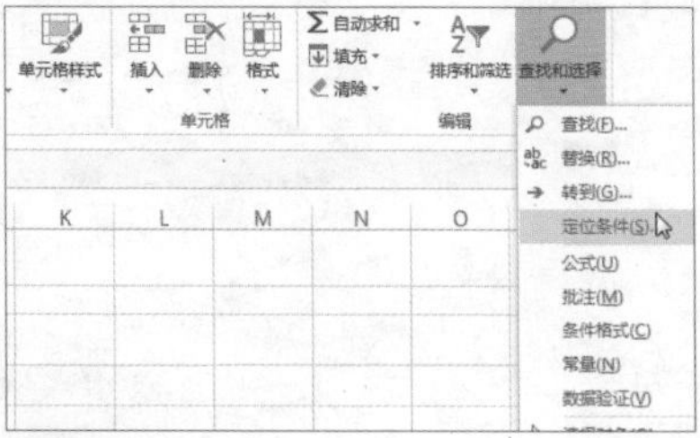

Step03 弹出【定位条件】对话框，选

中【空值】单选按钮，单击【确定】按钮。

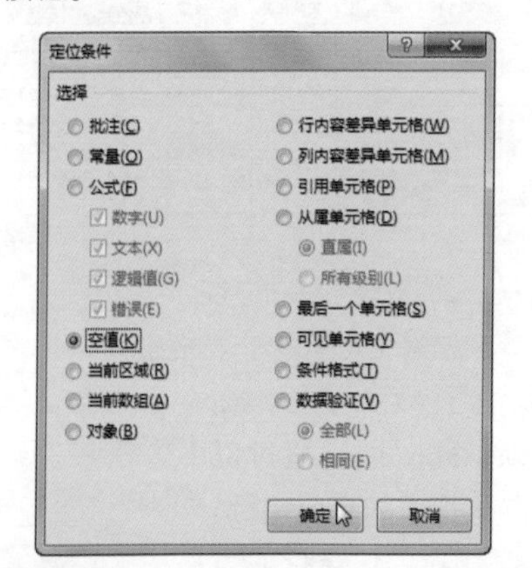

Step04 返回工作表中，即可看到该列中的空白单元格被选中。

	A	B	C	D	E
3	领用日期	领用品名	领用数量	领用部门	领用人
4	2017/4/5	工作服	5套	销售部	何明
5					
6	2017/4/6	资料册	10个	行政部	林静
7	2017/4/8	档案袋	5个	人力资源部	陈静
8					
9	2017/4/9	打印纸	4箱	人力资源部	龙寂
10	2017/4/10	订书机	2个	财务部	华国恩
11					

Step05 在【开始】选项卡下的【单元格】组中单击【删除】下三角按钮，在展开的下拉列表中选择【删除工作表行】选项，即可将表格中的空白行删除。

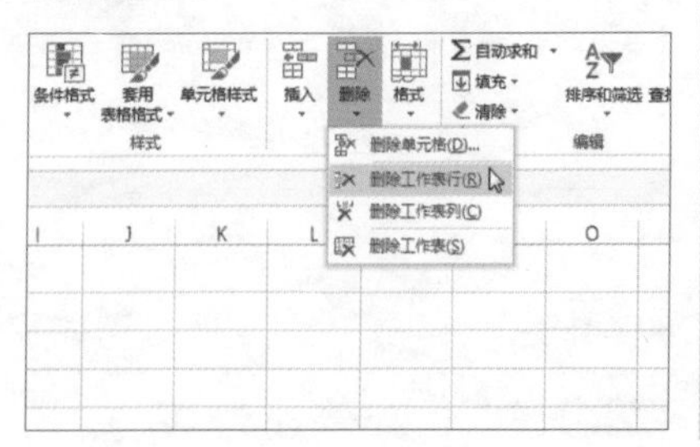

五、将表格转换为普通区域

如果想要将创建的表格转换为普通的表格区域，且保留所有区域，可通过以下方法来实现。具体操作步骤如下。

Step01 单击应用了样式的任意单元格，在【表格工具 设计】选项卡下的【工具】组中单击【转换为区域】按钮。

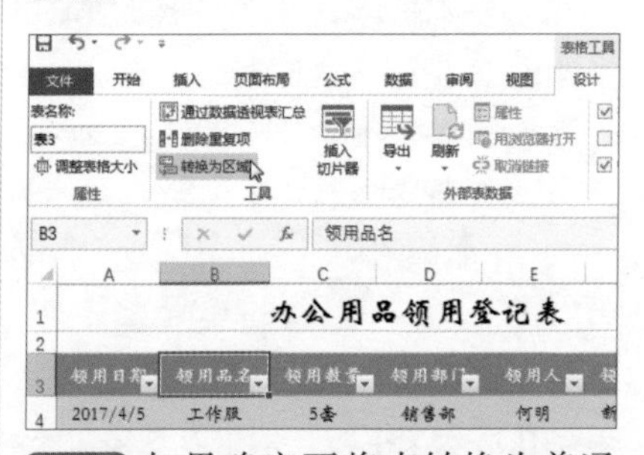

Step02 如果确定要将表转换为普通区域，则在弹出的提示框中直接单击【是】按钮。

Step03 返回工作表中，即可看到应用了样式的表格转换为普通区域后的表效果。

	A	B	C	D	E	F	G
1	办公用品领用登记表						
2							2017年4
3	领用日期	领用品名	领用数量	领用部门	领用人	领用原因	备注
4	2017/4/5	工作服	5套	销售部	何明	新进员工	
5	2017/4/6	资料册	10个	行政部	林静	工作需要	
6	2017/4/8	档案袋	5个	人力资源部	陈静	工作需要	
7	2017/4/9	打印纸	4箱	人力资源部	龙寂	工作需要	
8	2017/4/10	订书机	2个	财务部	华国恩	工作需要	
9	2017/4/12	水彩笔	8支	行政部	彭磊磊	工作需要	
10	2017/4/20	账簿	2个	财务部	卫季琳	工作需要	
11	2017/4/25	工作服	4套	销售部	青皇	新进员工	
12	2017/4/28	订书机	6个	行政部	摩名	工作需要	
13	2017/4/29	档案袋	5个	人力资源部	陈静	工作需要	

·同步实训·

制作《考勤统计表》

为了巩固本章所学知识点，本节以制作《考勤统计表》为例，对工作簿中的合并单元格、填充数据、调整行高和列宽、设置文本格式和边框等操作进行介绍。

Step01 打开“光盘\素材文件\第5章\月度考勤统计表.xlsx”文件，双击【Sheet1】工作表标签，重命名工作表为【1月】，在工作表中拖动鼠标选中单元格区域A2：A4。

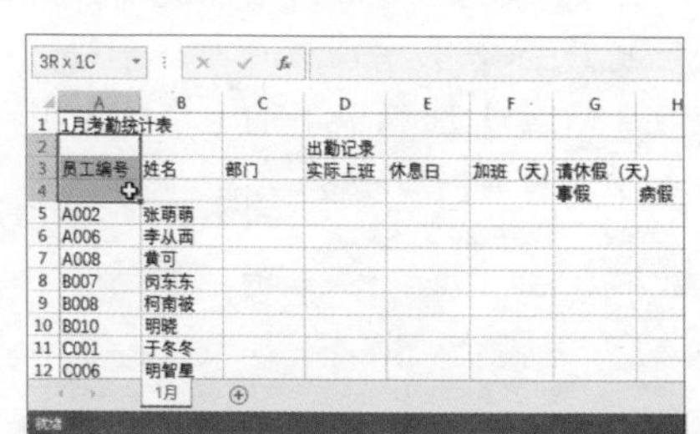

Step02 在【开始】选项卡下的【对齐方式】组中单击【合并后居中】右侧的下三角按钮▾，在展开的下拉列表中选择【合并后居中】选项。

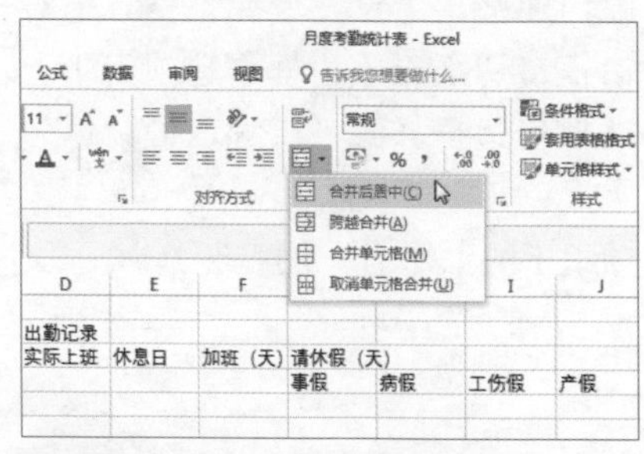

Step03 即可看到选中单元格合并且居中后的效果，应用相同的方法合并其他需要合并的单元格。

Step04 在单元格C5中输入【财务部】，将鼠标指针放置在单元格C5的右下角，当鼠标指针变为+形状时，按住鼠标左键向下拖动至单元格C7。

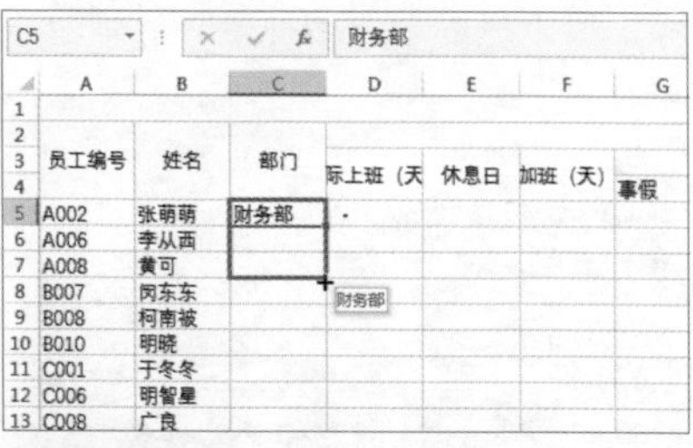

Step05 在列标上拖动鼠标，选中D至F列，将鼠标指针放置在选中多列的列边框线上，当鼠标指针变为+形状时，按住鼠标左键向左拖动。

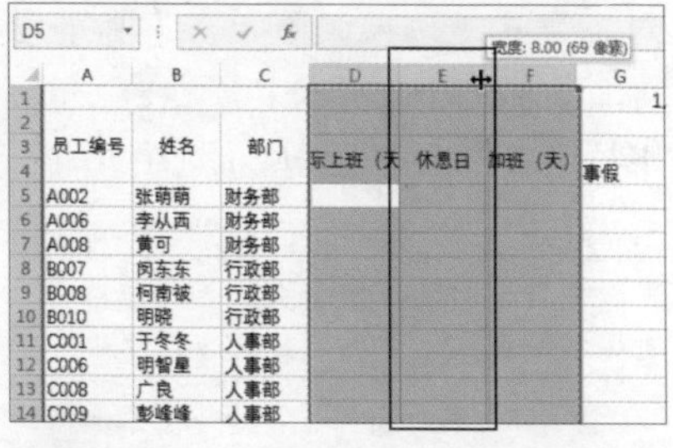

Step06 随后，将光标定位在单元格D3中的【班】字后，按下【Alt+Enter】组合键，即可将光标后的文

本换行，应用相同的方法为其他单元格中需要换行的内容换行，且为其他列调整合适的列宽。

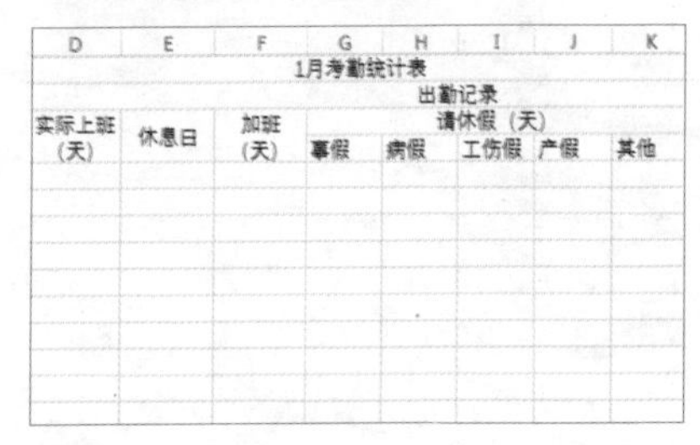

Step07 选中单元格区域 A2：O17，在【开始】选项卡下的【对齐方式】组中单击对话框启动器。

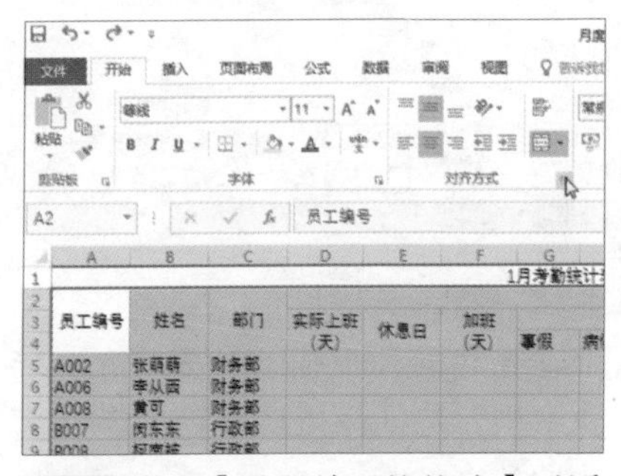

Step08 弹出【设置单元格格式】对话框，在【对齐】选项卡下的【文本对齐方式】选项组下单击【水平对齐】右侧的下三角按钮，在展开的下拉列表中选择【居中】选项。

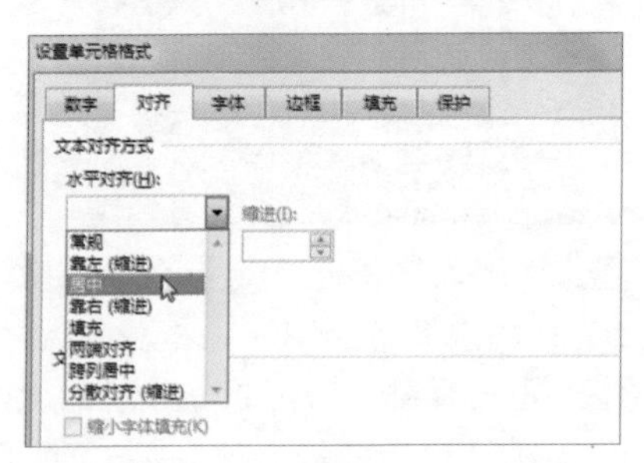

Step09 单击【确定】按钮，返回工作表中，在行号上拖动鼠标，选中第 5 至 17 行，将鼠标指针放置在选中行的任意行号下的框线上，当鼠标指针变为+形状时，按住鼠标左键向下拖动，即可增大行高。

Step10 选中单元格区域 A2：O17，在【开始】选项卡下的【字体】组中单击对话框启动器。

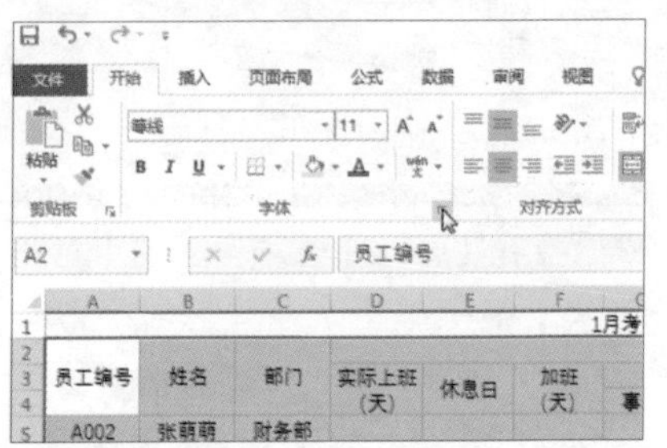

Step11 弹出【设置单元格格式】对话框，切换至【边框】选项卡下，选择好边框样式，设置边框颜色为【黑色，文字 1】，单击【预置】选项组下的【外边框】按钮。

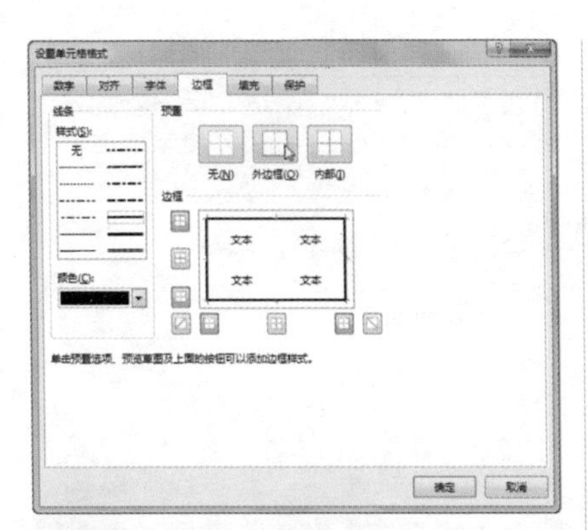

Step12 继续在【设置单元格格式】对话框的【边框】选项卡下选择新的边框样式，设置边框颜色为【绿色，个性色 6】，单击【预置】选项组下的【内部】按钮，单击【确定】按钮。

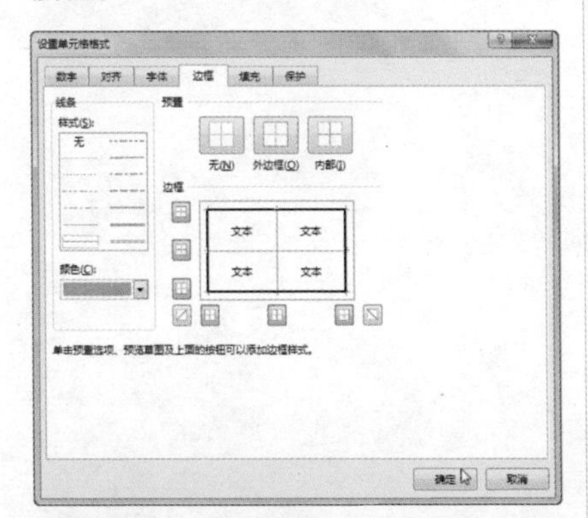

Step13 返回工作表中，设置单元格 A1 的字体格式为【隶书】【24】磅，设置单元格区域 A2：O4 的字体格式为【华文楷体】【11】磅、【加粗】，设置单元格区域 A5：O17 的字体格式为【华文楷体】【11】磅。

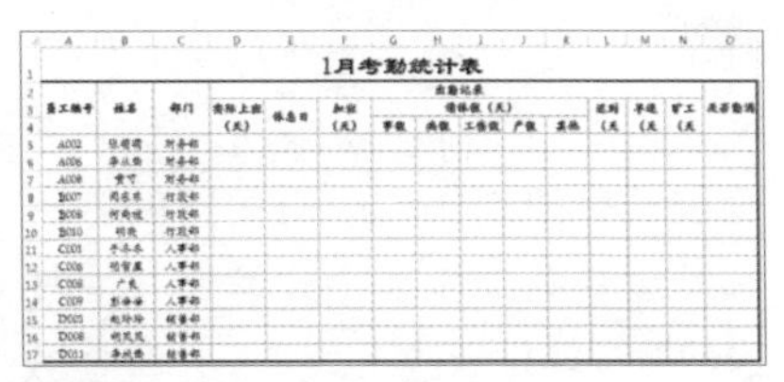

Step14 右击【1 月】工作表标签，在弹出的快捷菜单中选择【移动或复制】命令。

Step15 在弹出的【移动或复制工作表】对话框中选择【下列选定工作表之前】选项组下的【（移至最后）】选项，选中【建立副本】复选框，单击【确定】按钮。

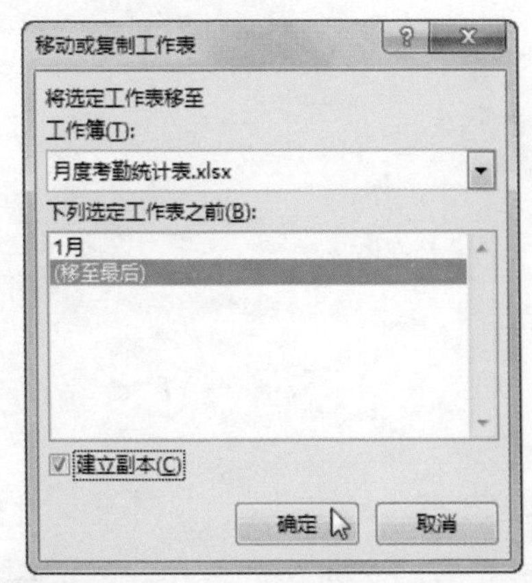

Step16 返回工作表，即可看到新复制的工作表，更改该工作表名为【2

月】，并更改单元格 A1 中的【1】文本为【2】，即可快速完成 2 月考勤统计表的制作。应用相同的方法可继续复制工作表，并制作其他月份的考勤统计表。

学习小结

本章主要介绍了 Excel 电子表格的创建与编辑操作。重点内容包括工作簿的创建、文本和数字格式的设置，也对工作簿中工作表的一些基本操作，如插入、删除、重命名、移动和复制、隐藏和显示等进行了介绍。此外，还对工作表中单元格的合并、行和列的调整、边框线的设置等进行了大致的介绍。熟练掌握这些 Excel 表格的基本操作，可为后续一些复杂的数据处理做准备。

第 6 章

Excel 公式与函数的应用

在 Excel 组件中，除了可以进行数据的输入与编辑操作，还可以使用公式与函数对表格数据进行简单的计算。

本章将以制作商品销售记录表和员工业绩奖金表为例，对公式的输入、自动求和，以及追踪箭头标识公式操作进行详细的介绍。此外，还使用了 Excel 中的各种函数快速高效地完成表格数据的计算。

※ 输入公式 ※ 自动求和 ※ 使用追踪箭头标识公式 ※ 计算奖金额
※ 使用 MAX 和 MIN 函数计算最高 / 最低销售额
※ 使用 VLOOKUP 函数查看员工奖金额
※ 使用 COUNTIF 函数计算各奖金类别人数

案 例 展 示

F26 =SUM(F3:F25)

1月商品销售记录表

销售日期	销售商品	销售单价（元/件）	销售数量（件）	销售人员	销售金额（元）
1月1日	A商品	¥2,800.00	120	章天天	¥336,000.00
1月1日	B商品	¥5,600.00	200	何东明	¥1,120,000.00
1月1日	C商品	¥8,900.00	400	明晓静	¥3,560,000.00
1月4日	A商品	¥2,800.00	300	章天天	¥840,000.00
1月5日	C商品	¥8,900.00	200	何东明	¥1,780,000.00
1月6日	B商品	¥5,600.00	100	明晓静	¥560,000.00
1月8日	A商品	¥2,800.00	700	章天天	¥1,960,000.00
1月8日	C商品	¥8,900.00	150	明晓静	¥1,335,000.00
1月10日	C商品	¥8,900.00	250	明晓静	¥2,225,000.00
1月11日	A商品	¥2,800.00	360	何东明	¥1,008,000.00
1月11日	B商品	¥5,600.00	89	章天天	¥498,400.00
1月15日	C商品	¥8,900.00	78	明晓静	¥694,200.00
1月15日	C商品	¥8,900.00	24	何东明	¥213,600.00
1月16日	A商品	¥2,800.00	360	明晓静	¥1,008,000.00
1月20日	C商品	¥8,900.00	400	何东明	¥3,560,000.00
1月24日	B商品	¥5,600.00	200	章天天	¥1,120,000.00
1月24日	A商品	¥2,800.00	190	何东明	¥532,000.00
1月26日	C商品	¥8,900.00	300	明晓静	¥2,670,000.00
1月28日	B商品	¥5,600.00	245	章天天	¥1,372,000.00
1月29日	A商品	¥2,800.00	600	明晓静	¥1,680,000.00
1月29日	C商品	¥8,900.00	780	明晓静	¥6,942,000.00
1月30日	B商品	¥5,600.00	500	章天天	¥2,800,000.00
1月30日	A商品	¥2,800.00	600	何东明	¥1,680,000.00
1月销售金额合计值					¥39,494,200.00

E22 =COUNTIF(C8:C16,"D级")

奖金评定标准

奖金参考金额（元）	>200000	150000-200000	100000-149999	<100000
奖金类别	A级	B级	C级	D级
奖金比例	3%	2%	1%	0%

员工销售业绩奖金表

销售员工	销售额（元）	奖金类别	奖金比例	奖金额（元）
张天填	¥210,000.00	A级	3%	¥6,300.00
何可静	¥120,000.00	C级	1%	¥1,200.00
元心彤	¥360,000.00	A级	3%	¥10,800.00
龙蓦静	¥150,000.00	B级	2%	¥3,000.00
风冯飞	¥158,200.00	B级	2%	¥3,164.00
谢元	¥310,000.00	A级	3%	¥9,300.00
彭病凤	¥90,000.00	D级	0%	¥0.00
何明	¥160,000.00	B级	2%	¥3,200.00
曲境	¥125,000.00	C级	1%	¥1,250.00

最高销售额（元）	最低销售额（元）
¥360,000.00	¥90,000.00

销售员工	谢元
奖金额（元）	¥9,300.00

奖金类别	员工人数（名）
A级	3
B级	3
C级	2
D级	1

6.1 制作《商品销售记录表》

为了了解企业每天的商品销售情况，并统计每月的销售金额，可制作商品销售记录表，从而便于企业对商品进行销售上的管理。

本节以制作《商品销售记录表》为例，主要介绍输入公式、自动求和及追踪箭头标识公式操作。

6.1.1 输入公式

要在 Excel 中计算出每日的商品销售金额，可直接输入公式来实现计算操作。具体操作步骤如下。

Step01 打开“光盘\素材文件\第 6 章\商品销售记录表 .xlsx”文件，在单元格 F3 中输入【=】。

	A	B	C	D	E	F
1	1月商品销售记录表					
2	销售日期	销售商品	销售单价（元/件）	销售数量（件）	销售人员	销售金额（元）
3	1月1日	A商品	¥2,800.00	120	章天天	=
4	1月1日	B商品	¥5,600.00	200	何东明	
5	1月1日	C商品	¥8,900.00	400	明晓静	
6	1月4日	A商品	¥2,800.00	300	章天天	
7	1月5日	C商品	¥8,900.00	200	何东明	
8	1月6日	B商品	¥5,600.00	100	明晓静	
9	1月8日	A商品	¥2,800.00	700	章天天	
10	1月8日	C商品	¥8,900.00	150	明晓静	
11	1月10日	C商品	¥8,900.00	250	明晓静	
12	1月11日	A商品	¥2,800.00	360	何东明	
13	1月11日	B商品	¥5,600.00	89	章天天	
14	1月15日	C商品	¥8,900.00	78	明晓静	
15	1月15日	C商品	¥8,900.00	24	何东明	
16	1月16日	A商品	¥2,800.00	360	明晓静	
17	1月20日	C商品	¥8,900.00	400	何东明	
18	1月24日	B商品	¥5,600.00	200	章天天	
19	1月24日	A商品	¥2,800.00	190	何东明	

Step02 单击工作表中的单元格 C3，此时该单元格的周围会显示一个活动虚框，同时该单元格会显示在单元格 F3 中。

	A	B	C	D	E	F
1	1月商品销售记录表					
2	销售日期	销售商品	销售单价（元/件）	销售数量（件）	销售人员	销售金额（元）
3	1月1日	A商品	¥2,800.00	120	章天天	=C3
4	1月1日	B商品	¥5,600.00	200	何东明	
5	1月1日	C商品	¥8,900.00	400	明晓静	
6	1月4日	A商品	¥2,800.00	300	章天天	
7	1月5日	C商品	¥8,900.00	200	何东明	
8	1月6日	B商品	¥5,600.00	100	明晓静	
9	1月8日	A商品	¥2,800.00	700	章天天	
10	1月8日	C商品	¥8,900.00	150	明晓静	
11	1月10日	C商品	¥8,900.00	250	明晓静	
12	1月11日	A商品	¥2,800.00	360	何东明	
13	1月11日	B商品	¥5,600.00	89	章天天	
14	1月15日	C商品	¥8,900.00	78	明晓静	
15	1月15日	C商品	¥8,900.00	24	何东明	
16	1月16日	A商品	¥2,800.00	360	明晓静	
17	1月20日	C商品	¥8,900.00	400	何东明	
18	1月24日	B商品	¥5,600.00	200	章天天	
19	1月24日	A商品	¥2,800.00	190	何东明	

Step03 继续输入【*】，单击单元格 D3，该单元格的周围也会出现活动虚框，且显示在了单元格 F3 中。

	A	B	C	D	E	F
1	1月商品销售记录表					
2	销售日期	销售商品	销售单价（元/件）	销售数量（件）	销售人员	销售金额（元）
3	1月1日	A商品	¥2,800.00	120	章天天	=C3*D3
4	1月1日	B商品	¥5,600.00	200	何东明	
5	1月1日	C商品	¥8,900.00	400	明晓静	
6	1月4日	A商品	¥2,800.00	300	章天天	
7	1月5日	C商品	¥8,900.00	200	何东明	
8	1月6日	B商品	¥5,600.00	100	明晓静	
9	1月8日	A商品	¥2,800.00	700	章天天	
10	1月8日	C商品	¥8,900.00	150	明晓静	
11	1月10日	C商品	¥8,900.00	250	明晓静	
12	1月11日	A商品	¥2,800.00	360	何东明	
13	1月11日	B商品	¥5,600.00	89	章天天	
14	1月15日	C商品	¥8,900.00	78	明晓静	
15	1月15日	C商品	¥8,900.00	24	何东明	
16	1月16日	A商品	¥2,800.00	360	明晓静	
17	1月20日	C商品	¥8,900.00	400	何东明	
18	1月24日	B商品	¥5,600.00	200	章天天	
19	1月24日	A商品	¥2,800.00	190	何东明	

小技巧

除了可以使用以上方式输入公式，还可以直接在单元格 F3 中输入公式【=C3*D3】。

Step04 完成公式的输入后，按【Enter】键，即可看到 1 月 1 日 A 商品的销售金额为【336 000】元。

F3　=C3*D3

1月商品销售记录表

销售日期	销售商品	销售单价（元/件）	销售数量（件）	销售人员	销售金额（元）
1月1日	A商品	¥2,800.00	120	章天天	¥336,000.00
1月1日	B商品	¥5,600.00	200	何东明	
1月1日	C商品	¥8,900.00	400	明晓静	
1月4日	A商品	¥2,800.00	300	章天天	
1月5日	C商品	¥8,900.00	200	何东明	
1月6日	B商品	¥5,600.00	100	明晓静	
1月8日	A商品	¥2,800.00	700	章天天	
1月8日	C商品	¥8,900.00	150	明晓静	
1月10日	C商品	¥8,900.00	250	明晓静	
1月11日	A商品	¥2,800.00	360	何东明	
1月11日	B商品	¥5,600.00	89	章天天	
1月15日	C商品	¥8,900.00	78	明晓静	
1月15日	C商品	¥8,900.00	24	何东明	
1月16日	A商品	¥2,800.00	360	明晓静	
1月20日	C商品	¥8,900.00	400	何东明	

小技巧

在完成了公式的输入后，除了可以按【Enter】键获取计算结果，还可以在工作表的名称框后单击【输入】按钮✓来获取计算结果。

Step05 将鼠标指针放置在单元格 F3 的右下角，当鼠标指针变为+形状时，按住鼠标左键不放向下拖动至单元格 F25 中。

F3　=C3*D3

1月商品销售记录表

销售日期	销售商品	销售单价（元/件）	销售数量（件）	销售人员	销售金额（元）
1月1日	A商品	¥2,800.00	120	章天天	¥336,000.00
1月1日	B商品	¥5,600.00	200	何东明	
1月1日	C商品	¥8,900.00	400	明晓静	
1月4日	A商品	¥2,800.00	300	章天天	
1月5日	C商品	¥8,900.00	200	何东明	
1月6日	B商品	¥5,600.00	100	明晓静	
1月8日	A商品	¥2,800.00	700	章天天	
1月8日	C商品	¥8,900.00	150	明晓静	
1月10日	C商品	¥8,900.00	250	明晓静	
1月11日	A商品	¥2,800.00	360	何东明	
1月11日	B商品	¥5,600.00	89	章天天	
1月15日	C商品	¥8,900.00	78	明晓静	
1月15日	C商品	¥8,900.00	24	何东明	
1月16日	A商品	¥2,800.00	360	明晓静	
1月20日	C商品	¥8,900.00	400	何东明	
1月24日	B商品	¥5,600.00	200	章天天	
1月24日	A商品	¥2,800.00	190	何东明	
1月26日	C商品	¥8,900.00	300	明晓静	
1月28日	B商品	¥5,600.00	245	章天天	
1月29日	A商品	¥2,800.00	600	明晓静	
1月29日	C商品	¥8,900.00	780	明晓静	
1月30日	B商品	¥5,600.00	500	章天天	
1月30日	A商品	¥2,800.00	600	何东明	
1月销售金额合计值					

Step06 释放鼠标后，可看到各个销售日期中的商品销售金额，选中计算后的任意一个单元格，如单元格 F7，可看到该单元格中的公式【=C7*D7】。

F7　=C7*D7

1月商品销售记录表

销售日期	销售商品	销售单价（元/件）	销售数量（件）	销售人员	销售金额（元）
1月1日	A商品	¥2,800.00	120	章天天	¥336,000.00
1月1日	B商品	¥5,600.00	200	何东明	¥1,120,000.00
1月1日	C商品	¥8,900.00	400	明晓静	¥3,560,000.00
1月4日	A商品	¥2,800.00	300	章天天	¥840,000.00
1月5日	C商品	¥8,900.00	200	何东明	¥1,780,000.00
1月6日	B商品	¥5,600.00	100	明晓静	¥560,000.00
1月8日	A商品	¥2,800.00	700	章天天	¥1,960,000.00
1月8日	C商品	¥8,900.00	150	明晓静	¥1,335,000.00
1月10日	C商品	¥8,900.00	250	明晓静	¥2,225,000.00
1月11日	A商品	¥2,800.00	360	何东明	¥1,008,000.00
1月11日	B商品	¥5,600.00	89	章天天	¥498,400.00
1月15日	C商品	¥8,900.00	78	明晓静	¥694,200.00
1月15日	C商品	¥8,900.00	24	何东明	¥213,600.00
1月16日	A商品	¥2,800.00	360	明晓静	¥1,008,000.00
1月20日	C商品	¥8,900.00	400	何东明	¥3,560,000.00

6.1.2 自动求和

在实际工作中，经常需要在 Excel 中使用一些公式运算，如将多个表格中的数据相加求和。此时直接利用自动求和功能可快速对多个单元格进行求和运算。具体操作步骤如下。

Step01 将鼠标指针放置在商品销售记录表中要计算数据区域紧挨着的下面一个单元格，如单元格 F26。

F26

1月商品销售记录表

销售日期	销售商品	销售单价（元/件）	销售数量（件）	销售人员	销售金额（元）
1月1日	A商品	¥2,800.00	120	章天天	¥336,000.00
1月1日	B商品	¥5,600.00	200	何东明	¥1,120,000.00
1月1日	C商品	¥8,900.00	400	明晓静	¥3,560,000.00
1月4日	A商品	¥2,800.00	300	章天天	¥840,000.00
1月5日	C商品	¥8,900.00	200	何东明	¥1,780,000.00
1月6日	B商品	¥5,600.00	100	明晓静	¥560,000.00
1月8日	A商品	¥2,800.00	700	章天天	¥1,960,000.00
1月8日	C商品	¥8,900.00	150	明晓静	¥1,335,000.00
1月10日	C商品	¥8,900.00	250	明晓静	¥2,225,000.00
1月11日	A商品	¥2,800.00	360	何东明	¥1,008,000.00
1月11日	B商品	¥5,600.00	89	章天天	¥498,400.00
1月15日	C商品	¥8,900.00	78	明晓静	¥694,200.00
1月15日	C商品	¥8,900.00	24	何东明	¥213,600.00
1月16日	A商品	¥2,800.00	360	明晓静	¥1,008,000.00
1月20日	C商品	¥8,900.00	400	何东明	¥3,560,000.00
1月24日	B商品	¥5,600.00	200	章天天	¥1,120,000.00
1月24日	A商品	¥2,800.00	190	何东明	¥532,000.00
1月26日	C商品	¥8,900.00	300	明晓静	¥2,670,000.00
1月28日	B商品	¥5,600.00	245	章天天	¥1,372,000.00
1月29日	A商品	¥2,800.00	600	明晓静	¥1,680,000.00
1月29日	C商品	¥8,900.00	780	明晓静	¥6,942,000.00
1月30日	B商品	¥5,600.00	500	章天天	¥2,800,000.00
1月30日	A商品	¥2,800.00	600	何东明	¥1,680,000.00
1月销售金额合计值					

Step02 在【公式】选项卡下的【函数库】组中单击【自动求和】下三角按钮Σ，在展开的下拉列表中选择【求和】选项。

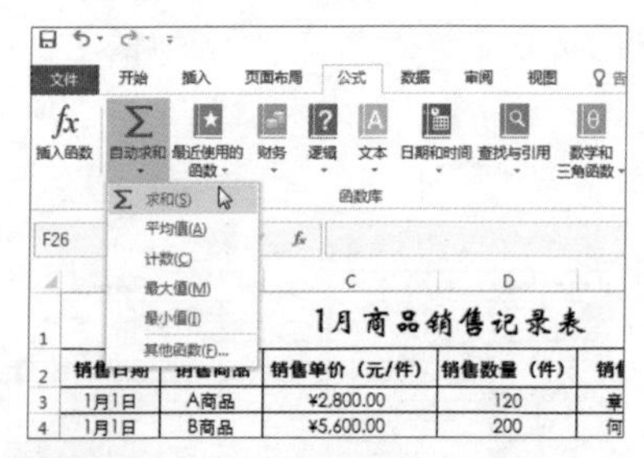

Step03 随后可看到单元格 F26 中自动显示了求和公式【=SUM(F3:F25)】，单元格区域 F3：F25 会被闪烁的虚线框包围。

Step04 按【Enter】键，即可在单元格 F26 中看到自动求和的结果为【39494200】元。

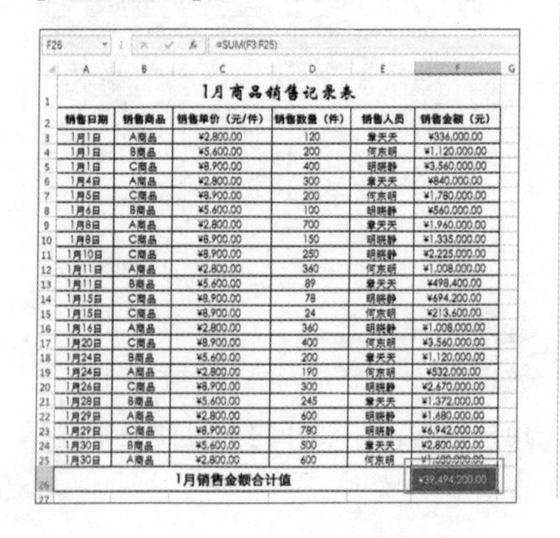

F26 =SUM(F3:F25)

1月商品销售记录表

销售日期	销售商品	销售单价（元/件）	销售数量（件）	销售人员	销售金额（元）
1月1日	A商品	¥2,800.00	120	章天天	¥336,000.00
1月1日	B商品	¥5,600.00	200	何东明	¥1,120,000.00
1月1日	C商品	¥8,900.00	400	明晓静	¥3,560,000.00
1月4日	A商品	¥2,800.00	300	章天天	¥840,000.00
1月5日	C商品	¥8,900.00	200	何东明	¥1,780,000.00
1月6日	B商品	¥5,600.00	100	明晓静	¥560,000.00
1月8日	A商品	¥2,800.00	700	章天天	¥1,960,000.00
1月8日	C商品	¥8,900.00	150	明晓静	¥1,335,000.00
1月10日	C商品	¥8,900.00	250	明晓静	¥2,225,000.00
1月11日	A商品	¥2,800.00	360	何东明	¥1,008,000.00
1月11日	B商品	¥5,600.00	89	章天天	¥498,400.00
1月15日	C商品	¥8,900.00	78	明晓静	¥694,200.00
1月15日	C商品	¥8,900.00	24	何东明	¥213,600.00
1月16日	A商品	¥2,800.00	360	明晓静	¥1,008,000.00
1月20日	C商品	¥8,900.00	400	何东明	¥3,560,000.00
1月24日	B商品	¥5,600.00	200	章天天	¥1,120,000.00
1月24日	A商品	¥2,800.00	190	何东明	¥532,000.00
1月26日	C商品	¥8,900.00	300	明晓静	¥2,670,000.00
1月28日	B商品	¥5,600.00	245	章天天	¥1,372,000.00
1月29日	A商品	¥2,800.00	600	明晓静	¥1,680,000.00
1月29日	C商品	¥8,900.00	780	明晓静	¥6,942,000.00
1月30日	B商品	¥5,600.00	500	章天天	¥2,800,000.00
1月30日	A商品	¥2,800.00	600	何东明	¥1,680,000.00
1月销售金额合计值					¥39,494,200.00

6.1.3 使用追踪箭头标识公式

在实际工作中，多数公式中都会涉及单元格的引用操作，且很多公式所出现的问题都是由单元格引用操作所引起的。此时，可以使用 Excel 提供的追踪功能找出公式中的错误是由哪些单元格引起的。具体操作步骤如下。

Step01 选中单元格 F3，在【公式】选项卡下的【公式审核】组中单击【追踪引用单元格】按钮。

Step02 随后可看到单元格 F3 中出现的追踪箭头，由箭头的追踪方向可发现，单元格 F3 引用了单元格 C3 和 D3，由编辑栏中的公式可证明该追踪箭头的准确性。

Step03 继续在【公式】选项卡下的【公式审核】组中单击【追踪从属单元格】按钮。

Step04 即可看到单元格 F3 追踪到了单元格 F26 中，说明了单元格 F26 中的公式引用了单元格 F3 中的值。

1月商品销售记录表

销售日期	销售商品	销售单价（元/件）	销售数量（件）	销售人员	销售金额（元）
1月1日	A商品	¥2,800.00	120	章天天	¥336,000.00
1月1日	B商品	¥5,600.00	200	何东明	¥1,120,000.00
1月1日	C商品	¥8,900.00	400	明晓静	¥3,560,000.00
1月4日	A商品	¥2,800.00	300	章天天	¥840,000.00
1月5日	C商品	¥8,900.00	200	何东明	¥1,780,000.00
1月6日	B商品	¥5,600.00	100	明晓静	¥560,000.00
1月8日	A商品	¥2,800.00	700	章天天	¥1,960,000.00
1月8日	C商品	¥8,900.00	150	明晓静	¥1,335,000.00
1月10日	C商品	¥8,900.00	250	明晓静	¥2,225,000.00
1月11日	A商品	¥2,800.00	360	何东明	¥1,008,000.00
1月11日	B商品	¥5,600.00	89	章天天	¥498,400.00
1月15日	C商品	¥8,900.00	78	明晓静	¥694,200.00
1月15日	C商品	¥8,900.00	24	何东明	¥213,600.00
1月16日	A商品	¥2,800.00	360	明晓静	¥1,008,000.00
1月20日	C商品	¥8,900.00	400	何东明	¥3,560,000.00
1月24日	B商品	¥5,600.00	200	章天天	¥1,120,000.00
1月24日	A商品	¥2,800.00	190	何东明	¥532,000.00
1月26日	C商品	¥8,900.00	300	明晓静	¥2,670,000.00
1月28日	B商品	¥5,600.00	245	章天天	¥1,372,000.00
1月29日	A商品	¥2,800.00	600	明晓静	¥1,680,000.00
1月29日	C商品	¥8,900.00	780	明晓静	¥6,942,000.00
1月30日	B商品	¥5,600.00	500	章天天	¥2,800,000.00
1月30日	A商品	¥2,800.00	600	何东明	¥1,680,000.00
1月销售金额合计值					¥39,494,200.00

小技巧

如果只是想要移去引用单元格追踪箭头或从属单元格中的追踪箭头，可单击【移去箭头】右侧的下三角按钮▾，在展开的下拉列表中选择【移去引用单元格追踪箭头】选项或【移去从属单元格追踪箭头】选项。

Step05 在【公式】选项卡下的【公式审核】组中单击【移去箭头】右侧的下三角按钮▾，在展开的下拉列表中选择【移去箭头】选项。

Step06 如果要继续查看追踪箭头，可选中要显示的单元格，如单元格 F26，在【公式】选项卡下的【公式审核】组中单击【追踪引用单元格】按钮。

Step07 此时即可看到单元格 F26 引用的单元格为区域 F3：F25。

F26 =SUM(F3:F25)

1月商品销售记录表

销售日期	销售商品	销售单价（元/件）	销售数量（件）	销售人员	销售金额（元）
1月1日	A商品	¥2,800.00	120	章天天	¥336,000.00
1月1日	B商品	¥5,600.00	200	何东明	¥1,120,000.00
1月1日	C商品	¥8,900.00	400	明晓静	¥3,560,000.00
1月4日	A商品	¥2,800.00	300	章天天	¥840,000.00
1月5日	C商品	¥8,900.00	200	何东明	¥1,780,000.00
1月6日	B商品	¥5,600.00	100	明晓静	¥560,000.00
1月8日	A商品	¥2,800.00	700	章天天	¥1,960,000.00
1月8日	C商品	¥8,900.00	150	明晓静	¥1,335,000.00
1月10日	C商品	¥8,900.00	250	明晓静	¥2,225,000.00
1月11日	A商品	¥2,800.00	360	何东明	¥1,008,000.00
1月11日	B商品	¥5,600.00	89	章天天	¥498,400.00
1月15日	C商品	¥8,900.00	78	明晓静	¥694,200.00
1月15日	C商品	¥8,900.00	24	何东明	¥213,600.00
1月16日	A商品	¥2,800.00	360	明晓静	¥1,008,000.00
1月20日	C商品	¥8,900.00	400	何东明	¥3,560,000.00
1月24日	B商品	¥5,600.00	200	章天天	¥1,120,000.00
1月24日	A商品	¥2,800.00	190	何东明	¥532,000.00
1月26日	C商品	¥8,900.00	300	明晓静	¥2,670,000.00
1月28日	B商品	¥5,600.00	245	章天天	¥1,372,000.00
1月29日	A商品	¥2,800.00	600	明晓静	¥1,680,000.00
1月29日	C商品	¥8,900.00	780	明晓静	¥6,942,000.00
1月30日	B商品	¥5,600.00	500	章天天	¥2,800,000.00
1月30日	A商品	¥2,800.00	600	何东明	¥1,680,000.00
1月销售金额合计值					¥39,494,200.00

6.2 制作《员工业绩奖金表》

由于业务人员的业绩会直接影响着企业的生存，所以，为了提高企业的市场竞争力，以及激发员工的个人潜力，并提高工作质量和工作效率，可制作员工业绩奖金表。

本节以制作《员工业绩奖金表》为例，主要介绍如何使用 Excel 中的函数计算奖金额、最高 / 最低销售额、查看员工奖金额及查看员工奖金类别人数。

6.2.1 计算奖金额

由于奖金额会直接影响到员工的工作积极性及公司的收益，所以使用函数计算奖金额是很有必要的一个操作。具体操作步骤如下。

Step01 打开“光盘 \ 素材文件 \ 第 6 章 \ 员工业绩奖金表 .xlsx”文件，选中要计算的单元格，如单元格 C8。

	A	B	C	D	E
1	奖金评定标准				
2	奖金参考金额（元）	>200000	150000~200000	100000~149999	<100000
3	奖金类别	A级	B级	C级	D级
4	奖金比例	3%	2%	1%	0%
5					
6	员工销售业绩奖金表				
7	销售员工	销售额（元）	奖金类别	奖金比例	奖金额（元）
8	张天瑱	¥210,000.00			
9	何可静	¥120,000.00			
10	元心彤	¥360,000.00			
11	龙蓦静	¥150,000.00			
12	风冯飞	¥158,200.00			
13	谢元	¥310,000.00			

Step02 在单元格 C8 中输入公式【=IF(B8>200000,"A 级 ",IF(B8>=150000,"B 级 ",IF(B8>=100000,"C 级 ","D 级 ")))】。

	A	B	C	D	E
1	奖金评定标准				
2	奖金参考金额（元）	>200000	150000~200000	100000~149999	<100000
3	奖金类别	A级	B级	C级	D级
4	奖金比例	3%	2%	1%	0%
5					
6	员工销售业绩奖金表				
7	销售员工	销售额（元）	奖金类别	奖金比例	奖金额（元）
8			=IF(B8>200000,"A级",IF(B8>=150000,"B级",IF(B8>=100000,"C级","D级")))		
9	何可静	¥120,000.00			
10	元心彤	¥360,000.00			
11	龙蓦静	¥150,000.00			
12	风冯飞	¥158,200.00			
13	谢元	¥310,000.00			

Step03 按【Enter】键，即可得到对应员工的奖金类别为【A 级】，将鼠标指针放置在单元格 C8 右下角，当鼠标指针变为+形状时，按住鼠标左键不放向下拖动至单元格 C16 中。

	A	B	C	D	E
1	奖金评定标准				
2	奖金参考金额（元）	>200000	150000~200000	100000~149999	<100000
3	奖金类别	A级	B级	C级	D级
4	奖金比例	3%	2%	1%	0%
5					
6	员工销售业绩奖金表				
7	销售员工	销售额（元）	奖金类别	奖金比例	奖金额（元）
8	张天瑱	¥210,000.00	A级		
9	何可静	¥120,000.00			
10	元心彤	¥360,000.00			
11	龙蓦静	¥150,000.00			
12	风冯飞	¥158,200.00			
13	谢元	¥310,000.00			
14	彭疾凤	¥90,000.00			
15	何明	¥160,000.00			
16	曲境	¥125,000.00			
17					

Step04 释放鼠标后，可看到各个员工当月的奖金类别，选中单元格 D8。

	A	B	C	D	E
1	奖金评定标准				
2	奖金参考金额（元）	>200000	150000~200000	100000~149999	<100000
3	奖金类别	A级	B级	C级	D级
4	奖金比例	3%	2%	1%	0%
5					
6	员工销售业绩奖金表				
7	销售员工	销售额（元）	奖金类别	奖金比例	奖金额（元）
8	张天瑱	¥210,000.00	A级		
9	何可静	¥120,000.00	C级		
10	元心彤	¥360,000.00	A级		
11	龙蓦静	¥150,000.00	B级		
12	风冯飞	¥158,200.00	B级		
13	谢元	¥310,000.00	A级		
14	彭疾凤	¥90,000.00	D级		
15	何明	¥160,000.00	B级		
16	曲境	¥125,000.00	C级		

Step05 在单元格 D8 中输入公式【=IF(C8="A 级 ",3%,IF(C8="B 级 ", 2%,IF(C8="C 级 ",1%,0%)))】。

	A	B	C	D	E
1	奖金评定标准				
2	奖金参考金额（元）	>200000	150000-200000	100000-149999	<100000
3	奖金类别	A级	B级	C级	D级
4	奖金比例	3%	2%	1%	0%
5					
6	员工销售业绩奖金表				
7	销售员工	销售额（元）	奖金类别	奖金比例	奖金额（元）
8	张天填	¥210,000.00	=IF(C8="A级",3%,IF(C8="B级",2%,IF(C8="C级",1%,0%)))		
9	何可静	¥120,000.00	C级		
10	元心彤	¥360,000.00	A级		
11	龙蓦静	¥150,000.00	B级		
12	风冯飞	¥158,200.00	B级		
13	谢元	¥310,000.00	A级		
14	彭庚凤	¥90,000.00	D级		
15	何明	¥160,000.00	B级		
16	曲墉	¥125,000.00	C级		

Step06 按【Enter】键，可看到对应员工的奖金比例数据，将鼠标指针放置在单元格 D8 右下角，当鼠标指针变为+ 形状时，按住鼠标左键不放，并向下拖动至单元格 D16 中。

	A	B	C	D	E
1	奖金评定标准				
2	奖金参考金额（元）	>200000	150000-200000	100000-149999	<100000
3	奖金类别	A级	B级	C级	D级
4	奖金比例	3%	2%	1%	0%
5					
6	员工销售业绩奖金表				
7	销售员工	销售额（元）	奖金类别	奖金比例	奖金额（元）
8	张天填	¥210,000.00	A级	3%	
9	何可静	¥120,000.00	C级		
10	元心彤	¥360,000.00	A级		
11	龙蓦静	¥150,000.00	B级		
12	风冯飞	¥158,200.00	B级		
13	谢元	¥310,000.00	A级		
14	彭庚凤	¥90,000.00	D级		
15	何明	¥160,000.00	B级		
16	曲墉	¥125,000.00	C级		
17					

Step07 释放鼠标后，即可得到各个员工的奖金比例，选中单元格 E8。

	A	B	C	D	E
1	奖金评定标准				
2	奖金参考金额（元）	>200000	150000-200000	100000-149999	<100000
3	奖金类别	A级	B级	C级	D级
4	奖金比例	3%	2%	1%	0%
5					
6	员工销售业绩奖金表				
7	销售员工	销售额（元）	奖金类别	奖金比例	奖金额（元）
8	张天填	¥210,000.00	A级	3%	
9	何可静	¥120,000.00	C级	1%	
10	元心彤	¥360,000.00	A级	3%	
11	龙蓦静	¥150,000.00	B级	2%	
12	风冯飞	¥158,200.00	B级	2%	
13	谢元	¥310,000.00	A级	3%	
14	彭庚凤	¥90,000.00	D级	0%	
15	何明	¥160,000.00	B级	2%	
16	曲墉	¥125,000.00	C级	1%	

Step08 在单元格 E8 中输入公式【=B8*D8】，按【Enter】键，即可得到对应员工的奖金额。

E8　=B8*D8

	A	B	C	D	E
1	奖金评定标准				
2	奖金参考金额（元）	>200000	150000-200000	100000-149999	<100000
3	奖金类别	A级	B级	C级	D级
4	奖金比例	3%	2%	1%	0%
5					
6	员工销售业绩奖金表				
7	销售员工	销售额（元）	奖金类别	奖金比例	奖金额（元）
8	张天填	¥210,000.00	A级	3%	¥6,300.00
9	何可静	¥120,000.00	C级	1%	
10	元心彤	¥360,000.00	A级	3%	
11	龙蓦静	¥150,000.00	B级	2%	
12	风冯飞	¥158,200.00	B级	2%	
13	谢元	¥310,000.00	A级	3%	
14	彭庚凤	¥90,000.00	D级	0%	
15	何明	¥160,000.00	B级	2%	
16	曲墉	¥125,000.00	C级	1%	
17					

Step09 将鼠标指针放置在单元格 E8 右下角，当鼠标指针变为+ 形状时，按住鼠标左键不放，并向下拖动至单元格 E16 中。

	A	B	C	D	E
1	奖金评定标准				
2	奖金参考金额（元）	>200000	150000-200000	100000-149999	<100000
3	奖金类别	A级	B级	C级	D级
4	奖金比例	3%	2%	1%	0%
5					
6	员工销售业绩奖金表				
7	销售员工	销售额（元）	奖金类别	奖金比例	奖金额（元）
8	张天填	¥210,000.00	A级	3%	¥6,300.00
9	何可静	¥120,000.00	C级	1%	
10	元心彤	¥360,000.00	A级	3%	
11	龙蓦静	¥150,000.00	B级	2%	
12	风冯飞	¥158,200.00	B级	2%	
13	谢元	¥310,000.00	A级	3%	
14	彭庚凤	¥90,000.00	D级	0%	
15	何明	¥160,000.00	B级	2%	
16	曲墉	¥125,000.00	C级	1%	
17					

Step10 释放鼠标后，可看到各个员工的奖金额数据。

	A	B	C	D	E
1	奖金评定标准				
2	奖金参考金额（元）	>200000	150000-200000	100000-149999	<100000
3	奖金类别	A级	B级	C级	D级
4	奖金比例	3%	2%	1%	0%
5					
6	员工销售业绩奖金表				
7	销售员工	销售额（元）	奖金类别	奖金比例	奖金额（元）
8	张天填	¥210,000.00	A级	3%	¥6,300.00
9	何可静	¥120,000.00	C级	1%	¥1,200.00
10	元心彤	¥360,000.00	A级	3%	¥10,800.00
11	龙蓦静	¥150,000.00	B级	2%	¥3,000.00
12	风冯飞	¥158,200.00	B级	2%	¥3,164.00
13	谢元	¥310,000.00	A级	3%	¥9,300.00
14	彭庚凤	¥90,000.00	D级	0%	¥0.00
15	何明	¥160,000.00	B级	2%	¥3,200.00
16	曲墉	¥125,000.00	C级	1%	¥1,250.00

6.2.2 使用 MAX 和 MIN 函数计算最高 / 最低销售额

当表格中的销售数据较多，用户不能快速找到最高或者是最低的销售金额时，可使用 Excel 中的 MAX 和 MIN 函数来查找。具体操作步骤如下。

Step01 选中要计算的单元格，如单元格 A19，单击【插入函数】按钮 fx。

	A	B	C	D	E
1	奖金评定标准				
2	奖金参考金额（元）	>200000	150000-200000	100000-149999	<100000
3	奖金类别	A级	B级	C级	D级
4	奖金比例	3%	2%	1%	0%
5					
6	员工销售业绩奖金表				
7	销售员工	销售额（元）	奖金类别	奖金比例	奖金额（元）
8	张天壤	¥210,000.00	A级	3%	¥6,300.00
9	何可静	¥120,000.00	C级	1%	¥1,200.00
10	元心彤	¥360,000.00	A级	3%	¥10,800.00
11	龙夏静	¥150,000.00	B级	2%	¥3,000.00
12	风冯飞	¥158,200.00	B级	2%	¥3,164.00
13	谢元	¥310,000.00	A级	3%	¥9,300.00
14	彭疾凤	¥90,000.00	D级	0%	¥0.00
15	何明	¥160,000.00	B级	2%	¥3,200.00
16	曲境	¥125,000.00	C级	1%	¥1,250.00
17					
18	最高销售额（元）	最低销售额（元）		奖金类别	员工人数（名）
19				A级	
20				B级	

Step02 弹出【插入函数】对话框，单击【或选择类别】右侧的下三角按钮▾，在展开的下拉列表中单击【统计】选项。

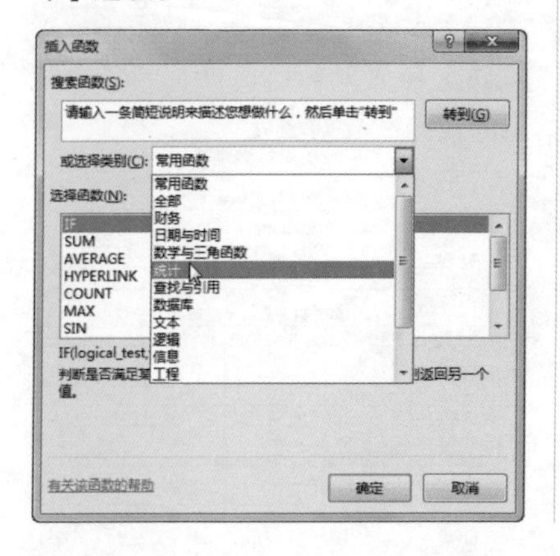

Step03 在【选择函数】列表框中单击要插入的函数，如【MAX】函数，单击【确定】按钮。

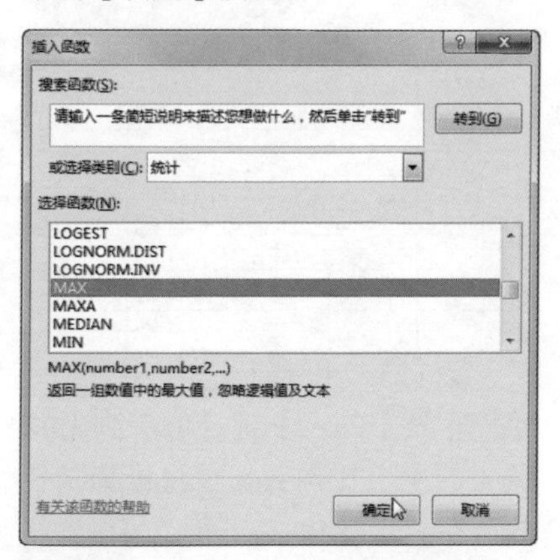

Step04 在弹出的【函数参数】对话框中单击参数【Number1】右侧的单元格引用按钮。

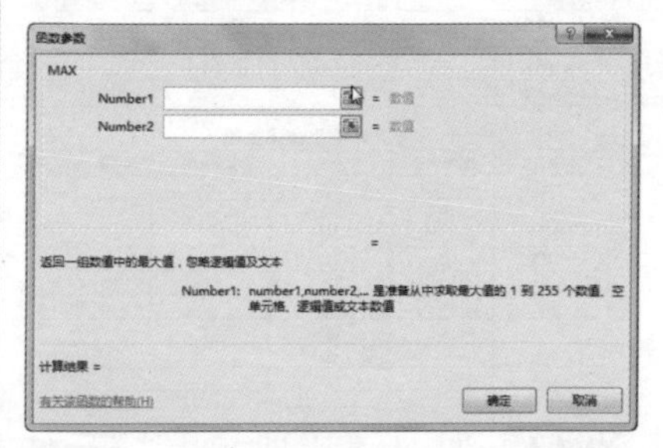

Step05 此时可看到【函数参数】对话框被折叠了，拖动鼠标在工作表中选择单元格区域 B8：B16，可看到参数【Number1】后的文本框中引用了选择的单元格区域，单击引用按钮。

	A	B	C	D	E
1	奖金评定标准				
2	奖金参考金额（元）	>200000	150000-200000	100000-149999	<100000
3	奖金类别	A级	B级	C级	D级
4	函数参数				
5	B8:B16				
6					
7	销售员工	销售额（元）	奖金类别	奖金比例	奖金额（元）
8	张天填	¥210,000.00	A级	3%	¥6,300.00
9	何可静	¥120,000.00	C级	1%	¥1,200.00
10	元心彤	¥360,000.00	A级	3%	¥10,800.00
11	龙蕙静	¥150,000.00	B级	2%	¥3,000.00
12	风冯飞	¥158,200.00	B级	2%	¥3,164.00
13	谢元	¥310,000.00	A级	3%	¥9,300.00
14	彭疾凤	¥90,000.00	D级	0%	¥0.00
15	何明	¥160,000.00	B级	2%	¥3,200.00
16	曲境	¥125,000.00	C级	1%	¥1,250.00
17					
18	最高销售额（元）	最低销售额（元）		奖金类别	员工人数（名）
19	=MAX(B8:B16)			A级	
20				B级	

Step06 返回【函数参数】对话框，单击【确定】按钮。

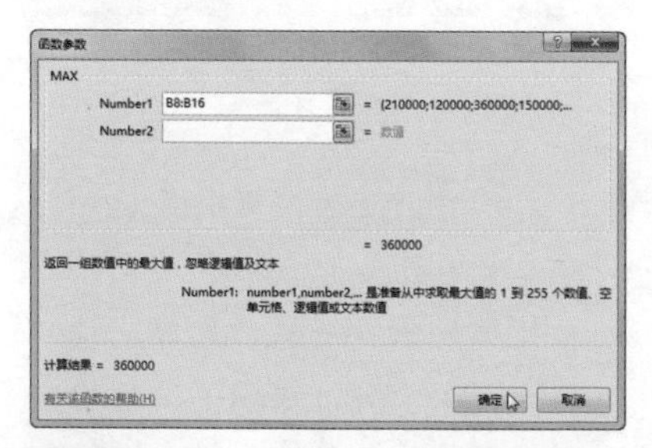

Step07 返回工作表，可看到单元格 A19 中计算出的最高销售额为 360 000 元，且在编辑栏中可看到该单元格中的公式为【=MAX(B8：B16)】。

A19　=MAX(B8:B16)

	A	B	C	D	E
1	奖金评定标准				
2	奖金参考金额（元）	>200000	150000-200000	100000-149999	<100000
3	奖金类别	A级	B级	C级	D级
4	奖金比例	3%	2%	1%	0%
5					
6	员工销售业绩奖金表				
7	销售员工	销售额（元）	奖金类别	奖金比例	奖金额（元）
8	张天填	¥210,000.00	A级	3%	¥6,300.00
9	何可静	¥120,000.00	C级	1%	¥1,200.00
10	元心彤	¥360,000.00	A级	3%	¥10,800.00
11	龙蕙静	¥150,000.00	B级	2%	¥3,000.00
12	风冯飞	¥158,200.00	B级	2%	¥3,164.00
13	谢元	¥310,000.00	A级	3%	¥9,300.00
14	彭疾凤	¥90,000.00	D级	0%	¥0.00
15	何明	¥160,000.00	B级	2%	¥3,200.00
16	曲境	¥125,000.00	C级	1%	¥1,250.00
17					
18	最高销售额（元）	最低销售额（元）		奖金类别	员工人数（名）
19	¥360,000.00			A级	
20				B级	

Step08 在单元格 B19 中输入公式【=MIN(B8：B16)】。

B19　=MIN(B8:B16)

	A	B	C	D	E
1	奖金评定标准				
2	奖金参考金额（元）	>200000	150000-200000	100000-149999	<100000
3	奖金类别	A级	B级	C级	D级
4	奖金比例	3%	2%	1%	0%
5					
6	员工销售业绩奖金表				
7	销售员工	销售额（元）	奖金类别	奖金比例	奖金额（元）
8	张天填	¥210,000.00	A级	3%	¥6,300.00
9	何可静	¥120,000.00	C级	1%	¥1,200.00
10	元心彤	¥360,000.00	A级	3%	¥10,800.00
11	龙蕙静	¥150,000.00	B级	2%	¥3,000.00
12	风冯飞	¥158,200.00	B级	2%	¥3,164.00
13	谢元	¥310,000.00	A级	3%	¥9,300.00
14	彭疾凤	¥90,000.00	D级	0%	¥0.00
15	何明	¥160,000.00	B级	2%	¥3,200.00
16	曲境	¥125,000.00	C级	1%	¥1,250.00
17					
18	最高销售额（元）	最低销售额（元）		奖金类别	员工人数（名）
19	¥360,000.00	=MIN(B8:B16)		A级	
20				B级	

Step09 按【Enter】键，即可看到销售员工的最低销售额为 90 000 元。

	A	B	C	D	E
1	奖金评定标准				
2	奖金参考金额（元）	>200000	150000-200000	100000-149999	<100000
3	奖金类别	A级	B级	C级	D级
4	奖金比例	3%	2%	1%	0%
5					
6	员工销售业绩奖金表				
7	销售员工	销售额（元）	奖金类别	奖金比例	奖金额（元）
8	张天填	¥210,000.00	A级	3%	¥6,300.00
9	何可静	¥120,000.00	C级	1%	¥1,200.00
10	元心彤	¥360,000.00	A级	3%	¥10,800.00
11	龙蕙静	¥150,000.00	B级	2%	¥3,000.00
12	风冯飞	¥158,200.00	B级	2%	¥3,164.00
13	谢元	¥310,000.00	A级	3%	¥9,300.00
14	彭疾凤	¥90,000.00	D级	0%	¥0.00
15	何明	¥160,000.00	B级	2%	¥3,200.00
16	曲境	¥125,000.00	C级	1%	¥1,250.00
17					
18	最高销售额（元）	最低销售额（元）		奖金类别	员工人数（名）
19	¥360,000.00	¥90,000.00		A级	
20				B级	

6.2.3 使用 VLOOKUP 函数查看员工奖金额

当用户想要在含有多个数据的表格中快速找到指定员工的奖金额时，可使用 VLOOKUP 函数。该函数是一个查找函数，只要给定了一个查找的目标，它就能从指定的查找区域中查找到想要查找的值。具体操作步骤如下。

Step01 在 B21 中输入要查看的员工姓名，如【彭疾凤】，选中单元格 B22。

	A	B	C	D	E
1	奖金评定标准				
2	奖金参考金额（元）	>200000	150000-200000	100000-149999	<100000
3	奖金类别	A级	B级	C级	D级
4	奖金比例	3%	2%	1%	0%
5					
6	员工销售业绩奖金表				
7	销售员工	销售额（元）	奖金类别	奖金比例	奖金额（元）
8	张天琪	¥210,000.00	A级	3%	¥6,300.00
9	何可静	¥120,000.00	C级	1%	¥1,200.00
10	元心彤	¥360,000.00	A级	3%	¥10,800.00
11	龙蓠静	¥150,000.00	B级	2%	¥3,000.00
12	风冯飞	¥158,200.00	B级	2%	¥3,164.00
13	谢元	¥310,000.00	A级	3%	¥9,300.00
14	彭疾凤	¥90,000.00	D级	0%	¥0.00
15	何明	¥160,000.00	B级	2%	¥3,200.00
16	曲境	¥125,000.00	C级	1%	¥1,250.00
17					
18	最高销售额（元）	最低销售额（元）		奖金类别	员工人数（名）
19	¥360,000.00	¥90,000.00		A级	
20				B级	
21	销售员工	彭疾凤		C级	
22	奖金额（元）			D级	
23					

Step02 在【公式】选项卡下的【函数库】组中单击【查找与引用】按钮，在展开的下拉列表中选择【VLOOKUP】函数。

文件 开始 插入 页面布局 公式 数据 审阅 视图 告诉我您想要做什么...

插入函数 自动求和 最近使用的函数 财务 逻辑 文本 日期和时间 查找与引用 数学和三角函数 其他函数 名称管理器

函数库

B22

ADDRESS
AREAS
CHOOSE
COLUMN
COLUMNS
FORMULATEXT
GETPIVOTDATA
HLOOKUP
HYPERLINK
INDEX
INDIRECT
LOOKUP
MATCH
OFFSET
ROW
ROWS
RTD
TRANSPOSE
VLOOKUP
插入函数(F)...

	A	B	C	D	E
1	奖金评定标				
2	奖金参考金额（元）	>200000	150000-200000		<100000
3	奖金类别	A级	B级		D级
4	奖金比例	3%	2%		0%
5					
6	员工销售业绩				
7	销售员工	销售额（元）	奖金类别		奖金额（元）
8	张天琪	¥210,000.00	A级		¥6,300.00
9	何可静	¥120,000.00	C级		¥1,200.00
10	元心彤	¥360,000.00	A级		¥10,800.00
11	龙蓠静	¥150,000.00	B级		¥3,000.00
12	风冯飞	¥158,200.00	B级		¥3,164.00
13	谢元	¥310,000.00	A级		¥9,300.00
14	彭疾凤	¥90,000.00	D级		¥0.00
15	何明	¥160,000.00	B级		¥3,200.00
16	曲境	¥125,000.00	C级	1%	¥1,250.00

Step03 弹出【函数参数】对话框，设置参数【Lookup_value】为【B21】，【Table_array】为【A8：E16】，【Col_index_num】为【5】，【Range_lookup】为【0】，单击【确定】按钮。

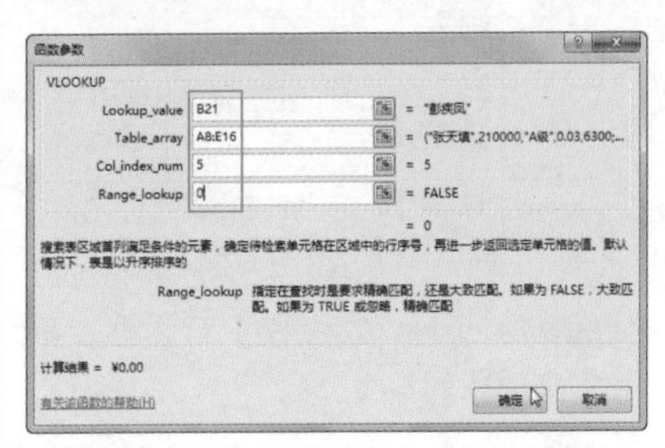

小技巧

VLOOKUP 函数的最后一个参数 Range_lookup 是决定函数精确和模糊查找的关键。精确即完全一样，模糊即包含的意思。第 4 个参数如果指定值是 0 或 FALSE，就表示精确查找，而值为 1 或 TRUE 时，则表示模糊。需要注意的是，在使用 VLOOKUP 函数时，千万不要把这个参数给漏掉了，如果缺少这个参数，会默认为模糊查找，而无法精确查找到结果。

Step04 返回工作表，在编辑栏中可看到单元格 B22 中的公式为【=VLOOKUP(B21,A8：E16,5,0)】，由此可知【彭疾凤】的奖金金额为 0。

B22 =VLOOKUP(B21,A8:E16,5,0)

	A	B	C	D	E
1	奖金评定标准				
2	奖金参考金额（元）	>200000	150000-200000	100000-149999	<100000
3	奖金类别	A级	B级	C级	D级
4	奖金比例	3%	2%	1%	0%
5					
6	员工销售业绩奖金表				
7	销售员工	销售额（元）	奖金类别	奖金比例	奖金额（元）
8	张天填	¥210,000.00	A级	3%	¥6,300.00
9	何可静	¥120,000.00	C级	1%	¥1,200.00
10	元心彤	¥360,000.00	A级	3%	¥10,800.00
11	龙葛静	¥150,000.00	B级	2%	¥3,000.00
12	风冯飞	¥158,200.00	B级	2%	¥3,164.00
13	谢元	¥310,000.00	A级	3%	¥9,300.00
14	彭疾凤	¥90,000.00	D级	0%	¥0.00
15	何明	¥160,000.00	B级	2%	¥3,200.00
16	曲境	¥125,000.00	C级	1%	¥1,250.00
17					
18	最高销售额（元）	最低销售额（元）		奖金类别	员工人数（名）
19	¥360,000.00	¥90,000.00		A级	
20				B级	
21	销售员工	彭疾凤		C级	
22	奖金额（元）	¥0.00		D级	
23					

Step05 将单元格 B21 中的销售员工更改为【谢元】，可看到单元格 B22 中的该员工的奖金金额为 9 300 元。

B22 =VLOOKUP(B21,A8:E16,5,0)

	A	B	C	D	E
1	奖金评定标准				
2	奖金参考金额（元）	>200000	150000-200000	100000-149999	<100000
3	奖金类别	A级	B级	C级	D级
4	奖金比例	3%	2%	1%	0%
5					
6	员工销售业绩奖金表				
7	销售员工	销售额（元）	奖金类别	奖金比例	奖金额（元）
8	张天填	¥210,000.00	A级	3%	¥6,300.00
9	何可静	¥120,000.00	C级	1%	¥1,200.00
10	元心彤	¥360,000.00	A级	3%	¥10,800.00
11	龙葛静	¥150,000.00	B级	2%	¥3,000.00
12	风冯飞	¥158,200.00	B级	2%	¥3,164.00
13	谢元	¥310,000.00	A级	3%	¥9,300.00
14	彭疾凤	¥90,000.00	D级	0%	¥0.00
15	何明	¥160,000.00	B级	2%	¥3,200.00
16	曲境	¥125,000.00	C级	1%	¥1,250.00
17					
18	最高销售额（元）	最低销售额（元）		奖金类别	员工人数（名）
19	¥360,000.00	¥90,000.00		A级	
20				B级	
21	销售员工	谢元		C级	
22	奖金额（元）	¥9,300.00		D级	
23					

6.2.4 使用 COUNTIF 函数计算各奖金类别人数

当表格中含有大量数据时，如果想要知道含有某一特定条件的单元格个数，可使用 Excel 中的 COUNTIF 函数。该函数的具体计算步骤如下。

Step01 在单元格 E19 中输入【=COUNTIF(】，拖动鼠标选择工作表中的单元格区域 C8：C16。

	A	B	C	D	E	F
1	奖金评定标准					
2	奖金参考金额（元）	>200000	150000-200000	100000-149999	<100000	
3	奖金类别	A级	B级	C级	D级	
4	奖金比例	3%	2%	1%	0%	
5						
6	员工销售业绩奖金表					
7	销售员工	销售额（元）	奖金类别	奖金比例	奖金额（元）	
8	张天填	¥210,000.00	A级	3%	¥6,300.00	
9	何可静	¥120,000.00	C级	1%	¥1,200.00	
10	元心彤	¥360,000.00	A级	3%	¥10,800.00	
11	龙葛静	¥150,000.00	B级	2%	¥3,000.00	
12	风冯飞	¥158,200.00	B级	2%	¥3,164.00	
13	谢元	¥310,000.00	A级	3%	¥9,300.00	
14	彭疾凤	¥90,000.00	D级	0%	¥0.00	
15	何明	¥160,000.00	B级	2%	¥3,200.00	
16	曲境	¥125,000.00	C级	1%	¥1,250.00	
17			9R x 1C			
18	最高销售额（元）	最低销售额（元）		奖金类别	员工人数（名）	
19	¥360,000.00	¥90,000.00		A	=COUNTIF(C8:C16	
20				B级	COUNTIF(range, criteria)	
21	销售员工	谢元		C级		
22	奖金额（元）	¥9,300.00		D级		
23						

Step02 继续在单元格中输入【,"A级")】，完善公式的输入，按【Enter】键，即可得到获取 A 级别的奖金人数有 3 名。

E19 =COUNTIF(C8:C16,"A级")

	A	B	C	D	E
1	奖金评定标准				
2	奖金参考金额（元）	>200000	150000-200000	100000-149999	<100000
3	奖金类别	A级	B级	C级	D级
4	奖金比例	3%	2%	1%	0%
5					
6	员工销售业绩奖金表				
7	销售员工	销售额（元）	奖金类别	奖金比例	奖金额（元）
8	张天填	¥210,000.00	A级	3%	¥6,300.00
9	何可静	¥120,000.00	C级	1%	¥1,200.00
10	元心彤	¥360,000.00	A级	3%	¥10,800.00
11	龙葛静	¥150,000.00	B级	2%	¥3,000.00
12	风冯飞	¥158,200.00	B级	2%	¥3,164.00
13	谢元	¥310,000.00	A级	3%	¥9,300.00
14	彭疾凤	¥90,000.00	D级	0%	¥0.00
15	何明	¥160,000.00	B级	2%	¥3,200.00
16	曲境	¥125,000.00	C级	1%	¥1,250.00
17					
18	最高销售额（元）	最低销售额（元）		奖金类别	员工人数（名）
19	¥360,000.00	¥90,000.00		A级	3
20				B级	
21	销售员工	谢元		C级	
22	奖金额（元）	¥9,300.00		D级	
23					

Step03 在单元格 E20 中输入公式【=COUNTIF(C8：C16,"B 级")】，按【Enter】键，即可发现获取了 B 级奖金的员工人数为 3 名。

E20 =COUNTIF(C8:C16,"B级")

	A	B	C	D	E
1	奖金评定标准				
2	奖金参考金额（元）	>200000	150000-200000	100000-149999	<100000
3	奖金类别	A级	B级	C级	D级
4	奖金比例	3%	2%	1%	0%
5					
6	员工销售业绩奖金表				
7	销售员工	销售额（元）	奖金类别	奖金比例	奖金额（元）
8	张天填	¥210,000.00	A级	3%	¥6,300.00
9	何可静	¥120,000.00	C级	1%	¥1,200.00
10	元心彤	¥360,000.00	A级	3%	¥10,800.00
11	龙夏静	¥150,000.00	B级	2%	¥3,000.00
12	风冯飞	¥158,200.00	B级	2%	¥3,164.00
13	谢元	¥310,000.00	A级	3%	¥9,300.00
14	彭疾风	¥90,000.00	D级	0%	¥0.00
15	何明	¥160,000.00	B级	2%	¥3,200.00
16	曲境	¥125,000.00	C级	1%	¥1,250.00
17					
18	最高销售额（元）	最低销售额（元）		奖金类别	员工人数（名）
19	¥360,000.00	¥90,000.00		A级	3
20				B级	3
21	销售员工	谢元		C级	
22	奖金额（元）	¥9,300.00		D级	
23					

Step04 分别在单元格 E21 和 E22 中输入公式【=COUNTIF(C8：C16,"C级 ")】【=COUNTIF(C8：C16,"D级")】，得到 C 级和 D 级的员工人数有 2 名和 1 名。此时即完成了员工业绩奖金表的制作。

E22 =COUNTIF(C8:C16,"D级")

	A	B	C	D	E
1	奖金评定标准				
2	奖金参考金额（元）	>200000	150000-200000	100000-149999	<100000
3	奖金类别	A级	B级	C级	D级
4	奖金比例	3%	2%	1%	0%
5					
6	员工销售业绩奖金表				
7	销售员工	销售额（元）	奖金类别	奖金比例	奖金额（元）
8	张天填	¥210,000.00	A级	3%	¥6,300.00
9	何可静	¥120,000.00	C级	1%	¥1,200.00
10	元心彤	¥360,000.00	A级	3%	¥10,800.00
11	龙夏静	¥150,000.00	B级	2%	¥3,000.00
12	风冯飞	¥158,200.00	B级	2%	¥3,164.00
13	谢元	¥310,000.00	A级	3%	¥9,300.00
14	彭疾风	¥90,000.00	D级	0%	¥0.00
15	何明	¥160,000.00	B级	2%	¥3,200.00
16	曲境	¥125,000.00	C级	1%	¥1,250.00
17					
18	最高销售额（元）	最低销售额（元）		奖金类别	员工人数（名）
19	¥360,000.00	¥90,000.00		A级	3
20				B级	3
21	销售员工	谢元		C级	2
22	奖金额（元）	¥9,300.00		D级	1
23					

·技能拓展·

通过相关案例的讲解，给读者介绍了 Excel 的公式与函数操作，接下来给读者介绍一些相关的技能拓展知识。

一、查看工作表中的全部公式

在 Excel 工作表中计算出表格数据后，默认情况下单元格中只会显示公式的计算结果，而非公式本身。所以，当用户有特殊需求，或者是要同时查看或打印工作表中的所有公式时，可通过以下步骤来实现公式的显示。

Step01 在【公式】选项卡下的【公式审核】组中单击【显示公式】按钮。

Step02 即可看到工作表中含有公式的单元格都只显示了公式。

	C	D	E	F
1	1月商品销售记录表			
2	销售单价（元/件）	销售数量（件）	销售人员	销售金额（元）
3	2800	120	章天天	=C3*D3
4	5600	200	何东明	=C4*D4
5	8900	400	明晓静	=C5*D5
6	2800	300	章天天	=C6*D6
7	8900	200	何东明	=C7*D7
8	5600	100	明晓静	=C8*D8
9	2800	700	章天天	=C9*D9
10	8900	150	明晓静	=C10*D10
11	8900	250	明晓静	=C11*D11
12	2800	360	何东明	=C12*D12
13	5600	89	章天天	=C13*D13
14	8900	78	明晓静	=C14*D14
15	8900	24	何东明	=C15*D15
16	2800	360	明晓静	=C16*D16
17	8900	400	何东明	=C17*D17
18	5600	200	章天天	=C18*D18
19	2800	190	何东明	=C19*D19
20	8900	300	明晓静	=C20*D20
21	5600	245	章天天	=C21*D21
22	2800	600	明晓静	=C22*D22
23	8900	780	明晓静	=C23*D23
24	5600	500	章天天	=C24*D24
25	2800	600	何东明	=C25*D25
26	1月销售金额合计值			[illegible]
27				

二、检查错误公式

在使用 Excel 计算数据的过程中，当公式引用了多个单元格数据，且某些单元格的数据有误而导致了公式的使用错误时，通过人工查找是哪个单元格所引起的错误，会是一件比较麻烦的事情。

此时可借助 Excel 提供的错误检查功能来对工作表中的公式逐一检查，并对错误的公式进行处理。具体操作步骤如下。

Step01 打开含有错误公式的工作表后，在【公式】选项卡下的【公式审核】组中单击【错误检查】右侧的下三角按钮，在展开的下拉列表中选择【错误检查】选项。

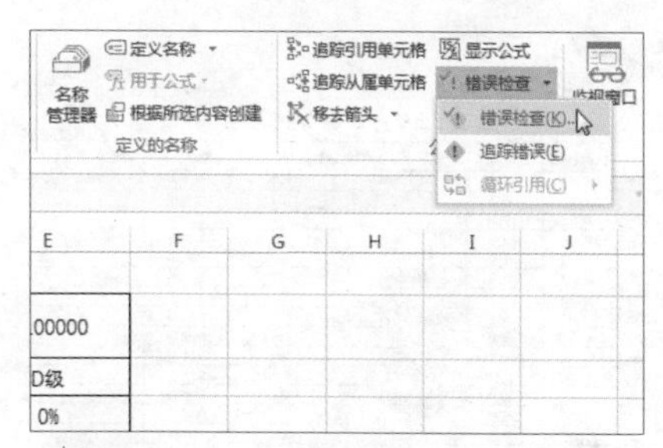

Step02 弹出【错误检查】对话框，可看到含有错误的单元格为单元格 B22，且指明了该单元格中的错误原因为【值不可用】。如果要继续查看其他单元格中的公式是否有误，可单击【下一个】按钮。

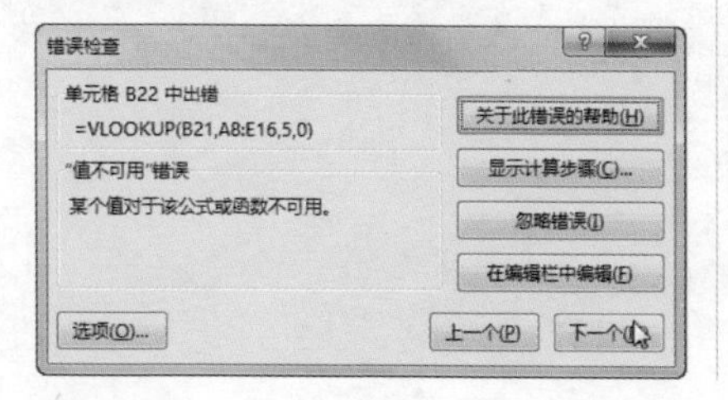

Step03 此时弹出提示框，提示已经完成了对整个工作表的错误检查，说明没有单元格公式有误了，单击【确定】按钮即可。返回工作表中，对指明了错误的单元格公式进行修改即可。

三、对嵌套公式进行分步求值

当单元格中的公式较为复杂，或者是出现了错误时，如果想要一步步了解公式的计算过程或者是快速找到出错的原因，可对单元格中的公式进行分步求值。具体操作步骤如下。

Step01 选中要查看分步求值的单元格，在【公式】选项卡下的【公式审核】组中单击【公式求值】按钮。

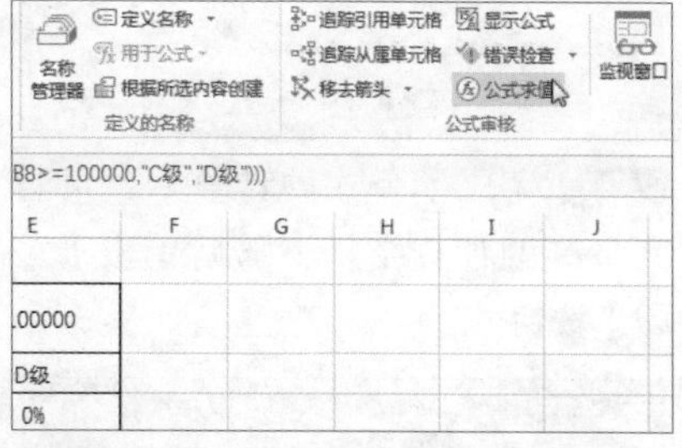

Step02 弹出【公式求值】对话框，可在【求值】框中看到该单元格中的公式，要开始计算的区域会有一条下画线，单击【求值】按钮。

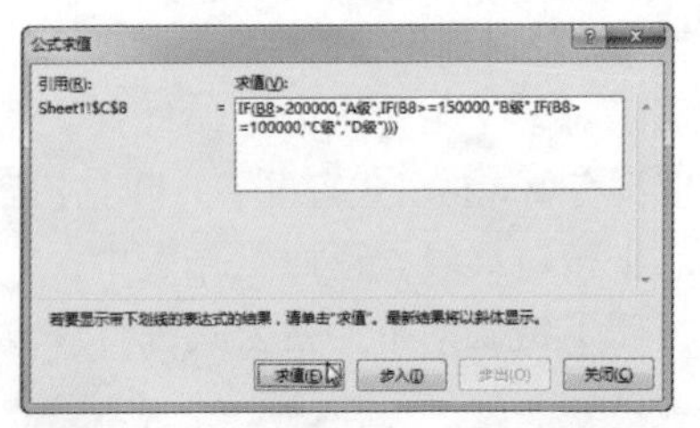

Step03 可看到被标注了下画线的区域求值后的效果，单击【求值】按钮。

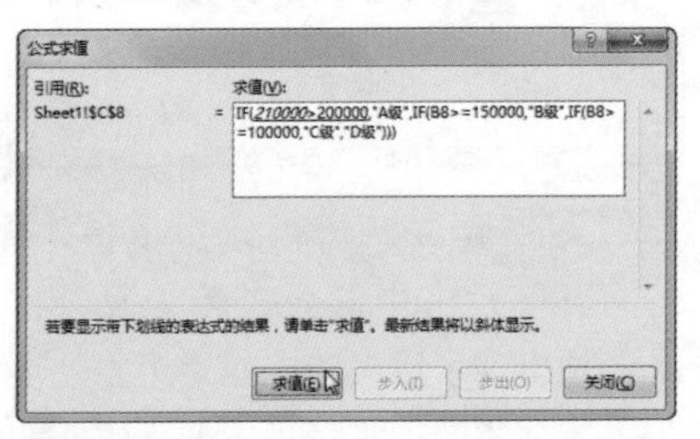

Step04 可看到求值后的结果，继续单击【求值】按钮。

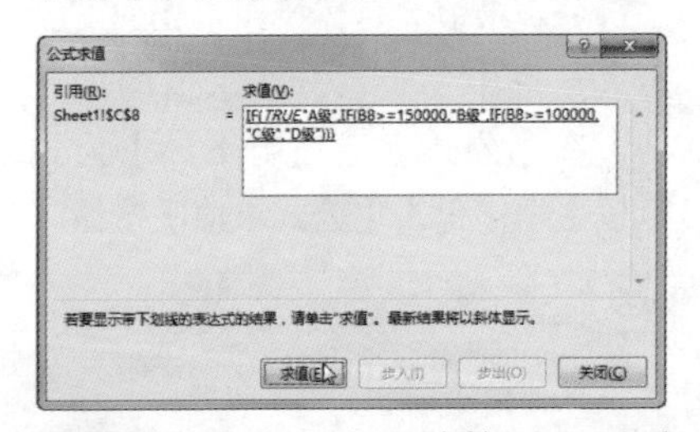

Step05 完成了公式的计算后，可看到最终的计算结果，随后单击【关闭】按钮。

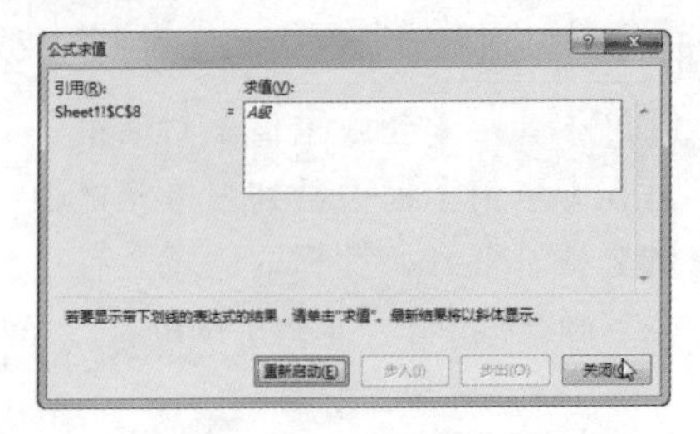

四、在公式中使用名称

当工作表中要用于公式计算的数据较多而不便于直接输入时，可使用 Excel 中的定义名称功能为一个区域、常量值或者是数组定义一个名称，从而在编写公式时可以很方便地用所定义的名称进行公式的输入操作。具体操作步骤如下。

Step01 选中要设置名称的单元格区域，如单元格区域 C3：C25，在名称框中输入要定义的名称，如【销售单价】。按【Enter】键后，即可完成名称的定义。

1月商品销售记录表

销售日期	销售商品	销售单价（元/件）	销售数量（件）	销售人员	销售金额（元）
1月1日	A商品	¥2,800.00	120	章天天	
1月1日	B商品	¥5,600.00	200	何东明	
1月1日	C商品	¥8,900.00	400	明晓静	
1月4日	A商品	¥2,800.00	300	章天天	
1月5日	C商品	¥8,900.00	200	何东明	
1月6日	B商品	¥5,600.00	100	明晓静	
1月8日	A商品	¥2,800.00	700	章天天	
1月8日	C商品	¥8,900.00	150	明晓静	
1月10日	C商品	¥8,900.00	250	明晓静	
1月11日	A商品	¥2,800.00	360	何东明	
1月11日	B商品	¥5,600.00	89	章天天	
1月15日	C商品	¥8,900.00	78	明晓静	
1月15日	C商品	¥8,900.00	24	何东明	
1月16日	A商品	¥2,800.00	360	明晓静	
1月20日	C商品	¥8,900.00	400	何东明	
1月24日	B商品	¥5,600.00	200	章天天	
1月24日	A商品	¥2,800.00	190	何东明	
1月26日	C商品	¥8,900.00	300	明晓静	
1月28日	B商品	¥5,600.00	245	章天天	
1月29日	A商品	¥2,800.00	600	明晓静	
1月29日	C商品	¥8,900.00	780	明晓静	
1月30日	B商品	¥5,600.00	500	章天天	
1月30日	A商品	¥2,800.00	600	何东明	

Step02 选中单元格区域 D3：D25，在名称框中输入要定义的名称，如【销售数量】，按【Enter】键后，即可完成该名称的定义。

销售数量　120

	A	B	C	D	E	F
1	1月商品销售记录表					
2	销售日期	销售商品	销售单价（元/件）	销售数量（件）	销售人员	销售金额（元）
3	1月1日	A商品	¥2,800.00	120	章天天	
4	1月1日	B商品	¥5,600.00	200	何东明	
5	1月1日	C商品	¥8,900.00	400	明晓静	
6	1月4日	A商品	¥2,800.00	300	章天天	
7	1月5日	C商品	¥8,900.00	200	何东明	
8	1月6日	B商品	¥5,600.00	100	明晓静	
9	1月8日	A商品	¥2,800.00	700	章天天	
10	1月8日	C商品	¥8,900.00	150	明晓静	
11	1月10日	C商品	¥8,900.00	250	明晓静	
12	1月11日	A商品	¥2,800.00	360	何东明	
13	1月11日	B商品	¥5,600.00	89	章天天	
14	1月15日	C商品	¥8,900.00	78	明晓静	
15	1月15日	C商品	¥8,900.00	24	何东明	
16	1月16日	A商品	¥2,800.00	360	明晓静	
17	1月20日	C商品	¥8,900.00	400	何东明	
18	1月24日	B商品	¥5,600.00	200	章天天	
19	1月24日	A商品	¥2,800.00	190	何东明	
20	1月26日	C商品	¥8,900.00	300	明晓静	
21	1月28日	B商品	¥5,600.00	245	章天天	
22	1月29日	A商品	¥2,800.00	600	明晓静	
23	1月29日	C商品	¥8,900.00	780	明晓静	
24	1月30日	B商品	¥5,600.00	500	章天天	
25	1月30日	A商品	¥2,800.00	600	何东明	

Step03 选中要使用定义名称计算的单元格区域，如单元格区域 F3:F25。在编辑框中输入公式【= 销售单价 * 销售数量】。

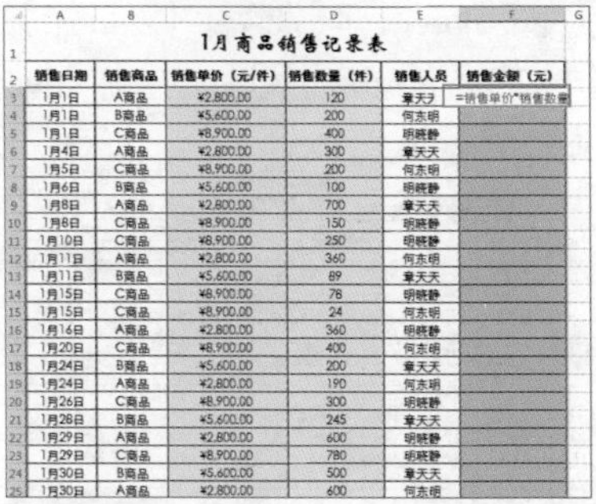

	A	B	C	D	E	F
1	1月商品销售记录表					
2	销售日期	销售商品	销售单价（元/件）	销售数量（件）	销售人员	销售金额（元）
3	1月1日	A商品	¥2,800.00	120	章天天	=销售单价*销售数量
4	1月1日	B商品	¥5,600.00	200	何东明	
5	1月1日	C商品	¥8,900.00	400	明晓静	
6	1月4日	A商品	¥2,800.00	300	章天天	
7	1月5日	C商品	¥8,900.00	200	何东明	
8	1月6日	B商品	¥5,600.00	100	明晓静	
9	1月8日	A商品	¥2,800.00	700	章天天	
10	1月8日	C商品	¥8,900.00	150	明晓静	
11	1月10日	C商品	¥8,900.00	250	明晓静	
12	1月11日	A商品	¥2,800.00	360	何东明	
13	1月11日	B商品	¥5,600.00	89	章天天	
14	1月15日	C商品	¥8,900.00	78	明晓静	
15	1月15日	C商品	¥8,900.00	24	何东明	
16	1月16日	A商品	¥2,800.00	360	明晓静	
17	1月20日	C商品	¥8,900.00	400	何东明	
18	1月24日	B商品	¥5,600.00	200	章天天	
19	1月24日	A商品	¥2,800.00	190	何东明	
20	1月26日	C商品	¥8,900.00	300	明晓静	
21	1月28日	B商品	¥5,600.00	245	章天天	
22	1月29日	A商品	¥2,800.00	600	明晓静	
23	1月29日	C商品	¥8,900.00	780	明晓静	
24	1月30日	B商品	¥5,600.00	500	章天天	
25	1月30日	A商品	¥2,800.00	600	何东明	

Step04 按【Ctrl+Shift+Enter】组合键，即可看到使用定义名称计算后的销售金额数据。

	A	B	C	D	E	F
1	1月商品销售记录表					
2	销售日期	销售商品	销售单价（元/件）	销售数量（件）	销售人员	销售金额（元）
3	1月1日	A商品	¥2,800.00	120	章天天	¥336,000.00
4	1月1日	B商品	¥5,600.00	200	何东明	¥1,120,000.00
5	1月1日	C商品	¥8,900.00	400	明晓静	¥3,560,000.00
6	1月4日	A商品	¥2,800.00	300	章天天	¥840,000.00
7	1月5日	C商品	¥8,900.00	200	何东明	¥1,780,000.00
8	1月6日	B商品	¥5,600.00	100	明晓静	¥560,000.00
9	1月8日	A商品	¥2,800.00	700	章天天	¥1,960,000.00
10	1月8日	C商品	¥8,900.00	150	明晓静	¥1,335,000.00
11	1月10日	C商品	¥8,900.00	250	明晓静	¥2,225,000.00
12	1月11日	A商品	¥2,800.00	360	何东明	¥1,008,000.00
13	1月11日	B商品	¥5,600.00	89	章天天	¥498,400.00
14	1月15日	C商品	¥8,900.00	78	明晓静	¥694,200.00
15	1月15日	C商品	¥8,900.00	24	何东明	¥213,600.00
16	1月16日	A商品	¥2,800.00	360	明晓静	¥1,008,000.00
17	1月20日	C商品	¥8,900.00	400	何东明	¥3,560,000.00
18	1月24日	B商品	¥5,600.00	200	章天天	¥1,120,000.00
19	1月24日	A商品	¥2,800.00	190	何东明	¥532,000.00
20	1月26日	C商品	¥8,900.00	300	明晓静	¥2,670,000.00
21	1月28日	B商品	¥5,600.00	245	章天天	¥1,372,000.00
22	1月29日	A商品	¥2,800.00	600	明晓静	¥1,680,000.00
23	1月29日	C商品	¥8,900.00	780	明晓静	¥6,942,000.00
24	1月30日	B商品	¥5,600.00	500	章天天	¥2,800,000.00
25	1月30日	A商品	¥2,800.00	600	何东明	¥1,680,000.00

·同步实训·

制作《员工工资表》

为了巩固本章所学知识，本节以制作《员工工资表》为例，对公式的输入及函数的应用进行具体的介绍。具体操作步骤如下。

Step01 打开"光盘\素材文件\第6章\员工工资表.xlsx"文件，在单元格 G3 中输入公式【=D3+E3–F3】。

	A	B	C	D	E	F	G	H	I
1	员工工资表								
2	员工编号	姓名	所属部门	基本工资	住房补贴	应扣请假费	应发工资	个人所得税	实发工资
3	A001	赵凤凤	行政部	¥5,000	¥800	¥100	=D3+E3-F3		
4	A003	章天	行政部	¥3,000	¥500	¥0			
5	A008	张越	行政部	¥3,000	¥500	¥0			
6	A007	元青	行政部	¥3,000	¥500	¥0			
7	B001	柯贝贝	财务部	¥5,200	¥800	¥0			
8	B002	何晓天	财务部	¥3,600	¥500	¥0			
9	B005	尹冰雪	财务部	¥3,600	¥500	¥0			
10	B009	王封	财务部	¥3,600	¥500	¥100			
11	C001	陈涅涅	生产部	¥5,600	¥800	¥0			
12	C008	李忠	生产部	¥4,000	¥500	¥0			
13	C009	彭云	生产部	¥4,000	¥500	¥0			
14	C010	冉可可	生产部	¥4,000	¥500	¥0			
15	D001	王梦	人事部	¥4,800	¥800	¥50			
16	D004	徐节	人事部	¥3,200	¥500	¥0			
17	D006	龚北田	人事部	¥3,200	¥500	¥0			
18	D008	钱晶晶	人事部	¥3,200	¥500	¥0			
19	D009	郭天海	人事部	¥3,200	¥500	¥0			
20	E001	冯香兰	后勤部	¥4,500	¥800	¥0			
21	E005	袁青梅	后勤部	¥3,000	¥500	¥200			
22	E008	景茸	后勤部	¥3,000	¥500	¥0			
23	E011	任西燕	后勤部	¥3,000	¥500	¥0			
24	E013	厚德海	后勤部	¥3,000	¥500	¥0			
25									

Step02 按【Enter】键，即可得到对应员工的应发工资为 5 700 元，将鼠标指针放置在单元格 G3 右下角，当鼠标指针变为+形状时，按住鼠标左键不放向下拖动至单元格 G24 中。

G3　=D3+E3-F3

	A	B	C	D	E	F	G	H	I
1	员工工资表								
2	员工编号	姓名	所属部门	基本工资	住房补贴	应扣请假费	应发工资	个人所得税	实发工资
3	A001	赵凤凤	行政部	¥5,000	¥800	¥100	¥5,700		
4	A003	章天	行政部	¥3,000	¥500	¥0			
5	A008	张越	行政部	¥3,000	¥500	¥0			
6	A007	元青	行政部	¥3,000	¥500	¥0			
7	B001	柯贝贝	财务部	¥5,200	¥800	¥0			
8	B002	何晓天	财务部	¥3,600	¥500	¥0			
9	B005	尹冰雪	财务部	¥3,600	¥500	¥0			
10	B009	王封	财务部	¥3,600	¥500	¥100			
11	C001	陈涅涅	生产部	¥5,600	¥800	¥0			
12	C008	李忠	生产部	¥4,000	¥500	¥0			
13	C009	彭云	生产部	¥4,000	¥500	¥0			
14	C010	冉可可	生产部	¥4,000	¥500	¥0			
15	D001	王梦	人事部	¥4,800	¥800	¥50			
16	D004	徐节	人事部	¥3,200	¥500	¥0			
17	D006	龚北田	人事部	¥3,200	¥500	¥0			
18	D008	钱晶晶	人事部	¥3,200	¥500	¥0			
19	D009	郭天海	人事部	¥3,200	¥500	¥0			
20	E001	冯香兰	后勤部	¥4,500	¥800	¥0			
21	E005	袁青梅	后勤部	¥3,000	¥500	¥200			
22	E008	景茸	后勤部	¥3,000	¥500	¥0			
23	E011	任西燕	后勤部	¥3,000	¥500	¥0			
24	E013	厚德海	后勤部	¥3,000	¥500	¥0			
25									

Step03 释放鼠标左键后，即可看到各个员工的应发工资金额数据。

G3 =D3+E3-F3

员工工资表

员工编号	姓名	所属部门	基本工资	住房补贴	应扣请假费	应发工资	个人所得税	实发工资
A001	赵凤凤	行政部	¥5,000	¥800	¥100	¥5,700		
A003	章天	行政部	¥3,000	¥500	¥0	¥3,500		
A008	张峰	行政部	¥3,000	¥500	¥0	¥3,500		
A007	元清	行政部	¥3,000	¥500	¥0	¥3,500		
B001	何贝贝	财务部	¥5,200	¥800	¥0	¥6,000		
B002	何明天	财务部	¥3,600	¥500	¥0	¥4,100		
B005	尹冰雪	财务部	¥3,600	¥500	¥0	¥4,100		
B009	王封	财务部	¥3,600	¥500	¥100	¥4,000		
C001	陈潜潜	生产部	¥5,600	¥800	¥0	¥6,400		
C008	李忠	生产部	¥4,000	¥500	¥0	¥4,500		
C009	彭云	生产部	¥4,000	¥500	¥0	¥4,500		
C010	尚可可	生产部	¥4,000	¥500	¥0	¥4,500		
D001	王梦	人事部	¥4,800	¥800	¥50	¥5,550		
D004	郁节	人事部	¥3,200	¥500	¥0	¥3,700		
D006	冀北田	人事部	¥3,200	¥500	¥0	¥3,700		
D008	钱晶晶	人事部	¥3,200	¥500	¥0	¥3,700		
D009	郭天海	人事部	¥3,200	¥500	¥0	¥3,700		
E001	冯香兰	后勤部	¥4,500	¥800	¥0	¥5,300		
E005	龚青梅	后勤部	¥3,000	¥500	¥200	¥3,300		
E008	景容	后勤部	¥3,000	¥500	¥0	¥3,500		
E011	任西贞	后勤部	¥3,000	¥500	¥0	¥3,500		
E013	廖德海	后勤部	¥3,000	¥500	¥0	¥3,500		

Step04 在单元格 H3 中输入公式【=IF(G3<3500,0,IF(G3-3500<1500,(G3-3500)*3%,IF(G3-3500<4500,(G3-3500)*10%-105,IF(G3-3500<9000,(G3-3500)*20%-555,IF(G3-3500<35000,(G3-3500)*25%-1005,IF(G3-3500<55000,(G3-3500)*30%-2755,IF(G3-3500<80000,(G3-3500)*35%-5505,(G3-3500)*45%-13505)))))))】，按【Enter】键，即可得到该员工要缴纳的个人所得税。

H3 =IF(G3<3500,0,IF(G3-3500<1500,(G3-3500)*3%,IF(G3-3500<4500,(G3-3500)*10%-105,IF(G3-3500<9000,(G3-3500)*20%-555,IF(G3-3500<35000,(G3-3500)*25%-1005,IF(G3-3500<55000,(G3-3500)*30%-2755,IF(G3-3500<80000,(G3-3500)*35%-5505,(G3-3500)*45%-13505)))))))

员工工资表

员工编号	姓名	所属部门	基本工资	住房补贴	应扣请假费	应发工资	个人所得税	实发工资
A001	赵凤凤	行政部	¥5,000	¥800	¥100	¥5,700	¥115	
A003	章天	行政部	¥3,000	¥500	¥0	¥3,500		
A008	张峰	行政部	¥3,000	¥500	¥0	¥3,500		
A007	元清	行政部	¥3,000	¥500	¥0	¥3,500		
B001	何贝贝	财务部	¥5,200	¥800	¥0	¥6,000		
B002	何明天	财务部	¥3,600	¥500	¥0	¥4,100		
B005	尹冰雪	财务部	¥3,600	¥500	¥0	¥4,100		
B009	王封	财务部	¥3,600	¥500	¥100	¥4,000		
C001	陈潜潜	生产部	¥5,600	¥800	¥0	¥6,400		
C008	李忠	生产部	¥4,000	¥500	¥0	¥4,500		
C009	彭云	生产部	¥4,000	¥500	¥0	¥4,500		
C010	尚可可	生产部	¥4,000	¥500	¥0	¥4,500		
D001	王梦	人事部	¥4,800	¥800	¥50	¥5,550		
D004	郁节	人事部	¥3,200	¥500	¥0	¥3,700		
D006	冀北田	人事部	¥3,200	¥500	¥0	¥3,700		
D008	钱晶晶	人事部	¥3,200	¥500	¥0	¥3,700		

Step05 将鼠标指针放置在单元格 H3 右下角，当鼠标指针变为+形状时，按住鼠标左键不放向下拖动至单元格 H24 中。

员工工资表

员工编号	姓名	所属部门	基本工资	住房补贴	应扣请假费	应发工资	个人所得税	实发工资
A001	赵凤凤	行政部	¥5,000	¥800	¥100	¥5,700	¥115	
A003	章天	行政部	¥3,000	¥500	¥0	¥3,500		
A008	张峰	行政部	¥3,000	¥500	¥0	¥3,500		
A007	元清	行政部	¥3,000	¥500	¥0	¥3,500		
B001	何贝贝	财务部	¥5,200	¥800	¥0	¥6,000		
B002	何明天	财务部	¥3,600	¥500	¥0	¥4,100		
B005	尹冰雪	财务部	¥3,600	¥500	¥0	¥4,100		
B009	王封	财务部	¥3,600	¥500	¥100	¥4,000		
C001	陈潜潜	生产部	¥5,600	¥800	¥0	¥6,400		
C008	李忠	生产部	¥4,000	¥500	¥0	¥4,500		
C009	彭云	生产部	¥4,000	¥500	¥0	¥4,500		
C010	尚可可	生产部	¥4,000	¥500	¥0	¥4,500		
D001	王梦	人事部	¥4,800	¥800	¥50	¥5,550		
D004	郁节	人事部	¥3,200	¥500	¥0	¥3,700		
D006	冀北田	人事部	¥3,200	¥500	¥0	¥3,700		
D008	钱晶晶	人事部	¥3,200	¥500	¥0	¥3,700		
D009	郭天海	人事部	¥3,200	¥500	¥0	¥3,700		
E001	冯香兰	后勤部	¥4,500	¥800	¥0	¥5,300		
E005	龚青梅	后勤部	¥3,000	¥500	¥200	¥3,300		
E008	景容	后勤部	¥3,000	¥500	¥0	¥3,500		
E011	任西贞	后勤部	¥3,000	¥500	¥0	¥3,500		
E013	廖德海	后勤部	¥3,000	¥500	¥0	¥3,500		

Step06 释放鼠标左键后，即可得到各个员工的个人所得税数据。

员工工资表

员工编号	姓名	所属部门	基本工资	住房补贴	应扣请假费	应发工资	个人所得税	实发工资
A001	赵凤凤	行政部	¥5,000	¥800	¥100	¥5,700	¥115	
A003	章天	行政部	¥3,000	¥500	¥0	¥3,500	¥0	
A008	张峰	行政部	¥3,000	¥500	¥0	¥3,500	¥0	
A007	元清	行政部	¥3,000	¥500	¥0	¥3,500	¥0	
B001	何贝贝	财务部	¥5,200	¥800	¥0	¥6,000	¥145	
B002	何明天	财务部	¥3,600	¥500	¥0	¥4,100	¥18	
B005	尹冰雪	财务部	¥3,600	¥500	¥0	¥4,100	¥18	
B009	王封	财务部	¥3,600	¥500	¥100	¥4,000	¥15	
C001	陈潜潜	生产部	¥5,600	¥800	¥0	¥6,400	¥185	
C008	李忠	生产部	¥4,000	¥500	¥0	¥4,500	¥30	
C009	彭云	生产部	¥4,000	¥500	¥0	¥4,500	¥30	
C010	尚可可	生产部	¥4,000	¥500	¥0	¥4,500	¥30	
D001	王梦	人事部	¥4,800	¥800	¥50	¥5,550	¥100	
D004	郁节	人事部	¥3,200	¥500	¥0	¥3,700	¥6	
D006	冀北田	人事部	¥3,200	¥500	¥0	¥3,700	¥6	
D008	钱晶晶	人事部	¥3,200	¥500	¥0	¥3,700	¥6	
D009	郭天海	人事部	¥3,200	¥500	¥0	¥3,700	¥6	
E001	冯香兰	后勤部	¥4,500	¥800	¥0	¥5,300	¥75	
E005	龚青梅	后勤部	¥3,000	¥500	¥200	¥3,300	¥0	
E008	景容	后勤部	¥3,000	¥500	¥0	¥3,500	¥0	
E011	任西贞	后勤部	¥3,000	¥500	¥0	¥3,500	¥0	
E013	廖德海	后勤部	¥3,000	¥500	¥0	¥3,500	¥0	

Step07 在单元格 I3 中输入公式【=G3-H3】，按【Enter】键，可看到计算出的该员工的实发工资，将鼠标指针放置在单元格 I3 右下角，当鼠标指针变为+形状时，按住鼠标左键不放向下拖动至单元格 I24 中。

I3 =G3-H3

员工编号	姓名	所属部门	基本工资	住房补贴	应扣请假费	应发工资	个人所得税	实发工资
A001	赵凤凤	行政部	¥5,000	¥800	¥100	¥5,700	¥115	¥5,585
A003	章天	行政部	¥3,000	¥500	¥0	¥3,500	¥0	
A008	张峰	行政部	¥3,000	¥500	¥0	¥3,500	¥0	
A007	元清	行政部	¥3,000	¥500	¥0	¥3,500	¥0	
B001	柯贝贝	财务部	¥5,200	¥800	¥0	¥6,000	¥145	
B002	何明天	财务部	¥3,600	¥500	¥0	¥4,100	¥18	
B005	尹冰雪	财务部	¥3,600	¥500	¥0	¥4,100	¥18	
B009	王封	财务部	¥3,600	¥500	¥100	¥4,000	¥15	
C001	陈潇潇	生产部	¥5,600	¥800	¥0	¥6,400	¥185	
C008	李忠	生产部	¥4,000	¥500	¥0	¥4,500	¥30	
C009	彭云	生产部	¥4,000	¥500	¥0	¥4,500	¥30	
C010	肖可可	生产部	¥4,000	¥500	¥0	¥4,500	¥30	
D001	王梦	人事部	¥4,800	¥800	¥50	¥5,550	¥100	
D004	修节	人事部	¥3,200	¥500	¥0	¥3,700	¥6	
D006	冀北田	人事部	¥3,200	¥500	¥0	¥3,700	¥6	
D008	钱晶晶	人事部	¥3,200	¥500	¥0	¥3,700	¥6	
D009	郭天海	人事部	¥3,200	¥500	¥0	¥3,700	¥6	
E001	冯香兰	后勤部	¥4,500	¥800	¥0	¥5,300	¥75	
E005	袁青梅	后勤部	¥3,000	¥500	¥200	¥3,300	¥0	
E008	景蓉	后勤部	¥3,000	¥500	¥0	¥3,500	¥0	
E011	任西岚	后勤部	¥3,000	¥500	¥0	¥3,500	¥0	
E013	厚德海	后勤部	¥3,000	¥500	¥0	¥3,500	¥0	

Step08 释放鼠标后，即可看到各个员工的实发工资数据。

员工工资表

员工编号	姓名	所属部门	基本工资	住房补贴	应扣请假费	应发工资	个人所得税	实发工资
A001	赵凤凤	行政部	¥5,000	¥800	¥100	¥5,700	¥115	¥5,585
A003	章天	行政部	¥3,000	¥500	¥0	¥3,500	¥0	¥3,500
A008	张峰	行政部	¥3,000	¥500	¥0	¥3,500	¥0	¥3,500
A007	元清	行政部	¥3,000	¥500	¥0	¥3,500	¥0	¥3,500
B001	柯贝贝	财务部	¥5,200	¥800	¥0	¥6,000	¥145	¥5,855
B002	何明天	财务部	¥3,600	¥500	¥0	¥4,100	¥18	¥4,082
B005	尹冰雪	财务部	¥3,600	¥500	¥0	¥4,100	¥18	¥4,082
B009	王封	财务部	¥3,600	¥500	¥100	¥4,000	¥15	¥3,985
C001	陈潇潇	生产部	¥5,600	¥800	¥0	¥6,400	¥185	¥6,215
C008	李忠	生产部	¥4,000	¥500	¥0	¥4,500	¥30	¥4,470
C009	彭云	生产部	¥4,000	¥500	¥0	¥4,500	¥30	¥4,470
C010	肖可可	生产部	¥4,000	¥500	¥0	¥4,500	¥30	¥4,470
D001	王梦	人事部	¥4,800	¥800	¥50	¥5,550	¥100	¥5,450
D004	修节	人事部	¥3,200	¥500	¥0	¥3,700	¥6	¥3,694
D006	冀北田	人事部	¥3,200	¥500	¥0	¥3,700	¥6	¥3,694
D008	钱晶晶	人事部	¥3,200	¥500	¥0	¥3,700	¥6	¥3,694
D009	郭天海	人事部	¥3,200	¥500	¥0	¥3,700	¥6	¥3,694
E001	冯香兰	后勤部	¥4,500	¥800	¥0	¥5,300	¥75	¥5,225
E005	袁青梅	后勤部	¥3,000	¥500	¥200	¥3,300	¥0	¥3,300
E008	景蓉	后勤部	¥3,000	¥500	¥0	¥3,500	¥0	¥3,500
E011	任西岚	后勤部	¥3,000	¥500	¥0	¥3,500	¥0	¥3,500
E013	厚德海	后勤部	¥3,000	¥500	¥0	¥3,500	¥0	¥3,500

学习小结

本章主要介绍 Excel 组件中的公式与函数。重点内容包括公式的输入、自动求和及使用追踪箭头标识公式操作。此外，还使用各种函数对工作表中的数据进行计算，为使用 Excel 中的功能计算数据进行了一个概况性的介绍。

第7章 Excel表格数据的处理

在实际工作中，除了使用公式和函数对表格中的各类数据进行简单的计算处理，还可以使用 Excel 中的数据验证、数据工具等功能对数据进行条件设置和统计分析。

本章将以制作日常费用统计表和员工销售业绩表为例，介绍数据验证、数据排序、筛选及分类汇总等操作。

※ 设置数据验证条件 ※ 设置输入提示信息 ※ 设置出错警告
※ 对数据进行排序 ※ 筛选数据 ※ 分类汇总数据

案例展示

日常费用统计表

日期	员工姓名	部门	费用类别	费用金额（元）
2017/5/1	章**	销售部	差旅费	¥1,200.00
2017/5/2	华**	人事部	招聘费	¥500.00
2017/5/2	赵**	生产部	培训费	¥600.00
2017/5/8	风**	人事部	宣传费	¥1,000.00
2017/5/8	金**	行政部	办公费	¥800.00
2017/5/10	张**	行政部	通讯费	¥600.00
2017/5/11	李**	策划部	汽车费	¥200.00
2017/5/11	何**	行政部	招待费	¥600.00
2017/5/12	金**	行政部	办公费	¥300.00
2017/5/14	风**	人事部	宣传费	¥800.00
2017/5/14	李**	策划部	汽车费	¥900.00
2017/5/16	赵**	生产部	培训费	¥1,200.00
2017/5/17	章**	销售部	差旅费	¥2,000.00
2017/5/18	金**	行政部	办公费	¥200.00
2017/5/18	风**	人事部	宣传费	¥1,500.00
2017/5/20	华**	人事部	招聘费	¥1,600.00
2017/5/20	赵**	生产部	培训费	¥800.00
2017/5/22	金**	行政部	办公费	¥600.00
2017/5/22	李**	策划部	汽车费	¥800.00
2017/5/25	风**	人事部	宣传费	¥1,600.00
2017/5/28	何**	行政部	招待费	¥1,500.00
2017/5/28	章**	销售部	差旅费	¥1,600.00
2017/5/31	张**	行政部	通讯费	¥200.00

员工销售业绩表

日期	销售商品	销售地区	销售数量（台）	销售单价（元/台）	销售金额（元）
2017/5/28	商品B	北部	240	¥5,000.00	¥1,200,000.00
2017/5/6	商品C	北部	250	¥6,000.00	¥1,500,000.00
2017/5/10	商品D	北部	300	¥8,000.00	¥2,400,000.00
2017/5/16	商品C	北部	400	¥6,000.00	¥2,400,000.00
		北部 汇总	1190		¥7,500,000.00
2017/5/28	商品A	东部	150	¥5,600.00	¥840,000.00
2017/5/8	商品A	东部	200	¥5,600.00	¥1,120,000.00
2017/5/18	商品D	东部	300	¥8,000.00	¥2,400,000.00
2017/5/25	商品C	东部	450	¥6,000.00	¥2,700,000.00
2017/5/25	商品D	东部	660	¥8,000.00	¥5,280,000.00
		东部 汇总	1760		¥12,340,000.00
2017/5/9	商品B	南部	100	¥5,000.00	¥500,000.00
2017/5/22	商品A	南部	150	¥5,600.00	¥840,000.00
2017/5/30	商品C	南部	260	¥6,000.00	¥1,560,000.00
2017/5/19	商品D	南部	320	¥8,000.00	¥2,560,000.00
2017/5/2	商品B	南部	500	¥5,000.00	¥2,500,000.00
2017/5/15	商品A	南部	700	¥5,600.00	¥3,920,000.00
		南部 汇总	2030		¥11,880,000.00
2017/5/26	商品B	西部	120	¥5,000.00	¥600,000.00
2017/5/15	商品B	西部	150	¥5,000.00	¥750,000.00
2017/5/22	商品B	西部	600	¥5,000.00	¥3,000,000.00
2017/5/1	商品A	西部	600	¥5,600.00	¥3,360,000.00
2017/5/6	商品D	西部	680	¥8,000.00	¥5,440,000.00
		西部 汇总	2150		¥13,150,000.00
		总计	7130		¥44,870,000.00

7.1 制作《日常费用统计表》

为了管理企业的日常费用，避免员工乱报、虚报费用的现象，企业可制作日常费用统计表。

本节以制作《日常费用统计表》为例，主要介绍数据验证条件、输入提示信息及出错警告的设置操作。

7.1.1 设置数据验证条件

如果用户想要尽量减少错误数据的输入，可使用 Excel 中的数据验证功能限制单元格中输入的数据类型，具体的操作步骤如下。

Step01 打开“光盘 \ 素材文件 \ 第 7 章 \ 日常费用统计表 .xlsx”文件，选中并右击单元格区域 A3：A25，在弹出的快捷菜单中选择【设置单元格格式】命令。

Step02 弹出【设置单元格格式】对话框，在【数字】选项卡下的【分类】列表框中选择【日期】，在【类型】列表框中选择要应用的日期样式，如【*2012/3/14】，单击【确定】按钮。

Step03 返回工作表中，保持设置了格式单元格区域的选中状态，在【数据】选项卡下的【数据工具】组中单击【数据验证】下三角按钮，在展开的下拉列表中选择【数据验证】选项。

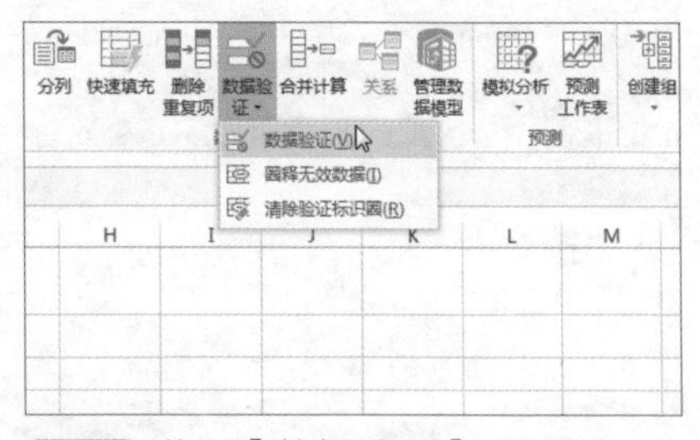

Step04 弹出【数据验证】对话框，在【设置】选项卡下单击【允许】右侧的下三角按钮，在展开的下拉列表中选择【日期】选项。

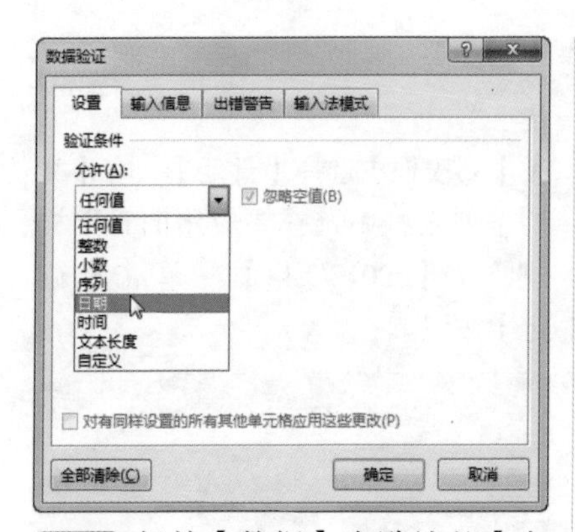

Step05 保持【数据】为默认的【介于】选项，在【开始日期】下的文本框中输入【2017/5/1】，在【结束日期】下的文本框中输入【2017/5/31】，单击【确定】按钮。

如果要清除设置的数据验证条件，则打开【数据验证】对话框，单击左下角的【全部清除】按钮。

Step06 返回工作表中，在单元格 A3 中输入【2017/4/5】，按【Enter】键，由于输入的日期未在规定的日期条件内，会弹出一个提示框，提示用户此值与此单元格定义的数据验证限制不匹配，单击【取消】按钮。

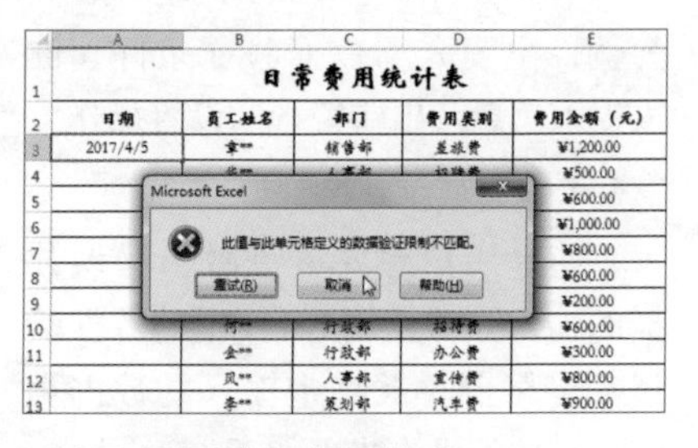

7.1.2 设置输入提示信息

有时候，需要给 Excel 中的某些单元格加提示，以起到提醒的目的。此时可以使用数据验证中的输入提示信息功能来实现，具体的操作步骤如下。

Step01 继续选中单元格区域 A3:A25，在【数据】选项卡下的【数据工具】组中单击【数据验证】下三角按钮 数据验证，在展开的下拉列表中选择【数据验证】选项。

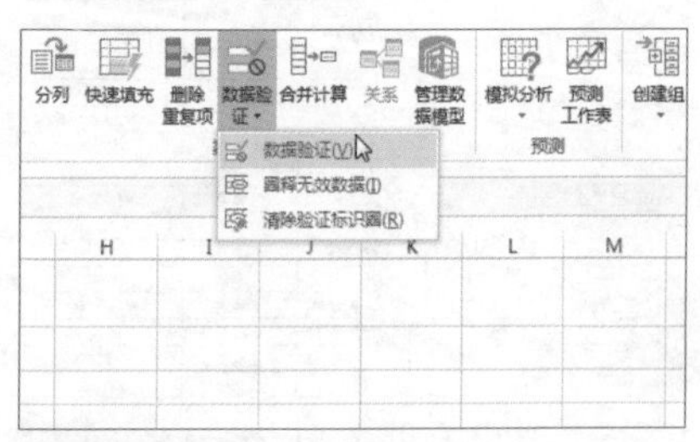

Step02 弹出【数据验证】对话框，切换至【输入信息】选项卡，在【标

题】下的文本框中输入【请输入正确的日期】，在【输入信息】下的文本框中输入【日期介于 2017/5/1 和 2017/5/31 之间！】，单击【确定】按钮。

小技巧

如果要清除设置的输入信息条件，也可以在【数据验证】对话框中单击【全部清除】按钮。

Step03 返回工作表中，选中设置了输入信息条件的任意单元格，如单元格 A5，可在单元格的下侧看到显示的提示信息。

	A	B	C	D	E
2	日期	员工姓名	部门	费用类别	费用金额（元）
3		常**	销售部	差旅费	¥1,200.00
4		华**	人事部	招聘费	¥500.00
5		赵**	生产部	培训费	¥600.00
6			人事部	宣传费	¥1,000.00
7			行政部	办公费	¥800.00
8			行政部	通讯费	¥600.00
9			策划部	汽车费	¥200.00
10		何**	行政部	招待费	¥600.00
11		金**	行政部	办公费	¥300.00

请输入正确的日期
日期介于2017/5/1和2017/5/31之间！

7.1.3 设置出错警告

当用户想要在录入错误数据时，弹出一个出错的警告框来提醒用户，可通过设置出错警告来实现目的。

Step01 继续选中单元格区域 A3:A25，在【数据】选项卡下的【数据工具】组中单击【数据验证】下三角按钮 数据验证▾，在展开的下拉列表中选择【数据验证】选项。

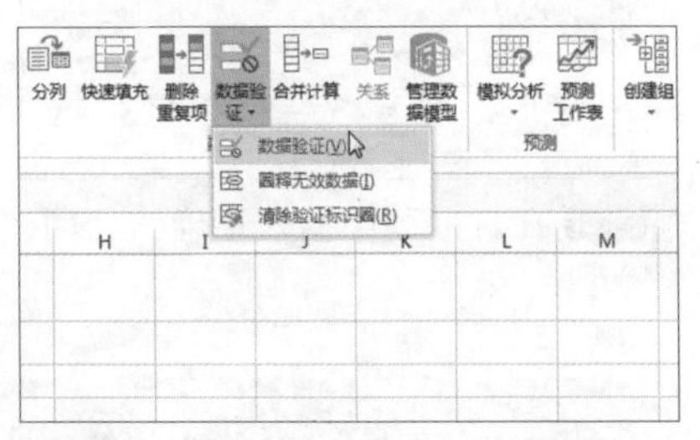

Step02 弹出【数据验证】对话框，切换至【出错警告】选项卡下，设置【样式】为【停止】，在【标题】下的文本框中输入【输入错误】，在【错误信息】下的文本框中输入【请输入正确格式的日期数据！】，单击【确定】按钮。

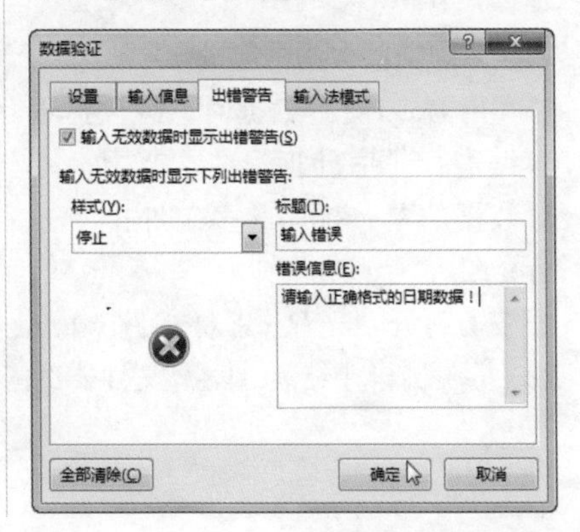

Step03 返回工作表中，在单元格 A3 中输入【2017/4/5】，由于该日期未在设置的条件范围内，会弹出一个【输入错误】对话框，提示用户输入正确格式的日期数据，单击【取消】按钮。

日期	员工姓名	部门	费用类别	费用金额（元）
2017-4-5	韦**	销售部	差旅费	¥1,200.00
		人事部	招聘费	¥500.00
		生产部	培训费	¥600.00
		人事部	宣传费	¥1,000.00
				¥800.00
				¥600.00
				¥200.00
				¥600.00
				¥300.00
	风**	人事部	宣传费	¥800.00
	李**	策划部	汽车费	¥900.00

请输入正确的日期
日期介于2017/5/1和2017/5/31之间！

输入错误
请输入正确格式的日期数据！
重试(R) 取消 帮助(H)

Step04 在日期列中输入正确的日期，即可完成日常费用统计表的制作。

日常费用统计表				
日期	员工姓名	部门	费用类别	费用金额（元）
2017/5/1	韦**	销售部	差旅费	¥1,200.00
2017/5/2	华**	人事部	招聘费	¥500.00
2017/5/2	赵**	生产部	培训费	¥600.00
2017/5/8	风**	人事部	宣传费	¥1,000.00
2017/5/8	金**	行政部	办公费	¥800.00
2017/5/10	张**	行政部	通讯费	¥600.00
2017/5/11	李**	策划部	汽车费	¥200.00
2017/5/11	何**	行政部	招待费	¥600.00
2017/5/12	金**	行政部	办公费	¥300.00
2017/5/14	风**	人事部	宣传费	¥800.00
2017/5/14	李**	策划部	汽车费	¥900.00
2017/5/16	赵**	生产部	培训费	¥1,200.00
2017/5/17	韦**	销售部	差旅费	¥2,000.00
2017/5/18	金**	行政部	办公费	¥200.00
2017/5/18	风**	人事部	宣传费	¥1,500.00
2017/5/20	华**	人事部	招聘费	¥1,600.00
2017/5/20	赵**	生产部	培训费	¥800.00
2017/5/22	金**	行政部	办公费	¥600.00
2017/5/22	李**	策划部	汽车费	¥800.00
2017/5/25	风**	人事部	宣传费	¥1,600.00
2017/5/28	何**	行政部	招待费	¥1,500.00
2017/5/28	韦**	销售部	差旅费	¥1,600.00
2017/5/31	张**	行政部	通讯费	¥200.00

7.2 制作《员工销售业绩表》

为了解企业的销售金额情况，掌握各个地区或者产品的销售数据，用户可制作员工销售业绩表。

本节就以制作《员工销售业绩表》为例，主要介绍数据的排序、筛选和分类汇总操作。

7.2.1 对销售数据进行排序

用 Excel 处理数据时，经常要对数据进行排序处理，在本节中，将对数据的单一排序和多条件排序进行介绍。

Step01 打开“光盘\素材文件\第 7 章\员工销售业绩表 .xlsx”文件，选中【销售金额（元）】列中的任意数据单元格，如单元格 F4，切换至【数据】选项卡，单击【排序和筛选】组中的【降序】按钮。

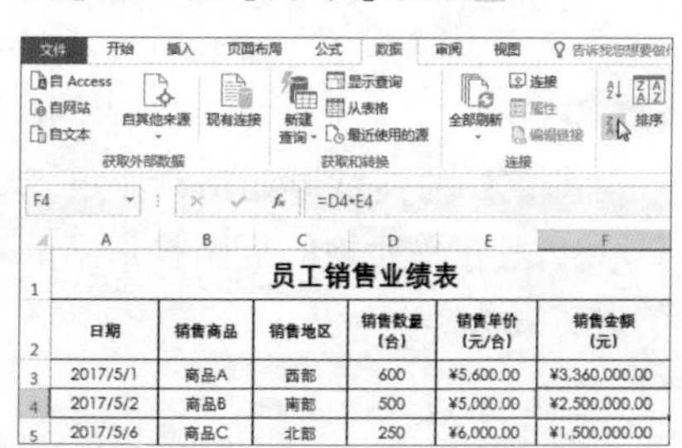

员工销售业绩表					
日期	销售商品	销售地区	销售数量（台）	销售单价（元/台）	销售金额（元）
2017/5/1	商品A	西部	600	¥5,600.00	¥3,360,000.00
2017/5/2	商品B	南部	500	¥5,000.00	¥2,500,000.00
2017/5/6	商品C	北部	250	¥6,000.00	¥1,500,000.00

Step02 随后可看到 F 列中的销售金额按照从高到低的顺序进行了排列。

员工销售业绩表					
日期	销售商品	销售地区	销售数量（台）	销售单价（元/台）	销售金额（元）
2017/5/6	商品D	西部	680	¥8,000.00	¥5,440,000.00
2017/5/25	商品D	东部	660	¥8,000.00	¥5,280,000.00
2017/5/15	商品A	南部	700	¥5,600.00	¥3,920,000.00
2017/5/1	商品A	西部	600	¥5,600.00	¥3,360,000.00
2017/5/22	商品B	西部	600	¥5,000.00	¥3,000,000.00
2017/5/25	商品C	东部	450	¥6,000.00	¥2,700,000.00
2017/5/19	商品D	南部	320	¥8,000.00	¥2,560,000.00
2017/5/2	商品B	南部	500	¥5,000.00	¥2,500,000.00
2017/5/10	商品D	北部	300	¥8,000.00	¥2,400,000.00
2017/5/16	商品C	北部	400	¥6,000.00	¥2,400,000.00
2017/5/18	商品D	东部	300	¥8,000.00	¥2,400,000.00
2017/5/30	商品C	南部	260	¥6,000.00	¥1,560,000.00
2017/5/6	商品C	北部	250	¥6,000.00	¥1,500,000.00
2017/5/28	商品B	北部	240	¥5,000.00	¥1,200,000.00
2017/5/8	商品A	东部	200	¥5,600.00	¥1,120,000.00
2017/5/22	商品A	南部	150	¥5,600.00	¥840,000.00
2017/5/28	商品A	东部	150	¥5,600.00	¥840,000.00
2017/5/15	商品B	西部	150	¥5,000.00	¥750,000.00
2017/5/26	商品B	西部	120	¥5,000.00	¥600,000.00
2017/5/9	商品B	南部	100	¥5,000.00	¥500,000.00

Step03 在【数据】选项卡下的【排序和筛选】组中单击【排序】按钮。

Step04 弹出【排序】对话框，单击【主要关键字】右侧的下三角按钮，在展开的下拉列表中选择【销售数量（台）】选项。

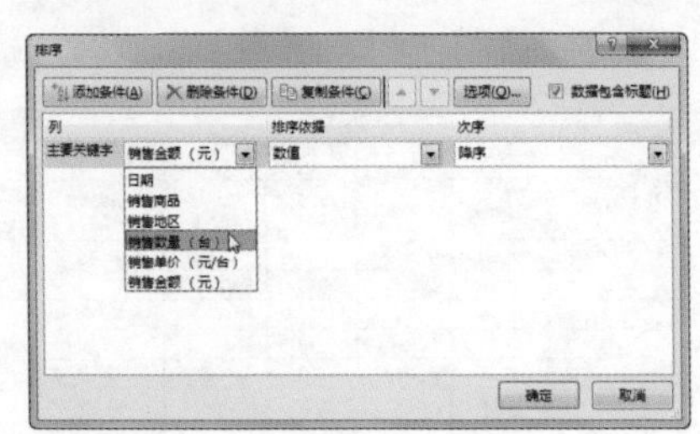

Step05 单击【次序】右侧的下三角按钮，在展开的下拉列表中选择【升序】选项。

Step06 随后单击对话框左上角的【添加条件】按钮。

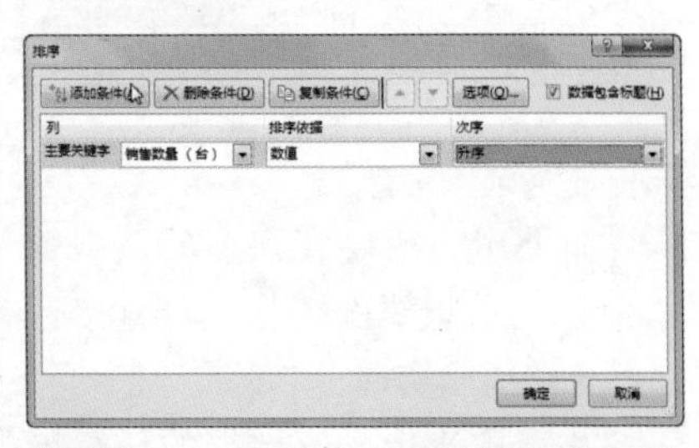

Step07 即可看到【主要关键字】下增加了一个【次要关键字】，设置【次要关键字】为【销售金额（元）】，保持【排序依据】为【数值】，保持【次序】为【升序】，单击【确定】按钮。

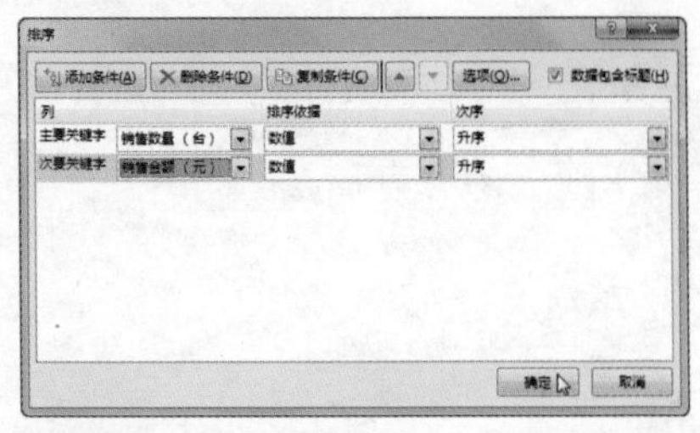

Step08 返回工作表，即可看到表中的数据先按照销售数量进行了升序排序，如果销售数量相同，则会按照销售金额进行升序排序。

	A	B	C	D	E	F
1	员工销售业绩表					
2	日期	销售商品	销售地区	销售数量（台）	销售单价（元/台）	销售金额（元）
3	2017/5/9	商品B	南部	100	¥5,000.00	¥500,000.00
4	2017/5/26	商品B	西部	120	¥5,000.00	¥600,000.00
5	2017/5/15	商品B	西部	150	¥5,000.00	¥750,000.00
6	2017/5/22	商品A	南部	150	¥5,600.00	¥840,000.00
7	2017/5/28	商品A	东部	150	¥5,600.00	¥840,000.00
8	2017/5/8	商品A	东部	200	¥5,600.00	¥1,120,000.00
9	2017/5/28	商品B	北部	240	¥5,000.00	¥1,200,000.00
10	2017/5/6	商品C	北部	250	¥6,000.00	¥1,500,000.00
11	2017/5/30	商品C	南部	260	¥6,000.00	¥1,560,000.00
12	2017/5/10	商品D	北部	300	¥8,000.00	¥2,400,000.00
13	2017/5/18	商品D	东部	300	¥8,000.00	¥2,400,000.00
14	2017/5/19	商品D	南部	320	¥8,000.00	¥2,560,000.00
15	2017/5/16	商品C	北部	400	¥6,000.00	¥2,400,000.00
16	2017/5/25	商品C	东部	450	¥6,000.00	¥2,700,000.00
17	2017/5/2	商品B	南部	500	¥5,000.00	¥2,500,000.00
18	2017/5/22	商品B	西部	600	¥5,000.00	¥3,000,000.00
19	2017/5/1	商品A	西部	600	¥5,600.00	¥3,360,000.00
20	2017/5/25	商品D	东部	660	¥8,000.00	¥5,280,000.00
21	2017/5/6	商品D	西部	680	¥8,000.00	¥5,440,000.00
22	2017/5/15	商品A	南部	700	¥5,600.00	¥3,920,000.00

7.2.2 筛选销售数据

如果用户想要在众多的销售数据中只显示想要的数据，可直接通过筛选功能来实现。

Step01 选中表中含有数据的任意单元格，在【数据】选项卡下的【排序和筛选】组中单击【筛选】按钮。

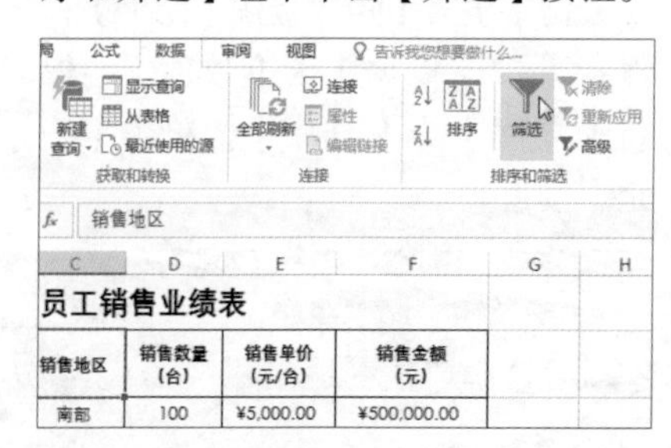

用户还可以直接在筛选列表中的搜索框中输入要搜索的信息，单击右侧的【搜索】按钮，也可以筛选搜索的数据。

Step02 可看到每列的标题右侧会出现一个下拉按钮，单击【销售商品】单元格右侧的下拉按钮。

	A	B	C	D	E	F
1	员工销售业绩表					
2	日期	销售商品	销售地区	销售数量（台）	销售单价（元/台）	销售金额（元）
3	2017/5/9	商品B	南部	100	¥5,000.00	¥500,000.00
4	2017/5/26	商品B	西部	120	¥5,000.00	¥600,000.00
5	2017/5/15	商品B	西部	150	¥5,000.00	¥750,000.00
6	2017/5/22	商品A	南部	150	¥5,600.00	¥840,000.00
7	2017/5/28	商品A	东部	150	¥5,600.00	¥840,000.00
8	2017/5/8	商品A	东部	200	¥5,600.00	¥1,120,000.00
9	2017/5/28	商品B	北部	240	¥5,000.00	¥1,200,000.00
10	2017/5/6	商品C	北部	250	¥6,000.00	¥1,500,000.00
11	2017/5/30	商品C	南部	260	¥6,000.00	¥1,560,000.00

Step03 在展开的筛选列表中取消选中【全选】复选框，只选中【商品B】复选框，单击【确定】按钮。

升序(S)
降序(O)
按颜色排序(T)
从"销售商品"中清除筛选(C)
按颜色筛选(I)
文本筛选(F)
搜索
(全选)
商品A
商品B
商品C
商品D
确定
取消

	A	B	C	D	E	F
1	员工销售业绩表					
2	日期	销售商品	销售地区	销售数量（台）	销售单价（元/台）	销售金额（元）
				100	¥5,000.00	¥500,000.00
				120	¥5,000.00	¥600,000.00
				150	¥5,000.00	¥750,000.00
				150	¥5,600.00	¥840,000.00
				150	¥5,600.00	¥840,000.00
				200	¥5,600.00	¥1,120,000.00
				240	¥5,000.00	¥1,200,000.00
				250	¥6,000.00	¥1,500,000.00
				260	¥6,000.00	¥1,560,000.00
				300	¥8,000.00	¥2,400,000.00
				300	¥8,000.00	¥2,400,000.00
				320	¥8,000.00	¥2,560,000.00
				400	¥6,000.00	¥2,400,000.00
				450	¥6,000.00	¥2,700,000.00
				500	¥5,000.00	¥2,500,000.00
				600	¥5,000.00	¥3,000,000.00
19	2017/5/1	商品A	西部	600	¥5,600.00	¥3,360,000.00
20	2017/5/25	商品D	东部	660	¥8,000.00	¥5,280,000.00
21	2017/5/6	商品D	西部	680	¥8,000.00	¥5,440,000.00
22	2017/5/15	商品A	南部	700	¥5,600.00	¥3,920,000.00

Step04 即可看到工作表中只显示了【销售商品】为【商品B】的数据。

	A	B	C	D	E	F
1	员工销售业绩表					
2	日期	销售商品	销售地区	销售数量（台）	销售单价（元/台）	销售金额（元）
3	2017/5/9	商品B	南部	100	¥5,000.00	¥500,000.00
4	2017/5/26	商品B	西部	120	¥5,000.00	¥600,000.00
5	2017/5/15	商品B	西部	150	¥5,000.00	¥750,000.00
9	2017/5/28	商品B	北部	240	¥5,000.00	¥1,200,000.00
17	2017/5/2	商品B	南部	500	¥5,000.00	¥2,500,000.00
18	2017/5/22	商品B	西部	600	¥5,000.00	¥3,000,000.00
23						
24						
25						
26						

Step05 单击【销售商品】单元格右

侧的筛选按钮，在展开的筛选列表中选择【从“销售商品”中清除筛选】选项。

员工销售业绩表

日期	销售商品	销售地区	销售数量（台）	销售单价（元/台）	销售金额（元）
			100	¥5,000.00	¥500,000.00
			120	¥5,000.00	¥600,000.00
			150	¥5,000.00	¥750,000.00
			240	¥5,000.00	¥1,200,000.00
			500	¥5,000.00	¥2,500,000.00
			600	¥5,000.00	¥3,000,000.00

升序(S)
降序(O)
按颜色排序(T)
从“销售商品”中清除筛选(C)
按颜色筛选(I)
文本筛选(F)
搜索
(全选)
商品A
商品B
商品C
商品D

Step06 此时，工作表中的数据返回了筛选前的效果，单击【销售金额（元）】右侧的筛选按钮，在展开的筛选列表中选择【数字筛选→大于或等于】选项。

员工销售业绩表

	日期	销售商品	销售地区	销售数量（台）	销售单价（元/台）	销售金额（元）
3	2017/5/9	商品B	南部			
4	2017/5/26	商品B	西部			
5	2017/5/15	商品B	西部			
6	2017/5/22	商品A	南部			
7	2017/5/28	商品A	东部			
8	2017/5/8	商品A	东部			
9	2017/5/28	商品B	北部			
10	2017/5/6	商品C	北部			
11	2017/5/30	商品C	南部			
12	2017/5/10	商品D	北部			
13	2017/5/18	商品D	东部			
14	2017/5/19	商品D	南部			
15	2017/5/16	商品C	北部			
16	2017/5/25	商品C	东部			
17	2017/5/2	商品B	南部			
18	2017/5/22	商品B	西部			
19	2017/5/1	商品A	西部	600	¥5,600.00	¥3,360,000.00
20	2017/5/25	商品D	东部	660	¥8,000.00	¥5,280,000.00
21	2017/5/6	商品D	西部	680	¥8,000.00	¥5,440,000.00
22	2017/5/15	商品A	南部	700	¥5,600.00	¥3,920,000.00

升序(S)
降序(O)
按颜色排序(T)
从“销售金额（元）”中清除筛选(C)
按颜色筛选(I)
数字筛选(F)
搜索
(全选)
¥500,000.00
¥600,000.00
¥750,000.00
¥840,000.00
¥1,120,000.00
¥1,200,000.00
¥1,500,000.00
¥1,560,000.00
¥2,400,000.00
确定　取消
等于(E)...
不等于(N)...
大于(G)...
大于或等于(O)...
小于(L)...
小于或等于(Q)...
介于(W)...
前 10 项(T)...
高于平均值(A)
低于平均值(O)
自定义筛选(F)...

Step07 弹出【自定义自动筛选方式】对话框，在【显示行】选项组下设置【销售金额（元）大于或等于 2000000】，单击【确定】按钮。

Step08 返回工作表，即可看到筛选出的销售金额大于等于 2 000 000 元的数据。

员工销售业绩表

	日期	销售商品	销售地区	销售数量（台）	销售单价（元/台）	销售金额（元）
12	2017/5/10	商品D	北部	300	¥8,000.00	¥2,400,000.00
13	2017/5/18	商品D	东部	300	¥8,000.00	¥2,400,000.00
14	2017/5/19	商品D	南部	320	¥8,000.00	¥2,560,000.00
15	2017/5/16	商品C	北部	400	¥6,000.00	¥2,400,000.00
16	2017/5/25	商品C	东部	450	¥6,000.00	¥2,700,000.00
17	2017/5/2	商品B	南部	500	¥5,000.00	¥2,500,000.00
18	2017/5/22	商品B	西部	600	¥5,000.00	¥3,000,000.00
19	2017/5/1	商品A	西部	600	¥5,600.00	¥3,360,000.00
20	2017/5/25	商品D	东部	660	¥8,000.00	¥5,280,000.00
21	2017/5/6	商品D	西部	680	¥8,000.00	¥5,440,000.00
22	2017/5/15	商品A	南部	700	¥5,600.00	¥3,920,000.00

7.2.3 分类汇总销售数据

在实际工作中，常常需要对 Excel 中的某一个字段进行分类，然后将该字段的数据进行汇总，可通过分类汇总功能来实现。

需要注意的是，在使用分类汇总字段前，必须对该字段进行排序，以便于将相同的字段放置在相邻的位置，从而便于字段的分类和汇总统计。

Step01 在【数据】选项卡下的【排序和筛选】组中单击【筛选】按钮。

	A	B	C	D	E	F
1	员工销售业绩表					
2	日期	销售商品	销售地区	销售数量（台）	销售单价（元/台）	销售金额（元）
12	2017/5/10	商品D	北部	300	¥8,000.00	¥2,400,000.00
13	2017/5/18	商品D	东部	300	¥8,000.00	¥2,400,000.00
14	2017/5/19	商品D	南部	320	¥8,000.00	¥2,560,000.00
15	2017/5/16	商品C	北部	400	¥6,000.00	¥2,400,000.00
16	2017/5/25	商品C	东部	450	¥6,000.00	¥2,700,000.00
17	2017/5/2	商品B	南部	500	¥5,000.00	¥2,500,000.00
18	2017/5/22	商品B	西部	600	¥5,000.00	¥3,000,000.00
19	2017/5/1	商品A	西部	600	¥5,600.00	¥3,360,000.00
20	2017/5/25	商品D	东部	660	¥8,000.00	¥5,280,000.00
21	2017/5/6	商品D	西部	680	¥8,000.00	¥5,440,000.00
22	2017/5/15	商品A	南部	700	¥5,600.00	¥3,920,000.00

Step02 选中【销售地区】列中的任意单元格，如单元格C3，在【数据】选项卡下的【排序和筛选】组中单击【升序】按钮。

	A	B	C	D	E	F
1	员工销售业绩表					
2	日期	销售商品	销售地区	销售数量（台）	销售单价（元/台）	销售金额（元）
3	2017/5/9	商品B	南部	100	¥5,000.00	¥500,000.00
4	2017/5/26	商品B	西部	120	¥5,000.00	¥600,000.00
5	2017/5/15	商品B	西部	150	¥5,000.00	¥750,000.00

Step03 即可看到【销售地区】列中的数据按照第一个文字的字母进行了升序排序。

	A	B	C	D	E	F
1	员工销售业绩表					
2	日期	销售商品	销售地区	销售数量（台）	销售单价（元/台）	销售金额（元）
3	2017/5/28	商品B	北部	240	¥5,000.00	¥1,200,000.00
4	2017/5/6	商品C	北部	250	¥6,000.00	¥1,500,000.00
5	2017/5/10	商品D	北部	300	¥8,000.00	¥2,400,000.00
6	2017/5/16	商品C	北部	400	¥6,000.00	¥2,400,000.00
7	2017/5/28	商品A	东部	150	¥5,600.00	¥840,000.00
8	2017/5/8	商品A	东部	200	¥5,600.00	¥1,120,000.00
9	2017/5/18	商品D	东部	300	¥8,000.00	¥2,400,000.00
10	2017/5/25	商品C	东部	450	¥6,000.00	¥2,700,000.00
11	2017/5/25	商品D	东部	660	¥8,000.00	¥5,280,000.00
12	2017/5/9	商品B	南部	100	¥5,000.00	¥500,000.00
13	2017/5/22	商品A	南部	150	¥5,600.00	¥840,000.00
14	2017/5/30	商品C	南部	260	¥6,000.00	¥1,560,000.00
15	2017/5/19	商品D	南部	320	¥8,000.00	¥2,560,000.00
16	2017/5/2	商品B	南部	500	¥5,000.00	¥2,500,000.00
17	2017/5/15	商品A	南部	700	¥5,600.00	¥3,920,000.00
18	2017/5/26	商品B	西部	120	¥5,000.00	¥600,000.00
19	2017/5/15	商品B	西部	150	¥5,000.00	¥750,000.00
20	2017/5/22	商品B	西部	600	¥5,000.00	¥3,000,000.00
21	2017/5/1	商品A	西部	600	¥5,600.00	¥3,360,000.00
22	2017/5/6	商品D	西部	680	¥8,000.00	¥5,440,000.00

Step04 在【数据】选项卡下的【分级显示】组中单击【分类汇总】按钮。

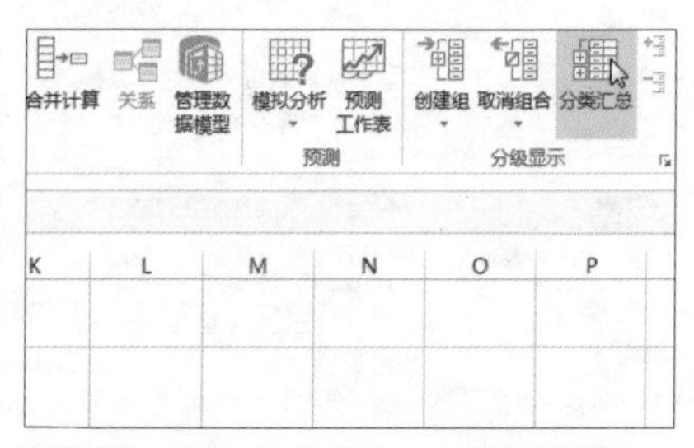

Step05 弹出【分类汇总】对话框，单击【分类字段】右侧的下三角按钮，在展开的下拉列表中选择【销售地区】选项。

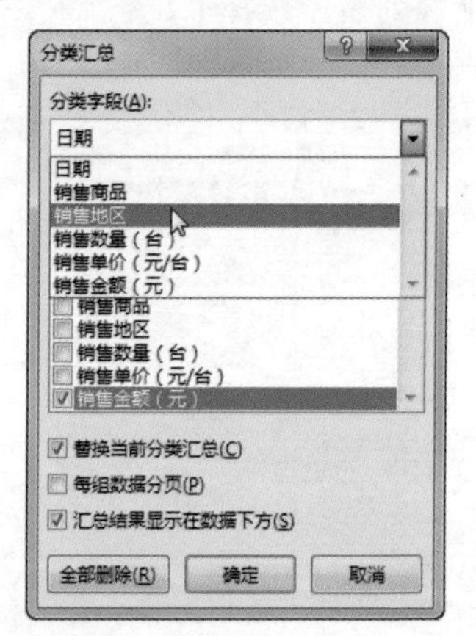

小技巧

如果用户想要让汇总后的结果显示在数据上方，则在【分类汇总】对话框中取消选中【汇总结果显示在数据下方】复选框。

Step06 保持【汇总方式】为【求和】，在【选定汇总项】下的列表框中选中【销售数量（台）】和【销售金额（元）】复选框，单击【确定】按钮。

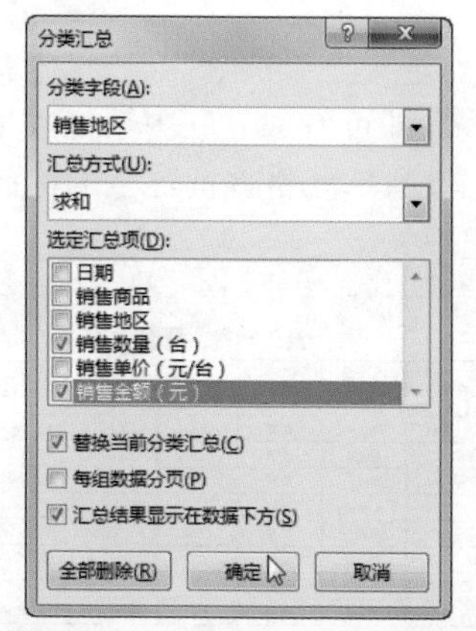

Step07 返回工作表，即可看到销售数据以销售地区为类别对本月的销售数量和销售金额进行了分类汇总，单击表格左上角中的级别【2】按钮。

	A	B	C	D	E	F
1	员工销售业绩表					
2	日期	销售商品	销售地区	销售数量（台）	销售单价（元/台）	销售金额（元）
3	2017/5/28	商品B	北部	240	¥5,000.00	¥1,200,000.00
4	2017/5/6	商品C	北部	250	¥6,000.00	¥1,500,000.00
5	2017/5/10	商品D	北部	300	¥8,000.00	¥2,400,000.00
6	2017/5/16	商品C	北部	400	¥6,000.00	¥2,400,000.00
7			北部 汇总	1190		¥7,500,000.00
8	2017/5/28	商品A	东部	150	¥5,600.00	¥840,000.00
9	2017/5/8	商品A	东部	200	¥5,600.00	¥1,120,000.00
10	2017/5/18	商品D	东部	300	¥8,000.00	¥2,400,000.00
11	2017/5/25	商品C	东部	450	¥6,000.00	¥2,700,000.00
12	2017/5/25	商品D	东部	660	¥8,000.00	¥5,280,000.00
13			东部 汇总	1760		¥12,340,000.00
14	2017/5/9	商品B	南部	100	¥5,000.00	¥500,000.00
15	2017/5/22	商品A	南部	150	¥5,600.00	¥840,000.00
16	2017/5/30	商品C	南部	260	¥6,000.00	¥1,560,000.00
17	2017/5/19	商品D	南部	320	¥8,000.00	¥2,560,000.00
18	2017/5/2	商品B	南部	500	¥5,000.00	¥2,500,000.00
19	2017/5/15	商品A	南部	700	¥5,600.00	¥3,920,000.00
20			南部 汇总	2030		¥11,880,000.00
21	2017/5/26	商品B	西部	120	¥5,000.00	¥600,000.00
22	2017/5/15	商品B	西部	150	¥5,000.00	¥750,000.00
23	2017/5/22	商品B	西部	600	¥5,000.00	¥3,000,000.00
24	2017/5/1	商品A	西部	600	¥5,600.00	¥3,360,000.00
25	2017/5/6	商品D	西部	680	¥8,000.00	¥5,440,000.00
26			西部 汇总	2150		¥13,150,000.00
27			总计	7130		¥44,870,000.00

Step08 可看到工作表中只显示了各个地区的分类汇总数据，隐藏了明细的销售数据。

	A	B	C	D	E	F
1	员工销售业绩表					
2	日期	销售商品	销售地区	销售数量（台）	销售单价（元/台）	销售金额（元）
7			北部 汇总	1190		¥7,500,000.00
13			东部 汇总	1760		¥12,340,000.00
20			南部 汇总	2030		¥11,880,000.00
26			西部 汇总	2150		¥13,150,000.00
27			总计	7130		¥44,870,000.00
28						
29						

·技能拓展·

在前面通过相关案例的讲解，主要给读者介绍了 Excel 中的数据验证功能、排序和筛选功能及分类汇总数据功能，接下来给读者介绍一些相关的技能拓展知识。

一、圈出无效的数据

在日常工作中，有可能需要将 Excel 表中不符合条件的数据圈出来，此时可以通过圈释无效数据功能来实现。

Step01 选中已经输入了数据并要设置条件的单元格区域 D3：D22，在【数据】选项卡下的【数据工具】组中单击【数据验证】下三角按钮，在展开的下拉列表中选择【数据验证】选项。

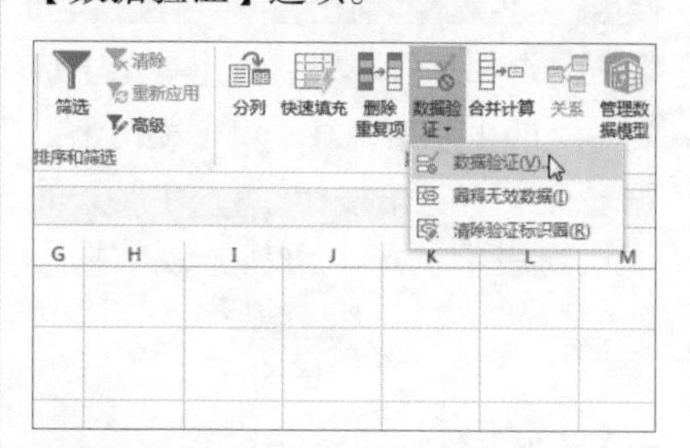

Step02 弹出【数据验证】对话框，在

【设置】选项卡下设置【允许】为【整数】，单击【数据】右侧的下三角按钮，在展开的下拉列表中选择【大于】选项。

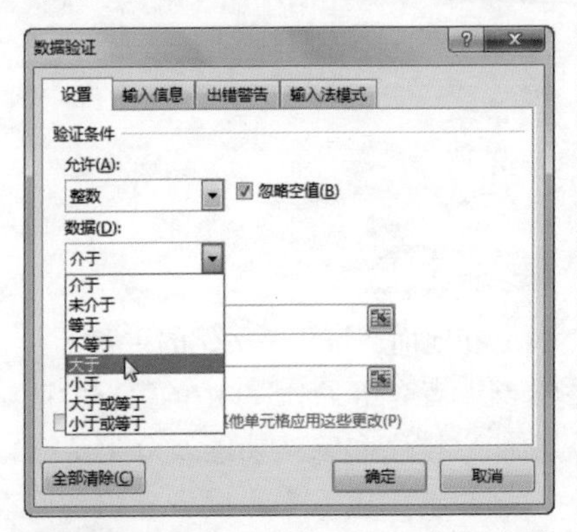

Step03 在【最小值】下的文本框中输入【200】，单击【确定】按钮。

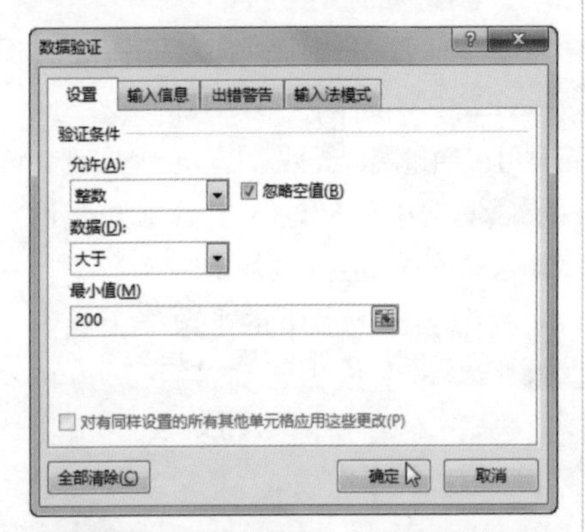

Step04 返回工作表中，在【数据】选项卡下的【数据工具】组中单击【数据验证】下三角按钮，在展开的下拉列表中选择【圈释无效数据】选项。

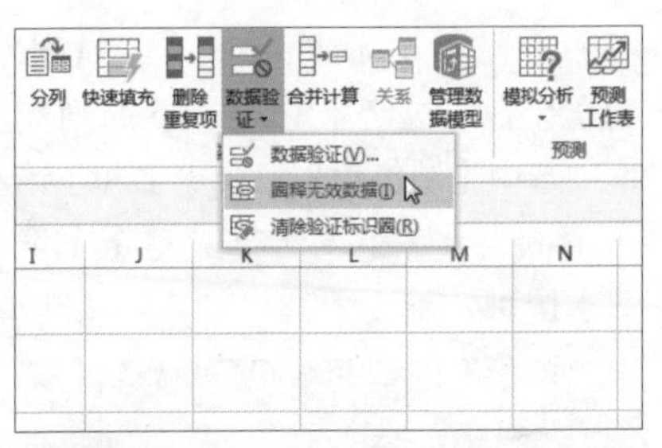

Step05 即可看到 D 列中销售数量小于 200 的单元格将被红色的椭圆形圈出来。

	A	B	C	D	E	F
1	员工销售业绩表					
2	日期	销售商品	销售地区	销售数量（台）	销售单价（元/台）	销售金额（元）
3	2017/5/1	商品A	西部	600	¥5,600.00	¥3,360,000.00
4	2017/5/2	商品B	南部	500	¥5,000.00	¥2,500,000.00
5	2017/5/6	商品D	西部	680	¥8,000.00	¥5,440,000.00
6	2017/5/6	商品C	北部	250	¥6,000.00	¥1,500,000.00
7	2017/5/8	商品A	东部	200	¥5,600.00	¥1,120,000.00
8	2017/5/9	商品B	南部	100	¥5,000.00	¥500,000.00
9	2017/5/10	商品D	北部	300	¥8,000.00	¥2,400,000.00
10	2017/5/15	商品B	西部	150	¥5,000.00	¥750,000.00
11	2017/5/15	商品A	南部	700	¥5,600.00	¥3,920,000.00
12	2017/5/16	商品C	北部	400	¥6,000.00	¥2,400,000.00
13	2017/5/18	商品D	东部	300	¥8,000.00	¥2,400,000.00
14	2017/5/19	商品D	南部	320	¥8,000.00	¥2,560,000.00
15	2017/5/22	商品B	西部	600	¥5,000.00	¥3,000,000.00
16	2017/5/22	商品A	南部	150	¥5,600.00	¥840,000.00
17	2017/5/25	商品C	东部	450	¥6,000.00	¥2,700,000.00
18	2017/5/25	商品D	东部	660	¥8,000.00	¥5,280,000.00
19	2017/5/26	商品B	西部	120	¥5,000.00	¥600,000.00
20	2017/5/28	商品A	东部	150	¥5,600.00	¥840,000.00
21	2017/5/28	商品B	北部	240	¥5,000.00	¥1,200,000.00
22	2017/5/30	商品C	南部	260	¥6,000.00	¥1,560,000.00

二、删除表格中的重复项数据

在使用 Excel 表格汇总大批量数据时，难免会出现一些重复行和重复数据，这时应该将那些重复的数据删除，以免影响工作。主要的操作步骤如下。

Step01 选中工作表中含有数据的任意单元格，在【数据】选项卡下的【数据工具】组中单击【删除重复项】按钮。

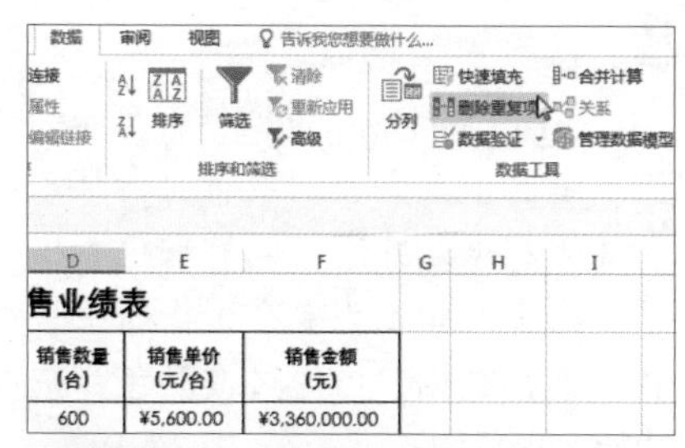

Step02 弹出【删除重复项】对话框，直接单击【确定】按钮。

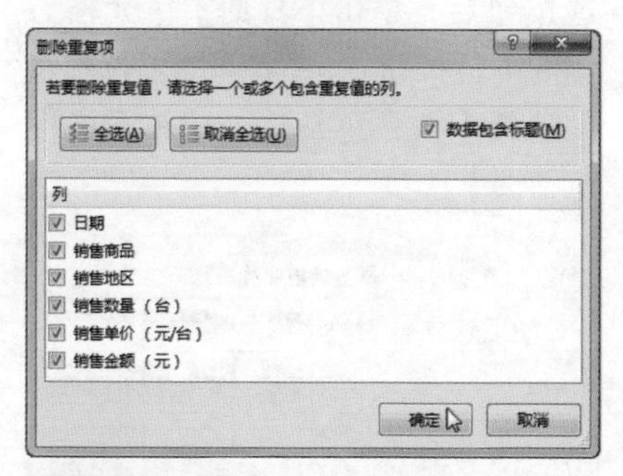

Step03 弹出提示框，提示用户发现了 3 个重复值，已将其删除，保留了 20 个唯一值，单击【确定】按钮，即可将重复值删除了。

三、自定义排序数据

在实际工作中，Excel 默认的排序方式往往无法满足工作需要，此时可以根据自己的需要设置一个排序列表，具体操作步骤如下。

Step01 单击【数据】选项卡下【排序和筛选】组中的【排序】按钮，打开【排序】对话框，设置【主要关键字】为【销售地区】，单击【次序】右侧的下三角按钮，在展开的下拉列表中选择【自定义序列】选项。

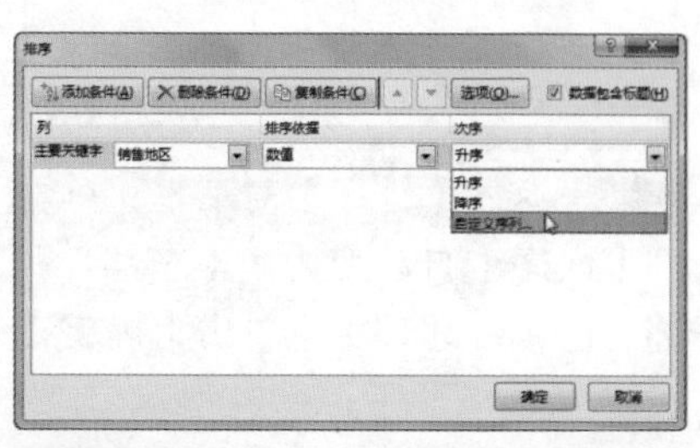

Step02 弹出【自定义序列】对话框，在【输入序列】列表框中输入【东部 西部 南部 北部】，在换行时可使用【Enter】键分隔列表条目，单击【添加】按钮。

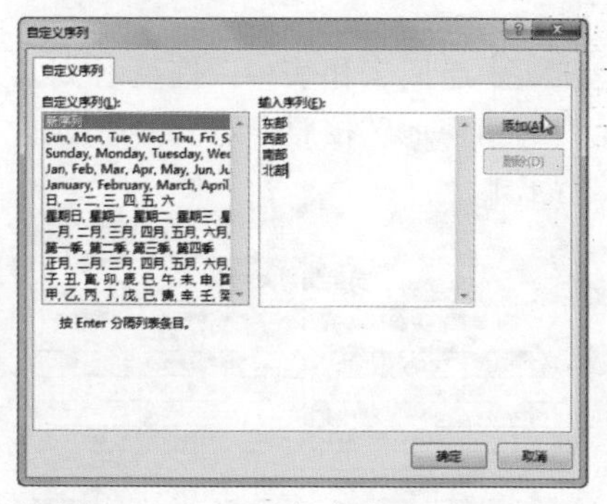

Step03 即可看到【自定义序列】中会自动添加设置的序列，选中该序列，单击【确定】按钮。

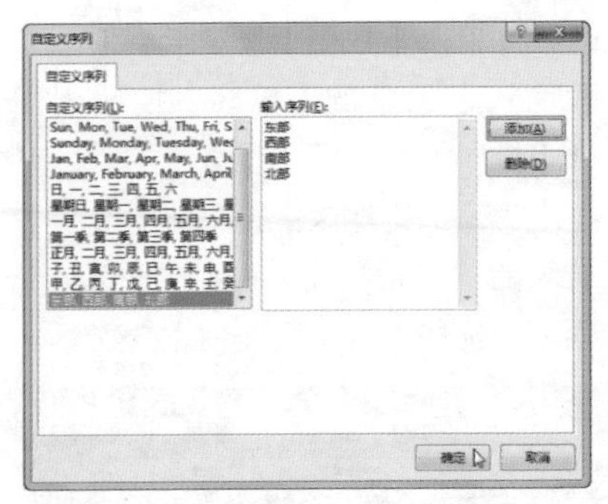

Step04 返回【排序】对话框，可看到【次序】自动变为了【东部，西部，南部，北部】，单击【确定】按钮。

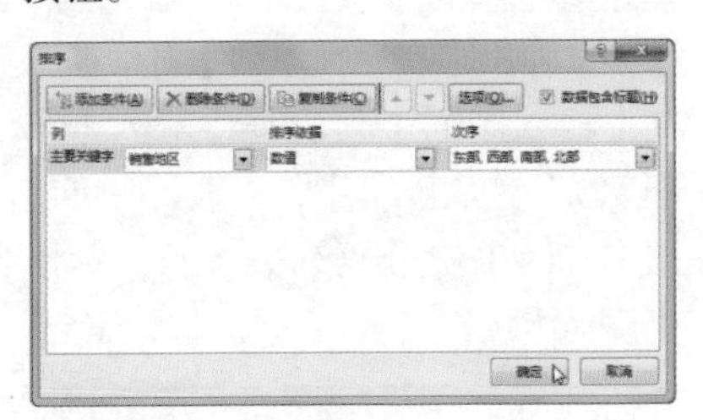

Step05 返回工作表中，即可看到C列的销售地区按照自定义的序列进行了排序。

	A	B	C	D	E	F
1	员工销售业绩表					
2	日期	销售商品	销售地区	销售数量（台）	销售单价（元/台）	销售金额（元）
3	2017/5/8	商品A	东部	200	¥5,600.00	¥1,120,000.00
4	2017/5/18	商品D	东部	300	¥8,000.00	¥2,400,000.00
5	2017/5/25	商品C	东部	450	¥6,000.00	¥2,700,000.00
6	2017/5/25	商品D	东部	660	¥8,000.00	¥5,280,000.00
7	2017/5/28	商品A	东部	150	¥5,600.00	¥840,000.00
8	2017/5/1	商品A	西部	600	¥5,600.00	¥3,360,000.00
9	2017/5/6	商品D	西部	680	¥8,000.00	¥5,440,000.00
10	2017/5/15	商品B	西部	150	¥5,000.00	¥750,000.00
11	2017/5/22	商品B	西部	600	¥5,000.00	¥3,000,000.00
12	2017/5/26	商品B	西部	120	¥5,000.00	¥600,000.00
13	2017/5/2	商品B	南部	500	¥5,000.00	¥2,500,000.00
14	2017/5/9	商品B	南部	100	¥5,000.00	¥500,000.00
15	2017/5/15	商品A	南部	700	¥5,600.00	¥3,920,000.00
16	2017/5/19	商品D	南部	320	¥8,000.00	¥2,560,000.00
17	2017/5/22	商品A	南部	150	¥5,600.00	¥840,000.00
18	2017/5/30	商品C	南部	260	¥6,000.00	¥1,560,000.00
19	2017/5/6	商品C	北部	250	¥6,000.00	¥1,500,000.00
20	2017/5/10	商品D	北部	300	¥8,000.00	¥2,400,000.00
21	2017/5/16	商品C	北部	400	¥6,000.00	¥2,400,000.00
22	2017/5/28	商品B	北部	240	¥5,000.00	¥1,200,000.00

四、按颜色筛选数据

在用 Excel 办公的时候，有时会在一个表中找到相同或者符合某一条件的数据，并用不同的颜色突出显示出来，如果想要在工作表中只显示这些数据，可通过按颜色筛选功能实现目的。

Step01 为工作表中的数据添加了筛选按钮后，单击【日期】单元格右侧的下拉按钮，在展开的下拉列表中选择【按颜色筛选→按单元格颜色筛选】选项。

	A	B	C	D	E	F
1	员工销售业绩表					
2	日期	销售商品	销售地区	销售数量（台）	销售单价（元/台）	销售金额（元）
				600	¥5,600.00	¥3,360,000.00
				500	¥5,000.00	¥2,500,000.00
				250	¥6,000.00	¥1,500,000.00
				680	¥8,000.00	¥5,440,000.00
					¥5,600.00	¥1,120,000.00
					¥5,000.00	¥500,000.00
					¥8,000.00	¥2,400,000.00
				700	¥5,600.00	¥3,920,000.00
				150	¥5,000.00	¥750,000.00
				400	¥6,000.00	¥2,400,000.00
				300	¥8,000.00	¥2,400,000.00
				320	¥8,000.00	¥2,560,000.00
				150	¥5,600.00	¥840,000.00
				600	¥5,000.00	¥3,000,000.00
				450	¥6,000.00	¥2,700,000.00
				660	¥8,000.00	¥5,280,000.00
19	2017/5/26	商品B	西部	120	¥5,000.00	¥600,000.00
20	2017/5/28	商品A	东部	150	¥5,600.00	¥840,000.00
21	2017/5/28	商品B	北部	240	¥5,000.00	¥1,200,000.00
22	2017/5/30	商品C	南部	260	¥6,000.00	¥1,560,000.00

Step02 即可看到工作表中只显示填充了颜色的销售数据。

	A	B	C	D	E	F
1	员工销售业绩表					
2	日期	销售商品	销售地区	销售数量（台）	销售单价（元/台）	销售金额（元）
4	2017/5/2	商品B	南部	500	¥5,000.00	¥2,500,000.00
7	2017/5/8	商品A	东部	200	¥5,600.00	¥1,120,000.00
12	2017/5/16	商品C	北部	400	¥6,000.00	¥2,400,000.00
17	2017/5/25	商品C	东部	450	¥6,000.00	¥2,700,000.00
20	2017/5/28	商品A	东部	150	¥5,600.00	¥840,000.00
23						
24						
25						

五、多条件筛选数据

如果想要筛选出包含多个条件的数据，可以通过 Excel 组件中的高级筛选功能来实现，具体操作步骤如下。

Step01 在 H 列和 I 列中设置要筛选的条件，即销售数量大于 500，且销售金额大于 2 000 000 元，在【数据】选项卡下的【排序和筛选】组中单击【高级】按钮。

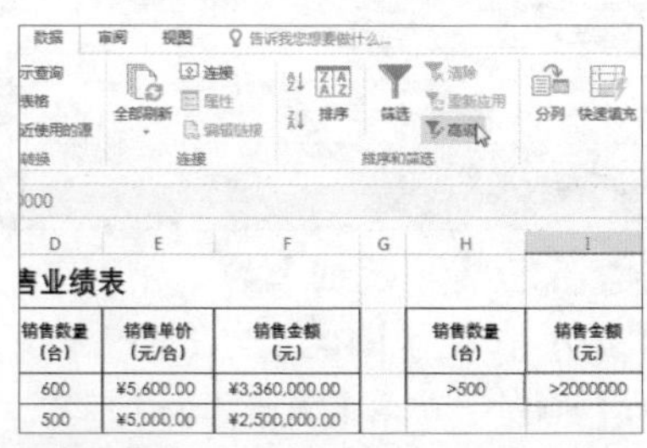

Step02 弹出【高级筛选】对话框，保持【方式】为【在原有区域显示筛选结果】，设置【列表区域】为【Sheet1！ $A$2：$F$22】，设置【条件区域】为【Sheet1！ $H$2：$I$3】，单击【确定】按钮。

Step03 返回工作表，即可看到筛选出的销售数量大于 500 台且销售金额大于 2 000 000 元的数据。

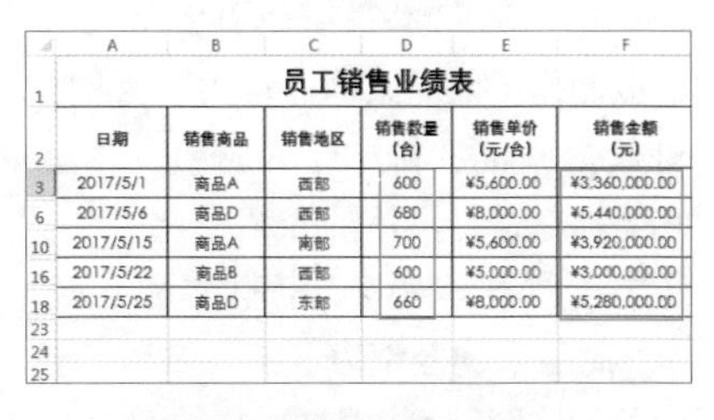

	员工销售业绩表					
2	日期	销售商品	销售地区	销售数量(台)	销售单价(元/台)	销售金额(元)
3	2017/5/1	商品A	西部	600	¥5,600.00	¥3,360,000.00
6	2017/5/6	商品D	西部	680	¥8,000.00	¥5,440,000.00
10	2017/5/15	商品A	南部	700	¥5,600.00	¥3,920,000.00
16	2017/5/22	商品B	西部	600	¥5,000.00	¥3,000,000.00
18	2017/5/25	商品D	东部	660	¥8,000.00	¥5,280,000.00
23						
24						
25						

六、清除数据的分类汇总

如果用户想要返回分类汇总前的数据效果，可将设置的分类汇总条件删除，主要的操作步骤如下。

单击【数据】选项卡下【分级显示】组中的【分类汇总】按钮，打开【分类汇总】对话框，单击左下角的【全部删除】按钮，即可将工作表中设置的分类汇总条件删除。

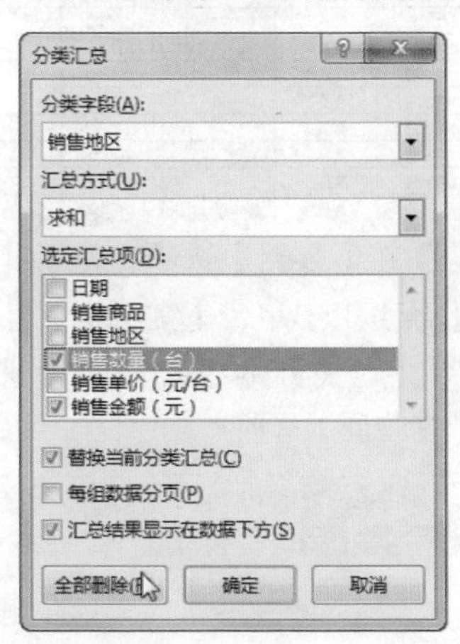

·同步实训·

制作《商品采购登记表》

为了巩固本章所学知识点，本节以制作《商品采购登记表》为例，对数据验证、排序、筛选和分类汇总等操作进行具体的介绍。

Step01 打开“光盘\素材文件\第 7 章\商品采购登记表 .xlsx”文件，选中单元格区域 C3：C22。

商品采购登记表				
采购日期	采购商品	采购数量（个）	采购单价（个/元）	采购金额（元）
4月1日	商品甲		¥52.00	
4月5日	商品乙		¥100.00	
4月6日	商品丙		¥90.00	
4月6日	商品丁		¥150.00	
4月8日	商品甲		¥52.00	
4月9日	商品乙		¥100.00	
4月9日	商品丙		¥90.00	
4月12日	商品甲		¥52.00	
4月13日	商品乙		¥100.00	
4月15日	商品丙		¥90.00	
4月15日	商品甲		¥52.00	
4月18日	商品丁		¥150.00	
4月20日	商品乙		¥100.00	
4月25日	商品甲		¥52.00	
4月25日	商品乙		¥100.00	
4月26日	商品丁		¥150.00	
4月28日	商品丁		¥150.00	
4月28日	商品甲		¥52.00	
4月30日	商品乙		¥100.00	
4月30日	商品丙		¥90.00	

Step02 在【数据】选项卡下的【数据工具】组中单击【数据验证】按钮，在展开的下拉列表中选择【数据验证】选项。

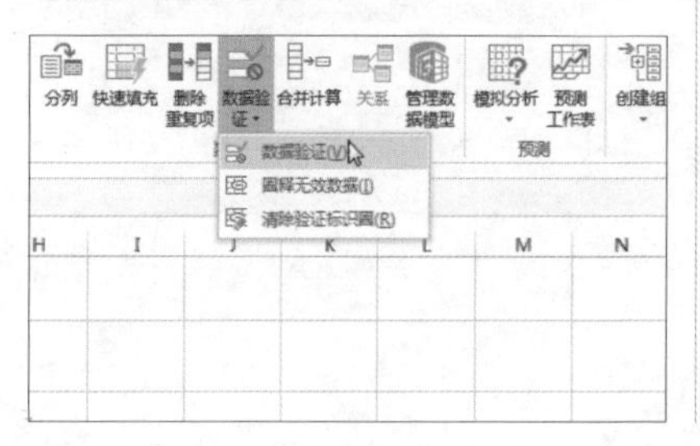

Step03 弹出【数据验证】对话框，在【设置】选项卡下单击【允许】右侧的下三角按钮，在展开的下拉列表中选择【整数】选项。

Step04 设置【数据】为【介于】，【最小值】为【100】，【最大值】为【500】，单击【出错警告】标签。

Step05 在【出错警告】选项卡下设置【样式】为【停止】，在【标题】文本框中输入【请输入采购数量】，在【错误信息】文本框中输入【采购数量必须在 100 到 500 之间！】，单击【确定】按钮。

Step06 返回工作表中，在单元格 C3 中输入【600】，可看到弹出的【请输入采购数量】对话框，在该对话框中会警告用户采购数量必须在 100 到 500 之间，单击【取消】按钮。

	A	B	C	D	E
1	商品采购登记表				
2	采购日期	采购商品	采购数量（个）	采购单价（个/元）	采购金额（元）
3	4月1日	商品甲	600	¥52.00	
4	4月5日	商品乙		¥100.00	
5	4月6日				
6	4月6日				
7	4月8日				
8	4月9日				
9	4月9日				
10	4月12日	商品甲		¥52.00	
11	4月13日	商品乙		¥100.00	

请输入采购数量
采购数量必须在100到500之间！
重试(R)　取消　帮助(H)

Step07 在 C 列中输入正确的采购数量，在单元格 E3 中输入公式【C3*D3】，按【Enter】键，得到对应的采购金额，将单元格 E3 中的公式复制到单元格 E22 中，即可看到各个日期的采购金额数据。

	A	B	C	D	E
1	商品采购登记表				
2	采购日期	采购商品	采购数量（个）	采购单价（个/元）	采购金额（元）
3	4月1日	商品甲	120	¥52.00	¥6,240.00
4	4月5日	商品乙	300	¥100.00	¥30,000.00
5	4月6日	商品丙	360	¥90.00	¥32,400.00
6	4月6日	商品丁	500	¥150.00	¥75,000.00
7	4月8日	商品甲	150	¥52.00	¥7,800.00
8	4月9日	商品乙	280	¥100.00	¥28,000.00
9	4月9日	商品丙	150	¥90.00	¥13,500.00
10	4月12日	商品甲	290	¥52.00	¥15,080.00
11	4月13日	商品乙	300	¥100.00	¥30,000.00
12	4月15日	商品丙	150	¥90.00	¥13,500.00
13	4月15日	商品甲	400	¥52.00	¥20,800.00
14	4月18日	商品丁	460	¥150.00	¥69,000.00
15	4月20日	商品乙	480	¥100.00	¥48,000.00
16	4月25日	商品甲	150	¥52.00	¥7,800.00
17	4月25日	商品乙	160	¥100.00	¥16,000.00
18	4月26日	商品丁	200	¥150.00	¥30,000.00
19	4月28日	商品丁	250	¥150.00	¥37,500.00
20	4月28日	商品甲	280	¥52.00	¥14,560.00
21	4月30日	商品乙	420	¥100.00	¥42,000.00
22	4月30日	商品丙	180	¥90.00	¥16,200.00

Step08 选中工作表中的任意数据单元格，如单元格 C3，在【数据】选项卡下的【排序和筛选】组中单击【排序】按钮。

Step09 弹出【排序】对话框，设置【主要关键字】为【采购数量（个）】，设置【排序依据】为【数值】，【次序】为【升序】，单击【添加条件】按钮。

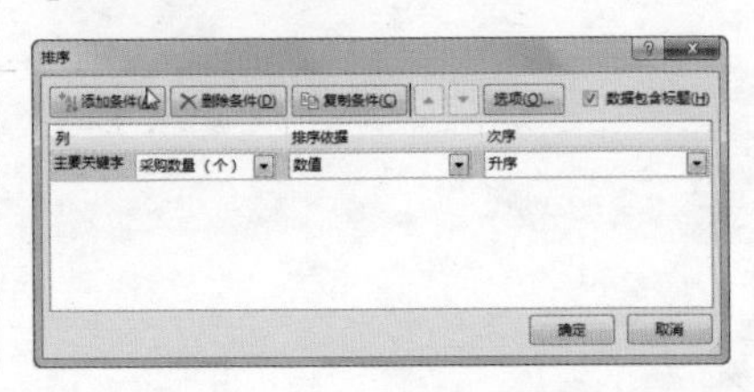

Step10 设置【次要关键字】为【采购金额（元）】，保存默认的【排序依据】和【次序】，单击【确定】按钮。

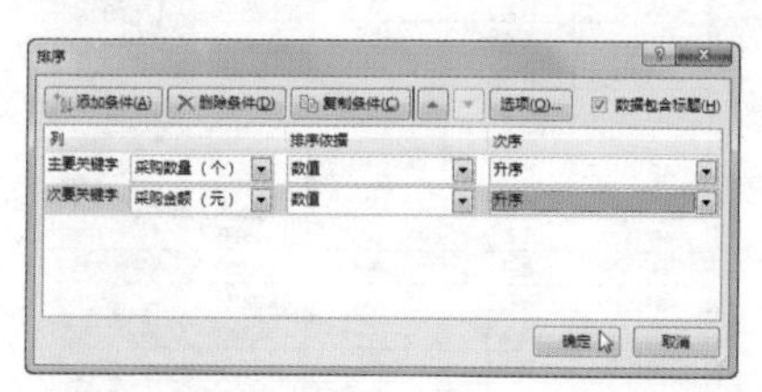

Step11 即可看到工作表中的数据首先会根据采购数量进行升序排序，在采购数量相同的情况下会根据采购金额进行升序排序。

	A	B	C	D	E
1	商品采购登记表				
2	采购日期	采购商品	采购数量（个）	采购单价（个/元）	采购金额（元）
3	4月1日	商品甲	120	¥52.00	¥6,240.00
4	4月8日	商品甲	150	¥52.00	¥7,800.00
5	4月25日	商品甲	150	¥52.00	¥7,800.00
6	4月9日	商品丙	150	¥90.00	¥13,500.00
7	4月15日	商品丙	150	¥90.00	¥13,500.00
8	4月25日	商品乙	160	¥100.00	¥16,000.00
9	4月30日	商品丙	180	¥90.00	¥16,200.00
10	4月26日	商品丁	200	¥150.00	¥30,000.00
11	4月28日	商品丁	250	¥150.00	¥37,500.00
12	4月28日	商品甲	280	¥52.00	¥14,560.00
13	4月9日	商品乙	280	¥100.00	¥28,000.00
14	4月12日	商品甲	290	¥52.00	¥15,080.00
15	4月5日	商品乙	300	¥100.00	¥30,000.00
16	4月13日	商品乙	300	¥100.00	¥30,000.00
17	4月6日	商品丙	360	¥90.00	¥32,400.00
18	4月15日	商品甲	400	¥52.00	¥20,800.00
19	4月30日	商品乙	420	¥100.00	¥42,000.00
20	4月18日	商品丁	460	¥150.00	¥69,000.00
21	4月20日	商品乙	480	¥100.00	¥48,000.00
22	4月6日	商品丁	500	¥150.00	¥75,000.00

Step12 在【数据】选项卡下的【排序和筛选】组中单击【筛选】按钮。

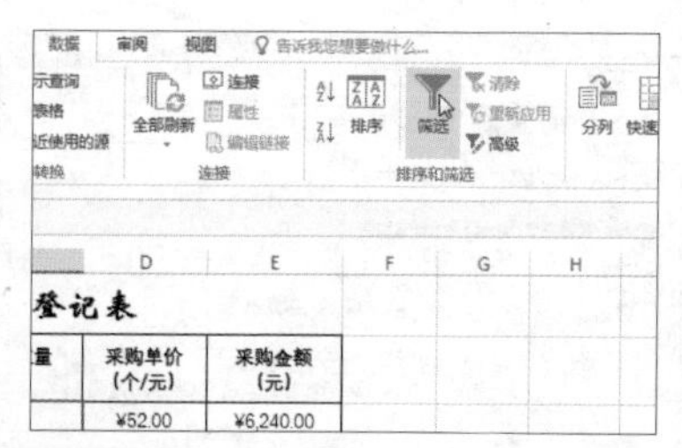

Step13 单击【采购数量（个）】单元格右侧的下拉按钮，在展开的筛选列表中单击【数字筛选→小于或等于】选项。

Step14 弹出【自定义自动筛选方式】对话框，设置【采购数量（个）小于或等于 300】，单击【确定】按钮。

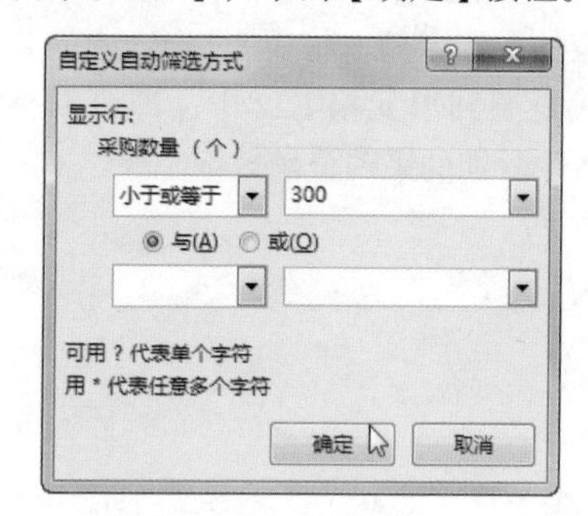

Step15 返回工作表中，即可看到筛选出的采购数量小于或等于 300 的数据，单击【数据】选项卡下【排序和筛选】组中的【筛选】按钮。

	A	B	C	D	E
1	商品采购登记表				
2	采购日期	采购商品	采购数量（个）	采购单价（个/元）	采购金额（元）
3	4月1日	商品甲	120	¥52.00	¥6,240.00
4	4月8日	商品甲	150	¥52.00	¥7,800.00
5	4月25日	商品甲	150	¥52.00	¥7,800.00
6	4月9日	商品丙	150	¥90.00	¥13,500.00
7	4月15日	商品丙	150	¥90.00	¥13,500.00
8	4月25日	商品乙	160	¥100.00	¥16,000.00
9	4月30日	商品丙	180	¥90.00	¥16,200.00
10	4月26日	商品丁	200	¥150.00	¥30,000.00
11	4月28日	商品丁	250	¥150.00	¥37,500.00
12	4月28日	商品甲	280	¥52.00	¥14,560.00
13	4月9日	商品乙	280	¥100.00	¥28,000.00
14	4月12日	商品甲	290	¥52.00	¥15,080.00
15	4月5日	商品乙	300	¥100.00	¥30,000.00
16	4月13日	商品乙	300	¥100.00	¥30,000.00

Step16 选中【采购商品】列中的任意数据单元格，如单元格 B3，在【数据】选项卡下的【排序和筛选】组中单击【排序】按钮。

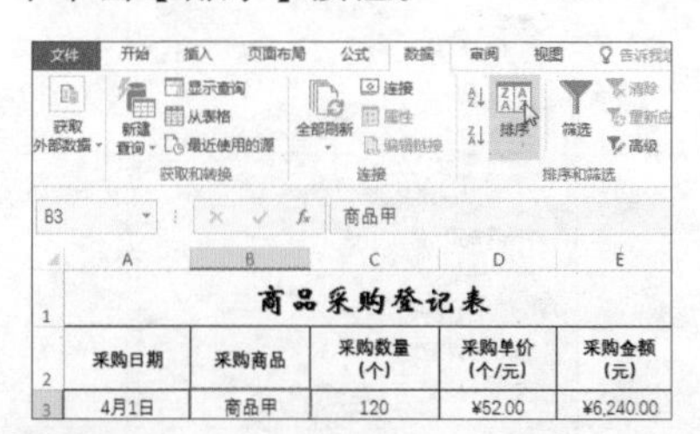

	A	B	C	D	E
1	商品采购登记表				
2	采购日期	采购商品	采购数量（个）	采购单价（个/元）	采购金额（元）
3	4月1日	商品甲	120	¥52.00	¥6,240.00

Step17 弹出【排序】对话框，选中第二个排序条件，单击【删除条件】按钮。

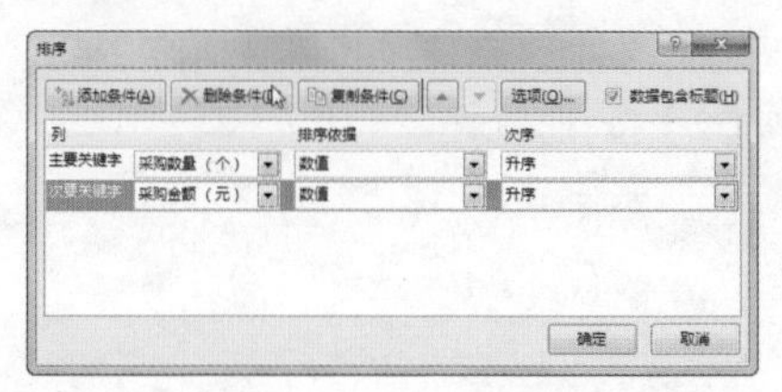

Step18 可看到选中的次要关键字条件被删除了，单击【主要关键字】右侧的下三角按钮，在展开的下拉列表中选择【采购商品】选项。

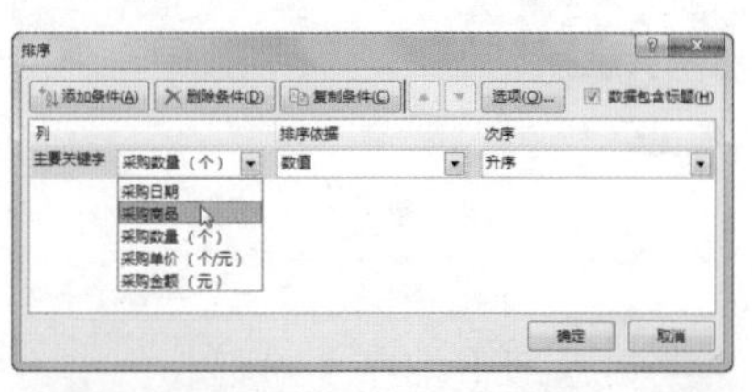

Step19 单击【次序】右侧的下三角按钮，在展开的下拉列表中选择【自定义序列】选项。

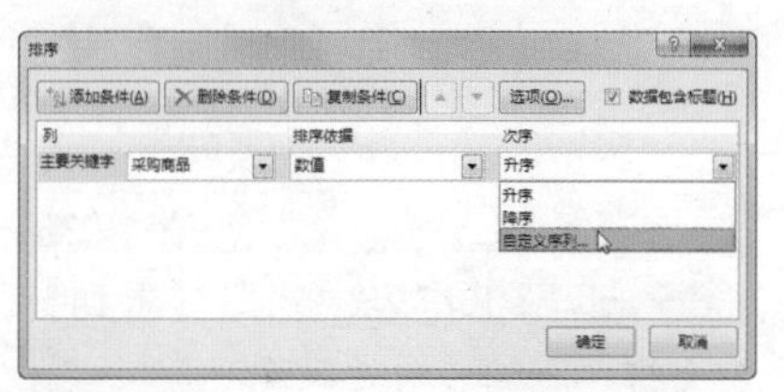

Step20 弹出【自定义序列】对话框，在【输入序列】下的文本框中输入【商品甲 商品乙 商品丙 商品丁】，单击【添加】按钮。

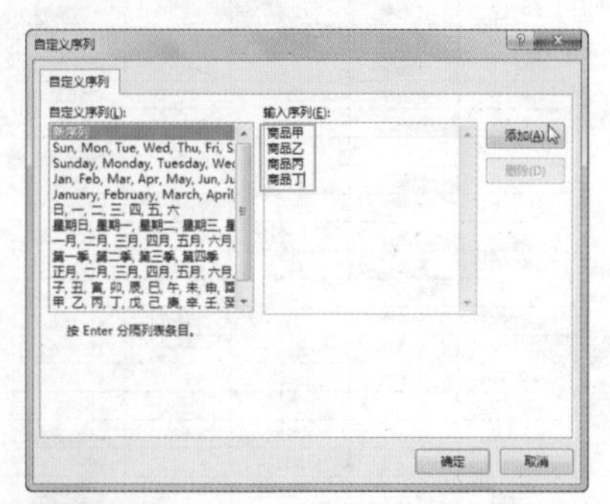

Step21 在【自定义序列】列表框中选中自定义的序列，单击【确定】按钮。

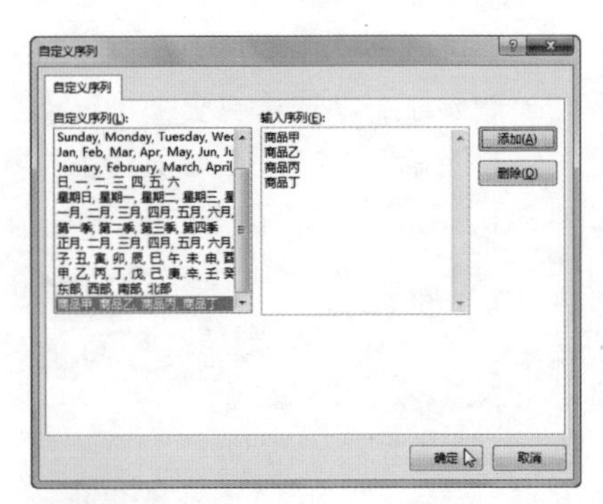

Step22 返回【排序】对话框，单击【确定】按钮。

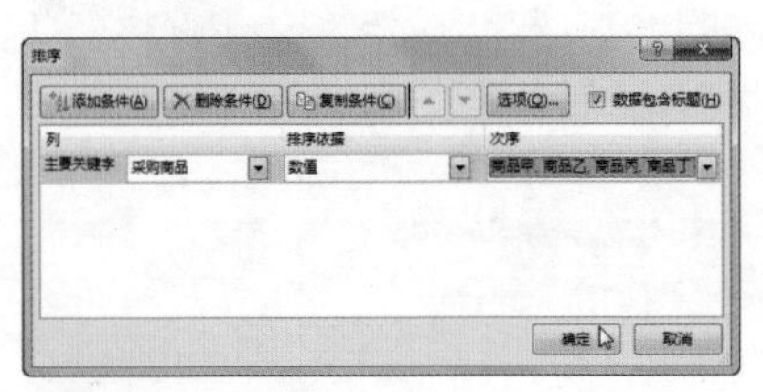

Step23 返回工作表中，即可看到自定义排序后的表格效果。

	A	B	C	D	E
1	商品采购登记表				
2	采购日期	采购商品	采购数量（个）	采购单价（个/元）	采购金额（元）
3	4月1日	商品甲	120	¥52.00	¥6,240.00
4	4月8日	商品甲	150	¥52.00	¥7,800.00
5	4月25日	商品甲	150	¥52.00	¥7,800.00
6	4月28日	商品甲	280	¥52.00	¥14,560.00
7	4月12日	商品甲	290	¥52.00	¥15,080.00
8	4月15日	商品甲	400	¥52.00	¥20,800.00
9	4月25日	商品乙	160	¥100.00	¥16,000.00
10	4月9日	商品乙	280	¥100.00	¥28,000.00
11	4月5日	商品乙	300	¥100.00	¥30,000.00
12	4月13日	商品乙	300	¥100.00	¥30,000.00
13	4月30日	商品乙	420	¥100.00	¥42,000.00
14	4月20日	商品乙	480	¥100.00	¥48,000.00
15	4月9日	商品丙	150	¥90.00	¥13,500.00
16	4月15日	商品丙	150	¥90.00	¥13,500.00
17	4月30日	商品丙	180	¥90.00	¥16,200.00
18	4月6日	商品丙	360	¥90.00	¥32,400.00
19	4月26日	商品丁	200	¥150.00	¥30,000.00
20	4月28日	商品丁	250	¥150.00	¥37,500.00
21	4月18日	商品丁	460	¥150.00	¥69,000.00
22	4月6日	商品丁	500	¥150.00	¥75,000.00

Step24 在【数据】选项卡下的【分级显示】组中单击【分类汇总】按钮。

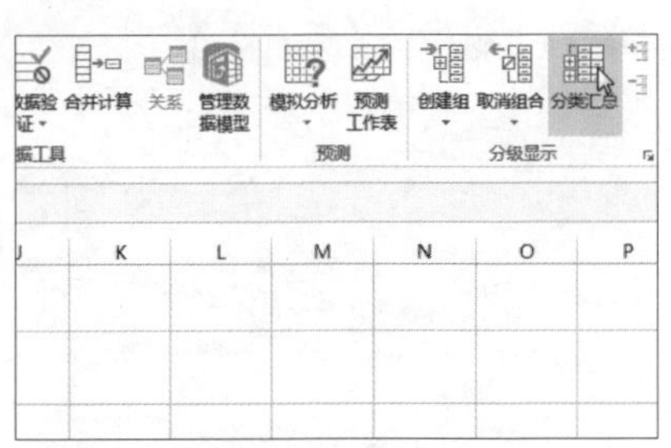

Step25 弹出【分类汇总】对话框，设置【分类字段】为【采购商品】，保持默认的汇总方式，在【选定汇总项】列表框中选中【采购数量（个）】和【采购金额（元）】复选框，单击【确定】按钮。

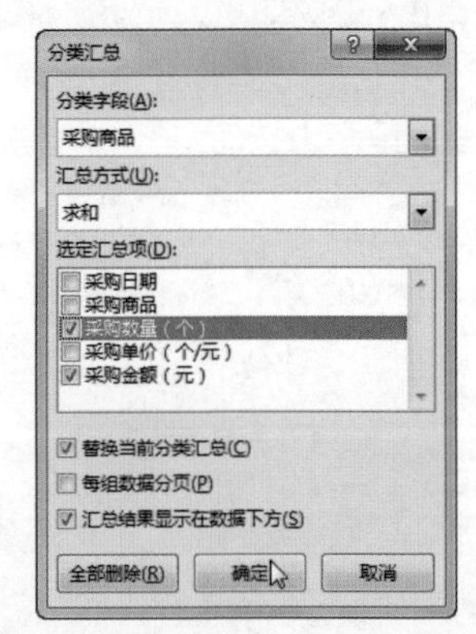

Step26 返回工作表中，即可看到各个商品的明细数据及采购数量和采购金额统计数据，单击左上角的级别【2】按钮。

商品采购登记表

采购日期	采购商品	采购数量（个）	采购单价（个/元）	采购金额（元）
4月1日	商品甲	120	¥52.00	¥6,240.00
4月8日	商品甲	150	¥52.00	¥7,800.00
4月25日	商品甲	150	¥52.00	¥7,800.00
4月28日	商品甲	280	¥52.00	¥14,560.00
4月12日	商品甲	290	¥52.00	¥15,080.00
4月15日	商品甲	400	¥52.00	¥20,800.00
	商品甲 汇总	1390		¥72,280.00
4月25日	商品乙	160	¥100.00	¥16,000.00
4月9日	商品乙	280	¥100.00	¥28,000.00
4月5日	商品乙	300	¥100.00	¥30,000.00
4月13日	商品乙	300	¥100.00	¥30,000.00
4月30日	商品乙	420	¥100.00	¥42,000.00
4月20日	商品乙	480	¥100.00	¥48,000.00
	商品乙 汇总	1940		¥194,000.00
4月9日	商品丙	150	¥90.00	¥13,500.00
4月15日	商品丙	150	¥90.00	¥13,500.00
4月30日	商品丙	180	¥90.00	¥16,200.00
4月6日	商品丙	360	¥90.00	¥32,400.00
	商品丙 汇总	840		¥75,600.00
4月26日	商品丁	200	¥150.00	¥30,000.00
4月28日	商品丁	250	¥150.00	¥37,500.00
4月18日	商品丁	460	¥150.00	¥69,000.00
4月6日	商品丁	500	¥150.00	¥75,000.00
	商品丁 汇总	1410		¥211,500.00
	总计	5580		¥553,380.00

Step27 即可看到工作表中只显示了各个商品的采购数量和采购金额统计数据。

商品采购登记表

采购日期	采购商品	采购数量（个）	采购单价（个/元）	采购金额（元）
	商品甲 汇总	1390		¥72,280.00
	商品乙 汇总	1940		¥194,000.00
	商品丙 汇总	840		¥75,600.00
	商品丁 汇总	1410		¥211,500.00
	总计	5580		¥553,380.00

学习小结

本章主要介绍了 Excel 组件中的数据处理操作。重点内容包括设置验证条件、设置输入提示信息、设置出错警告，还对数据的排序、筛选及分类汇总进行了详细的介绍。熟练掌握这些操作，可快速对 Excel 中的数据进行处理和分析。

第 8 章

Excel 表格数据的可视化操作

在 Excel 组件中，除了对数据进行编辑和处理，还可以通过条件格式、图表和数据透视表、数据透视图功能对数据进行可视化的直观分析，并将隐藏在数据内部有用的价值信息充分地表达出来。

本章将以制作产品库存表、产品销售金额统计表和销售明细透视表为例，主要介绍条件格式、图表及数据透视表和数据透视图的操作。

※ 设置条件格式 ※ 创建和编辑图表

※ 更改图表的数据源、样式、布局及类型 ※ 设置数据系列格式

※ 创建和编辑数据透视表和数据透视图 ※ 插入切片器筛选数据

案 例 展 示

产品库存表

统计日期：2017年5月31日

产品编号	产品名称	单位	库存数量
A-004	冰箱	台	25
A-006	洗衣机	台	36
A-008	电视机	台	120
A-012	空调	台	54
B-136	微波炉	台	85
B-226	电饭煲	台	180
C-589	空气净化器	台	160
C-698	电风扇	台	33
C-780	吸尘器	台	110
D-001	笔记本	台	56
D-254	相机	台	150
D-364	台式机	台	120
D-890	打印机	台	55
E-214	挂烫机	台	69
E-269	加湿器	台	220
E-289	电熨斗	台	150

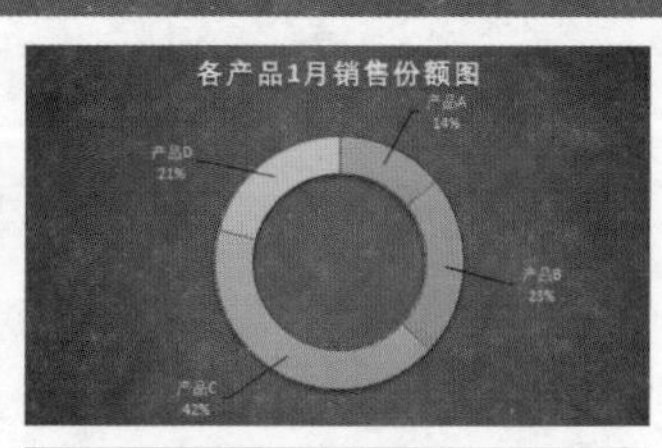

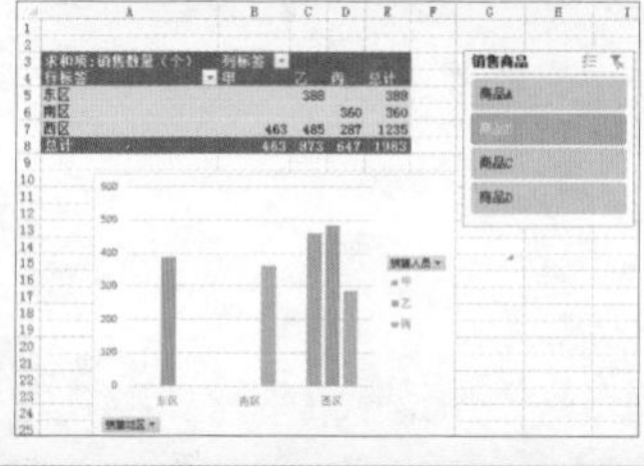

8.1 制作《产品库存表》

为了快速掌握公司产品的库存情况，以便于及时备货，企业可制作产品库存表。

本节以制作《产品库存表》为例，主要介绍条件格式中的突出显示单元格规则、数据条及表格格式操作。

8.1.1 突出显示单元格规则

在 Excel 中，如果想要突出显示满足某些条件的数据，可使用条件格式中的突出显示单元格规则来实现。具体操作步骤如下。

Step01 打开“光盘 \ 素材文件 \ 第 8 章 \ 产品库存表 .xlsx”文件，选中单元格区域 D4：D19。

	A	B	C	D
1	产品库存表			
2				统计日期：2017年5月31日
3	产品编号	产品名称	单位	库存数量
4	A-004	冰箱	台	25
5	A-006	洗衣机	台	36
6	A-008	电视机	台	120
7	A-012	空调	台	54
8	B-136	微波炉	台	85
9	B-226	电饭煲	台	180
10	C-589	空气净化器	台	160
11	C-698	电风扇	台	33
12	C-780	吸尘器	台	110
13	D-001	笔记本	台	56
14	D-254	相机	台	150
15	D-364	台式机	台	120
16	D-890	打印机	台	55
17	E-214	挂烫机	台	69
18	E-269	加湿器	台	220
19	E-289	电熨斗	台	150

Step02 在【开始】选项卡下的【样式】组中单击【条件格式】按钮，在展开的下拉列表中选择【突出显示单元格规则→小于】选项。

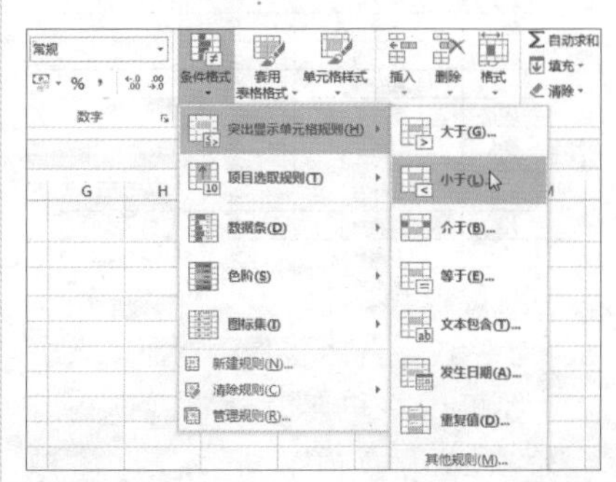

Step03 弹出【小于】对话框，在第一个文本框中输入【100】，单击【设置为】右侧的下三角按钮，在展开的下拉列表中选择【绿填充色深绿色文本】选项。

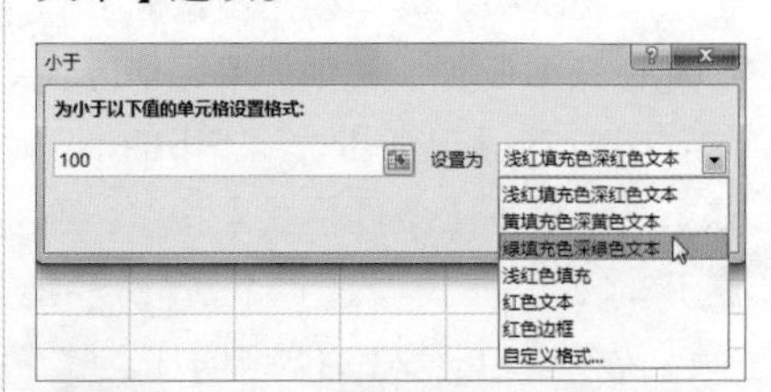

Step04 单击【小于】对话框中的【确定】按钮，返回工作表中，即可看到库存数量小于 100 的单元格填充为绿色，且该单元格中的文本颜色变为了深绿色。

	A	B	C	D
1	产品库存表			
2				统计日期：2017年5月31日
3	产品编号	产品名称	单位	库存数量
4	A-004	冰箱	台	25
5	A-006	洗衣机	台	36
6	A-008	电视机	台	120
7	A-012	空调	台	54
8	B-136	微波炉	台	85
9	B-226	电饭煲	台	180
10	C-589	空气净化器	台	160
11	C-698	电风扇	台	33
12	C-780	吸尘器	台	110
13	D-001	笔记本	台	56
14	D-254	相机	台	150
15	D-364	台式机	台	120
16	D-890	打印机	台	55
17	E-214	挂烫机	台	69
18	E-269	加湿器	台	220
19	E-289	电熨斗	台	150

8.1.2 通过数据条直观查看数据大小

如果用户想要非常直观地查看选定区域中数值的大小，可使用Excel中提供的数据条功能。该功能可在表格中添加带颜色的数据条，数据条的长短表示了数字的大小，颜色越长，表示这个表格中的数据越长，反之越小。具体操作步骤如下。

Step01 选中设置了规则的单元格区域D4：D19，在【开始】选项卡下的【样式】组中单击【条件格式】按钮，在展开的下拉列表中选择【清除规则→清除所选单元格的规则】选项。

小技巧

如果想要清除整个工作表中的多个单元格规则，则在【开始】选项卡下的【样式】组中单击【条件格式】按钮，在展开的下拉列表中选择【清除规则→清除整个工作表的规则】选项。

Step02 随后可看到选中单元格区域中的规则被清除了。

	A	B	C	D
1	产品库存表			
2				统计日期：2017年5月31日
3	产品编号	产品名称	单位	库存数量
4	A-004	冰箱	台	25
5	A-006	洗衣机	台	36
6	A-008	电视机	台	120
7	A-012	空调	台	54
8	B-136	微波炉	台	85
9	B-226	电饭煲	台	180
10	C-589	空气净化器	台	160
11	C-698	电风扇	台	33
12	C-780	吸尘器	台	110
13	D-001	笔记本	台	56
14	D-254	相机	台	150
15	D-364	台式机	台	120
16	D-890	打印机	台	55
17	E-214	挂烫机	台	69
18	E-269	加湿器	台	220
19	E-289	电熨斗	台	150

Step03 保持单元格区域D4：D19的选中状态，在【开始】选项卡下的【样式】组中单击【条件格式】按钮，在展开的下拉列表中选择【数据条→实心填充→绿色数据条】选项。

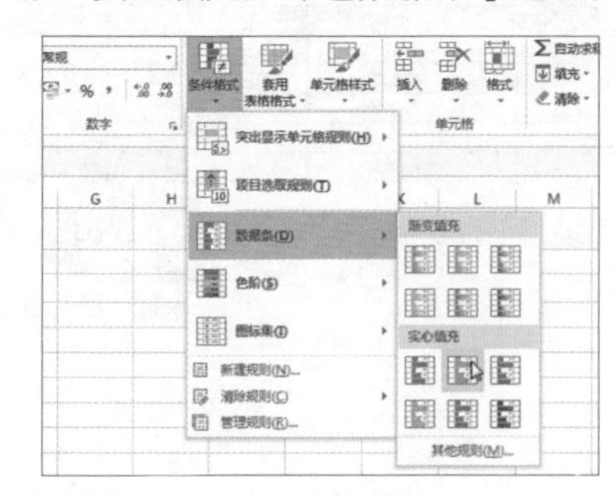

Step04 即可看到选中区域中的数据通过绿色数据条进行了对比，数据条越长的则数据越大，数据条越短的，则数据越小。

产品库存表			
			统计日期：2017年5月31日
产品编号	产品名称	单位	库存数量
A-004	冰箱	台	25
A-006	洗衣机	台	36
A-008	电视机	台	120
A-012	空调	台	54
B-136	微波炉	台	85
B-226	电饭煲	台	180
C-589	空气净化器	台	160
C-698	电风扇	台	33
C-780	吸尘器	台	110
D-001	笔记本	台	56
D-254	相机	台	150
D-364	台式机	台	120
D-890	打印机	台	55
E-214	挂烫机	台	69
E-269	加湿器	台	220
E-289	电熨斗	台	150

8.1.3 套用表格格式

Excel 中自带了许多种表格格式，在完成了工作表的制作后，如果觉得工作表太单调，可以套用表格格式，简单地美化一下 Excel 表格。具体操作步骤如下。

Step01 选中应用了规则的单元格区域，然后将规则清除，再次选中单元格区域 A3：D19。

产品库存表			
			统计日期：2017年5月31日
产品编号	产品名称	单位	库存数量
A-004	冰箱	台	25
A-006	洗衣机	台	36
A-008	电视机	台	120
A-012	空调	台	54
B-136	微波炉	台	85
B-226	电饭煲	台	180
C-589	空气净化器	台	160
C-698	电风扇	台	33
C-780	吸尘器	台	110
D-001	笔记本	台	56
D-254	相机	台	150
D-364	台式机	台	120
D-890	打印机	台	55
E-214	挂烫机	台	69
E-269	加湿器	台	220
E-289	电熨斗	台	150

Step02 在【开始】选项卡下的【样式】组中单击【套用表格格式】按钮，在展开的下拉列表中单击【中等深浅→表样式中等深浅 7】样式。

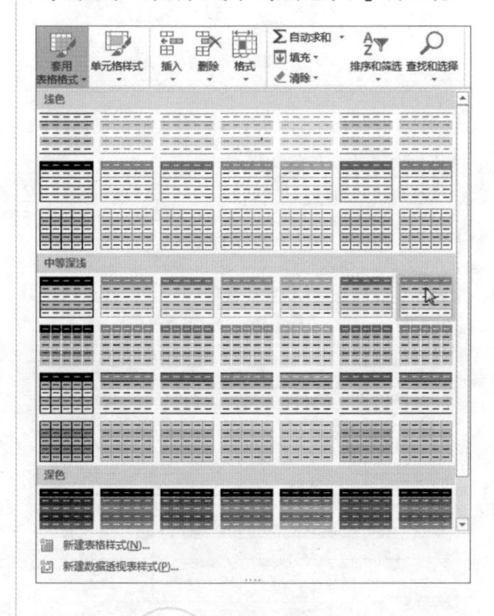

小技巧

如果对已有的样式都不满意，可在展开的下拉列表中选择【新建表格样式】选项，然后在弹出的【新建表样式】对话框中创建新的样式即可。

Step03 弹出【套用表格式】对话框，可看到【表数据的来源】自动设置为【=$A$3：$D$19】，选中【表包含标题】复选框，单击【确定】按钮。

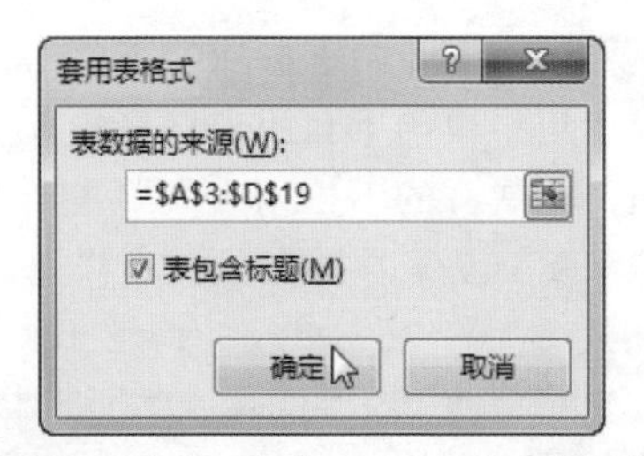

Step04 返回工作表，即可看到应用样式后的工作表效果。

产品库存表			
			统计日期：2017年5月31日
产品编号	产品名称	单位	库存数量
A-004	冰箱	台	25
A-006	洗衣机	台	36
A-008	电视机	台	120
A-012	空调	台	54
B-136	微波炉	台	85
B-226	电饭煲	台	180
C-589	空气净化器	台	160
C-698	电风扇	台	33
C-780	吸尘器	台	110
D-001	笔记本	台	56
D-254	相机	台	150
D-364	台式机	台	120
D-890	打印机	台	55
E-214	挂烫机	台	69
E-269	加湿器	台	220
E-289	电熨斗	台	150

Step05 在【表格工具 设计】选项卡下，单击【表格样式】组中的快翻按钮。

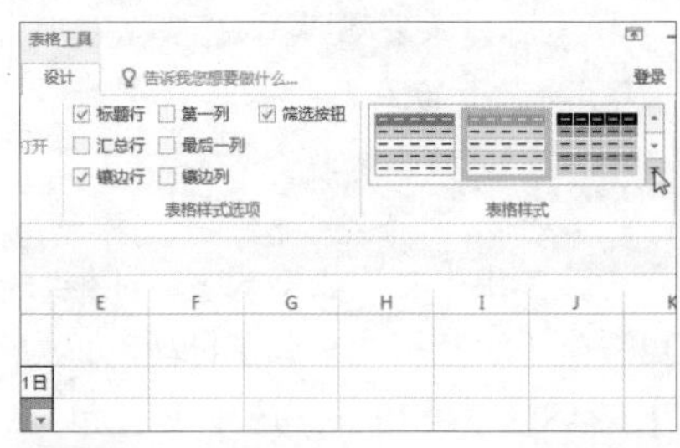

Step06 在展开的下拉列表中单击【中等深浅→表样式中等深浅 15】样式。

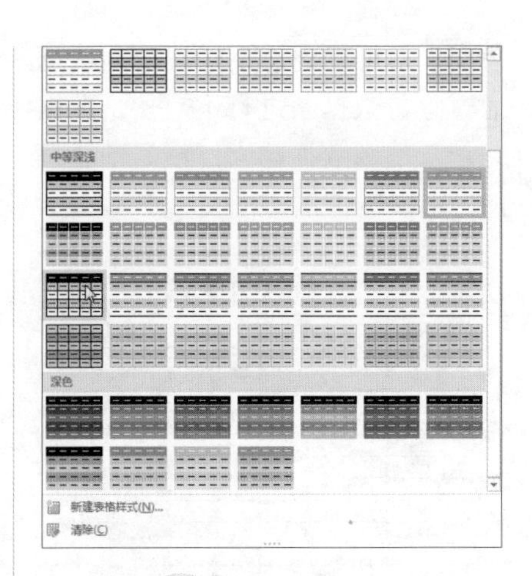

小技巧

如果要清除应用的表格样式，则在展开的下拉列表中选择【清除】选项。

Step07 即可看到应用新样式后的表格效果。

产品库存表			
			统计日期：2017年5月31日
产品编号	产品名称	单位	库存数量
A-004	冰箱	台	25
A-006	洗衣机	台	36
A-008	电视机	台	120
A-012	空调	台	54
B-136	微波炉	台	85
B-226	电饭煲	台	180
C-589	空气净化器	台	160
C-698	电风扇	台	33
C-780	吸尘器	台	110
D-001	笔记本	台	56
D-254	相机	台	150
D-364	台式机	台	120
D-890	打印机	台	55
E-214	挂烫机	台	69
E-269	加湿器	台	220
E-289	电熨斗	台	150

Step08 在【表格工具 设计】选项卡下的【工具】组中单击【转换为区域】按钮。

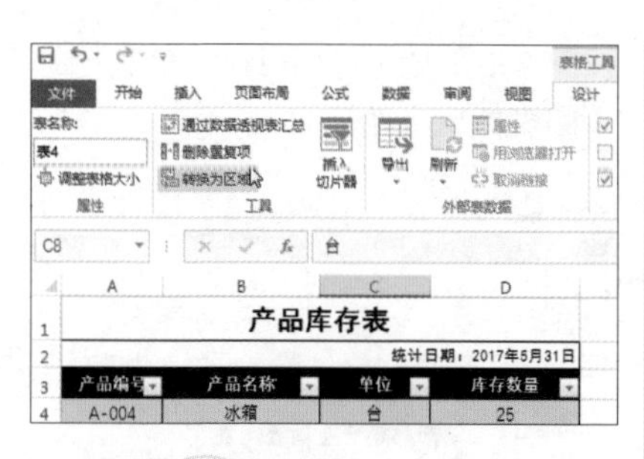

在【表格工具 设计】选项卡下的【属性】组中，用户还可以对表格的名称和大小进行设置。

Step09 弹出提示框，提示用户是否将表转换为普通区域，如果确认转换，则单击【是】按钮。

Step10 返回工作表，即可看到表格转换为普通区域后的效果。

产品库存表

统计日期：2017年5月31日

产品编号	产品名称	单位	库存数量
A-004	冰箱	台	25
A-006	洗衣机	台	36
A-008	电视机	台	120
A-012	空调	台	54
B-136	微波炉	台	85
B-226	电饭煲	台	180
C-589	空气净化器	台	160
C-698	电风扇	台	33
C-780	吸尘器	台	110
D-001	笔记本	台	56
D-254	相机	台	150
D-364	台式机	台	120
D-890	打印机	台	55
E-214	挂烫机	台	69
E-269	加湿器	台	220
E-289	电熨斗	台	150

8.2 制作《产品销售金额统计表》

为了了解企业各个月份及各个产品的销售金额情况，企业可制作《产品销售金额统计表》，在完成了表格的制作后，可使用图表直观展示和分析销售数据。

本节就以制作《产品销售金额统计表》为例，介绍图表的创建和编辑操作。

8.2.1 创建图表

要直观展示产品的销售数据，图表的创建是必不可少的，具体操作步骤如下。

Step01 打开“光盘 \ 素材文件 \ 第 8 章 \ 产品销售金额统计表 .xlsx”文件，拖动鼠标选中单元格区域 A2:E8。

产品销售金额统计表

月份	产品A	产品B	产品C	产品D
1月	¥12,000.00	¥20,000.00	¥36,000.00	¥18,000.00
2月	¥26,000.00	¥26,400.00	¥20,000.00	¥36,900.00
3月	¥89,520.00	¥36,780.00	¥63,000.00	¥15,000.00
4月	¥36,014.00	¥25,000.00	¥52,000.00	¥28,000.00
5月	¥25,600.00	¥45,000.00	¥89,000.00	¥36,140.00
6月	¥36,900.00	¥28,000.00	¥12,800.00	¥60,000.00

Step02 在【插入】选项卡下的【图表】组中单击【插入柱形图或条形

图】按钮，在展开的下拉列表中单击【簇状柱形图】图表。

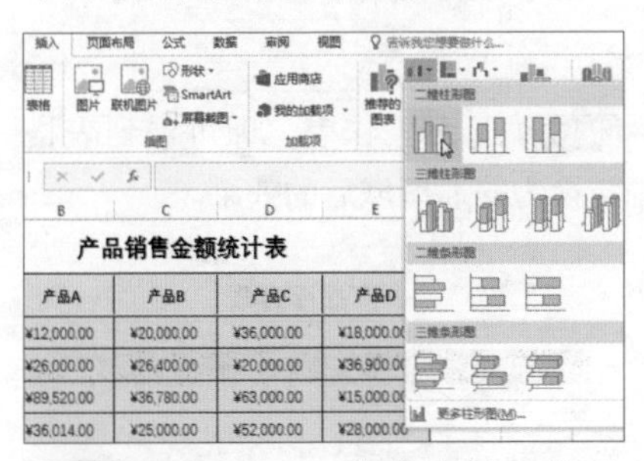

产品A	产品B	产品C	产品D
¥12,000.00	¥20,000.00	¥36,000.00	¥18,000.00
¥26,000.00	¥26,400.00	¥20,000.00	¥36,900.00
¥89,520.00	¥36,780.00	¥63,000.00	¥15,000.00
¥36,014.00	¥25,000.00	¥52,000.00	¥28,000.00

Step03 即可看到工作表中插入的簇状柱形图效果。

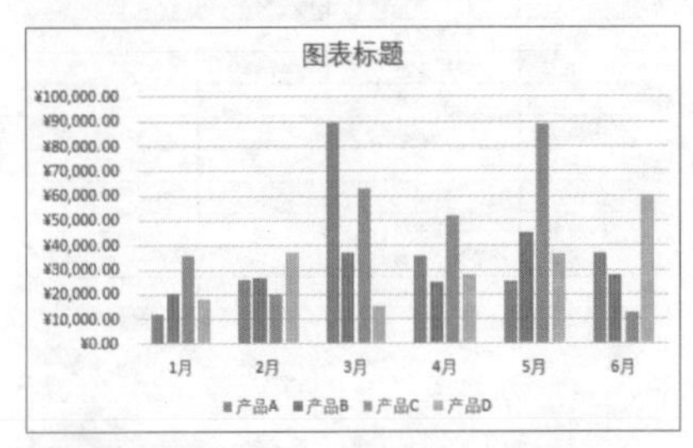

Step04 将鼠标指针放置在图表上方，当鼠标指针变为形状时，按住鼠标左键不放，即可移动图表的位置。

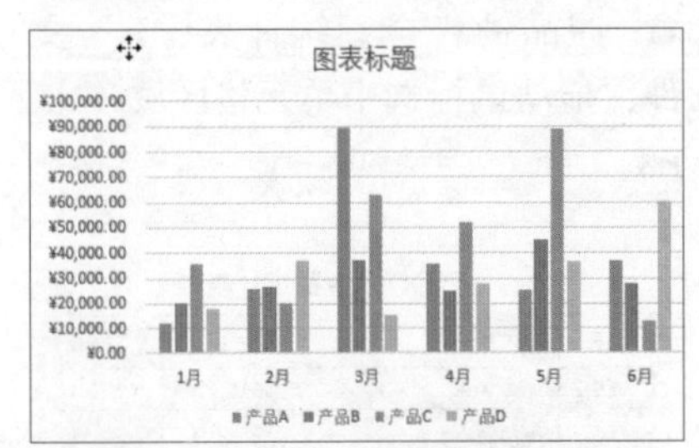

Step05 移动至合适的位置后释放鼠标即可，切换至【图表工具 格式】选项卡下，在【当前所选内容】组中单击【图表元素】右侧的下三角按钮，在展开的下拉列表中选择【图表标题】选项。

Step06 即可看到图表中的图表标题被选中，拖动鼠标选中图表标题中的【图表标题】文本。

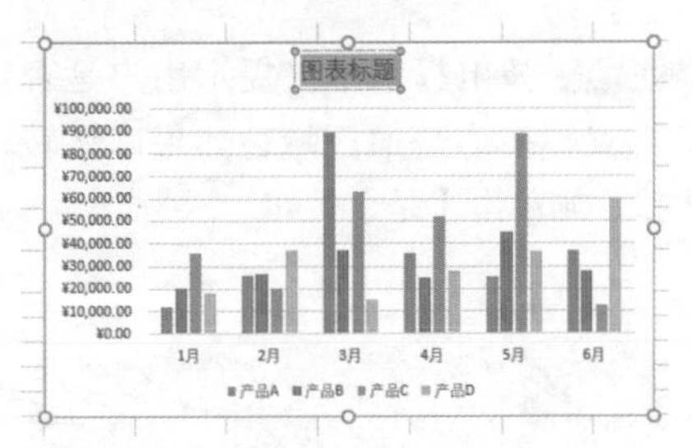

Step07 输入新的图表标题，如【各月产品销售金额对比图】，然后单击图表以外的任意位置，即可完成图表的创建。

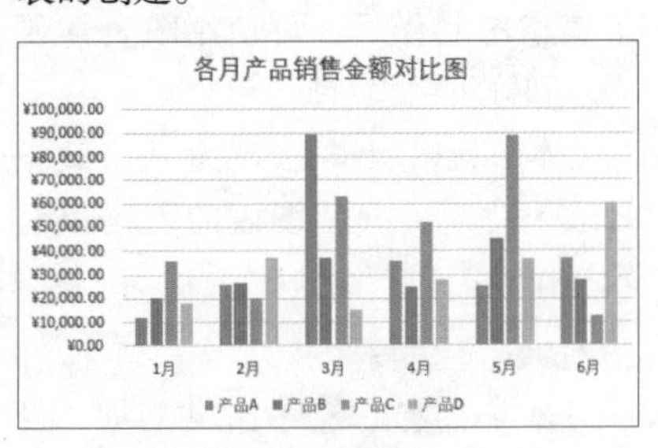

8.2.2 更改图表的数据源

在创建好图表后，如果发现图表

展示的数据效果并不符合用户的实际需要，可对图表的数据源进行更改。具体操作步骤如下。

Step01 选中图表后，在【图表工具 设计】选项卡下的【数据】组中单击【选择数据】按钮。

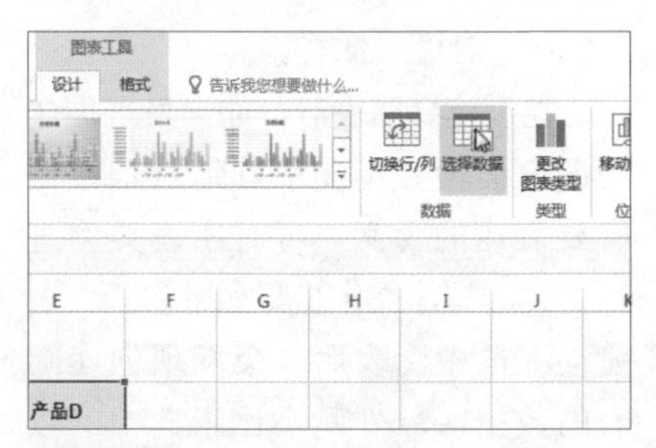

Step02 弹出【选择数据源】对话框，单击【图表数据区域】右侧的单元格引用按钮。

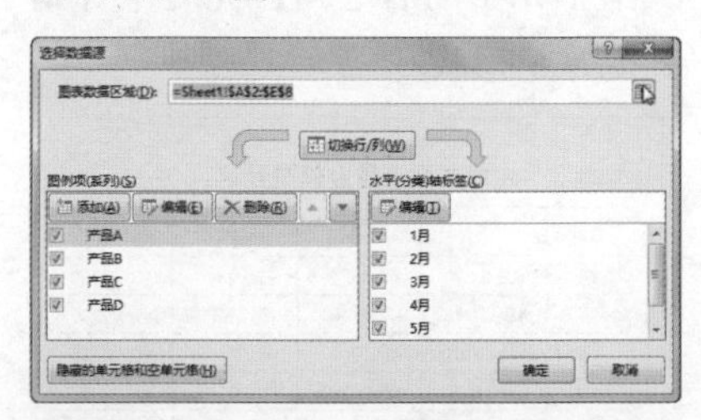

Step03 在工作表中拖动鼠标选中单元格区域 A2：B8，然后再次单击单元格引用按钮。

Step04 返回【选择数据源】对话框，单击【确定】按钮。

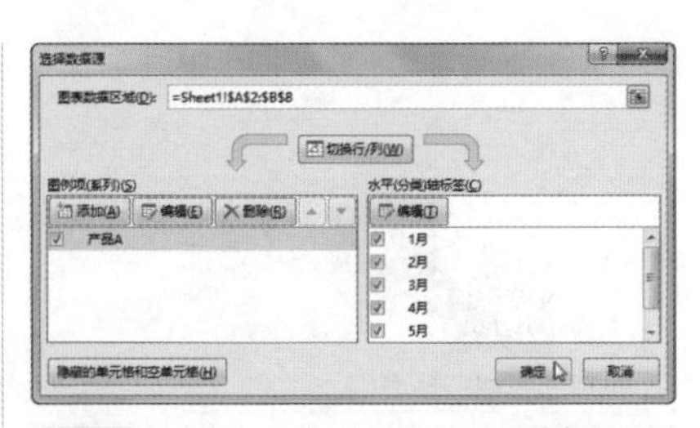

Step05 返回工作表，更改图表标题为【产品 A 上半年销售金额图】，即可看到更改数据源后的图表效果。

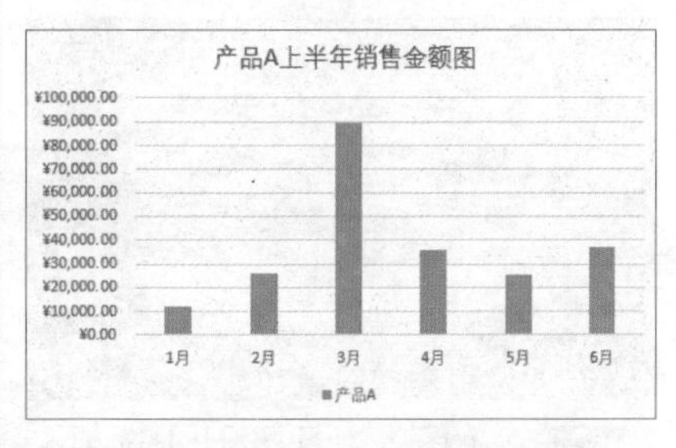

8.2.3 调整图表的样式和布局效果

在完成了图表的创建后，如果对图表的样式及展示的布局效果不满意，可通过以下步骤来进行更改。

Step01 选中图表，在【图表工具 设计】选项卡下的【图表样式】组中单击快翻按钮。

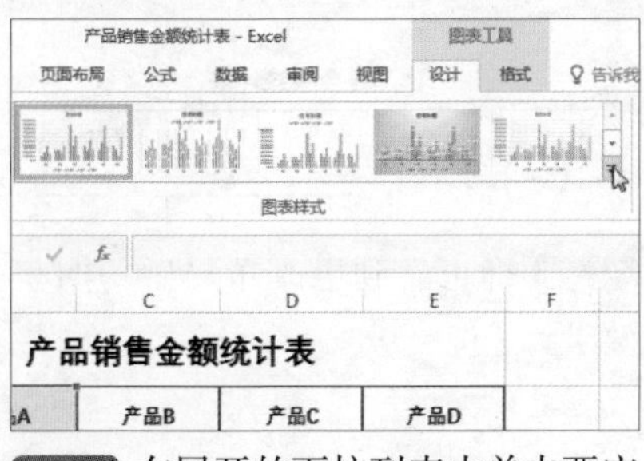

Step02 在展开的下拉列表中单击要应用的图表样式，如【图表样式 8】。

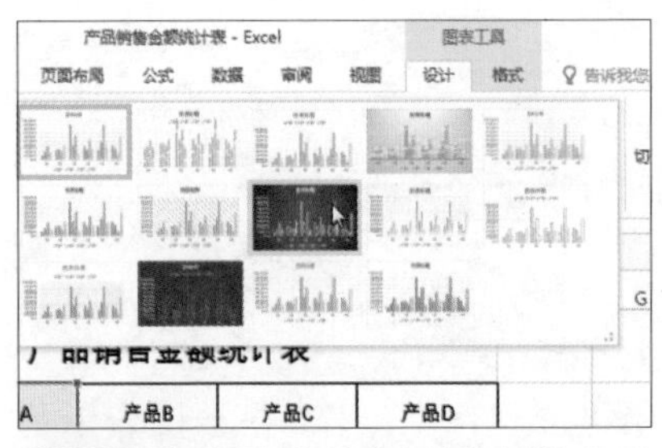

Step03 随后可看到应用图表样式后的图表效果。

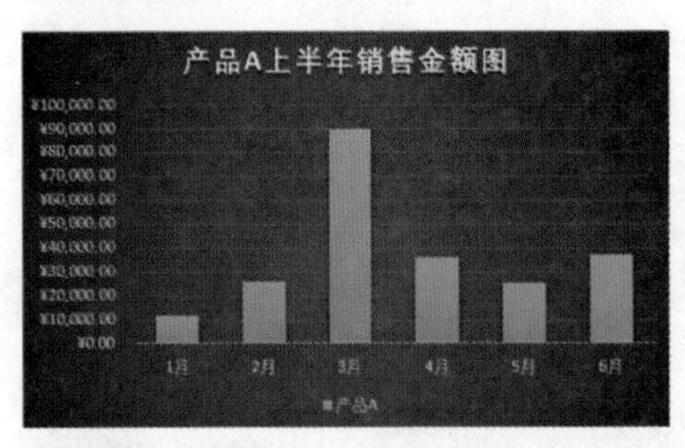

Step04 在【图表工具 设计】选项卡下的【图表样式】组中单击【快速布局】按钮，在展开的下拉列表中单击【布局 2】。

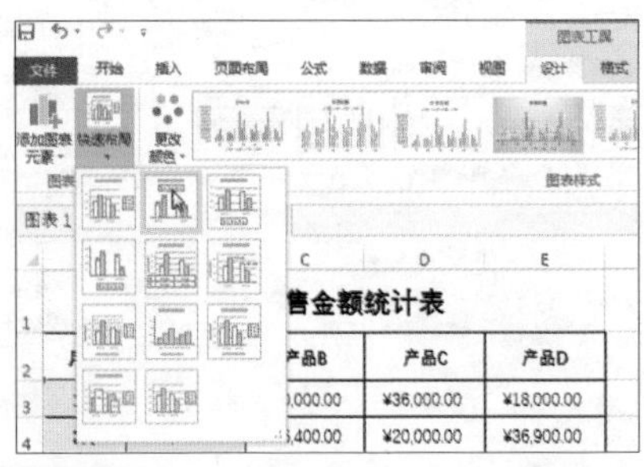

Step05 即可看到更改布局后的图表效果。

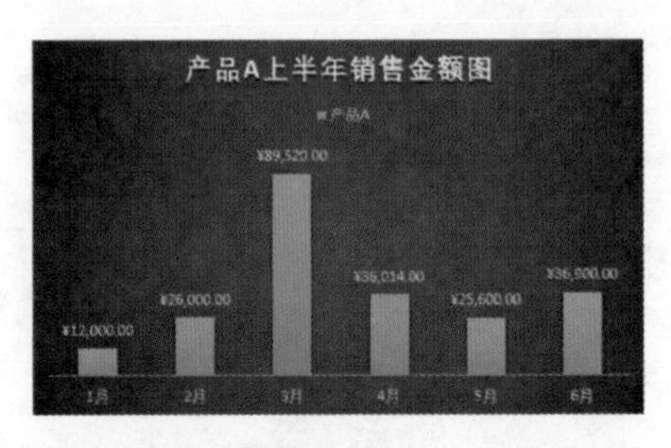

8.2.4 更改图表的类型

在创建好图表后，如果发现创建的图表类型并不能很好地展示数据所要表达的含义，可对图表类型进行更改。具体操作步骤如下。

Step01 选中图表后，会发现创建图表的数据区域外侧会比未选中的数据区域多一些带有颜色的实线线条，将鼠标指针放置在选中区域的最后一个单元格的右下角，此时鼠标指针变为↘形状。

产品销售金额统计表

月份	产品A	产品B	产品C	产品D
1月	¥12,000.00	¥20,000.00	¥36,000.00	¥18,000.00
2月	¥26,000.00	¥26,400.00	¥20,000.00	¥36,900.00
3月	¥89,520.00	¥36,780.00	¥63,000.00	¥15,000.00
4月	¥36,014.00	¥25,000.00	¥52,000.00	¥28,000.00
5月	¥25,600.00	¥45,000.00	¥89,000.00	¥36,140.00
6月	¥36,900.00	¥28,000.00	¥12,800.00	¥60,000.00

Step02 按住鼠标左键不放，拖动鼠标，让实线区域选中其他单元格，如单元格区域 A2：E3。

产品销售金额统计表

月份	产品A	产品B	产品C	产品D
1月	¥12,000.00	¥20,000.00	¥36,000.00	¥18,000.00
2月	¥26,000.00	¥26,400.00	¥20,000.00	¥36,900.00
3月	¥89,520.00	¥36,780.00	¥63,000.00	¥15,000.00
4月	¥36,014.00	¥25,000.00	¥52,000.00	¥28,000.00
5月	¥25,600.00	¥45,000.00	¥89,000.00	¥36,140.00
6月	¥36,900.00	¥28,000.00	¥12,800.00	¥60,000.00

Step03 释放鼠标后，即可看到图表更改数据源后的效果，更改图表标题为【各产品 1 月销售金额对比图】。

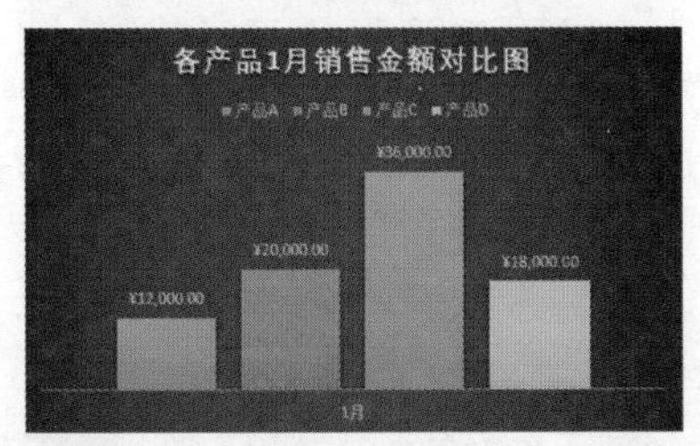

Step04 在【图表工具 设计】选项卡下的【类型】组中单击【更改图表类型】按钮。

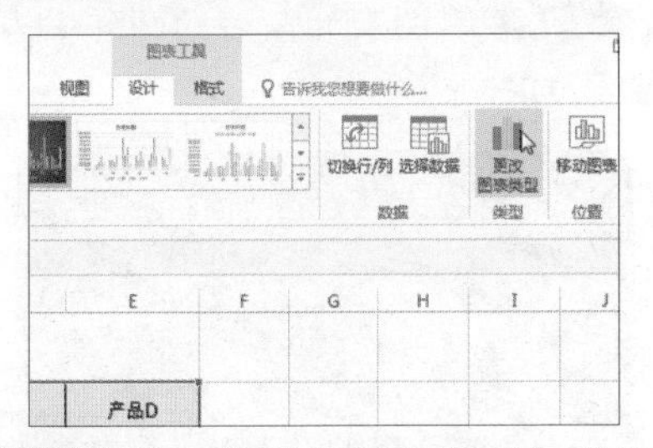

Step05 弹出【更改图表类型】对话框，在【所有图表】选项卡下单击【饼图】，在右侧的面板中单击【圆环图】，然后在【圆环图】选项组下选择合适的图类型，如第二个圆环图，单击【确定】按钮。

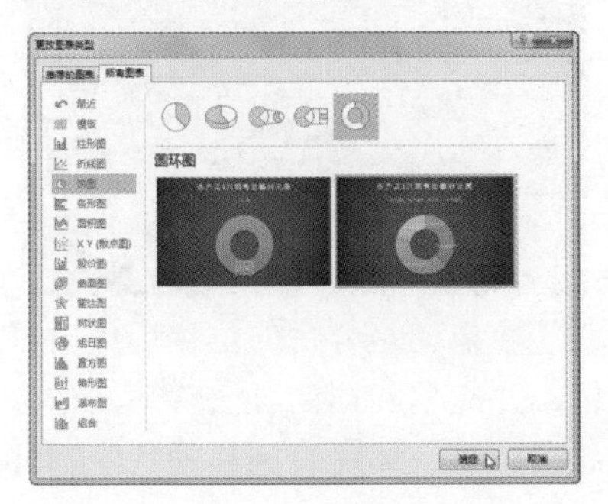

Step06 返回工作表，即可看到更改图表类型后的效果。

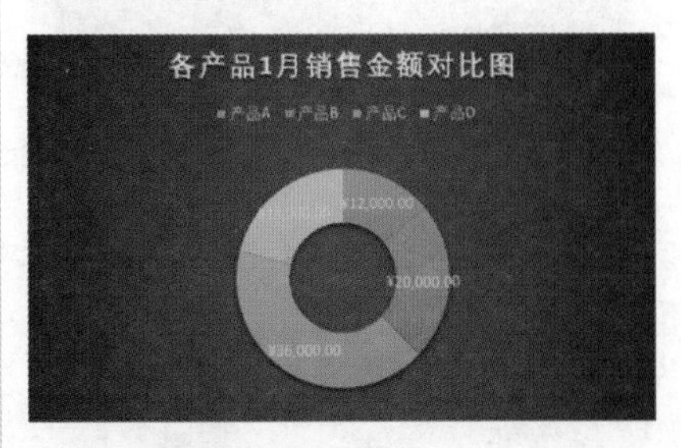

8.2.5 编辑图表元素

在创建图表后，很多想要展示的图表元素并不会直观展示在默认的图表中，如数据标签，此时就可以对图表元素进行编辑操作。具体操作步骤如下。

Step01 在【图表工具 设计】选项卡下的【图表布局】组中单击【添加图表元素】按钮，在展开的下拉列表中选择【图例→无】选项。

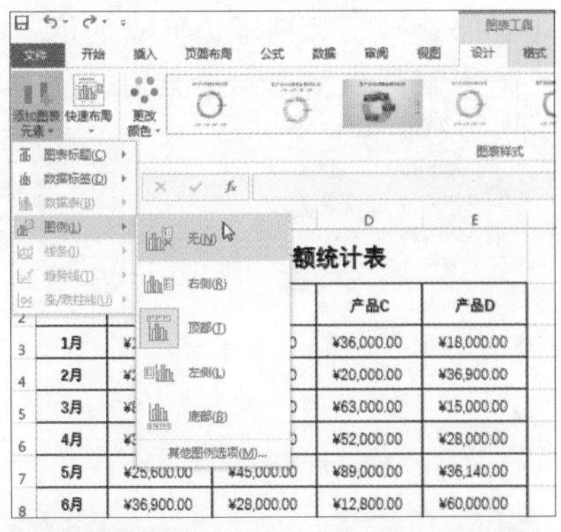

Step02 可发现图表中的图例被删除了，然后更改图表标题为【各产品 1 月销售份额图】。

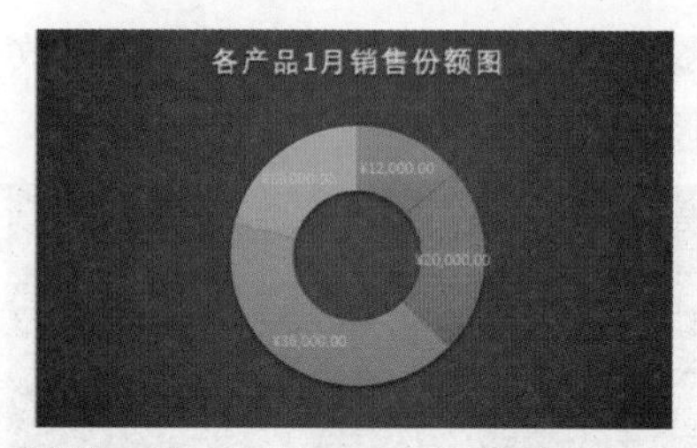

Step03 单击图表右上角的【图表元素】按钮，在展开的下拉列表中选择【数据标签】选项，单击右侧的三角形按钮，在展开的下拉列表中选择【更多选项】选项。

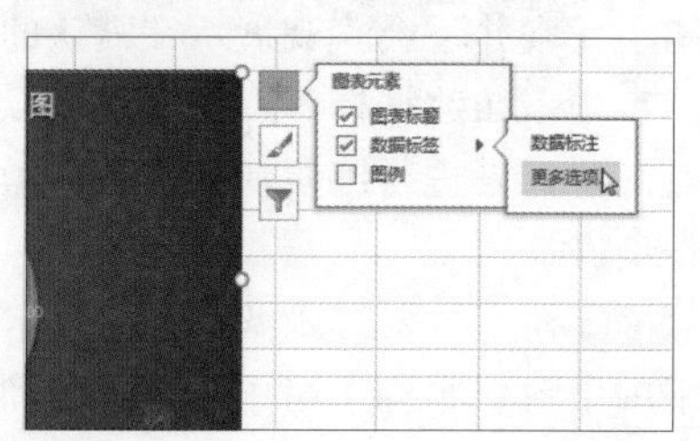

Step04 此时工作表的右侧弹出了一个【设置数据标签格式】窗格，在【标签选项】选项卡下，取消选中【值】复选框，选中【类别名称】和【百分比】复选框。

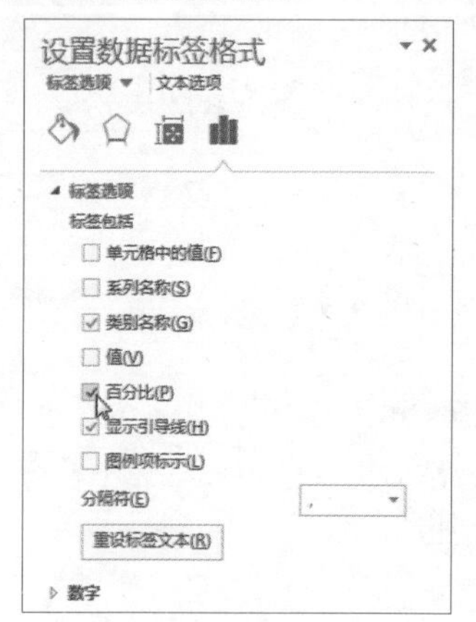

Step05 单击【设置数据标签格式】窗格右上角的【关闭】按钮。

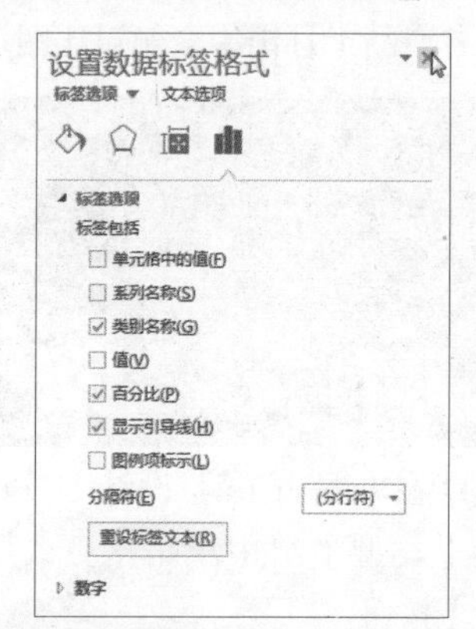

Step06 编辑图表元素后的圆环图表效果如图所示。

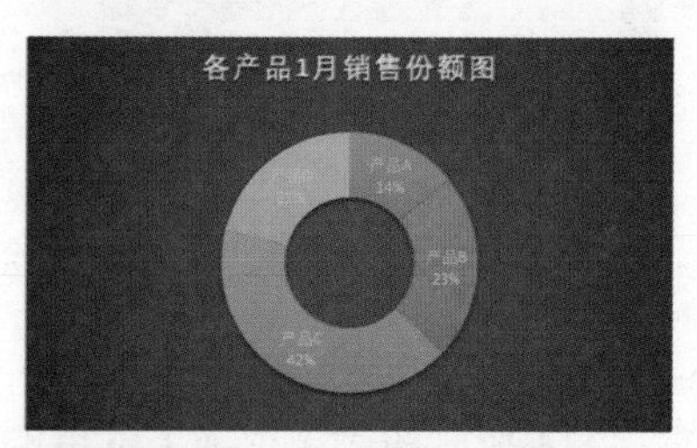

Step07 选中图表中的单个标签，如【产品 A 14%】，按住鼠标左键不放，向圆环外侧拖动。

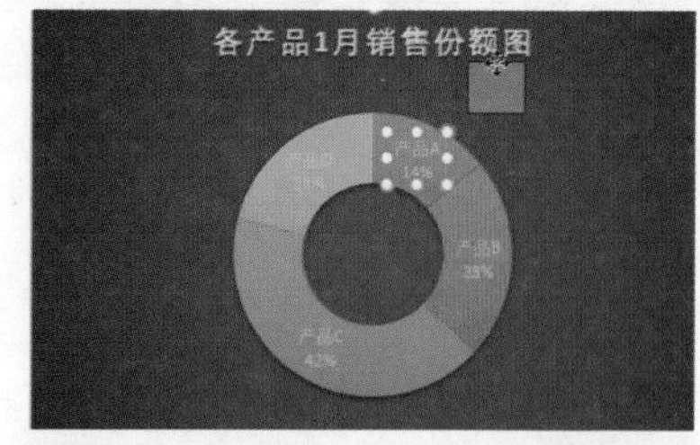

Step08 拖动至合适的位置后释放鼠标，并应用相同的方法移动其他标签的位置，即可看到移动后的圆环

图图表效果。

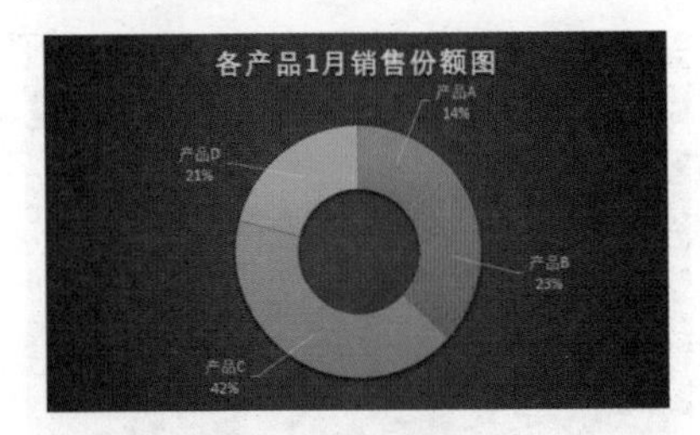

8.2.6 设置数据系列格式

当用户对图表中具有相同颜色或图案的相关数据点格式不满意时，可通过以下方法来对其进行设置。

Step01 右击饼图的数据系列，在弹出的快捷菜单中选择【设置数据系列格式】命令。

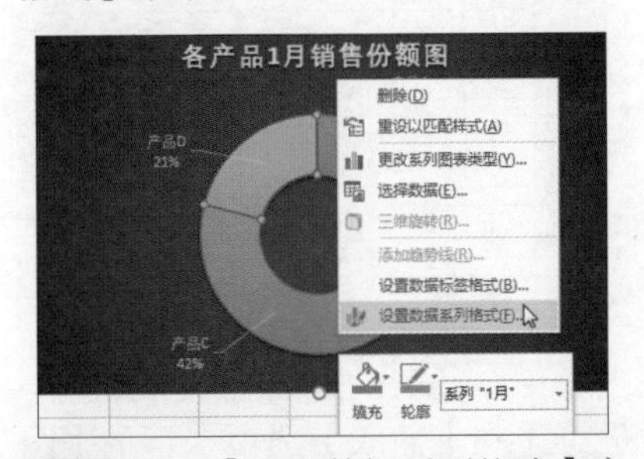

Step02 弹出【设置数据系列格式】窗格，在【系列选项】选项卡下，拖动【圆环图内径大小】选项组下的滑块，设置内径大小为【70%】。

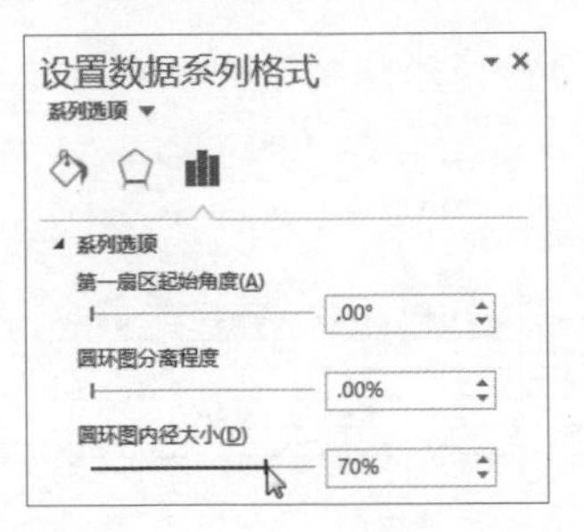

Step03 切换至【填充与线条】选项卡，在【边框】选项组下选中【实线】单选按钮，设置【颜色】为【红色】，单击【宽度】右侧的数字调节按钮，设置【宽度】为【1 磅】。

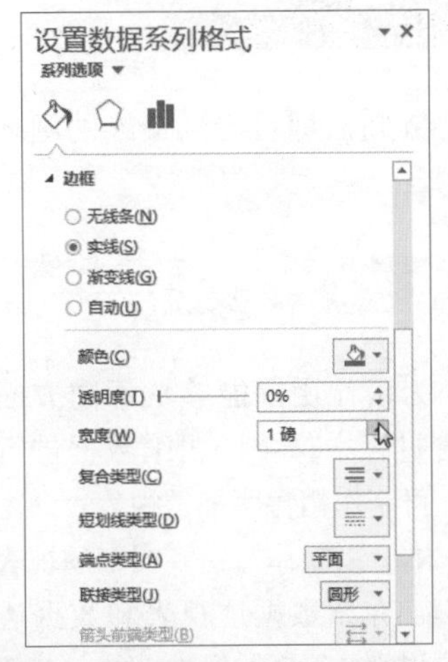

Step04 关闭窗格，即可看到设置数据系列格式后的图表效果。

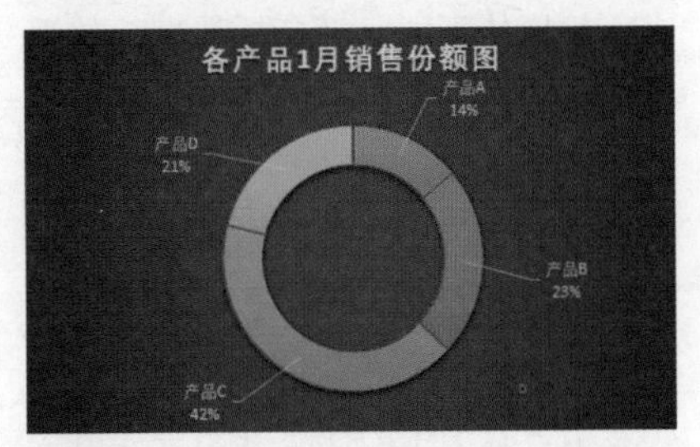

Step05 右击标签中的引导线，在弹出的快捷菜单中单击【轮廓】按钮，在展开的下拉列表中单击【黑色，文字 1】。

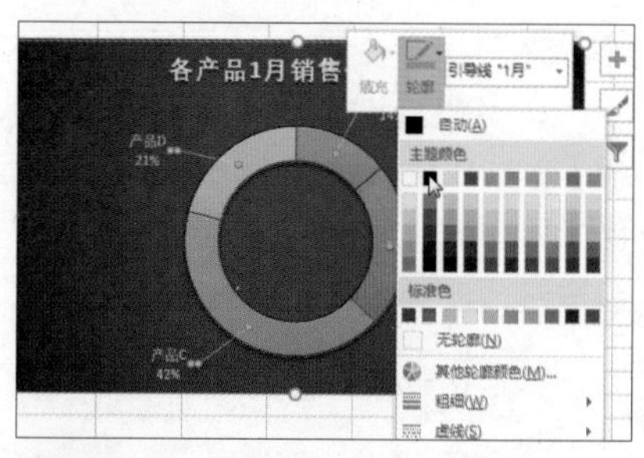

Step06 随后即可看到最终的圆环图图表效果。

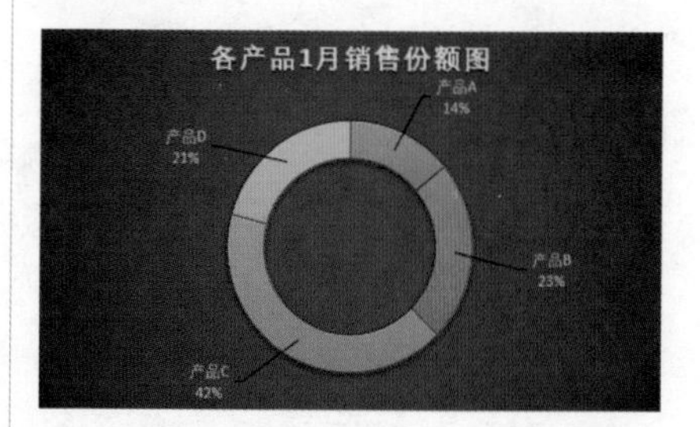

8.3 制作《销售明细透视表》

为了让用户能够从不同方面对销售过程中产生的明细数据进行分析，可制作销售明细透视表。

本节以制作《销售明细透视表》为例，介绍数据透视表和数据透视图的创建、编辑与筛选功能。

8.3.1 创建数据透视表和数据透视图

想要从不同角度分析数据，数据透视表和数据透视图的创建是首先要开始进行的操作。具体操作步骤如下。

Step01 打开“光盘\素材文件\第8章\销售明细透视表.xlsx”文件，选中【销售表】中的任意数据单元格，如单元格E1。

销售日期	销售地区	销售人员	销售商品	销售数量（个）	销售单价（元/个）	销售金额（元）
2017/1/1	东区	甲	商品A	280	¥2,200.00	¥616,000
2017/1/3	东区	丙	商品C	425	¥2,800.00	¥1,190,000
2017/1/4	北区	丁	商品A	354	¥2,200.00	¥778,800
2017/1/5	西区	乙	商品B	485	¥3,600.00	¥1,746,000
2017/1/6	北区	丙	商品D	287	¥4,000.00	¥1,148,000
2017/1/7	西区	乙	商品C	654	¥2,800.00	¥1,831,200
2017/1/8	北区	丁	商品A	124	¥2,200.00	¥272,800
2017/1/9	西区	甲	商品B	200	¥3,600.00	¥720,000
2017/1/11	西区	丁	商品D	450	¥4,000.00	¥1,800,000
2017/1/12	南区	甲	商品A	620	¥2,200.00	¥1,364,000
2017/1/13	西区	丙	商品B	287	¥3,600.00	¥1,033,200
2017/1/15	东区	乙	商品A	314	¥2,200.00	¥690,800
2017/1/16	西区	甲	商品D	325	¥4,000.00	¥1,300,000
2017/1/17	南区	丙	商品B	360	¥3,600.00	¥1,296,000
2017/1/18	南区	丁	商品D	120	¥4,000.00	¥480,000
2017/1/19	东区	丙	商品C	128	¥2,800.00	¥358,400
2017/1/20	北区	甲	商品A	269	¥2,200.00	¥591,800
2017/1/21	南区	丁	商品C	564	¥2,800.00	¥1,579,200
2017/1/22	西区	甲	商品B	263	¥3,600.00	¥946,800
2017/1/24	东区	乙	商品B	388	¥3,600.00	¥1,396,800
2017/1/25	西区	丁	商品A	365	¥2,200.00	¥803,000
2017/1/26	南区	乙	商品C	345	¥2,800.00	¥966,000
2017/1/27	西区	丁	商品D	321	¥4,000.00	¥1,284,000
2017/1/29	南区	乙	商品A	387	¥2,200.00	¥851,400
2017/1/30	东区	丙	商品D	289	¥4,000.00	¥1,156,000
2017/1/31	西区	甲	商品C	276	¥2,800.00	¥772,800

Step02 在【插入】选项卡下的【图表】组中单击【数据透视图】下三角按钮 数据透视图 ，在展开的下拉列表中选择【数据透视图和数据透视表】选项。

销售地区	销售人员	销售商品	销售数量（个）	销售单价（元/个）
东区	甲	商品A	280	¥2,200.00
东区	丙	商品C	425	¥2,800.00
北区	丁	商品A	354	¥2,200.00
西区	乙	商品B	485	¥3,600.00
北区	丙	商品D	287	¥4,000.00

Step03 弹出【创建数据透视表】对话框，在【表 / 区域】后的文本框中可看到自动设置的数据区域，选中【新工作表】单选按钮，单击【确定】按钮。

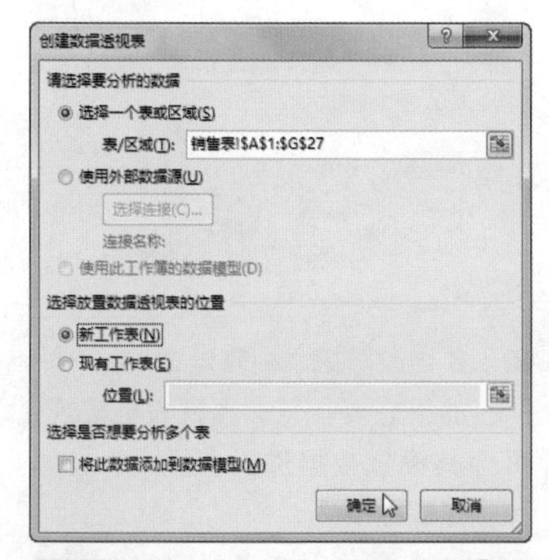

Step04 返回工作表，即可看到【销售表】前插入了一个新的工作表【Sheet3】，在该工作表中可看到空白的数据透视表和数据透视图，以及工作表右侧的【数据透视图字段】窗格。

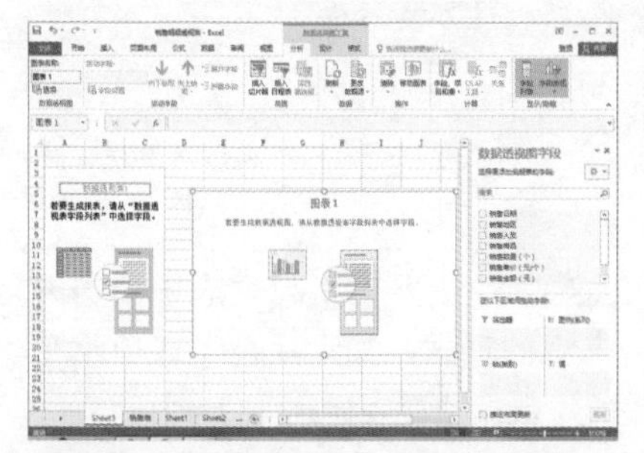

Step05 在【数据透视图字段】窗格中选中要显示的字段复选框，如【销售地区】【销售人员】【销售金额（元）】字段复选框。

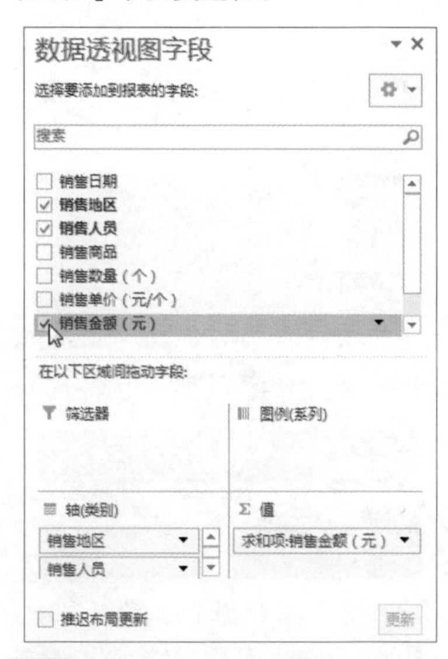

Step06 即可看到选中字段后的数据透视表和数据透视图效果。

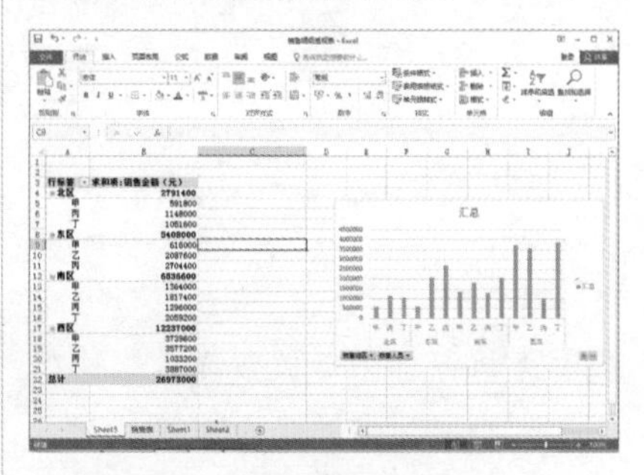

8.3.2 移动数据透视表字段

当需要在数据透视表中使用相同的字段表达出不同的数据效果时，可移动字段，具体操作步骤如下。

Step01 在【在以下区域间拖动字段】选项组下单击【轴（类别）】中的【销售人员】字段，在展开的列表中选择【移动到列标签】选项。

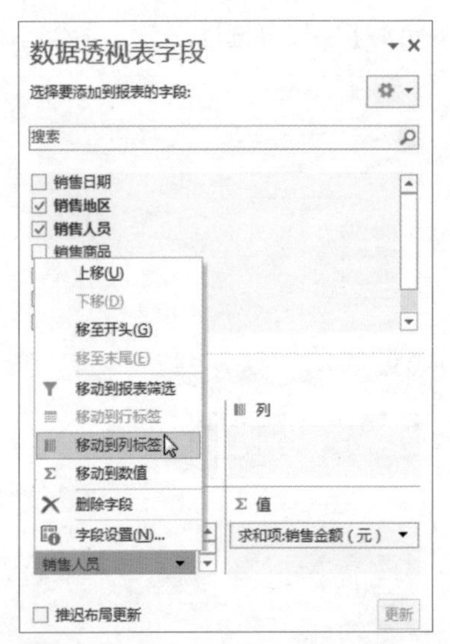

Step02 随后可看到【图例（系列）中】的【销售人员】字段。

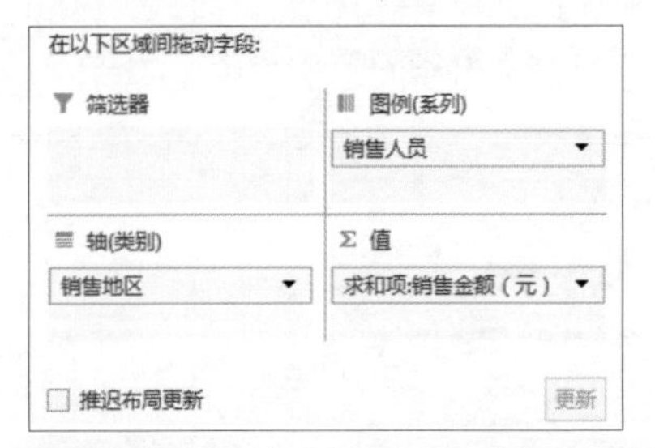

Step03 将鼠标指针放置在数据透视图上，当鼠标指针变为 形状时，按住鼠标左键可随意移动数据透视图的位置。

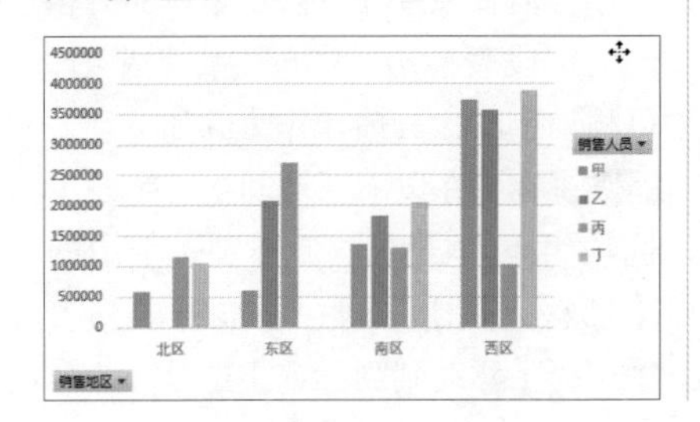

Step04 移动至合适的位置后释放鼠标，即可看到移动字段并移动数据透视图后的表格效果。

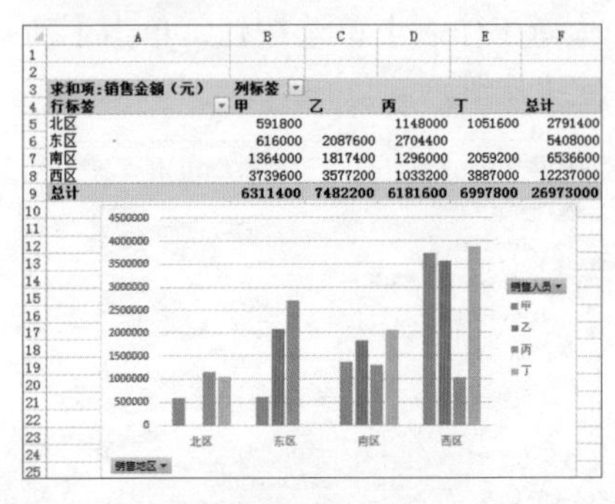

求和项:销售金额（元）	列标签				
行标签	甲	乙	丙	丁	总计
北区	591800		1148000	1051600	2791400
东区	616000	2087600	2704400		5408000
南区	1364000	1817400	1296000	2059200	6536600
西区	3739600	3577200	1033200	3887000	12237000
总计	6311400	7482200	6181600	6997800	26973000

8.3.3 更改数据透视表样式

如果想要让数据透视表更美观，可为其设置数据透视表样式，具体操作步骤如下。

Step01 选中数据透视表中的任意数据单元格，在【数据透视表工具 设计】选项卡下单击【数据透视表样式】组中的快翻按钮。

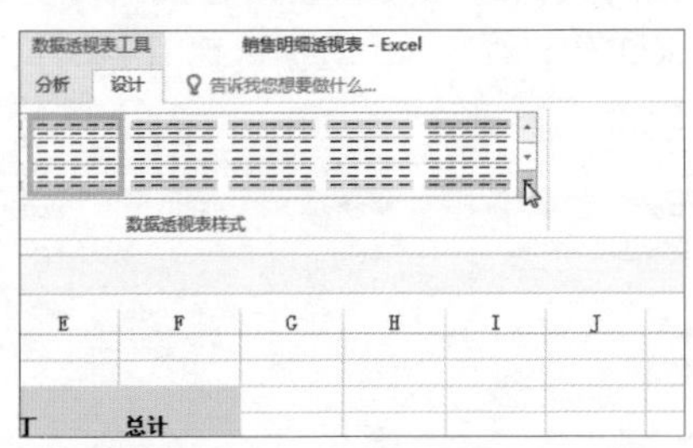

Step02 在展开的下拉列表中单击要应用的样式，如【深色】选项组下的【数据透视表样式深色 4】。

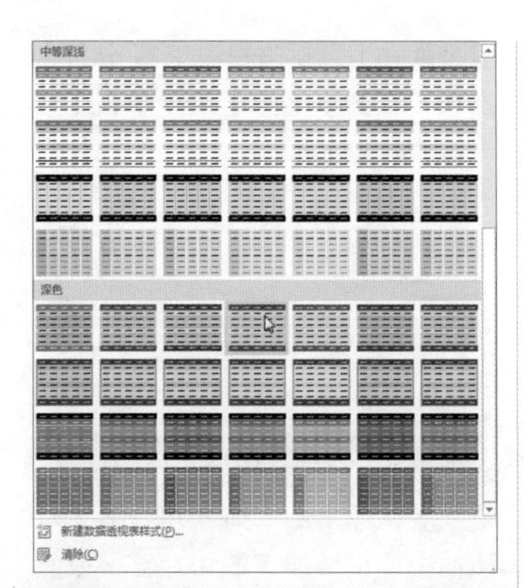

Step03 随后可看到应用样式后的数据透视表效果。

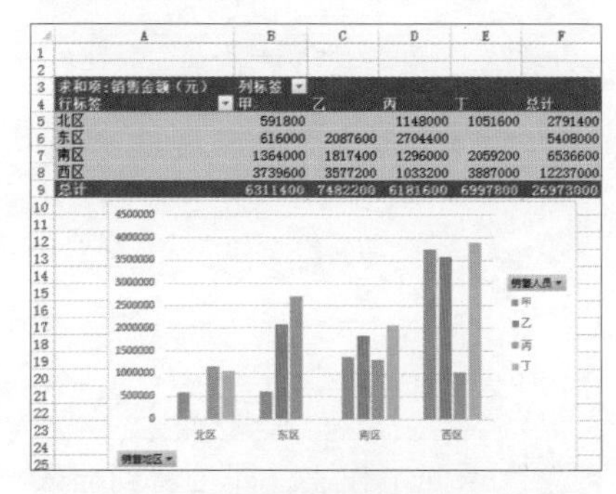

求和项:销售金额（元）	列标签				
行标签	甲	乙	丙	丁	总计
北区	591800		1148000	1051600	2791400
东区	616000	2087600	2704400		5408000
南区	1364000	1817400	1296000	2059200	6536600
西区	3739600	3577200	1033200	3887000	12237000
总计	6311400	7482200	6181600	6997800	26973000

8.3.4 重新设置数据透视表字段

当用户发现数据透视表所表达的数据效果与实际完全不符，想要重新制作新的数据透视表时，可直接清除已有的字段。具体操作步骤如下。

Step01 在【数据透视表工具 设计】选项卡下单击【操作】组中的【清除】按钮，在展开的下拉列表中选择【全部清除】选项。

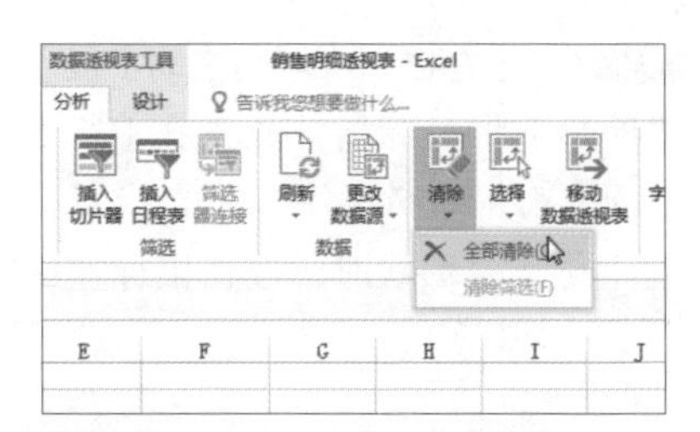

Step02 可看到【数据透视表字段】窗格中选中的字段都被清除了，数据透视表和数据透视图也变为了空白的框架。

Step03 在【数据透视表字段】窗格中选中要显示的字段复选框，如【销售地区】【销售人员】【销售数量（个）】字段复选框。

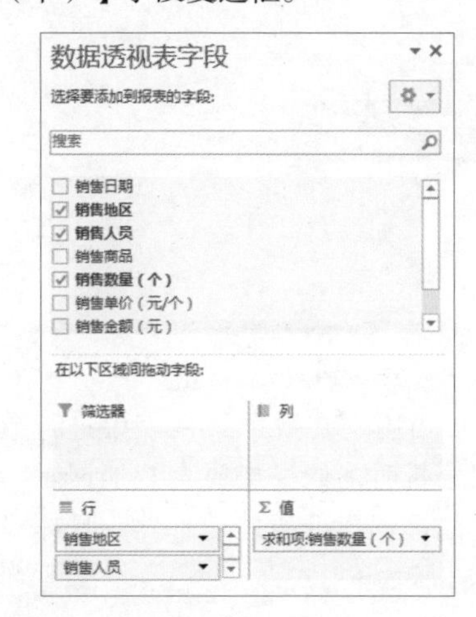

Step04 在【在以下区域间拖动字段】选项组下将鼠标指针放置在【行】中的【销售人员】字段上，当鼠标指针变为✥形状时，按住鼠标左键向【列】中拖动。

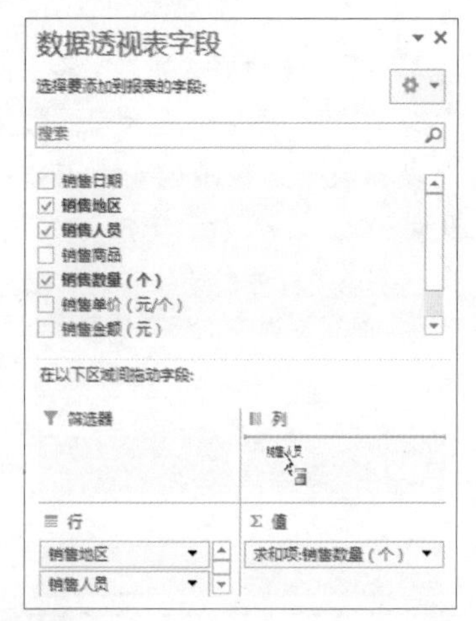

Step05 拖动到【列】中后释放鼠标，即可看到重新设置字段后的数据透视表和数据透视图效果。

8.3.5 插入切片器筛选数据

当用户在数据透视表中进行数据分析时，如果想要直观地展示筛选的数据，可插入切片器。具体操作步骤如下。

Step01 在【数据透视表工具 分析】选项卡下的【筛选】组中单击【插入切片器】按钮。

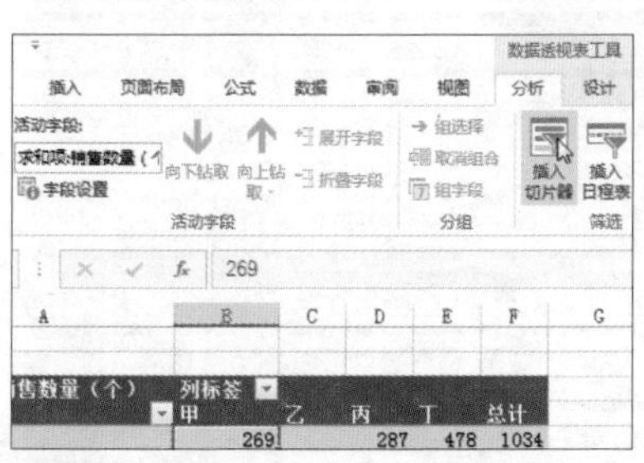

Step02 在弹出的【插入切片器】对话框中选中要插入的切片器字段复选框，如【销售商品】字段复选框，单击【确定】按钮。

Step03 返回工作表，即可看到插入的【销售商品】切片器，将鼠标指针放置在切片器上，当鼠标指针变为✥形状时，按住鼠标左键并拖动。

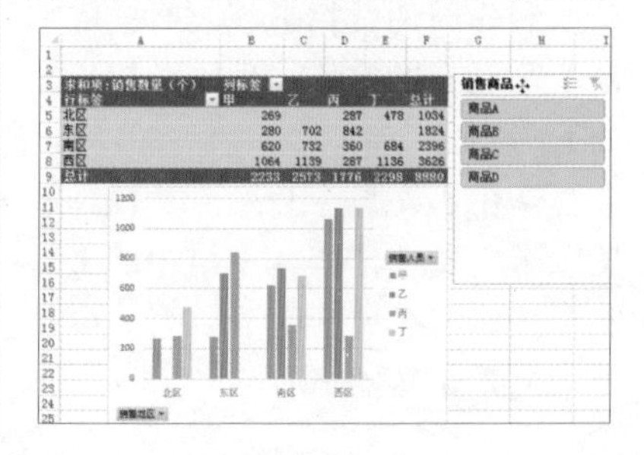

Step04 拖动至合适的位置后释放鼠标即可，在【切片器工具 选项】选项卡下的【切片器样式】组中单击快翻按钮▾。

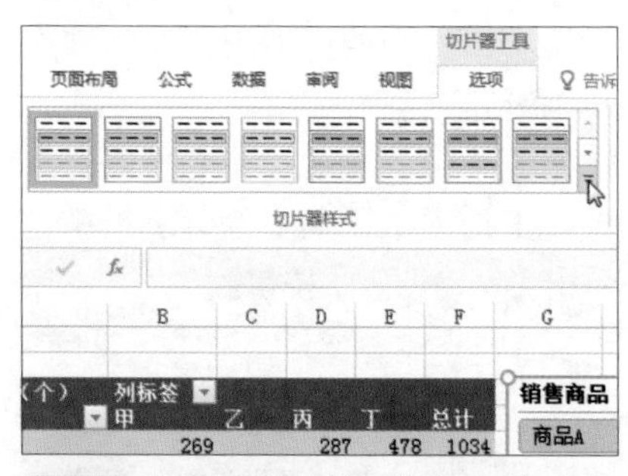

Step05 在展开的下拉列表中单击要应用的切片器样式，如【切片器样式深色 6】。

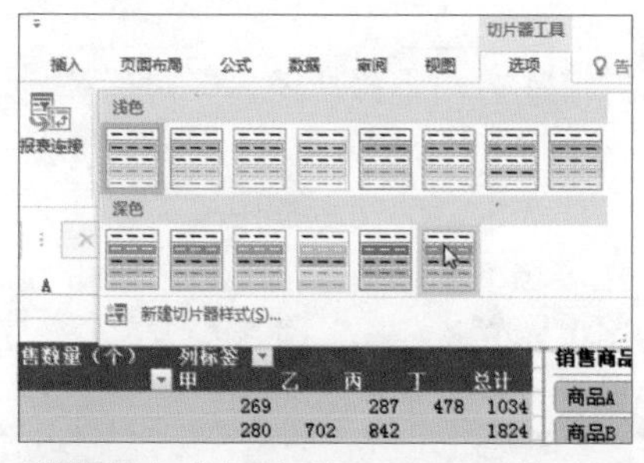

Step06 在【切片器工具 选项】选项卡下的【按钮】与【大小】组中保持切片器的按钮与大小【宽度】不变，在【按钮】组中设置【高度】为【0.9 厘米】，在【大小】组中设置【高度】为【5 厘米】。

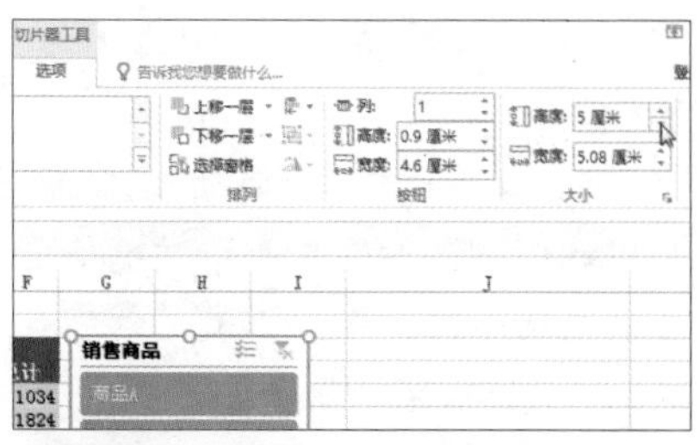

Step07 随后在【销售商品】切片器中单击要筛选的字段，如【商品 B】。

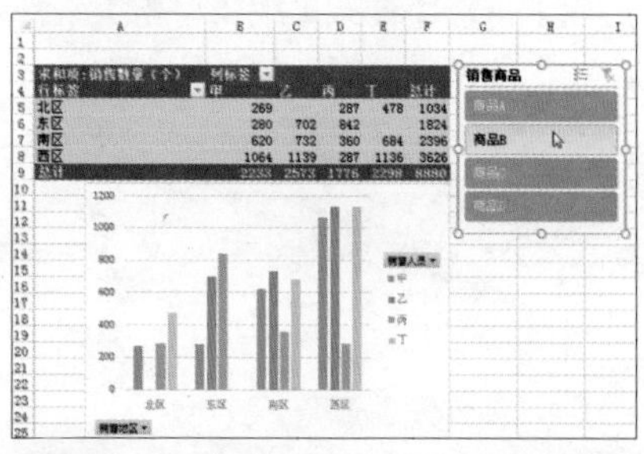

Step08 即可看到筛选后的数据透视表和数据透视图效果。

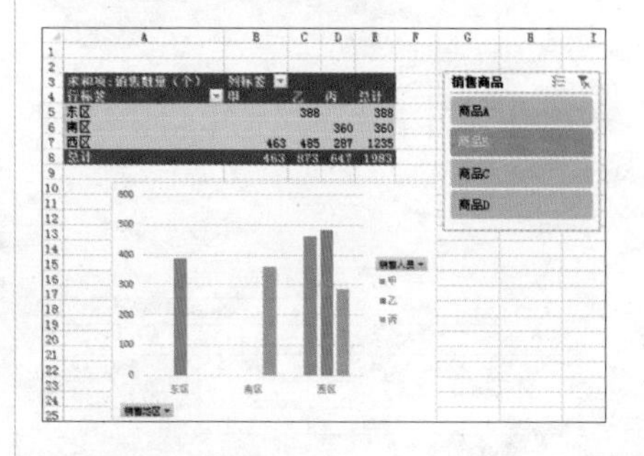

· 技能拓展 ·

通过相关案例的讲解，给读者介绍了 Excel 表格的条件格式、图表及数据透视表和数据透视图功能，接下来给读者介绍一些相关的技能拓展知识。

一、利用色阶功能标识出数值的高低

通过 Excel 中的色阶功能，用户可以利用颜色的变化表示数据值的高低，从而帮助用户迅速了解库存情况。具体操作步骤如下。

Step01 选中要应用色阶的单元格区域，如单元格区域 D4：D19，在【开始】选项卡下的【样式】组中单击【条件格式】按钮，在展开的下拉列表中选择【色阶→白 - 绿色阶】选项。

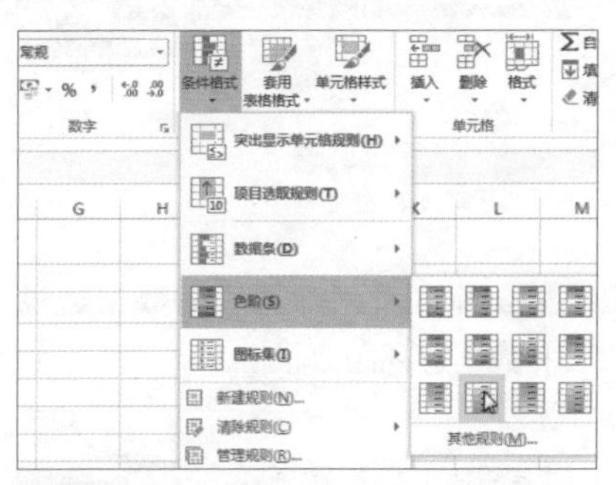

Step02 即可看到应用选中格式后的表格效果。

	A	B	C	D
1	产品库存表			
2				统计日期：2017年5月31日
3	产品编号	产品名称	单位	库存数量
4	A-004	冰箱	台	25
5	A-006	洗衣机	台	36
6	A-008	电视机	台	120
7	A-012	空调	台	54
8	B-136	微波炉	台	85
9	B-226	电饭煲	台	180
10	C-589	空气净化器	台	160
11	C-698	电风扇	台	33
12	C-780	吸尘器	台	110
13	D-001	笔记本	台	56
14	D-254	相机	台	150
15	D-364	台式机	台	120
16	D-890	打印机	台	55
17	E-214	挂烫机	台	69
18	E-269	加湿器	台	220
19	E-289	电熨斗	台	150

二、让图表单独存在于一个工作表中

当用户想要将已经创建的图表单独放置在一个工作表中时，可通过移动图表功能来实现。具体操作步骤如下。

Step01 选中图表后，在【图表工具设计】选项卡下的【位置】组中，单击【移动图表】按钮。

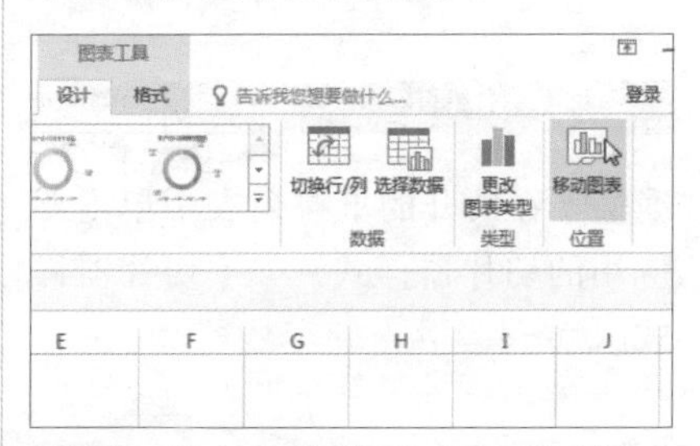

Step02 弹出【移动图表】对话框，选中【新工作表】单选按钮，在【新工作表】后的文本框中输入新的工作表名，如【各产品 1 月销售份额图】，单击【确定】按钮。

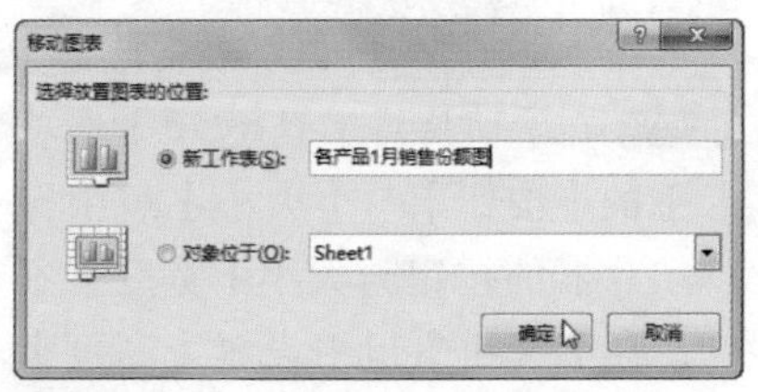

Step03 返回工作簿，即可看到插入的工作表【各产品 1 月销售份额图】及移至该工作表中的圆环图。

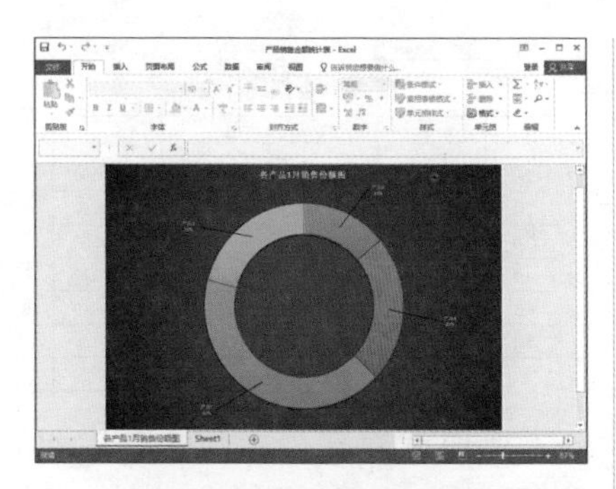

三、将图表保存为模板

当用户对创建并编辑后的图表效果比较满意，想要在下次制作图表时还使用该图表样式，可将图表保存为模板。具体操作步骤如下。

Step01 右击图表，在弹出的快捷菜单中单击【另存为模板】命令。

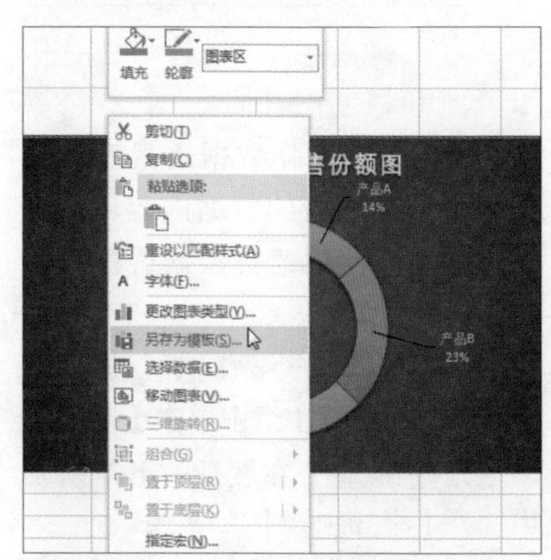

Step02 弹出【保存图表模板】对话框，保存位置不变，在【文件名】后的文本框中输入模板名，如【模板 1】，单击【保存】按钮。

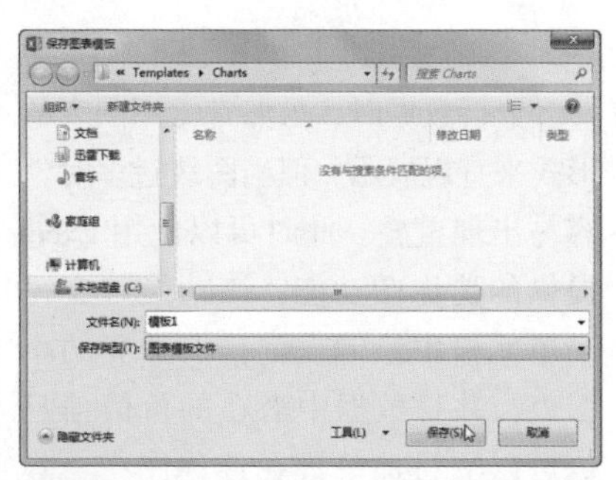

Step03 返回工作表，在【插入】选项卡下的【图表】组中单击对话框启动器。

Step04 弹出【更改图表类型】对话框，在【所有图表】选项卡下单击【模板】标签，切换至该选项卡下，可看到保存的模板。

四、创建迷你图

分析数据时，虽然常常用图表的形式来直观展示，但当图线过多时，容易出现重叠。此时可以使用 Excel 提供的迷你图功能，该功能可在一个单元格中绘制出简洁、漂亮的小图表，并且数据中潜在的价值信息也可以醒目地呈现在迷你图中。具体操作步骤如下。

Step01 在【插入】选项卡下的【迷你图】组中单击【折线图】按钮。

Step02 弹出【创建迷你图】对话框，设置【数据范围】为单元格区域【B3：B8】，设置【位置范围】为【$B$9】，单击【确定】按钮。

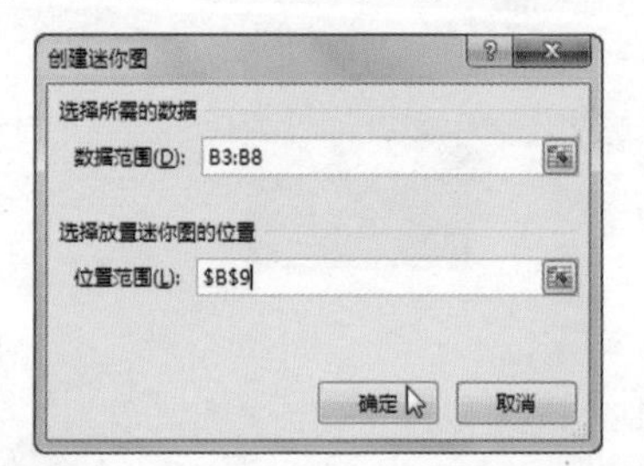

Step03 返回工作表，将鼠标指针放置在单元格 B9 的右下角，当鼠标指针变为+形状时，按住鼠标左键向右拖动。

产品销售金额统计表

月份	产品A	产品B	产品C	产品D
1月	¥12,000.00	¥20,000.00	¥36,000.00	¥18,000.00
2月	¥26,000.00	¥26,400.00	¥20,000.00	¥36,900.00
3月	¥89,520.00	¥36,780.00	¥63,000.00	¥15,000.00
4月	¥36,014.00	¥25,000.00	¥52,000.00	¥28,000.00
5月	¥25,600.00	¥45,000.00	¥89,000.00	¥36,140.00
6月	¥36,900.00	¥28,000.00	¥12,800.00	¥60,000.00

Step04 即可看到创建的迷你图组效果。

产品销售金额统计表

月份	产品A	产品B	产品C	产品D
1月	¥12,000.00	¥20,000.00	¥36,000.00	¥18,000.00
2月	¥26,000.00	¥26,400.00	¥20,000.00	¥36,900.00
3月	¥89,520.00	¥36,780.00	¥63,000.00	¥15,000.00
4月	¥36,014.00	¥25,000.00	¥52,000.00	¥28,000.00
5月	¥25,600.00	¥45,000.00	¥89,000.00	¥36,140.00
6月	¥36,900.00	¥28,000.00	¥12,800.00	¥60,000.00

五、刷新数据透视表数据

当用户在制作数据透视表的数据源中增加了新的数据内容后，可通过刷新功能快速将数据透视表更改为新的表效果。

在【数据透视表工具 分析】选项卡下的【数据】组中单击【刷新】下三角按钮 刷新，在展开的下拉列表中选择【全部刷新】选项。

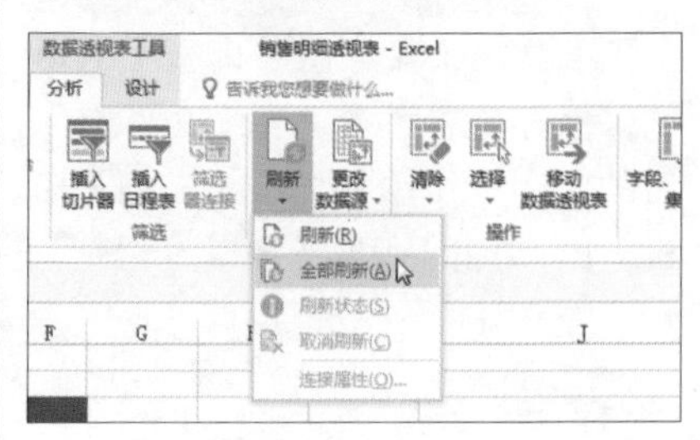

六、插入日程表筛选日期数据

虽然数据透视表中的切片器也可以筛选数据，但在筛选日期数据时还是具有一定的局限性。此时可以直接使用数据透视表中的日程表筛选日期数据。具体操作步骤如下。

Step01 在【数据透视表工具 分析】选项卡下的【筛选】组中单击【插入日程表】按钮。

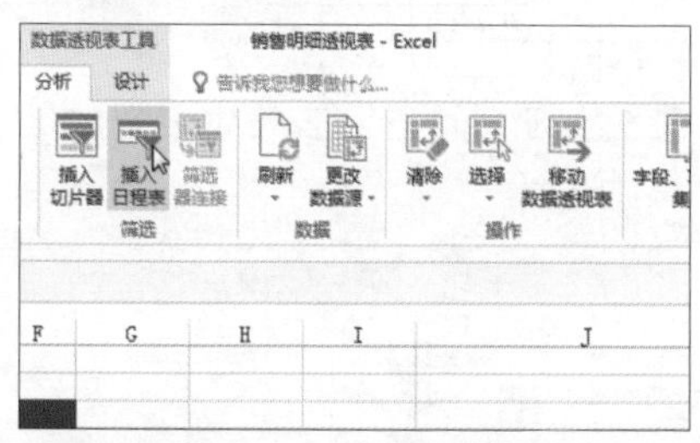

Step02 弹出【插入日程表】对话框，选中【销售日期】复选框，单击【确定】按钮。

Step03 返回工作表，即可看到插入的【销售日期】日程表效果，单击【月】按钮，在展开的下拉列表中选择【日】选项。

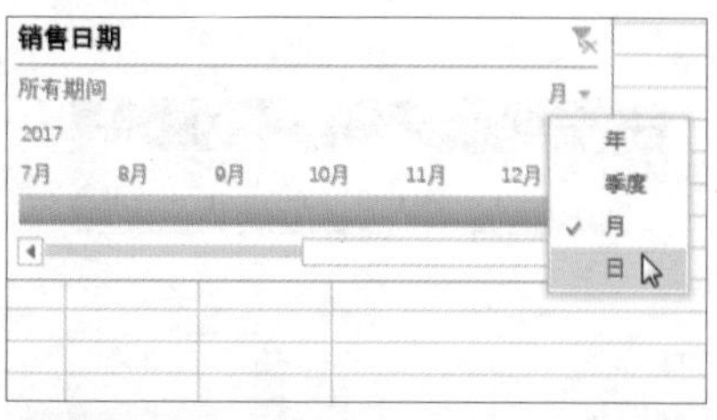

Step04 将鼠标指针放置在日期下的滑块上，按住鼠标左右拖动，可看到其他月份中的日期。

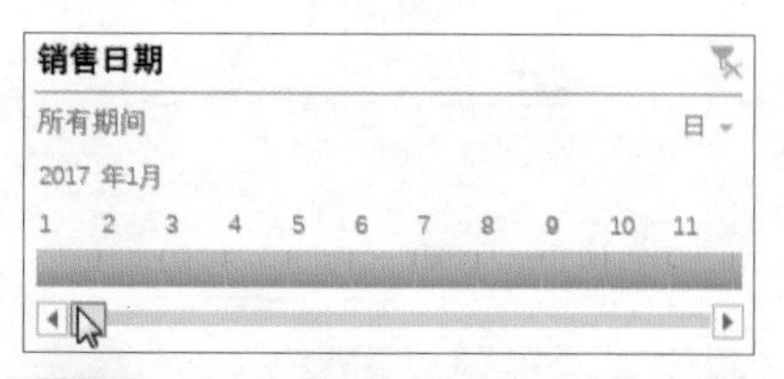

Step05 单击【2017 年 1 月】中的【5】按钮。

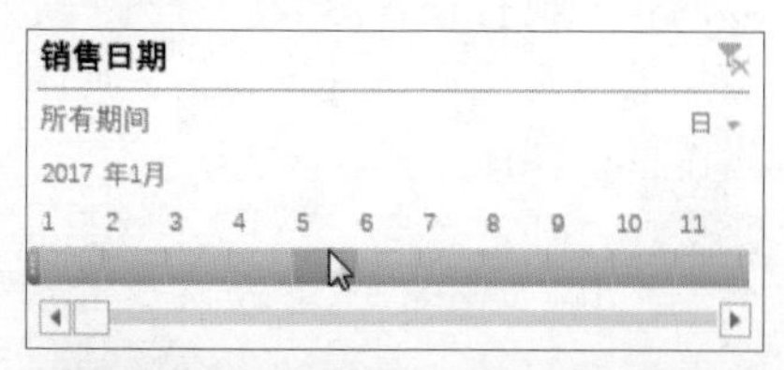

Step06 随后将鼠标指针放置在【按钮 5】右侧的边框上，当鼠标指针变为↔形状时，按住鼠标左键向右拖动，拖动至【9】即可。

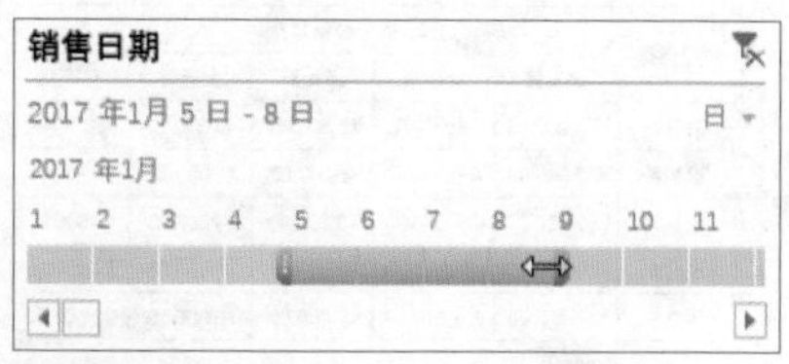

Step07 释放鼠标，即可看到插入日程表筛选日期数据后的数据透视表

和数据透视图效果。

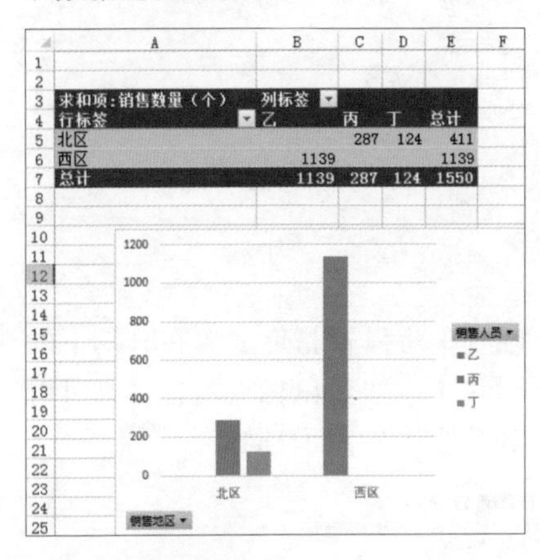

·同步实训·

制作《项目预算图表》

为了巩固本章所学知识点，本节以制作《项目预算图表》为例，对数据的可视化操作进行介绍。具体操作步骤如下。

Step01 打开“光盘\素材文件\第8章\项目预算图表.xlsx”文件，可看到各个项目的经费预算金额数据，选中表格中的任意数据单元格，如单元格D3。

项目预算表					
项目类型	经费预算				
	人工费	材料费	通讯费	交通费	住宿费
项目1	¥23,000.00	¥80,000.00	¥1,500.00	¥5,600.00	¥8,000.00
项目2	¥32,000.00	¥50,000.00	¥1,200.00	¥2,000.00	¥5,200.00
项目3	¥62,000.00	¥78,000.00	¥2,000.00	¥4,500.00	¥6,000.00
项目4	¥40,000.00	¥36,000.00	¥1,800.00	¥7,800.00	¥4,000.00
项目5	¥56,000.00	¥28,000.00	¥3,000.00	¥6,000.00	¥3,000.00

Step02 在【插入】选项卡下的【图表】组中单击【插入柱形图或条形图】按钮，在展开的下拉列表中选择【堆积柱形图】选项。

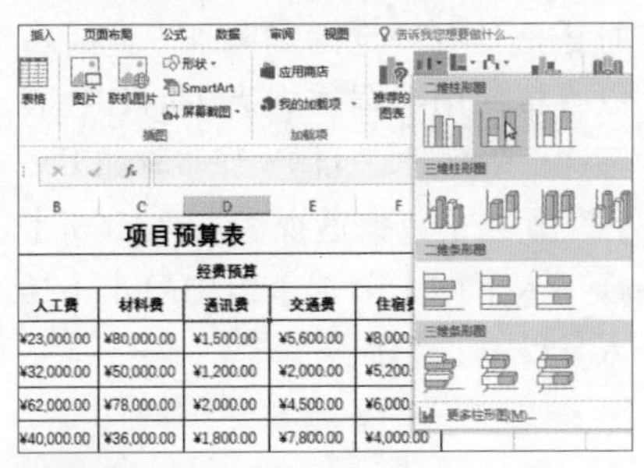

Step03 随后可看到表格中创建的堆积柱形图。

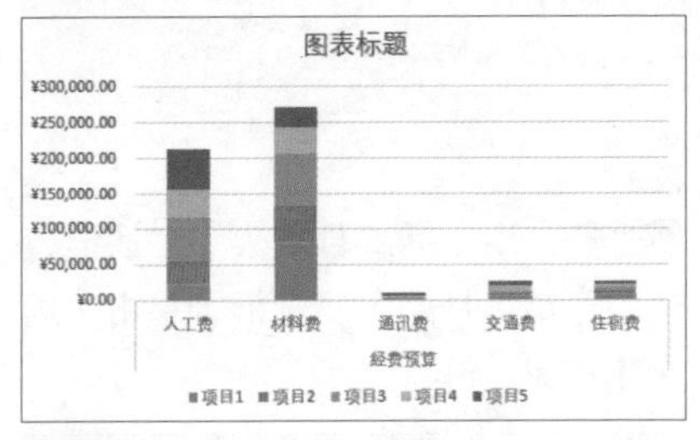

Step04 选中图表，在【图表工具 设计】选项卡下的【数据】组中单击【切换行/列】按钮。

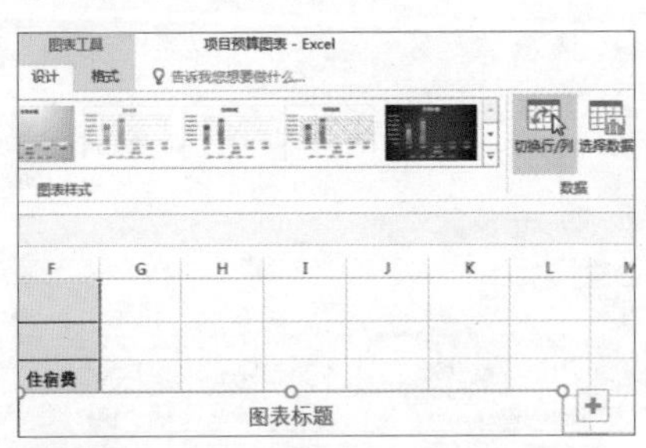

Step05 可看到图表的水平（类别）轴及图例有了变化。

Step06 选中图表，在【图表工具 设计】选项卡下的【数据】组中单击【选择数据】按钮。

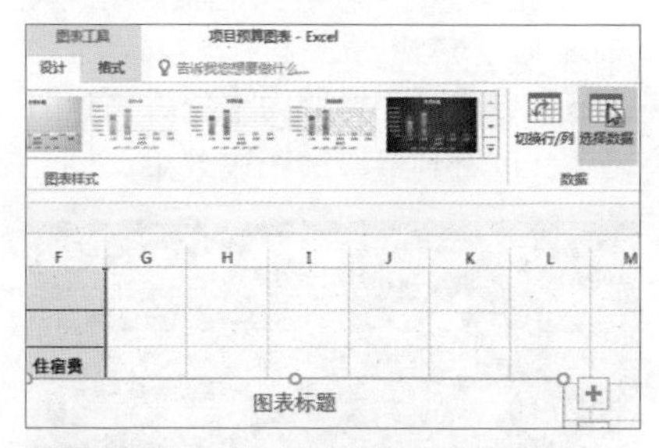

Step07 弹出【选择数据源】对话框，在【图例项（系列）】选项组下选中要编辑的图例项，如【项目预算表 经费预算 人工费】，单击【编辑】按钮。

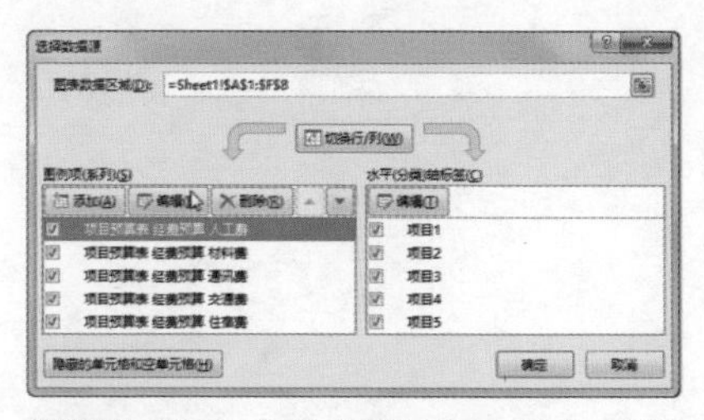

Step08 弹出【编辑数据系列】对话框，可看到系列名称及系列值，单击【系列名称】文本框后的单元格引用按钮。

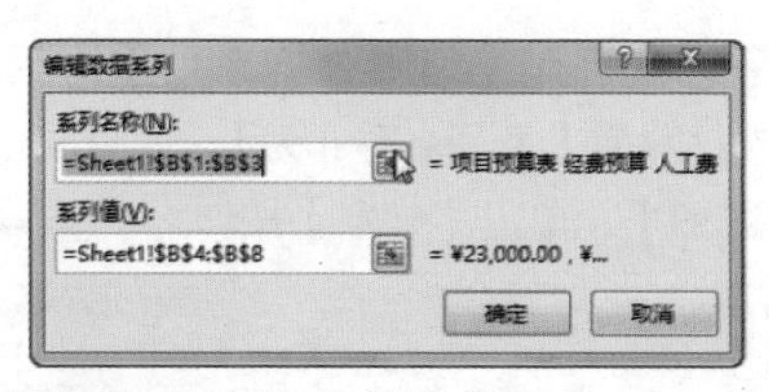

Step09 在表格中单击单元格 B3，自动引用该单元格，单击单元格引用按钮。

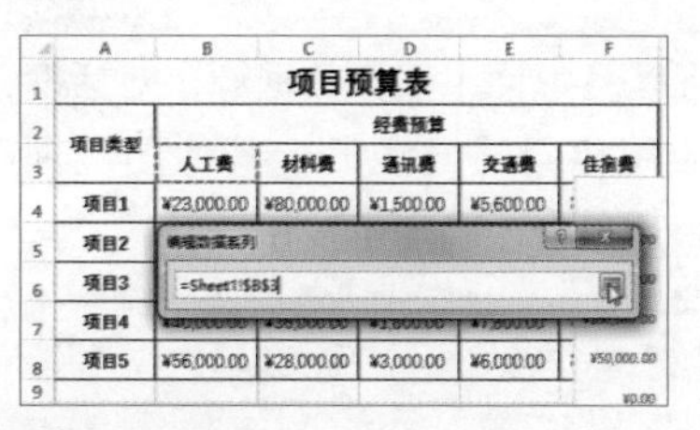

Step10 返回【编辑数据系列】对话框，可看到【系列名称】中自动引用了单元格 B3 中的人工费，单击【确定】按钮。

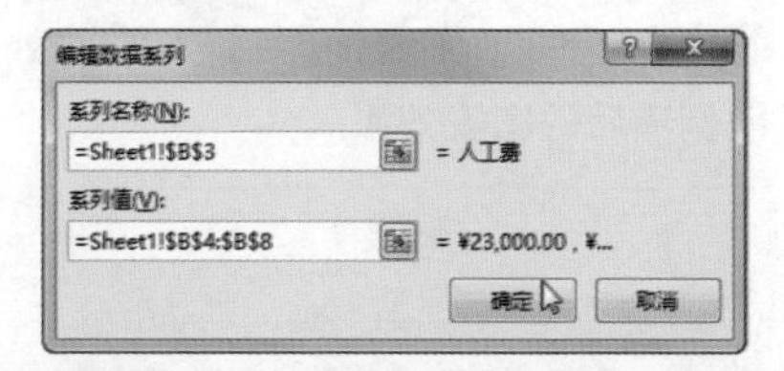

Step11 返回【选择数据源】对话框，可看到编辑后的图例项变为了【人工费】，选择第二个图例项，如【项目预算表 经费预算 材料费】，单击【编辑】按钮。

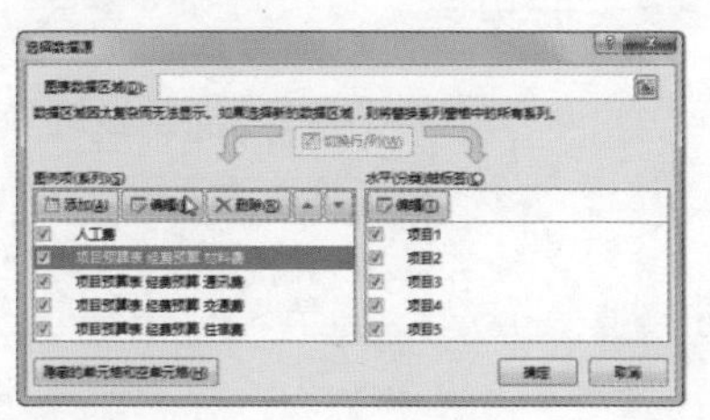

Step12 弹出【编辑数据系列】对话框，设置【系列名称】为【=Sheet1！$C$3】，单击【确定】按钮。

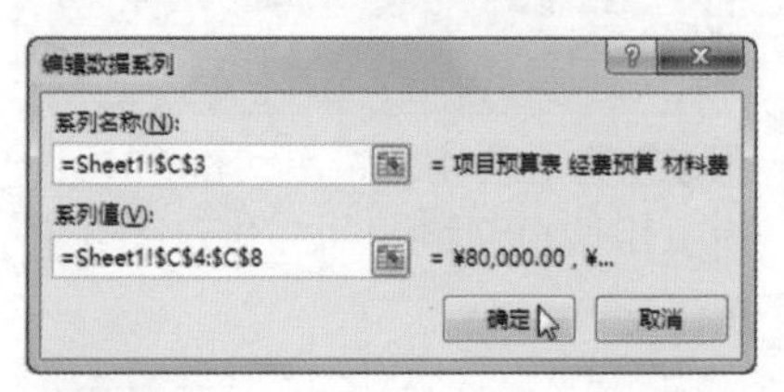

Step13 返回【选择数据源】对话框，应用相同的方法设置其他图例项，最后单击【确定】按钮。

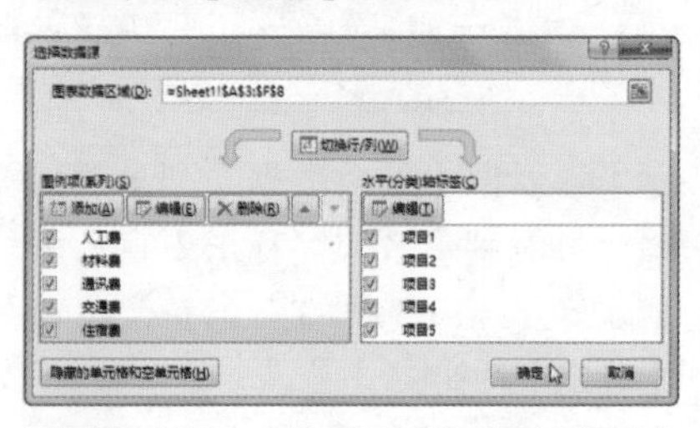

Step14 返回工作表，即可看到更改图例项后的图表效果。

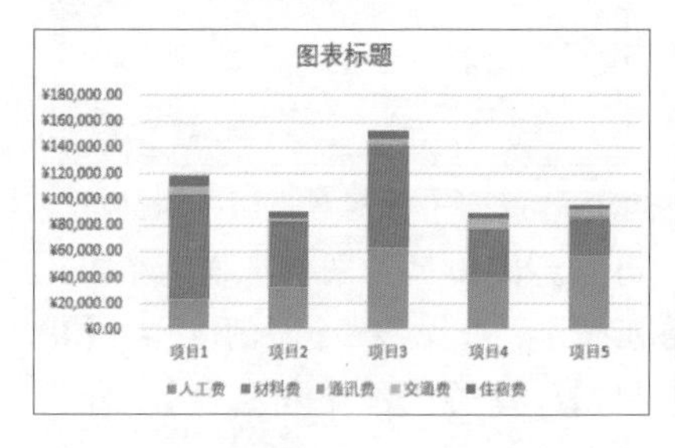

Step15 在【图表工具 设计】选项卡下的【图表样式】组中单击快翻按钮，在展开的下拉列表中选择【样式 8】选项。

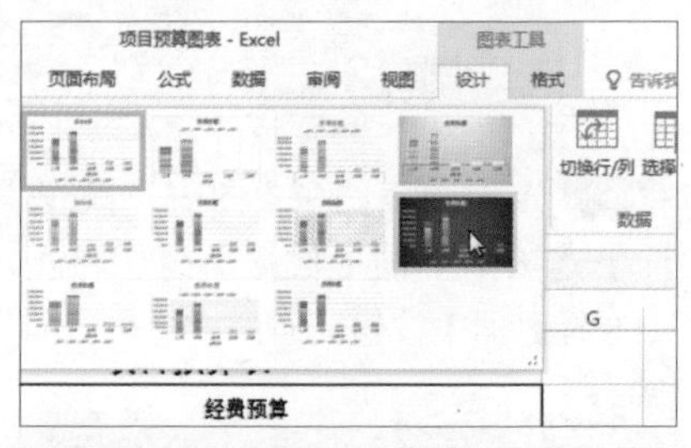

Step16 更改图表标题为【项目预算图表】，可看到最终的图表效果。

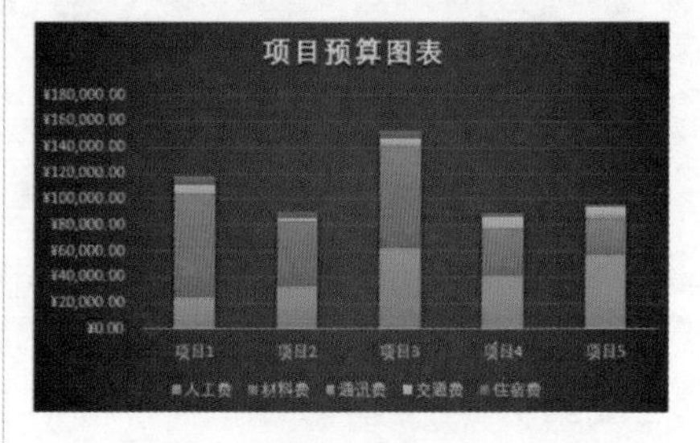

学习小结

本章主要介绍了 Excel 组件中的数据可视化操作。重点内容包括条件格式的设置、图表的创建与编辑，还对数据透视表和数据透视图分析数据进行了详细的介绍。熟练掌握这些操作知识，即可对 Excel 中的数据进行直观的分析。

第 9 章

PowerPoint 演示文稿的创建

PowerPoint 是功能强大的演示文稿制作软件。它可以通过各种图形组合来进行制作者逻辑的充分表达，从而把复杂的事情变得简单，让听众更易理解。

本章将以制作销售策略和产品发布演示文稿为例，主要介绍演示文稿的创建、编辑和保存，以及演示文稿中图片和 SmartArt 图形的插入与编辑操作。

※ 创建模板演示文稿　※ 编辑幻灯片　※ 保存演示文稿

※ 插入图片　※ 编辑图片　※ 插入并编辑 SmartArt 图形

案 例 展 示

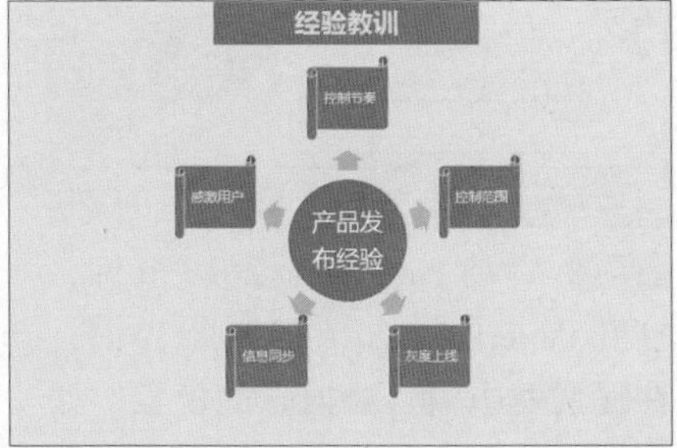

9.1 制作《销售策略》PPT

为了展现客户对现有产品的不满之处及企业所要采取的措施，可制作销售策略演示文稿。

本节以制作《销售策略》PPT 为例，主要介绍模板演示文稿的创建、编辑和保存操作。

9.1.1 创建模板演示文稿

要使用 PPT 制作销售策略演示文稿，可通过 PowerPoint 组件创建模板演示文稿，具体操作步骤如下。

Step01 单击计算机左下角的【开始】按钮，在弹出的列表中选择【所有程序→PowerPoint 2016】选项。

Step02 启动 PowerPoint 2016 组件，打开 PowerPoint 2016 的初始界面，在搜索框中输入要搜索的模板，如【销售策略】，单击【开始搜索】按钮。

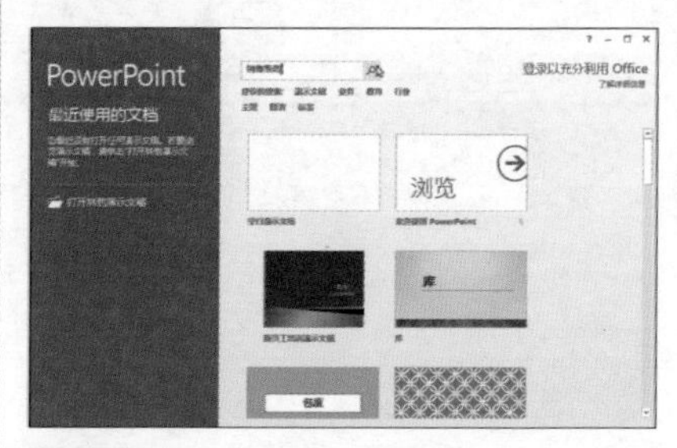

Step03 即可看到搜索结果，单击要创建的模板，如单击【销售策略演示文稿，平面主题（宽屏）】。

Step04 在弹出的窗口中单击【创建】按钮。

Step05 即可看到新创建的模板演示文稿效果。

9.1.2 编辑幻灯片

在完成了演示文稿的创建后，用户就可以根据实际情况编辑幻灯片内容了，具体操作步骤如下。

Step01 选中第 1 张幻灯片中的形状格式，更改文本为【销售策略】，在【开始】选项卡下的【字体】组中设置【字体】为【微软雅黑】，【字号】为【60】磅。

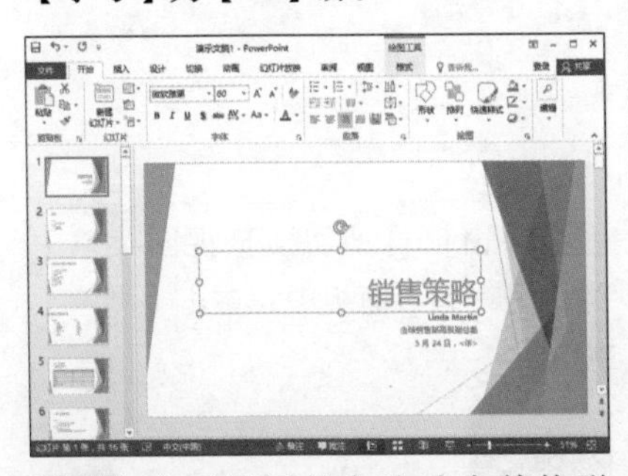

Step02 应用相同的方法选中其他形状并更改文本内容，设置【字体】为【微软雅黑】，【字号】为【24】磅。将鼠标指针放置在【销售策略】形状上，当鼠标指针变为✥形状时，按住鼠标左键拖动。

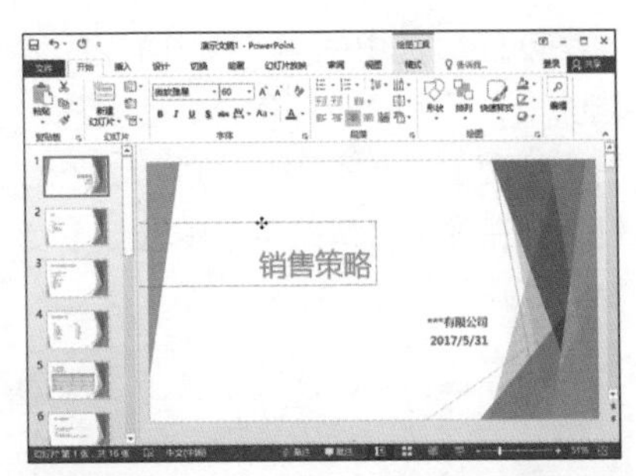

Step03 拖动至合适的位置后释放鼠标，应用相同的方法拖动其他形状，可看到幻灯片效果。

Step04 右击要删除的幻灯片，如第 11 张幻灯片，在弹出的快捷菜单中选择【删除幻灯片】命令。

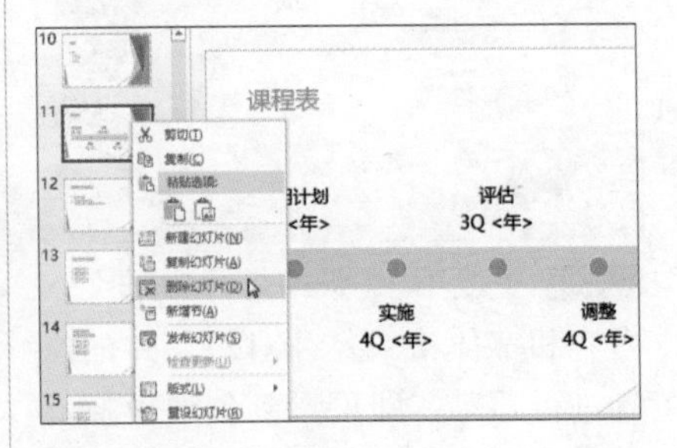

小技巧

用户也可以选中要删除的幻灯片，然后按【Delete】键即可。

Step05 随后选中的第 11 张幻灯片被删除了，后续的幻灯片会自动上移，右击要复制的幻灯片，如第 12 张幻灯片，在弹出的快捷菜单中选择【复制幻灯片】命令。

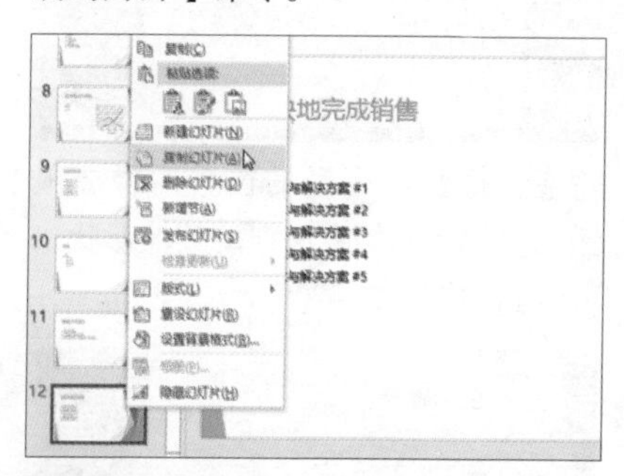

Step06 可看到第 12 张幻灯片下自动新增了一张新的幻灯片，且幻灯片中的内容完全相同。

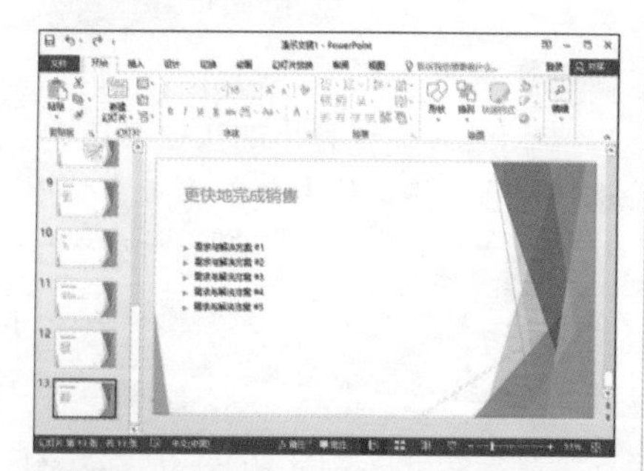

Step07 更改第 13 张幻灯片中的文本内容和字体格式，并对幻灯片的位置进行移动，即可看到创建模板幻灯片后的效果。

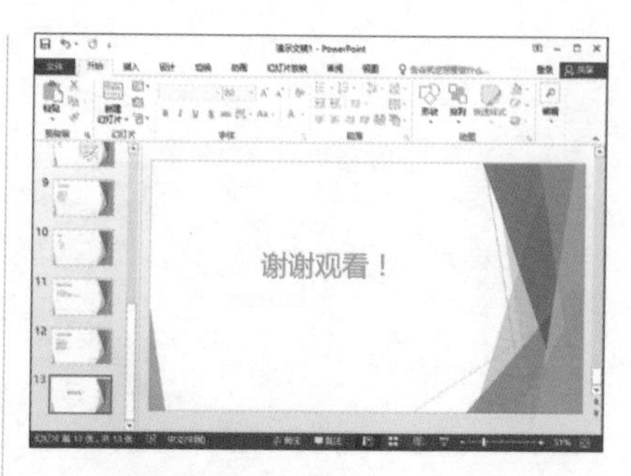

9.1.3 保存演示文稿

完成演示文稿的创建和编辑后，用户还需要将演示文稿保存，以便于后期的展示，具体操作步骤如下。

Step01 完成了演示文稿的创建后，单击【保存】按钮。

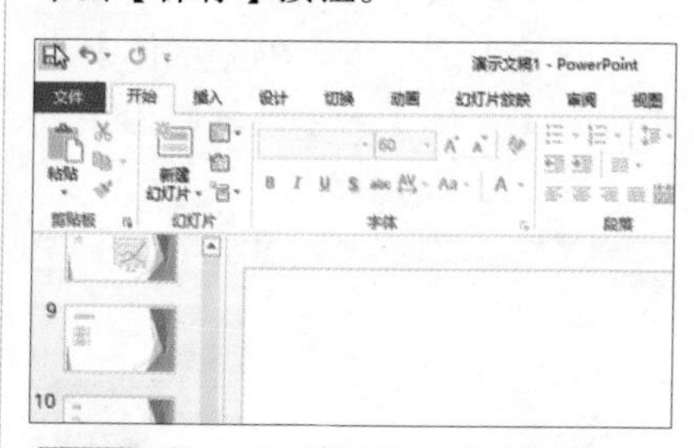

Step02 窗口自动切换至视图菜单中的【另存为】面板中，单击【浏览】按钮。

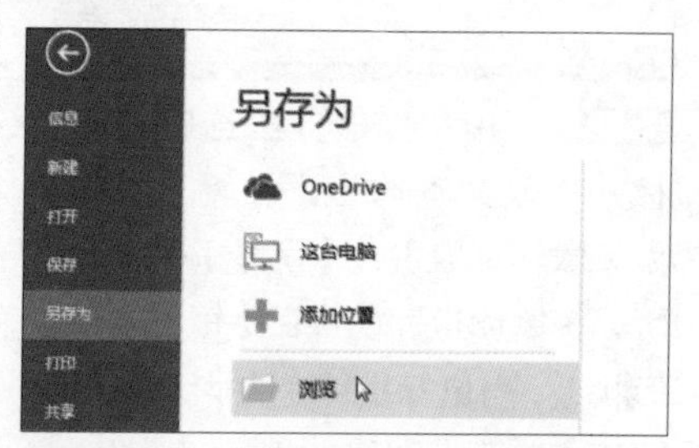

Step03 弹出【另存为】对话框，设置好演示文稿的保存位置，设置【文

件名】为【销售策略】，单击【保存】按钮。

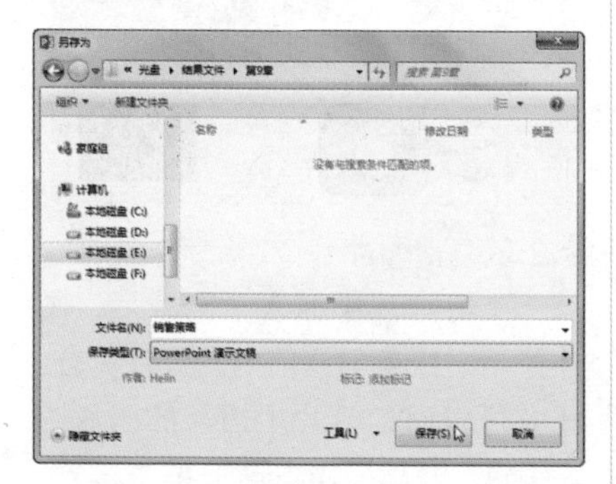

Step04 返回演示文稿窗口，即可看到保存后的演示文稿名为【销售策略】。

9.2 制作《产品发布》PPT

为了向观众展示新产品的具体情况，增加客户的购买欲，企业可制作产品发布演示文稿。

本节就以制作《产品发布》PPT 为例，主要介绍图片和 SmartArt 图形的插入与编辑操作。

9.2.1 插入图片

要想展示产品，首先就需要在幻灯片中插入图片，具体的操作步骤如下。

Step01 打开“光盘 \ 素材文件 \ 第 9 章 \ 产品发布 .pptx”文件，选中要插入图片的幻灯片，如第 5 张幻灯片，在【插入】选项卡下的【图像】组中单击【图片】按钮。

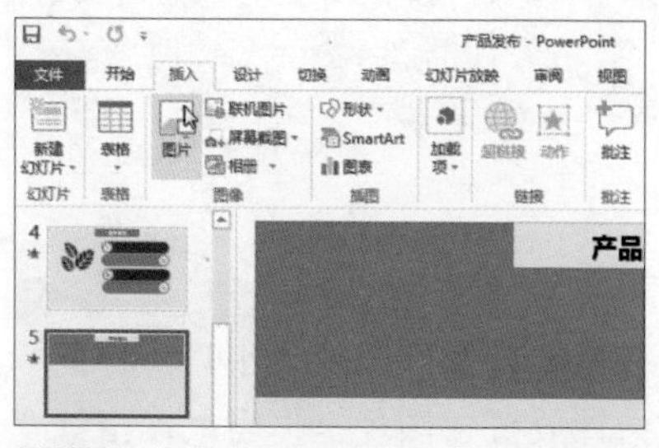

Step02 弹出【插入图片】对话框，找到图片的保存位置，单击要插入的图片，如【产品 1】，单击【插入】按钮。

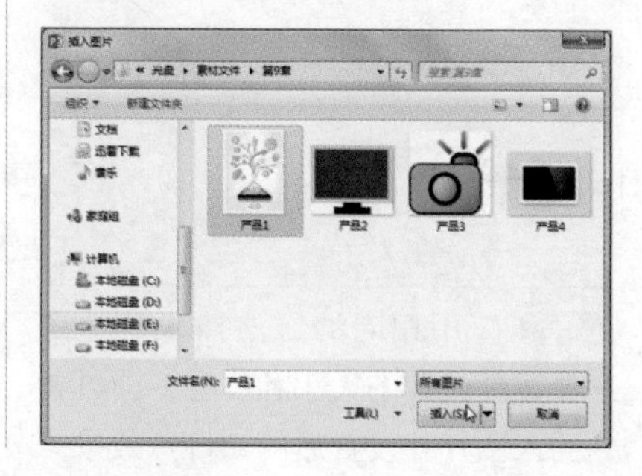

Step03 返回幻灯片中，可看到插入图片后的效果，将鼠标指针放置在图片的外侧控点上，此时鼠标指针变为↘形状。

Step04 按住鼠标左键向内拖动，可缩小图片。

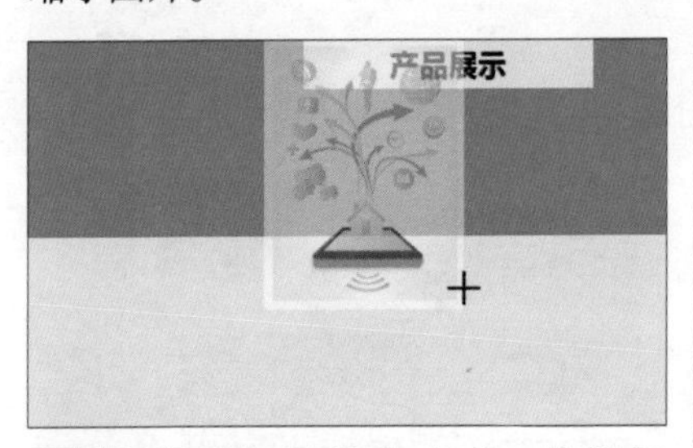

Step05 设置好图片大小后，将鼠标指针放置在图片上，当鼠标指针变为✥形状时，按住鼠标左键拖动，即可移动图片的位置。

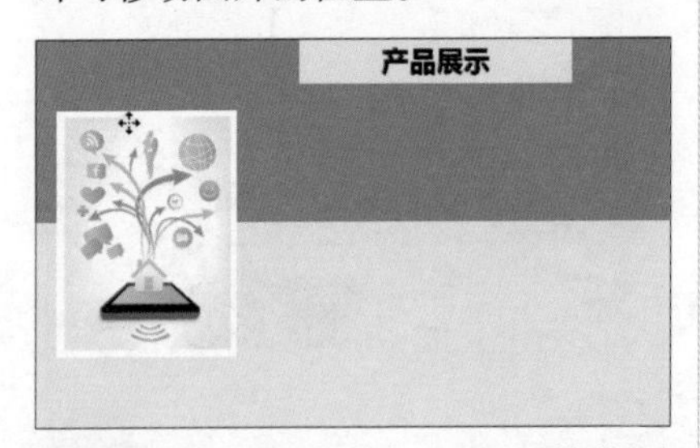

Step06 应用相同的方法插入其他图片并设置图片的大小和位置，即可看到插入图片并设置后的幻灯片效果。

9.2.2 编辑图片

在幻灯片中插入了图片后，图片并不一定就与当前的幻灯片契合，此时可以对幻灯片中插入的图片进行编辑，具体操作步骤如下。

Step01 选中幻灯片中的图片，在【图片工具 格式】选项卡下单击【大小】组中的【裁剪】下三角按钮，在展开的下拉列表中选择【裁剪】选项。

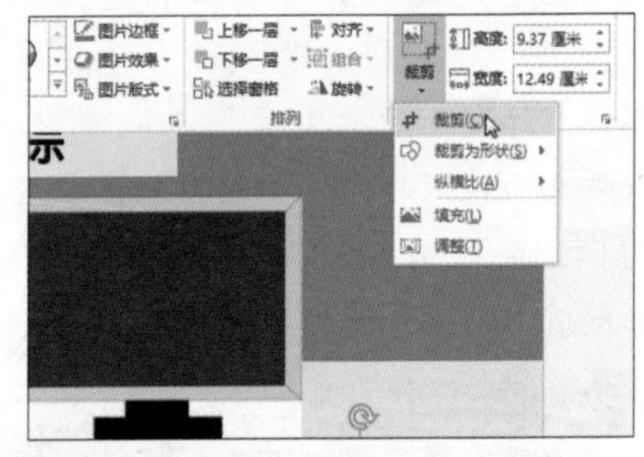

Step02 此时可看到图片的周围会出现 8 个黑色的裁剪控点，此时图片呈可裁剪状态，将鼠标指针放置在图片右侧的裁剪控点上，此时鼠标指针变为⊢形状。

Step03 按住鼠标左键向内拖动，可将图片外侧多余的部分裁剪掉。

Step04 应用相同的方法裁剪掉图片的其他部分，即可看到图片的裁剪效果。

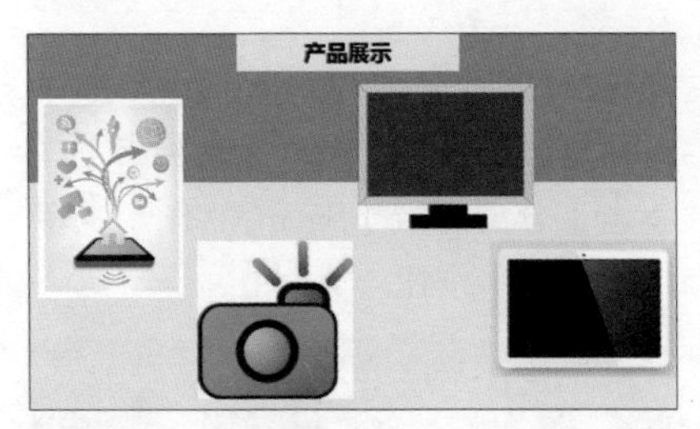

Step05 选中要设置样式的图片，在【图片工具 格式】选项卡中单击【图片样式】组中的快翻按钮。

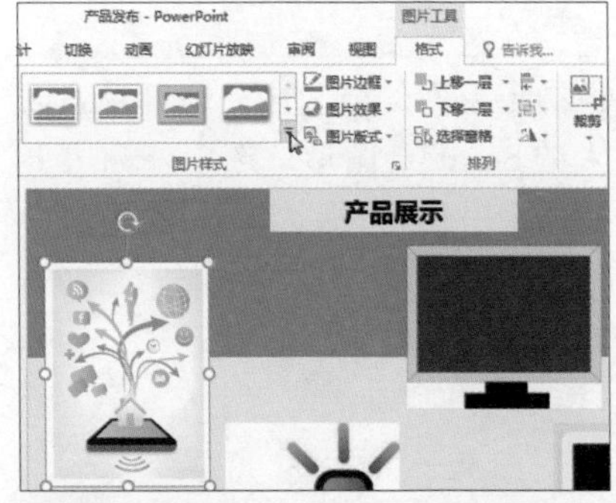

Step06 在展开的列表中单击要应用的样式，如【柔化边缘矩形】样式。

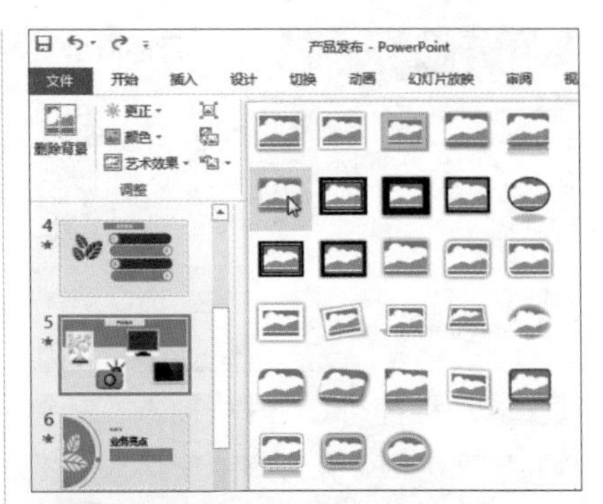

Step07 即可看到图片设置样式后的效果，应用相同的方法为其他图片设置不同的样式。

Step08 在【插入】选项卡下的【文本】组中单击【文本框】下三角按钮，在展开的下拉列表中选择【横排文本框】选项。

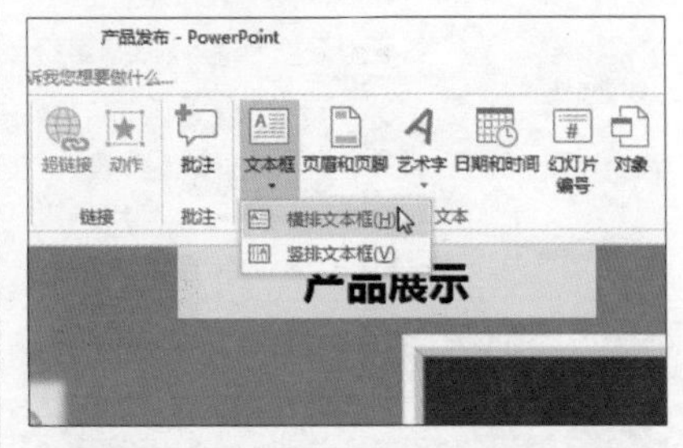

Step09 此时鼠标指针变为了↓形状，按住鼠标左键在要放置的位置拖动。

Step10 即可看到幻灯片中插入了一个横排的文本框，在文本框中输入【智能手机】，并在【开始】选项卡下的【字体】组中单击【字体】为【微软雅黑】，【字号】为【20】磅。

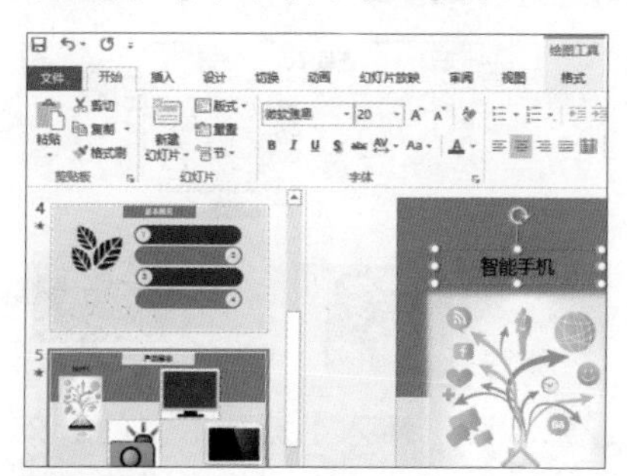

Step11 随后应用相同的方法为其他图片插入文字说明的形状，并对形状中的文本进行设置。

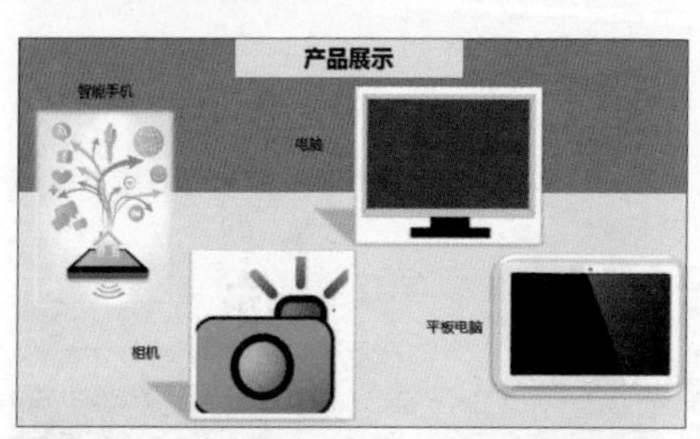

9.2.3 插入并编辑 SmartArt 图形

除了可以在幻灯片中插入图片来直观展示产品，还可以插入并编辑 SmartArt 图形以直观的方式交流信息内容，具体操作步骤如下。

Step01 选中要插入 SmartArt 图形的幻灯片，如第 11 张幻灯片，在【插入】选项卡下的【插图】组中单击【SmartArt】按钮。

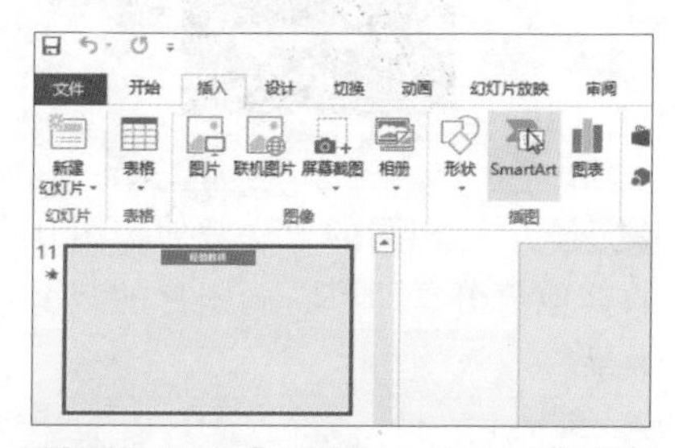

Step02 弹出【选择 SmartArt 图形】对话框，切换至【循环】选项卡下，单击【分离射线】SmartArt 图形，单击【确定】按钮。

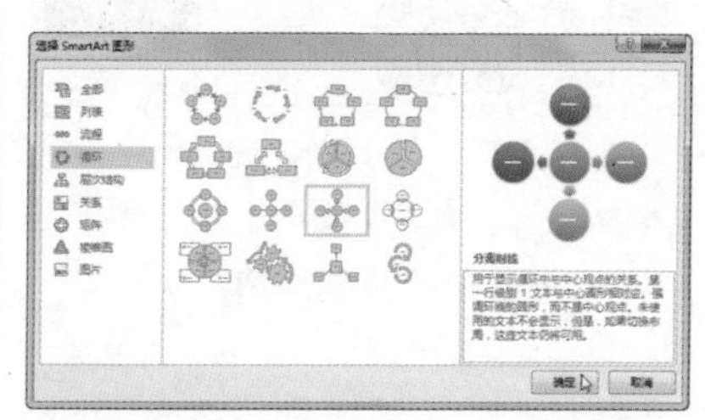

Step03 返回幻灯片中，即可看到插入的 SmartArt 图形，选中外侧边上的任意一个图形形状。

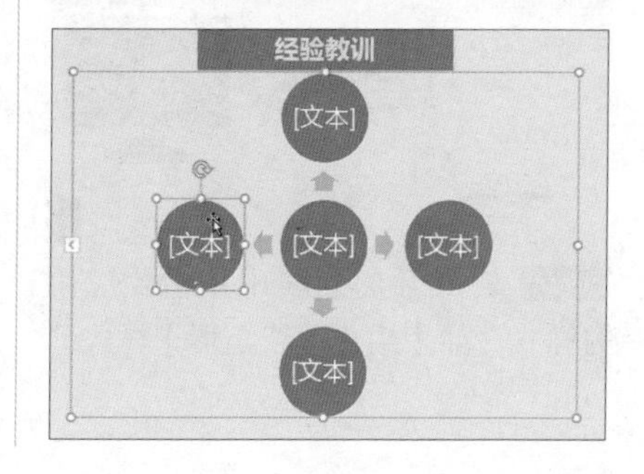

Step04 在【SmartArt 工具 设计】选项卡下的【创建图形】组中单击【添加形状】右侧的下三角按钮▾，在展开的下拉列表中选择【在后面添加形状】选项。

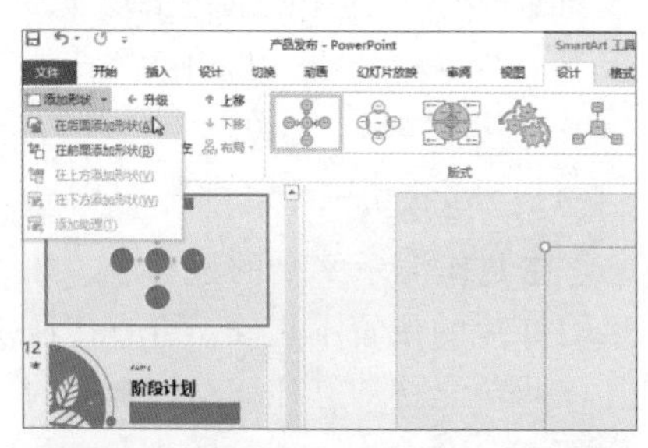

Step05 即可看到选中图形形状后添加了一个空白的图形。

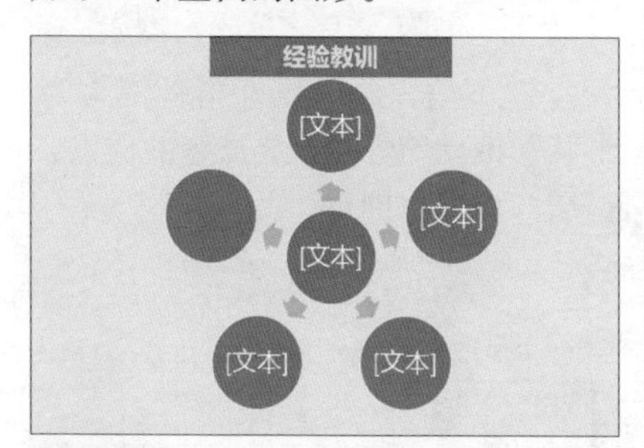

Step06 在 SmartArt 图形中为每个图形输入新的文本内容，选中最中间的图形形状。

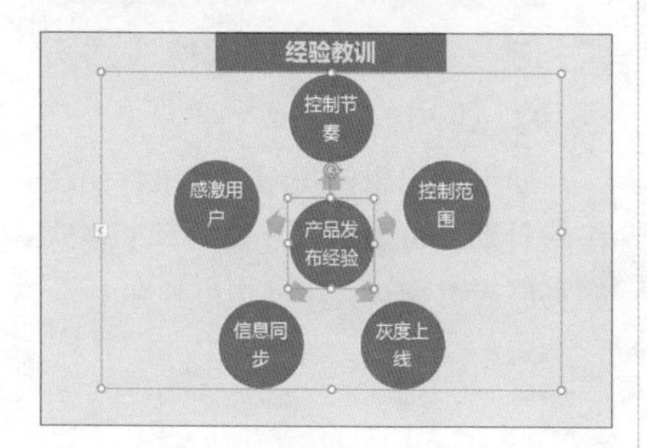

Step07 在【SmartArt 工具 格式】选项卡下的【形状】组中双击【增大】按钮。

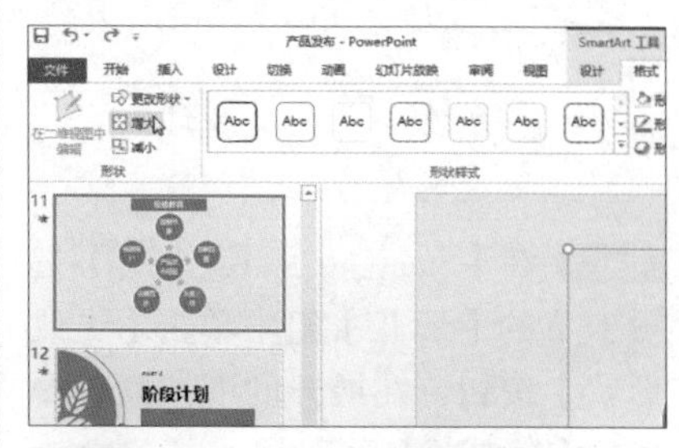

Step08 此时可明显发现中间的圆形变大了。按住【Ctrl】键不放，选中外侧的五个圆形。

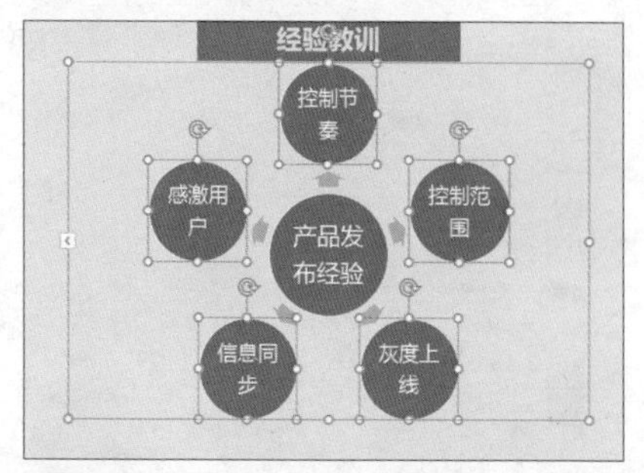

Step09 在【SmartArt 工具 格式】选项卡下的【形状】组中双击【减小】按钮。

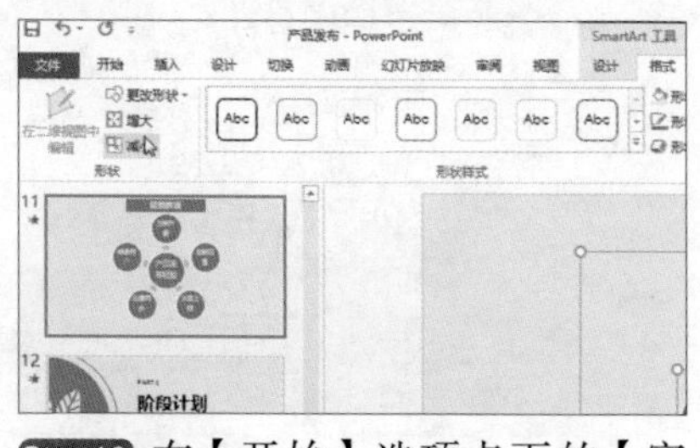

Step10 在【开始】选项卡下的【字体】组中设置【字号】为【16】磅。

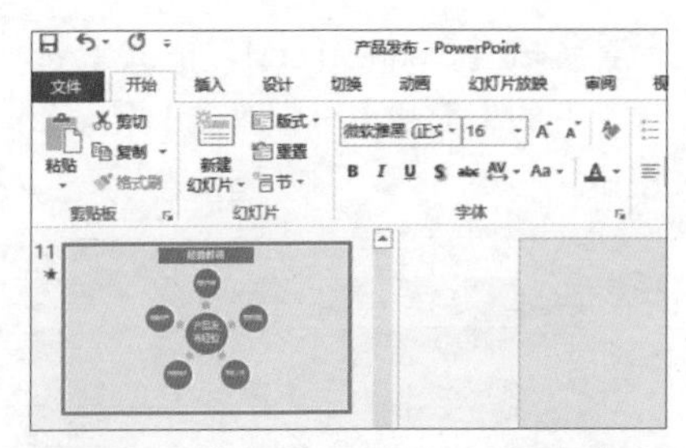

Step11 在【SmartArt 工具 格式】选项卡下的【形状】组中单击【更改形状】按钮，在展开的下拉列表中单击【横卷形】形状。

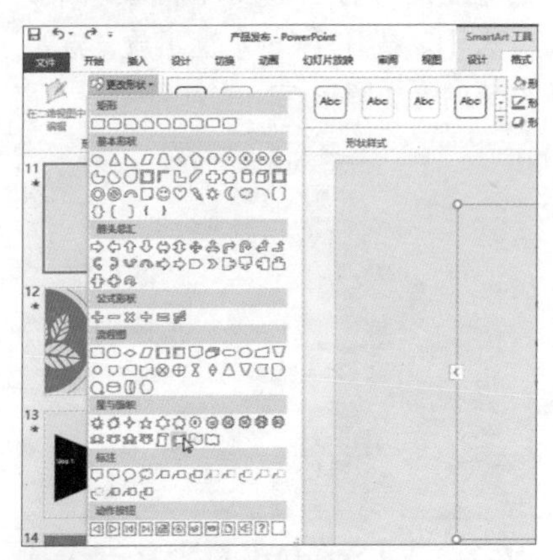

Step12 即可看到更改图形形状后的最终 SmartArt 图形效果。

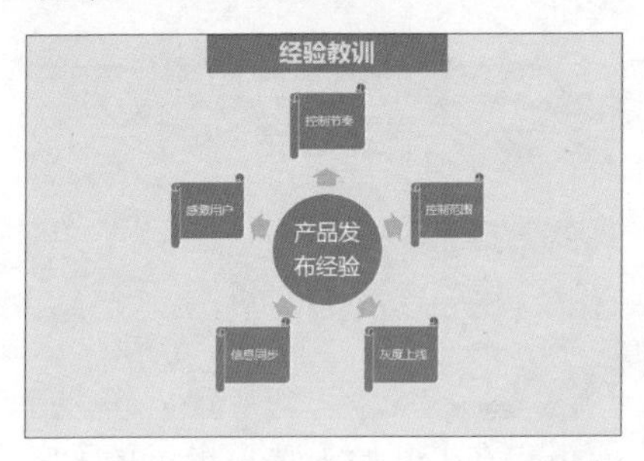

·技能拓展·

在前面通过相关案例的讲解，主要给读者介绍了 PPT 演示文稿中的创建模板、编辑和保存幻灯片、插入和编辑图片、SmartArt 图形功能，接下来给读者介绍一些相关的技能拓展知识。

一、移动幻灯片

在制作演示文稿的过程中，如果幻灯片的位置不正确，可直接通过移动功能将幻灯片移动到合适的位置。

将鼠标指针放置在要移动的幻灯片上，如第 3 张幻灯片，按住鼠标左键不放，此时鼠标指针变为 形状，拖动幻灯片至要放置的位置，最后释放鼠标即可。

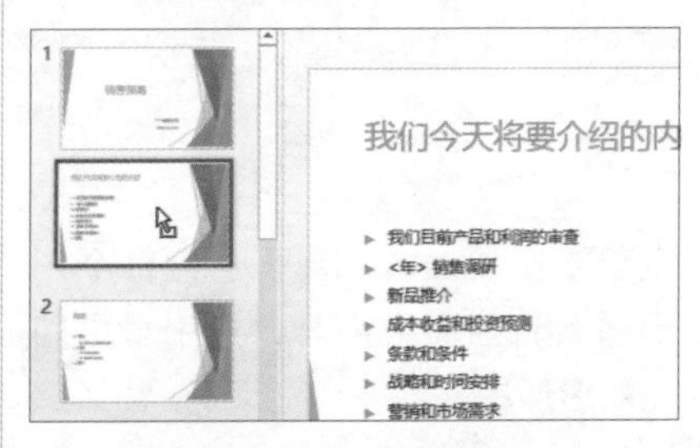

二、为幻灯片插入日期格式的页眉和页脚

如果用户想要在幻灯片中标出制作的日期，可为幻灯片插入日期格式的页眉或页脚。具体操作步骤如下。

Step01 在【插入】选项卡下的【文本】组中单击【日期和时间】按钮。

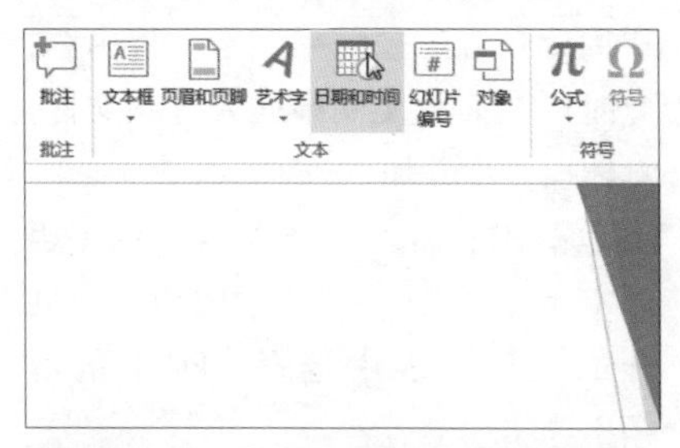

Step02 弹出【页眉和页脚】对话框，在【幻灯片】选项卡下的【幻灯片包含内容】选项组下选中【日期和时间】复选框，单击【自动更新】右侧的下三角按钮，在展开的下拉列表中单击要应用的日期样式，如【2017 年 6 月 1 日星期四】。

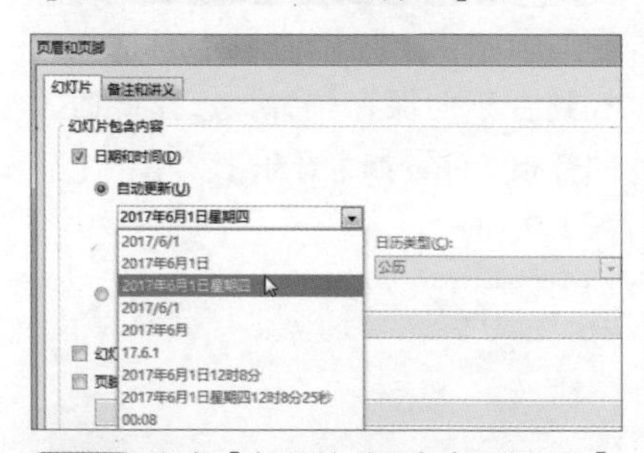

Step03 选中【标题幻灯片中不显示】复选框，单击【全部应用】按钮。

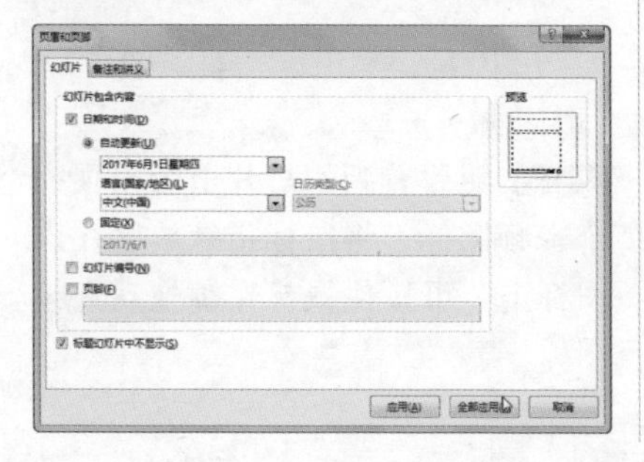

Step04 返回演示文稿中，即可看到幻灯片中插入了日期样式的页眉和页脚，且首页中不会显示该日期样式。

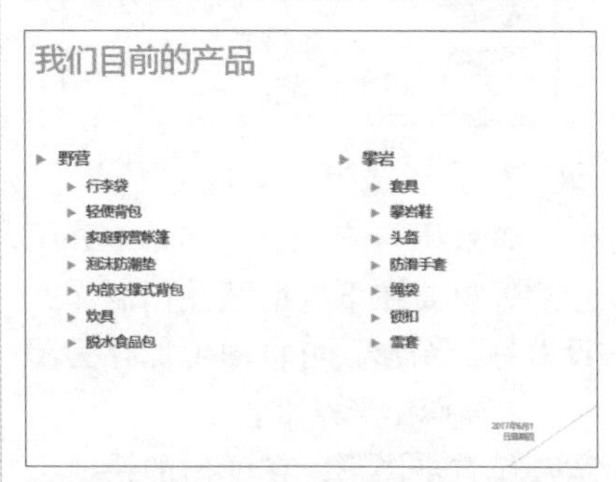

三、统一替换幻灯片中的字体

当用户觉得幻灯片中的某一字体不符合需要时，可通过替换功能将幻灯片中的全部该字体替换为需要的字体。具体操作步骤如下。

Step01 在【开始】选项卡下的【编辑】组中单击【替换】右侧的下三角按钮，在展开的下拉列表中选择【替换字体】选项。

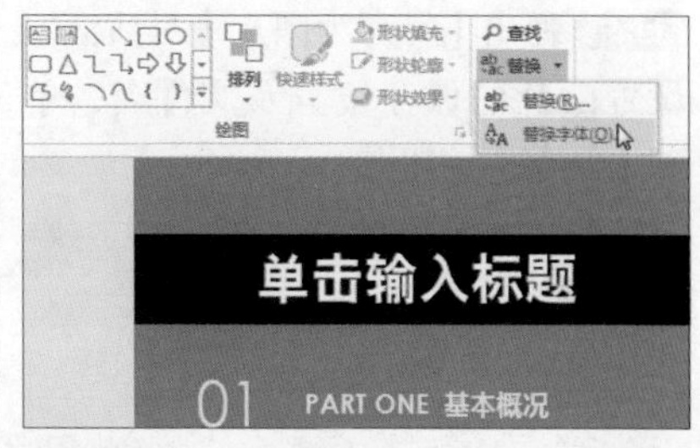

Step02 弹出【替换字体】对话框，设置【替换】的字体为【微软雅黑】，设置【替换为】的字体为【隶书】，单击【替换】按钮，即可将演示文稿中的所有【微软雅黑】替

换为【隶书】。

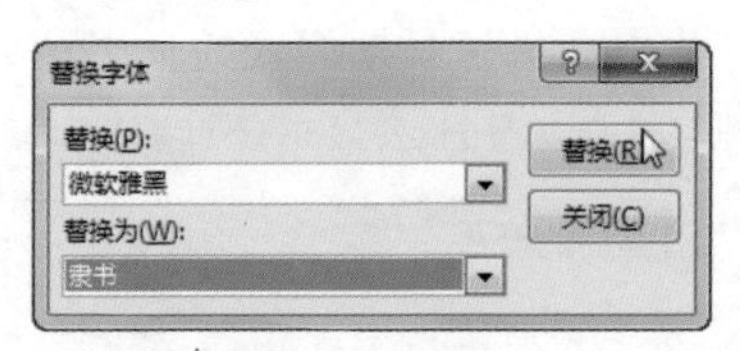

四、将图形保存为图片

如果用户在制作好 SmartArt 图形后，想要在下次继续使用制作并设置好的图形，可将图形保存为图片。具体操作步骤如下。

Step01 右击图形，在弹出的快捷菜单中选择【另存为图片】命令。

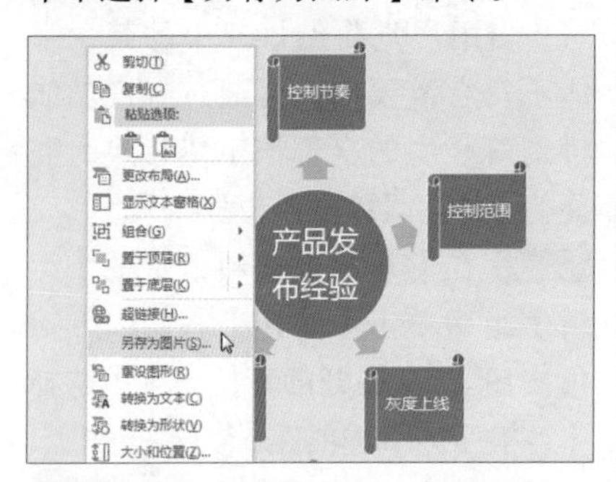

Step02 弹出【另存为图片】对话框，设置图片的保存位置及文件名，单击【保存】按钮。

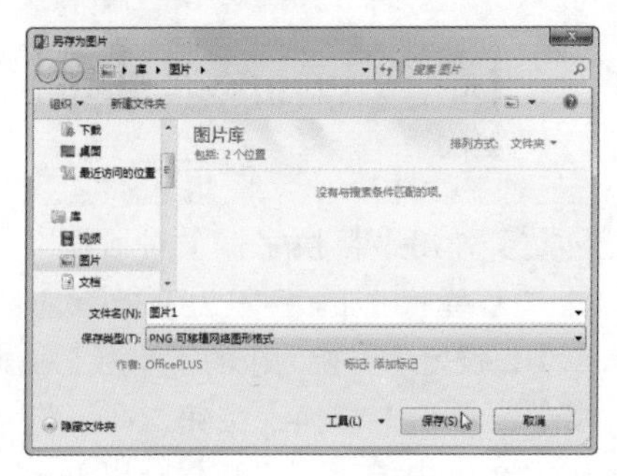

五、为幻灯片插入背景音乐

在播放幻灯片时，用户有可能希望用背景音乐来渲染演示文稿内容，此时可在演示文稿中插入音频文件，具体操作步骤如下。

Step01 在【插入】选项卡下的【媒体】组中单击【音频】按钮，在展开的下拉列表中选择【PC 上的音频】选项。

Step02 弹出【插入音频】对话框，找到音频的保存位置，选择要插入的音频文件，如【音乐】，单击【插入】按钮。

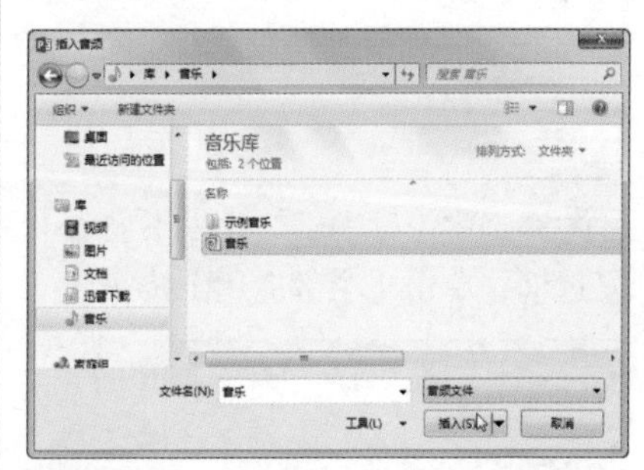

Step03 随后看到幻灯片上会出现一个音频图标，将鼠标指针放置在该图标上，可按住鼠标左键拖动音频图标。

· 同步实训 ·

制作《工作汇报》PPT

为了巩固本章所学知识点，本节以制作《工作汇报》PPT 为例，对幻灯片的编辑、图片的插入等操作进行具体的介绍。

Step01 打开“光盘 \ 素材文件 \ 第 9 章 \ 工作汇报 .pptx”文件，选中第 1 张幻灯片中包含文字的形状。

Step02 在【开始】选项卡下的【字体】组中设置【字体】为【隶书】，【字号】为【115】磅。

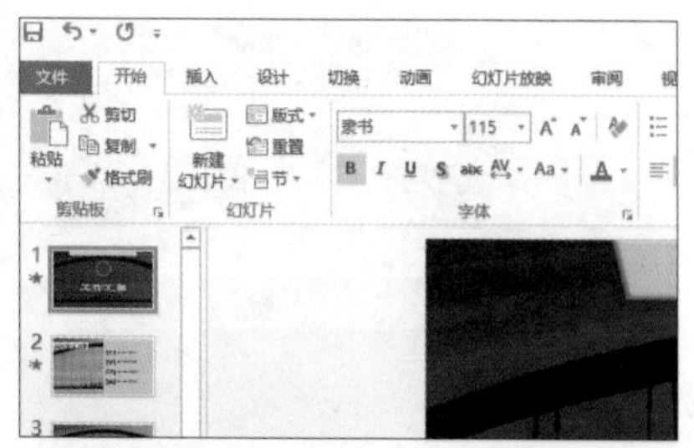

Step03 即可看到幻灯片中设置字体和字号后的文本效果。

Step04 继续在第 1 张幻灯片中，在【插入】选项卡下的【图像】组中单击【图片】按钮。

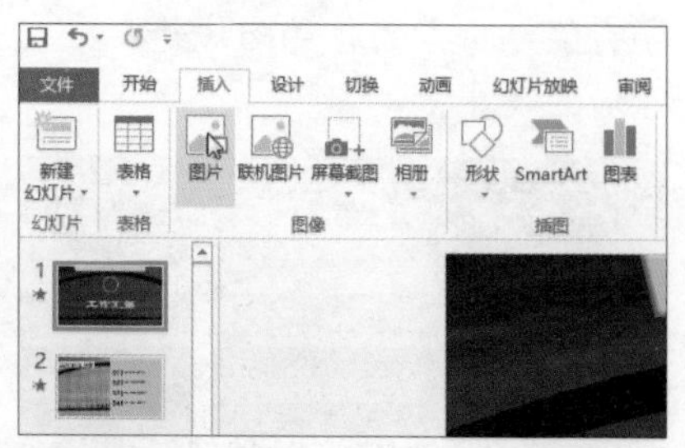

Step05 弹出【插入图片】对话框，找到图片的保存位置，选择要插入的图片，如【logo】图片，单击【插入】按钮。

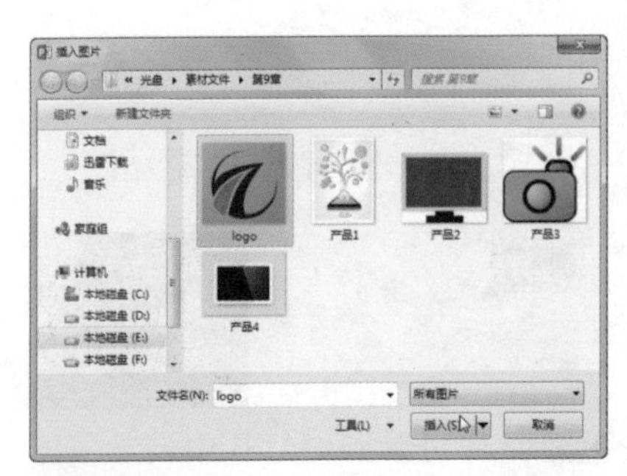

Step06 返回演示文稿中，移动图片至合适的位置后，在【图片工具 格式】选项卡下的【大小】组中设置图片的【高度】为【3.6 厘米】，图片的【宽度】为【3.81 厘米】。

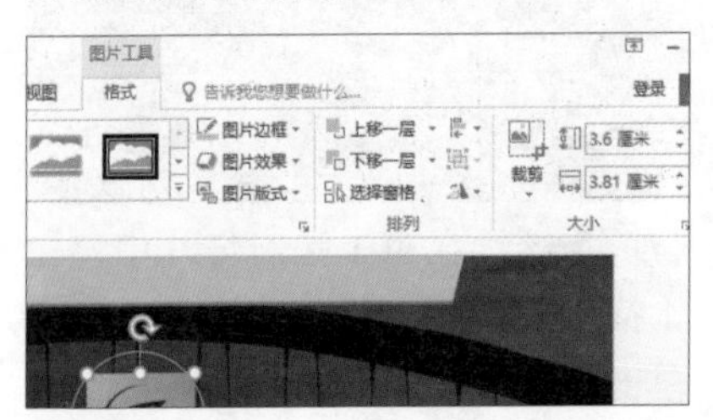

Step07 即可看到移动图片并设置大小后的效果。

Step08 选中图片，在【图片工具 格式】选项卡下的【调整】组中单击【艺术效果】按钮，在展开的下拉列表中单击要设置的艺术样式，如【发光边缘】。

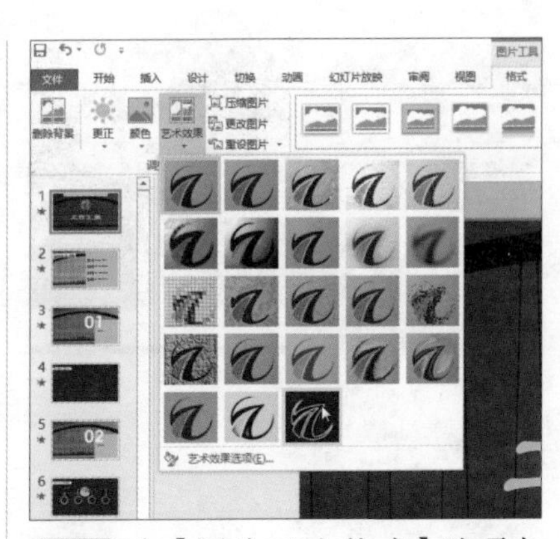

Step09 在【图片工具 格式】选项卡下的【大小】组中单击【裁剪】下三角按钮 裁剪 ，在展开的下拉列表中选择【裁剪为形状→椭圆】选项。

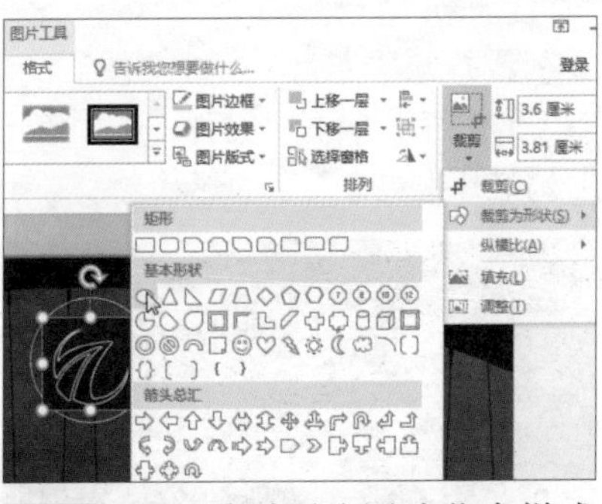

Step10 即可看到更改图片艺术样式和裁剪图片后的图片效果。

学习小结

本章主要介绍了 PPT 演示文稿的创建功能。重点内容包括演示文稿的创建、编辑和保存操作，此外，还对图片和 SmartArt 图形的插入与编辑操作进行了详细的讲解。熟练掌握这些入门的操作知识，可为进一步学习 PPT 打下坚实的基础。

第 10 章

PowerPoint 演示文稿动态演示

为了让演示文稿更加精彩生动地呈现所要表达的内容，并达到更具有吸引力的目的，可为演示文稿中的幻灯片设置切换效果，以及为幻灯片中的对象设置动画效果。

本章将以制作商业计划书和述职报告演示文稿为例，介绍幻灯片的切换及演示文稿中的动画效果等操作。

※ 设置幻灯片的切换效果 ※ 设置幻灯片的切换方向
※ 设置换片的声音和持续时间 ※ 设置换片方式
※ 设置对象的动态展示效果 ※ 添加并设置动画效果
※ 设置动画的播放时间

案 例 展 示

10.1 制作《商业计划书》PPT

为了全方位地展示项目计划，以便于投资商能对企业或项目做出评判，从而使企业获得融资，企业可制作商业计划书。

本节以制作《商业计划书》PPT 为例，主要介绍幻灯片的切换效果、方向、换片的声音和持续时间及换片方式操作。

10.1.1 设置幻灯片的切换效果

演示文稿的放映是由一张幻灯片进入另一张幻灯片的切换，为了让幻灯片的切换更具有趣味性，可为幻灯片的切换设置不同的效果，具体的操作步骤如下。

Step01 打开“光盘 \ 素材文件 \ 第 10 章 \ 商业计划书 .pptx”文件，选中要设置的幻灯片，如第 1 张幻灯片，在【切换】选项卡下的【切换到此幻灯片】组中单击快翻按钮。

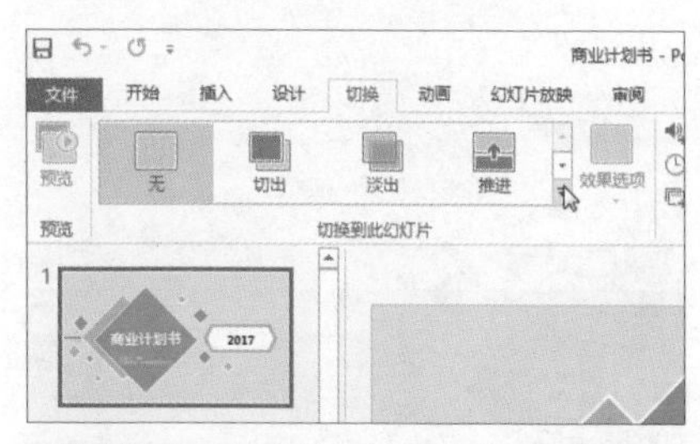

Step02 在展开的下拉列表中单击要应用的切换样式，如【华丽型】选项组下的【涟漪】样式。

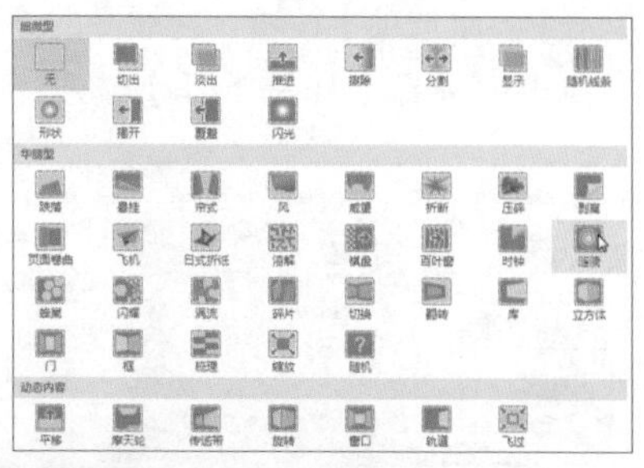

Step03 在【切换】选项卡下的【预览】组中单击【预览】按钮。

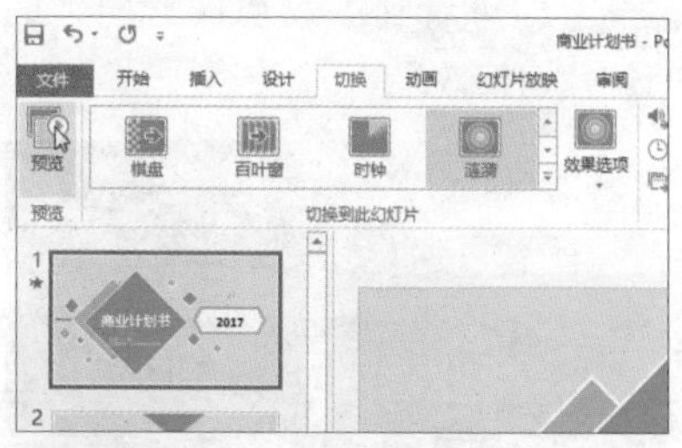

Step04 随后可预览到设置了涟漪样式的幻灯片切换效果。

10.1.2 设置幻灯片的切换方向

为演示文稿中的幻灯片设置了切换效果后，如果对切换效果的方向不满意，可使用 PPT 中的工具进行更改，具体操作步骤如下。

Step01 继续选中应用了切换样式的幻

灯片，即第 1 张幻灯片，在【切换】选项卡下的【切换到此幻灯片】组中单击【效果选项】按钮，在展开的下拉列表中选择【从左下部】选项。

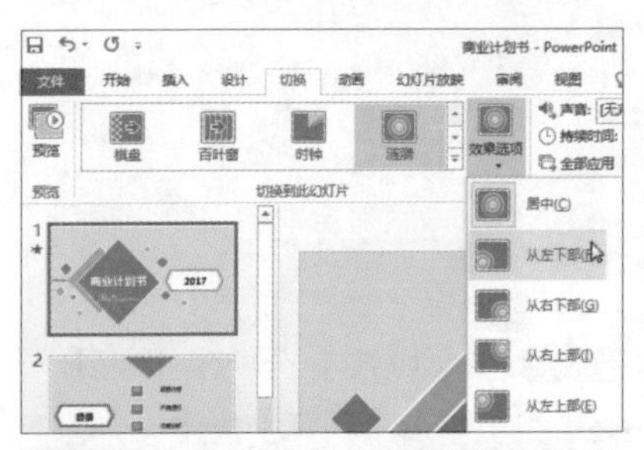

Step02 即可看到更改切换方向后的幻灯片切换效果。

Step03 如果对应用的切换样式不满意，可继续在【切换】选项卡下的【切换到此幻灯片】组中单击【效果选项】按钮，在展开的下拉列表中选择【从右上部】选项。

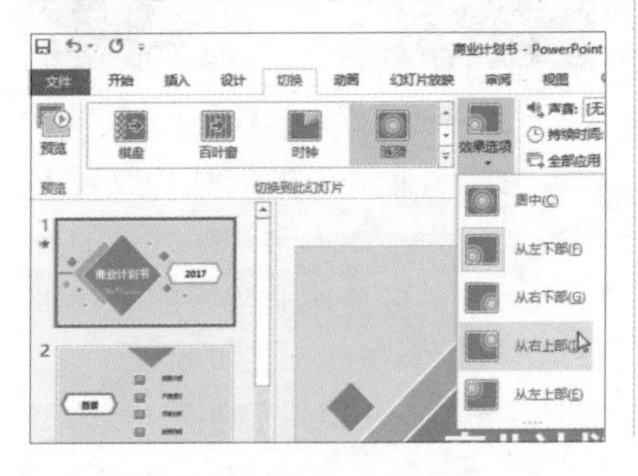

Step04 即可预览到再次更换切换方向后的幻灯片切换效果。

10.1.3 设置换片的声音和持续时间

为了增强幻灯片的切换效果，聚集观众的注意力，可为幻灯片的切换设置声音。此外，由于幻灯片主要是用来演示的，为了很好地控制幻灯片的播放，可为幻灯片的切换设置持续时间。

Step01 在【切换】选项卡下的【计时】组中单击【声音】右侧的下三角按钮，在展开的下拉列表中选择【风铃】选项。

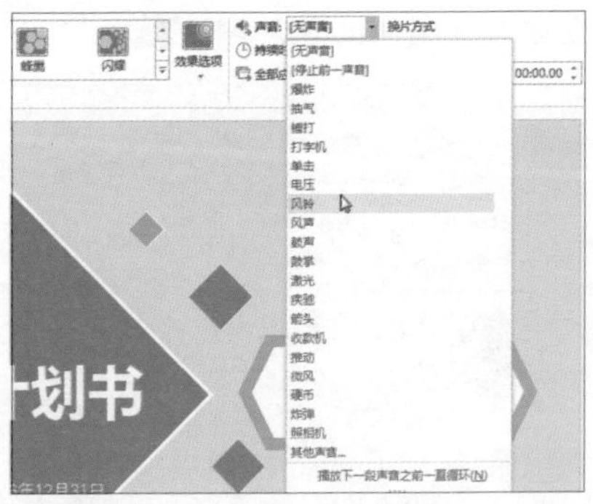

Step02 在【计时】组中单击【持续时间】右侧的数字调节按钮，设置声音的持续时间为【03.00】秒。

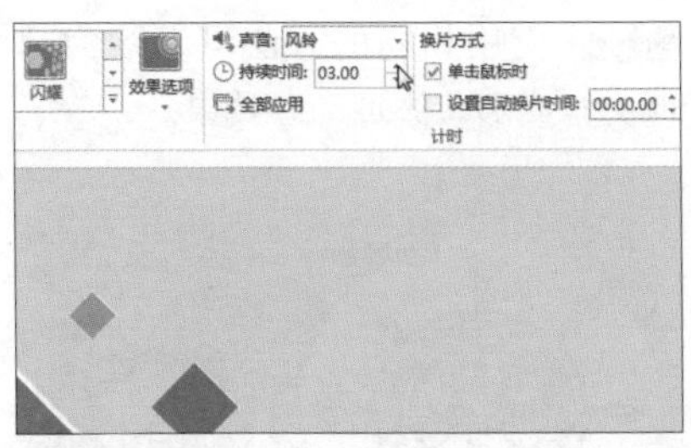

Step03 单击【全部应用】按钮，即可将幻灯片的切换声音全部设置为风铃，且持续时间都为 3 秒。

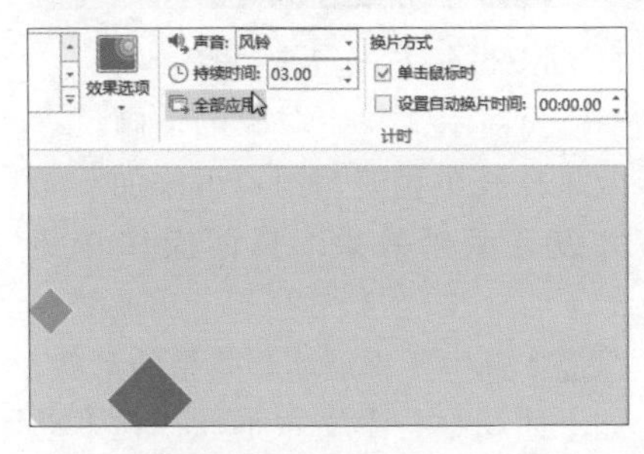

10.1.4 设置换片方式

要让 PPT 在自动播放时不用鼠标单击，可设置幻灯片为自动换片及换片的时间，具体操作选择如下。

Step01 在【切换】选项卡下的【计时】组中取消选中【换片方式】选项组下的【单击鼠标时】复选框。

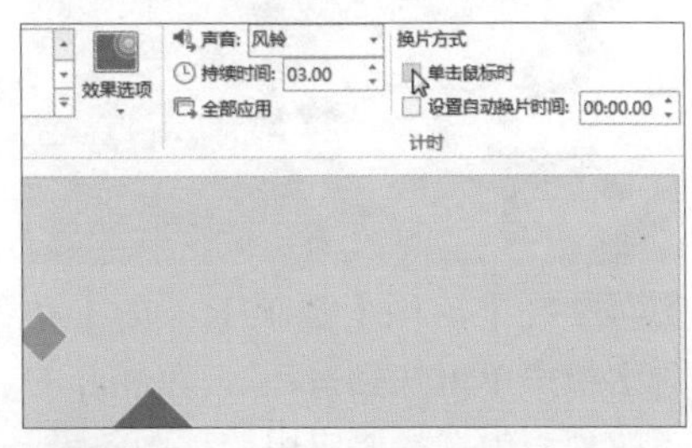

Step02 在【计时】组中选中【设置自动换片时间】复选框，单击右侧的数字调节按钮，设置自动换片时间为【00：05：00】秒。

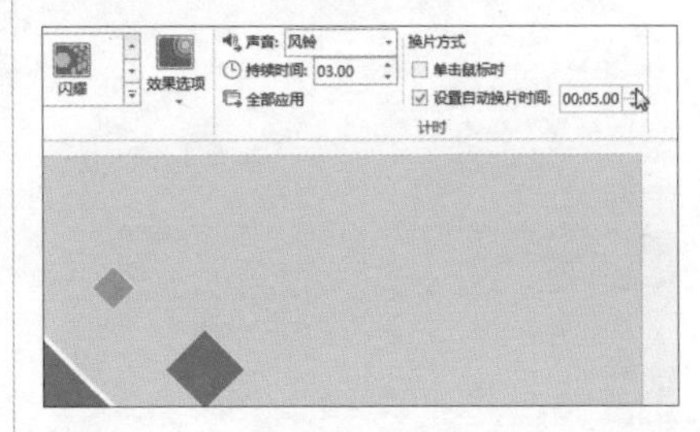

10.2 制作《述职报告》PPT

为了让上级领导直观了解任职者的任职情况，评议述职者的任职能力，并接受上级领导考核和群众监督，可制作述职报告。

本节以制作《述职报告》PPT 为例，主要介绍幻灯片中对象的动态效果设置及动画播放时间的操作。

10.2.1 设置对象的动态展示效果

为了让演示文稿在播放时充满活力，可为幻灯片中的各个对象设置动态效果，具体操作步骤如下。

Step01 打开“光盘 \ 素材文件 \ 第 10 章 \ 述职报告 .pptx”文件，选中幻灯片中要设置动态效果的形状。

Step02 在【动画】选项卡下的【动画】组中单击快翻按钮，在展开的下拉列表中选择要应用的动画效果，如【缩放】效果。

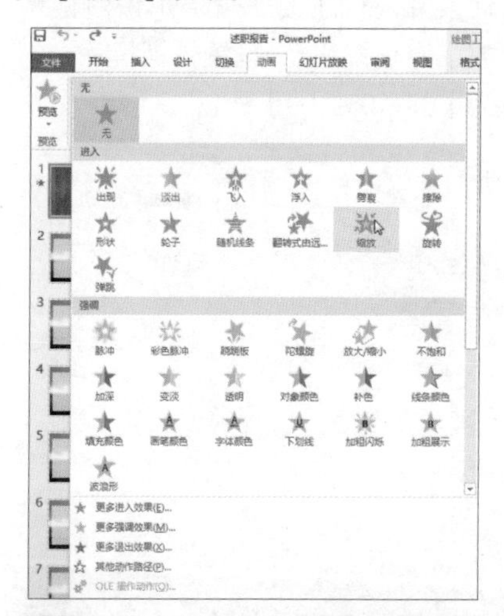

Step03 即可看到添加动画效果的形状前添加了一个动画编号标记。

Step04 应用相同的方法可继续为其他文本或形状添加动画效果。

10.2.2 添加并设置动画效果

当演示文稿中对象的动画设置效果比较单调时，用户可添加动画并设置动画效果，具体操作步骤如下。

Step01 选中要添加动画效果的形状，如【述职报告】文本形状，在【动画】选项卡下的【动画】组中单击【添加动画】按钮，在展开的下拉列表中单击【随机线条】按钮。

Step02 在选中对象的前面会看到添加动画效果后的编号标记。

Step03 选中应用效果的形状，在【动画】选项卡下的【高级动画】组中单击【动画窗格】按钮。

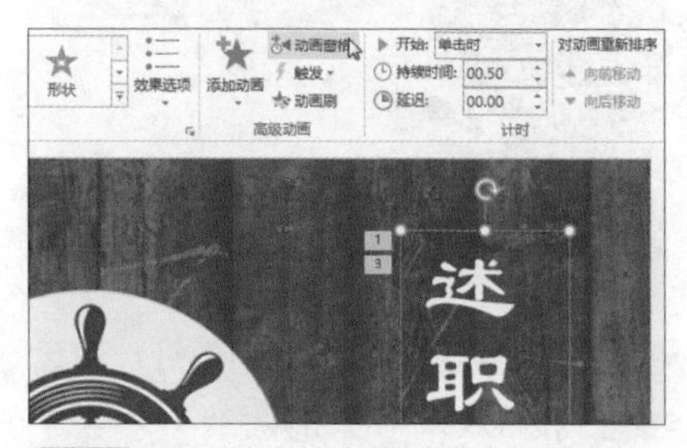

Step04 此时幻灯片的右侧会显示一个名为【动画窗格】窗格，在第一个动画上单击右侧的下三角按钮，在展开的下拉列表中选择【效果选项】选项。

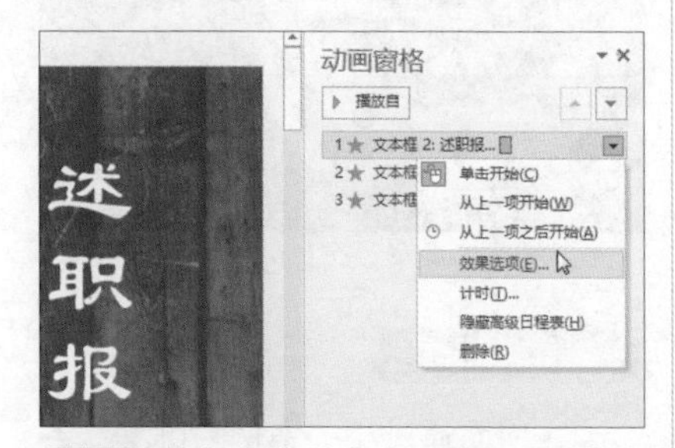

Step05 弹出【缩放】对话框，在【效果】选项卡下单击【声音】右侧的下三角按钮，在展开的下拉列表中选择【硬币】选项。

Step06 切换至【计时】选项卡，单击【期间】右侧的下三角按钮，在展开的下拉列表中选择【非常慢（5 秒）】选项。最后单击【确定】按钮，返回幻灯片中，即可完成第一个动画效果的设置。

10.2.3 设置动画的播放时间

演示文稿在播放时，每个对象的播放时间会直接影响到最终 PPT 的播放效果。所以需对动画的播放时间进行设置，具体的操作步骤如下。

Step01 在【动画窗格】中选中第 3 个

动画，单击【向前移动】按钮▲。

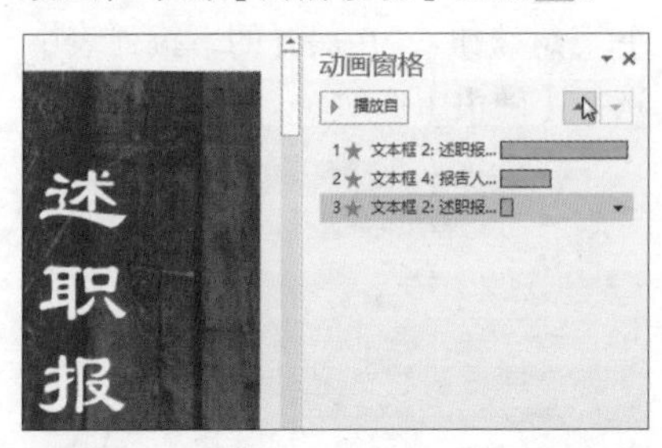

Step02 可看到第 3 个动画变为了第 2 个动画，单击第 2 个动画右侧的下三角按钮▾，在展开的下拉列表中选择【从上一项之后开始】选项。

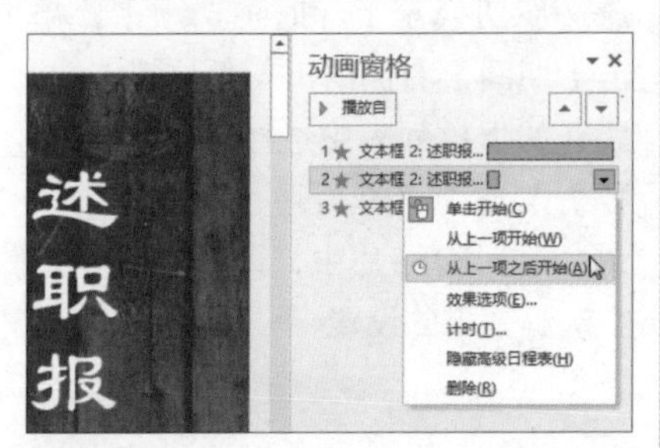

Step03 设置完成后，在【动画窗格】中单击【全部播放】按钮。

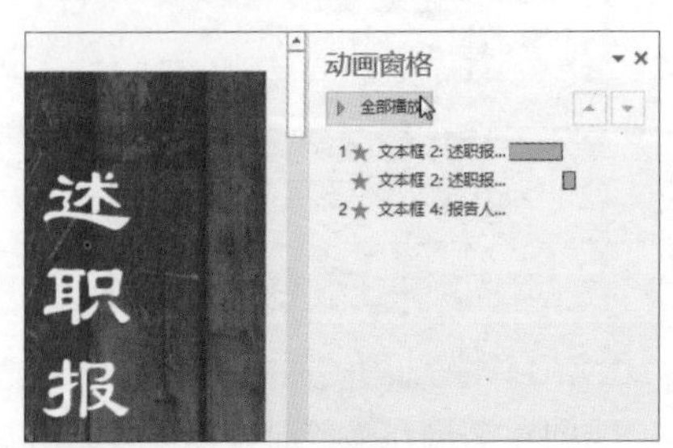

Step04 可在【动画窗格】中看到一条竖直线，在预览设置的动画效果时，可看到竖直线会从左到右进行移动。

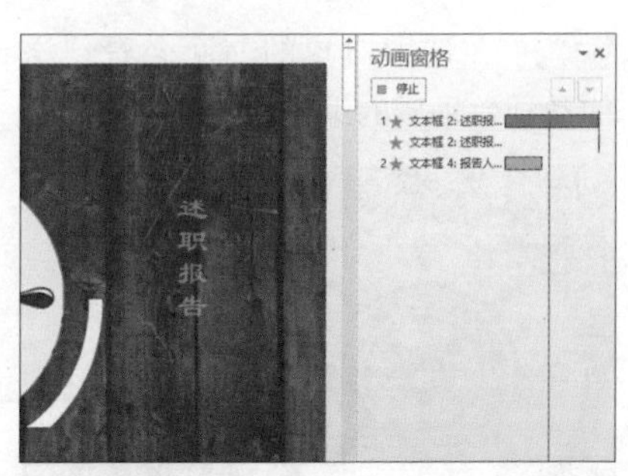

Step05 预览后，如果动画的设置效果符合用户的期望，可单击【动画窗格】右上角的【关闭】按钮×。

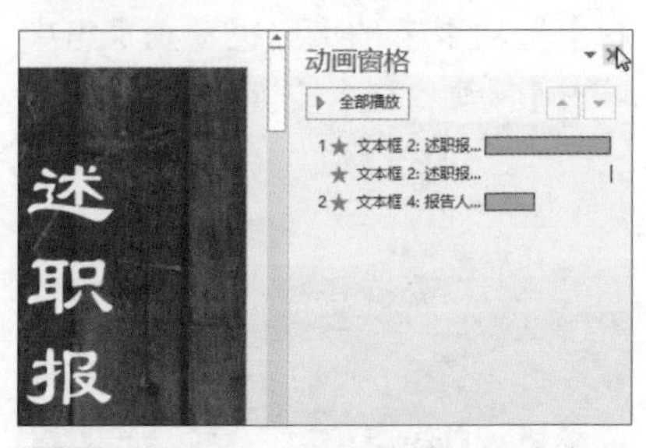

Step06 完成后，即可看到幻灯片中设置了动画效果对象前面的编号顺序有了变化。

·技能拓展·

在前面通过相关案例的讲解，主要给读者介绍了 PPT 演示文稿的动态演示操作，接下来给读者介绍一些相关的技能拓展知识。

一、设置动画的播放音量

虽然为动画设置播放声音能够集中观众的注意力，但如果不掌握好动画播放声音的音量，也会影响观众浏览演示文稿的情绪。此时可通过以下方法设置动画的播放音量。

在【动画窗格】中右击要设置的动画后，在弹出的快捷菜单中选择【效果选项】命令。打开【缩放】对话框，单击【音量】按钮，在弹出的窗口中拖动滑块，即可更改音量的大小。

二、删除不需要的动画效果

在 PPT 演示文稿中设置了动画效果后，如果发现某些动画效果没有必要存在，或者是需要重新设置一个新的动画效果，可将不需要的动画效果删除。

在【动画窗格】中右击不需要的动画效果，在弹出的快捷菜单中选择【删除】命令。

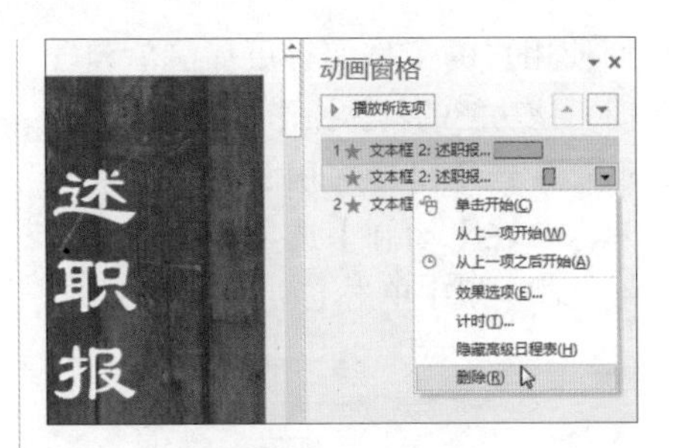

三、改变动画的效果选项

为幻灯片中的对象设置了动画效果后，默认的动画播放方向或形状有可能不符合用户的喜好，此时可以通过演示文稿中的效果选项功能进行新的设置操作。

选中要设置的对象，在【动画】选项卡下的【动画】组中单击【效果选项】按钮，在展开的下拉列表中选择【圆】选项。

四、使用动画刷快速复制动画效果

动画刷能够让 PPT 中大量的对象快速地设置相同的动画效果，从而使用户的工作变得更加简单和省时，该功能的具体操作步骤如下。

Step01 选中已经应用了动画效果的对象，在【动画】选项卡下的【高级动画】组中单击【动画刷】按钮。

Step02 此时鼠标指针变为了形状，在要应用该动画效果的对象上单击，即可为对象应用相同的动画效果。

·同步实训·

制作《员工入职培训》PPT

为了巩固本章所学知识点，本节以制作《员工入职培训》为例，对幻灯片的切换和对象的动态效果等操作进行具体的介绍。

Step01 打开“光盘\素材文件\第10章\员工入职培训.pptx”文件，切换至任意一张幻灯片中，在【切换】选项卡下的【切换到此幻灯片】组中单击快翻按钮。

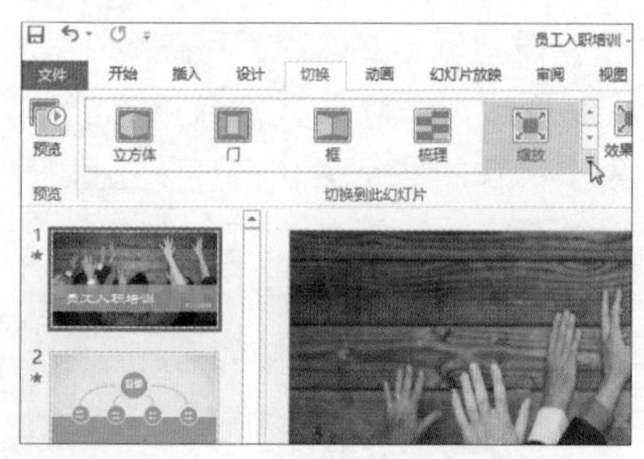

Step02 在展开的下拉列表中单击要应用的切换样式，如【棋盘】。

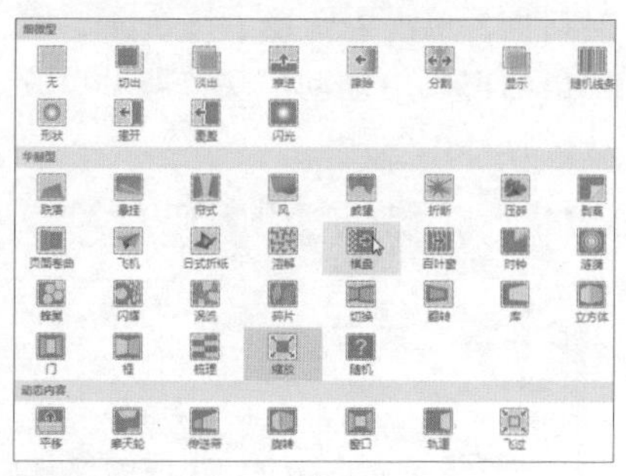

Step03 在【计时】组中单击【声音】右侧的下三角按钮，在展开的下拉列表中选择【激光】选项。

Step04 在【计时】组中设置【持续时间】为【05.00】秒，【设置自动换片时间】为【00：10：00】秒，单击【全部应用】按钮。

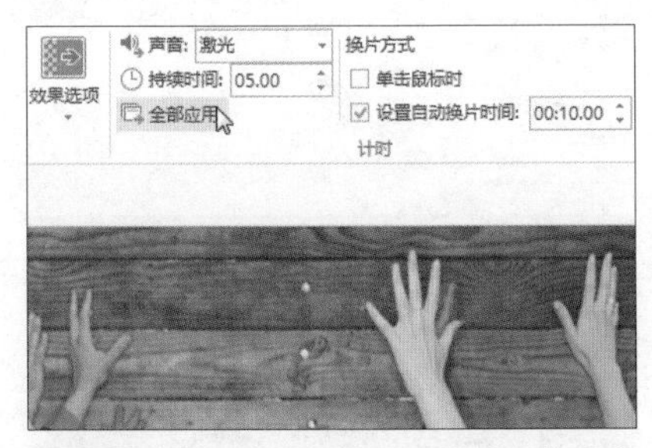

Step05 随后切换至第 9 张幻灯片，选中含有【企业理念】的形状对象。

Step06 在【动画】选项卡下的【动画】组中单击快翻按钮。

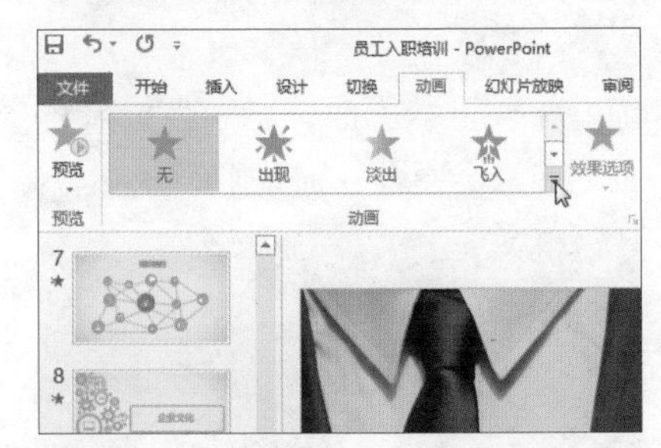

Step07 在展开的下拉列表中单击【劈裂】动画效果。

Step08 随后选中幻灯片中要应用其他动画效果的对象。

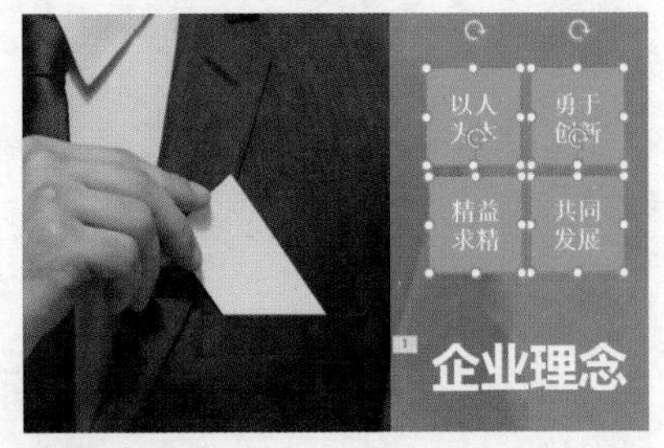

Step09 在【动画】选项卡下的【动画】组中单击【飞入】动画效果。

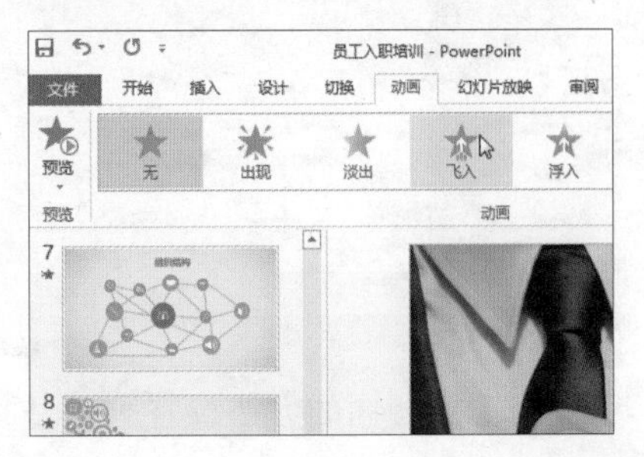

Step10 在【动画】选项卡下的【高级动画】组中单击【动画窗格】按钮。

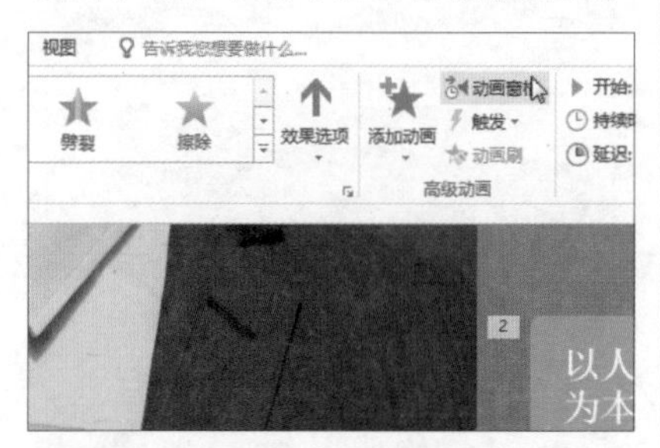

Step11 在弹出的【动画窗格】窗格中可看到应用的多个动画效果，单击第 2 个动画右侧的下三角按钮，在展开的下拉列表中选择【从上一项之后开始】选项。

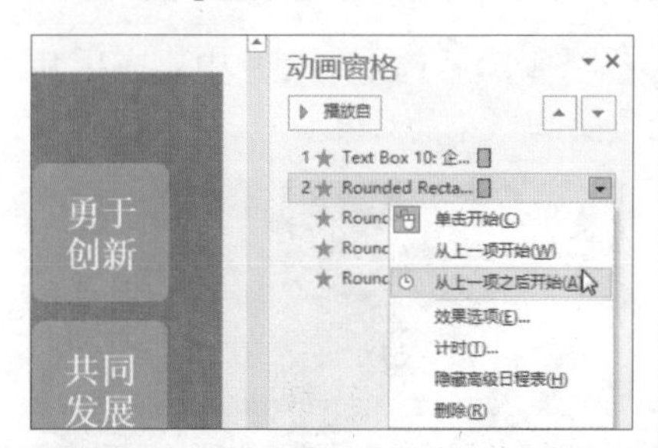

Step12 单击第 3 个动画效果右侧的下三角按钮，在展开的下拉列表中选择【从上一项之后开始】选项。

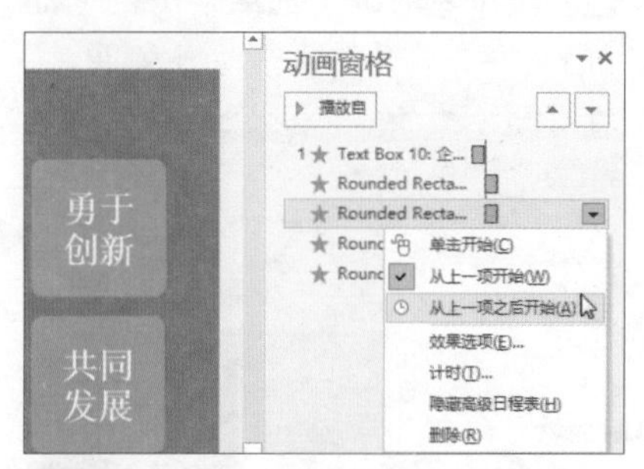

Step13 应用相同的方法设置第 4、5 个动画的播放时间为【从上一项之后开始】。选中第 1 个动画，在【动画】选项卡下的【计时】组中单击【持续时间】右侧的数字调节按钮，设置【持续时间】为【03.00】秒。

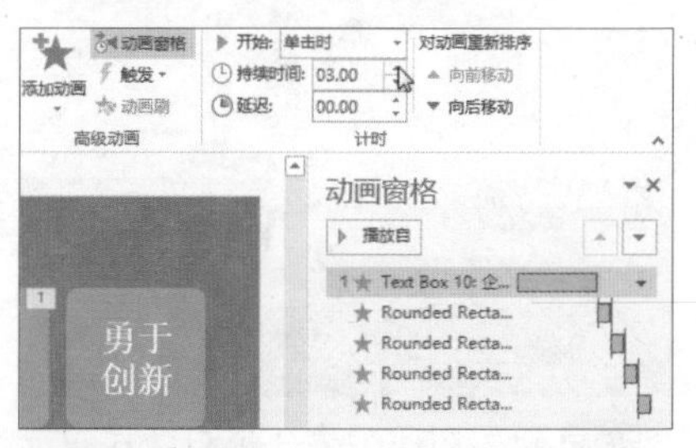

Step14 设置第 2、3、4、5 个动画的持续时间都为【01.00】秒，设置完成后单击【动画窗格】右上角的【关闭】按钮。

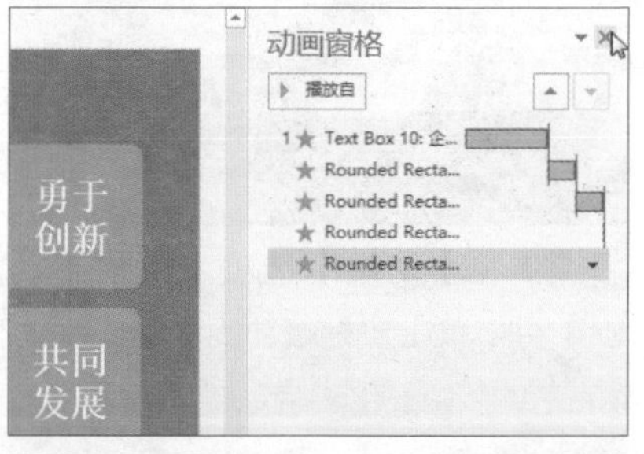

Step15 完成后，即可看到设置对象的前面都会添加一个动画编号标记。

学习小结

本章主要介绍了 PPT 演示文稿的动态演示操作。重点内容包括设置幻灯片的切换效果、切换方向、换片的声音和持续时间及换片的方式。此外，还对幻灯片中的对象进行了动态的设置。熟练掌握这些操作，可使演示文稿的播放变得更加生动精彩。

第 11 章

PowerPoint 演示文稿放映设置

在使用 PowerPoint 2016 完成了演示文稿的制作后，就可以开始为观众展示幻灯片内容了，为了让幻灯片的展示效果更为完美，用户需选择合适的放映方式，并控制幻灯片的放映进度。

本章将以制作项目策划和营销方案演示文稿为例，介绍幻灯片的各种放映方法、添加超链接、标记幻灯片重点内容及打印演示文稿操作。

※ 放映幻灯片 ※ 自定义幻灯片的放映 ※ 排练计时幻灯片

※ 添加超链接 ※ 使用画笔标记重点内容 ※ 打印演示文稿

案 例 展 示

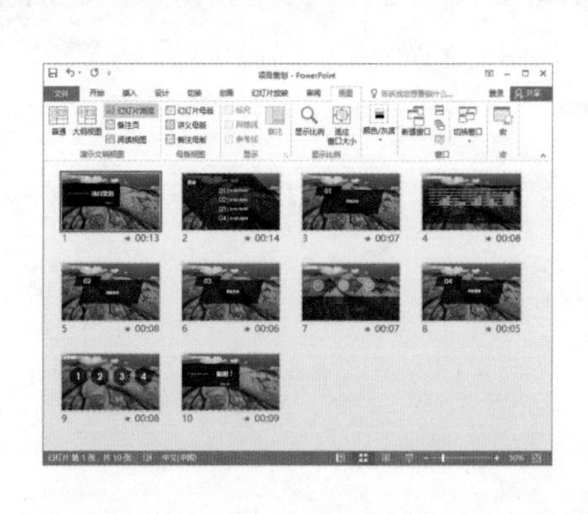

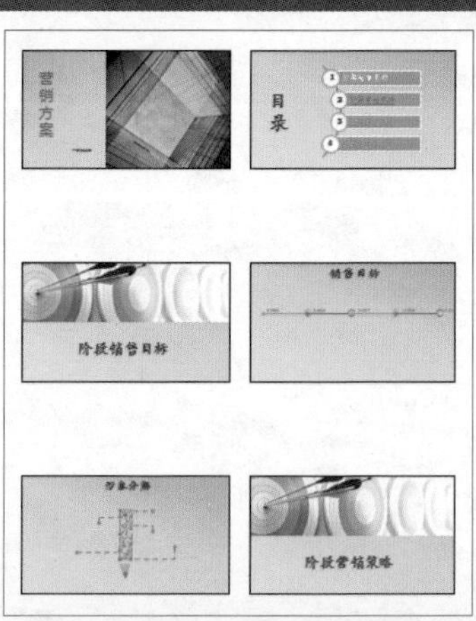

11.1 制作《项目策划》PPT

要想将可能影响决策的决定总结起来，并对未来起到指导和控制作用，从而达到最终的方案目标，企业可制作项目策划演示文稿。

本节以制作《项目策划》PPT 为例，主要介绍幻灯片的放映和排练计时操作。

11.1.1 放映幻灯片

在完成了幻灯片的制作后，用户就可以为观众展示幻灯片内容了，幻灯片的放映方式不止一种，用户可根据实际情况选择合适的放映方式。具体操作步骤如下。

Step01 打开“光盘 \ 素材文件 \ 第 11 章 \ 项目策划 .pptx”文件，在【幻灯片放映】选项卡下的【开始放映幻灯片】组中单击【从头开始】按钮。

Step02 即可看到演示文稿从第 1 张幻灯片开始放映了。

小技巧

在放映幻灯片时，如果想要快进或退回到某张幻灯片，如第 9 张幻灯片，可按下数字【9】键，再按【Enter】键即可。

Step03 按【Esc】键，退出放映状态，选中演示文稿中的第 4 张幻灯片，在【幻灯片放映】选项卡下的【开始放映幻灯片】组中单击【从当前幻灯片开始】按钮。

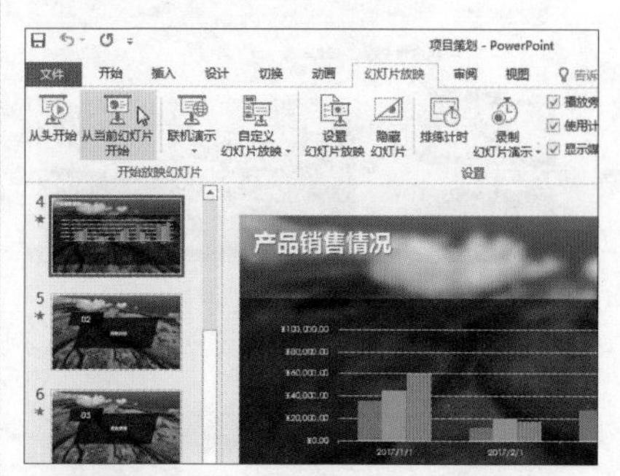

Step04 即可看到演示文稿从选中的第 4 张幻灯片开始放映了。

11.1.2 自定义幻灯片的放映

在实际工作中，在为观众展示演示文稿的内容时，有可能只需要展示某部分文稿内容，此时可以通过自定义幻灯片放映功能只放映需要的幻灯片，从而使自己在演讲中不会受到不需要的幻灯片的干扰。具体操作步骤如下。

Step01 在【幻灯片放映】选项卡下的【开始放映幻灯片】组中单击【自定义幻灯片放映】按钮，在展开的下拉列表中选择【自定义放映】选项。

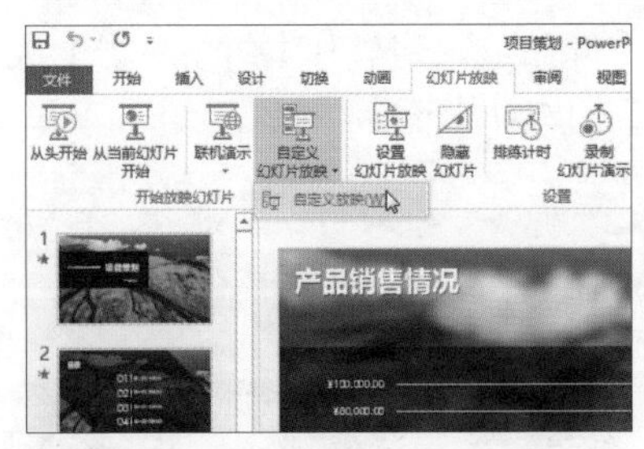

Step02 弹出【自定义放映】对话框，单击【新建】按钮。

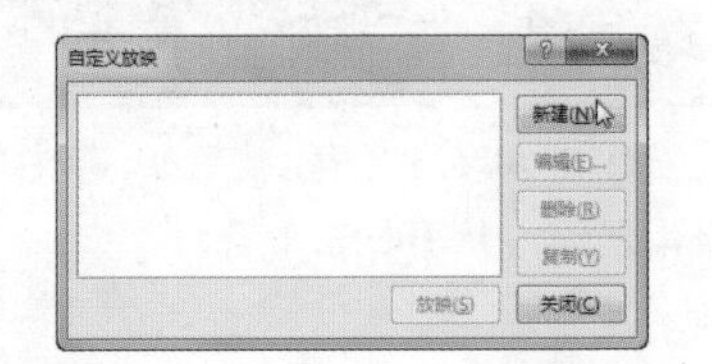

Step03 弹出【定义自定义放映】对话框，在【幻灯片放映名称】后的文本框中更改幻灯片放映名称为【主要幻灯片】，在【在演示文稿中的幻灯片】列表框中选中要放映的幻灯片复选框，如第 1 张至第 4 张幻灯片复选框，单击【添加】按钮。

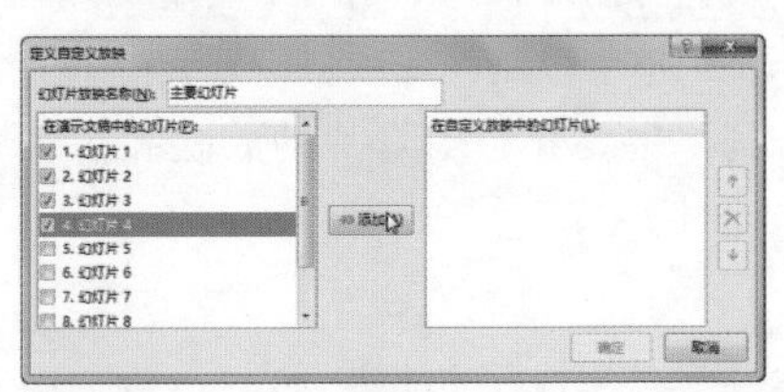

Step04 可看到选中的幻灯片都添加到了【在自定义放映中的幻灯片】列表框中，继续在【在演示文稿中的幻灯片】列表框中选中要添加的幻灯片复选框，如第 8 至第 10 张幻灯片，单击【添加】按钮。

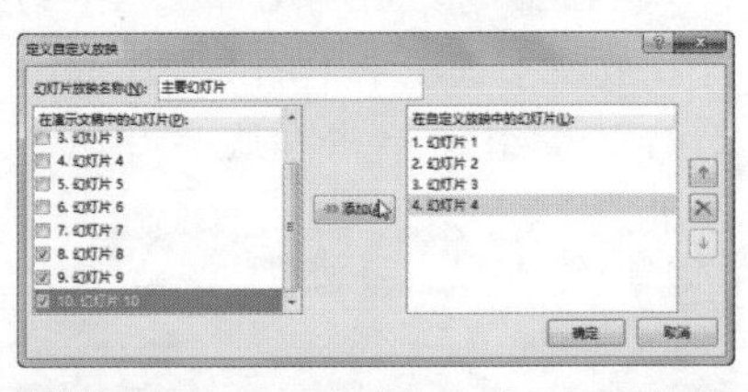

Step05 即可看到添加幻灯片后的效果，如果发现某个幻灯片添加错误，可在【在自定义放映中的幻灯片】列表框中选中不需要放映的幻灯片，如【7. 幻灯片 10】，单击【删除】按钮×。

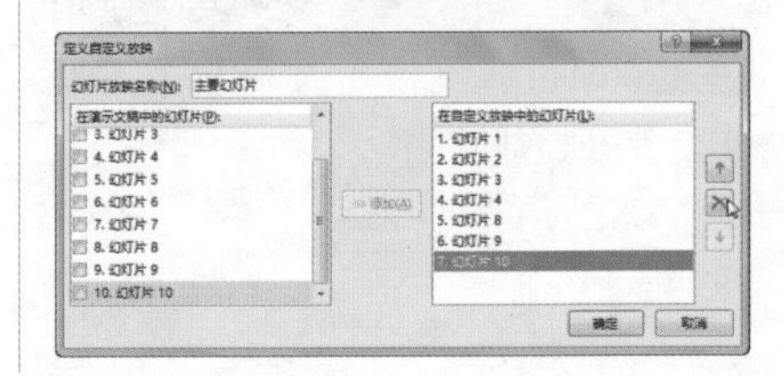

Step06 即可看到选中的幻灯片没有存在于【在自定义放映中的幻灯片】列表框中了，完成添加和删除后，单击【确定】按钮。

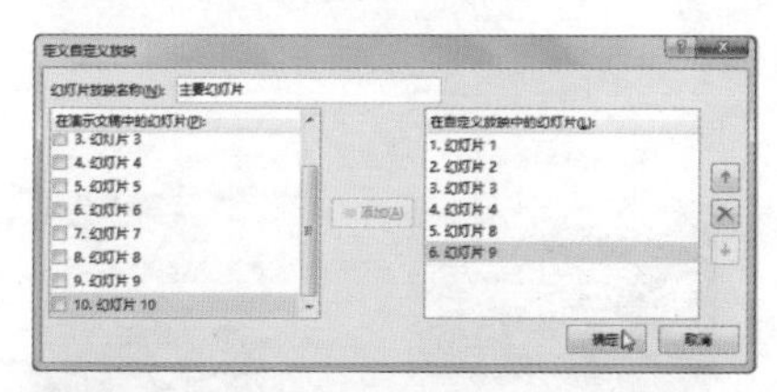

Step07 返回【自定义放映】对话框，可看到新建的【主要幻灯片】，单击【关闭】按钮。

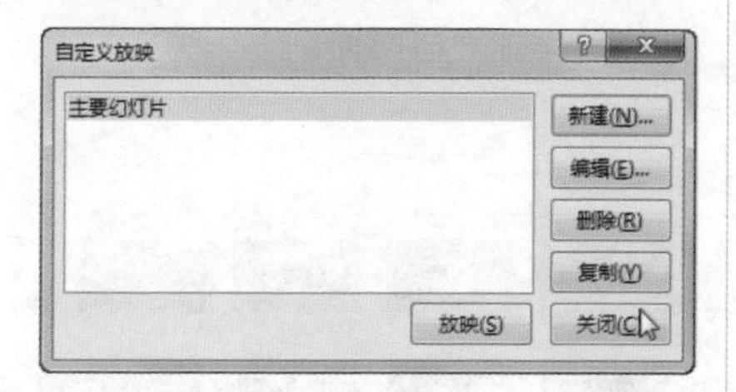

小技巧

如果要删除自定义的幻灯片，可在【自定义放映】对话框中选中要删除的幻灯片，单击【删除】按钮即可。

Step08 返回演示文稿中，在【幻灯片放映】选项卡下的【开始放映幻灯片】组中单击【自定义幻灯片放映】按钮，在展开的下拉列表中选择【主要幻灯片】选项，即可开始播放该幻灯片中添加的幻灯片。

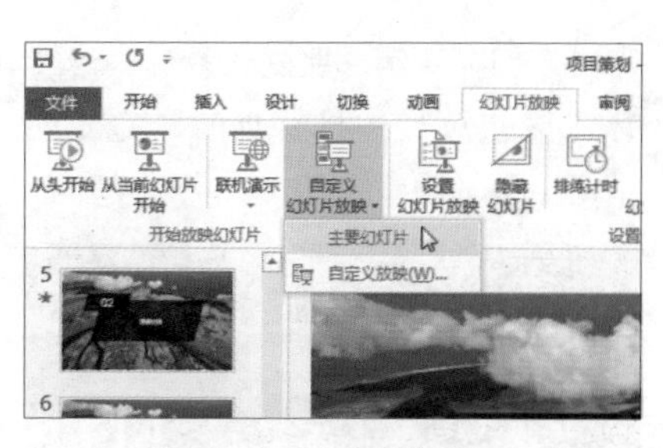

11.1.3 排练计时幻灯片

为了更好地实现幻灯片的自动放映，可以通过 PowerPoint 中的排练计时功能为每张幻灯片确定适当的放映时间。具体的操作步骤如下。

Step01 在【幻灯片放映】选项卡下的【设置】组中单击【排练计时】按钮。

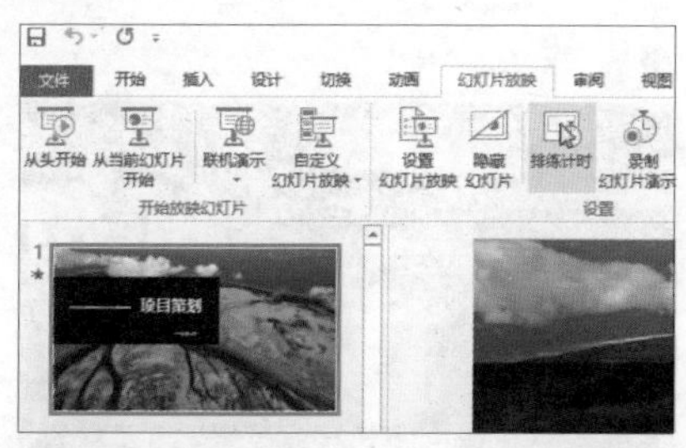

Step02 此时演示文稿自动切换至播放状态，并在幻灯片上弹出一个【录制】对话框，等待第 1 张幻灯片计时一段时间后，单击【下一项】按钮。

Step03 切换至第 2 张幻灯片后，继续等待该幻灯片的排练计时，完成后单击【下一项】按钮。

Step04 应用相同的方法为其他幻灯片排练计时，完成后按【Esc】键，在弹出的提示框中可看到该幻灯片放映共需要 1 分 26 秒，如果要保留排练计时的时间，可单击【是】按钮。

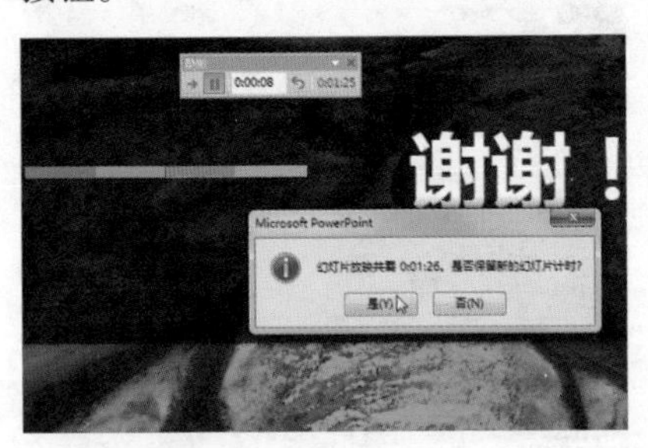

Step05 返回演示文稿窗口中，在【视图】选项卡下的【演示文稿视图】组中单击【幻灯片浏览】按钮。

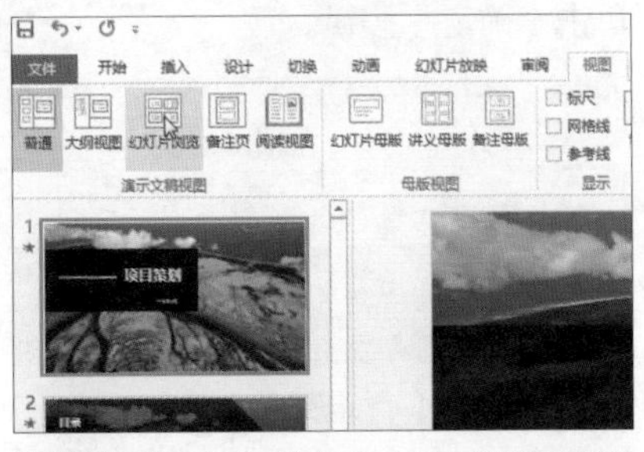

Step06 即可看到在幻灯片浏览视图下，每个幻灯片的下方会出现该幻灯片的排练计时时间。

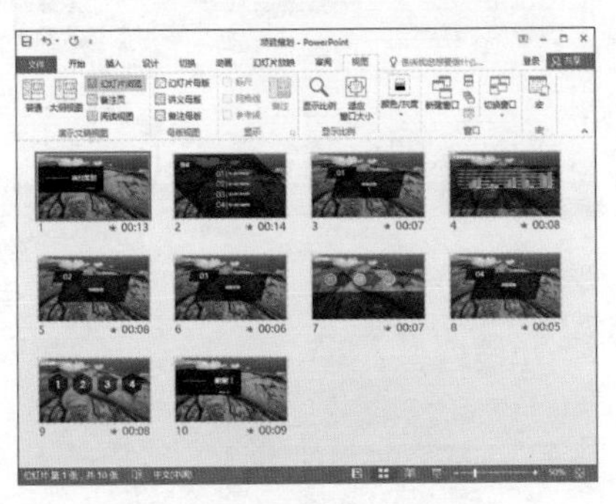

11.2 制作《营销方案》PPT

为了解决企业营销中的问题，提出可行性的对策，企业可制作营销方案演示文稿。

本节以制作《营销方案》为例，主要介绍添加超链接、使用画笔标记重点内容、打印演示文稿操作。

11.2.1 添加超链接

在 PowerPoint 2016 中，如果要想在放映时从一张幻灯片切换到另一张有联系的幻灯片中，可以通过超链接功能来实现。具体操作步骤如下。

Step01 打开“光盘\素材文件\第 11

章\营销方案.pptx”文件，切换至第 2 张幻灯片，选中幻灯片中要添加超链接的文本，如【阶段营销策略】文本。

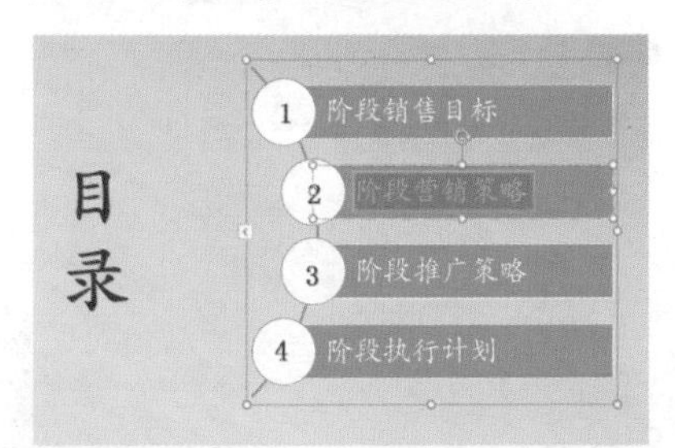

Step02 在【插入】选项卡下的【链接】组中单击【超链接】按钮。

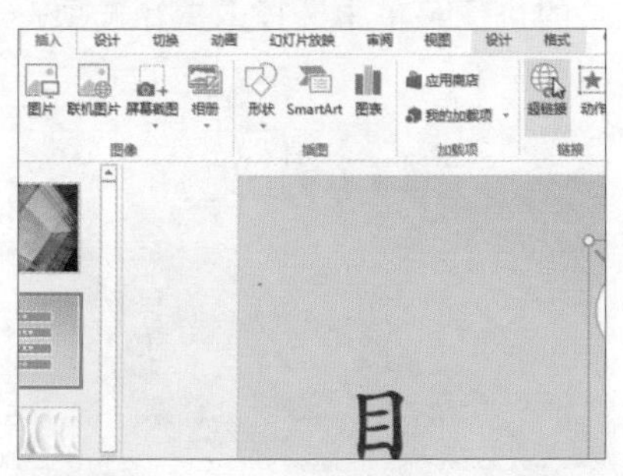

Step03 弹出【插入超链接】对话框，在【链接到】选项组下单击【本文档中的位置】按钮，在右侧的【请选择文档中的位置】列表框中单击【6. 幻灯片 6】选项，单击【确定】按钮。

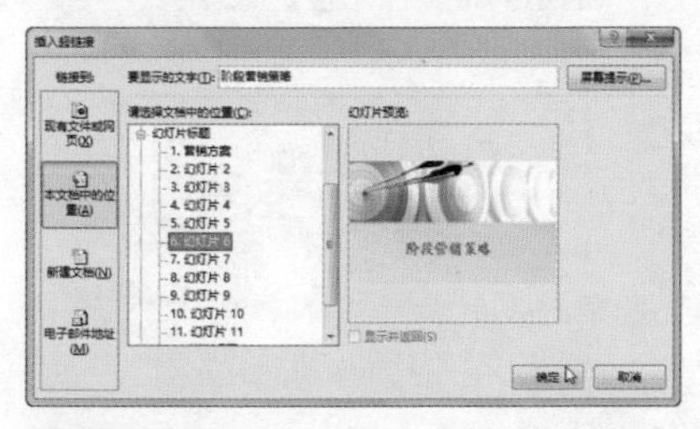

Step04 返回幻灯片中，即可将选中文本链接到同一演示文稿中的第 6 张幻灯片中，此时添加了超链接的文本颜色将不同于其他文本颜色，且会为文本添加一条下画线。

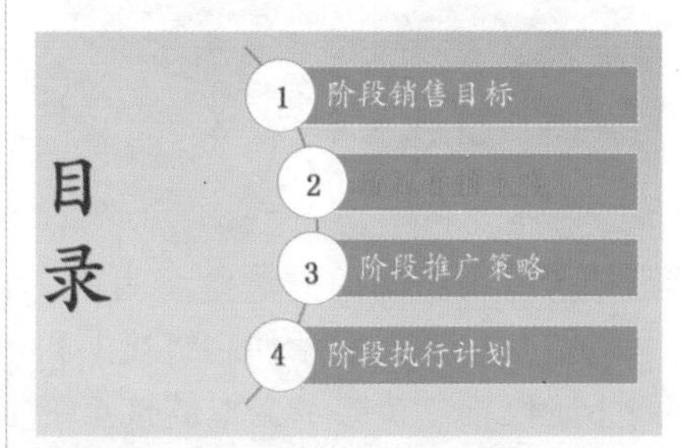

Step05 继续切换至第 2 张幻灯片中，在【幻灯片放映】选项卡下的【开始放映幻灯片】组中单击【从当前幻灯片开始】按钮。

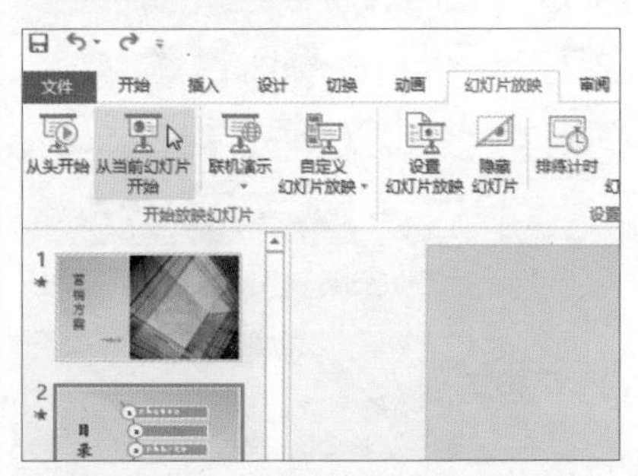

Step06 幻灯片放映后，单击添加了超链接的文本【阶段营销策略】。

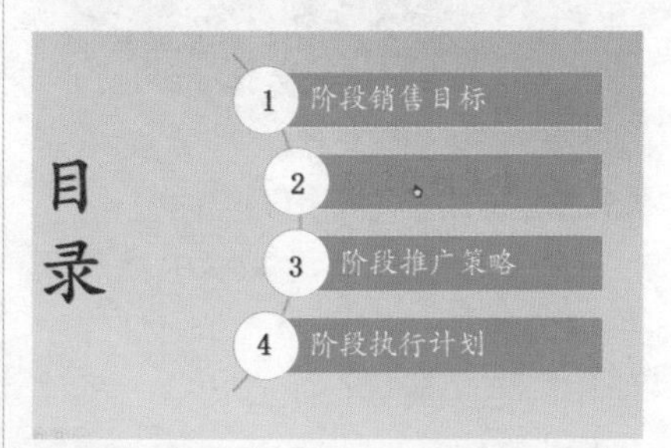

Step07 幻灯片会自动切换至链接的第 6 张幻灯片。

Step08 应用相同的方法继续为第 2 张幻灯片中的文本添加超链接，如将【阶段推广策略】文本链接至第 8 张幻灯片，【阶段执行计划】链接至第 10 张幻灯片。

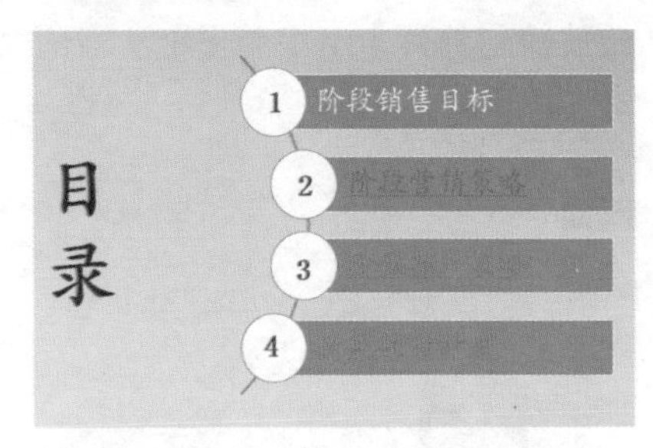

小技巧

如果要删除演示文稿中的超链接，可在添加了超链接的文本上右击，在弹出的快捷菜单中选择【取消超链接】命令。

11.2.2 使用画笔标记重点内容

如果想要在演示文稿中让观众更加了解某些内容，可在幻灯片中使用画笔功能标记重点内容。具体操作步骤如下。

Step01 切换至要标记的幻灯片中，如第 9 张幻灯片，在【幻灯片放映】选项卡下的【开始放映幻灯片】组中单击【从当前幻灯片开始】按钮。

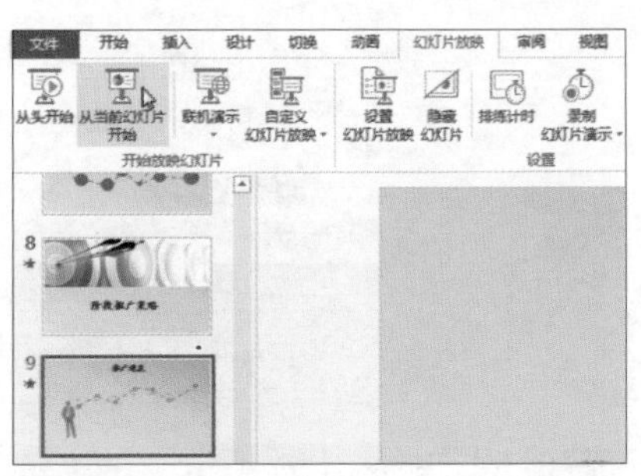

Step02 在放映的幻灯片上右击，在弹出的快捷菜单中选择【指针选项→笔】命令。

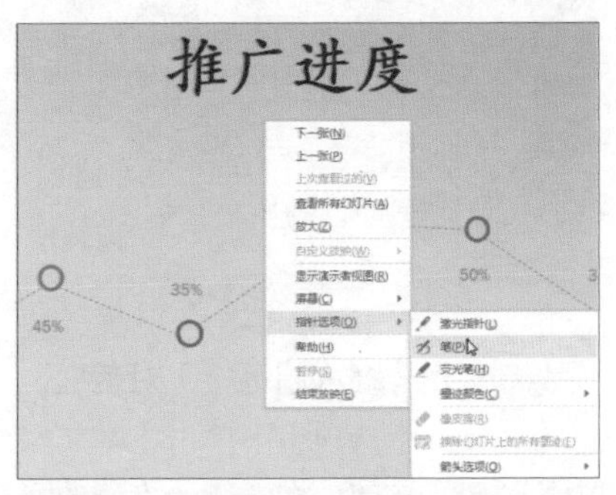

Step03 继续在放映的幻灯片上右击，在弹出的快捷菜单中选择【指针选项→墨迹颜色→绿色】命令。

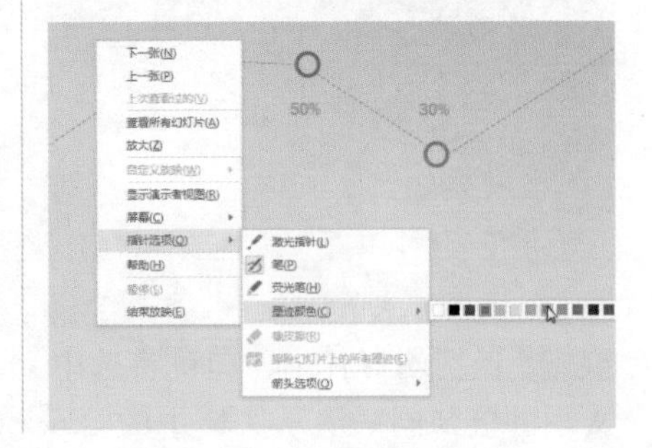

Step04 此时鼠标指针变为了一个绿色的点，在要标记的位置按住鼠标左键拖动，即可标注出需要强调的内容。

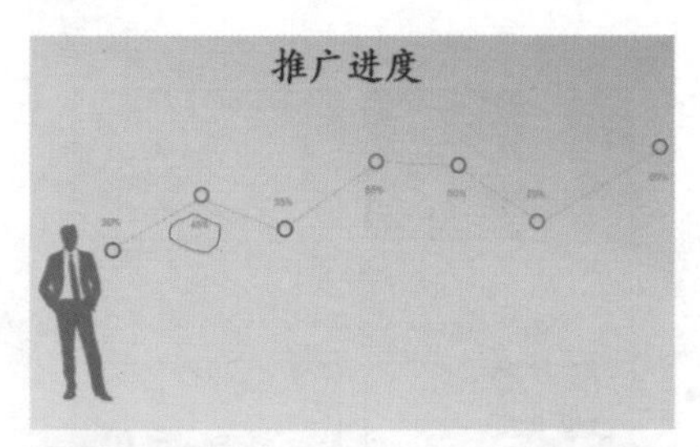

Step05 完成标注后，连续按两次【Esc】键，退出笔形状，再退出幻灯片的放映，会弹出提示框，提示用户是否保留墨迹注释，如果是，则单击【保留】按钮。

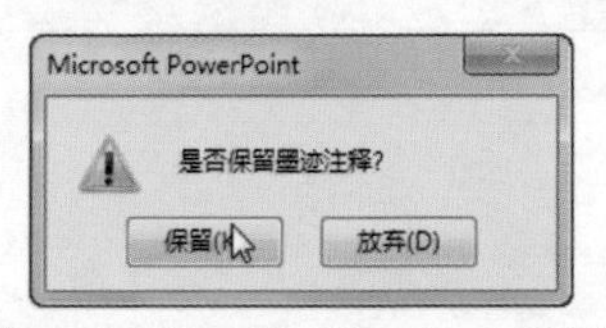

Step06 返回幻灯片中，即可看到第 9 张幻灯片中保留的画笔标记注释。

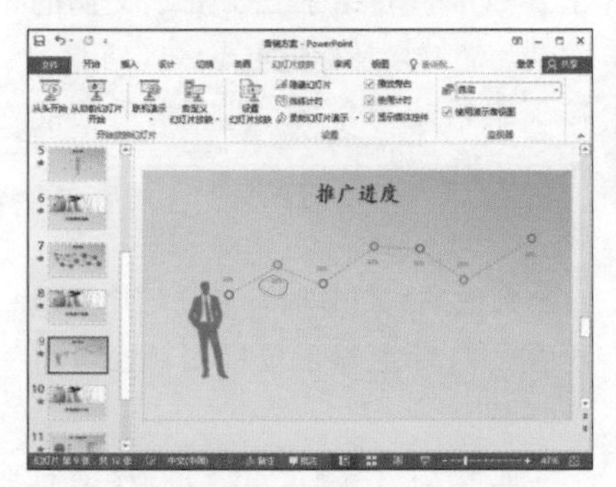

11.2.3 打印演示文稿

在完成了幻灯片的制作后，为了便于自己演讲时使用，可提前将演示文稿打印出来。具体操作步骤如下。

Step01 选中要打印的幻灯片，如第 7 张幻灯片，单击【文件】按钮。

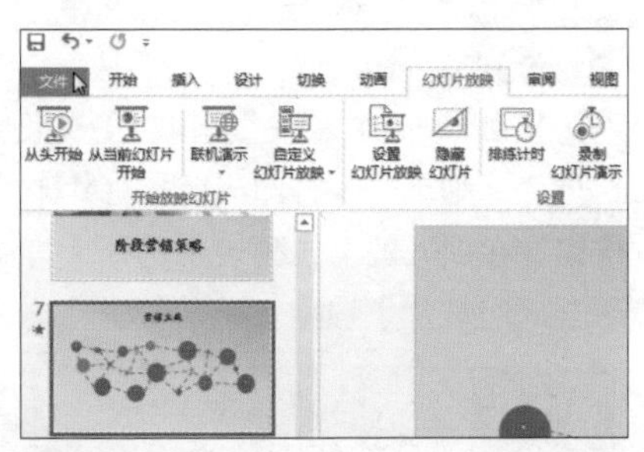

Step02 在弹出的视图菜单中单击【打印】命令，在【打印】面板中单击【打印全部幻灯片】按钮，在展开的下拉列表中选择【打印当前幻灯片】选项。

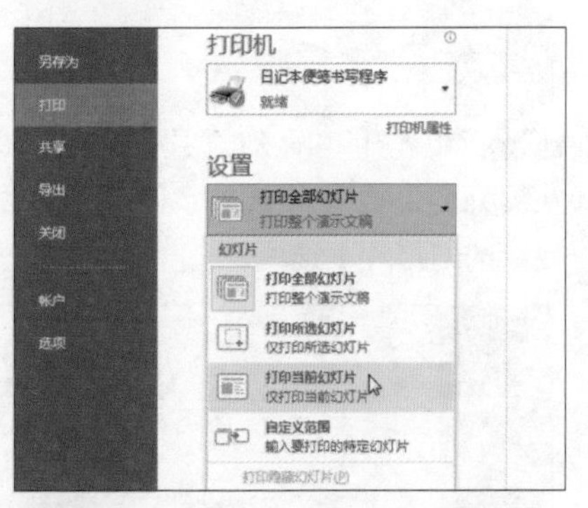

Step03 设置打印【份数】为【10】，单击【打印】按钮，即可开始打印选中的幻灯片。

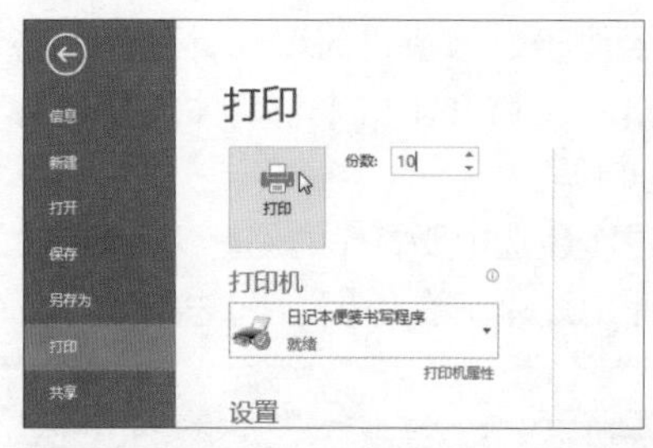

Step04 如果要在一张纸上打印多张幻灯片，则单击【打印当前幻灯片】按钮，在展开的下拉列表中选择【打印全部幻灯片】选项。

Step05 单击【整页幻灯片】按钮，在展开的下拉列表中选择【6 张水平放置的幻灯片】选项。

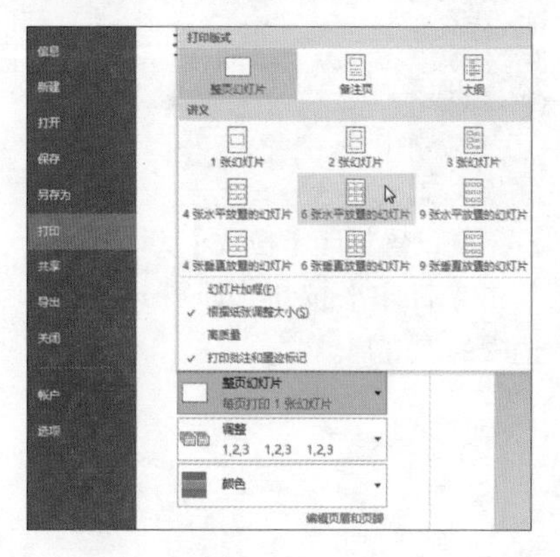

Step06 可在右侧的预览区域看到一张纸上显示的 6 张幻灯片，表示在打印时，一张纸上会显示 6 张幻灯片。

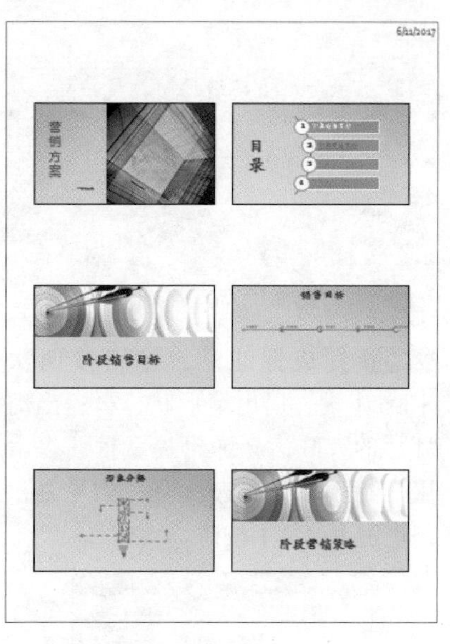

·技能拓展·

在前面通过相关案例的讲解，主要给读者介绍了 PPT 演示文稿的放映、超链接及标记重点内容功能，接下来给读者介绍一些相关的技能拓展知识。

一、放映幻灯片时隐藏鼠标指针

在放映幻灯片时，如果用户不想要在幻灯片上显示鼠标指针，可将其隐藏。

放映幻灯片后，在幻灯片上右击，在弹出的快捷菜单中选择【指针选项→箭头选项→永远隐藏】命令。

在放映幻灯片时，在键盘上按【Ctrl+H】组合键，也可以隐藏鼠标指针。

二、循环放映幻灯片

在使用 PPT 展示演示文稿内容时，经常需要幻灯片自动切换循环播放。此时可以为幻灯片设置循环放映。具体操作步骤如下。

Step01 在【幻灯片放映】选项卡下的【设置】组中单击【设置幻灯片放映】按钮。

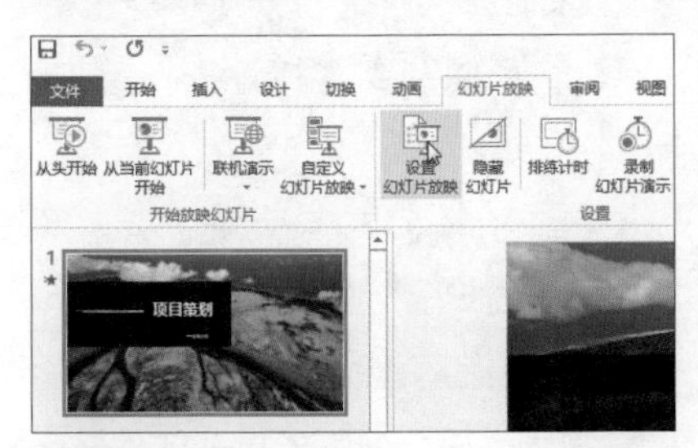

Step02 弹出【设置放映方式】对话框，在【放映选项】选项组下选中【循环放映，按 ESC 键终止】复选框。最后单击【确定】按钮，即可完成幻灯片的循环放映。

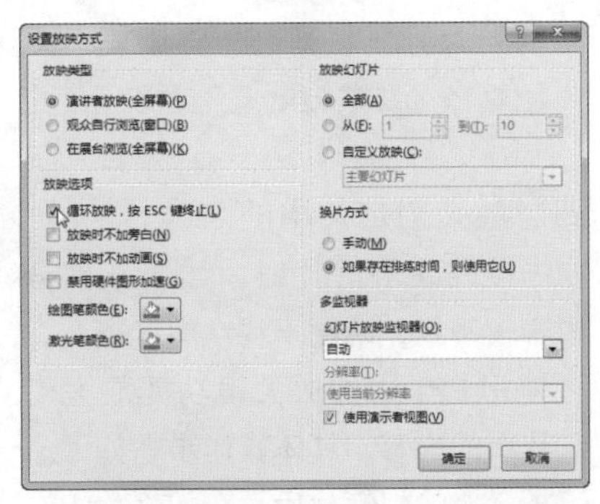

三、隐藏幻灯片

在某些情况下，演讲者在放映演示文稿时，不想要展示某些幻灯片内容，但这些幻灯片内容在后期又可以用到，此时就可以隐藏这些幻灯片，从而在放映时自动跳过隐藏的幻灯片。具体操作步骤如下。

选中要隐藏的幻灯片后，在【幻灯片放映】选项卡下的【设置】组中单击【隐藏幻灯片】按钮，即可在放映时隐藏选中的幻灯片。

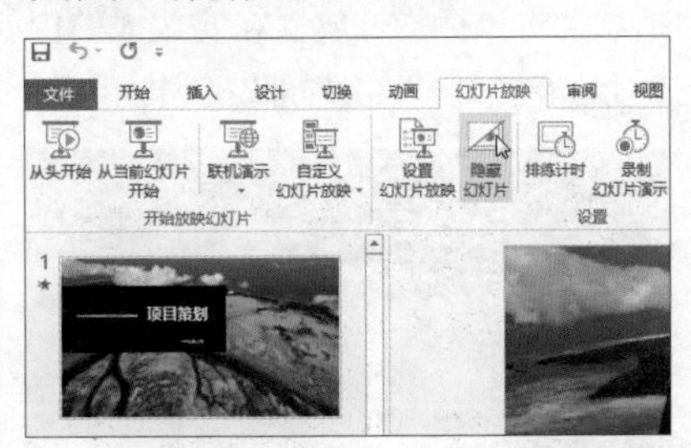

小技巧 

除了可以通过以上方法隐藏幻灯片，还可以右击要隐藏的幻灯片，在弹出的快捷菜单中选择【隐藏幻灯片】命令。

四、放大幻灯片中的内容

在放映幻灯片时，如果某部分内容较密集，不便于观众阅读查看，可使用 PPT 中的放大镜功能放大幻灯片中的内容。具体操作步骤如下。

Step01 放映幻灯片后，在幻灯片的左下角单击【放大镜】按钮。

Step02 此时幻灯片上会出现一个长方形的框，长方形框会随着鼠标指针的移动而移动，鼠标指针也变为了放大镜形状，将鼠标指针放置在要放大的内容上，单击即可放大局部幻灯片内容。

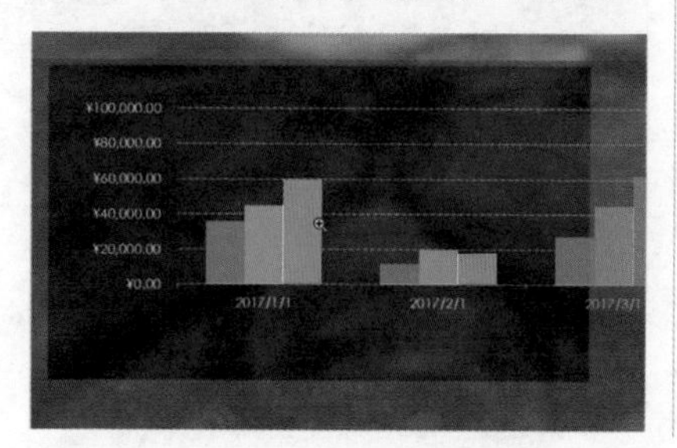

五、清除排练计时

当用户对幻灯片的排练计时不满意，想要重新操作时，可将已经设置的排练计时删除。

在【幻灯片放映】选项卡下的【设置】组中单击【录制幻灯片演示】按钮，在展开的下拉列表中选择【清除→清除所有幻灯片中的计时】选项。

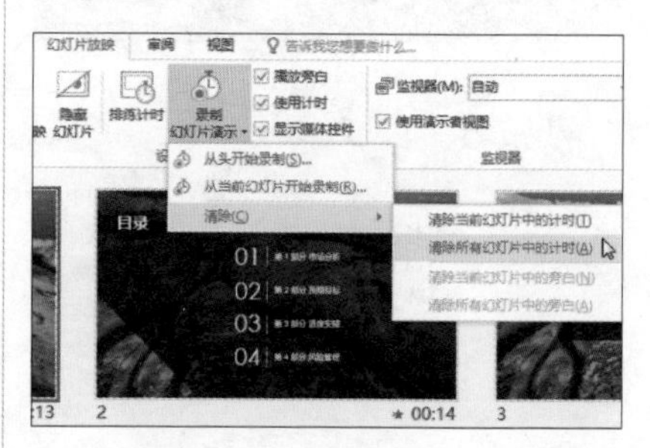

小技巧 

如果只是清除单张幻灯片的排练计时，则选中要清除的幻灯片，在【幻灯片放映】选项卡下的【设置】组中单击【录制幻灯片演示】按钮，在展开下拉的列表中选择【清除→清除当前幻灯片的计时】选项。

·同步实训·

制作《企业宣传》PPT

为了巩固本章所学知识点，本节以制作《企业宣传》为例，对演示文稿的放映、添加超链接及打印等操作进行具体的介绍。

Step01 打开“光盘\素材文件\第 11 章\企业宣传 .pptx”文件，切换至第 2 张幻灯片，选中幻灯片中要添加超链接的文本，如【产品介绍】文本。

Step02 在【插入】选项卡下的【链接】组中单击【超链接】按钮。

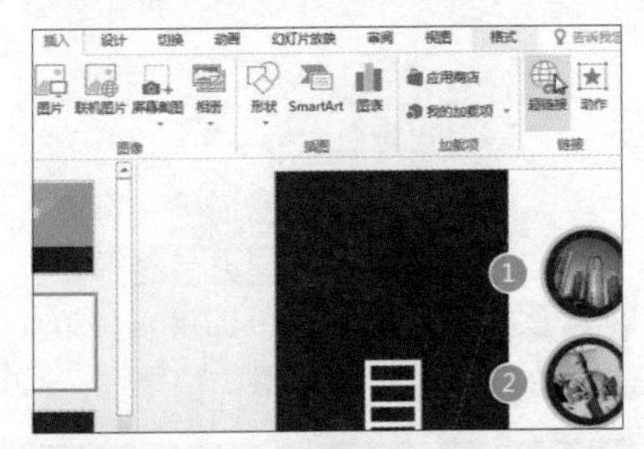

Step03 弹出【插入超链接】对话框，在【链接到】选项组下单击【本文档中的位置】按钮，在右侧的【请选择文档中的位置】列表框中单击【7. 幻灯片 7】选项，单击【确定】按钮。

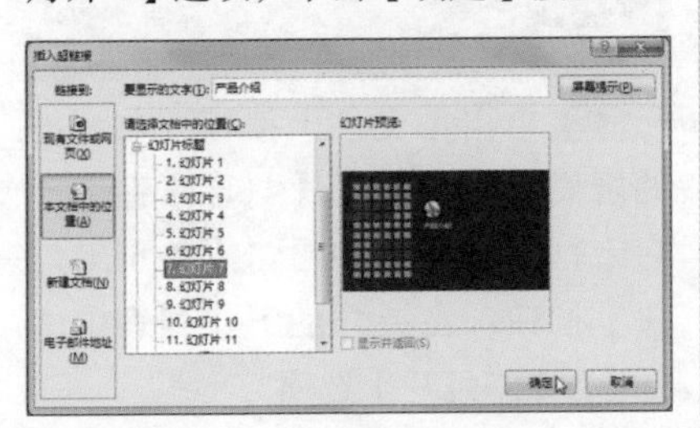

Step04 返回幻灯片，即可将选中文本链接到同一演示文稿中的第 7 张幻灯片中，应用相同的方法为第 2 张幻灯片中的文本添加超链接，如将【市场分析】文本链接至第 9 张幻灯片，【前景展望】链接至第 11 张幻灯片。

Step05 切换至要标记的幻灯片中，如第 4 张幻灯片，在【幻灯片放映】选项卡下的【开始放映幻灯片】组中单击【从当前幻灯片开始】按钮。

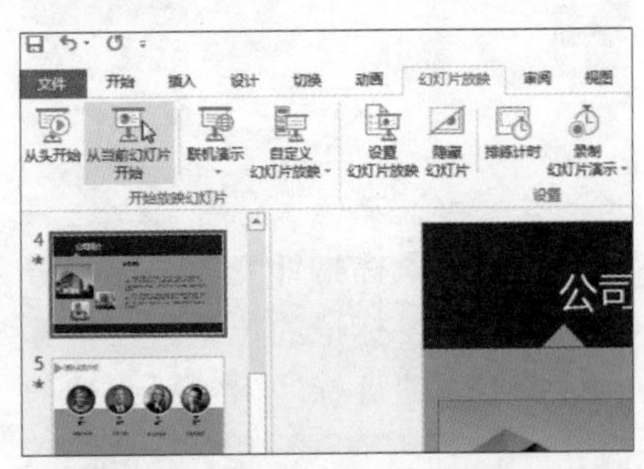

Step06 在放映的幻灯片上右击，在弹出的快捷菜单中选择【指针选项→笔】命令。

Step07 继续在放映的幻灯片上右击，在弹出的快捷菜单中选择【指针选项→墨迹颜色→白色】命令。

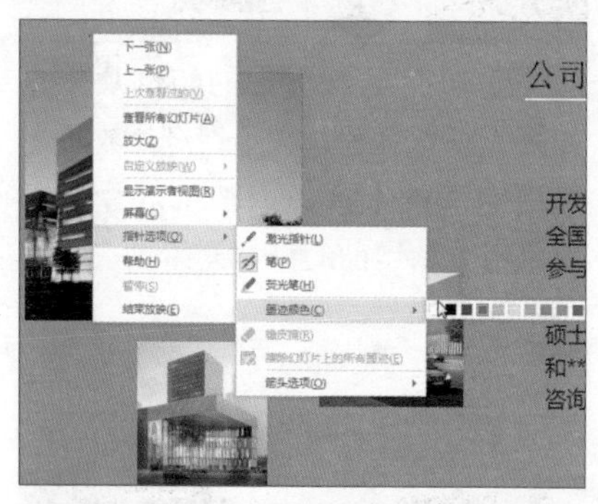

Step08 此时鼠标指针变为了一个白色的点，在要标记的位置按住鼠标左键拖动，即可标注出需要强调的内容。

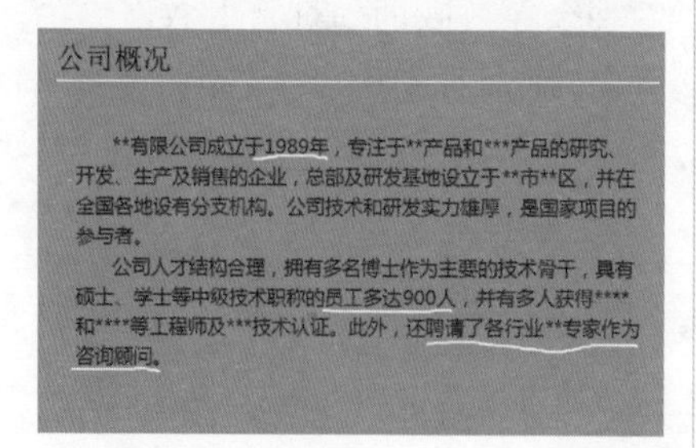

Step09 完成标注后，在放映的幻灯片上右击，在弹出的快捷菜单中选择【结束放映】命令。

Step10 弹出提示框，提示用户是否保留墨迹注释，单击【保留】按钮。

Step11 返回幻灯片中，即可看到第 4 张幻灯片中保留的画笔标记注释。

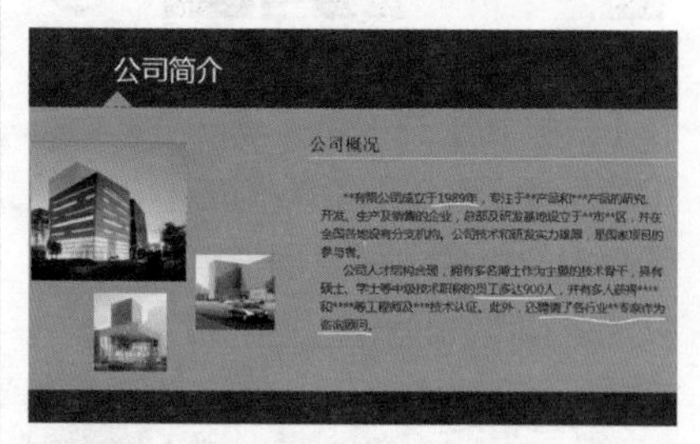

Step12 单击【文件】按钮，在弹出的视图菜单中单击【打印】命令，在【打印】面板中单击【整页幻灯片】按钮，在展开的下拉列表中选择【2 张幻灯片】选项。

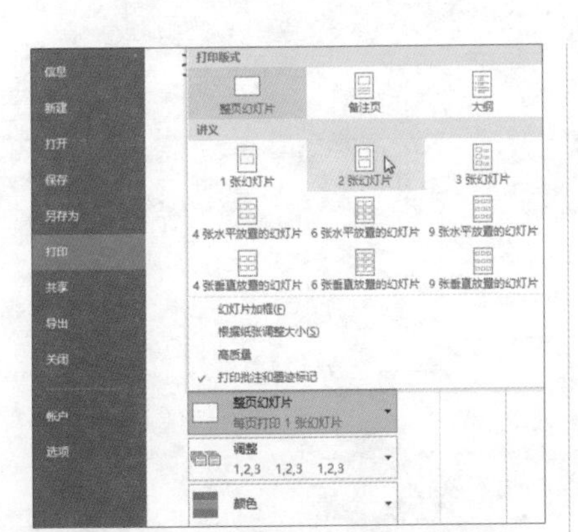

Step13 可在右侧的预览区域看到一张纸上显示的 2 张幻灯片，表示在打印时，一张纸上会显示 2 张幻灯片。

Step14 在预览界面的下方单击【下一页】按钮，切换至第 4 页，可看到第 4 页的两张幻灯片打印预览效果。

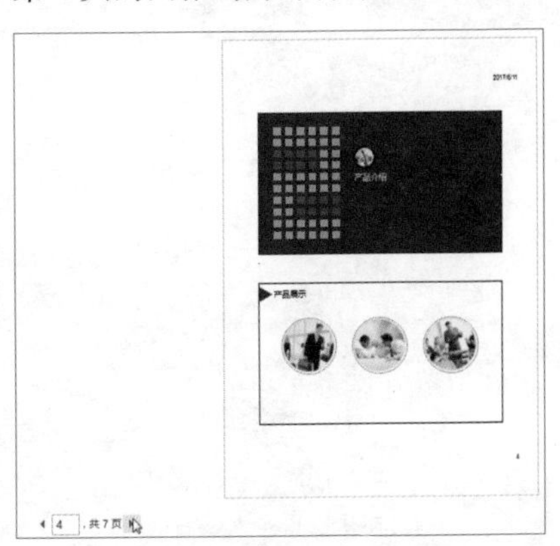

学习小结

本章主要介绍了 PPT 演示文稿的放映设置操作。重点内容包括幻灯片的放映设置、排练计时、添加超链接、标记重点内容及结束幻灯片的放映功能。熟练掌握这些知识，即可完美地实现演示文稿的放映操作。

第12章 办公综合实训——制作年终总结报告

在实际工作中，要想更加轻松完成工作任务，用户不仅仅要学会使用Word组件制作文档，还需要掌握使用Excel制作表格及使用PowerPoint制作演示文稿的操作技巧。

本章将以年终总结报告为例，介绍使用Word 2016、Excel 2016、PowerPoint 2016制作年终总结文档、年终销售额统计表及工作总结演示文稿。

案 例 展 示

2016年公司年终总结

在公司经营工作领导的带领和帮助下，加之全组成员的鼎力协助，销售部配合生产部，恪尽职守，兢兢业业，任劳任怨，截止2016年12月31日，超额完成了公司制定的销售任务，销售额和货款回笼速比去年同期上升了10%。

过去的一年里销售部切实落实岗位职责，认真履行本职工作，积极完成区域销售任务并及时催回货款，严格执行产品的出库手续，严格遵守公司制定的各项规章制度，完成领导交办的其它工作。

生产部能明确客户需求，主动积极完成订单，力求保质保量按时供货。销售部与生产部积极努力配合，一方面积极了解客户的意图及需要达到的标准、要求，力争及早准备，在客户要求的期限内供货，另一方面要积极和客户沟通及时了解客户还款能力，考虑并补充完善。

对于库存产品质量问题一般不能保证，所以我们应正确对待客户投诉，与客户及时沟通，同时在下单时就要与客户讲清楚。总结一年来的工作，发现了一些问题和不足，在工作方法和技巧上还要不断学习，计划在2017年重点做好以下几个方面的工作：

（一）、市场需求分析

鞋子虽然市场潜力巨大，但北京区域的库存竞争已到白热化地步，但我们有良

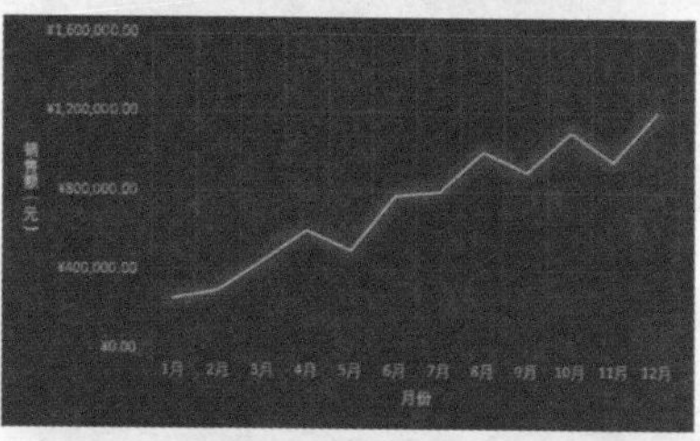

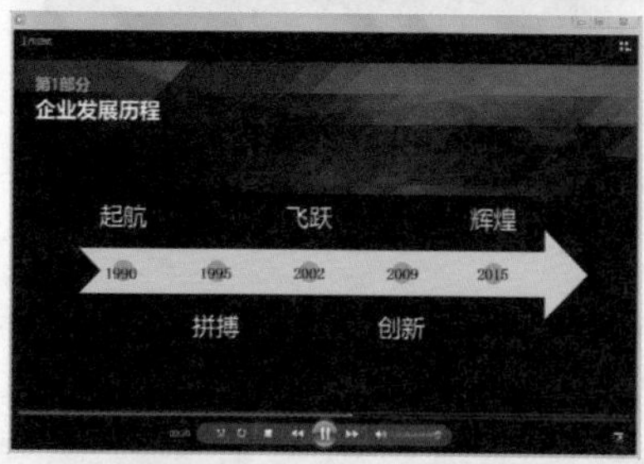

12.1 用 Word 制作《年终总结》文档

为了更好地促进下一年工作的开展，不断提高思想素质和业务技能，一般在年终会对本年的工作进行一个总结。

本节以制作《年终总结》为例，介绍如何使用 Word 2016 完成文档的制作。

12.1.1 输入工作总结文档内容

要使用 Word 制作文档，首先就需要创建文档并输入文本内容。具体操作步骤如下。

Step01 单击计算机左下角的【开始】按钮，在弹出的列表中选择【所有程序→ Word 2016】选项。

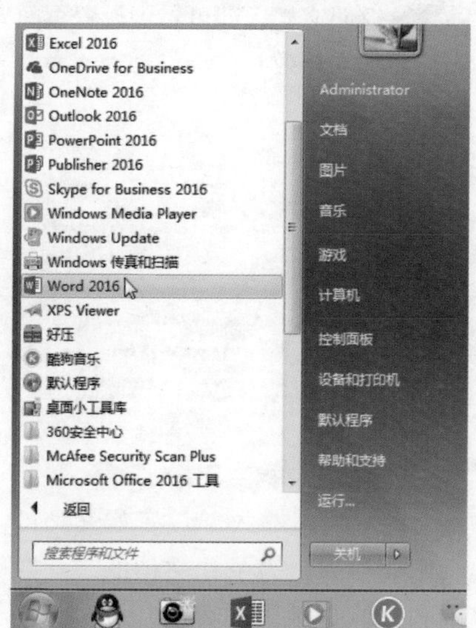

Step02 启动 Word 2016 组件，打开 Word 2016 的初始界面，在该界面单击【空白文档】缩略图。

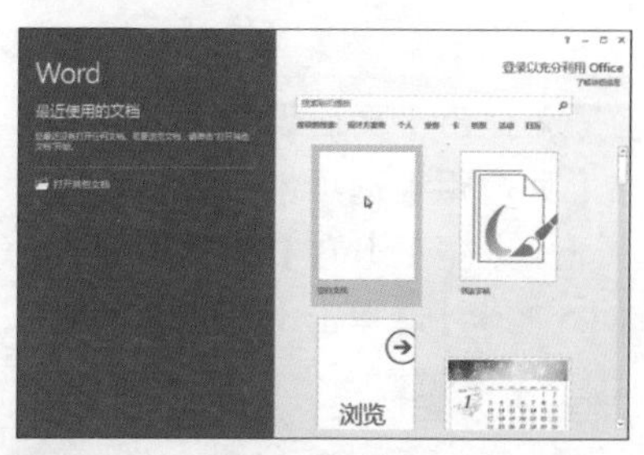

Step03 在创建的空白文档中输入工作总结内容。

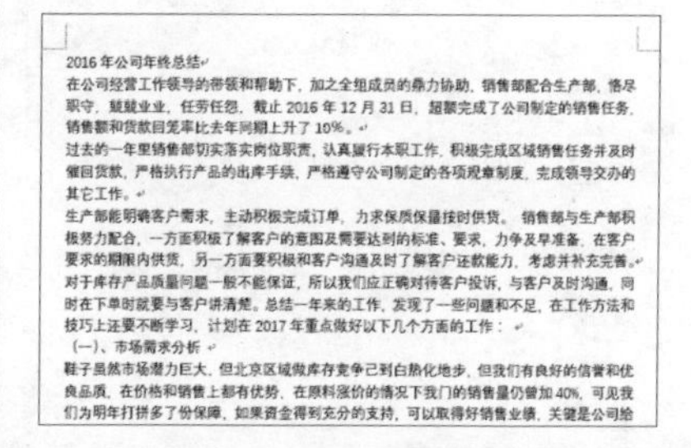

2016 年公司年终总结

在公司经营工作领导的带领和帮助下，加之全组成员的鼎力协助，销售部配合生产部，恪尽职守，兢兢业业，任劳任怨，截止 2016 年 12 月 31 日，超额完成了公司制定的销售任务，销售额和货款回笼率比去年同期上升了 10%。

过去的一年里销售部切实落实岗位职责，认真履行本职工作，积极完成区域销售任务并及时催回货款，严格执行产品的出库手续，严格遵守公司制定的各项规章制度，完成领导交办的其它工作。

生产部能明确客户需求，主动积极完成订单，力求保质保量按时供货。销售部与生产部积极努力配合，一方面积极了解客户的意图及需要达到的标准、要求，力争及早准备，在客户要求的期限内供货，另一方面要积极和客户沟通及时了解客户还款能力，考虑并补充完善。

对于库存产品质量问题一般不能保证，所以我们应正确对待客户投诉，与客户及时沟通，同时在下单时就要与客户讲清楚。总结一年来的工作，发现了一些问题和不足，在工作方法和技巧上还要不断学习，计划在 2017 年重点做好以下几个方面的工作：

（一）、市场需求分析

鞋子虽然市场潜力巨大，但北京区域做库存竞争已到白热化地步，但我们有良好的信誉和优良品质，在价格和销售上都有优势，在原料涨价的情况下我门的销售量仍增加 40%，可见我们为明年打拼多了份保障，如果资金得到充分的支持，可以取得好销售业绩，关键是公司给

12.1.2 设置文档页面效果

在完成了文档的创建和内容的编辑后，由于工作的需要，通常需要打印不同规格的文件，所以要对页面进行适当的设置。具体操作步骤如下。

Step01 切换至【布局】选项卡，在【页面设置】组中单击对话框启动器。

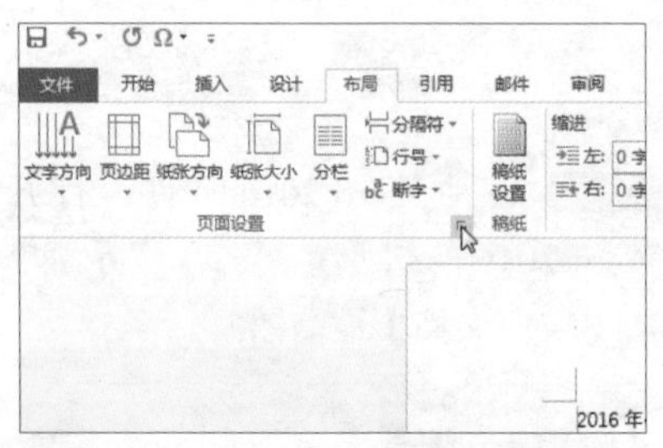

Step02 弹出【页面设置】对话框，在【页边距】选项卡下设置【上】【下】【左】【右】的页边距都为【1.5 厘米】，单击【纸张】标签。

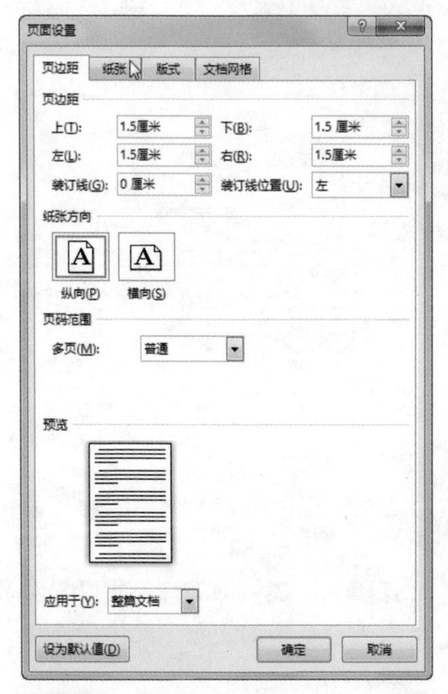

Step03 在【纸张】选项卡下的【纸张大小】选项组下设置【宽度】为【17 厘米】，设置【高度】为【24 厘米】，单击【确定】按钮。

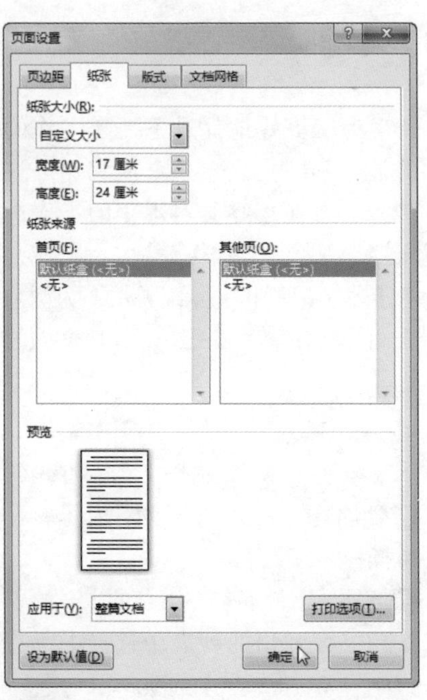

Step04 返回文档，即可看到设置页面布局后的文档效果。

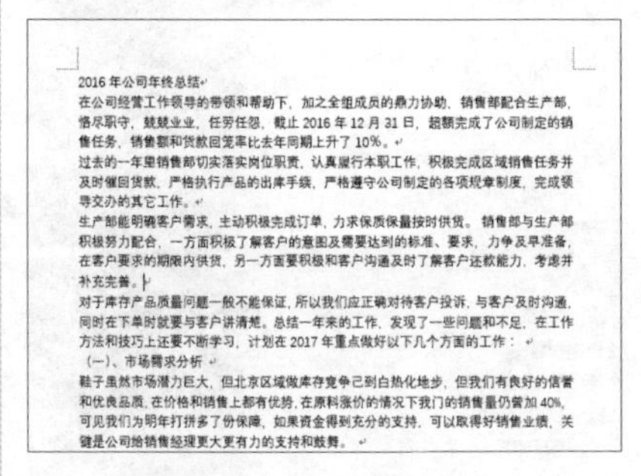

2016 年公司年终总结

在公司经营工作领导的带领和帮助下，加之全组成员的鼎力协助、销售部配合生产部，恪尽职守，兢兢业业，任劳任怨，截止 2016 年 12 月 31 日，超额完成了公司制定的销售任务，销售额和货款回笼率比去年同期上升了 10%。

过去的一年里销售部切实落实岗位职责，认真履行本职工作，积极完成区域销售任务并及时催回货款，严格执行产品的出库手续，严格遵守公司制定的各项规章制度，完成领导交办的其它工作。

生产部能明确客户需求，主动积极完成订单，力求保质保量按时供货。销售部与生产部积极努力配合，一方面积极了解客户的意图及需要达到的标准、要求，力争及早准备，在客户要求的期限内供货，另一方面要积极和客户沟通及时了解客户还款能力，考虑并补充完善。

对于库存产品质量问题一般不能保证，所以我们应正确对待客户投诉，与客户及时沟通，同时在下单时就要与客户讲清楚。总结一年来的工作，发现了一些问题和不足，在工作方法和技巧上还要不断学习，计划在 2017 年重点做好以下几个方面的工作：

（一）、市场需求分析

鞋子虽然市场潜力巨大，但北京区域做库存竞争已到白热化地步，但我们有良好的信誉和优良品质，在价格和销售上都有优势，在原料涨价的情况下我门的销售量仍曾加 40%，可见我们为明年打拼多了份保障，如果资金得到充分的支持，可以取得好销售业绩，关键是公司给销售经理更大更有力的支持和鼓舞。

12.1.3 设置文档文本格式

在文档中输入并设置好文档的页面效果后，为了让文档的视觉效果和整体排版更加美观，可对文档中的文本格式进行设置。具体操作步骤如下。

Step01 选中文档中要应用样式的文本，如【2016 年公司年终总结】，在【开始】选项卡下的【样式】组中单击【标题 1】样式。

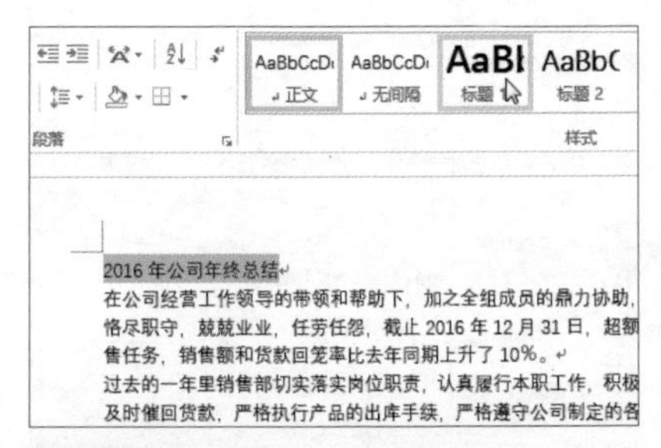

Step02 即可看到应用样式的文本效果，保持文本的选中状态，右击【标题 1】样式，在弹出的快捷菜单中单击【修改】命令。

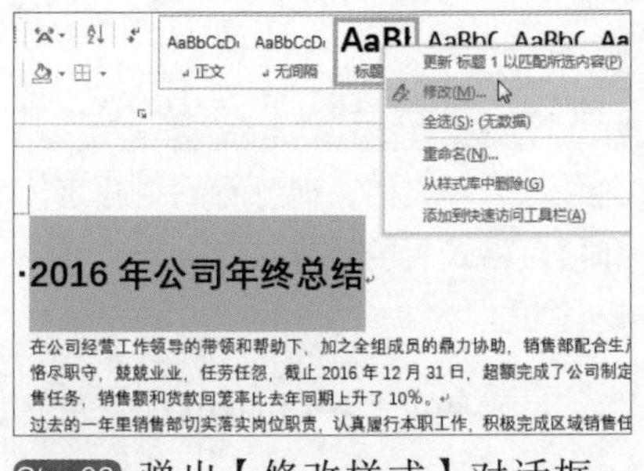

Step03 弹出【修改样式】对话框，在【格式】选项组下设置【字体】为【华文新魏】，【字号】为【二号】，【对齐方式】为【居中】，单击【格式】按钮，在展开的下拉列表中选择【段落】选项。

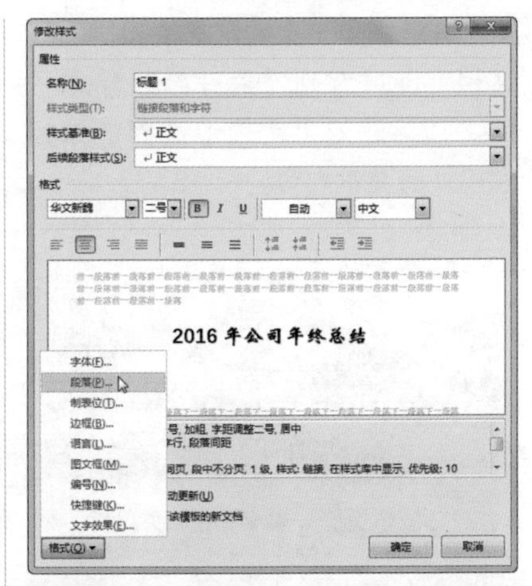

Step04 弹出【段落】对话框，在【缩进和间距】选项卡下的【间距】选项组下，设置【段前】和【段后】的间距都为【24 磅】，单击【确定】按钮。

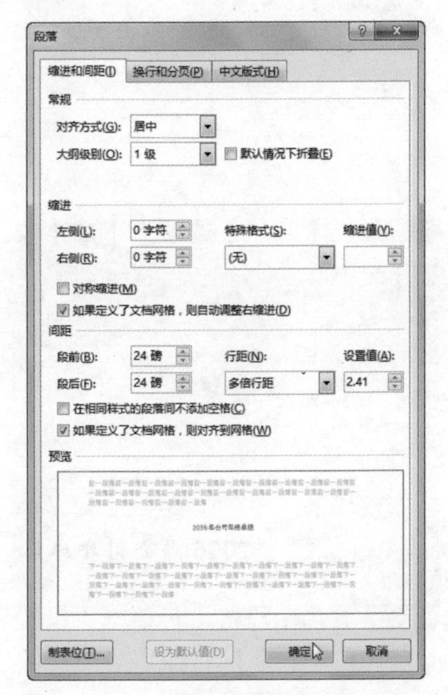

Step05 继续单击【确定】按钮，返回文档，即可看到设置并修改样式后的文档标题效果，选中文档中除标题以外的文本内容。

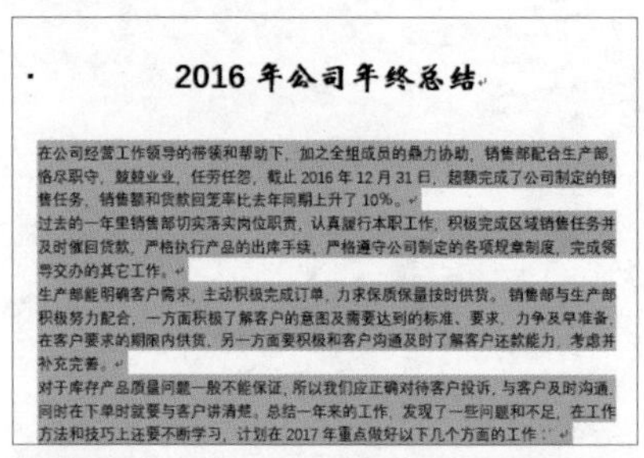

2016 年公司年终总结

在公司经营工作领导的带领和帮助下，加之全组成员的鼎力协助，销售部配合生产部，恪尽职守，兢兢业业，任劳任怨，截止 2016 年 12 月 31 日，超额完成了公司制定的销售任务，销售额和货款回笼率比去年同期上升了 10%。

过去的一年里销售部切实落实岗位职责，认真履行本职工作，积极完成区域销售任务并及时催回货款，严格执行产品的出库手续，严格遵守公司制定的各项规章制度，完成领导交办的其它工作。

生产部能明确客户需求，主动积极完成订单，力求保质保量按时供货。销售部与生产部积极努力配合，一方面积极了解客户的意图及需要达到的标准、要求，力争及早准备，在客户要求的期限内供货，另一方面要积极和客户沟通及时了解客户还款能力，考虑并补充完善。

对于库存产品质量问题一般不能保证，所以我们应正确对待客户投诉，与客户及时沟通，同时在下单时就要与客户讲清楚。总结一年来的工作，发现了一些问题和不足，在工作方法和技巧上还要不断学习，计划在 2017 年重点做好以下几个方面的工作：

Step06 在【开始】选项卡下的【字体】组中设置【字体】为【微软雅黑】，【字号】为【11】磅。

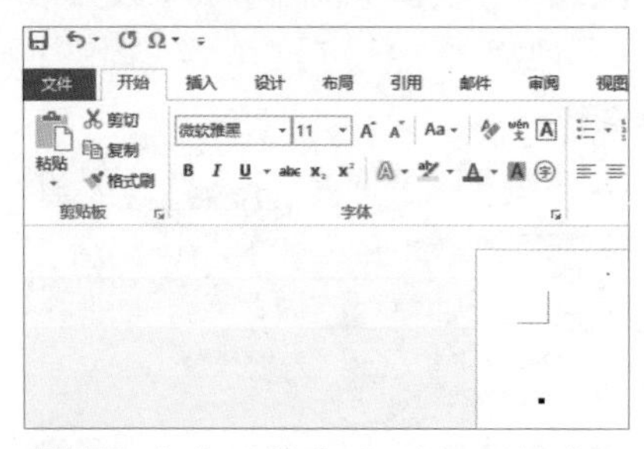

Step07 在【开始】选项卡下的【段落】组中单击对话框启动器。

Step08 弹出【段落】对话框，设置【特殊格式】为【首行缩进】，【缩进值】为【2 字符】，单击【确定】按钮。

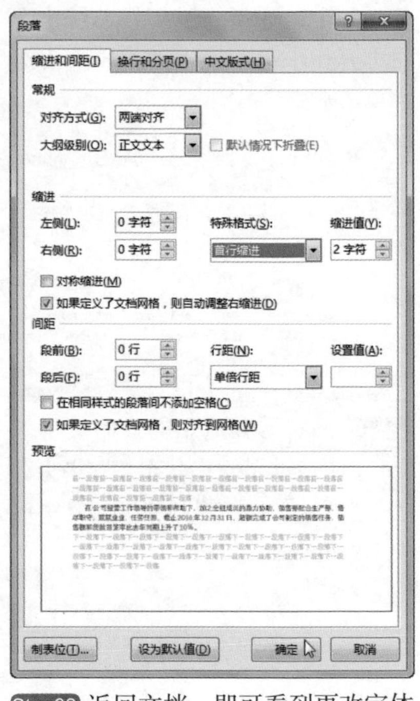

Step09 返回文档，即可看到更改字体和段落格式后的效果。

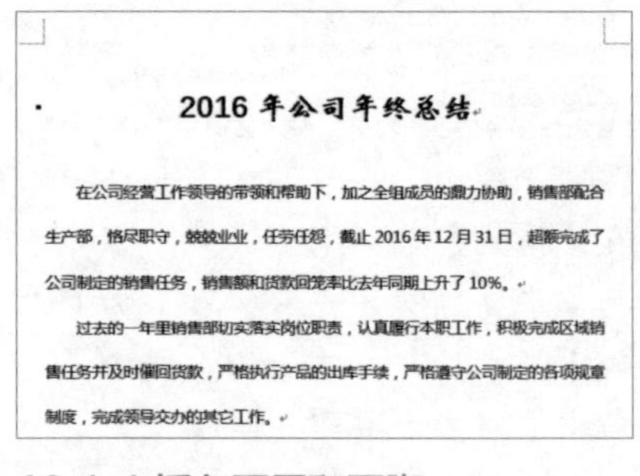

2016 年公司年终总结

在公司经营工作领导的带领和帮助下，加之全组成员的鼎力协助，销售部配合生产部，恪尽职守，兢兢业业，任劳任怨，截止 2016 年 12 月 31 日，超额完成了公司制定的销售任务，销售额和货款回笼率比去年同期上升了 10%。

过去的一年里销售部切实落实岗位职责，认真履行本职工作，积极完成区域销售任务并及时催回货款，严格执行产品的出库手续，严格遵守公司制定的各项规章制度，完成领导交办的其它工作。

12.1.4 插入页眉和页脚

如果用户想要在文档页面上展示出公司名称、页码等信息，可为文档插入页眉和页脚。具体操作步骤如下。

Step01 在【插入】选项卡下的【页眉和页脚】组中单击【页眉】按钮，在展开的下拉列表中单击【平面（奇数页）】页眉样式。

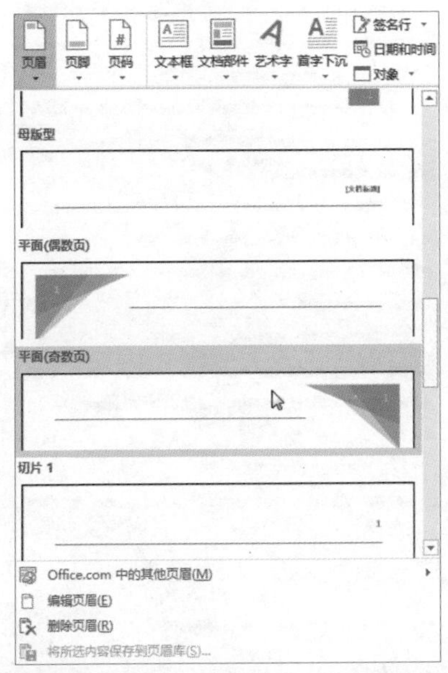

Step02 在页眉的中间空白处输入【和兴有限公司】。

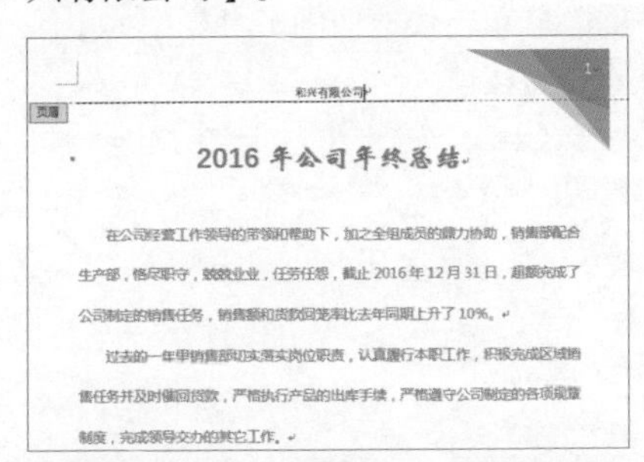
和兴有限公司

2016 年公司年终总结

在公司经营工作领导的带领和帮助下，加之全组成员的鼎力协助，销售部配合生产部，恪尽职守，兢兢业业，任劳任怨，截止 2016 年 12 月 31 日，超额完成了公司制定的销售任务，销售额和货款回笼率比去年同期上升了 10%。

过去的一年里销售部切实落实岗位职责，认真履行本职工作，积极完成区域销售任务并及时催回货款，严格执行产品的出库手续，严格遵守公司制定的各项规章制度，完成领导交办的其它工作。

Step03 在【页眉和页脚工具→设计】选项卡下的【位置】组中设置【页眉顶端距离】和【页脚底端距离】都为【1 厘米】，在【关闭】组中单击【关闭页眉和页脚】按钮。

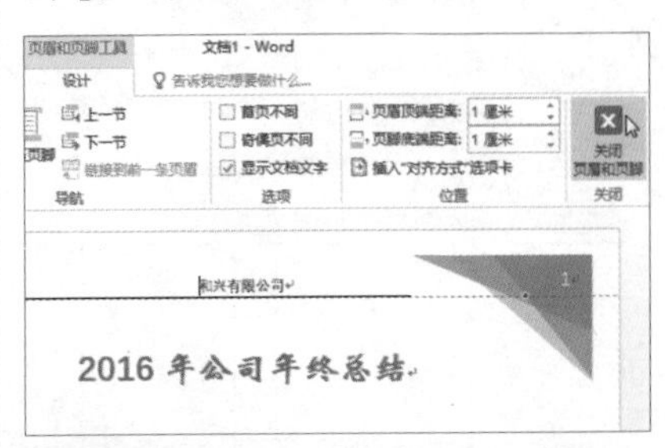

Step04 即可看到添加页眉并设置后的文档效果。

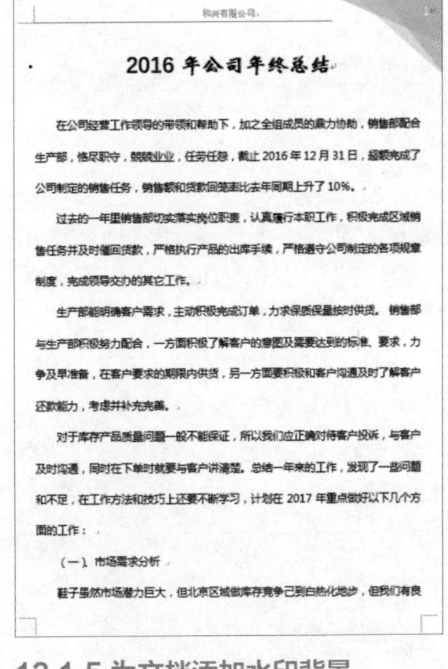
和兴有限公司

2016 年公司年终总结

在公司经营工作领导的带领和帮助下，加之全组成员的鼎力协助，销售部配合生产部，恪尽职守，兢兢业业，任劳任怨，截止 2016 年 12 月 31 日，超额完成了公司制定的销售任务，销售额和货款回笼率比去年同期上升了 10%。

过去的一年里销售部切实落实岗位职责，认真履行本职工作，积极完成区域销售任务并及时催回货款，严格执行产品的出库手续，严格遵守公司制定的各项规章制度，完成领导交办的其它工作。

生产部能明确客户需求，主动积极完成订单，力求保质保量按时供货。销售部与生产部积极努力配合，一方面积极了解客户的意图及需要达到的标准、要求，力争及早准备，在客户要求的期限内供货，另一方面要积极和客户沟通及时了解客户还款能力，考虑并补充完善。

对于库存产品质量问题一般不能保证，所以我们应正确对待客户投诉，与客户及时沟通，同时在下单时就要与客户讲清楚。总结一年来的工作，发现了一些问题和不足，在工作方法和技巧上还要不断学习，计划在 2017 年重点做好以下几个方面的工作：

（一）市场需求分析

鞋子虽然市场潜力巨大，但北京区域做库存竞争已到白热化地步，但我们有良

12.1.5 为文档添加水印背景

要想让浏览文档的员工或领导能够快速了解该文档的类型，可为文档添加带有水印的背景。具体操作步骤如下。

Step01 在【设计】选项卡下的【页

面背景】组中单击【水印】按钮，在展开的下拉列表中单击【自定义水印】选项。

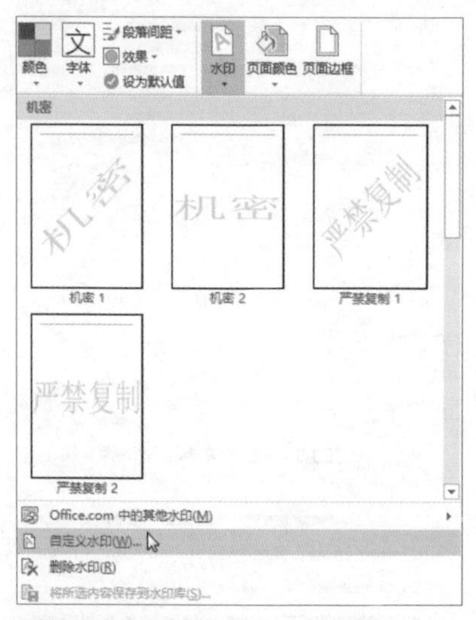

Step02 弹出【水印】对话框，选中【文字水印】单选按钮，设置【语言（国家/地区）】为【中文（中国）】，【文字】为【原件】，【字体】为【华文新魏】，【字号】为【80】磅，【颜色】为【白色，背景1，深色50%】，单击【确定】按钮。

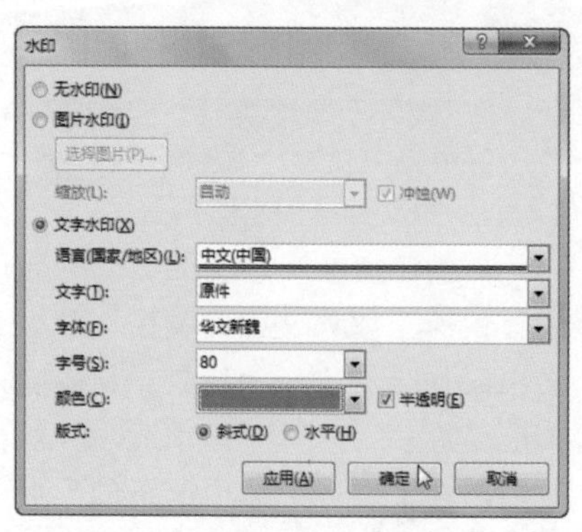

Step03 返回文档，即可看到添加水印并设置后的文档效果。

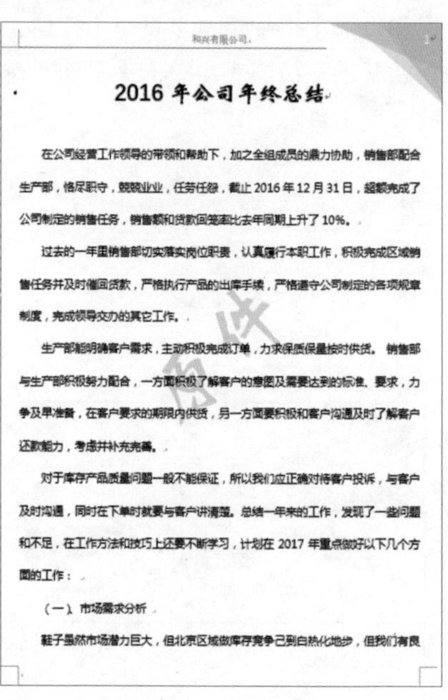
和兴有限公司

2016 年公司年终总结

在公司经营工作领导的带领和帮助下，加之全组成员的鼎力协助，销售部配合生产部，恪尽职守，兢兢业业，任劳任怨，截止 2016 年 12 月 31 日，超额完成了公司制定的销售任务，销售额和货款回笼率比去年同期上升了 10%。

过去的一年里销售部切实落实岗位职责，认真履行本职工作，积极完成区域销售任务并及时催回货款，严格执行产品的出库手续，严格遵守公司制定的各项规章制度，完成领导交办的其它工作。

生产部能明确客户需求，主动积极完成订单，力求保质保量按时供货。销售部与生产部积极努力配合，一方面积极了解客户的意图及需要达到的标准、要求，力争及早准备，在客户要求的期限内供货，另一方面要积极和客户沟通及时了解客户还款能力，考虑并补充完善。

对于库存产品质量问题一般不能保证，所以我们应正确对待客户投诉，与客户及时沟通，同时在下单时就要与客户讲清楚。总结一年来的工作，发现了一些问题和不足，在工作方法和技巧上还要不断学习，计划在 2017 年重点做好以下几个方面的工作：

（一）市场需求分析

鞋子虽然市场潜力巨大，但北京区域做库存竞争已到白热化地步，但我们有良

12.1.6 保存工作总结文档

在完成了文档的制作后，要想便于文档的下次查看和编辑，可将文档保存。具体操作步骤如下。

Step01 单击快速访问工具栏中的【保存】按钮。

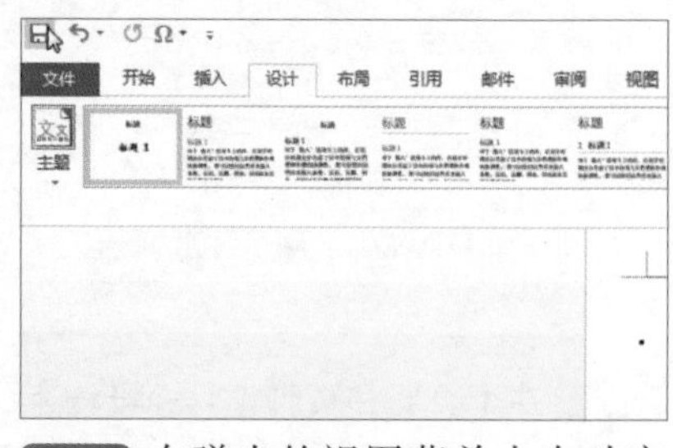

Step02 在弹出的视图菜单中自动定位至【另存为】命令下，单击【浏

览】按钮。

Step03 弹出【另存为】对话框，设置文档的保存位置，在【文件名】文本框中输入文件名【年终总结】，单击【保存】按钮。

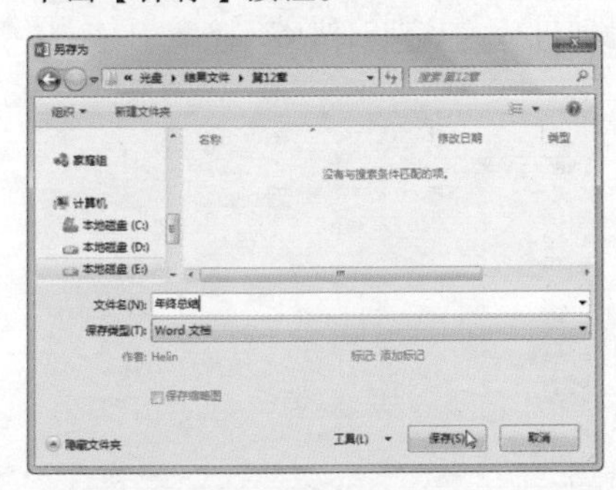

Step04 返回文档，可在标题栏中看到文档名更改为了【年终总结】，即可完成年终总结文档的制作。

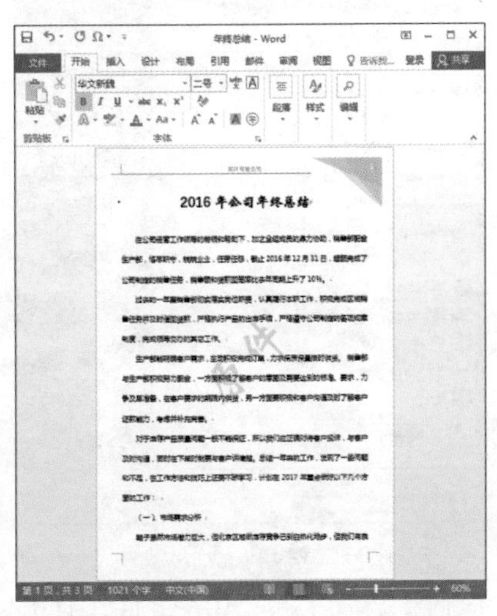

12.2 用 Excel 制作《年终销售额统计表》

为了了解企业每月的销售情况，以及本年最终的销售情况，可对销售数据进行统计。

本节以制作《年终销售额统计表》为例，介绍如何使用 Excel 2016 完成表格的制作。

12.2.1 创建年终销售额统计表

要对销售额数据进行统计和分析，首先就需要使用 Excel 创建年终销售额统计表，具体操作步骤如下。

Step01 单击计算机左下角的【开始】按钮，在弹出的列表中选择【所有程序→ Excel 2016】选项。

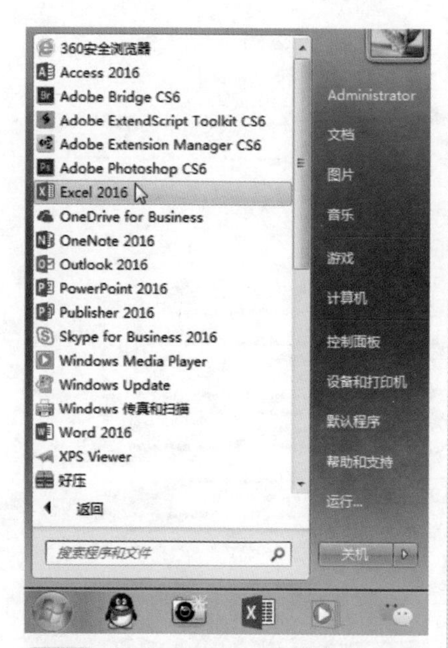

Step02 启动 Excel 2016 组件，打开 Excel 2016 的初始界面，在该界面单击【空白工作簿】缩略图。

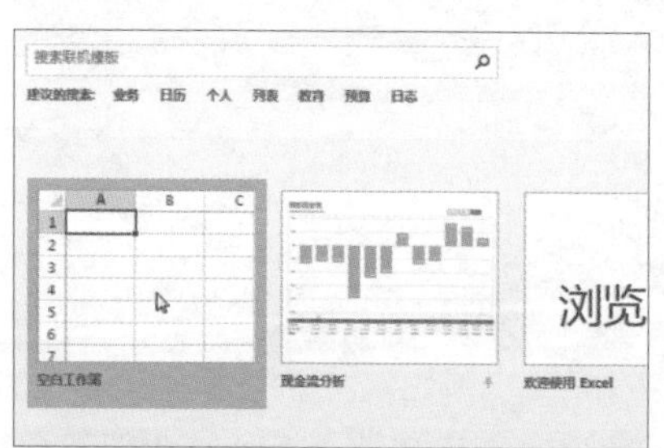

Step03 重命名工作表名为【年终销售额统计表】，在表格中输入相关的表格数据，选中单元格区域 A3：A4，拖动右下角的填充柄，拖动至单元格 A14 中。

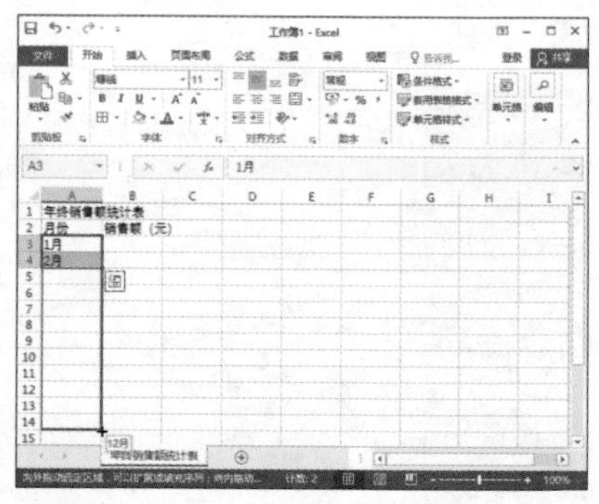

Step04 即可看到填充月份至 12 月后的效果，将鼠标指针放置在列标 B 的右侧框线上，当鼠标指针变为+形状时，按住鼠标左键不放向右拖动，即可增大 B 列的列宽。

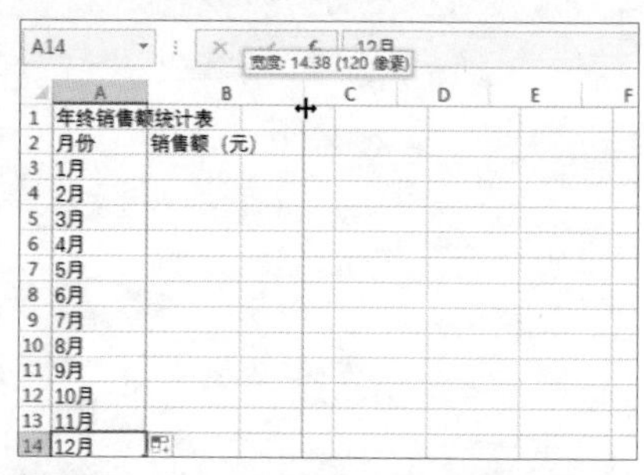

Step05 应用相同的方法手动更改其他列的列宽和行高，随后选中单元格区域 A1：B1。

	A	B	C	D	E	F
1	年终销售额统计表					
2	月份	销售额（元）				
3	1月					
4	2月					
5	3月					
6	4月					
7	5月					
8	6月					
9	7月					
10	8月					
11	9月					
12	10月					
13	11月					
14	12月					

Step06 在【开始】选项卡下的【对齐方式】组中单击【合并单元格】右侧的下三角按钮▾，在展开的下拉列表中选择【合并后居中】选项。

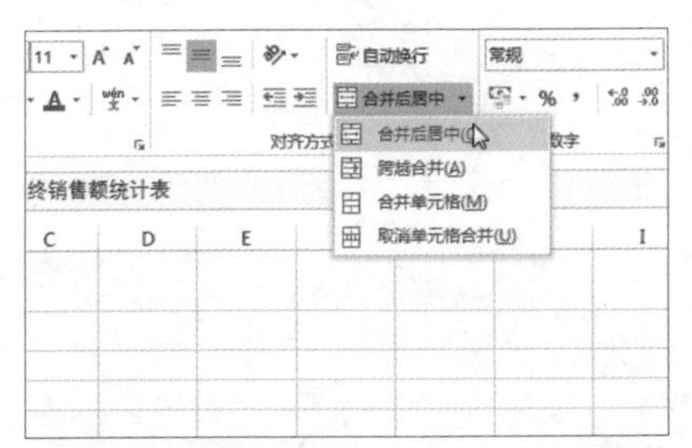

Step07 即可看到选中单元格区域合并并居中后的效果，设置合并单元格中的字体格式，设置【字体】为【华文楷体】，【字号】为【18】磅，【字形】为【加粗】。

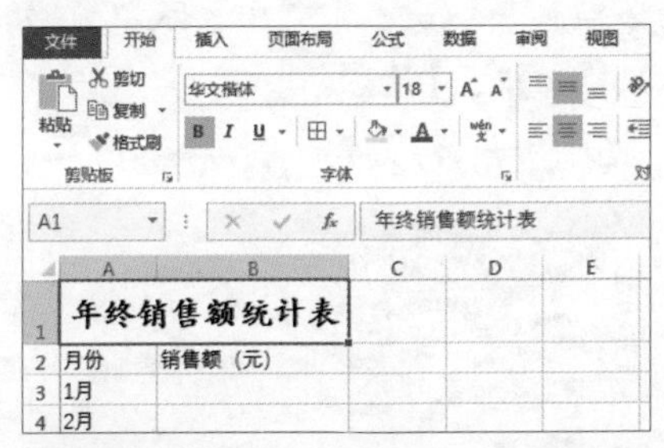

Step08 选中单元格区域 A2：B14，在【开始】选项卡下的【字体】组中设置字体格式为【华文楷体】【11】磅，然后在【对齐方式】组中单击【居中】按钮。

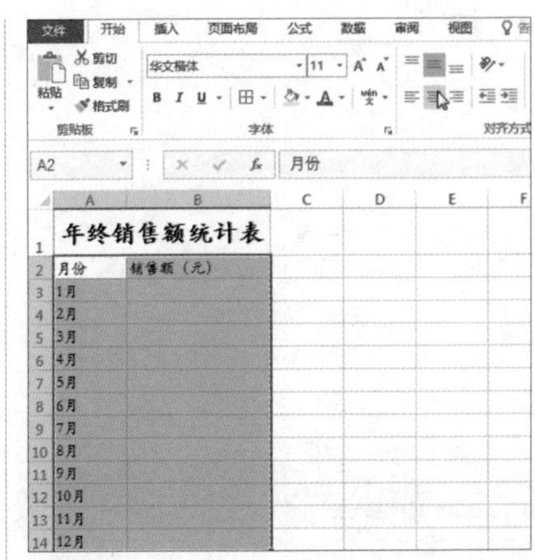

Step09 保持单元格区域 A2：B14 的选中状态，在【开始】选项卡下的【字体】组中单击【框线】右侧的下三角按钮▾，在展开的下拉列表中选择【所有框线】选项。

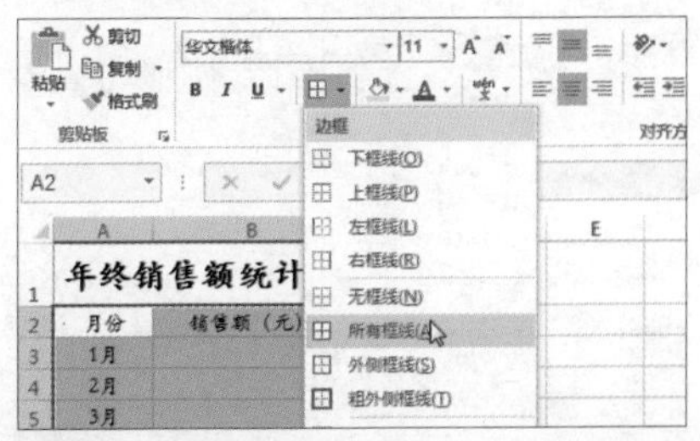

Step10 即可看到选中区域设置框线后的效果，在单元格区域 B3：B14 中输入数据并选中该区域数据，在【开始】选项卡下的【数字】组中单击对话框启动器。

年终销售额统计表	
月份	销售额（元）
1月	260000
2月	300000
3月	450000
4月	600000
5月	500000
6月	780000
7月	800000
8月	1000000
9月	900000
10月	1100000
11月	950000
12月	1200000

Step11 弹出【设置单元格格式】对话框，在【数字】选项卡下的【分类】列表框中单击【货币】选项，设置【小数位数】为【2】，单击【确定】按钮。

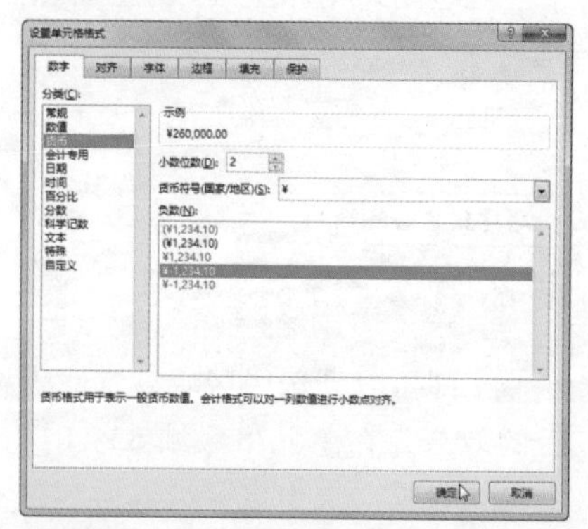

Step12 返回工作表，即可看到设置货币格式后的表格效果。

年终销售额统计表	
月份	销售额（元）
1月	¥260,000.00
2月	¥300,000.00
3月	¥450,000.00
4月	¥600,000.00
5月	¥500,000.00
6月	¥780,000.00
7月	¥800,000.00
8月	¥1,000,000.00
9月	¥900,000.00
10月	¥1,100,000.00
11月	¥950,000.00
12月	¥1,200,000.00

12.2.2 使用条件格式突出销售额数据

要想在 Excel 表格中突出某部分数据，可使用条件格式功能，具体操作步骤如下。

Step01 选中单元格区域 B3：B14，在【开始】选项卡下的【样式】组中单击【条件格式】按钮，在展开的下拉列表中选择【突出显示单元格规则→介于】选项。

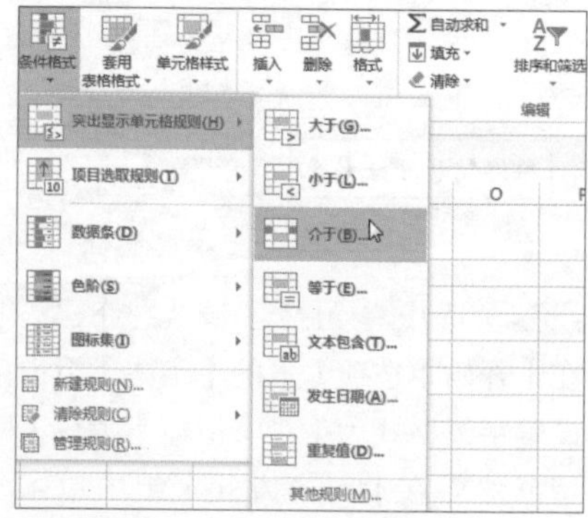

Step02 弹出【介于】对话框，设置选中单元格区域中介于【600000】到【800000】之间的单元格填充为【浅红填充色深红色文本】，单击【确定】按钮。

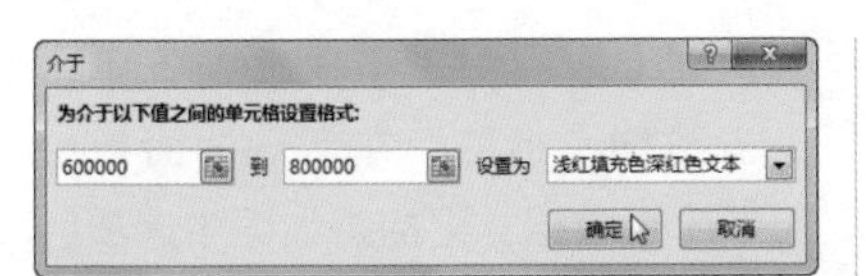

Step03 返回工作簿，即可看到销售额在￥600 000 到￥800 000 之间的单元格被填充为浅红色，而文本为深红色。

	A	B
1	年终销售额统计表	
2	月份	销售额（元）
3	1月	¥260,000.00
4	2月	¥300,000.00
5	3月	¥450,000.00
6	4月	¥600,000.00
7	5月	¥500,000.00
8	6月	¥780,000.00
9	7月	¥800,000.00
10	8月	¥1,000,000.00
11	9月	¥900,000.00
12	10月	¥1,100,000.00
13	11月	¥950,000.00
14	12月	¥1,200,000.00

12.2.3 使用公式统计年度销售总额

在 Excel 中，如果想要统计本年最终的销售额合计值，可使用 SUM 函数来实现。具体操作步骤如下。

Step01 在【开始】选项卡下的【样式】组中单击【条件格式】按钮，在展开的下拉列表中选择【清除规则→清除整个工作表的规则】选项。

Step02 在单元格 A15 中输入【合计】，在单元格 B15 中输入公式【=SUM(B3：B14)】。

	A	B
1	年终销售额统计表	
2	月份	销售额（元）
3	1月	¥260,000.00
4	2月	¥300,000.00
5	3月	¥450,000.00
6	4月	¥600,000.00
7	5月	¥500,000.00
8	6月	¥780,000.00
9	7月	¥800,000.00
10	8月	¥1,000,000.00
11	9月	¥900,000.00
12	10月	¥1,100,000.00
13	11月	¥950,000.00
14	12月	¥1,200,000.00
15	合计	=SUM(B3:B14)
16		

Step03 按【Enter】键，即可得到该年的总销售额为 8 840 000 元。

B15　=SUM(B3:B14)

	A	B
1	年终销售额统计表	
2	月份	销售额（元）
3	1月	¥260,000.00
4	2月	¥300,000.00
5	3月	¥450,000.00
6	4月	¥600,000.00
7	5月	¥500,000.00
8	6月	¥780,000.00
9	7月	¥800,000.00
10	8月	¥1,000,000.00
11	9月	¥900,000.00
12	10月	¥1,100,000.00
13	11月	¥950,000.00
14	12月	¥1,200,000.00
15	合计	¥8,840,000.00
16		

12.2.4 制作图表分析销售额数据

在完成了表格的制作后，如果想要更加直观地查看和分析各月的销售额数据，可制作图表。具体操作步骤如下。

Step01 选中单元格区域 A2：B14，在【插入】选项卡下的【图表】组中单击【插入柱形图或条形图】按钮，在展开的下拉列表中选择【簇状柱形图】选项。

月份	销售额（元）
1月	¥260,000.00
2月	¥300,000.00
3月	¥450,000.00
4月	¥600,000.00
5月	¥500,000.00
6月	¥780,000.00
7月	¥800,000.00
8月	¥1,000,000.00
9月	¥900,000.00
10月	¥1,100,000.00
11月	¥950,000.00
12月	¥1,200,000.00
合计	¥8,840,000.00

Step02 即可看到插入的图表效果，更改图表标题为【月销售额对比图】，在该图表中可直观对比查看各个月份的销售情况。

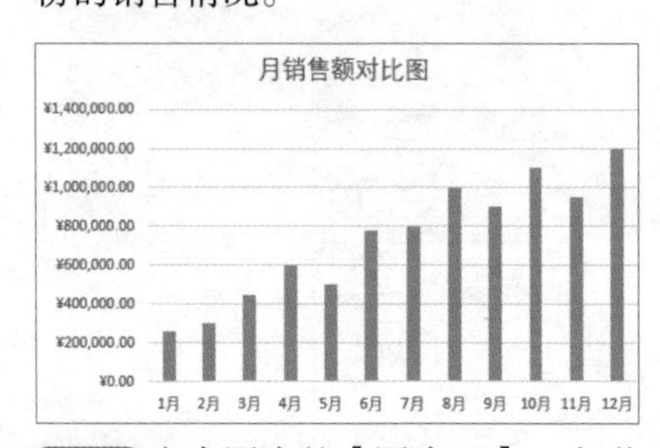

Step03 右击图表的【图表区】，在弹出的快捷菜单中选择【更改图表类型】命令。

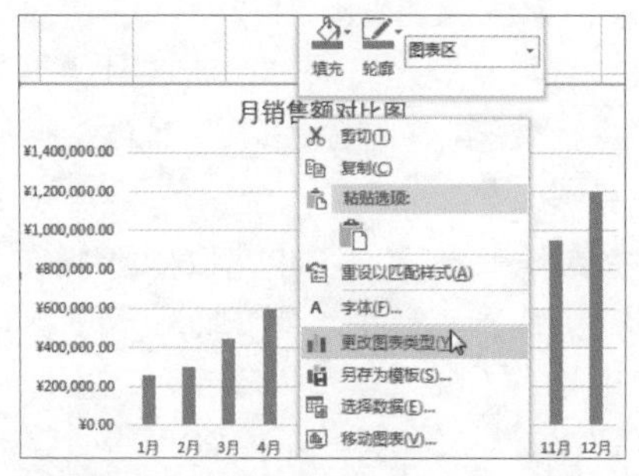

Step04 弹出【更改图表类型】对话框，在【所有图表】选项卡下单击【折线图】标签，在右侧的面板中选择【带数据标记的折线图】选项，单击【确定】按钮。

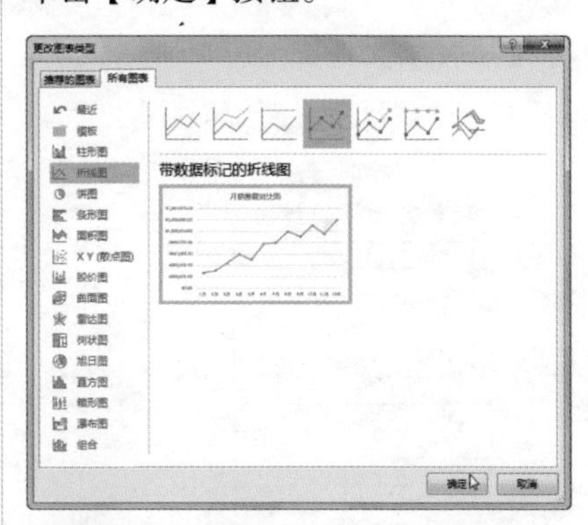

Step05 返回工作表，删除图表标题，即可看到更改图表类型后的折线图效果。

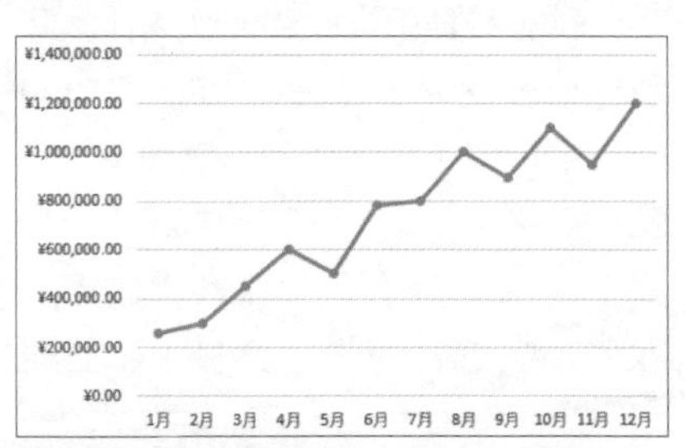

Step06 单击图表右上角的【图表元素】按钮 +，在展开的下拉列表中选中【坐标轴标题】复选框。

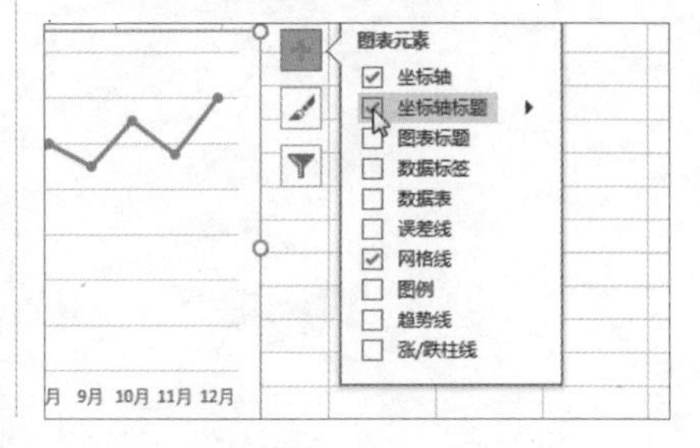

Step07 更改【主要横坐标轴】为【月份】，更改【主要纵坐标轴】为【销售额（元）】，右击【主要纵坐标轴】，在弹出的快捷菜单中选择【设置坐标轴标题格式】命令。

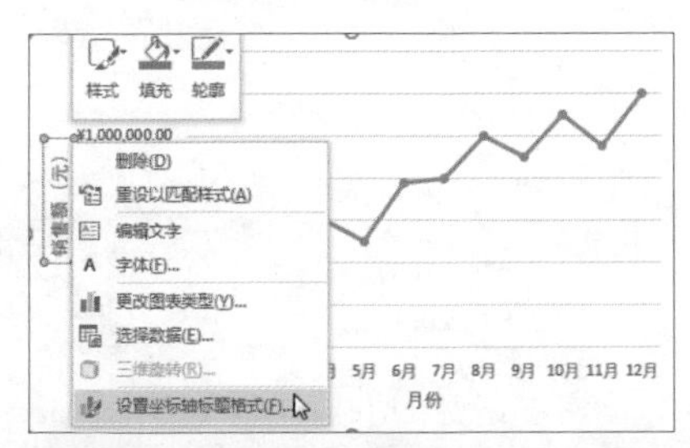

Step08 工作表的右侧弹出了【设置坐标轴标题格式】窗格，切换至【大小与属性】选项卡，单击【文字方向】右侧的下三角按钮，在展开的下拉列表中单击【竖排】选项。

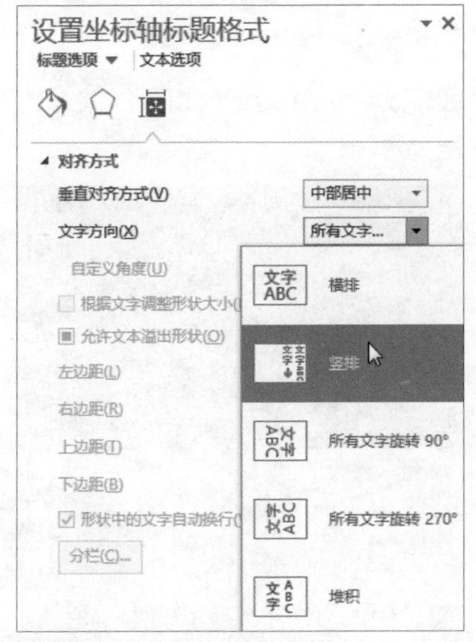

Step09 可看到图表中主要纵坐标轴中的文本竖排显示。右击图表中的【垂直（值）轴】，在弹出的快捷菜单中单击【设置坐标轴格式】命令。

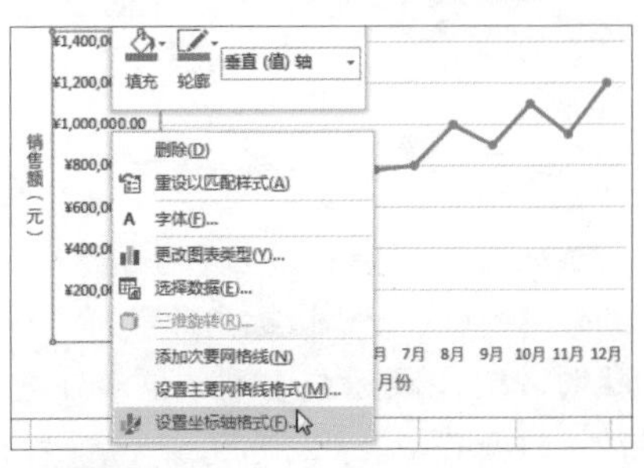

Step10 在工作表右侧的【设置坐标轴格式】窗格中的【坐标轴选项】选项卡下，设置【单位】下的【主要】为【400000.0】。

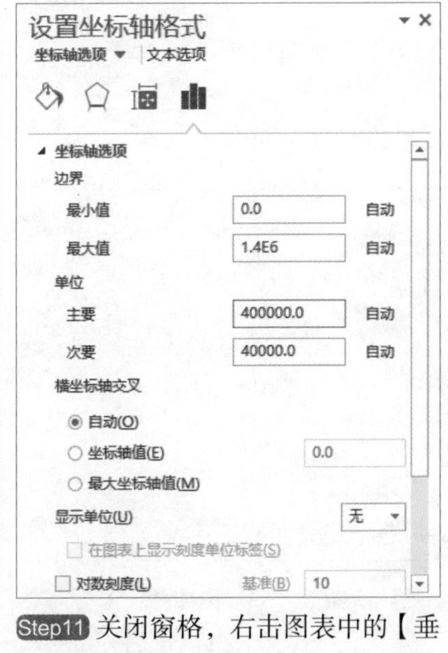

Step11 关闭窗格，右击图表中的【垂直（值）轴 主要网格线】，在弹出的快捷菜单中选择【删除】命令。

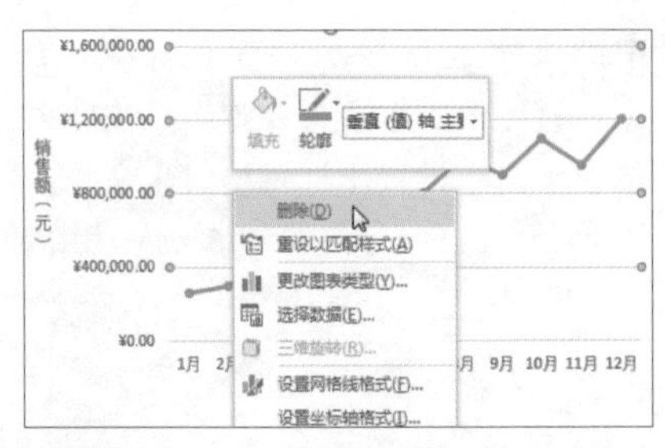

Step12 将鼠标指针放置在图表右边的外侧控点上，当鼠标指针变为⟷形状时，按住鼠标左键不放，向外拖动，即可增大图表的宽度。

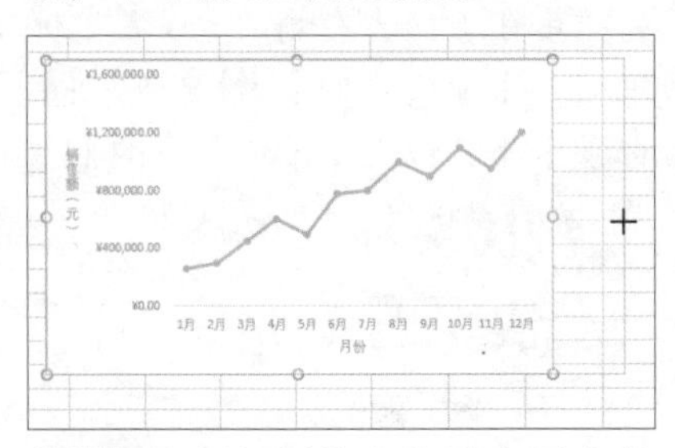

Step13 应用相同的方法增大图表的高度，更改图表中的字体格式为【华文楷体】【10】磅，即可完成销售额折线图表的制作。

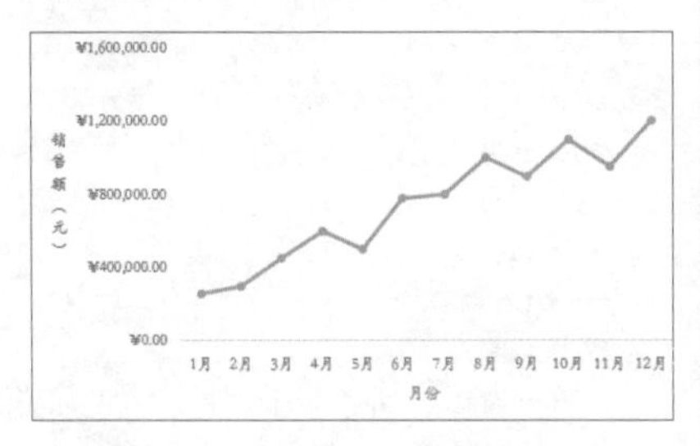

12.2.5 美化工作表中的图表

在完成了图表的制作后，可明显发现默认的图表效果并不一定符合用户的喜好，此时可对图表进行美化处理。具体操作步骤如下。

Step01 选中图表，在【图表工具 设计】选项卡下的【图表样式】组中单击快翻按钮。

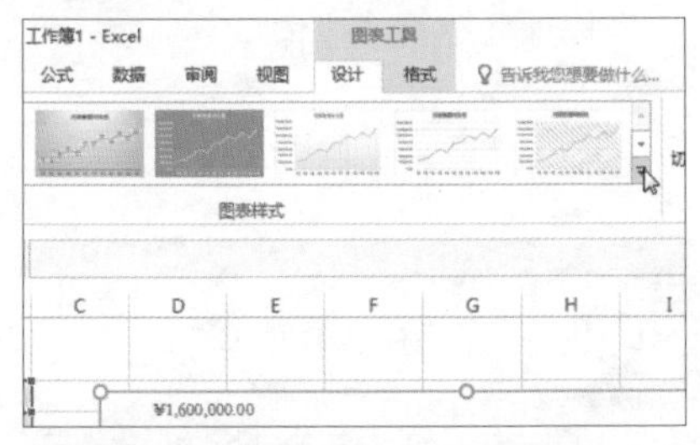

Step02 在展开的下拉列表中单击要应用的图表样式，如【图表样式 10】。

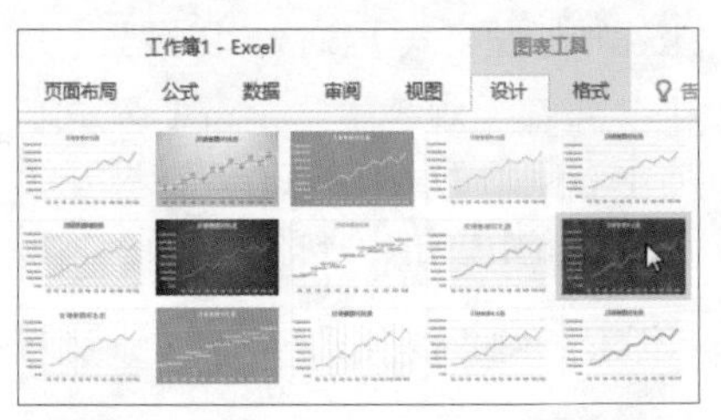

Step03 即可看到更改图表样式后的图表效果。

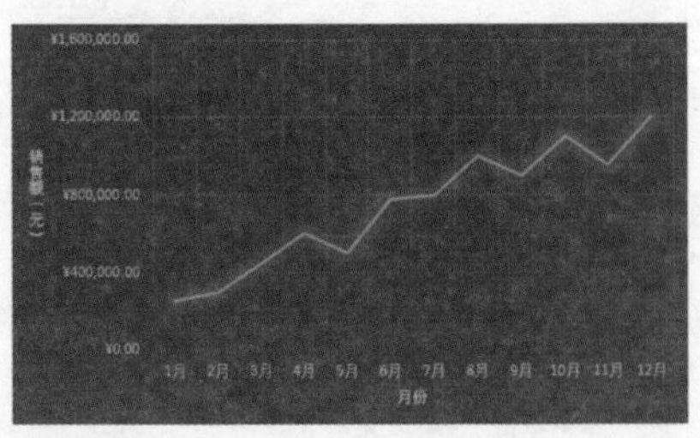

Step04 在【图表工具 设计】选项卡下的【图表样式】组中单击【更改颜色】按钮，在展开的下拉列表中选择【单色】选项组下的【颜色 8】选项。

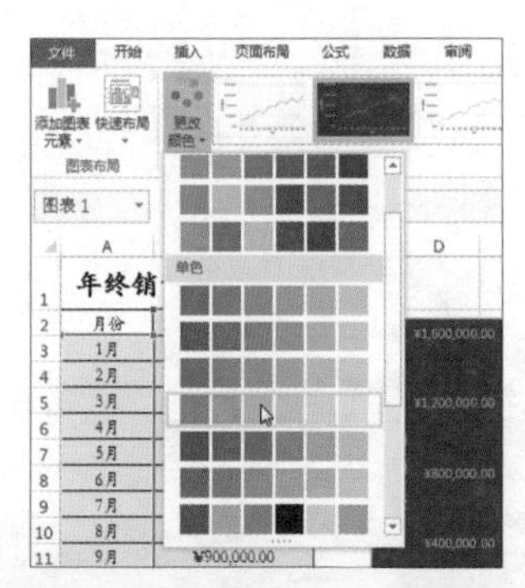

Step05 即可得到美化后的图表效果。

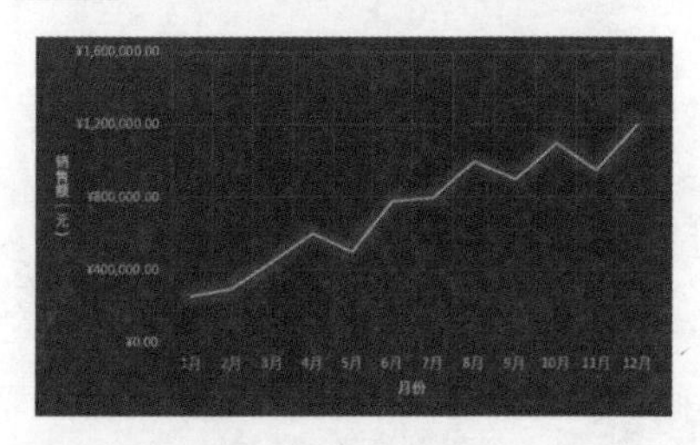

12.2.6 移动图表的位置

如果想要让图表单独存在于某个工作表中，以便于更加直观地查看图表数据，可移动图表的位置。具体操作步骤如下。

Step01 在【图表工具 设计】选项卡下的【位置】组中单击【移动图表】按钮。

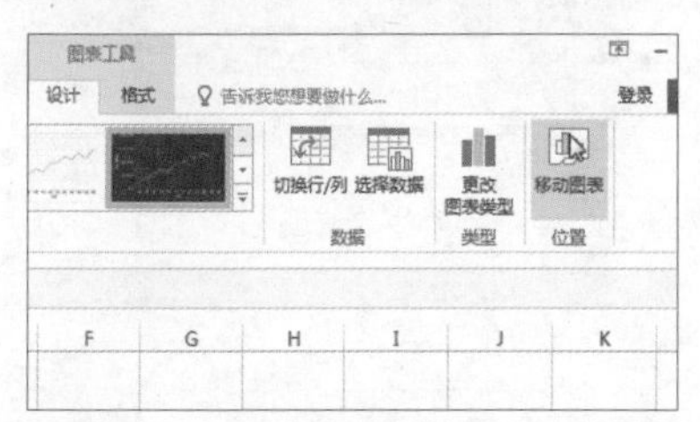

Step02 弹出【移动图表】对话框，选中【新工作表】单选按钮，在【新工作表】后的文本框中输入【销售额分析图】文本，单击【确定】按钮。

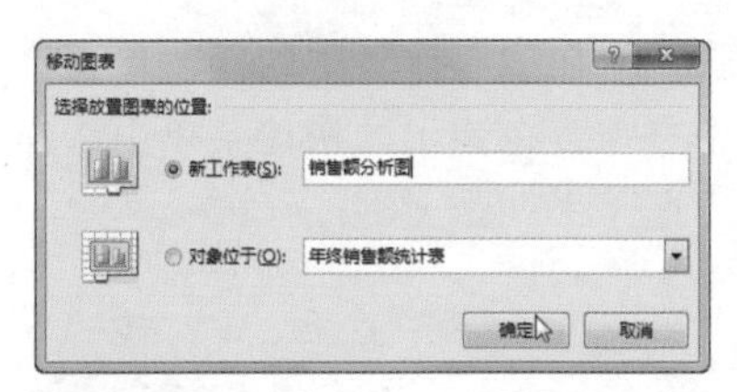

Step03 返回工作簿中，即可看到【年终销售额统计表】工作表前插入了一个新的工作表，该表名为【销售额分析图】，在该表中可看到移动后的图表效果。

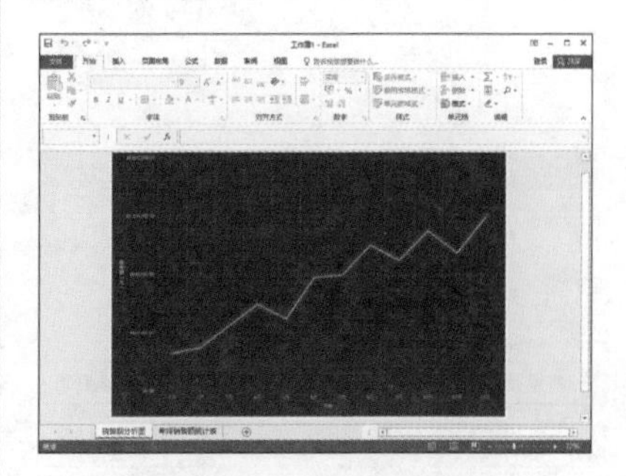

12.2.7 提取工作簿中的图表和图片

如果想要在其他组件中使用表格中的图表或图片，可将其提取出来。具体操作步骤如下。

Step01 选中并右击单元格区域 A1:B15，在弹出的快捷菜单中选择【复制】命令。

Step02 在该工作表中的任意单元格中右击，在弹出的快捷菜单中选择【选择性粘贴→图片】命令。

Step03 即可在该工作表中看到选中区域变为图片后的效果，该图片可随意在工作表中移动位置。

	A	B	C	D	E	F
1	年终销售额统计表				年终销售额统计表	
2	月份	销售额（元）			月份	销售额（元）
3	1月	¥260,000.00			1月	¥260,000.00
4	2月	¥300,000.00			2月	¥300,000.00
5	3月	¥450,000.00			3月	¥450,000.00
6	4月	¥600,000.00			4月	¥600,000.00
7	5月	¥500,000.00			5月	¥500,000.00
8	6月	¥780,000.00			6月	¥780,000.00
9	7月	¥800,000.00			7月	¥800,000.00
10	8月	¥1,000,000.00			8月	¥1,000,000.00
11	9月	¥900,000.00			9月	¥900,000.00
12	10月	¥1,100,000.00			10月	¥1,100,000.00
13	11月	¥950,000.00			11月	¥950,000.00
14	12月	¥1,200,000.00			12月	¥1,200,000.00
15	合计	¥8,840,000.00			合计	¥8,840,000.00
16						

Step04 保存好工作表后，单击【文件】按钮，切换至【另存为】面板中，单击【浏览】按钮。

Step05 弹出【另存为】对话框，设置文件的保存位置，设置【文件名】为【年终销售额统计表】，单击【保存类型】按钮，在展开的下拉列表中选择【网页】选项。

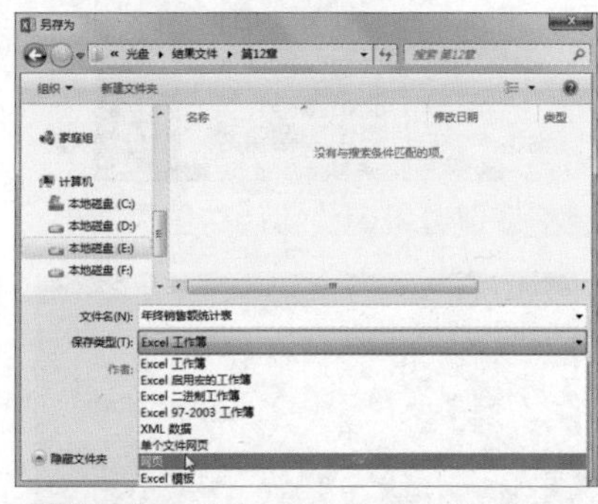

Step06 单击【保存】按钮，弹出提示框，提示用户如果另存为网页，工作簿中的部分功能可能会丢失，是否要继续使用此格式，如果是，则直接单击【是】按钮。

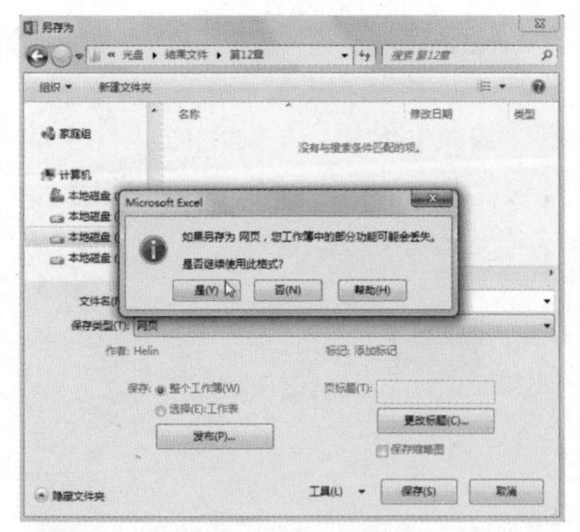

Step07 关闭保存的网页文件，找到图片的保存位置，双击打开【年终销售额统计表.files】文件夹。

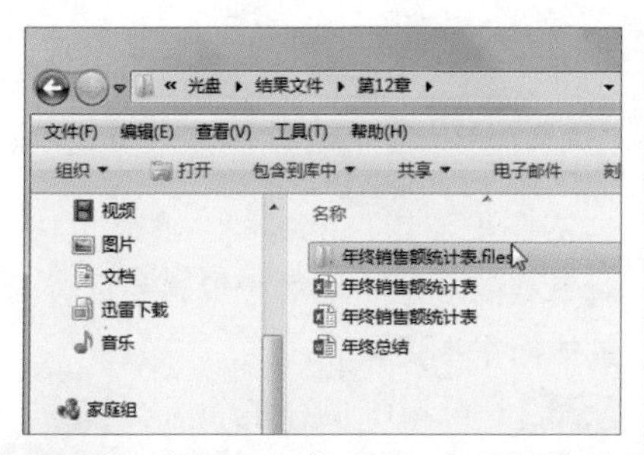

Step08 可在该文件夹中看到提取并保存的图片效果。

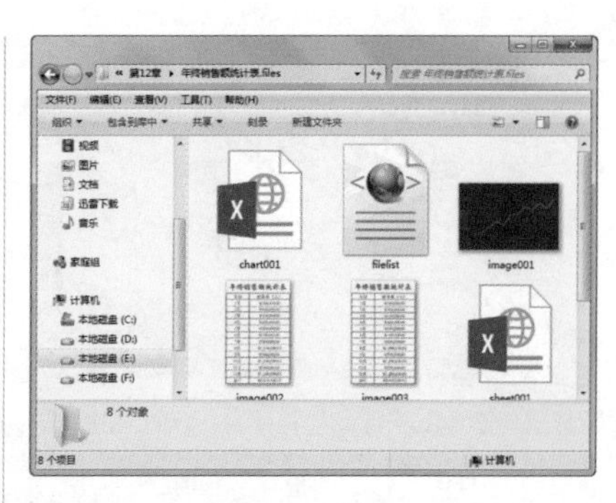

12.3 用 PowerPoint 制作《工作总结》PPT

如果想要将静态的文件制作成动态的文件进行浏览，可将文件制作成演示文稿，从而把复杂的问题变得通俗易懂，更加生动。

本节以制作《工作总结》PPT 为例，主要介绍如何使用 PowerPoint 2016 完成演示完稿的制作与演示。

12.3.1 使用模板创建工作总结演示文稿

如果用户想要快速创建演示文稿，可直接使用 PowerPoint 中的模板来实现。具体操作步骤如下。

Step01 单击计算机左下角的【开始】按钮，在弹出的列表中选择【所有程序→ PowerPoint 2016】选项。

Step02 启动 PowerPoint 2016 组件，打开 PowerPoint 2016 的初始界面，在搜索文本框中输入【工作总结】文本，单击【开始搜索】按钮。

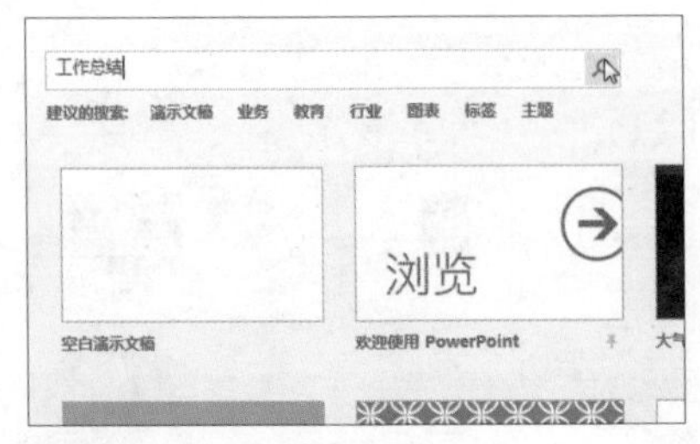

Step03 在搜索结果中单击【大气商务工作总结汇报】模板。

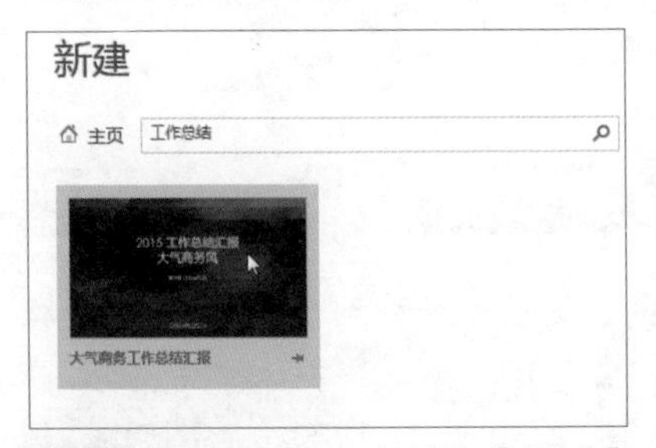

Step04 在弹出的窗口中单击【创建】按钮。

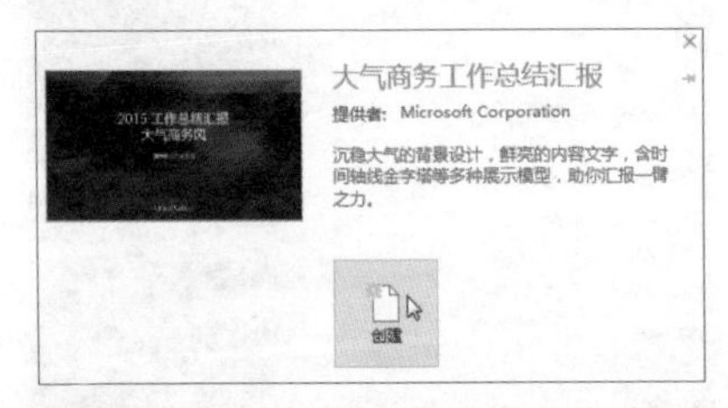

Step05 即可看到创建的模板幻灯片效果。

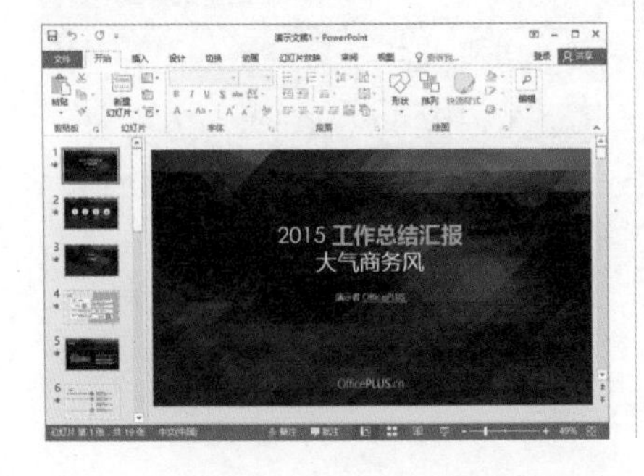

12.3.2 编辑和设置幻灯片文本格式

在下载了模板幻灯片后，幻灯片中的文本内容、文本格式并不一定符合当前用户的需要，此时可以对下载的演示文稿进行编辑和设置。具体操作步骤如下。

Step01 删除第 1 张幻灯片中不需要的文本框及文本内容，更改为实际需要的文本效果。

Step02 右击第 1 张幻灯片，在弹出的快捷菜单中选择【复制幻灯片】命令。

Step03 删除复制后的幻灯片中的文本框及文本内容，在【插入】选项卡下的【文本】组中单击【文本框】按钮，在展开的下拉列表中选择【横排文本框】选项。

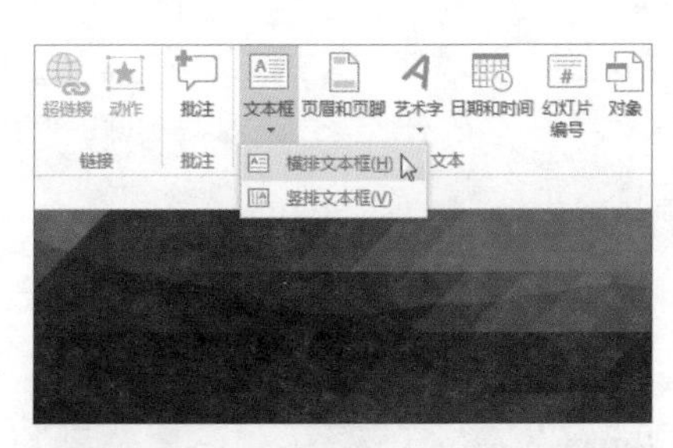

Step04 此时鼠标指针变为了↓形状，在幻灯片中合适的位置按住鼠标左键不放并拖动，即可绘制横排的文本框。

Step05 在文本框中输入【前言】，设置字体为【微软雅黑】，字号为【66】磅，应用相同的方法在幻灯片中继续绘制横排文本框，并在文本框中输入需要的前言文本内容，设置字体为【幼圆】，字号为【18】磅。

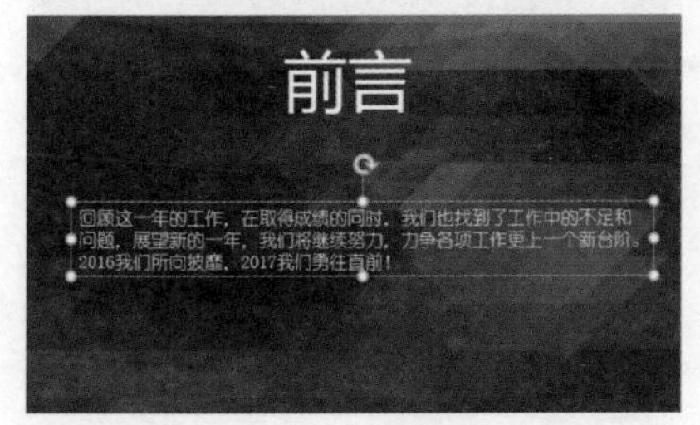

Step06 选中第二个横排文本框，在【开始】选项卡下的【段落】组中单击对话框启动器，打开【段落】对话框，设置【特殊格式】为【首行缩进】，保持默认的度量值，设置【行距】为【双倍行距】，单击【确定】按钮。

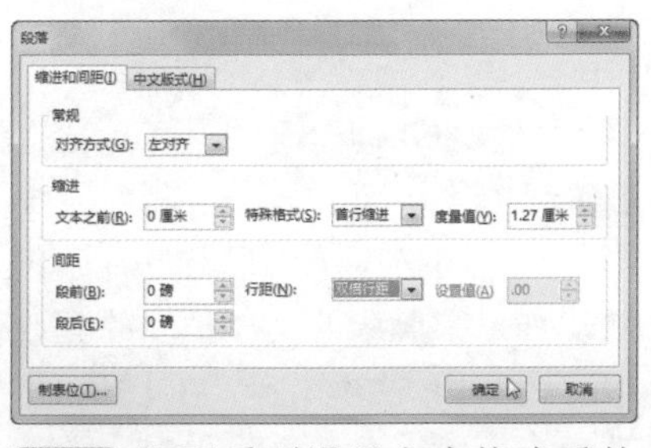

Step07 即可看到设置文本格式后的幻灯片效果。

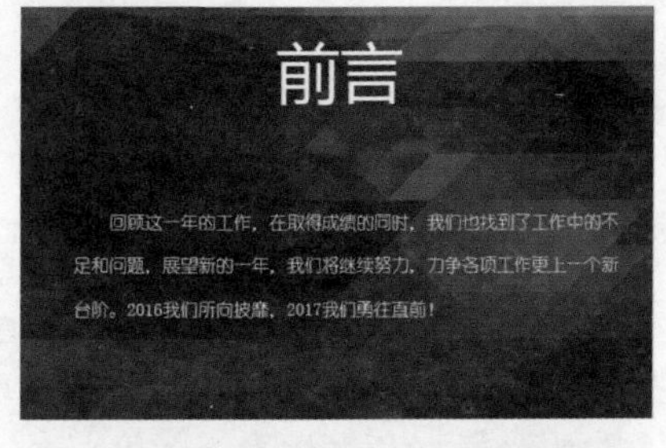

12.3.3 在幻灯片中插入图片和图形

在制作演示文稿的过程中，经常需要在幻灯片中插入图片和图形，从而使演示文稿的内容更加生动活泼。具体操作步骤如下。

Step01 右击第 5 张幻灯片，在弹出的快捷菜单中选择【删除幻灯片】命令。

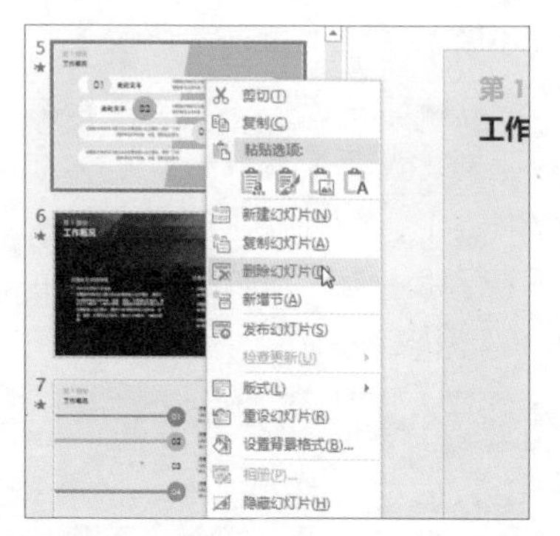

Step02 应用相同的方法可删除其他幻灯片，切换至第 5 张幻灯片，删除幻灯片中无用的文本框，并更改该幻灯片中的文本内容，在【插入】选项卡下的【图像】组中单击【图片】按钮。

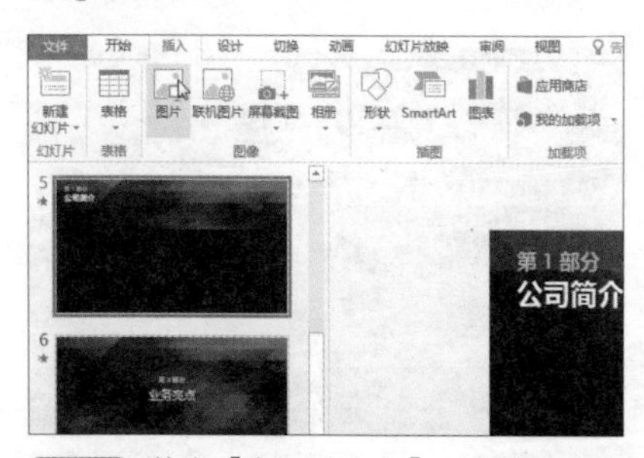

Step03 弹出【插入图片】对话框，找到图片的保存位置，选中要插入的图片，单击【插入】按钮。

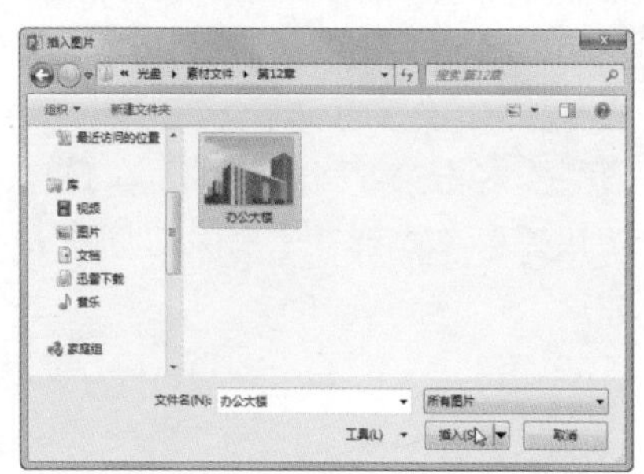

Step04 此时幻灯片中插入了选择的图片，将鼠标指针放置在图片的右下角外侧控点上，当鼠标指针变为↘形状时，按住鼠标左键不放向内拖动，可更改图片的大小。

Step05 将鼠标指针放置在图片上，当鼠标指针变为了✥形状时，按住鼠标左键可移动图片在幻灯片中的位置。

Step06 选中图片，在【图片工具 格式】选项卡下的【图片样式】组中单击快翻按钮，在展开的样式库中单击要应用的图片样式，如【映像右透视】。

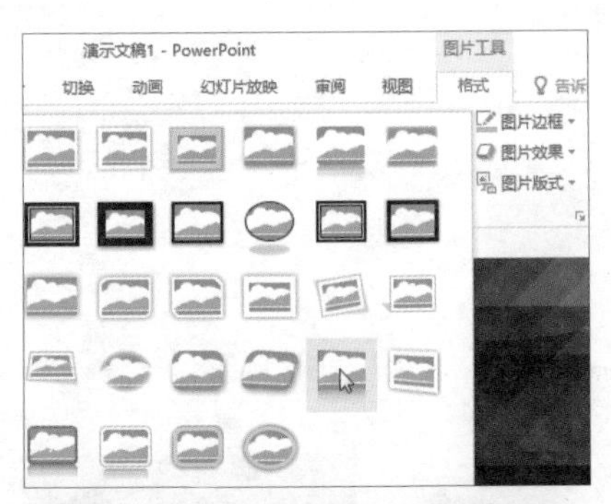

Step07 在幻灯片中绘制文本框并输入文本内容,然后对文本格式进行设置。

Step08 选中第 5 张幻灯片，按【Enter】键，即可在第 5 张幻灯片的下方看到一张相同的幻灯片。删除复制后的第 6 张幻灯片中不需要的文本框，并更改保留文本框中的内容，在【插入】选项卡下的【插图】组中单击【SmartArt】按钮。

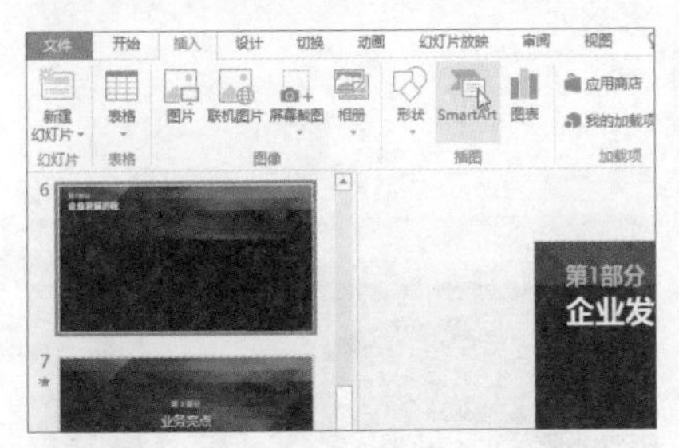

Step09 弹出【选择 SmartArt 图形】对话框，单击【流程】标签，在右侧选择【基本日程表】图形，单击【确定】按钮。

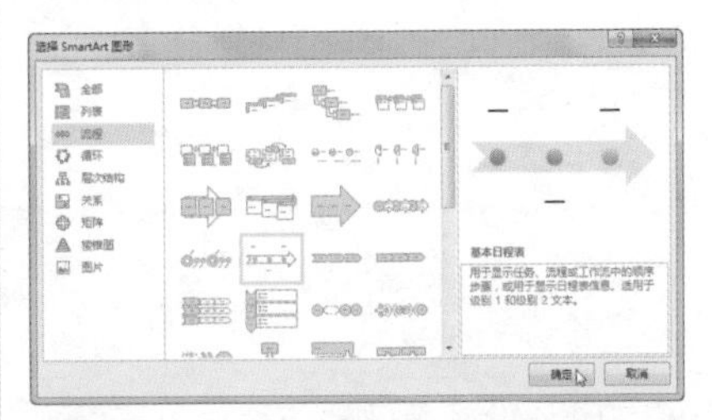

Step10 在【SmartArt 工具 设计】选项卡下的【创建图形】组中双击【添加形状】按钮。

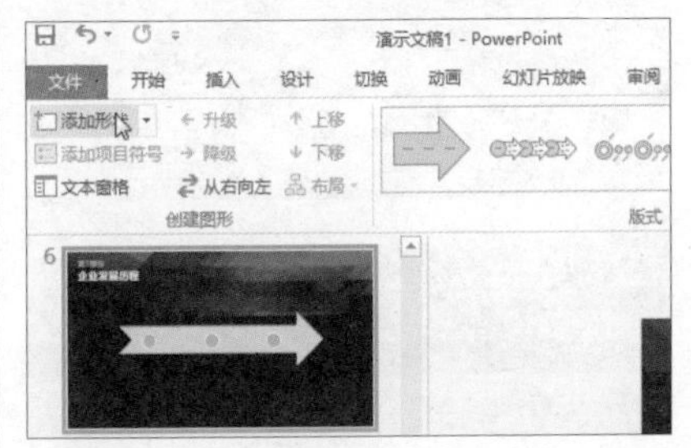

Step11 即可看到插入并添加形状后的图形效果。单击图形左侧的【文本窗格】按钮。

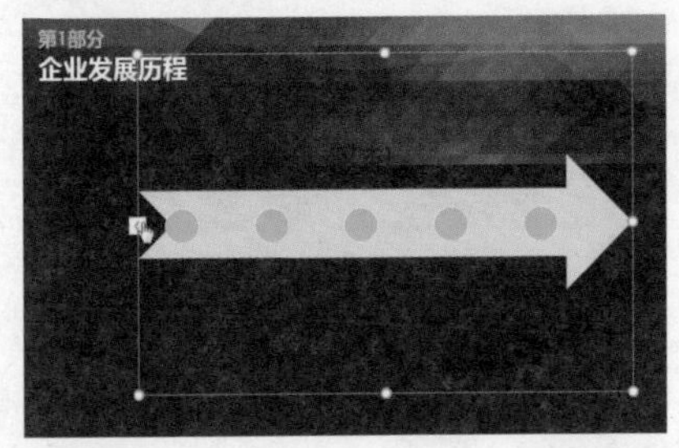

Step12 在左侧弹出的【文本窗格】中输入需要的文本内容，单击【关闭】按钮。

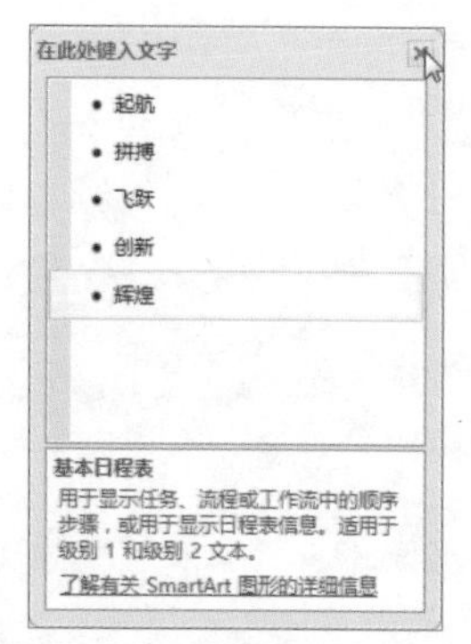

Step13 拖动图形外侧的控点，可更改图形的大小，设置图形中的文本字体为【微软雅黑】，字号为【36】磅。

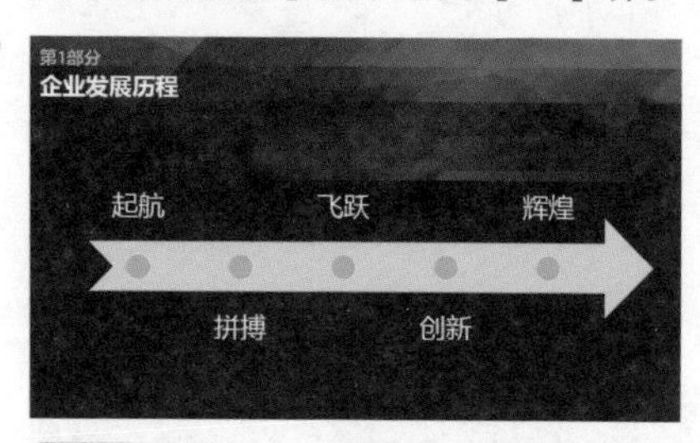

Step14 在图形上插入文本框并输入年份，设置文本框中的文本字体为【幼圆】，字号为【24】磅，即可完成 SmartArt 图形的制作。

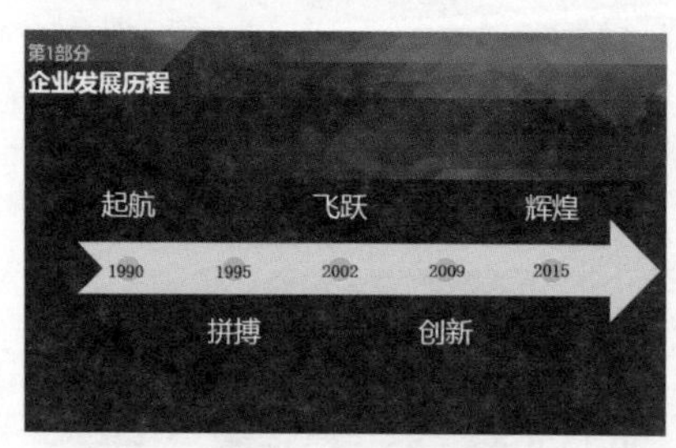

12.3.4 为幻灯片添加切换和动画效果

要想让幻灯片在播放时更加生动，可为幻灯片设置切换效果和动画效果。具体操作步骤如下。

Step01 选中第 1 张幻灯片，在【切换】选项卡下单击【切换到此幻灯片】组的快翻按钮。

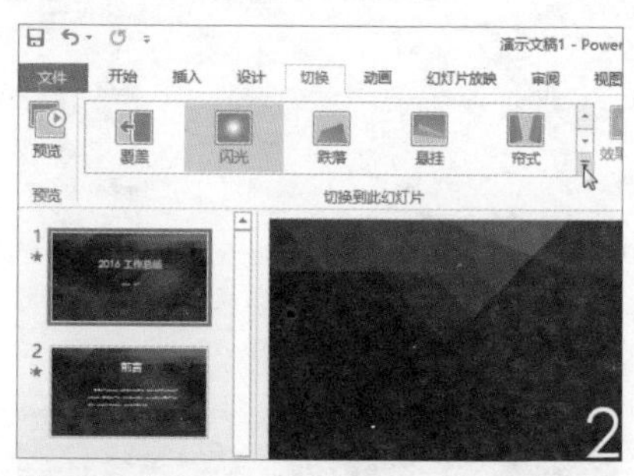

Step02 在展开的下拉列表中单击【华丽型】选项组下的【涟漪】切换样式。

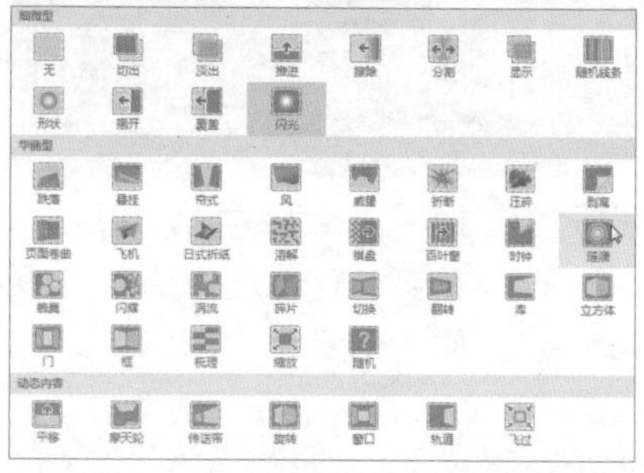

Step03 在【切换】选项卡下的【切换到此幻灯片】组中单击【效果选项】按钮，在展开的下拉列表中选择【从左上部】选项。

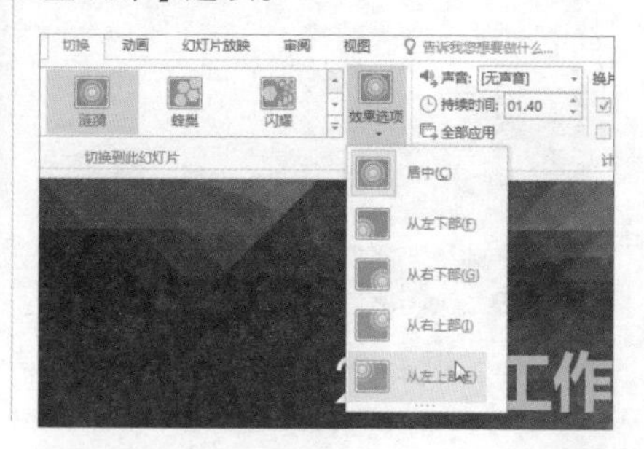

Step04 在【切换】选项卡下的【计时】组中单击【声音】右侧的下三角按钮，在展开的下拉列表中选择【鼓掌】选项。

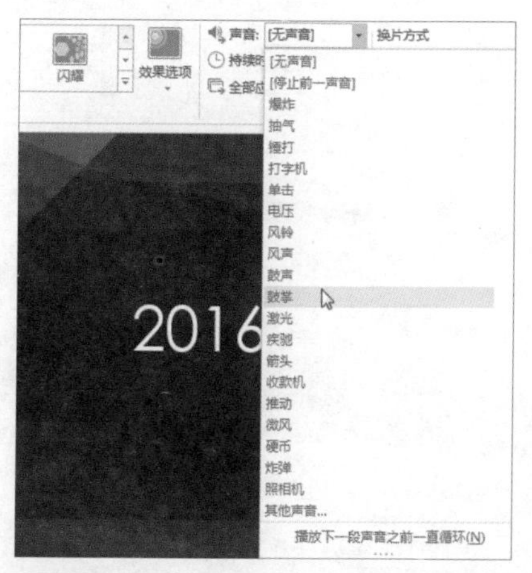

Step05 在【切换】选项卡下的【计时】组中设置【持续时间】为【05.00】秒，保持【换片方式】为【单击鼠标时】，单击【全部应用】按钮。

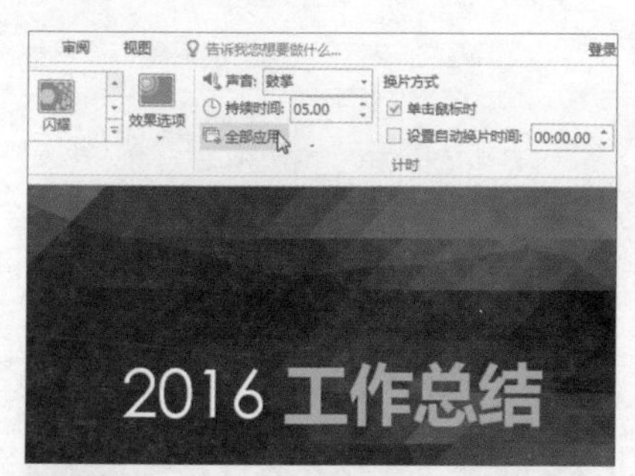

Step06 切换至第 3 张幻灯片，选中幻灯片中要设置的对象，如【目录】文本框，在【动画】选项卡下单击【动画】组中的快翻按钮。

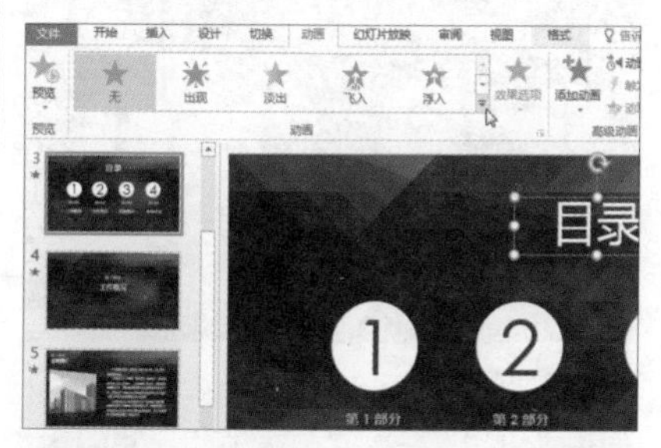

Step07 在展开的下拉列表中单击【进入】选项组下的【随机线条】动画效果。

Step08 即可看到【目录】对象前添加了一个编号，按住【Ctrl】键不放，选中要应用的多个对象，如【第 1 部分】【第 2 部分】【第 3 部分】【第 4 部分】。

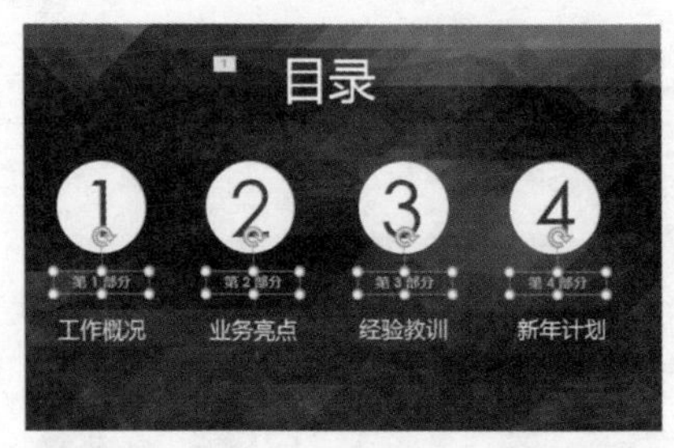

Step09 打开动画列表，在展开的下拉列表中单击【进入】选项组下的【缩放】动画效果。

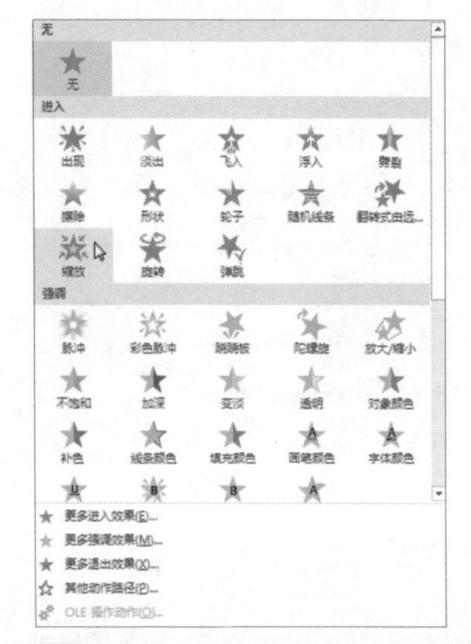

Step10 可看到选中的多个对象前添加了动画编号，按【Ctrl】键选中其他多个对象。

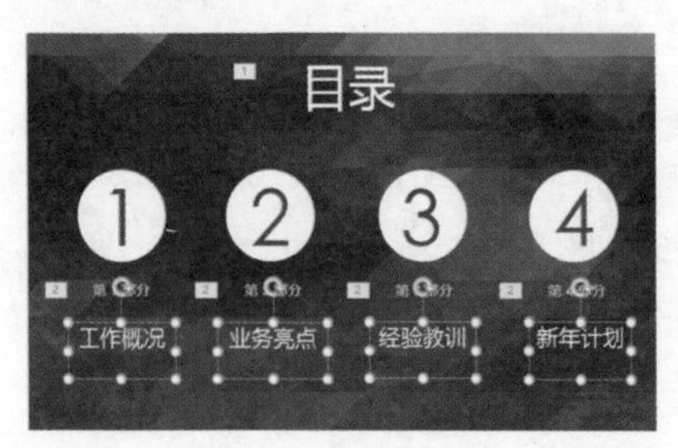

Step11 打开动画列表，在【强调】选项组下单击【放大/缩小】动画效果。

Step12 在【动画】选项卡下的【动画】组中单击【效果选项】按钮，在展开的下拉列表中选择【方向】选项组下的【垂直】选项。

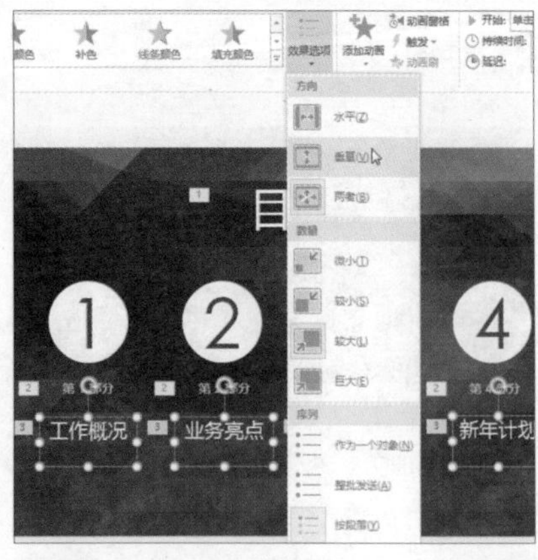

Step13 在【动画】选项卡下的【高级

动画】组中单击【动画窗格】按钮。

Step14 在弹出的【动画窗格】中右击【第 1 部分】动画效果，在弹出的快捷菜单中选择【从上一项之后开始】选项。

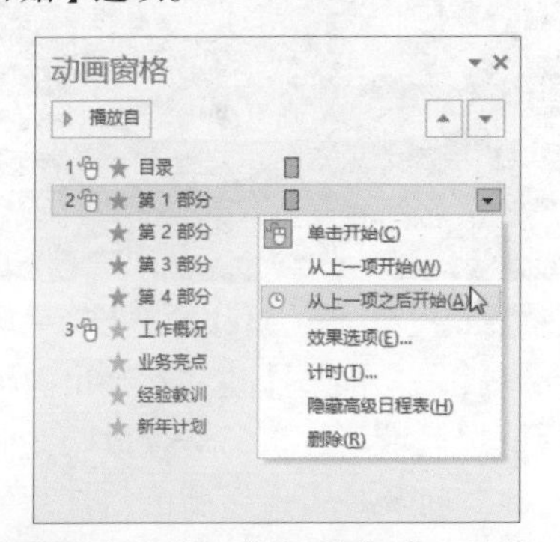

Step15 右击【工作概况】动画效果，在弹出的快捷菜单中选择【从上一项之后开始】命令。

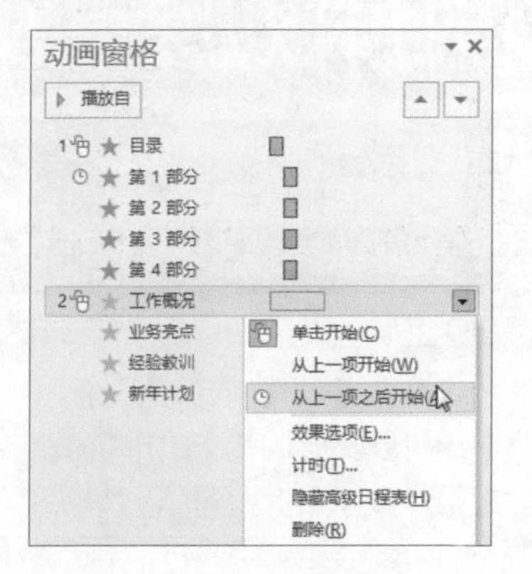

Step16 选中【动画窗格】中的【目录】动画效果，在【动画】选项卡下的【计时】组中设置【持续时间】为【02.00】秒。

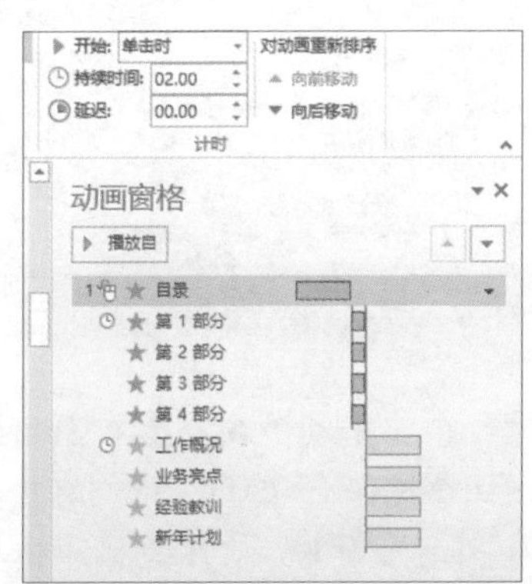

Step17 按住【Ctrl】键不放，在【动画窗格】中选中多个动画，如【第 1 部分】至【第 4 部分】，在【动画】选项卡下的【计时】组中设置【持续时间】为【01.50】秒。

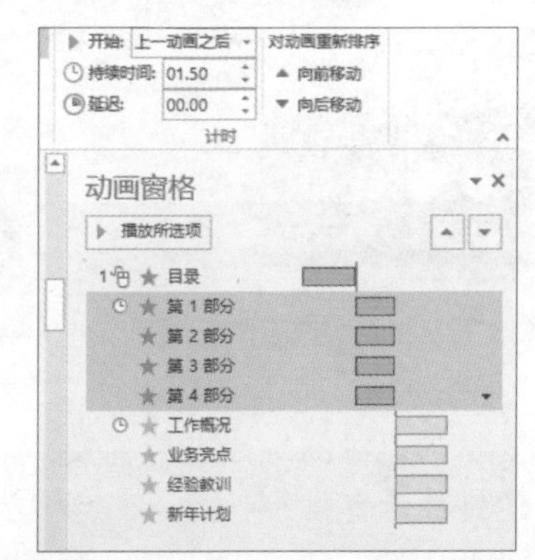

Step18 按住【Ctrl】键不放，在【动画窗格】中选中多个动画，如【工作概况】至【新年计划】，在【动画】选项卡下的【计时】组中设置

【持续时间】为【03.00】秒。

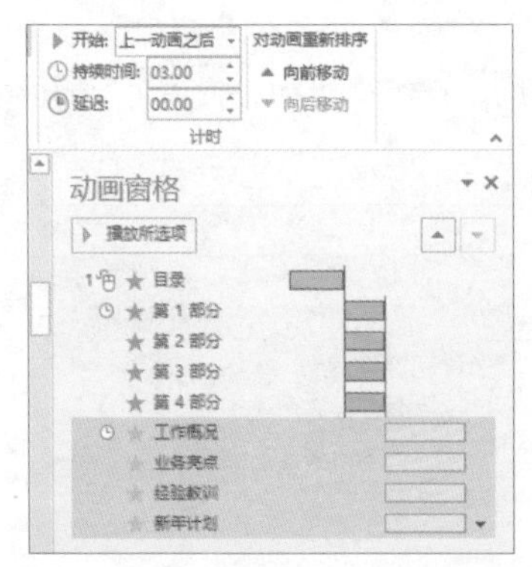

Step19 单击【动画窗格】右上角的【关闭】按钮，即可完成幻灯片的切换和动画设置。在【动画】选项卡下的【预览】组中单击【预览】按钮，即可预览幻灯片的切换和动画效果。

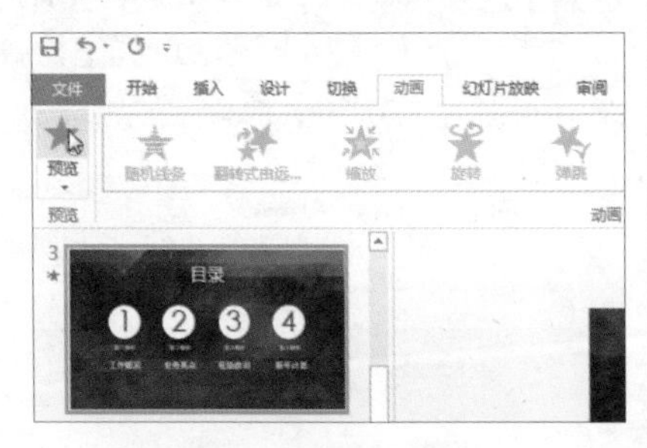

12.3.5 幻灯片的放映设置

在完成了幻灯片的制作后，如果想要顺利地对幻灯片进行播放，可为幻灯片设置排练计时，而为了突出重点内容，可使用标记功能。具体操作步骤如下。

Step01 切换至第 1 张幻灯片，在【幻灯片放映】选项卡下的【设置】组中单击【排练计时】按钮。

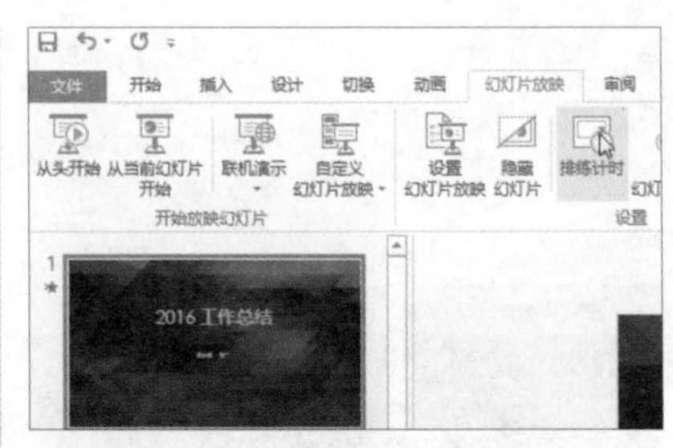

Step02 幻灯片开始放映后，会弹出一个【录制】对话框，等待一段时间后，单击【下一项】按钮。

Step03 继续其他幻灯片的录制，完成录制后，按【Esc】键，在弹出的提示框中提示用户该幻灯片放映共需要的时间及是否保留新的幻灯片计时，单击【是】按钮。

Step04 返回幻灯片，切换至第 5 张幻灯片，在【幻灯片放映】选项卡下的【开始放映幻灯片】组中单击【从当前幻灯片开始】按钮。

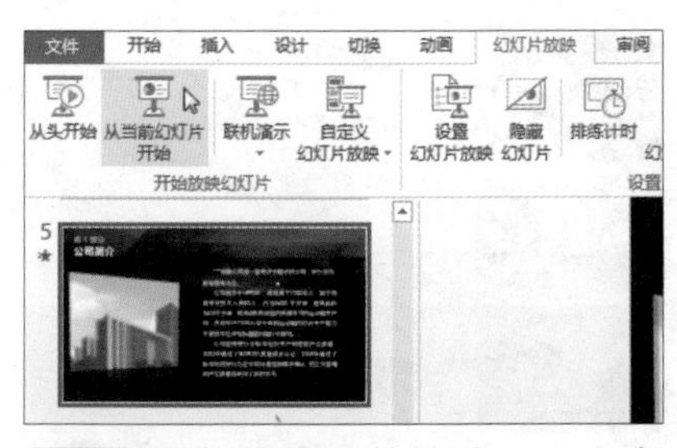

Step05 在幻灯片开始放映后，右击幻灯片的任意位置，在弹出的快捷菜单中选择【指针选项→笔】选项。

Step06 右击幻灯片，在弹出的快捷菜单中选择【指针选项→墨迹颜色→黄色】选项。

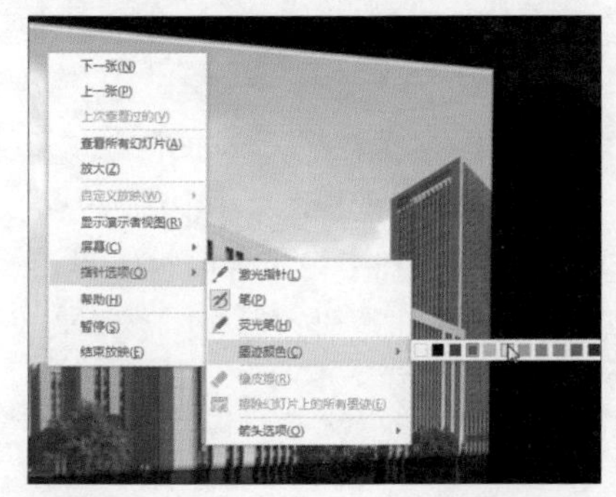

Step07 在要标记的位置按住鼠标左键并拖动，即可标记出需要的幻灯片内容。

***有限公司是一家专注于鞋子的公司，在行业内拥有领先地位。

公司创办于1990年，现有员工1000余人，其中各类专业技术人员50人，占地5600 平方米，建筑面积2600平方米，拥有5条具有国内先进水平的运动鞋生产线，具有年产1200万双中高档运动鞋的综合生产能力，主要技术经济指标居国内鞋行业前列。

公司坚持按行业标准组织生产和控制产品质量，2002年通过了ISO9001质量体系认证，2005年通过了标准化良好行为企业和计量检测体系确认，把企业管理和产品质量提高到了新的水平。

Step08 完成标记后，右击幻灯片，在弹出的快捷菜单中选择【结束放映】命令。

Step09 弹出提示框，提示用户是否保留墨迹注释，单击【保留】按钮。

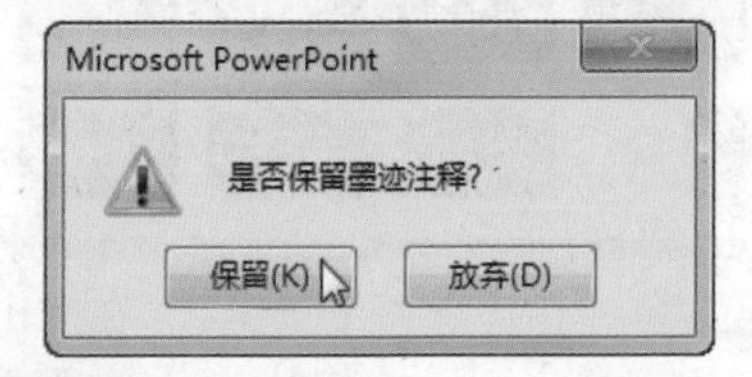

Step10 即可看到幻灯片中墨迹标记效果。

Step11 在【视图】选项卡下的【演示文稿视图】组中单击【幻灯片浏览】按钮。

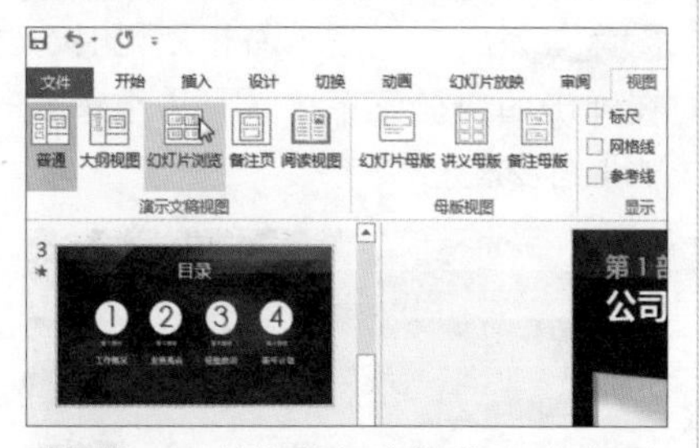

Step12 此时演示文稿切换至幻灯片浏览视图下，在该视图方式中，可看到各个幻灯片在放映时会持续的时间。

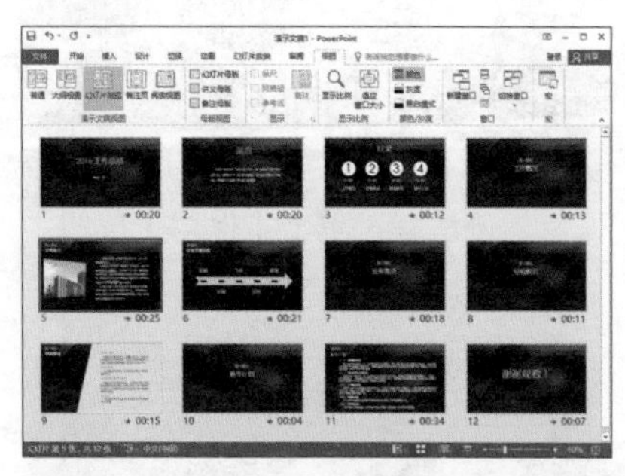

Step13 单击【保存】按钮，在弹出的视图菜单中自动切换至【另存为】面板中，单击【浏览】按钮。

Step14 弹出【另存为】对话框，设置演示文稿的保存位置，设置【文件名】为【工作总结】，单击【保存】按钮，即可完成演示文稿的制作。

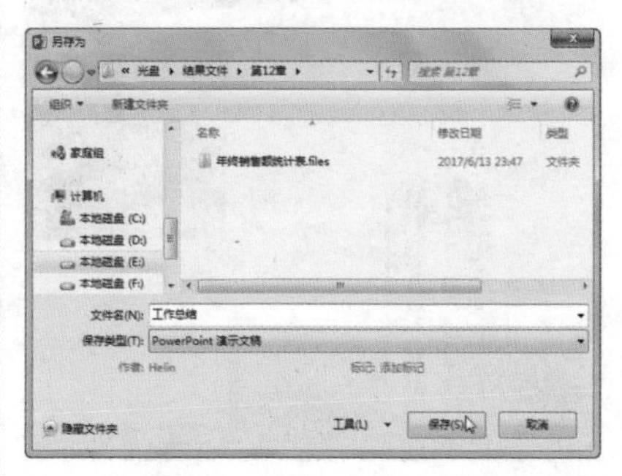

12.3.6 将演示文稿创建为视频文件

如果要播放的计算机上没有安装PowerPoint 组件，则可将演示文稿创建为视频文件进行播放。具体操作步骤如下。

Step01 保存文稿后，单击【文件】按钮，在弹出的视图菜单中单击【导出】命令，在【导出】面板下单击【创建视频】按钮。

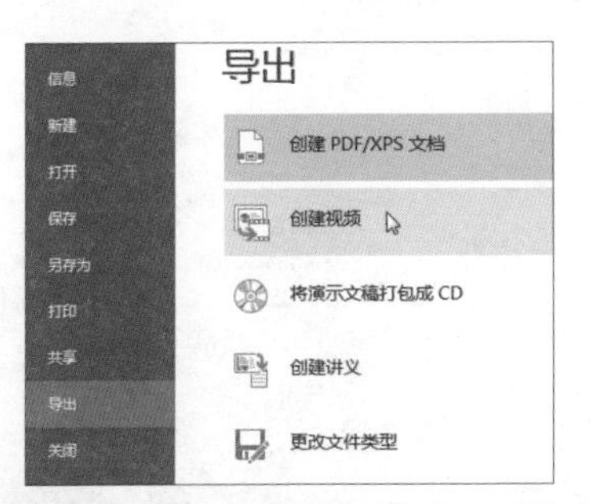

Step02 在【创建视频】选项组下设置【放映每张幻灯片的秒数】为【20.00】秒，单击【创建视频】按钮。

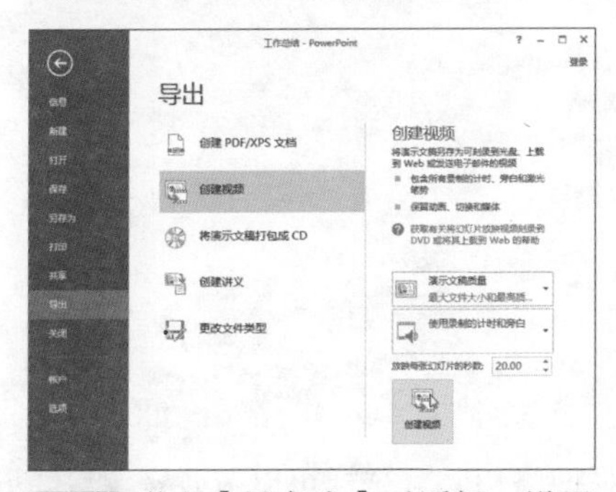

Step03 弹出【另存为】对话框，设置好演示文稿的保存位置，设置【文件名】为【工作总结】，设置【保存类型】为【Windows Media 视频】，单击【保存】按钮。

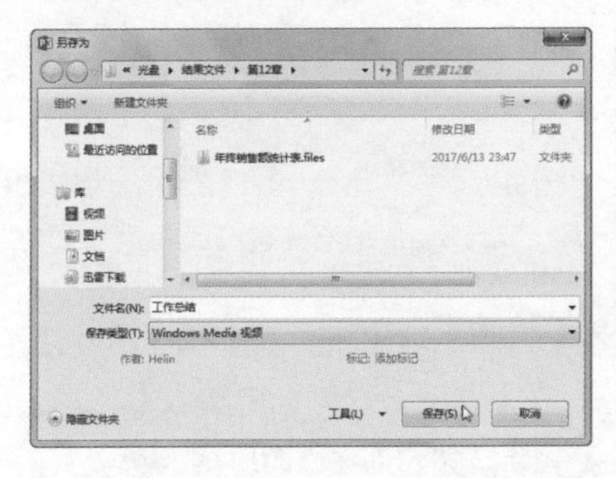

Step04 即可在演示文稿窗口的状态栏中看到正在制作视频的进度条效果。

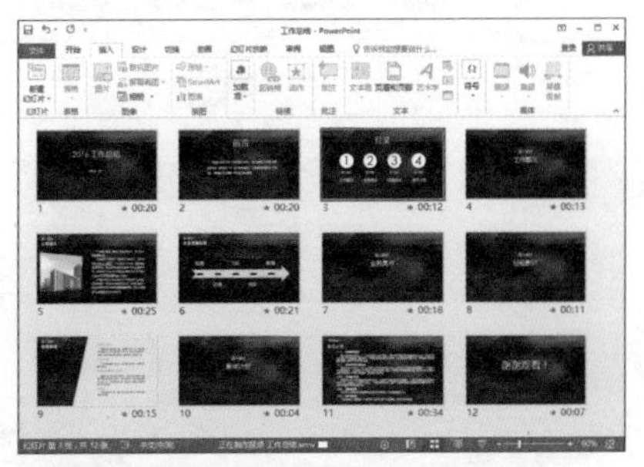

Step05 找到视频文件的保存位置，双击要打开的视频文件【工作总结】。

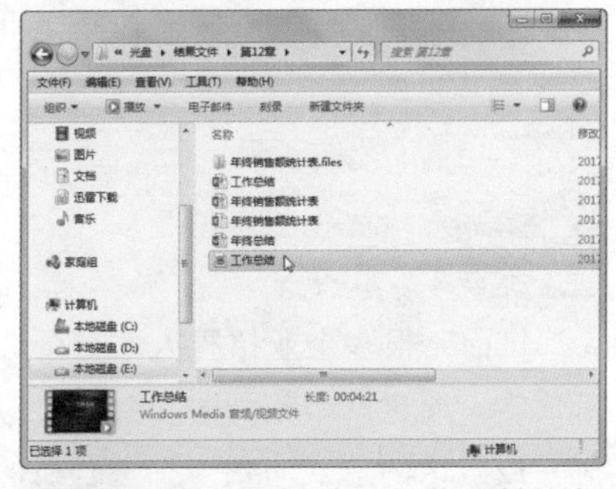

Step06 即可看到播放的工作总结视频文件效果。

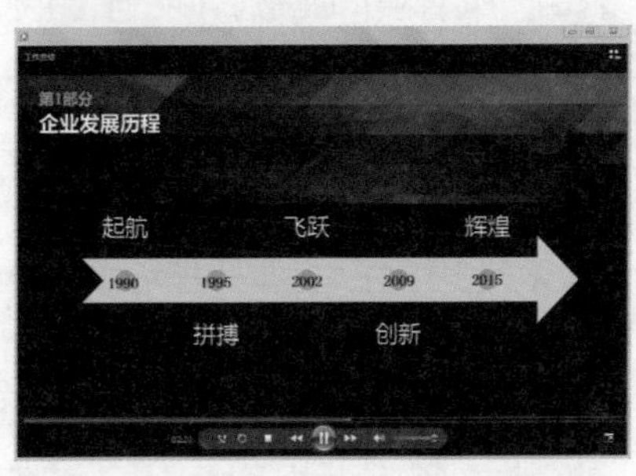

附录 A：上机实训（初级版）

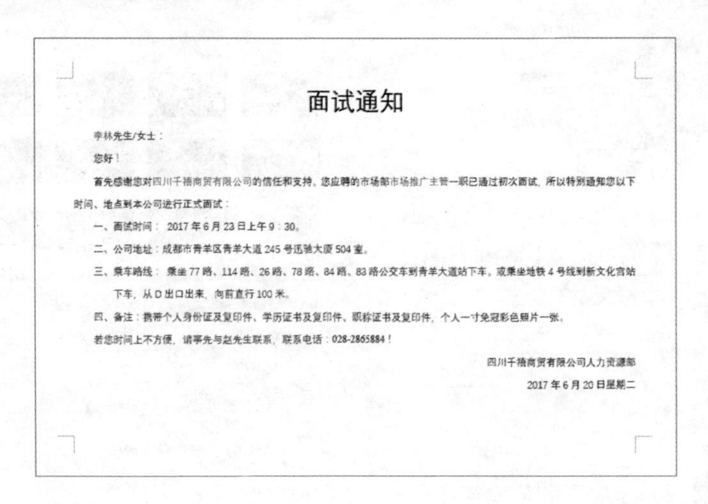

面试通知

李林先生/女士：

您好！

首先感谢您对四川千禧商贸有限公司的信任和支持。您应聘的市场部市场推广主管一职已通过初次面试，所以特别通知您以下时间、地点到本公司进行正式面试：

一、面试时间：2017 年 6 月 23 日上午 9：30。

二、公司地址：成都市青羊区青羊大道 245 号迅驰大厦 504 室。

三、乘车路线：乘坐 77 路、114 路、26 路、78 路、84 路、83 路公交车到青羊大道站下车，或乘坐地铁 4 号线到新文化宫站下车，从 D 出口出来，向前直行 100 米。

四、备注：携带个人身份证及复印件、学历证书及复印件、职称证书及复印件，个人一寸免冠彩色照片一张。

若您时间上不方便，请事先与赵先生联系，联系电话：028-2865884！

四川千禧商贸有限公司人力资源部

2017 年 6 月 20 日星期二

·案例说明·

目前，很多企业招聘人才都会选择网络招聘，这样可以节省资源，降低成本。通过网络招聘时，会通过应聘者的个人简历来进行筛选，然后以邮件或电话的形式向初步筛选合格的应聘者发布面试通知，通知应聘者来进行面试。面试通知包含的内容通常为面试时间、面试地点、携带的证件等。本例将制作面试通知文档，并以邮件的形式将制作好的面试通知发送给应聘者。

·操作提示·

本例制作的关键步骤提示如下。

关键步骤一：打开“光盘\素材文件\上机实训（初级版）\面试通知 .docx”文件，打开【页面设置】对话框，选择【纸张】选项卡，在【纸张大小】下拉列表框中选择【自定义大小】选项，在【宽度】数值框中输入【24】，在【高度】数值框中输入【16】，单击【确定】按钮，如左下图所示。

关键步骤二：选择【页边距】选项卡，在【页边距】栏【上】【下】【左】【右】数值框中均输入【1.5】，单击【确定】按钮，如右下图所示。

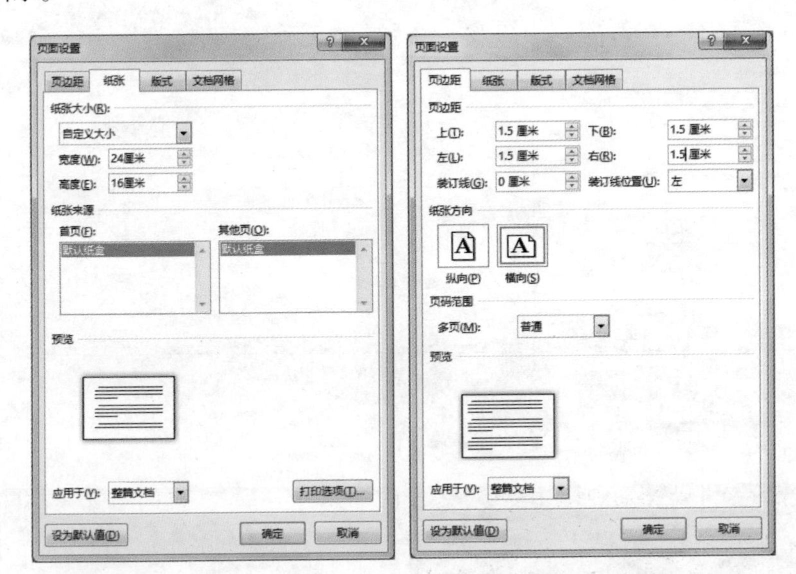

关键步骤三：将光标定位到文档最后，打开【日期和时间】对话框，在【可用格式】列表框中选择【2016 年 5 月 27 日星期五】选项，单击【确定】按钮插入日期。

关键步骤四：将标题字号设置为【一号】，对齐方式为【居中对齐】，将应聘者姓名、第 3 段中的公司名称和应聘职位的字体颜色设置为【红色】，选择除标题外的所有段落，打开【段落】对话框，在【特殊格式】下拉列表框中选择【首行缩进】选项，在【行距】下拉列表框中选择【1.5 倍行距】选项，单击【确定】按钮，如左下图所示。

关键步骤五：选择【面试时间、面试地点、乘车路线和备注】相关的段落，为其添加编号样式，再将文档落款段落设置为【右对齐】。

关键步骤六：在【文件】菜单页面左侧选择【共享】选项，中间选择【电子邮件】选项，在右侧单击【作为附件发送】按钮，开始配置 Outlook 2016，配置完成后，启动 Outlook 程序，对邮件内容进行查看和编辑，完成后单击【发送】按钮进行发送，如右下图所示。

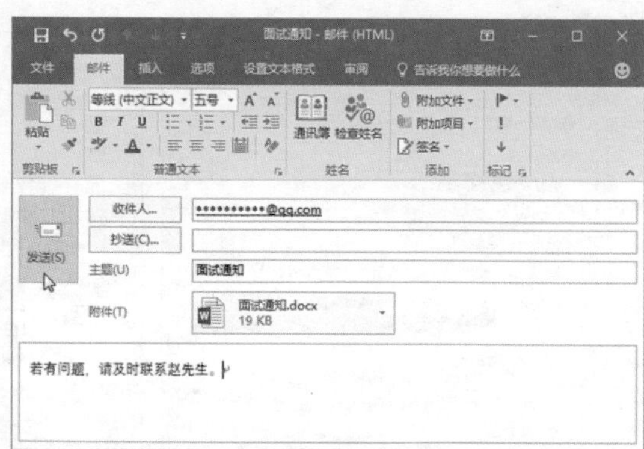

实训 2：制作邀请函

尊敬的_____女士/先生：

您好！

我们诚挚地邀请您参加将于 2017 年 9 月 9 日（星期六）上午 10：30 在湖北横踏酒店A 厅举行湖北轲韵融资有限公司的开业庆典仪式。

我们期待您的光临！请于 2017 年 8 月 20 日之前以电话或者电邮的方式回传给我们。我们将感谢您的回复！

联系人：________ 电话：________

·案例说明·

邀请函是邀请亲朋好友或知名人士、企业、专家等参加某项活动时所发的请约性书信，它一般分为个人信函和事务信函。对于企业来说，需要制作的是事务信函，一般是企业邀请某人或某企业参加会议、商务礼仪活动等。在制作事务类邀请函时，内容必须简洁、易懂，不需要太多的文字进行修饰。本例制作的是开业庆典礼仪活动邀请函。

·操作提示·

本例制作的关键步骤提示如下。

关键步骤一：新建一个名为【邀请函】的空白文档，打开【页面设置】对话框，在【纸张大小】下拉列表框中选择【自定义大小】选项，在【高度】数值框中输入【24】，单击【确定】按钮。

关键步骤二：单击【页面颜色】按钮，在弹出的下拉列表中选择【其他颜色】选项，打开【颜色】对话框，选择【自定义】选项卡，在【红色】【绿色】和【蓝色】数值框中分别输入【245】【233】和【193】颜色值，单击【确定】按钮，如左下图所示。

关键步骤三：在文档中单击【空白页】按钮插入空白页，将光标定位到第1页中，单击【插图】组中的【图片】按钮，打开【插入图片】对话框，在地址栏中设置图片所保存的位置，选择需要插入的图片【1】选项，单击【插入】按钮，如右下图所示。

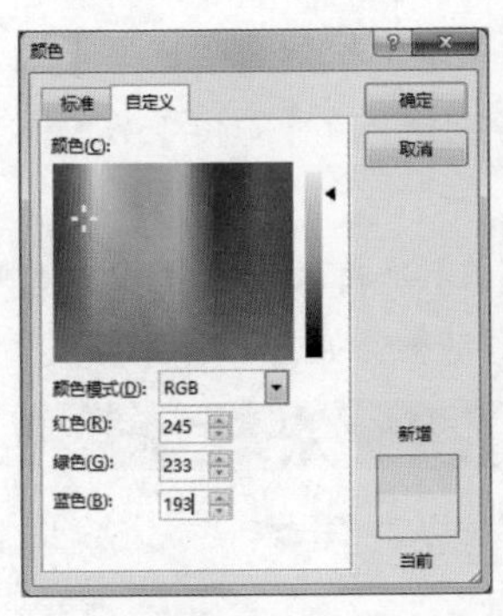

关键步骤四：选择插入的图片，将其布局设置为【浮于文字上方】，然后向右旋转90°，再垂直进行翻转，然后将图片调整到合适的大小和位置，如左下图所示。

关键步骤五：在邀请函正面区域绘制一个矩形，将形状填充为【深红】，取消形状轮廓，然后选择矩形，按住【Shift+Ctrl】组合键向右拖动鼠标，将复制的形状水平移动到右侧，如右下图所示。

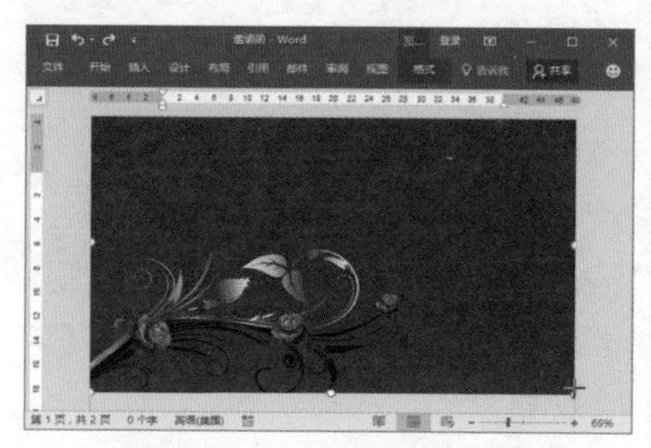

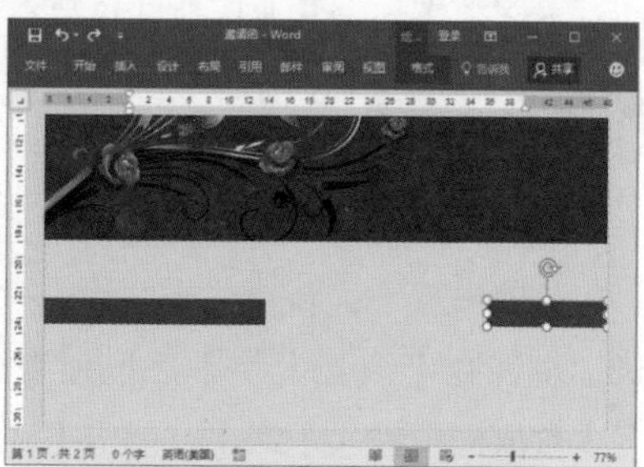

关键步骤六：在邀请函正面插入公司名称艺术字，将艺术字填充为【深红】，字号设置为【二号】，并将其移动到两个矩形之间的空白区域。

关键步骤七：为【邀】图片应用【向左偏移】阴影效果、【半映像，4p偏移量】映像效果，为【请函】图片应用【紧密映像，接触】映像效果，打开【设置图片格式】任务窗格，展开【发光】选项，将【颜色】设置为【白色，背景1，深色25%】选项，【大小】设置为【12磅】，【透明度】设置为【22%】，如左下图所示。

关键步骤八：在第2页中绘制一个与页面差不多大的矩形，取消矩形的填充颜色，将轮廓填充为【深红】，在【轮廓填充】下拉列表中选择【粗细→其他线条】选项，打开【设置形状格式】任务窗格，在【宽度】数值框中输入【15】。

关键步骤九：在第2页中插入图片【5】和【6】，将环绕方式设置为【浮于文字上方】，然后选择图片【6】，对其进行裁剪，如右下图所示。

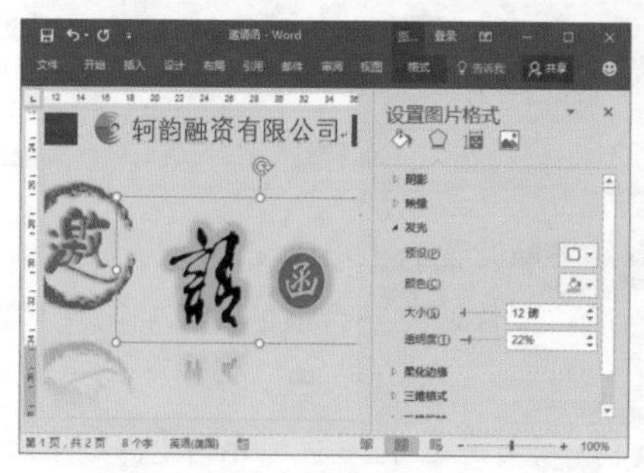

关键步骤十：将内页中的两张图片背景设置为透明色，并调整大小和位

置，复制第 1 页中左边的矩形、【logo】图片和公司名称并粘贴到第 2 页中，然后对矩形和艺术字效果进行更改，如左下图所示。

关键步骤十一：绘制一个文本框，在其中输入相应的文本，为文本框应用【透明 – 灰色，强调颜色 3】形状样式，设置文本框中文本字体格式，再绘制一个文本框，输入相应的内容，并对格式进行设置，如右下图所示。

实训 3：制作差旅费报销单

科创传播有限公司

差旅费报销单

报销部门： 填报日期： 年 月 日 附单据 张

姓名								职位				出差是由		
出差地点								出差天数				出差人数		
出发				到达				交通工具		出差补贴		其他费用		
月	日	时	地点	月	日	时	地点	单据张数	金额	天数	金额	项目	单据张数	金额
												住宿费		
												餐饮费		
												交通费		
												其他		
				合计										
合计金额（大写）				万	千	百	拾	元	角			预借金额		
核实金额（大写）				万	千	百	拾	元	角			退/补金额		

单位负责人： 财务负责人： 审核： 部门主管： 报销人：

· 案例说明 ·

对于行政事业单位和企业来说，经常需要安排员工出差，而出差期间所产生的各项费用，公司会根据提供的票据进行报销。差旅费报销单则是出差人员回来后进行费用报销需要填写的一种固定表格式单据，除了包含姓名、部门、人数、事由、时间、地点之外，还包含了补贴标准、金额、报销单据、项目、张数、金额、合计等内容，它是企业的一项重要的经常性支出项目。本例将使用 Word 制作差旅费报销单。

·操作提示·

本例制作的关键步骤提示如下。

关键步骤一：新建一个名为【差旅费报销单】的文档，将页边距上、下设置为【1】，左、右设置为【1.5】，自定义纸张宽度为【24】，高度为【15】。

关键步骤二：在光标处输入相应的文本内容，并对其字号、加粗和下划线等格式进行设置，将光标定位到第 3 行文本下方，单击【表格】组中的【表格】按钮，在弹出的下拉列表中拖动鼠标选择行列，插入表格。

关键步骤三：在表格前三行中输入相应的文本，然后选择需要拆分的多个连续的单元格，单击【拆分单元格】按钮，打开【拆分单元格】对话框，在【列数】数值框中输入【4】，单击【确定】按钮，如左下图所示。

关键步骤四：在拆分的单元格中输入相应的文本，继续拆分其他单元格，并输入文本，然后选择表格中最后 3 行单元格，在【布局 行和列】组中单击【在下方插入】按钮，即可在选择的单元格下方插入 3 行单元格，如右下图所示。

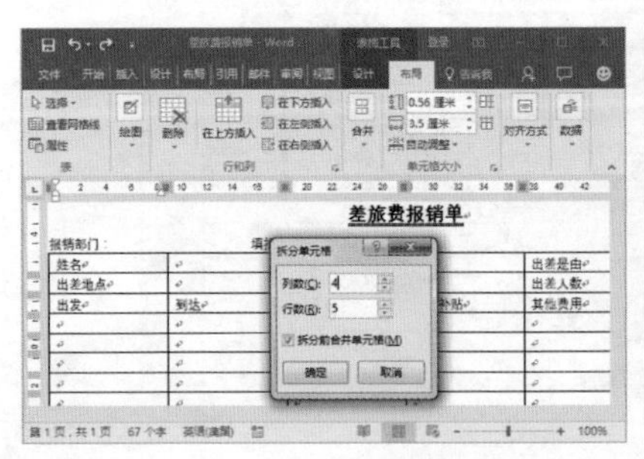

关键步骤五：选择新插入的第 1 行中的前 4 个单元格，单击【布局 合并】组中的【合并单元格】按钮合并单元格，继续合并其他单元格，并在单元格中输入相应的文本。

关键步骤六：拖动鼠标调整表格列宽，然后将整个表格的行高调整为

【0.8】，再将表格单元格中的文本设置为【水平居中】，并在表格下方输入表格的其他备注信息，如左下图所示。

关键步骤七：将文档页面颜色设置为【蓝色，个性色 5，淡色 80%】，单击【页面边框】按钮，打开【边框和底纹】对话框，单击【方框】按钮，在【颜色】下拉列表框中选择【浅灰色，背景 2，深色 25%】，在【宽度】下拉列表框中选择【2.25 磅】，单击【选项】按钮。

关键步骤八：打开【边框和底纹选项】对话框，在【上】【下】【左】和【右】数值框中均输入【0】，单击【确定】按钮。

关键步骤九：选择文档中最后一行文本，打开【边框和底纹】对话框，选择【底纹】选项卡，在【填充】下拉列表框中选择【蓝色，个性色 5，淡色 60%】选项，单击【确定】按钮，效果如右下图所示。

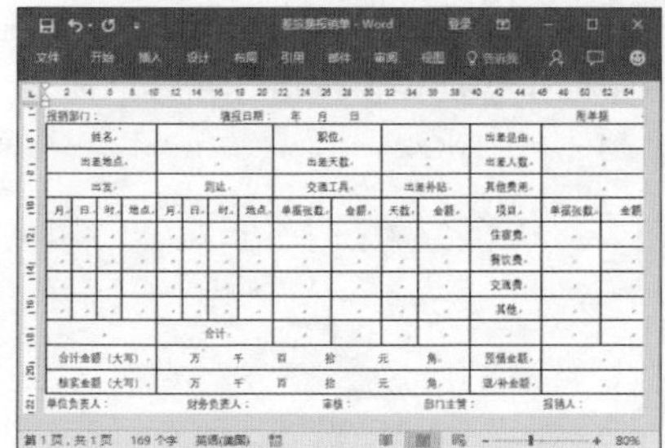

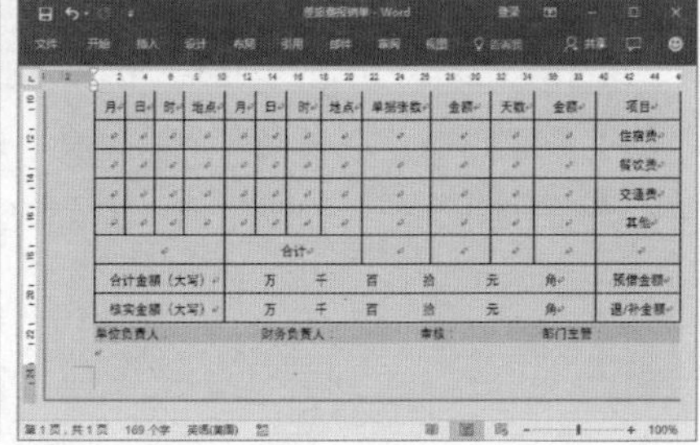

实训 4：制作员工请假申请单

员工请假申请单

姓名		职务		部门	
请假类别	□婚假　□事假　□病假　□丧假　□产假　□年假　□其他				
请假时间	自____年____月____日____时至自____年____月____日____时，共计____天____时				
请假缘由					
职务工作代理人及委托事项	本人休假期间以下工作委托________先生/女士代理。 委托事项： 代理人签字确认： 签字日期：　年　月　日				
审核意见	部门经理：　年　月　日				
	人力资源部（考勤人员）：　年　月　日				
	总经理：　年　月　日				
备注： 病假需要出示医院医生开写的证明。 3 天以上假期需部门负责人、总经理同时签字方可生效。 员工应提前向审批人提出休假申请，待审批人批准后提交请假申请单至考勤员处备案。 本表最终由人力资源部备案。					

· 案例说明 ·

公司为了加强员工的组织纪律性，维持公司正常的工作持续，都会制定请假管理制度，对员工的出勤情况进行管理。而员工请假申请单是员工请假时需要填写的表格，它与请假条性质相同，但内容会有所区别，员工请假申请单较正式，包含的内容较详细，而请假条则只是简单描述了请假的情况。本例制作的是员工请假申请单。

· 操作提示 ·

本例制作的关键步骤提示如下。

关键步骤一：打开“光盘\素材文件\上机实训（初级版）\员工请假申请单.docx”，使用手动绘制功能在文档中绘制出表格，如左下图所示。

关键步骤二：单击【布局 绘图】组中的【橡皮擦】按钮，此时鼠标指针将变成形状，在表格多余的边线上单击，擦除边线。

关键步骤三：在表格中输入需要的文本，并将表格中的文本对齐方式设置为中部两端对齐，如右下图所示。

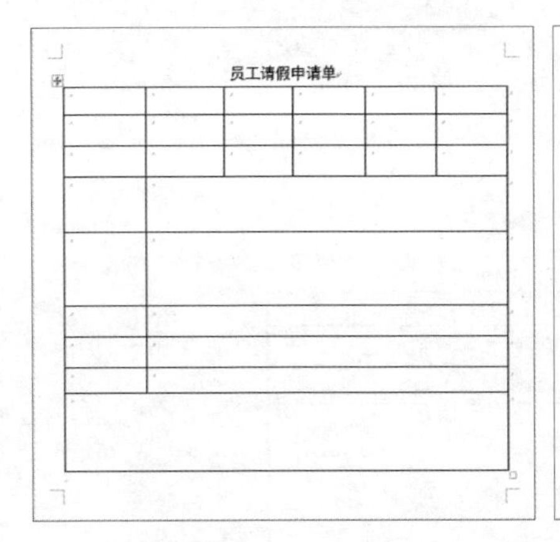

员工请假申请单

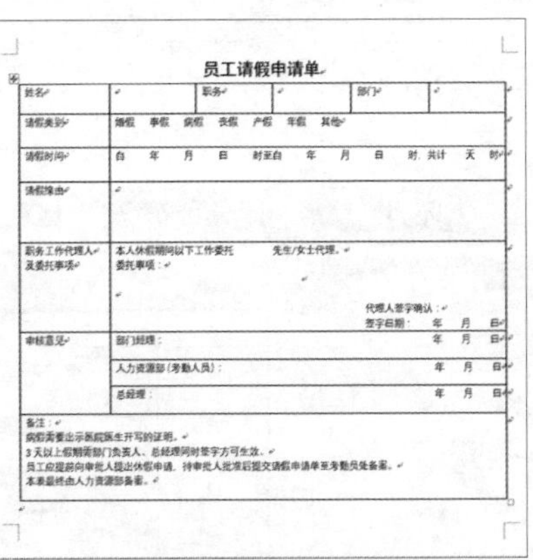

员工请假申请单

姓名		职务		部门	
请假类别	婚假　事假　病假　丧假　产假　年假　其他				
请假时间	自　年　月　日　时至自　年　月　日　时，共计　天　时				
请假缘由					
职务工作代理人及委托事项	本人休假期间以下工作委托　　先生/女士代理。 委托事项： 代理人签字确认： 签字日期：　年　月　日				
审核意见	部门经理：　年　月　日				
	人力资源部（考勤人员）：　年　月　日				
	总经理：　年　月　日				
备注： 病假需要出示医院医生开写的证明。 3天以上假期需部门负责人、总经理同时签字方可生效。 员工应提前向审批人提出休假申请，待审批人批准后提交请假申请单至考勤员处备案。 本表最终由人力资源部备案。					

关键步骤四：将光标定位到【婚假】文本前，打开【符号】对话框，选择【符号】选项卡，在【字体】下拉列表框中选择【Wingdings】选项，在下方的列表框中选择需要的符号，单击【插入】按钮插入。

关键步骤五：复制插入的符号，将其粘贴到其他文本前，然后选择表格中需要添加下画线的空格，为其添加默认的下画线，如左下图所示。

关键步骤六：为表格【备注】下方的内容添加需要的编号，然后将光标定位到最后一行单元格中，将其底纹设置为【灰色，个性色 3，淡色 60%】，如右下图所示。

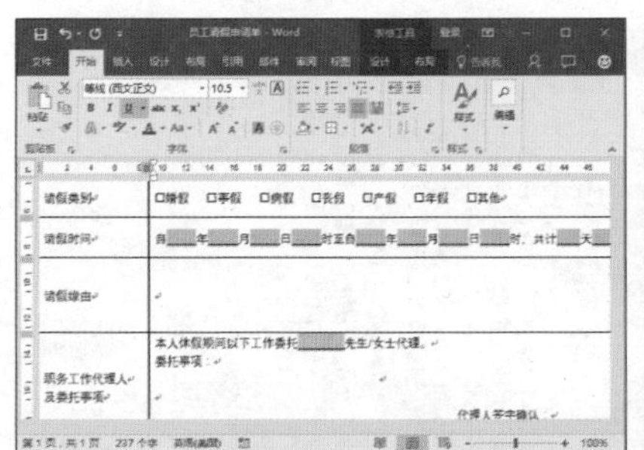

关键步骤七：选择整个表格，在【边框】组中将【笔画粗细】设置为【1.5】磅，在【边框】组中的【边框】下拉列表中选择【内部框线】选项，为表格内部边框应用设置的框线粗细。

关键步骤八：保持表格的选中状态，在【边框】组中将【边框样式】设置为【双实线 1/2pt】，在【边框】组中的【边框】下拉列表中选择【外侧框线】选项，为表格外部边框应用设置的框线粗细。

附录 B：上机实训（中级版）

实训 1：计算销售统计表

2017年上半年销售统计表

姓名	部门	一月份	二月份	三月份	四月份	五月份	六月份	总销售额	排名
程丽	销售1部	66,000	82,500	85,500	80,000	86,500	71,000	471,500	7
张艳红	销售1部	71,500	81,500	74,500	73,500	84,000	88,000	473,000	5
卢轩	销售1部	72,500	62,500	87,000	74,500	78,000	81,000	455,500	16
刘婷	销售1部	79,000	88,500	68,000	80,000	86,000	76,000	477,500	3
杜川	销售1部	82,000	63,500	90,500	77,000	75,150	89,000	477,150	4
张浩然	销售1部	80,000	78,000	81,000	76,500	80,500	67,000	463,000	13
陈红燕	销售1部	80,500	71,000	89,500	79,500	84,500	88,000	493,000	1
李佳奇	销售1部	85,500	63,500	67,500	88,500	78,500	84,000	467,500	9
张萌萌	销售2部	58,000	77,500	85,000	83,000	74,500	79,000	457,000	14
轲丽敏	销售2部	60,500	90,000	88,500	88,000	80,000	65,000	472,000	6
黄燕	销售2部	63,000	89,500	78,500	63,150	79,500	65,500	439,150	19
张小路	销售2部	70,000	79,500	92,500	73,000	68,500	96,500	480,000	2
刘艳	销售2部	72,500	74,500	80,500	87,000	77,000	78,000	469,500	8
彭江	销售2部	72,000	72,500	67,000	84,000	78,000	90,000	463,500	12
范贺	销售3部	75,500	72,500	75,000	82,000	86,000	65,000	456,000	15
杨伟刚	销售3部	73,500	70,000	84,000	75,000	87,000	78,000	467,500	9
黄路	销售3部	70,000	60,500	66,050	84,000	88,000	83,000	451,550	17
杜悦城	销售3部	62,500	76,000	87,000	67,500	88,000	84,500	465,500	11
黄蒋鑫	销售3部	68,500	67,500	85,000	89,000	79,000	61,500	450,500	18
唐霞	销售3部	66,500	73,000	65,000	85,000	75,500	69,000	434,000	20
平均销售额		71,475	74,700	79,878	79,508	80,708	77,950	464,218	
最高销售额		85,500	90,000	92,500	89,000	88,000	96,500	493,000	
最低销售额		58,000	60,500	65,000	63,150	68,500	61,500	434,000	
部门	人数	1月	2月	3月	4月	5月	6月	总销售额	
销售1部	8	617000	591000	643500	629500	653150	644000	3778150	
销售2部	6	396000	483500	492000	478150	457500	474000	2781150	
销售3部	6	416500	419500	462050	482500	503500	441000	2725050	

Sheet1

·案例说明·

对于销售型的公司来说，销售统计表是最常用的一种表格，它主要是对公司销售员工的销售业绩进行统计，一是为了了解销售人员的工作情况，二是为了及时掌握公司整体的销售情况，根据销售统计表所反映的情况，及时分析与解决公司销售所存在的问题，有利于公司的稳定发展。销售统计表分为 4 种，分别是按月统计、按季度统计、按半年统计和按年度统计，根据公司的要求决定销售统计表的统计时间。本例将对销售统计表进行计算。

·操作提示·

本例制作的关键步骤提示如下。

关键步骤一：打开“光盘\素材文件\上机实训（中级版）\销售统计表.xlsx”文件，选择I3单元格，在【函数库】组中的【自动求和】下拉列表中选择【求和】选项，将自动选择求和的区域，并输入公式，按【Enter】键计算出结果，复制I3单元格中的公式，计算I4：I22单元格区域，如左下图所示。

关键步骤二：选择J3单元格区域，单击【插入函数】按钮，打开【插入函数】对话框，在【或选择类别】下拉列表框中选择【全部】选项，在【选择函数】列表框中选择【RANK】选项，单击【确定】按钮。

关键步骤三：打开【函数参数】对话框，在其中设置函数参数，单击【确定】按钮，计算出结果，复制J3单元格中的公式，计算出J4：J22单元格区域，如右下图所示。

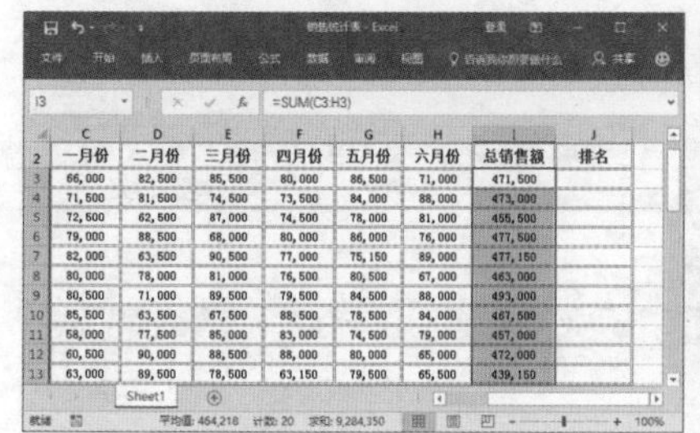

I3 =SUM(C3:H3)

	C	D	E	F	G	H	I	J
2	一月份	二月份	三月份	四月份	五月份	六月份	总销售额	排名
3	66,000	82,500	85,500	80,000	86,500	71,000	471,500	
4	71,500	81,500	74,500	73,500	84,000	88,000	473,000	
5	72,500	62,500	87,000	74,500	78,000	81,000	455,500	
6	79,000	88,500	68,000	80,000	86,000	76,000	477,500	
7	82,000	63,500	90,500	77,000	75,150	89,000	477,150	
8	80,000	78,000	81,000	76,500	80,500	67,000	463,000	
9	80,500	71,000	89,500	79,500	84,500	88,000	493,000	
10	85,500	63,500	67,500	88,500	78,500	84,000	467,500	
11	58,000	77,500	85,000	83,000	74,500	79,000	457,000	
12	60,500	90,000	88,500	88,000	80,000	65,000	472,000	
13	63,000	89,500	78,500	63,150	79,500	65,500	439,150	

Sheet1

平均值: 464,218 计数: 20 求和: 9,284,350 100%

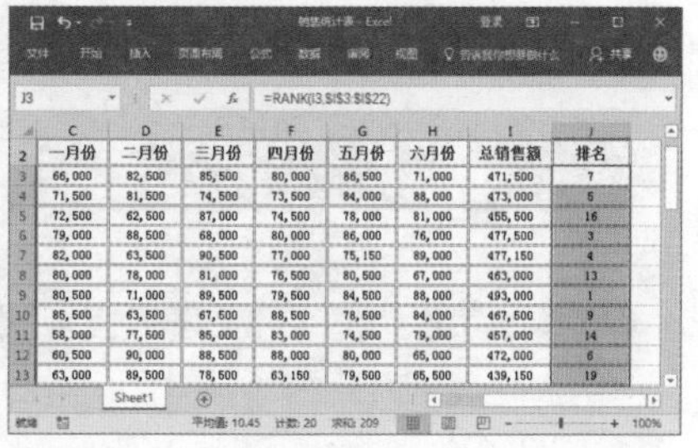

J3 =RANK(I3,$I$3:$I$22)

	C	D	E	F	G	H	I	J
2	一月份	二月份	三月份	四月份	五月份	六月份	总销售额	排名
3	66,000	82,500	85,500	80,000	86,500	71,000	471,500	7
4	71,500	81,500	74,500	73,500	84,000	88,000	473,000	5
5	72,500	62,500	87,000	74,500	78,000	81,000	455,500	16
6	79,000	88,500	68,000	80,000	86,000	76,000	477,500	3
7	82,000	63,500	90,500	77,000	75,150	89,000	477,150	4
8	80,000	78,000	81,000	76,500	80,500	67,000	463,000	13
9	80,500	71,000	89,500	79,500	84,500	88,000	493,000	1
10	85,500	63,500	67,500	88,500	78,500	84,000	467,500	9
11	58,000	77,500	85,000	83,000	74,500	79,000	457,000	14
12	60,500	90,000	88,500	88,000	80,000	65,000	472,000	6
13	63,000	89,500	78,500	63,150	79,500	65,500	439,150	19

Sheet1

平均值: 10.45 计数: 20 求和: 209 100%

关键步骤四：选择C24：I24单元格区域，在【自动求和】下拉列表中选择【平均值】选项，自动计算出所选单元格区域的结果。

关键步骤五：选择C25：I25单元格区域，在【自动求和】下拉列表中选择【最大值】选项，在编辑栏中显示公式，对公式进行更改，按【Ctrl+Enter】组合键，即可更改所选单元格区域中公式的引用范围，并计算出正确的结果，如左下图所示。

关键步骤六：选择C26：I26单元格区域，使用自动求和功能自动求出最小值，然后对公式进行修改，求出正确值。

关键步骤七：选择B29：B31单元格区域，输入公式【=COUNTIF(B3：B22," 销售1部 ")】，计算出结果，然后对B30和B31单元格中的公式进行修改，计算出正确的结果。

关键步骤八：选择C29：I29单元格区域，在编辑栏中输入公式【=SUMIF

($B$3：$B$22," 销售 1 部 ", C3：C22)】，按【Ctrl+Enter】组合键计算出所选单元格区域，然后使用相同的方法计算销售 2 部和销售 3 部各月的销售额及销售总额，如右下图所示。

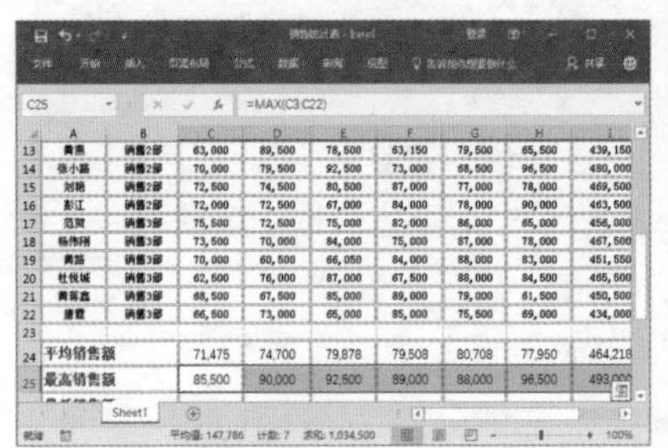

C25 =MAX(C3:C22)

	A	B	C	D	E	F	G	H	I
13	黄燕	销售2部	63,000	89,500	78,500	63,150	79,500	65,500	439,150
14	张小蕗	销售2部	70,000	79,500	92,500	73,000	68,500	96,500	480,000
15	刘艳	销售2部	72,500	74,500	80,500	87,000	77,000	78,000	469,500
16	彭江	销售2部	72,000	72,500	67,000	84,000	78,000	90,000	463,500
17	范贺	销售3部	75,500	72,500	75,000	82,000	86,000	65,000	456,000
18	杨伟刚	销售3部	73,500	70,000	84,000	75,000	87,000	78,000	467,500
19	黄蕗	销售3部	70,000	60,500	66,050	84,000	88,000	83,000	451,550
20	杜悦城	销售3部	62,500	76,000	87,000	67,500	88,000	84,500	465,500
21	黄菁鑫	销售3部	68,500	67,500	85,000	89,000	79,000	61,500	450,500
22	唐霞	销售3部	66,500	73,000	65,000	85,000	75,500	69,000	434,000
23									
24	平均销售额		71,475	74,700	79,878	79,508	80,708	77,950	464,218
25	最高销售额		85,500	90,000	92,500	89,000	88,000	96,500	493,000

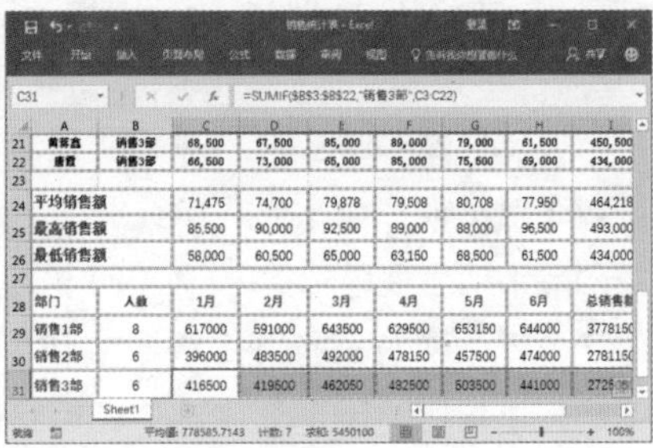

C31 =SUMIF($B$3:$B$22,"销售3部",C3:C22)

	A	B	C	D	E	F	G	H	I
21	黄菁鑫	销售3部	68,500	67,500	85,000	89,000	79,000	61,500	450,500
22	唐霞	销售3部	66,500	73,000	65,000	85,000	75,500	69,000	434,000
23									
24	平均销售额		71,475	74,700	79,878	79,508	80,708	77,950	464,218
25	最高销售额		85,500	90,000	92,500	89,000	88,000	96,500	493,000
26	最低销售额		58,000	60,500	65,000	63,150	68,500	61,500	434,000
27									
28	部门	人数	1月	2月	3月	4月	5月	6月	总销售额
29	销售1部	8	617000	591000	643500	629500	653150	644000	3778150
30	销售2部	6	396000	483500	492000	478150	457500	474000	2781150
31	销售3部	6	416500	419500	462050	482500	503500	441000	[illegible]

实训 2：制作新员工培训成绩表

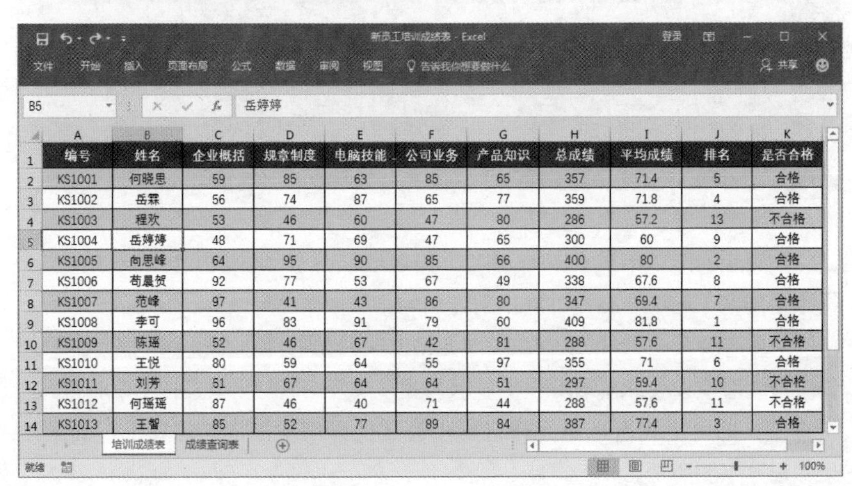

B5 岳婷婷

	A	B	C	D	E	F	G	H	I	J	K
1	编号	姓名	企业概括	规章制度	电脑技能	公司业务	产品知识	总成绩	平均成绩	排名	是否合格
2	KS1001	何晓思	59	85	63	85	65	357	71.4	5	合格
3	KS1002	岳霖	56	74	87	65	77	359	71.8	4	合格
4	KS1003	程欢	53	46	60	47	80	286	57.2	13	不合格
5	KS1004	岳婷婷	48	71	69	47	65	300	60	9	合格
6	KS1005	向思峰	64	95	90	85	66	400	80	2	合格
7	KS1006	苟晨贺	92	77	53	67	49	338	67.6	8	合格
8	KS1007	范峰	97	41	43	86	80	347	69.4	7	合格
9	KS1008	李可	96	83	91	79	60	409	81.8	1	合格
10	KS1009	陈瑶	52	46	67	42	81	288	57.6	11	不合格
11	KS1010	王悦	80	59	64	55	97	355	71	6	合格
12	KS1011	刘芳	51	67	64	64	51	297	59.4	10	不合格
13	KS1012	何瑶瑶	87	46	40	71	44	288	57.6	11	不合格
14	KS1013	王智	85	52	77	89	84	387	77.4	3	合格

	A	B	C	D	E
2		新员工培训成绩查询系统			
3		姓名	何晓思		
4		企业概括	59		
5		规章制度	85		
6		电脑技能	63		
7		公司业务	85		
8		产品知识	65		
9		总分	357		
10		排名	5		
11		是否合格	恭喜您，您的培训成绩已合格		

培训成绩表　成绩查询表

·案例说明·

新员工进入公司后，一般都会在试用期对员工进行相关培训，如果培训不过关，公司有权利解聘不合格的员工。不同的公司，对员工培训和考核的内容不同，但其培训的目的都基本相同，都是让员工更快适应公司，使公司快速稳定发展。本例将制作新员工培训成绩表。

·操作提示·

本例制作的关键步骤提示如下。

关键步骤一：打开“光盘\素材文件\上机实训（中级版）\新员工培训成绩表.xlsx”文件，选择H2：H14单元格区域，在编辑栏中输入公式【=C2+D2+E2+F2+G2】，按【Ctrl+Enter】组合键，计算出H2：H14单元格区域。然后选择I2：I14单元格区域，在编辑栏中输入公式【H2/5】，计算出结果，如左下图所示。

关键步骤二：选择J2：J14单元格区域，输入公式【=RANK.EQ(H2,$H$2：$H$14)】，按【Ctrl+Enter】组合键计算出结果，然后选择K2：K14单元格区域，在编辑栏中输入公式【=IF(I2>=60,"合格","不合格")】，按【Ctrl+Enter】组合键计算出结果，如右下图所示。

姓名	企业概括	规章制度	电脑技能	公司业务	产品知识	总成绩	平均成绩
何晓思	59	85	63	85	65	357	71.4
岳霖	56	74	87	65	77	359	71.8
程欣	53	46	60	47	80	286	57.2
岳婷婷	48	71	69	47	65	300	60
向思境	64	95	90	85	66	400	80
苟晨笑	92	77	53	67	49	338	67.6
范峰	97	41	43	86	80	347	69.4
李可	96	83	91	79	60	409	81.8
陈瑶	52	46	67	42	81	288	57.6
王悦	80	59	64	55	97	355	71
刘萍	51	67	64	64	51	297	59.4
何瑶瑶	87	46	40	71	44	288	57.6
王智	85	52	77	89	84	387	77.4

规章制度	电脑技能	公司业务	产品知识	总成绩	平均成绩	排名	是否合格
85	63	85	65	357	71.4	5	合格
74	87	65	77	359	71.8	4	合格
46	60	47	80	286	57.2	13	不合格
71	69	47	65	300	60	9	合格
95	90	85	66	400	80	2	合格
77	53	67	49	338	67.6	8	合格
41	43	86	80	347	69.4	7	合格
83	91	79	60	409	81.8	1	合格
46	67	42	81	288	57.6	11	不合格
59	64	55	97	355	71	6	合格
67	64	64	51	297	59.4	10	不合格
46	40	71	44	288	57.6	11	不合格
52	77	89	84	387	77.4	3	合格

关键步骤三：将【Sheet1】工作表命名为【培训成绩表】，再新建一个【成绩查询表】，在 B2：C11 单元格区域中输入相应的数据，并对其单元格格式进行设置，选择 C3 单元格，单击【数据】选项卡【数据工具】组中的【数据验证】按钮。

关键步骤四：打开【数据验证】对话框，在【设置】选项卡的【允许】下拉列表中选择【序列】选项，单击【来源】文本框后的按钮，在【培训成绩表】工作表中选择要引用的数据【B2：B14】，单击【确定】按钮。

关键步骤五：单击 C3 单元格后的下拉按钮，在弹出的下拉列表中选择姓名，如选择【何晓思】选项，如左下图所示。

关键步骤六：选择 C4：C10 单元格区域，在编辑栏中输入公式【=VLOOKUP($C$3, 培训成绩表 !$B$1：$K$14,2,FALSE)】，按【Ctrl+Enter】组合键，计算出所选的单元格区域，然后对 C5：C10 单元格区域中的公式进行更改，得到正确的结果，如右下图所示。

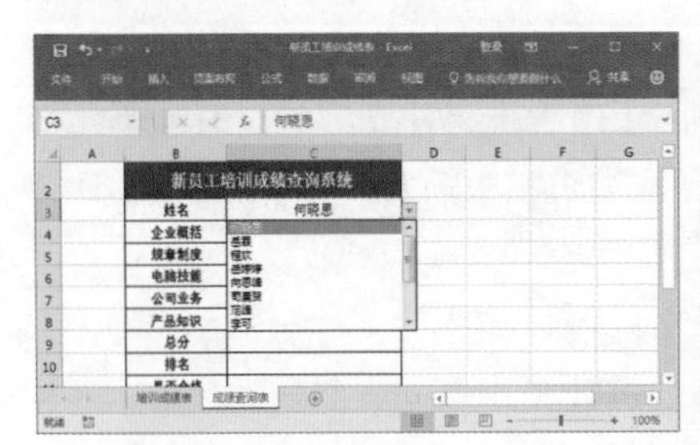

新员工培训成绩查询系统	
姓名	何晓思
企业概括	59
规章制度	85
电脑技能	63
公司业务	85
产品知识	65
总分	357
排名	5
是否合格	

关键步骤七：选择 C11 单元格，在编辑栏中输入公式【=IF(VLOOKUP($C$3, 培训成绩表 !$B$1：$K$14,10,FALSE)=" 合格 "," 恭喜您，您的培训成绩已合格 "," 很遗憾，您的培训成绩不合格 ")】，按【Enter】键计算出结果，然后

通过添加不同的员工姓名，来查看员工的培训成绩。

实训 3：制作产品质量分析表

2017年产品质量分析表

车间 月份	A车间			B车间			C车间			D车间		
	合格产品	不合格产品	产品合格率	合格产品	不合格产品	产品合格率	合格产品	不合格产品	产品合格率	合格产品	不合格产品	产品合格率
1月	1852	150	92.51%	2050	180	91.93%	2200	158	93.30%	2080	168	92.53%
2月	1000	89	91.83%	1540	125	92.49%	1924	145	92.99%	1950	155	92.64%
3月	1900	145	92.91%	1940	140	93.27%	2708	235	92.01%	2570	205	92.61%
4月	2050	150	93.18%	2150	168	92.75%	1833	168	91.60%	2300	198	92.07%
5月	1900	148	92.77%	2300	194	92.22%	2140	174	92.48%	2580	188	93.21%
6月	2100	186	91.86%	1950	173	91.85%	2530	193	92.91%	2152	190	91.89%
7月	1980	200	90.83%	1980	168	92.18%	1960	148	92.98%	1980	149	93.00%
8月	2252	175	92.79%	2300	210	91.63%	2276	201	91.89%	2089	200	91.26%
9月	2350	250	90.38%	2150	190	91.88%	2200	180	92.44%	1989	146	93.16%
10月	2100	156	93.09%	2250	165	93.17%	1927	145	93.00%	2100	170	92.51%
11月	2540	185	93.21%	2550	203	92.63%	1901	133	93.46%	2050	158	92.84%
12月	2140	160	93.04%	2100	180	92.11%	2184	140	93.98%	2358	190	92.54%

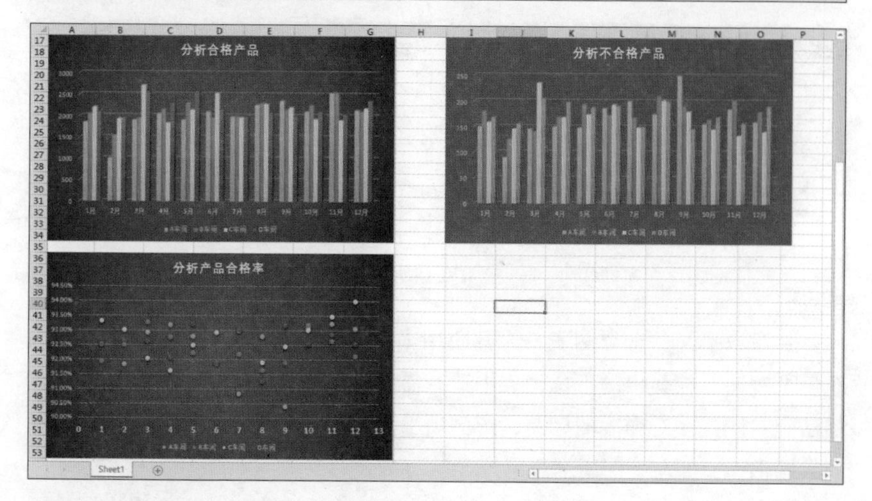

· 案例说明 ·

产品质量是衡量企业是否具有核心竞争力的标准之一，企业要想持续发展，就必须要不断提高产品的质量。很多企业为了保证产品质量，都会定期对生产的产品质量进行检测，并对产品的合格率进行统计分析，以便找到解决问题的方案。本例将使用柱形图和散点图对产品质量分析表进行分析。

·操作提示·

本例制作的关键步骤提示如下。

关键步骤一：打开“光盘\素材文件\上机实训（中级版）\产品质量分析表.xlsx”文件，选择 A4：B15、E4：E15、H4：H15 和 K4：K15 单元格区域，单击【图表】组中的【插入柱形图或条形图】按钮，在弹出的下拉列表中选择【三维柱形图】栏中的【三维簇状柱形图】选项，即可根据选择的数据创建图表，将图表调整到合适的大小和位置，如左下图所示。

关键步骤二：在图表中选择图例，打开【选择数据源】对话框，在【图例项(系列)】列表框中选择需要编辑的图例选项，单击【编辑】按钮，在打开的对话框中对图例名称进行编辑。选择图表中的【图表标题】文本，将其修改为【分析合格产品】，如右下图所示。

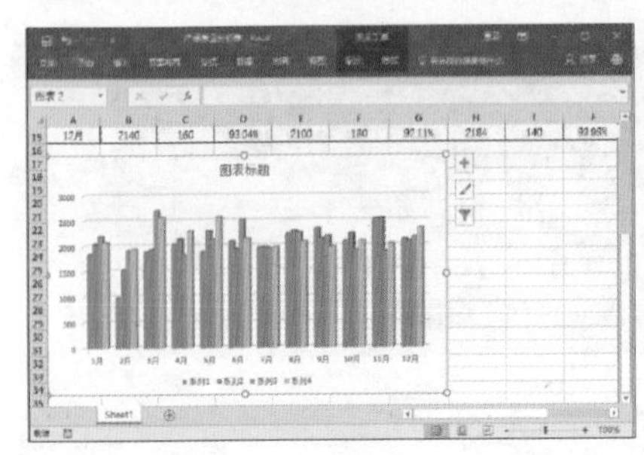

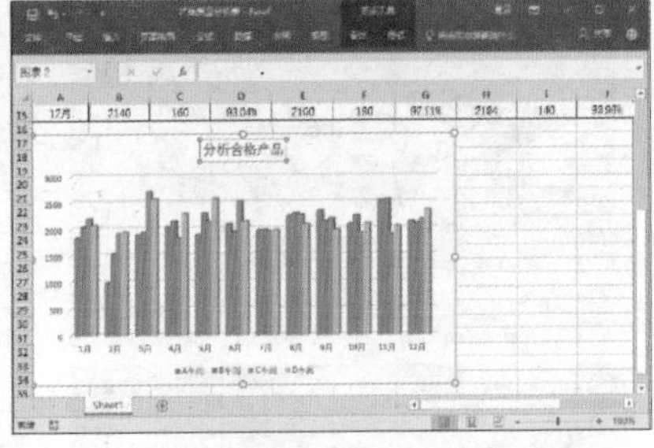

关键步骤三：选择图表，为其应用【样式 9】图表样式，再单击【更改颜色】按钮，在弹出的下拉列表中选择需要的颜色。然后复制柱形图，将其粘贴到右侧，并对图表的标题、图例项引用的数据进行更改，使图表中关联的数据正确，如左下图所示。

关键步骤四：在图表区域上右击，在弹出的快捷菜单中单击【图表元素】下拉按钮，在弹出的下拉列表中选择【图表区】选项，在【填充】下拉列表中选择【蓝－灰，文字 2】选项，更改图表区填充色。

关键步骤五：选择 D 车间所有的数据系列，为其应用【强烈效果－橙色，强调颜色 2】形状样式，复制【分析合格产品】图表，将其粘贴到复制图表的下方，并对图表的数据源进行更改。

关键步骤六：选择图表，单击【更改图表类型】按钮，打开【更改图表类型】对话框，在【所有图表】选项卡左侧选择【XY(散点图)】选项，在右侧选择【散点图】选项，单击【确定】按钮，更改图表类型，如右下图所示。

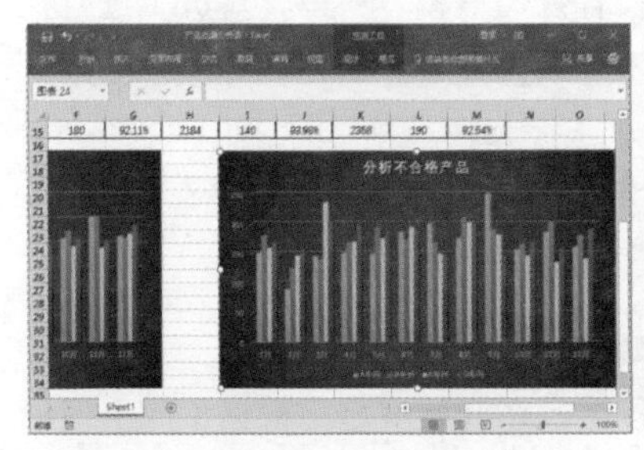

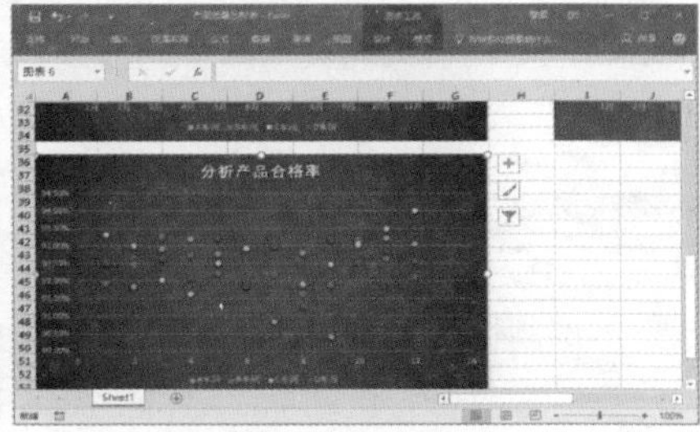

关键步骤七：选择图表横坐标轴，打开【设置坐标轴格式】任务窗格，展开【坐标轴选项】选项，在【最大值】文本框中输入【13】，在【单位】栏中的【主要】文本框中输入【1】，关闭任务窗格，在【字体】组中对坐标轴文本的字体格式进行设置。

实训 4：制作礼仪培训幻灯片

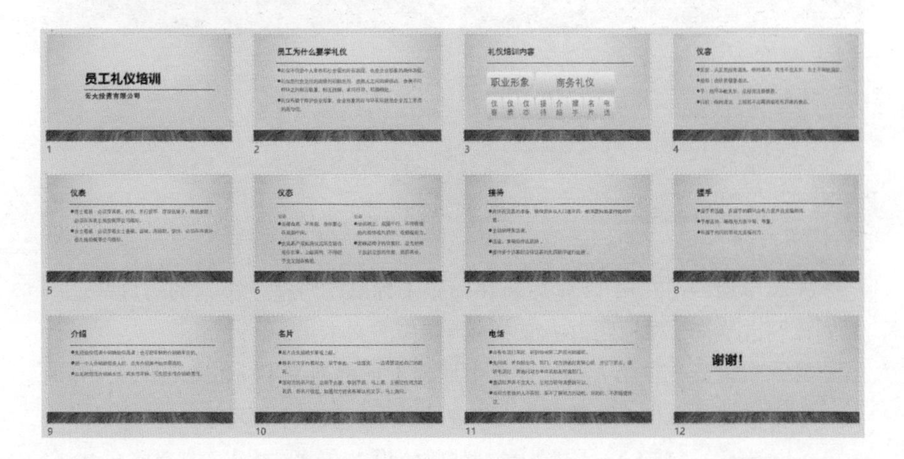

·案例说明·

礼仪是个人素养和社会观的外在表现，也是企业形象的具体表现。对于企业来说，员工不仅代表着个人，也代表着公司形象，所以，对员工进行礼仪培训，不仅可提高员工的个人形象，还可以提升企业的外在形象，促进企业的发展。本例将制作礼仪培训幻灯片。

·操作提示·

本例制作的关键步骤提示如下。

关键步骤一：启动 PowerPoint 2016 程序，在开始屏幕中根据【库】模板创建演示文稿，并将演示文稿以【礼仪培训】名称进行保存。

关键步骤二：在幻灯片的标题占位符和副标题占位符中输入相应的文本，然后执行【新建幻灯片】命令新建 10 张幻灯片，并在新建的幻灯片中输入相应的文本，如左下图所示。

关键步骤三：将第 6 张幻灯片的版式更改为【比较】，并在幻灯片中输入相应的内容，如右下图所示。

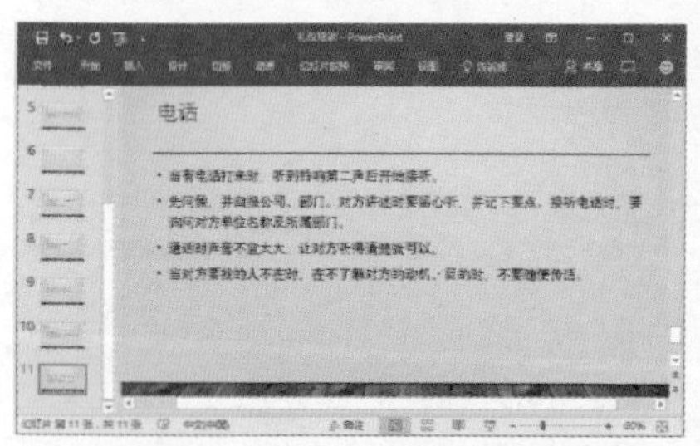

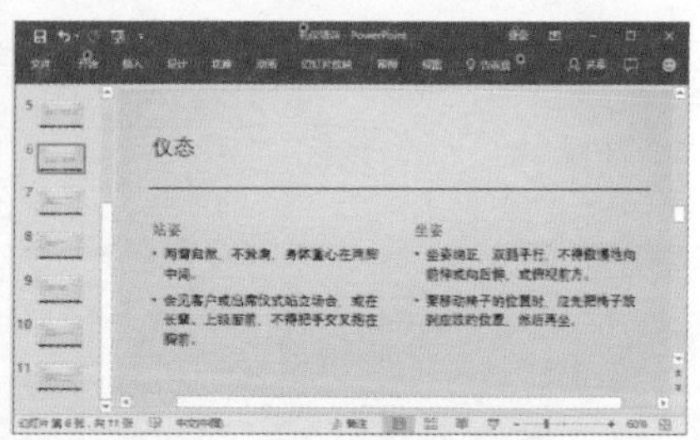

关键步骤四：在第 11 张后新建一张【标题幻灯片】版式的幻灯片，删除副标题占位符，在标题占位符中输入相应的文本。

关键步骤五：在第 3 张幻灯片中插入【堆叠列表】SmartArt 图形，并通过文本窗格在 SmartArt 图形中输入相应的文本，如左下图所示。

关键步骤六：将 SmartArt 图形类型更改为【表层次结构】，然后将 SmartArt 图形调整到合适的大小和位置，如右下图所示。

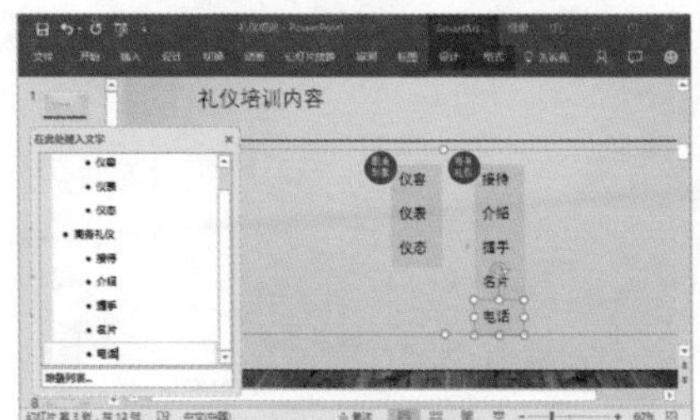

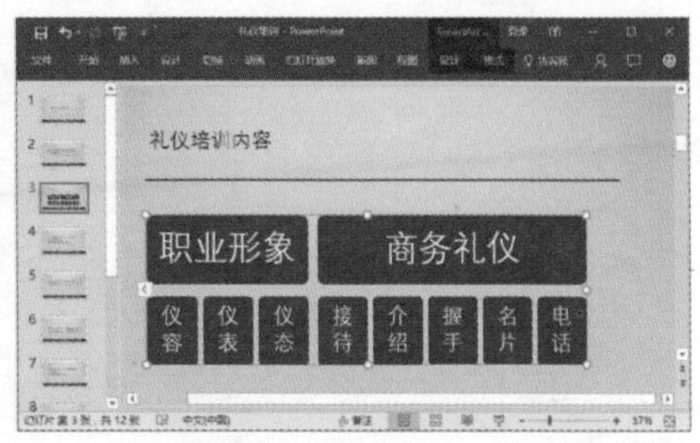

关键步骤七：为 SmartArt 图形应用【强烈效果】SmartArt 样式，将 SmartArt 颜色更改为【深色 2 轮廓】。

关键步骤八：选择第 1 张幻灯片，对标题占位符和副标题占位符中的文本格式分别进行设置，对第 2 张幻灯片中文本的字体格式进行设置，然后将内容占位符中文本的行距设置为【1.5】，并为其添加【带填充效果的大圆形项目符号】项目符号，如左下图所示。

关键步骤九：使用格式刷对第 1 张幻灯片和第 2 张幻灯片中文本的格式进行复制，将复制的格式应用到其他幻灯片相应的段落中，如右下图所示。

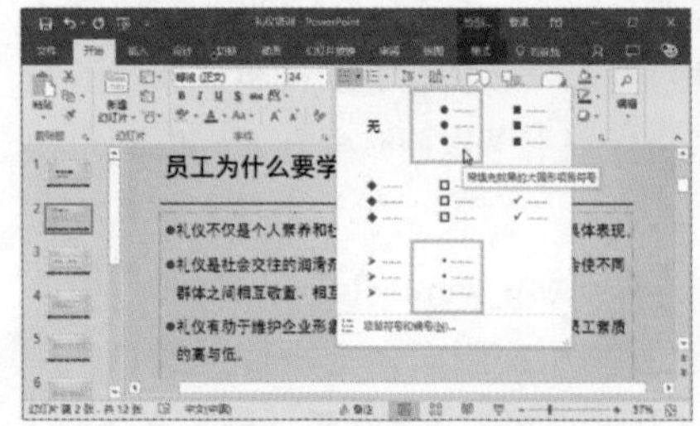

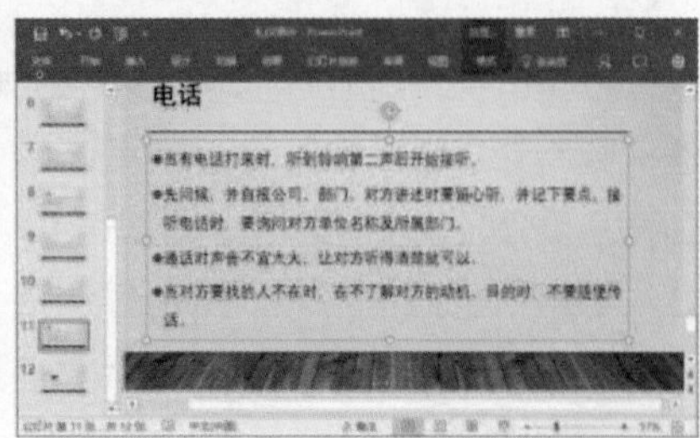

附录 C：上机实训（高级版）

实训 1：用 Word 制作产品销售计划书

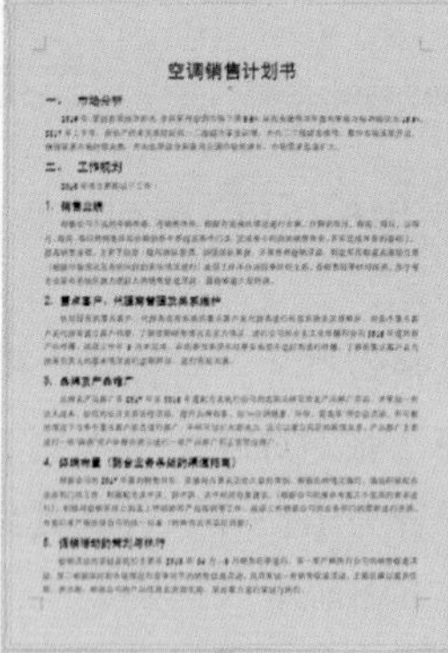
空调销售计划书

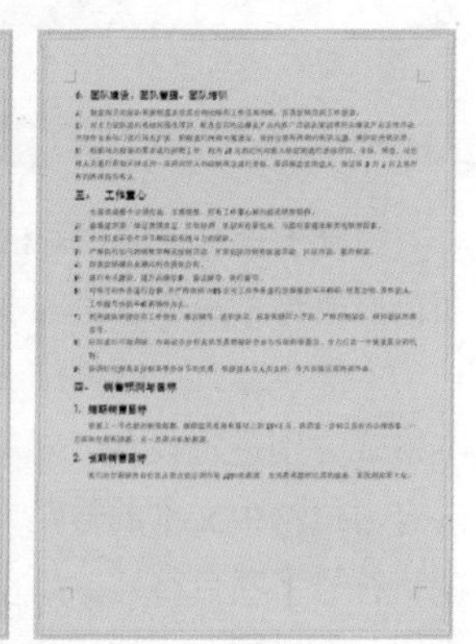

·案例说明·

产品销售计划书是企业在某一时期对商品销售活动制定的具体安排，是企业战略管理的最终体现。好的产品销售计划书可以使企业在某一时间段内的产品销售目标按计划有条不紊地实现。

根据用途的不同，产品销售计划书可以使用 Word 和 PowerPoint 等不同的软件来实现，而本例制作产品销售计划书主要用于向上级传递信息。所以，本例将以空调产品为例，使用 Word 软件来制作产品销售计划书文档。

·操作提示·

本例制作的关键步骤提示如下。

关键步骤一：打开“光盘\素材文件\上机实训（高级版）\空调销售计划书 .docx”文件，将文档页边距设置为【适中】，页面颜色设置为【蓝色，个性色 1, 淡色 80%】。

关键步骤二：打开【边框和底纹】对话框，在【页面边框】选项卡中选择艺术型的方框，将颜色设置为【蓝色，个性色 1, 淡色 80%】，宽度设置为【31】，单击【选项】按钮，打开【边框和底纹选项】对话框，将【上】

【下】【左】【右】边距均设置为【0】，单击【确定】按钮，效果如左下图所示。

关键步骤三：分别对标题和【市场分析】文本的字体格式进行设置，然后使用格式刷复制【市场分析】文本的格式，拖动鼠标选择需要应用复制格式的段落，将复制的格式应用到选择的段落中。然后设置【销售业绩】文本的格式，再使用格式刷复制该文本的格式，将其应用于其他文本中，如右下图所示。

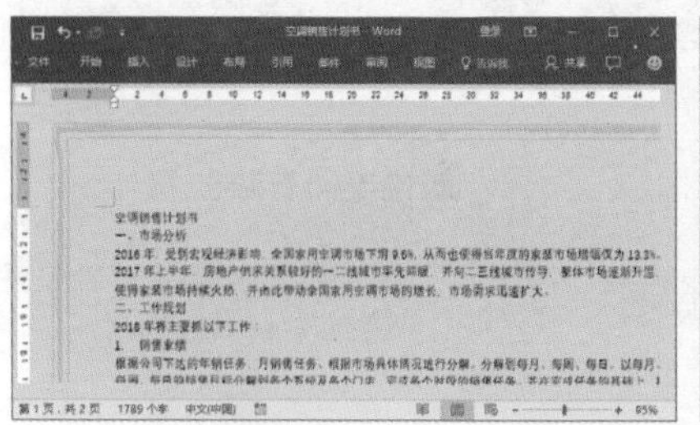

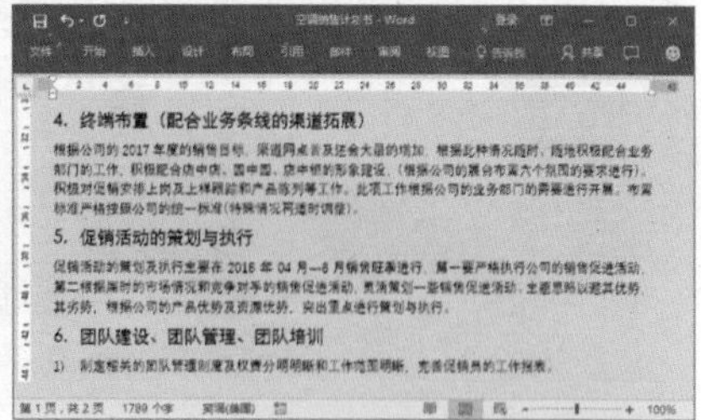

关键步骤四：在需要更改的编号值上右击，在弹出的快捷菜单中选择【重新开始于1】命令，重新开始编号。

关键步骤五：按住【Ctrl】键选择需要设置首行缩进不连续的多段文本，将光标移动到标尺上的【首行缩进】图标▽上，按住鼠标左键不放，拖动到标尺数字【2】上后释放鼠标，选择的段落文本首行将缩进两个字符，如左下图所示。

关键步骤六：单击【插入→页面】组中的【封面】按钮，在弹出的下拉列表中选择【信号灯】选项，在文档最前面插入选择的封面，如右下图所示。

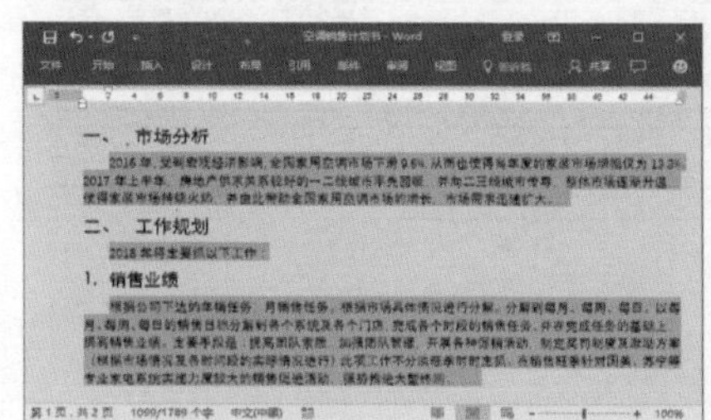

关键步骤七：删除封面中的所有形状和文本框，在封面中插入【空调】图片，将图片的环绕方式设置为【衬于文字下方】，再将图片调整到合适的

大小和位置，如左下图所示。

关键步骤八：在封面中插入【填充：白色；轮廓：蓝色，着色 5；阴影】艺术字样式的【2018 空调销售计划书】艺术字，在【字体】组中对艺术字字体格式进行设置，将艺术字文本框填充为【蓝色，个性色 1，淡色 60%】，然后对其大小和位置进行设置，使用相同的方法继续添加其他艺术字，效果如右下图所示。

实训 2：用 Excel 制作产品销量分析表

产品型号	所属品牌	产品编号	匹数	1月	2月	3月	4月	5月	6月	7月	8月	9月	10月	11月	12月	总销量
KFR-26GW/(26583)FNCb-A2	格力	3161552	大1匹	46.000	48.510	58.300	60.500	65.000	80.000	90.000	88.500	98.000	72.240	60.700	65.000	832.750
(KFR-35GW/BpHID+3)	奥克斯	2215796	正1.5匹	58.700	46.909	56.550	80.500	88.000	84.500	71.000	89.500	89.500	72.510	68.300	60.300	866.269
KFR-35GW/WDAD3@	美的	2883267	正1.5匹	65.700	56.000	48.200	72.000	90.000	78.000	72.500	87.000	94.000	77.410	50.950	62.350	834.110
KFR-25GW/FK01+3	奥克斯	1291572	正1匹	42.660	56.000	47.300	62.500	84.500	88.000	76.000	87.000	67.500	83.000	54.150	56.050	804.660
KFR-26GW/(26559)FNAd-A3(WIFI)	格力	2942418	正1匹	58.000	54.200	56.260	79.000	76.000	72.000	88.500	68.000	90.000	85.000	60.550	61.550	849.060
KFR-26GW/BP2DN1Y-DA400(B3)	美的	1962918	大1匹	54.800	63.000	56.950	70.000	93.000	88.000	60.500	66.050	64.000	84.100	50.700	59.700	830.800
(KFR-51LW/R1TC01+2)	奥克斯	1553022	正2匹	51.390	68.700	46.600	68.500	61.500	79.000	67.500	85.000	89.000	79.800	58.500	63.500	818.990
KFR-32GW/WPAA3	美的	1462425	小1.5匹	78.500	40.170	45.580	72.500	81.000	78.000	62.500	87.000	84.500	76.740	58.300	60.000	824.790
KFR-35GW/(35592)NhDa-3	格力	1993087	正1.5匹	56.700	55.320	58.300	80.000	67.000	90.500	78.000	81.000	86.500	85.600	64.710	58.000	861.630
KFR-35GW/HFJ+3	奥克斯	1311928	正1.5匹	58.900	56.700	60.500	66.000	71.000	86.500	82.500	85.500	80.000	72.300	65.800	60.000	845.700
KFR-35GW/WPAD3	美的	1298905	正1.5匹	60.000	54.820	58.750	70.000	96.500	68.500	89.500	92.500	73.000	75.100	62.910	63.900	865.480
KFR-50GW/(50556)Ba-3	格力	1039685	正2匹	67.900	56.010	60.300	63.000	65.500	79.500	89.500	78.500	63.150	80.510	59.200	58.000	821.070
KFR-50GW/SA+3	奥克斯	1102854	正2匹	45.920	51.000	46.700	66.500	75.000	75.500	73.000	65.000	95.000	78.800	52.800	45.000	769.920
KFR-51LW/WPAA3@	美的	1261498	大2匹	55.600	59.000	53.910	75.500	65.000	86.000	72.500	75.000	92.000	77.900	57.200	57.800	827.410
KFR-72LW/(72551)NhAa-3	格力	3161570	正3匹	55.600	44.690	58.710	58.000	79.000	74.500	77.500	85.000	83.000	80.830	59.750	58.000	814.580
KFR-35GW/WPAD3	美的	1298905	正1.5匹	64.500	40.880	57.150	82.000	89.000	75.150	63.500	90.500	87.000	87.800	65.350	57.000	859.830
KFR-72LW/(72555)FNhAd-A3(WIFI)	格力	2942458	正3匹	78.200	54.902	57.350	65.500	94.000	78.500	63.500	67.500	98.500	75.970	59.300	60.400	873.622
KFR-72LW/WPAD3	美的	1312358	大3匹	50.500	46.980	45.700	72.500	78.000	77.000	74.500	80.500	87.000	79.570	59.000	59.000	810.250
(KFR-35GW/BpTYC1+1)	奥克斯	2743359	正1.5匹	54.000	57.000	56.150	76.500	69.000	78.500	83.000	75.000	92.000	88.150	63.000	50.000	812.300
KFR-35GW/(35592)FNhDa-A3	格力	1993092	正1.5匹	68.000	40.250	50.450	71.500	88.000	84.000	81.500	74.500	83.500	70.580	67.000	59.150	838.430
KY-25/N1Y-PD	美的	1187033132	大1匹	60.500	61.000	49.000	73.800	78.000	87.000	70.000	84.000	75.000	81.300	49.600	61.600	830.500

	1月	2月	3月	4月	5月	6月	7月	8月	9月	10月	11月	12月	品牌总销量
格力品牌销量统计	430.400	353.882	399.670	497.500	534.500	559.000	568.500	543.000	602.650	550.730	431.210	420.100	5.891.142
美的品牌销量统计	490.100	421.850	415.240	588.000	670.500	637.650	565.500	642.550	676.500	639.920	454.010	481.350	6.683.170
奥克斯品牌销量统计	311.570	336.309	313.800	420.500	449.000	492.000	433.000	487.000	513.000	474.560	352.250	334.850	4.917.839

2018年空调销售统计表 | 空调销量分析表

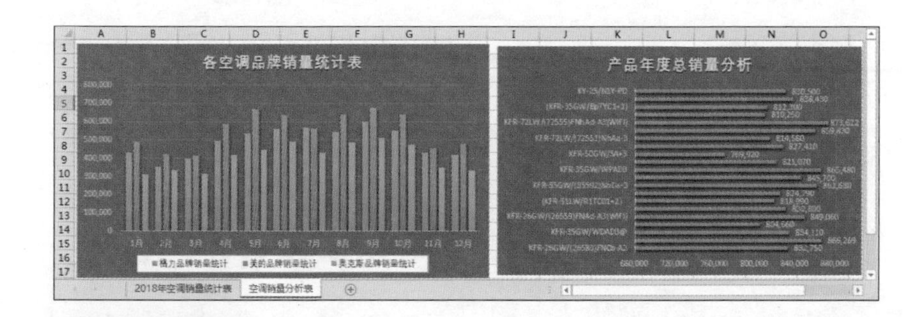

·案例说明·

要想了解产品的销售情况，只有通过对产品的销量进行统计，才能清楚销售的产品是否能快速被消费者所接受，特别是新上市的产品。对产品的销售情况可按天、按月、按季度和按年度进行统计，不同的产品或公司，统计的间隔时间可能不一样。

对于 Word、Excel 和 PowerPoint 来说，都可以对产品销售情况进行统计，但相对来说，Excel 制作出来的产品销量表更专业，而且操作更方便，还可对产品销售数据进行计算和使用图表进行分析。所以，本例将通过 Excel 制作空调产品的销量分析表。

·操作提示·

本例制作的关键步骤提示如下。

关键步骤一：打开“光盘\素材文件\上机实训（高级版）\产品销量分析表.xlsx”文件，选择 E2：P2 单元格区域，单击【自动求和】按钮，自动在 Q2 单元格中计算出 E2：P2 单元格区域中数据的总和，复制 Q2 单元格中的公式，计算出 Q3： Q23 单元格区域，如左下图所示。

关键步骤二：在 C24： C26 单元格区域输入相应的文本，选择 E24 单元格，打开数学与三角函数【SUMIF】的【函数参数】对话框，在三个参数框中分别输入【$B$2： $B$22】【"格力"】【E2：E22】，单击【确定】按钮计算出结果。

关键步骤三：复制 E24 单元格中的公式，计算 E25：E26 单元格区域，然后更改 E25 和 E26 单元格中的公式，计算出正确的结果，再分别横向复制

E24、E25 和 E26 单元格中的公式，计算出 E24：P26 单元格区域，如右下图所示。

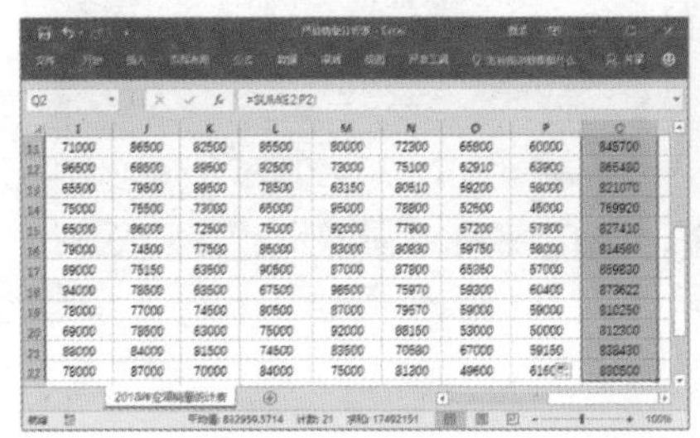

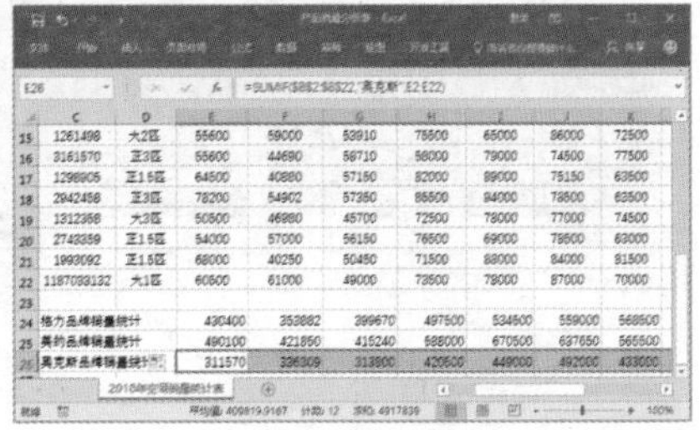

关键步骤四：选择 E24：P24 单元格区域，单击【自动求和】按钮自动计算出 E24：P24 单元格区域中数据的总和，复制公式，计算出其他单元格。

关键步骤五：将 E24：Q26 单元格区域设置为【居中对齐】，将 E2：Q22 和 E24：Q26 单元格区域设置为使用千位分隔符隔开的数值格式，如左下图所示。

关键步骤六：为 A1：Q22 和 A24：Q26 单元格区域套用【表样式中等深浅 21】表格样式，并将其转化为普通区域。清除 A24：Q24 单元格区域中的内容，重新输入需要的内容，如右下图所示。

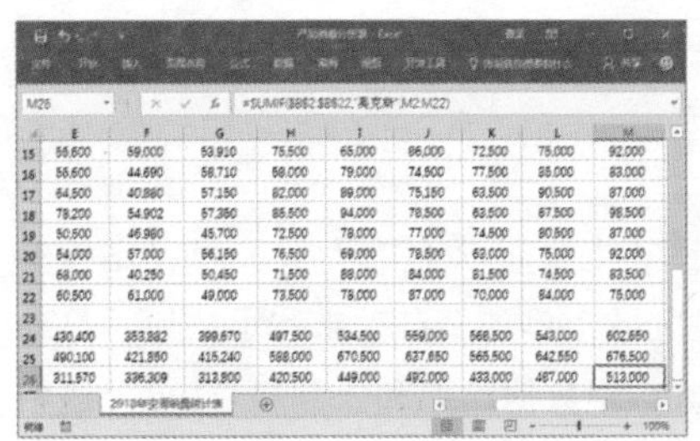

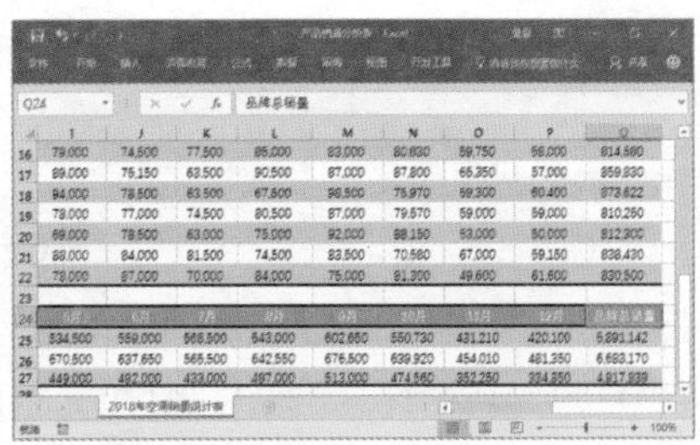

关键步骤七：选择 C25：D27 单元格区域，为其进行跨越合并，为 C25：D27 单元格区域应用【着色 6】单元格样式。

关键步骤八：根据 E24：P27 单元格区域中的数据创建三维柱形图，然后在【选择数据源】对话框中对图例的系列名称进行更改。

关键步骤九：选择图表，单击【移动图表】按钮，在打开的对话框中对移动位置进行设置，单击【确定】按钮，将图表移动到【空调销量分析表】

工作表中，如左下图所示。

关键步骤十：将图表标题更改为【各空调品牌销量分析】，为图表应用【样式 8】图表样式，将图表区填充为【绿色 , 个性色 6, 深色 25%】，图例填充为【彩色轮廓 – 绿色 , 强调颜色 6】。

关键步骤十一：在工作表中创建一个【三维条形图】空白图表，在【选择数据源】对话框中将图表区域设置为【='2018 年空调销量统计表 '!$A$1：$A$22,'2018 年空调销量统计表 '!$Q$1：$Q$22】，单击【确定】按钮，为图表关联数据，如右下图所示。

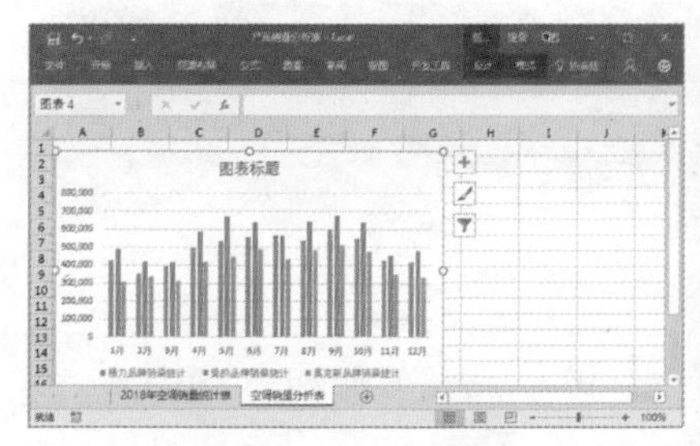

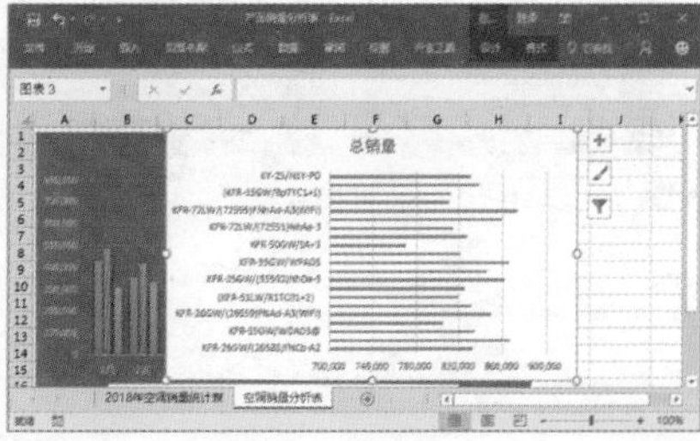

关键步骤十二：将图表调整到合适大小，将图表标题更改为【产品年度总销量分析】，打开【设置坐标轴格式】任务窗格，展开【坐标轴】选项，在【边界】栏中将【最小值】设置为【680000】，【最大值】设置为【880000】，按【Enter】键确认，如左下图所示。

关键步骤十三：为图表添加数据标签，为图表应用【样式 13】图表样式，然后更改图表颜色，并将图表区填充为【绿色 , 个性色 6, 深色 25%】，如右下图所示。

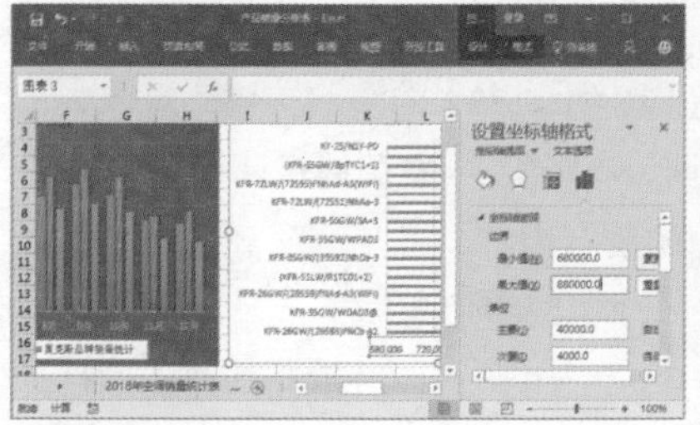

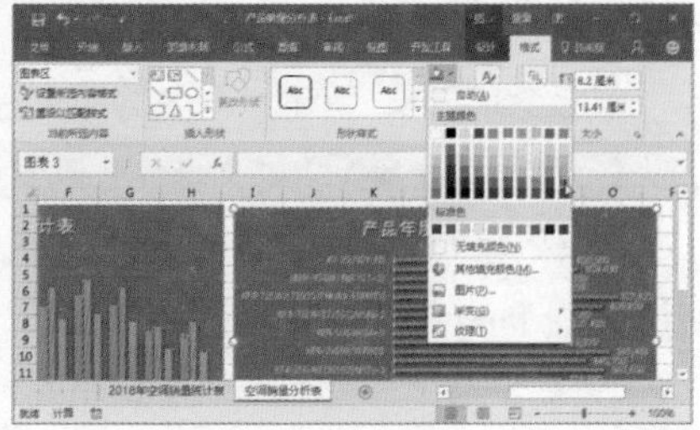

实训 3：制作产品销售计划书幻灯片

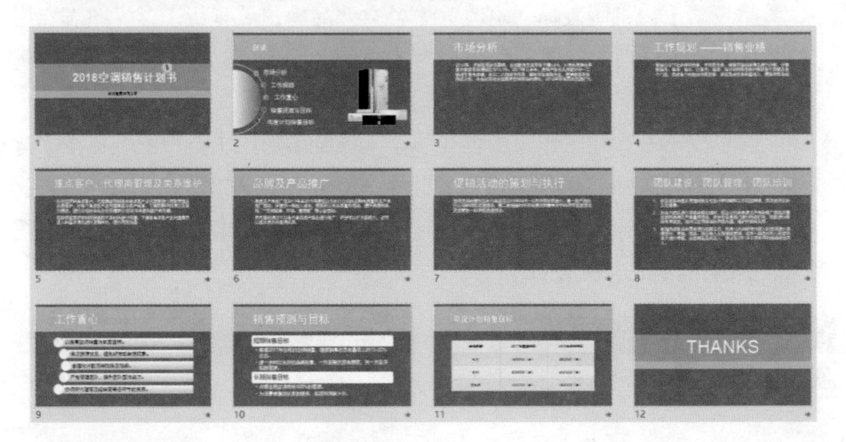

·案例说明·

在制作产品销售计划书时，除了可使用 Word 进行制作外，还可使用 PowerPoint 进行制作，用户可通过产品销售计划书的用途和展示场合来选择使用什么软件来制作。

本例制作的产品销售计划书主要是在大会上进行展示，向其他工作人员传递信息，所以，制作的内容必须简洁，而且还要生动形象，这样才能将需要传递的内容传达给受众。所以本例选择使用 PowerPoint 制作产品销售计划书幻灯片。

·操作提示·

本例制作的关键步骤提示如下。

关键步骤一：新建一个名为【产品销售计划书】的演示文稿，进入大纲视图，打开“光盘\结果文件\上机实训（高级版）\空调销售计划书 .docx”文件，按【Ctrl+A】组合键选择文档中的所有内容，将其粘贴到【产品销售计划书】PowerPoint 窗口的大纲窗格中，如左下图所示。

关键步骤二：按【Enter】键新建幻灯片，并将内容分配到新建的幻灯片中，对文本内容进行更改，继续新建幻灯片，分配幻灯片内容。然后将每张幻灯片标题占位符中的部分内容移动到内容占位符中，如右下图所示。

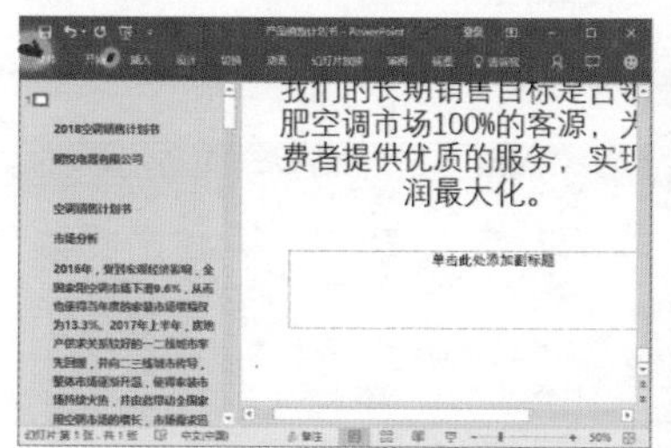

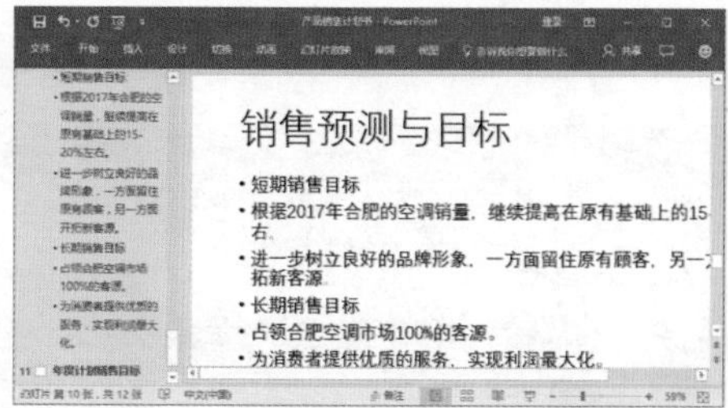

关键步骤三：根据实际情况对幻灯片中的内容进行编辑，按【Tab】键调整段落级别，并为第 8 张幻灯片内容占位符中的段落添加编号。

关键步骤四：在普通视图中为演示文稿应用【镶边】主题，在【变体】组中选择【带状】选项，并将主题的字体更改为【Arial 黑体 黑体】，如左下图所示。

关键步骤五：在第 2 张幻灯片中插入【空调 1】和【图示】图片，将图片调整到合适的大小和位置，然后使用【删除背景】功能删除【空调 1】图片的背景。

关键步骤六：在第 2 张幻灯片中绘制一个横排文本框，在其中输入相应的文本，并在【字体】组中对文本格式进行设置，按住【Ctrl】键和鼠标左键不放，拖动鼠标多次复制文本框，并对文本框中的内容进行更改，如右下图所示。

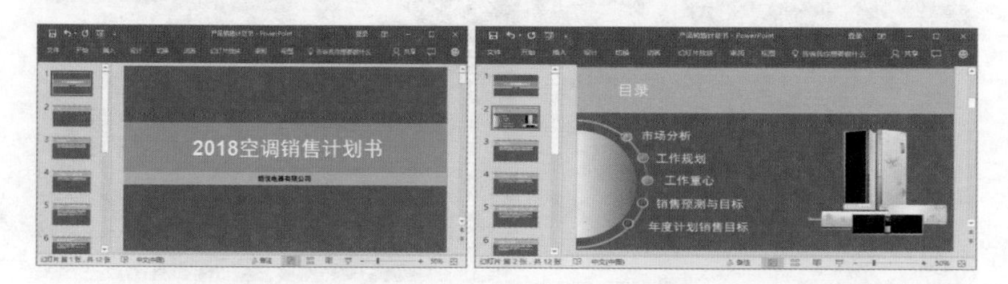

关键步骤七：选择第 9 张幻灯片中的内容占位符，将其转化为 SmartArt 图形，为其应用【优雅】SmartArt 样式，将颜色更改为【彩色轮廓 - 个性色 2】，使用相同的方法将第 10 张幻灯片的内容占位符转化为 SmartArt 图形，并对 SmartArt 样式和颜色进行更改，如左下图所示。

关键步骤八：在第 11 张幻灯片中插入 3 列 4 行表格，在表格的单元格中输入相应的数据，将表格中的所有文本对齐方式设置为【居中】和【垂直居中】，再将表格调整到合适的大小，为其应用【中度样式 4- 强调 2】表格样式，如右下图所示。

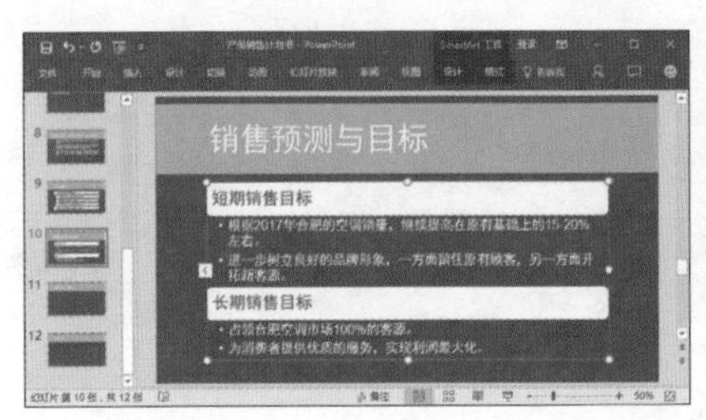

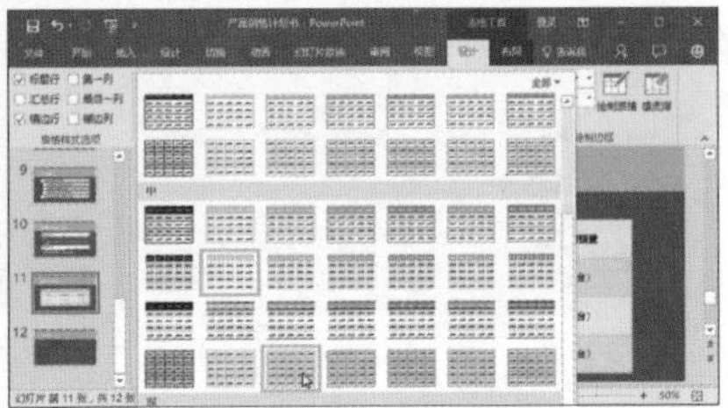

关键步骤九：将第 12 张幻灯片的版式更改为【标题幻灯片】，并对内容和格式进行更改。

关键步骤十：选择第 1 张幻灯片，为其添加【剥离】切换样式，将切换声音设置为【推动】，将【持续时间】设置为【02.00】，单击【全部应用】按钮，为演示文稿中的所有幻灯片添加相同的切换效果，如左下图所示。

关键步骤十一：打开【定义自定义放映】对话框，将需要自定义放映的幻灯片添加到【在自定义放映中的幻灯片】列表框中，单击【确定】按钮，返回【自定义放映】对话框，单击【放映】按钮，即可对自定义的幻灯片进行放映，如右下图所示。

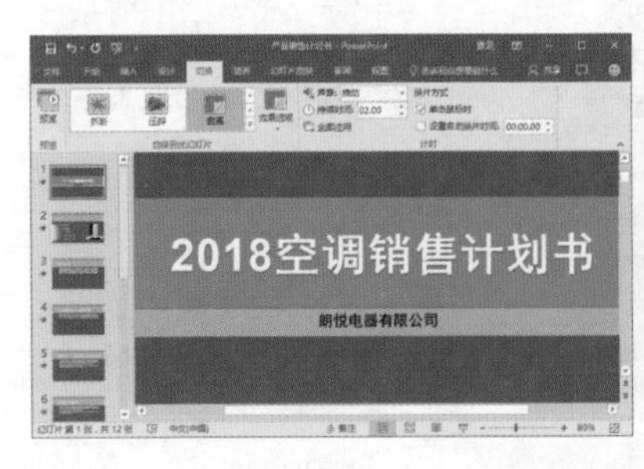

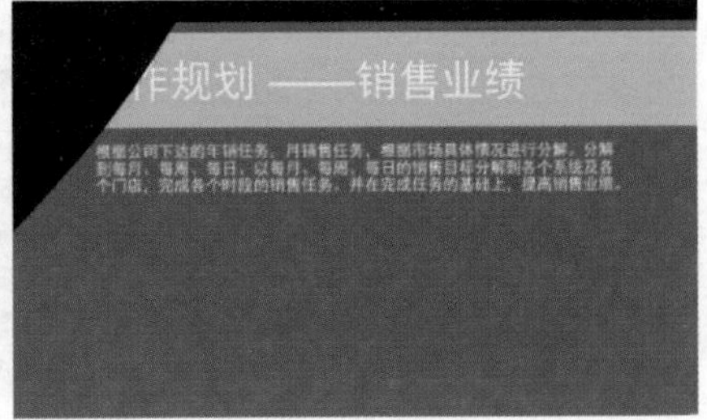